# Hochschultext

Heinz Kronmüller

Digitale Signalverarbeitung

Grundlagen, Theorie, Anwendungen in der Automatisierungstechnik

Mit 178 Abbildungen

Springer-Verlag

Berlin Heidelberg NewYork
London Paris Tokyo
Hong Kong Barcelona Budapest

Prof. Dr. rer. nat. Heinz Kronmüller

Institut für Prozeßmeßtechnik und Prozeßleittechnik
Universität Karlsruhe
Hertzstraße 16
W-7500 Karlsruhe

ISBN-13: 978-3-540-54128-8

Die Deutsche Bibliothek – CIP-Einheitsaufnahme
Kronmüller, Heinz:
Digitale Signalverarbeitung : Grundlagen, Theorie, Anwendungen
in der Automatisierungstechnik / Heinz Kronmüller.
Berlin ; Heidelberg ; New York ; London ; Paris ; Tokyo ;
Hong Kong ; Barcelona ; Budapest : Springer, 1991
 (Hochschultext)
 ISBN-13: 978-3-540-54128-8   e-ISBN-13: 978-3-642-86423-0
 DOI: 10.1007/978-3-642-86423-0

Satz: Reproduktionsfertige Vorlage vo n Autor

60/3020-543210 – Gedruckt auf säurefreiem Papier

Vorwort

Die Meßtechnik ist eine notwendige Hilfswissenschaft in der modernen Naturwissenschaft. Erst mit Hilfe der Meßtechnik werden Versuchsergebnisse objektiviert und allgemeine Aussagen gewonnen. Die Produktion in der Verfahrens- und Fertigungsindustrie wird überwacht, gesichert, überprüft und gesteuert mit Hilfe von Meßsignalen. Auch der Handel mit Energie und Stoffen setzt die Meßtechnik voraus.

Fast alle Meßsignale werden heute digital verarbeitet. Die gegenwärtige Flut von Aufsätzen und Tagungsberichten unterstreicht das Interesse und die Bedeutung des Gebiets. Der Neuling oder Fachfremde muß zwangsläufig zu der Auffassung kommen, daß hier eine dramatische Entwicklung läuft, die aufmerksam zu verfolgen sein wird. Für die Anwendungen trifft dies wohl zu, weil heute schon mit jedem guten PC die meisten Algorithmen realisierbar sind. Nur die Theorie bringt Ordnung und Übersicht in die Fülle der Anwendungen und ermöglicht eine kritische Beurteilung der Verfahren. Die wesentlichen Beiträge aus der Wahrscheinlichkeitsrechnung, Statistik und Funktionalanalysis sind allerdings schon viele Jahre alt. Sie werden in diesen Jahren für neue Anwendungen z. B. in der Automatisierungstechnik "neu entdeckt".

Dieses Buch versucht, die klassischen wichtigen Grundgedanken herauszustellen und daraus Algorithmen für die Signalverarbeitung herzuleiten. Es ist deshalb kein vollständiger Katalog über existierende Verfahren. Auch ist die empfohlene Literatur keineswegs vollständig, der Verfasser hält sie lediglich exemplarisch für hilfreich. Das Buch ist keine Bergbahn, die den Leser mühelos auf einen Dreitausender bringt. Das sorgfältige und mühevolle Verfolgen des Weges bringt aber den Leser auf ein mittleres Plateau. Von dort aus kann er sicher und selbständig ein für sein Problem geeignetes Verfahren finden oder die Beiträge der Fachwelt in ihrer Leistungsfähigkeit beurteilen und einordnen.

Zum Gebrauch des Buches:
Vorausgesetzt werden Grundkenntnisse über Funktionentheorie, Impulsfunktionen und Matrizen. Die wichtigsten Ergebnisse hierzu sind in den Anhängen A, B und C knapp aufgeführt. Im Buch sind viele Beispiele enthalten, die nicht glatt aufgehen und damit einigermaßen realistisch sind. Wer Beispiele nicht mag oder nicht nötig hat, kann diese leicht übergehen. Beispiele enden mit einem "●".

Neue Begriffe sind in "Definitionen" und Aussagen in "Sätzen" zusammengefaßt. Dem Leser sei geraten, unbedingt die Herleitungen mit zu verfolgen und nachzuvollziehen. Sie sind ohnedies mathematisch nicht vollständig, sondern eher plausibel. Zum richtigen Verständnis der Aussage aber sind sie unerläßlich.

Von einem Studenten, einem Ingenieur in der Praxis oder einem Naturwissenschaftler die intensive Durcharbeit eines Buches von ca. 500 Seiten zu verlangen, ist wohl eine Zumutung. Deshalb einige Bemerkungen zu den einzelnen Kapiteln:

Kap. 1 enthält einige wichtige Begriffe aus den linearen Vektor- und Funktionenräumen, den Begriff der Approximation und das Projektionstheorem. Dem Leser sei dringend empfohlen, sich damit gründlich zu befassen und seine vorhandenen Mathematikkenntnisse in diese Begriffe einzuordnen. Dieses Kapitel ist die Grundlage für alle nachfolgenden Anwendungen.

Kap. 2 befaßt sich mit der Approximation. Wer an numerischen Verfahren interessiert ist, findet hier eine erste Anwendung der Begriffe aus Kap. 1.

Kap. 3 bringt das Wesentliche der Laplace- bzw. der Fourier-Transformation. Man kann die Integraltransformationen mit den Begriffen aus Kap. 1 als unitäre Transformationen auffassen. Auch der mit den Integraltransformationen vertraute Leser kann seine Kenntnisse hier auffrischen. Insbesondere seien in dem Zusammenhang die Abschnitte 3.1.2 und 3.3 empfohlen.

Kap. 4 behandelt die z-Transformation. Sie wird im Buch durchgehend benötigt und muß vom Leser beherrscht werden.

Kap. 5 klassifiziert Signale vom Standpunkt der Systemtheorie aus. Das lineare zeitinvariante System wird eingeführt. Wem die Aufzählung zu umfangreich ist oder wer die Signaltypen kennt, schlägt hier nur bei Bedarf nach.

Kap. 6 zeigt wie kontinuierliche Signale umkehrbar eindeutig in zeitdiskrete Signale umgewandelt werden. Es werden Bedingungen abgeleitet, die hierbei eingehalten werden müssen, und einfache Rekonstruktionsfilter erklärt.

Kap. 7 beschreibt ähnliche Aufgaben im Zusammenhang mit der zeitdiskreten Modellierung zeitkontinuierlicher Systeme. Der Leser, der mit solchen Aufgaben betraut ist, findet in Kap. 6 und Kap. 7 geeignete Wege.

Kap. 8 enthält Algorithmen, mit denen reale Signale möglichst gut durch verschiedene Signalmodelle approximiert werden. Dieses Kapitel über Filter sollte sorgfältig durchgearbeitet werden. Hier findet sich die Hauptanwendung der Begriffe aus Kap. 1.

In Kap. 9 wird der interessierte Leser in die mehrdimensionale Wahrscheinlichkeitsrechnung mit ihren Verteilungen eingeführt. Dabei lernt er auch die systematische Schätztheorie und ihre Grenzen kennen. Dieser Überblick wird aber an anderen Stellen im Buch kaum benötigt.

Kap. 10 behandelt verschiedene numerische Probleme der Schätztheorie. Einige leistungsfähige Algorithmen im Zusammenhang mit rekursiven und adaptiven Filtern werden vorgestellt.

Kap. 11 behandelt die verbreitetste Form der Signalverarbeitung, die Berechnung von Spektren. Die bewährten gängigen Methoden werden geschildert und seien der Aufmerksamkeit des Lesers empfohlen.

Zur mathematischen Modellierung von Prozessen müssen Systemparameter bestimmt werden. Die Methoden der Modellanpassung werden in Kap. 12 erläutert. Diese Darstellung beruht auf den Begriffen aus Kap. 1. Die Anwendungen in Kap. 8 werden hier zur Identifikation weitergeführt.

Kap. 13 vermittelt die wichtigsten Eigenschaften und Methoden der digitalen Regelungstechnik. Über die allgemeine Regelungstechnik hinaus kommen aber kaum neue Erkenntnisse hinzu. Alle Grundlagen dazu wurden in den Kapiteln 4 und 5 erarbeitet.

So ziemlich alle Verfahren und Methoden im Buch wurden vom Verfasser und seinen Mitarbeitern in den letzten 20 Jahren ausprobiert, getestet und eingesetzt. Die vielen Formeln im Buch sind also nicht graue Theorie, sondern erlebte und erprobte Praxis! Wesentliche Abschnitte aus dem Buch werden seit fast 20 Jahren als Vorlesung für die Studenten des Studienmodells Prozeßmeß- und Prozeßleittechnik an der Universität Karlsruhe angeboten.

Der Verfasser möchte an dieser Stelle den Freunden in der Industrie von ABB, AEG Telefunken (DASA), Bosch bis zur Karl Schenck AG und Siemens Karlsruhe für die interessanten und kniffligen Aufgaben danken, die dank ihrem Verständnis und Interesse am Institut für Prozeßmeß- und Prozeßleittechnik als Aufträge bearbeitet worden sind. Diese Aufgaben erst haben den Verfasser zur digitalen Signalverarbeitung hingeführt.

Am Ende meiner Laufbahn als Hochschullehrer hatte ich das schöne Erlebnis, daß die letzte Assistentengeneration sich ungewöhnlich stark für das Buch engagierte. Mein besonderer Dank gilt Herrn Dipl.-Ing. Matthias Hucker für seinen außergewöhnlichen uneigennützigen Einsatz, weiter aber auch den Herren Dr. Martin Lang, Dr. Jürgen Rottler, Dr. Thomas Schuster, Dr. Walter Thomann, Dipl.-Ing. Thomas Brandmeier, Dipl.-Ing. Heiner Hagenmeyer und Dipl.-Ing. Haiko Heppner.

Wenn der Leser zu dem Schluß kommen sollte, daß das Buch trotz des spröden abstrakten Stoffes einigermaßen lesbar geworden ist, verdanke ich das der Kritik und den Anregungen der o.g. Herren.

Dem Springer Verlag sei gedankt für die reibungslose Zusammenarbeit und das Entgegenkommen mit partiellem Honorarverzicht und Zuwendungen Dritter, das Buch zu einem für Studenten erschwinglichen Preis herauszubringen.

Karlsruhe, den 01.03.1991   H. Kronmüller

Inhaltsverzeichnis

1. Lineare Räume und Operatoren **1**

  1.1. Vektorräume 1

  1.2. Beispiele für Räume in der Technik 10

    1.2.1. Der Raum R^N 10

    1.2.2. Der Folgenraum 10

    1.2.3. Der Funktionenraum 11

    1.2.4. Maximumsnorm im Funktionenraum 12

    1.2.5. Orthonormale Funktionensysteme 13

  1.3. Lineare Operatoren 17

2. Approximation und Interpolation **23**

  2.1. Interpolation 27

    2.1.1. Polynominterpolation 27

    2.1.2. Splines 36

  2.2. Fourier-Reihen 42

  2.3. Diskrete Fourier-Transformation (DFT) 44

  2.4. Schnelle Fourier-Transformation (FFT) 50

  2.5. Approximation nach der Maximumsnorm 58

3. Integraltransformationen **65**

  3.1. Fourier-Transformation 65

    3.1.1. Fourier-Reihe und Fourier-Transformation 75

    3.1.2. Unstetigkeiten der Zeitfunktion,

        das Spektrum bei großen Frequenzen 78

  3.2. Laplace-Transformation 84

  3.3. Beziehungen zwischen Fourier- und Laplace-Transformation 91

4. z-Transformation **93**

5. Signale..**107**

   5.1. Lineares zeitinvariantes System, Impulsantwort und Systemfunktion 107

   5.2. Systemfunktion im zeitdiskreten System 125

   5.3. Blockstrukturen von realisierbaren Systemfunktionen,
       Zustandsraumdarstellung 134

   5.4. Signalklassen 138

   5.5. Kennwerte von Signalen, Näherungen 155

6. Analoge und digitale Signale **163**

   6.1. Zeitkontinuierliche und zeitdiskrete Signale 164

   6.2. Abtastfrequenz, Antialiasing- und Rekonstruktionsfilter 177

   6.3. Wertquantisierung 189

7. Digitale Systeme zur Simulation kontinuierlicher Prozesse.................... **195**

   7.1. Fehlerfreie Simulation in den Abtastpunkten 195

   7.2. Numerische Integration 202

   7.3. Pol-/Nullstellenübertragen 206

8. Lineare Filter..**209**

   8.1. Allgemeine Filteraufgabe 209

   8.2. Projektionstheorem, Grundbegriffe der Schätztheorie 216

   8.3. Modellanpassung, Regressionsrechnung 218

   8.4. Einfache optimale FIR-Filter 223

   8.5. Wiener-Filter 239

       8.5.1. Wiener-Filter vom FIR-Typ 240

       8.5.2. Wiener-Filter vom IIR-Typ 244

   8.6. Kalman-Filter 258

   8.7. Filterentwurf im Frequenzbereich 266

       8.7.1. Vom analogen zum zeitdiskreten Filter...................................... 267

       8.7.2. Direkter Entwurf von digitalen Filtern aus dem Frequenzgang 273

          8.7.2.1. Einige Bemerkungen zum Entwurf von IIR-Filtern 273

          8.7.2.2. Digitale FIR-Filter mit linearer Phase........................... 273

       8.7.3. Differenzierer und Integrierer 279

   8.8. Quantisierungsfehler bei digitalen Filtern 282

9. Systematische Schätztheorie **285**

9.1. Wahrscheinlichkeitsdichte und charakteristische Funktion 285

9.2. Einige wichtige Wahrscheinlichkeitsverteilungen und ihre Dichten 293

9.3. Stochastische Prozesse 301

9.4. Schätztheorie und der Ansatz von Bayes 303

9.5. Das Extremalprinzip der Schätztheorie, der effiziente Schätzer

und die Ungleichung von Cramer Rao 311

10. Sequentielle, rekursive und adaptive Algorithmen **317**

10.1. Die Mathematik beim Entwurf eines linearen Schätzers 317

10.2. Sequentielle und rekursive Schätzer 321

10.3. Adaptive Filter 329

10.3.1. AR-Prozeßmodell als Basis der adaptiven Filter 331

10.3.2. Gradientenverfahren 334

10.3.3. Schnelle Methoden, der Levinson-Durbin-Algorithmus und

Filter mit Lattice-Struktur 339

11. Korrelationsfunktion und Leistungsdichtespektrum **359**

11.1. Korrelationsfunktion und Korrelationsmatrix 359

11.2. Leistungsdichtespektrum 377

11.3. Parametrische Schätzung des Leistungsdichtespektrums 381

12. Identifikation **387**

12.1. Testsignale 387

12.2. Nichtparametrische Modelle 397

12.3. Schätzen von Systemparametern 403

12.4. Identifikation von Mehrgrößensystemen 416

12.5. Zusammenfassung der parametrischen Identifikationsverfahren 419

12.6. Bestimmung der Laufzeit, Matched-Filter 421

13. Regelungstechnik **427**

13.1. Stabilität und Dämpfung 427

13.2. Digitale Regler 434

13.2.1. PID-Regler 437

13.2.2. Direkter Entwurf von Abtastreglern 438

13.3. Entwurf von Regelungen im Zustandsraum 448

13.3.1. Reglerentwurf durch Zustandsrückführung und Polvorgabe 453

13.3.2. Beobachter 462

13.3.3. Mehrgrößensysteme 464

Anhang A
Funktionentheorie 475

Anhang B
Distributionen 493

Anhang C
Matrizenrechnung 499

Sachverzeichnis 517

1. Lineare Räume und Operatoren

In diesem Kapitel wird der Leser mit einigen Begriffen der Funktionalanalysis vertraut gemacht. Ausgehend von linearen Vektorräumen werden die für die Signalverarbeitung wichtigen Hilbert-Räume eingeführt und die linearen Operatoren behandelt. Vom erhöhten Aussichtspunkt "Hilbert-Raum" aus ergibt sich eine gute Übersicht über die in der Signalanalyse und Signalverarbeitung verwendeten mathematischen Methoden. Die gemeinsame Basis der Verfahren wird deutlich. Ähnlichkeiten erscheinen nicht zufällig, sie lassen sich begründen. Die kurze Darstellung ist keine Einführung in die Funktionalanalysis. Wer eine vollständige und abgeschlossene Darstellung wünscht, findet sie unter /1.1/, /1.2/, /1.3/, /1.4/.

1.1. Vektorräume

Die hier behandelten Räume gehen zurück auf unsere Erfahrungen im dreidimensionalen Raum R^3, in dem wir leben, auf die bewährten Vorstellungen mit Vektoren in Physik und Technik und den Umgang mit denselben. Die Rechenregeln, *Axiome,* werden in mancherlei Hinsicht verallgemeinert und aufgeweitet. Sie enthalten aber stets als Spezialfall die gewohnten, zur Grundausbildung gehörenden Begriffe und Rechenregeln. Dem Ingenieur sei geraten, diesen Zusammenhang zur Veranschaulichung oder als Beispiel nachzuvollziehen.

Der *Euklidische Raum* R^3 wird durch die Menge M aller Raumpunkte x, y, z, ... $\in$ M gebildet. Diese formale Feststellung hilft kaum weiter, wir wollen die Lage der Punkte im Raum angeben. Von einem Ursprung, *Nullpunkt,* aus können wir den Punkt y als Vektor *y* auffassen. Man führt Koordinatensysteme ein, die durch ihre Basis, die Vektoren x_1, x_2, x_3, angegeben werden müssen. Der Vektor *y* erscheint dann im R^3 als Linearkombination der Basisvektoren, $y = a_1 x_1 + a_2 x_2 + a_3 x_3$, und kann durch seine Koordinaten a_i dargestellt werden.

Beispiel 1: Im R^3 wird am häufigsten das kartesische Koordinatensystem mit den orthogonalen Einheitsvektoren e_1, e_2, e_3 in x, y und z-Richtung benutzt:

$$y = a_1 e_1 + a_2 e_2 + a_3 e_3, \qquad y^T = (a_1 \ a_2 \ a_3).$$

Beispiel 2: In der Radartechnik und Navigation benutzt man Kugelkoordinaten:
das Azimut: der Seitenwinkel zur Nordrichtung,
die Elevation: der Höhenwinkel über der Horizontalen und
die Entfernung.

Folgender Sprachgebrauch hat sich eingebürgert: Die Basis eines Systems, z.B. die kartesischen Koordinaten oder die Kugelkoordinaten, spannt den Raum R^3 auf. R heißt, daß die Koordinaten den reellen Zahlen entnommen sind: $a_i \in R$. Die natürliche Zahl n = 3 ist die *Dimension* des Raumes und entspricht der Zahl der Basisvektoren.

Offensichtlich sind in einem Vektorraum verschiedene Koordinatensysteme möglich. Der Leser hat sicher in seiner Studienzeit erlebt, wie entscheidend eine übersichtliche, elegante Rechnung von der Wahl des geeigneten Koordinatensystems abhängt. Offensichtlich lassen sich die Punkte im Raum durch die verschiedensten Koordinatensysteme beschreiben.

Frei von der Wahl des Koordinatensystems oder der Basis wird man, wenn man den Raum durch den Abstand zweier Vektoren $d(x,y)$, *Metrik*, das *innere Produkt* $\langle x|y \rangle$ und durch die Länge der Vektoren $\|x\|$, *Norm*, strukturiert. Die Freiheit der Mathematiker, sich in vielerlei Räumen zu tummeln, ist groß. Wählen wir den Zusammenhang zwischen Norm und die Metrik so, daß gilt: $\|x\|^2 = \langle x|x \rangle$, $d(x|y) = \|x-y\|$, dann heißt dieser Raum *unitärer Raum* oder Innenproduktraum.

Die Rechenregeln, Axiome und Definitionen sind in Def. 1.1 zusammengestellt. Dabei sind die L_i die Regeln für lineare Räume, M_i die für metrische Räume, N_i die für normierte Räume und U_i die für Innenprodukträume.

Definition 1.1: *Vektorräume.*

M: Menge aller Punkte im Vektorraum,

C: Körper der reellen und komplexen Zahlen,

Lineare Räume, $x, y, z \in M$, $a, b \in C$:

L_1	$x+y \in M$, $ax \in M$	(Abgeschlossenheit)
L_2	$x+y = y+x$	(Kommutativgesetz)
L_3	$x+(y+z) = (x+y)+z$	(Assoziativgesetz)
L_4	$a(x+y) = ax+ay$	(Distributivgesetz)
	$a(bx) = (ab)x = x(ba)$	

Metrische Räume, $x, y, z \in M$, Abstand $d(x,y)$:

M_1	$d(x,y) = a \geq 0$, $d(x,y) = 0 \leftrightarrow x = y$	
M_2	$d(x,y) \leq d(y,z) + d(x,z)$	(Dreiecksungleichung, Bild 1.1)
M_3	$d(x,y) = d(y,x)$	

Normierte Räume, $x, y \in M$, $a \in C$, Norm $\|x\|$:

N_1	$\|x\| \geq 0$, $\|x\| = 0 \leftrightarrow x = 0$
N_2	$d(x,y) = \|x-y\|$
N_3	$\|ax\| = |a| \, \|x\|$

Unitäre Räume, $x, y \in M$, $a_1, a_2 \in C$, Innenprodukt $\langle x|y \rangle$:

U_1 $\sqrt{\langle x|x \rangle} = \|x\| \geq 0$

U_2 $\langle x|y \rangle = \langle y|x \rangle^* \in C$ (* konjugiert komplex)

U_3 $\langle a_1 x_1 + a_2 x_2 | y \rangle = a_1 \langle x_1|y \rangle + a_2 \langle x_2|y \rangle$ (Linearität)

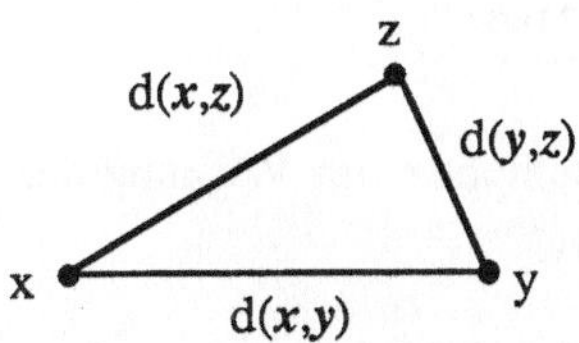

Bild 1.1. Dreiecksungleichung

Dazu einige Bemerkungen:

Die Axiome L_i enthalten das bekannte Kommutativ-, Assoziativ- und Distributivgesetz der Addition und Multiplikation. Diese Regeln kennen wir von Punkten im Euklidischen Raum, wo mit Einheiten multipliziert wird, Ortsvektoren addiert werden und ähnliches geschieht. Eine Erweiterung ist, daß die Skalare a, b, nicht reell sein müssen, sondern komplexe Zahlen sein können.

In normierten Räumen bestimmt die Norm des Differenzvektors den Abstand zweier Punkte. Dies deckt sich ganz mit unserer Anschauung im Euklidischen Raum. Der Abstand ist immer positiv semidefinit, d.h. reell und niemals negativ.

Das Innenprodukt $\langle x|y \rangle \in C$ im unitären Raum ist als komplexe Zahl definiert. Aus U_2 und U_3 folgt damit: $\langle ax|y \rangle = \langle x|a^* y \rangle$. Im Euklidischen Raum sind alle Größen reell.

Auf eine besondere, dem Leser jedoch wohlbekannte Eigenschaft des inneren Produktes soll noch hingewiesen werden. Die Norm und der Abstand sind positiv und nur dann null, wenn $x = 0$ bzw. $x-y = 0$ ist. Beim Innenprodukt $\langle x|y \rangle$ gibt es viele Vektoren y, für welche bei gegebenen Vektor x das Innenprodukt verschwindet. Dabei sind weder x noch y gleich null. Man sagt x und y sind zueinander *orthogonal*, $x \perp y$. Die Einheitsvektoren im kartesischen Koordinatensystem, Bsp. 1, sind zueinander orthogonal. Das skalare Produkt der Vektoren x und y ist gegeben durch $\|x\| \, \|y\| \cos \vartheta$, wobei ϑ der eingeschlossene Winkel ist. Es wird für beliebige $\|x\|$ und $\|y\|$ zu null, wenn $\vartheta = \frac{\pi}{2}$, also ein rechter Winkel wird.

Unitäre Räume, also Räume mit Innenprodukt, braucht man in der Technik und in der Signalverarbeitung häufig.

Beispiel 3: In einem Strömungsfeld $v(x)$ (Bild 1.2) soll der Volumenstrom durch eine Fläche A gerechnet werden. Der Volumenstrom $\Delta \dot{V}$ durch das Element ΔA wird

$\Delta \dot{V} = \langle v | \Delta A \rangle = v \, \Delta A$. Der Fluß durch die Fläche wird $\dot{V} = \int\limits_A v \, dA$.

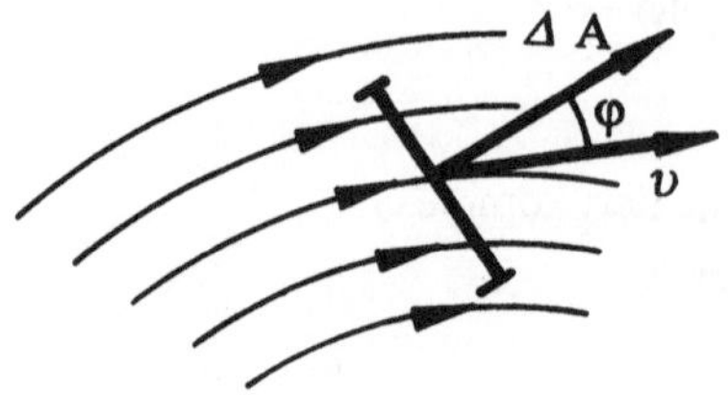

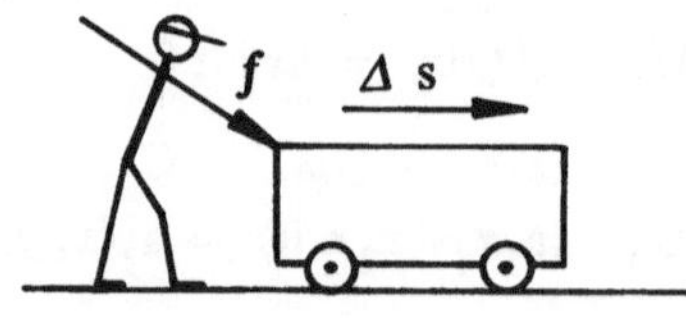

Bild 1.2.   Bsp. 3: Strömungsfeld   Bsp. 4: Arbeit

Beispiel 4: Ein Körper werde um den Weg Δs bewegt. Dies geschieht unter Wirkung der Kraft f. Die geleistete Arbeit ΔW ist (Bild 1.2): $\Delta W = \langle f|\Delta s\rangle = f\,\Delta s$.

•

Darstellung von Vektoren y mit einer Basis $\{x_i\}$.
Wir stellen im Einklang mit den Rechenregeln von Def. 1.1 und Bsp. 1 einen Vektor y als gewichtete Summe der Basisvektoren $x_1, ..., x_N$ dar:

$$y = a_1 x_1 + a_2 x_2 + ... + a_N x_N. \tag{1.1}$$

Jeder Vektor y kann in einem bestimmten Koordinatensystem durch seine Koordinaten $a_1, ..., a_N$ beschrieben werden und umgekehrt. Die Frage ist, wie die Skalare a_i bestimmt werden können. Dazu multipliziert man von rechts nacheinander mit den Vektoren $x_1, ..., x_N$ und erhält ein in den a_i lineares Gleichungssystem:

$$\langle y|x_1\rangle = a_1\langle x_1|x_1\rangle + a_2\langle x_2|x_1\rangle + ... + a_N\langle x_N|x_1\rangle\,,$$
$$\vdots \qquad \vdots \qquad \vdots \qquad \vdots \tag{1.2}$$
$$\langle y|x_N\rangle = a_1\langle x_1|x_N\rangle + a_2\langle x_2|x_N\rangle + ... + a_N\langle x_N|x_N\rangle\,.$$

In Matrixschreibweise läßt sich Gl. 1.2 so schreiben:

$$z = A a, \qquad\qquad z^T = (\langle y|x_1\rangle\ ...\ \langle y|x_N\rangle\,),$$
$$a = A^{-1}z, \qquad\qquad a^T = (a_1\,...\,a_N), \tag{1.3}$$
$$\qquad\qquad\qquad A = (\langle x_j|x_i\rangle\,).$$

Läßt sich die Matrix A invertieren, existiert eine einzige Lösung für a (vgl. Anhang C). Die Bedingung für die Invertierbarkeit von A ist bekanntlich, daß die Determinante $|A|$ nicht verschwindet.

Definition 1.2: *Basis.*

Eine Basis $\{x_1, ..., x_N\}$ spannt einen N-dimensionalen Raum R^N auf, wenn die Vektoren x_i linear unabhängig sind. Dazu muß die *Gramsche Matrix* $A = (\langle x_j|x_i\rangle\,)$ regulär sein, d.h. für die Determinante gilt: $|A| \neq 0$.

Satz 1.1: *Hermitesche Matrix.*

Die Gramsche Matrix hat die Eigenschaft $a_{ij} = a_{ji}^*$. Solche Matrizen heißen Hermitesche Matrizen.

Diese Aussage folgt aus Def. 1.1, U_2.

Zum Studium des Begriffs *linear abhängig* betrachten wir die Gleichung:

$$0 = c_1 x_1 + \dots + c_N x_N, \qquad\qquad 0 = X\,c. \qquad\qquad (1.4)$$

Diese homogene Gleichung hat die triviale Lösung $c = 0$. Sollen andere Lösungen existieren muß $|X| = 0$ sein. In dem Fall läßt sich mindestens ein Vektor x_j als lineare Kombination der anderen Vektoren darstellen.

Definition 1.3: *Lineare Abhängigkeit.*

Eine Menge Vektoren $\{x_i\}$, $i = 1, \dots, N$, für welche $|X| = 0$ ist, heißen linear abhängig. Sie spannen einen Raum der Dimension $r < N$ auf. (r ist der Rang der größten Untermatrix B in A, für die $|B|$ gerade nicht verschwindet, vgl. Anhang C).

Bei großer Dimension N und linear unabhängiger Basis x_i fällt die Rechnung der Komponenten a_i aus Gl. 1.3 schwer. Hier helfen orthonormale Basen $\{e_i\}$.

Definition 1.4: *Orthonormale Basis.*

Eine orthonormale Basis $\{e_i\}$, $i = 1 \dots N$, hat folgende Eigenschaft:

$$\langle e_i | e_j \rangle = \delta_{ij}, \qquad\qquad \delta_{ij} = \begin{cases} 1 & \text{für } i = j \\ 0 & \text{sonst} \end{cases} \qquad (\delta_{ij} \text{ Kronecker-Symbol}).$$

Gl. 1.2 vereinfacht sich damit dramatisch:

$$\begin{aligned} \langle y | e_1 \rangle &= a_1, \\ \langle y | e_2 \rangle &= a_2, \qquad\qquad A = I. \\ &\;\;\vdots \\ \langle y | e_N \rangle &= a_N, \end{aligned} \qquad\qquad (1.5)$$

Von unseren Erfahrungen im Raum R^3 wissen wir, daß sich immer eine orthonormale Basis schaffen läßt. Dies gilt auch für alle unitären Räume. Jeder Vektor $y \in R^N$ läßt sich als Linearkombination von N unabhängigen Basisvektoren darstellen. Wie man von einer Basis $\{x_i\}$ zu einer orthonormalen Basis kommt, zeigt das Verfahren von E. Schmidt /1.1/: Beginnend mit x_1 wird e_1, mit x_1 und x_2 wird e_2 und mit x_1, x_2 und x_3 wird e_3 festgelegt.

Nehmen wir an, daß schon das orthonormale System $e_1, ..., e_k$ vorliegt. Einen neuen Vektor h_{k+1}, der orthogonal zu $e_1, ..., e_k$ steht, finden wir mit Hilfe von x_{k+1}:

$$h_{k+1} = x_{k+1} - \sum_{i=1}^{k} \langle x_{k+1} | e_i \rangle \, e_i. \tag{1.6}$$

Alle Komponenten von x_{k+1}, die in den k-dimensionalen Raum hineinragen, werden von x_{k+1} subtrahiert. Multipliziert man der Reihe nach die Gl. 1.6 mit $e_1, ..., e_k$, erkennt man, daß h_{k+1} orthogonal zur Basis $e_1, ..., e_k$ steht. Der neue orthonormale Basisvektor e_{k+1} hat die Richtung von h_{k+1}:

$$e_{k+1} = \frac{h_{k+1}}{\|h_{k+1}\|}.$$

Das Verfahren wird entsprechend bis N durchgezogen. Bild 1.3 zeigt die Prozedur in der Ebene.

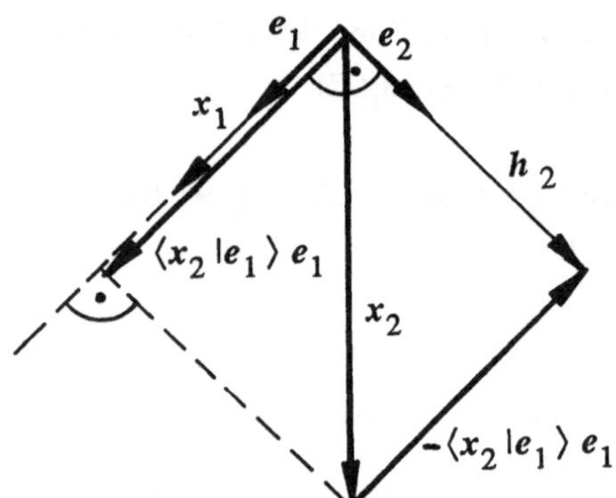

Bild 1.3. Schmidtsches Orthogonalisie-rungsverfahren in der Ebene

Am Schmidtschen Orthogonalisierungsverfahren haben wir erfahren, daß sich mit unabhängigen Vektoren $x_1, ..., x_k$ eine orthonormale Basis $e_1 ... e_k$ schaffen läßt, die einen Raum A^k aufspannt. Kommen neue unabhängige Vektoren $x_{k+1}, ..., x_{k+n}$ dazu, lassen sich orthonormale Vektoren $e_{k+1}, ..., e_{k+n}$ konstruieren, die einen Raum A^n aufspannen.

Die beiden Räume zusammen bilden den n+k dimensionalen Raum A^{n+k}. Die Unterräume sind Teilmengen von A^{n+k}: $A^n \subseteq A^{k+k}$, $A^n \subseteq A^{n+k}$. Jeder Vektor $y \in A^k$ steht senkrecht auf jedem Vektor $x \in A^n$, weil wegen

$$y = \sum_{i=1}^{k} a_i \, e_i, \qquad x = \sum_{i=k+1}^{k+n} b_i \, e_i$$

das Innenprodukt für alle a_i und b_i verschwindet: $\langle x | y \rangle = 0$. Man sagt deshalb auch, der Raum A^k steht senkrecht auf dem Raum A^n:

$$A^k \perp A^n. \tag{1.7}$$

Beispiel 5: Im dreidimensionalen Raum mit der orthonormalen Basis e_1, e_2 und e_3 in x, y und z-Richtung sei R^1 der Unterraum in x-Richtung, der zweite Unterraum R^2 ist die yz-

Ebene. Die beiden Unterräume zusammen bilden den dreidimensionalen Raum R^3. Jeder Vektor $xe_1 \in R^1$ steht senkrecht zu jedem Vektor $ye_2 + ze_3 \in R^2$: $R^1 \perp R^2$.

Eine orthonormale Basis $\{e_i\}$ spanne einen N-dimensionalen Raum A^N auf, A^N sei Teil eines Raumes A höherer Dimension: $A^N \subseteq A$. Wir betrachten einen Vektor $y \in A$ und bestimmen die Koordinaten $y_i = \langle y|e_i \rangle$, $i = 1, ..., N$. Man erhält einen Vektor

$$\hat{y} = \sum_{i=1}^{N} y_i \, e_i \in A^N.$$

Der Abstand zwischen y und $\hat{y}$ wird:

$$d^2(y,\hat{y}) = \|y-\hat{y}\|^2 = \langle y - \sum_{i=1}^{N} y_i \, e_i \mid y - \sum_{i=1}^{N} y_i \, e_i \rangle = \|y\|^2 - \sum_{i=1}^{N} |y_i|^2 \geq 0.$$

Satz 1.2: *Besselsche Ungleichung.*
Sind $y \in A$ und $\hat{y} \in A^N$ und weiter $A^N \subseteq A$, so gilt die Besselsche Ungleichung:

$$\|y\|^2 \geq \sum_{i=1}^{N} y_i y_i^{\,*}, \qquad\qquad y_i = \langle y|e_i \rangle . \tag{1.8}$$

Das Gleichheitszeichen gilt, wenn das orthonormale System $\{e_i\}$ den ganzen Raum A aufspannt. Das orthonormale System heißt dann *vollständig*. Gl. 1.8 ist in diesem Fall der mehrdimensionale Satz des Pythagoras.

Das Produkt eines Vektors mit einem Vektor einer orthonormalen Basis heißt (verallgemeinerter) *Fourier-Koeffizient* : $y_i = \langle y|e_i \rangle$.

In den Anwendungen kommen Räume von abzählbar unendlicher Dimension vor. Wir stellen Vektoren mit endlicher Norm $\|y\|$ dar. Die Summe in Gl. 1.8 muß also konvergieren. Die Teilsumme $s_N = \sum_{i=1}^{N} |y_i|^2$ muß mit wachsendem N gegen einen festen Wert, oder der Vektor $\hat{y}_N = \sum_{i=1}^{N} y_i \, e_i$ muß gegen einen festen Punkt konvergieren:

$$\lim_{N\to\infty} \hat{y}_N = y, \qquad\qquad \lim_{N\to\infty} d(\hat{y}_N,y) = \lim_{N\to\infty} \|\hat{y}_N - y\| = 0.$$

Eine Folge y_N konvergiert genau dann gegen y, wenn das *Cauchy-Kriterium* erfüllt ist:

$$\|\hat{y}_N - \hat{y}_M\| < \varepsilon \qquad\qquad \text{für alle N, M} > N(\varepsilon). \tag{1.9}$$

Gl. 1.9 ist leicht einzusehen. Schreibt man $\hat{y}_N - y + y - \hat{y}_M$ und wählt N und M so, daß $\|\hat{y}_N - y\| < \frac{\varepsilon}{2}$ und $\|\hat{y}_M - y\| < \frac{\varepsilon}{2}$ für M, N $> N(\frac{\varepsilon}{2})$, so gilt mit der Dreiecksungleichung (M_2):

$$\|\hat{y}_M - \hat{y}_N\| \leq \|\hat{y}_N - y\| + \|\hat{y}_M - y\| < \varepsilon.$$

Eine Übersicht über die Begriffe gibt

Definition 1.5: *Fundamentalfolge, Hilbert-Raum.*
Eine konvergent Folge heißt Fundamentalfolge (Gl. 1.9). Ein metrischer Raum M heißt vollständig, wenn jede Folge einen Grenzpunkt im Raum M hat. Räume endlicher Dimension sind immer vollständig. Eine allgemeine Basis $\{x_i\}$ oder $\{e_i\}$ heißt vollständig, wenn die Basisvektoren den Raum vollständig aufspannen. Ein vollständiger, unitärer Raum heißt Hilbert-Raum.

Zum Schluß sollen noch zwei für die Anwendungen wichtige Folgerungen aus dem bisherigen gezogen werden.

Satz 1.3: *Schwarzsche Ungleichung.*
Sind x und y Vektoren aus einem unitären Raum, so gilt die Schwarzsche Ungleichung:

$$|\langle x|y \rangle | \leq \|x\|\,\|y\|. \tag{1.10}$$

Das Gleichheitszeichen gilt nur, wenn die Vektoren x und y linear abhängig sind.

Herleitung: x wird mit Gl. 1.6 in einen Vektor $\hat{y}$ in Richtung von y,

$$\hat{y} = \frac{\langle x|y \rangle}{\langle y|y \rangle} y,$$

und einen Vektor h orthogonal zu y zerlegt:

$$x = \hat{y} + h = \frac{\langle x|y \rangle}{\langle y|y \rangle} y + h.$$

Multiplikation mit x von rechts gibt:

$$\langle x|x \rangle = \frac{\langle x|y \rangle}{\langle y|y \rangle} \langle x|y \rangle^* + \langle h|h \rangle \geq \frac{|\langle x|y \rangle|^2}{\langle y|y \rangle}, \qquad \|x\|\,\|y\| \geq |\langle x|y \rangle|.$$

Man erhält mit zwei Vektoren x und y im R^3, die einen Winkel ϑ bilden:

$$\langle x|y \rangle = \|x\|\,\|y\| \cos \vartheta, \qquad |\cos \vartheta| \leq 1.$$

Von zentraler Bedeutung für die Signalverarbeitung und Schätztheorie ist das Orthogonalitätsprinzip oder Projektionstheorem. Mit ihm lassen sich elegant Filter entwerfen.

Satz 1.4: *Orthogonalitätsprinzip oder Projektionstheorem*:

Ein Vektor $x \in H$ soll durch einen Vektor $\hat{x} \in H^N$ aus einem Unterraum $H^N \subseteq H$ im Sinne der kleinsten Distanz $\|x - \hat{x}\| \to$ min. angenähert werden. Dann gilt für den optimalen Vektor $\hat{x} \in H^N$ und für alle Vektoren $y \in H^N$:

$$\langle x - \hat{x} | \hat{x} \rangle = \langle x - \hat{x} | y \rangle = 0. \tag{1.11}$$

Die Lösung $\hat{x}$ ist eindeutig. Der Fehlervektor $x - \hat{x}$ steht senkrecht auf dem Unterraum H^N. Man sagt auch, der Vektor $\hat{x}$ sei die orthogonale Projektion des Vektors x auf den Unterraum H^N.

Herleitung: Es sei $x - \hat{x}$ orthogonal zu allen Vektoren $\hat{x}, z \in H^N$. Wir nehmen einen Vektor $z \in H^N$ und schreiben: $\|x - z\|^2 = \|x - \hat{x} + \hat{x} - z\|^2 = \|x - \hat{x}\|^2 + 0 + \|\hat{x} - z\|^2$. Der minimale Abstand $\|x - z\|$ wird für $z = \hat{x}$ erreicht.

Im Bild 1.4 ist ein Vektor f im R^3 gezeichnet, der durch einen Vektor $\hat{f}$ in der xy-Ebene approximiert werden soll. Man erkennt deutlich, daß $\hat{f}$ die orthogonale Projektion von f in die xy-Ebene ist, und daß der Fehlervektor $f - \hat{f}$ orthogonal zu allen Vektoren der xy-Ebene ist.

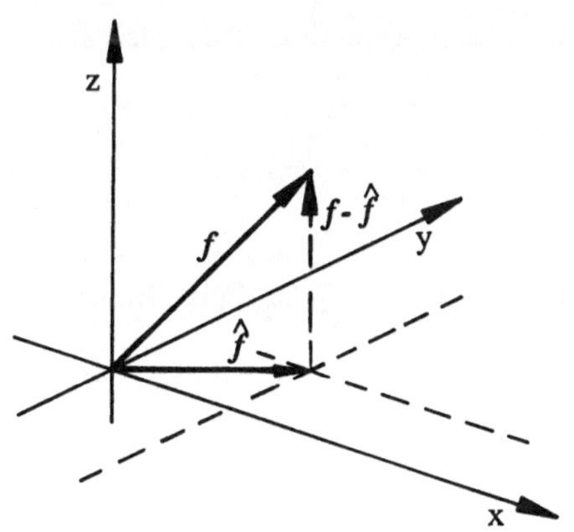

Bild 1.4. Orthogonale Projektion im R^3

1.2. Beispiele für Räume in der Technik

Mit allgemeinen Normen, Distanzen und Innenprodukten, den reellen und komplexen Zahlen lassen sich sehr viele Räume bilden. Die in der Technik wichtigsten werden hier als Beispiel und Anwendung zu Abschnitt 1.1 behandelt.

1.2.1. Der Raum R^N

Wir benützen die uns wohlvertraute Euklidische Norm $\|x\|^2 = \sum_{i=1}^{N} x_i^2$, $x_i \in R$, als Länge des Vektors $x = x_1 e_1 + x_2 e_2 + \dots + x_N e_N$.

Leistungs- und Energiemessungen lassen sich damit beschreiben. Eine Leistung P rechnet sich allgemein als Produkt einer allgemeinen Kraft und eines allgemeinen Stromes. Wir messen Spannung u(t) und Strom i(t) an einem elektrischen Verbraucher zur Zeit t=nT: $u(nT) = u_n$, $i(nT) = i_n$. Die in der Zeit t = 0 bis t = NT zugeführte Energie wird: $\Delta E = T \sum_{n=1}^{N} u_n i_n = T u^T i$ mit $u^T = (u_1 \dots u_N)$, $i^T = (i_1 \dots i_N)$.

1.2.2. Der Raum l_2, Folgenraum

Der Raum ist eine Erweiterung des Euklidischen Raumes. Das Innenprodukt ist definiert als

$$\langle x|y \rangle = \sum_{k=1}^{\infty} x_k y_k^* .$$

Als vollständiger unitärer Raum ist l_2 ein Hilbertraum.

Der Raum heißt Folgenraum, weil das Normquadrat $\|x\|^2 = \langle x|x \rangle = \sum_{k=1}^{\infty} |x_k|^2$ als Grenzwert der Fundamentalfolge

$$\lim_{N \to \infty} s_N = \lim_{N \to \infty} \sum_{k=1}^{N} |x_k|^2$$

definiert ist.

Beispiel 6: Maschinen arbeiten oft periodisch (Verbrennungsmotoren, Kompressoren, elektrische Generatoren). Ist in einem elektrischen Netz der Strom und die Spannung harmonisch, etwa $i(t) = I_0 \cos(\omega t + \varphi)$ und $u(t) = U_0 \cos(\omega t + \eta)$, wird mit den bekannten trigonometrischen Beziehungen die Leistung:

$$p(t) = u(t)\, i(t) = \frac{1}{2} U_0 I_0 \left(\cos(\eta - \varphi) + \cos(2\omega t + \varphi + \eta) \right).$$

Der erste Term ist unabhängig von der Zeit und wird als Wirkleistung bezeichnet. Der zweite Term hat den zeitlichen Mittelwert null. Erheblich einfacher erhält man die Leistung, wenn man komplexe Zeiger U und I, $u(t) = U e^{j\omega t}$, $i(t) = I e^{j\omega t}$, einsetzt. Die komplexe Leistung wird dann: $S = \frac{1}{2} U I^*$, die Wirkleistung ist der Realteil: $P = \frac{1}{2} \mathrm{Re}\{UI^*\}$. Der Imaginärteil $Q = \frac{1}{2}\mathrm{Im}\{UI^*\}$ wird als Blindleistung bezeichnet. Die Scheinleistung ist $|S| = \sqrt{P^2 + Q^2}$. Periodische Vorgänge mit der Periode T lassen sich als Fourier-Reihe $u(t) = \sum U_k\, e^{j\omega k t}$, $\omega = \frac{2\pi}{T}$ darstellen. Die komplexe Leistung wird dann das innere Produkt der komplexen Amplituden U_k und I_k: $S = \frac{1}{2} \sum U_k I_k^* = \frac{1}{2} \langle u|i \rangle = P + jQ$.

1.2.3. Der Funktionenraum $L_2(a,b)$

Die Norm und das innere Produkt sind definiert durch:

$$\|x\|^2 = \int_a^b x(t)\, x^*(t)\, dt, \qquad\qquad \langle x|y \rangle = \int_a^b x(t)\, y^*(t)\, dt. \qquad (1.12)$$

Der Raum ist vollständig und unitär, also ein Hilbertraum.

Man überzeugt sich leicht, daß beide den Axiomen in Def.1.1 genügen. Mit der Schwarzschen Ungleichung (Gl.1.10) ist gewährleistet, daß, wenn die Norm von x und y existiert, auch das Produkt $\langle x|y \rangle$ existiert. Das Signal x(t) muß im Intervall [a,b] quadratisch integrierbar sein. Man spricht von einem Energiesignal.

Ein anderer Raum $\tilde{L}_2$ wird durch die Norm:

$$\|x\|^2 = \lim_{T \to \infty} \frac{1}{T} \int_{-T/2}^{T/2} x(t)\, x^*(t)\, dt$$

definiert. Man spricht von einem Leistungssignal. Das Produkt $\langle x|y \rangle$ entspricht in $L_2(-\infty,\infty)$ der dem System über alle Zeiten zugeführten Energie. In $\tilde{L}_2(-\infty,\infty)$ ist das Produkt die mittlere Leistung über alle Zeiten.

Weitere Normen und Innenprodukte sind möglich. Ein Raum $L_2\,(a,b)$ mit dem Innenprodukt

$$\langle x|y \rangle = \int_a^b x(t) y^*(t)\, \mu(t) dt, \qquad\qquad \mu(t) \geq 0 \qquad (1.13)$$

erfüllt ebenfalls die Axiome. Die nichtnegative Funktion $\mu(t)$ heißt *Belegungen*.

Beispiel 7: In der Wahrscheinlichkeitsrechnung lassen sich damit die zweiten Momente von stochastischen Variablen x und y mit der Wahrscheinlichkeitsdichte p(x,y) ebenfalls als Innenprodukte in einem Raum $L_2\,(-\infty,\infty)$ deuten. Mit der Norm und dem Innenprodukt

$$\|x\|^2 = E\{x^2\} = \int x^2\, p(x) dx, \quad \langle x|y \rangle = E\{xy\} = \int \int xy\, p(x,y) dx\, dy$$

(E: Erwartungsoperator, $E\{...\} = \int ...\, p(x)\, dx$) sind die Axiome ebenfalls erfüllt. Auch dort gilt die Schwarzsche Ungleichung (Gl.1.10): $|E\{xy\}| \leq \sqrt{E\{x^2\}}\,\sqrt{E\{y^2\}}$.

Beispiel 8: Von großer Bedeutung ist das Orthogonalitätsprinzip (Satz 1.4) beim Entwurf leistungsfähiger Algorithmen zur Unterdrückung von stochastischen Störsignalen (Bild 1.5).

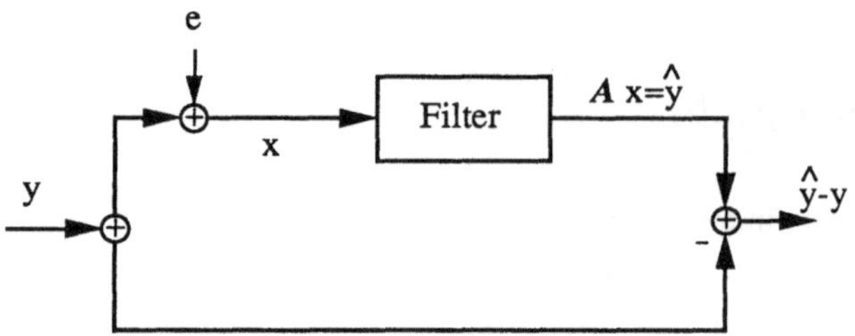

Bild 1.5. Filter zur Störsignalunterdrückung

Das Nutzsignal y(t) wird durch ein Störsignal e(t) gestört. Zur Verarbeitung steht das Meßsignal x(t) = y(t) + e(t) zur Verfügung. Im Filter werden die Signale x(t) linear verarbeitet, $\hat{y} = A\,x$ (A Operator, Abschnitt 1.3). Der optimale Algorithmus ist nach dem Orthogonalitätsprinzip der, bei welchem der Fehlervektor $y{-}\hat{y}$ senkrecht zum Unterraum steht, der von den Meßwerten x aufgespannt wird und der auch $\hat{y}$ enthält.

$$\langle y{-}\hat{y}\,|\hat{y}\rangle = E\{(y{-}\hat{y})\hat{y}\} = 0. \tag{1.14}$$

1.2.4. Maximumsnorm im Funktionenraum C(a,b)

Die Norm findet Anwendung bei der allgemeinen Approximation von Funktionen und ist als Tschebyscheff-Approximation bekannt (Kap.2.5). Sie lautet: $\|x\|_{max} = \max\limits_{a \leq t \leq b}\{|x(t)|\}$. In einem normierten Raum definiert die Norm die Metrik: $d(x,y) = \|x{-}y\|$.

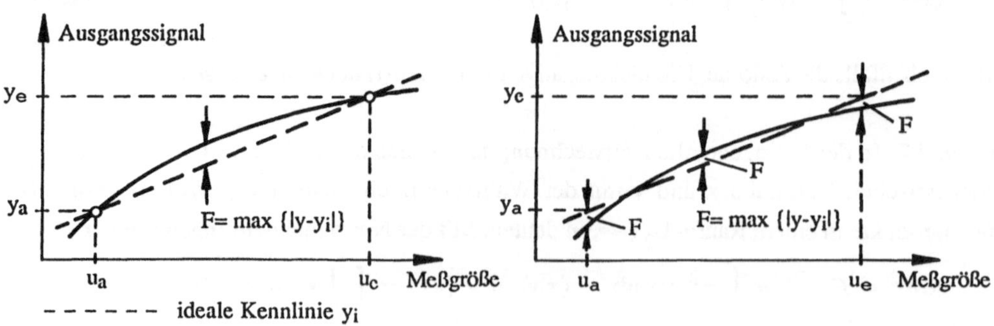

Bild 1.6. Fixpunkt- und Toleranzbandjustierung

Beispiel 9: Bei der Fixpunktjustierung wird das Meßgerät so justiert, daß im Anfang und Ende der Kennlinie kein Fehler entsteht. Die Abweichung von der idealen Kennlinie y_i wird als Fehler bezeichnet und der größte Wert im Meßbereich angegeben (Bild 1.6). Bei der Toleranzbandjustierung wird ein kleinerer Fehler erreicht. Der größte Fehler wird wieder angegeben. Er entspricht wieder der Maximumsnorm.

●

1.2.5. Orthonormale Funktionensysteme für den Raum $L_2(a,b)$

Mit der Definition des Innenproduktes, $\langle x|y\rangle = \int_a^b x(t)\, y^*(t)\, \mu(t)\, dt,\ \mu(t) \geq 0$ (Gl. 1.13), sind die Bedingungen für ein orthonormales Funktionensystem $\{e_i(t)\}$ gegeben:

$$\langle e_i|e_j\rangle = \int_a^b e_i(t)\, e_j^*(t)\, \mu(t)\, dt = \delta_{ij}, \qquad \delta_{ij} = \begin{cases} 1 & \text{für } i = j \\ 0 & \text{sonst.} \end{cases}$$

Die nichtnegative Funktion $\mu(t)$ heißt Belegung. In vielen Anwendungen ist $\mu(t) \equiv 1$.

Um zu einem orthonormalen Funktionensystem zu kommen, wählt man einen Funktionenvorrat $\varphi_1(t)...\varphi_N(t)$ und verfährt mit der Definition des Innenproduktes nach dem Schmidtschen Orthonormalisierungsverfahren (Gl. 1.6). Der Funktionenvorrat $\{1, t, t^2 ...\}, t \in [-1, 1]$, gibt mit $\mu(t) \equiv 1$ z.B. die Legendreschen Polynome.

Wichtig ist die Frage der Vollständigkeit des Orthonormalsystems, der wir hier aber nicht nachgehen möchten.

Einige bekannte vollständige Orthonormalsysteme sind:

Die Fourier-Reihe: $L_2(t_0, t_0 + T_0)$ $\qquad\qquad\qquad \mu(t) \equiv 1$

$$F_k(t) = \frac{1}{\sqrt{T_0}}\, e^{j2\pi kt/T_0} \qquad\qquad k = 0, \pm 1, \pm 2, ... \qquad (1.15)$$

Die Legendreschen Polynome: $L_2(-1,+1)$ $\qquad\qquad \mu(t) \equiv 1$

$$P_k(t) = \sqrt{\frac{2k+1}{2}}\, \frac{1}{2^k\, k!}\, \frac{d^k}{dt^k}\, (t^2-1)^k \qquad\qquad k = 0, 1, 2, ...$$

$$P_0(t) = \frac{1}{\sqrt{2}}, \qquad P_1(t) = \sqrt{\tfrac{3}{2}}\, t, \quad P_2(t) = \sqrt{\tfrac{5}{2}}\left(\tfrac{3}{2} t^2 - \tfrac{1}{2}\right)$$

Die Laguerreschen Polynome: $L_2(0,\infty)$ $\qquad\qquad\quad \mu(t) = e^{-t}$

$$L_k(t) = \frac{e^t}{k!}\, \frac{d^k}{dt^k}\, (e^{-t} t^k) = \sum_{i=0}^{k} \frac{(-1)^i}{i!} \binom{k}{i}\, t^i \qquad\qquad k = 0, 1, 2, ... \qquad (1.16)$$

Für die Laguerreschen Polynome gilt die Rekursionsformel:

$$(k+1)\, L_{k+1}(t) - (2k+1-t)\, L_k(t) + k\, L_{k-1}(t) = 0 \qquad k = 1, 2, 3, \dots$$

Die Polynome können auch aus einer erzeugenden Funktion gewonnen werden:

$$\frac{e^{-tx/(1-x)}}{1-x} = \sum_{k=0}^{\infty} L_k(t)\, x^k \qquad |x| < 1$$

In $L_2(0,\infty)$, $\mu(t) \equiv 1$ bilden die Funktionen $\Phi_k(t) = e^{-t/2} L_k(t)$ ein Orthonormalsystem.

Die Hermiteschen Polynome: $L_2(-\infty,\infty)$ $\qquad\qquad\qquad \mu(t) = e^{-t^2}$

$$H_k(t) = (-1)^k\, e^{t^2}\, \frac{d^k\, e^{-t^2}}{dt^k} \qquad k = 0, 1, 2, \dots$$

Diese orthogonalen (nicht normierten) Polynome $H_k(t)$ entstehen aus der Entwicklung

$$e^{-x^2+2tx} = \sum_{k=0}^{\infty} \frac{H_k(t)}{k!}\, x^k. \tag{1.17}$$

Für die Hermiteschen Polynome gilt die Rekursionsformel:

$$H_{k+1}(t) - 2t\, H_k(t) + 2k\, H_{k-1}(t) = 0 \qquad k = 1, 2, 3, \dots$$

Die Hermiteschen Funktionen als vollständiges, orthonormales System in $L_2(-\infty,\infty)$ sind mit $\mu(t) \equiv 1$ gegeben durch:

$$\varphi_k(t) = \frac{H_k(t)\, e^{-t^2/2}}{\sqrt{2^k\, k!}\ \sqrt{\pi}} \qquad k = 0, 1, 2, \dots$$

Vollständige Orthonormalsysteme sind wunderbare, elegante Werkzeuge in der Theorie. Sie sind unentbehrlich bei der Behandlung von partiellen Differential- und Integralgleichungen. Der Ingenieur wird öfter eine komplizierte Funktion x(t) durch eine endliche Linearkombination:

$$\hat{x}(t) = \sum_{k=0}^{N} a_k \varphi_k(t) \tag{1.18}$$

einfacher Funktionen $\varphi_k(t)$ annähern wollen. Die Funktionen $\varphi_k(t)$ sollen einem vollständigen orthogonalen Funktionensystem angehören. Bei der Approximation soll die Distanz $d(x,\hat{x})$ möglichst klein sein. Die Theorie gibt wenig Hinweise für eine günstige Wahl der Funktionen $\varphi_k(t)$. Diese Problematik wird in Bsp. 10 dargestellt.

Beispiel 10: Eine Funktion

$$x(t) = \begin{cases} 0 & \text{für } -1 \le t \le -\frac{1}{2} \\[2mm] \dfrac{2t+1}{3} & \text{für } -\frac{1}{2} \le t \le 1 \end{cases}$$

wird approximiert durch:

a) die Fourier-Reihe $[-1,1]$: $\quad \hat{x}_F = \dfrac{1}{\sqrt{T_0}} \displaystyle\sum_{k=-2}^{2} a_k e^{j2\pi kt/T_0}, \qquad T_0 = 2,$

b) die Legendreschen Polynome $[-1,1]$: $\quad \hat{x}_P(t) = \displaystyle\sum_{k=0}^{4} b_k \, P_k(t).$

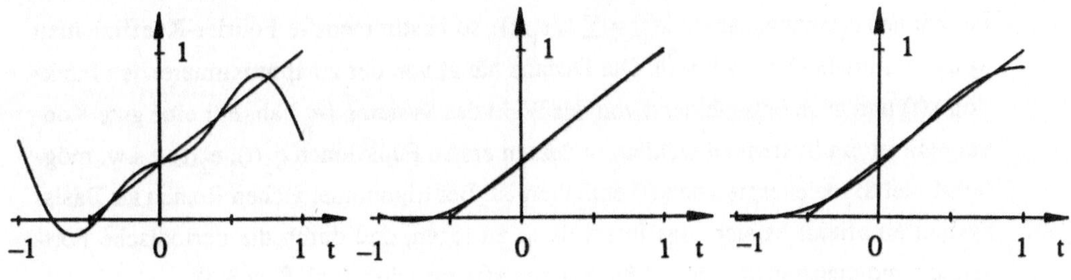

Fourier-Appro-   Legendre-Appro-   Fourier-Approximation nach a)   ximation nach b)   ximation nach c)

Bild 1.7. Approximation einer Funktion durch orthonormale Systeme

Die wichtigste orthonormale Basis ist die Fourier-Reihe. Ein wichtiger Unterschied zu allen anderen liegt in der Möglichkeit nicht allein Funktionen im Intervall $[t_0, t_0+T_0]$ darzustellen, sondern wegen der Periodizität von $e^{jk2\pi t/T_0}$ allgemein in T_0 periodische Funktionen für alle Zeiten anzugeben. Von dieser Möglichkeit macht die Signalverarbeitung ausgiebig Gebrauch. Auffallend ist, daß die Fourier-Reihe in diesem Beispiel für $t \to \pm 1$ sehr schlecht approximiert (Bild 1.7). Denken wir uns die Funktion periodisch fortgesetzt, erkennen wir für $t = 1$ eine Unstetigkeitsstelle (Gibbssches Phänomen, Satz 3.4), die für $t = 1$ mit dem Wert $\frac{1}{2}$ genähert wird. Eine zweite Fourier-Entwicklung für eine in $t = 1$ stetig fortgesetzte Funktion ($x(t)$ in $t = 1$ gespiegelt) wird im Intervall $[-1,3]$ gerechnet:

c) die Fourier-Reihe $[-1,3]$: $\quad \hat{x}_F(t) = \dfrac{1}{\sqrt{T_0}} \displaystyle\sum_{k=-2}^{2} c_k \, e^{j2\pi kt/T_0}, \qquad T_0 = 4 \, .$

Das Ergebnis ist ebenfalls im Bild 1.7 aufgetragen und beeindruckt im Vergleich mit $\hat{x}_F(t)$ nach a).

•

Eine Funktion x(t) werde durch den Ansatz $\hat{x}(t) = \sum a_k e_k(t)$ im Sinne der minimalen Distanz $d(x,\hat{x})$ angenähert. Nach dem Orthogonalitätsprinzip (Satz 1.4) gilt dann für die Fourier-Koeffizienten (Gl. 1.8):

$$\langle x-\hat{x}|e_i\rangle = 0, \qquad\qquad \int_{-\infty}^{\infty} x(t)\, e_i^*(t)\, dt = a_i.$$

Mit der Besselschen Ungleichung (Satz 1.2) wird die Distanz $d(x,\hat{x}) = \|x\|^2 - \sum_{i=0}^{N} a_i^2$. Sie wird um so kleiner, je größer die unteren Fourier-Koeffizienten a_i geraten.

Satz 1.5:

Wird eine Funktion x(t) durch eine Linearkombination $\hat{x}(t)$ bekannter orthonormaler Funktionen $e_k(t)$ angenähert, $\hat{x}(t) = \sum a_k e_k(t)$, so bestimmen die Fourier-Koeffizienten a_k die minimale Distanz $\|x-\hat{x}\|$. Die Distanz hängt von der zu approximierenden Funktion x(t) und auch entscheidend von der Wahl des Systems $\{e_k\}$ ab. Für eine gute Konvergenz ist ein System zu wählen, in dessen ersten Funktionen $e_1(t)$, $e_2(t)$ u.s.w. möglichst viel Signalenergie von x(t) enthalten ist. Bei trigonometrischen Reihen als Basissystem empfiehlt es sich, das Intervall so zu legen, daß durch die periodische Fortsetzung möglichst glatte, stetige Funktionen x(t) entstehen (vgl. Satz 3.5).

1.3. Lineare Operatoren

In der Technik beherrschen lineare Operatoren das Feld. Wir schreiben $y = Ax$ und meinen damit:

Definition 1.6: *Linearer Operator.*

Ein Operator A ist eine Rechenvorschrift, die auf einen Vektor $x \in X$ wirkt und einen neuen Vektor $y = Ax \in Y$ erzeugt. Lineare Operatoren haben folgende Eigenschaften:

$$A(x+y) \quad = \quad Ax + Ay, \qquad \text{Additivität,}$$
$$A(ax) \quad = \quad a\,Ax, \qquad \text{Homogenität,} \quad a: \text{Skalar.}$$

Die Rechenregeln für das Rechnen mit linearen Operatoren sind:

$$A(BC) \quad = \quad (AB)C,$$
$$a\,AB \quad = \quad (aA)B = A(aB),$$
$$A(B+C) \quad = \quad AB + AC,$$
$$Ix \quad = \quad x, \qquad I: \text{Einsabbildung,}$$
$$A\,0 \quad = \quad 0, \qquad 0: \text{Nullvektor.}$$

Im allgemeinen gilt für Operatorprodukte nicht das Kommutativgesetz: $AB \neq BA$.

Für das Buch sind stetige und beschränkte lineare Operatoren wichtig. Nach den Rechenregeln wird $A(x+\varepsilon x_0) - Ax = \varepsilon A x_0 = \Delta y$.

Definition 1.7: *Stetigkeit, beschränkter Operator.*

Ein linearer Operator heißt stetig, wenn gilt: $\lim\limits_{\varepsilon \to 0} \varepsilon A x_0 = 0$. Ein Operator heißt beschränkt, wenn gilt: $\|Ax\| \leq M \|x\|$, $M > 0$.

Führt man eine Maximumsnorm für einen Operator ein, $\|A\| = \max\{|Ax|\}$, $\|x\| = 1$, so ist $\|A\|$ die kleinste mögliche Konstante M bei der Beschränktheit. Für lineare stetige Operatoren gilt der Satz

Satz 1.6: *Stetigkeit, beschränkter Operator.*

Ist A in einem Punkt x stetig, ist A auch im ganzen Raum stetig. Weiter: Ist ein Operator A beschränkt, ist er auch stetig.

Achtung! Ein stetiger linearer Operator hat eine Inverse A^{-1}, $A^{-1}A = I$, die nicht stetig und beschränkt sein muß.

Eine Operatorgleichung $y = Ax$ läßt sich gut veranschaulichen.

Man sagt, ein Vektor x aus einem Raum X, $x \in X$, wird auf einen Vektor $y \in Y$ transformiert oder abgebildet. Nicht in jedem Fall wird die Dimension von Y der von X entsprechen.

Beim Projektionstheorem (Satz 1.4) haben wir in einen Unterraum von X projiziert. Ist der Raum Y nur noch eindimensional, so spricht man von einem Funktional.

Definition 1.8: *Funktional.*

Liefert ein Operator in seinem zugelassenen Bereich eine komplexe oder reelle Zahl, keinen Vektor also, so spricht man von einem Funktional.

Beispiel 11: Ein Funktion x(t) wird über die Zeit T gemittelt. Die Rechenvorschrift für den Mittelwert $\hat{x}$ ist ein Funktional:

$$\hat{x} = \frac{1}{T} \int_{-T/2}^{T/2} x(t)dt.$$

Bei der Beurteilung von Meßergebnissen wird die Stichprobenvarianz gebildet:

$$s^2 = \frac{1}{n-1} \sum_{i=1}^{n} (x_i - \hat{x})^2, \qquad \hat{x} = \frac{1}{n} \sum_{i=1}^{n} x_i.$$

Die Rechenvorschrift für s^2 ist ein Funktional.

Häufig vorkommende lineare Operatoren sind vom Typ:

1)   *Lineare Vektortransformation, Grundform* $y = Ax$:

Technisch kann der Vektor x eine gerichtete Ursache darstellen, die eine gerichtete Wirkung y erzeugt. Ist etwa in einem anisotropen Medium x die elektrische Feldstärke, so kann y die dielektrische Verschiebung beschreiben.

2)   *Integraloperator*:

$$y(t) = \int_{a}^{b} k(t,s)\, x(s)\, ds \qquad \leftrightarrow \qquad y = Ax$$

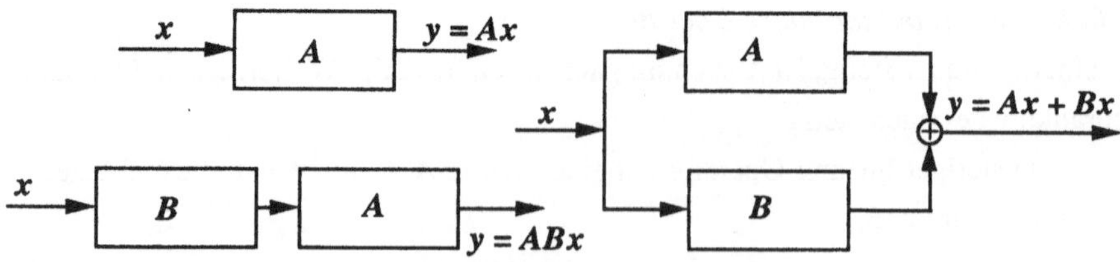

Bild 1.8. Signale und lineare Operatoren

Die Gleichung kann eine Integraltransformation (Kap. 3) sein oder das Ausgangssignal eines Systems, dem das Eingangssignal x(s) zugeführt wird. Mit den Rechenregeln für Operatoren ist der Operator $C = A + B$ eine Parallelschaltung, die Operation $C = A\,B$ entspricht einer Serienschaltung (Bild 1.8).

3)   *Differentialoperator*:

$$a_0 y^{n)} + a_1 y^{n-1)} + \ldots + a_n y = b_0 x^{n)} + b_1 x^{n-1)} + \ldots + b_n x \qquad \leftrightarrow \qquad y = A\,x$$

$$y^{n)} = \frac{d^n}{dt^n}\, y(t), \qquad\qquad x^{n)} = \frac{d^n}{dt^n}\, x(t).$$

Lineare Differentialgleichungen sind die Grundlage für die Beschreibung des Zeitverhaltens von Prozessen und Systemen.

Mit Hilfe von orthonormalen Basen lassen sich lineare Operatoren in Matrizenform, der Darstellungsmatrix, schreiben. In der Matrizenrechnung sind die Komponenten eines Vektors immer als Zerlegung in einer orthonormalen Basis zu verstehen. (Man erinnere sich an das innere Produkt $\langle x|y\rangle = x^T y^* = \sum x_i y_i^*$).

Im allgemeinen Fall 1), lineare Vektortransformation, zerlegen wir den Vektor $x \in L_2(a,b)$ in die Koordinaten x_i einer orthonormalen Basis $\{u_k\}$, $x_i = \langle x|u_i\rangle$, den Vektor y ebenso in die Koordinaten y_i einer Basis $\{v_k\}$, $y_j = \langle y|v_j\rangle$. Die *Darstellungsmatrix* wird: $y = Ax$ mit $y^T = (y_1 \ldots y_N)$, $x^T = (x_1 \ldots x_N)$, $A = (a_{ij})$. Die Gleichung hat für x nur dann eine eindeutige Lösung, wenn A^{-1} existiert oder $|A| \neq 0$ oder die Matrix A den vollen Rang hat.

Im Fall 2), Integraloperator, wählen wir ganz entsprechend für x(s) eine orthonormale Basis $\{u_j\}$, $j = 1, \ldots ,\infty$, eine ebensolche $\{v_i\}$ für y(t), $i = 1, \ldots,\infty$. Multiplikation mit $u_j(t)$ und $v_i(t)$ und Integration über den Bereich [a,b] ergibt :

$$y_i = \sum_{j=1}^{\infty} a_{ij}\, x_j, \qquad\qquad a_{ij} = \int_a^b \int_a^b k(t,s)\, u_j(s)\, ds\, v_i^*(t)\, dt,$$

$$y = Ax\,, \qquad\qquad x_j = \int_a^b x(s)\, u_j^*(s)\, ds,\quad y_i = \int_a^b y(t)\, v_i^*(t)\, dt,$$

$$A = (a_{ij}), \qquad i = 1, \ldots, \infty.$$

Im Fall 3), Differentialoperator, versuchen wir eine Lösung im Intervall $[-\frac{T_0}{2}, \frac{T_0}{2}]$. Als orthonormales System setzen wir die Fourier-Reihe mit der Basis $\{F_k\}$

$$F_k = \frac{1}{\sqrt{T_0}}\, e^{j2\pi kt/T_0}$$

an, sowohl für x(t) als auch für y(t), $k = 0, \pm 1, \pm 2, \pm 3, \ldots$. Mit $\frac{d^k}{dt^k} = (j\omega k)^k$, $\omega = \frac{2\pi}{T_0}$, wird $y_k = G_k x_k$ mit:

$$G_k = \frac{\sum\limits_{i=0}^{N} b_i \, (j\omega k)^{N-i}}{\sum\limits_{i=0}^{N} a_i \, (j\omega k)^{N-i}} \; .$$

Der Operator in Matrixdarstellung wird eine Diagonalmatrix.

$$y = G\,x, \qquad\qquad G = \begin{pmatrix} G_0 & 0 & 0 & \ldots & 0 \\ 0 & G_{-1} & 0 & \ldots & 0 \\ 0 & 0 & G_1 & \ldots & 0 \\ \vdots & \vdots & \vdots & \vdots & \vdots \\ 0 & 0 & 0 & \ldots & G_\infty \end{pmatrix} .$$

Wie im Fall 2) ergibt sich eine Darstellungsmatrix G von abzählbar unendlicher Dimension, die aber im Unterschied zum allgemeinen Fall eine simple Diagonalmatrix ist. Offensichtlich haben wir mit der Wahl der Fourier-Basis Eigenvektoren des Differentialoperators erwischt, die darüberhinaus auch noch orthogonal zueinander sind. Allgemein sind Eigenvektor x_i und Eigenwert λ_i definiert durch (Anhang C): $Gx_i = \lambda_i x_i$. Hier ist $g_{ii} = \lambda_i$ und die Eigenvektoren $x_i^T = (0 \ldots x_i \ldots 0)$. Operatoren, welche diese günstigen Eigenschaften haben, heißen hermitesch oder selbstadjungiert.

Definition 1.9: *Adjungierter Operator.*
In Hilberträumen gibt es zu einem Operator A einen adjungierten Operator A^+, für den für alle zugelassenen x und y gilt: $\langle Ax|y \rangle = \langle x|A^+y \rangle$.

In der Matrizenschreibweise ergibt sich aus Def. 1.9 sofort die Rechenregel, wie von einer Matrix A die adjungierte Matrix A^+ gebildet wird: $A^+ = A^{T*}$ oder $(a_{ij})^+ = (a_{ji})^*$. Für reelle Matrizen gilt $A^+ = A^T$.

Definition 1.10: *Selbstadjungierter Operator.*
Ein Operator A heißt selbstadjungiert, wenn gilt: $A = A^+ = A^{*T}$. Ein solcher wird auch als hermitescher Operator bezeichnet.

Ein Operator A und sein selbstadjungierter Operator A^+ haben dieselben Eigenwerte λ_k, die aus der Gleichung $|A - \lambda I| = |A^+ - \lambda I| = 0$ berechnet werden (Anhang C). Wir rechnen die

Eigenvektoren von A und A^+, wobei wir der einfachen Rechnung zuliebe annehmen, daß alle Eigenwerte voneinander verschieden sind. Dann gilt:

$$A x_i = \lambda_i x_i, \quad i=1, ..., N, \qquad A^+ y_k = \lambda_k y_k, \quad k=1, ..., N.$$

Wir multiplizieren die erste Gleichung mit y_k^*, die zweite mit x_i^T und erhalten:

$$x_i^T A^T y_k^* = \lambda_i x_i^T y_k^*, \qquad x_i^T A^{+*} y_k^* = \lambda_k^* x_i^T y_k^*.$$

Die Differenz der beiden Gleichungen wird:

$$x_i^T (A^{T*} - A^+)^* y_k^* = (\lambda_i - \lambda_k^*) x_i^T y_k^* = 0.$$

Die Eigenvektoren des adjungierten Operators stehen daher senkrecht auf denen des Operators selbst. Ist $A = A^{T*}$, folgt der wichtige Satz:

Satz 1.7: *Selbstadjungierter Operator.*
Bei selbstadjungierten Operatoren, $A = A^{T*}$, stehen die Eigenvektoren verschiedener Eigenwerte orthogonal aufeinander.

Für hermitesche Operatoren gilt $A^+ A = A A^+ = A^2$. Für uns wichtig ist der Sonderfall, daß $A^+ A = I$ ist oder $A^+ = A^{-1}$.

Definition 1.11: *Unitärer Operator.*
Ein Operator A heißt unitär, wenn $A^+ A = A A^+ = I$ oder $A^+ = A^{-1}$ ist. Es gilt:
$\|x\| = \|Ax\|$ und $\langle Ax|Ay \rangle = \langle x|y \rangle$. Unitäre Operatoren lassen die Norm und das innere Produkt unverändert.

Die Beziehungen erhält man sofort in Matrixschreibweise:

$$\langle Ax|Ay \rangle = y^* A^T A^* y^* = x^T (A^{T*} A)^* y^* = x^T y^*. \tag{1.19}$$

Beispiel 12: Standardbeispiel für eine unitäre Transformation ist die Drehung eines Vektors oder die Koordinatentransformation mit einer neuen orthonormalen Basis. Wir gehen aus vom allgemeinen Fall 1), $y = Ax$, x habe die Basis $\{u_k\}$, y habe die Basis $\{v_k\}$. Der Einheitsvektor u_i aus der Basis $\{u_k\}$ transformiert sich auf den Einheitsvektor v_j aus der Basis $\{v_k\}$ mit der Koordinate $y_j = a_{ji}$ u.s.f. Ein Vektor x erhält als Koordinate $y_j = \sum_i a_{ji} x_i$. Soll A die Norm und das innere Produkt erhalten, muß allgemein gelten:

$$y^T y^* = x^T A^T A^* x^* = x^T (A^{T*} A)^* x^* = x^T x^*.$$

Beispiel 13: Orthonormale Funktionensysteme $\{e_i(t)\}$ im Funktionenaum $L_2(a,b)$ sind unitär. Mit

$$A = \begin{pmatrix} e_1(t) \\ e_2(t) \\ \vdots \end{pmatrix}$$

wird:

$$A^T A^* = \left(\int_a^b e_i(t)\, e_j^*(t)dt \right) = I.$$

●

Literatur:

/1.1/   Heuser, H.; Wolf, H.: Algebra, Funktionalanalysis und Codierung,
             B.G. Teubner, Stuttgart, 1986.

/1.2/   Heuser, H.: Funktionanalysis,
             B.G. Teubner, Stuttgart, 1986.

/1.3/   Kantorowitsch, L.W.; Akilow, G.P.: Funktionalanalysis in normierten Räumen,
             Verlag Harri Deutsch, Frankfurt/Main, 1978.

/1.4/   Riesz,F.; Nagy, B.: Functional Analysis,
             Frederick Ungar Publishing Co, New York, 1971.

/1.5/   Zurmühl, R.; Falk, S.: Matrizen und ihre Anwendung,
             Springer Verlag, Heidelberg, Teil 1 und Teil 2, 5. Auflage, 1986.

2. Approximation und Interpolation

Die numerische Darstellung analytischer Funktionen y(t) geschieht im Rechner als Approximation durch einfachere Funktionen, z.B. durch Polynome,

$$\hat{y}_N(t) = \sum_{k=0}^{N} a_k t^k.$$

Solche lineare Näherungsansätze sind auch die Grundlage für Lösungsverfahren von Differentialgleichungen und Integralgleichungen.

Die analogen Signale werden in der Prozeßtechnik immer zeit- und wertdiskret verarbeitet, $y(nT) = y(n)$. Wenn N+1 Werte im Intervall [0,NT] vorliegen, erhebt sich die Frage, wie eine Näherung $\hat{y}_N(t)$ aus den Stützstellen y(n) der unbekannten Funktionen gerechnet werden kann. Versuche an Prozessen werden immer unter wenigen diskreten Versuchsbedingungen $\{x_k\}$ durchgeführt, das Ergebnis wird ebenso als diskreter Wertesatz $\{y_k\}$ angegeben. Gesucht sind aber auch alle denkbaren Zwischenwerte.

Beispiel 1: Die Ausgangsleistung eines Verbrennungsmotors wird als Versuchsergebnis y_k in Abhängigkeit von der Brennstoffzufuhr x_k angegeben: $y_k = f(x_k)$, k = 0, ..., N. Wie sieht die Ausgangsleistung $\hat{y}_N(x)$ allgemein für alle denkbaren Zufuhren x im Definitionsbereich $x \in [a,b]$ aus? Versuche kosten Geld, man kann schließlich nicht alle möglichen Werte von x anfahren. Kompliziertere Beispiele in mehreren Dimensionen finden sich zuhauf, z.B. die Kennfeldsteuerung bei Benzinmotoren, die Wasser-Dampf-Tafeln mit Entropie, Enthalpie, Druck und Temperatur etc.

Eine dritte Aufgabe, die mit Hilfe der Approximation gelöst wird, ist der Filterentwurf. Filter werden wegen ihrer großen Bedeutung für die Signalverarbeitung in Kap. 8 gesondert behandelt. Signale kommen aus einer Versuchsanordnung, allgemeiner aus einem Prozeß, über den bestimmte Kenntnisse vorliegen. Diese Information wird man in ein Signalmodell $\hat{y}_N(t)$ einbringen und mit dem gemessenen Signal y(t) vergleichen und die Differenz $y(t) - \hat{y}_N(t)$ nach einem geeigneten Gütemaß beurteilen. Beobachtet man z.B. das Temperatursignal y(t) eines Dampferzeugers, das innerhalb einer Sekunde seinen Wert mehrmals ändert, so wird man eine elektrische oder magnetische Einstreuung in die Signalleitung vermuten. Aufgrund der Gesetze des Wärmeübergangs weiß man, daß schnelle Temperaturänderungen nicht vorkommen können. Abhilfe schafft hier ein Filter, welches die Einstreuungen herausmittelt und ein glattes Signal $\hat{y}_N(t)$ liefert.

In den Vorstellungen vom Funktionenraum (Kap. 1) sieht das Approximationsproblem so aus:

Definition 2.1: *Lineare Approximation.*

Eine lineare Näherung oder Approximation $\hat{y}_N(t)$ der Funktion y(t) ist der Ansatz:

$$\hat{y}_N(t) = \sum_{k=0}^{N} c_k x_k(t), \tag{2.1}$$

bei dem die $x_k(t)$ bekannte, einfache Funktionen sind. Die Funktionen $x_k(t)$ sollen linear unabhängig sein. Sie spannen einen N+1-dimensionalen Funktionenraum im Definitionsbereich [a,b] auf: $C^{N+1}(a,b)$. C^{N+1} ist mindestens ein metrischer und normierter Raum. Die Norm der Differenz definiert den Abstand $d = \|y - \hat{y}_N\|$. Die Güte der Approximation wird nach dem Abstand $\|y - \hat{y}_N\|$ beurteilt.

Der lineare Ansatz für die Näherungsfunktion in Def. 2.1 bietet große Vorteile, wenn die quadratische Norm $L_2(a,b)$ verwendet wird. Die Koeffizienten c_k lassen sich direkt rechnen (Satz 1.4). Sehr viele Signale lassen sich damit gut nähern. Der lineare Ansatz ist aber nicht der allgemeinste. Bei der Laufzeitmessung wird z.B. der nichtlineare Ansatz $\hat{y}_N(t) = x(t,T,\alpha)$ verwendet.

Beispiel 2: In der Radartechnik wird ein kurzes, impulsförmiges Signal u(t) gesendet. Am Empfänger kommt nach der Zeit T das vom Ziel reflektierte und abgeschwächte Signal x(t) an. Das Signalmodell ist: $x(t) \approx \alpha\, u(t-T)$ mit $0 < \alpha < 1$ (Bild 2.1). Dabei ist α die Abschwächung des Sendesignals und T die doppelte Laufzeit zwischen Sender und Ziel. Der Approximationsansatz für das empfangene Signal lautet: $\hat{x}(t) = \hat{\alpha}\, u(t-\hat{T})$.

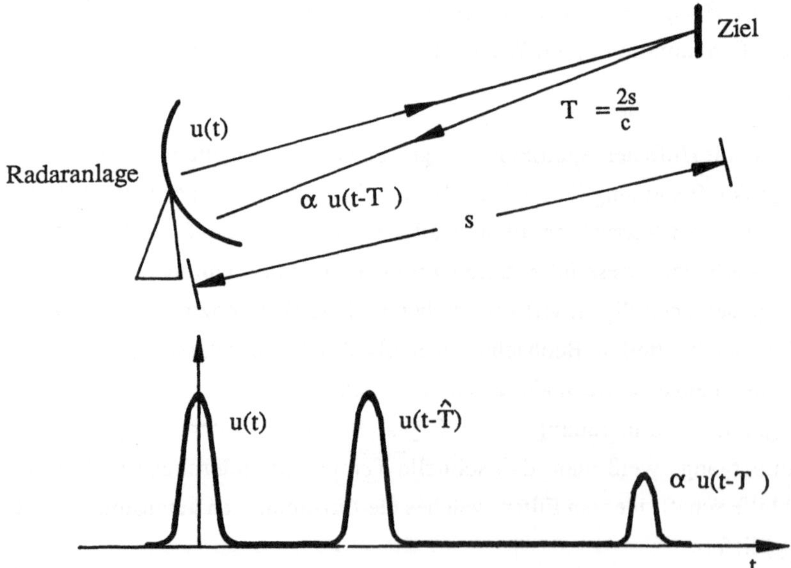

Bild 2.1. Laufzeitmessung beim Radar

Wir optimieren im Sinne der quadratischen Norm (Satz 1.4) und erhalten die Bedingung:

$$\int_{-\infty}^{+\infty} (x(t)-\hat{x}(t))\,\hat{x}(t)\,dt = 0, \qquad \int_{-\infty}^{+\infty} \alpha\,u(t-T)\,u(t-\hat{T})\,dt = \hat{\alpha}\int_{-\infty}^{+\infty} u^2(t-\hat{T})\,dt.$$

Wir haben eine nichtlineare Gleichung für die Parameter $\hat{T}$ und $\hat{\alpha}$. Viele Lösungen sind möglich. Gesucht ist die Laufzeit $\hat{T} = T$. Mit der Schwarzschen Ungleichung gilt (Satz 1.3):

$$\hat{\alpha}\int_{-\infty}^{+\infty} u^2(t-\hat{T})\,dt = \left| \int_{-\infty}^{+\infty} \alpha\,u(t-T)\,u(t-\hat{T})\,dt \right| \leq \int_{-\infty}^{\infty} \alpha\,u^2(t-T)\,dt.$$

Gleichheit gilt für $\hat{T} = T$. Die Aufgabe ist also, den Ausdruck $\int \alpha\,u(t-T)\,u(t-\hat{T})\,dt$ numerisch zu maximieren. Im Maximum gilt dann $\hat{T} = T$ und $\hat{\alpha} = \alpha$.

Ein anderes Laufzeitphänomen ist etwa die Markierung einer Strömung. Am Ort 1 wird die Markierung u(t) gemessen, am Ort 2 dasselbe Signal nach einer Laufzeit T: u(t–T). Die Laufzeit ist hier ein Maß für die Strömungsgeschwindigkeit.

Welche Norm oder welche Metrik hat nun in der Praxis eine weite Verbreitung gefunden? Die quadratische Norm im Hilbertraum gibt zusammen mit dem Projektionstheorem (Satz 1.4) die Möglichkeit, die Koeffizienten c_k in Gl. 2.1 direkt zu bestimmen. Werden orthonormale Funktionensysteme $\{x_k(t)\}$ gewählt, reduziert sich die Approximation auf die Bestimmung der Fourier-Koeffizienten (Satz 1.2). Der Nachteil der quadratischen Norm liegt darin, daß sie keine Aussage darüber liefert, ob viele kleine Fehler oder wenige große Fehler die Distanz $\|y-\hat{y}\|$ bestimmen.

Die Maximumsnorm oder auch Tschebyscheff-Norm bezieht sich auf den größten Fehler im Intervall $t \in [a,b]$:

$$\|y-\hat{y}\|_{max} = \max_{t\in[a,b]} \{|y-\hat{y}|\}. \tag{2.2}$$

In Bsp. 9 in Kap. 1 ist auf ihre Bedeutung hingewiesen worden. Gerne wird die Maximumsnorm, die einen gewissen Rechenaufwand mit sich zieht, für einmalige Approximationen, wie Vertafelung von Funktionen, Interpolationen, Auslegung von Filtern etc. benutzt. Laufende Rechnungen, etwa in Filteralgorithmen zur Signalverarbeitung (Kap. 8), werden bevorzugt im Hilbertraum mit der quadratischen Norm durchgeführt.

Zum Schluß sei noch mitgeteilt, daß beide Normen der Klasse

$$\|y\| = \sqrt[k]{\int_a^b y^k(t)\,dt}$$

angehören. Für k = 2 erhält man die quadratische Norm, für $k \to \infty$ die Maximumsnorm.

Bsp. 3 zeigt einen einfachen Vergleich der beiden Normen.

Beispiel 3: Bild 2.2 zeigt einen Fehlerverlauf $y-\hat{y}$ im Bereich $[-1,1]$.

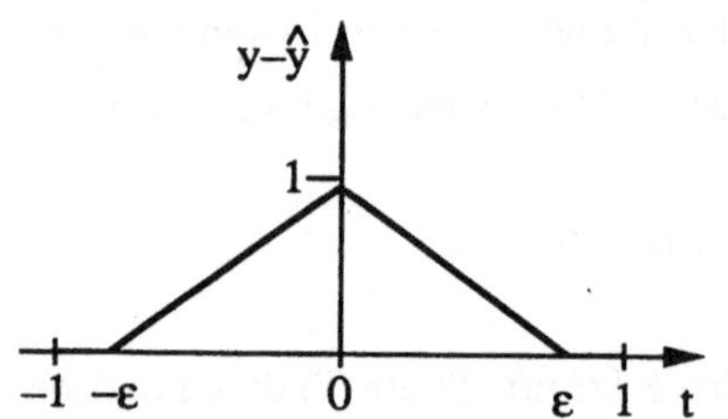

Der quadratische Fehler wird $\|y-\hat{y}\| = \frac{2}{3}\varepsilon$. Die Maximumsnorm bleibt unabhängig von ε $\|y-\hat{y}\|_{max} = 1$. Die letztere macht demnach erheblich besser auf "Ausreißer" aufmerksam. Damit sind große Fehler von kurzer Dauer gemeint.

Bild 2.2. Beispiel für einen Fehlerverlauf

Wie sind die Funktionen $\{x_k(t)\}$ im Näherungsansatz nach Gl. 2.1 zu wählen? Schon in Bsp. 10, Kap. 1, wurde darauf hingewiesen, daß die Theorie hier einen ziemlich allein läßt. Beliebt ist der Polynomansatz, von dem man weiß, daß er einen N+1-dimensionalen Raum aufspannt, oder in anderen Worten, daß die Funktionen t^k voneinander linear unabhängig sind:

$$\hat{y}_N(t) = \sum_{k=0}^{N} c_k \, t^k, \qquad\qquad \hat{y}_N(t) \in C^{N+1}(a,b). \qquad\qquad (2.3)$$

2.1. Interpolation

Die Interpolation ist eine besondere Form der Approximation.

Definition 2.2: *Interpolation.*

Unter Interpolation versteht man eine Approximation mit den zusätzlichen Nebenbedingungen

$$\hat{y}_N(t_i) = y(t_i) = y_i. \tag{2.4}$$

Die Näherung $\hat{y}_N$ stimmt also in den Knoten oder Stützpunkten t_i mit der Funktion $y(t)$ überein. Reine Interpolation liegt vor, wenn durch $N{+}1$ Stützstellenbedingungen $\hat{y}_N(t_i) = y(t_i)$ alle Gewichte $c_0, ..., c_N$ im Ansatz $\hat{y}_N(t) = \sum_{k=0}^{N} c_k x_k(t)$ bestimmt sind.

2.1.1. Polynominterpolation

Hier handelt es sich mit Def. 2.2 um eine reine Interpolation. N+1 Knoten sind vorgegeben.

$$\hat{y}_N(t_i) = y_i = \sum_{k=0}^{N} c_k t_i^k, \qquad i = 0, ..., N. \tag{2.5}$$

Diese N+1 Gleichungen lassen sich elegant in Matrixschreibweise angeben:

$$y = V\,c \tag{2.6}$$

mit:

$$y = \begin{pmatrix} y_0 \\ y_1 \\ \vdots \\ y_N \end{pmatrix}, \quad c = \begin{pmatrix} c_0 \\ c_1 \\ \vdots \\ c_N \end{pmatrix}, \quad V = \begin{pmatrix} 1 & t_0 & t_0^2 & \cdots & t_0^N \\ 1 & t_1 & t_1^2 & \cdots & t_1^N \\ \vdots & \vdots & \vdots & \vdots & \vdots \\ 1 & t_N & t_N^2 & \cdots & t_N^N \end{pmatrix}.$$

Das Gleichungssystem hat dann eine einzige Lösung c, wenn die *Vandermonde-Matrix V* invertierbar ist, d.h. wenn $|V| \neq 0$ gilt. Die Determinante $|V|$ läßt sich geschlossen berechnen. Multipliziert man die Spalte $(i{-}1)$ mit t_0 und subtrahiert sie von der Spalte i, wird:

$$|V| = \begin{vmatrix} 1 & 0 & \cdots & 0 \\ 1 & t_1{-}t_0 & \cdots & t_1^N{-}t_1^{N-1}t_0 \\ \vdots & \vdots & \vdots & \vdots \\ 1 & t_N{-}t_0 & \cdots & t_N^N{-}t_N^{N-1}t_0 \end{vmatrix}.$$

Wendet man den Entwicklungssatz für Determinanten (Def C4) an und zieht die Terme $t_i - t_0$, $i = 1, ..., N$, aus den Zeilen heraus, so folgt:

$$|V| = (t_1 - t_0)\,(t_2 - t_0)...(t_N - t_0)\begin{vmatrix} 1 & t_1 & t_1^2 & \cdots & t_1^{N-1} \\ \vdots & \vdots & \vdots & \vdots & \vdots \\ 1 & t_N & t_N^2 & \cdots & t_N^{N-1} \end{vmatrix}.$$

Wiederholt man mit t_1 das Verfahren u.s.f. wird:

$$\begin{aligned} |V| = &\ (t_1 - t_0)\,(t_2 - t_0)\,(t_3 - t_2) &\cdots&\quad (t_N - t_0) \\ &\ (t_2 - t_1)\,(t_3 - t_2) &\cdots&\quad (t_N - t_1) \\ &\ (t_3 - t_2) &\cdots&\quad (t_N - t_3) \\ &\ \vdots \\ & &&\quad (t_N - t_{N-1}). \end{aligned} \tag{2.7}$$

Wir erkennen sofort:

Satz 2.1: *Interpolation mit Polynomen.*

Die reine Interpolationsaufgabe mit Polynomen hat bei $N+1$ Stützstellen immer eine einzige Lösung, solange die Stützstellen paarweise verschieden sind:

$$\hat{y}_N(t) = \sum_{k=0}^{N} c_k t^k, \qquad\qquad t_0 < t_1 < t_2 < ... < t_N, \quad \hat{y}_N(t) \in C^{N+1}(t_0, t_N).$$

Bei großer Stützstellenzahl ist die Vandermonde-Matrix schlecht konditioniert. Auf numerische Rechnungen wirkt sich das nachteilig aus. Es empfiehlt sich mit den Lagrange-Polynomen zu arbeiten.

Satz 2.2: *Lagrange-Polynome.*

Das Interpolationsproblem

$$\hat{y}_N(t) = \sum_{i=0}^{N} c_k\, t^k$$

läßt sich mit den Lagrange-Polynomen sofort als lineare Form in den Knoten y_i anschreiben:

$$\hat{y}_N(t) = \sum_{k=0}^{N} y_k\, L_k(t),$$

$$L_k(t) = \frac{(t-t_0)\,(t-t_1)\,...\,(t-t_{k-1})\,(t-t_{k+1})\,...\,(t-t_N)}{(t_k-t_0)\,(t_k-t_1)\,...\,(t_k-t_{k-1})\,(t_k-t_{k+1})\,...\,(t_k-t_N)}. \tag{2.8}$$

Die Lagrange-Polynome haben folgende Eigenschaften:

$$L_k(t_i) = \delta_{ki}, \qquad\qquad \sum_{k=0}^{N} L_k(t) = 1. \tag{2.9}$$

Jedes Lagrange-Polynom hat den vollen Grad N.

Herleitung: Die Interpolationseigenschaft $\hat{y}_N(t_i) = y_i$ liest man sofort aus Gl. 2.8 ab, ebenso bestätigt man direkt die erste Gleichung aus Gl. 2.9.

Nach Satz 2.1 gibt es für den allgemeinen Polynomansatz eine eindeutige Lösung. Die Lagrange-Polynome spannen denselben Raum C^{N+1} auf. Beide Lösungen sind deshalb identisch: $t^k \in C^{N+1}(t_0,t_N)$, $L_k \in C^{N+1}(t_0,t_N)$ für $k = 0, ..., N$. Approximiert man mit Gl. 2.5 die Funktion $y(t)\equiv 1$, so wird $c_0 = 1$ und alle übrigen $c_k = 0$. Da der Polynom- und der Lagrange-Ansatz dieselbe Lösung haben, gilt die zweite Gleichung von Gl. 2.9.

Die Lagrange-Polynome fallen nicht vom Himmel, sie lassen sich rechnen. Mit den Beziehungen von Gl. 2.6 und den Vektoren $t^T = (1 \; t \,...\, t^N)$ und $L^T = (L_0(t) \,...\, L_N(t))$ gilt:

$$\hat{y}_N(t) = c^T t = y^T V^{-1^T} t = t^T V^{-1} y.$$

Die Lagrange-Polynome sind:

$$\hat{y}_N(t) = L^T y.$$

Der Vergleich ergibt sofort:

$$L = V^{-1^T} t.$$

Beispiel 4: Interpolation erster Ordnung mit den Stützstellen $t_0 = 0$, $t_1 = 1$, $y_0 = 1$, $y_1 = \frac{3}{2}$ (Bild 2.3).

$$L_0(t) = \frac{t-t_1}{t_0-t_1} = 1-t, \quad L_1(t) = \frac{t-t_0}{t_1-t_0} = t, \qquad \hat{y}_1(t) = y_0(1-t) + y_1 t = y_0+(y_1-y_0)t.$$

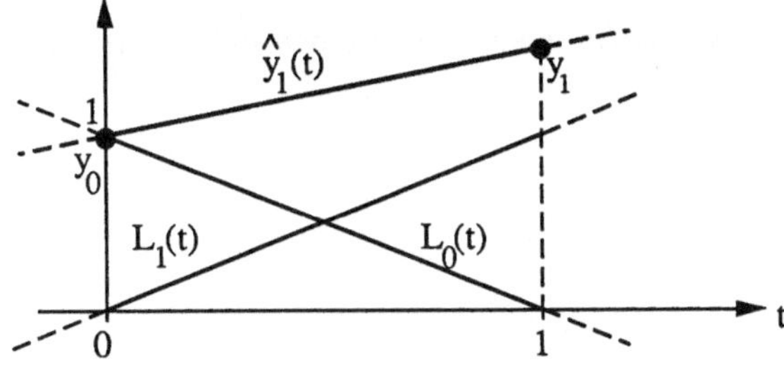

Bild 2.3. Lagrange-Interpolation erster Ordnung

Beispiel 5: Interpolation dritter Ordnung mit $t_0 = -1$, $t_1 = 0$, $t_2 = 1$ und $t_3 = 2$.

$$\hat{y}_3(t) = -\frac{1}{6}t\,(t{-}1)\,(t{-}2)\,y_0 + \frac{1}{2}(t{+}1)\,(t{-}1)\,(t{-}2)\,y_1 - \frac{1}{2}(t{+}1)\,t\,(t{-}2)\,y_2 + \frac{1}{6}(t{+}1)\,t\,(t{-}1)\,y_3$$

$$= L_0(t)\,y_0 + L_1(t)\,y_1 + L_2(t)\,y_2 + L_3(t)\,y_3.$$

Bild 2.4 zeigt die Interpolationspolynome.

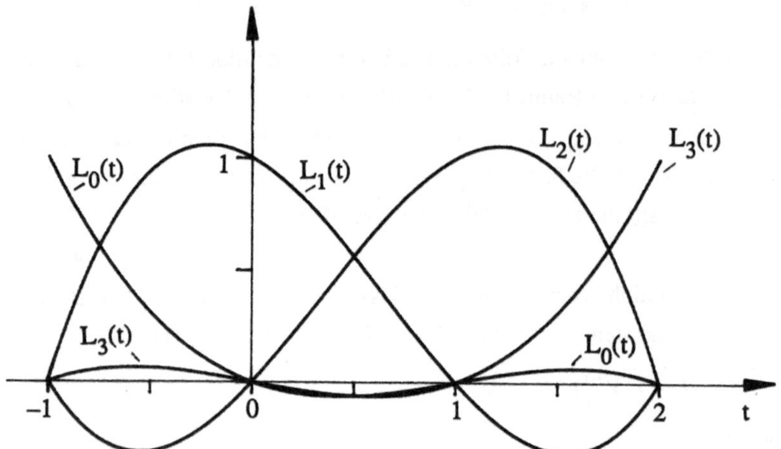

Bild 2.4. Lagrange-Interpolationspolynome dritter Ordnung

Wir haben für den Raum $C^{N+1}(t_0,t_N)$ die Basis $\{t^k\}$ der Potenzen und die gleichwertige Basis der Lagrange-Polynome $\{L_k(t)\}$ kennengelernt. Eine dritte Basis wurde von Newton angegeben.

Satz 2.3: *Newton-Interpolation.*

Die Newton-Interpolation ist durch den Ansatz

$$\hat{y}_N(t) = c_0 + c_1(t-t_0) + c_2(t-t_0)(t-t_1) + \dots + c_N(t-t_0)(t-t_1)\dots(t-t_{N-1}) \qquad (2.10)$$

als Polynom vom Grad N gegeben. Die Koeffizienten c_k bestimmen sich rekursiv aus den Interpolationsbedingungen:

$$\begin{aligned}
y_0 &= c_0, \\
y_1 &= c_0 + c_1(t_1-t_0),
\end{aligned} \qquad (2.11)$$

$$\vdots$$

$$y_N = c_0 + c_1(t_N-t_0) + c_2(t_N-t_0)(t_N-t_1) + \dots + c_N(t_N-t_0)(t_N-t_1)\dots(t_N-t_{N-1}).$$

Eine elegantere Darstellung erhält man mit den Steigungen höherer Ordnung.

Satz 2.4: *Steigungen höherer Ordnung.*

Die k-te Steigung $[t_0 t_1 \dots t_k]$ einer Funktion $y(t)$ ist definiert durch:

$$[t_0] \quad = \quad y_0 \qquad\qquad \text{nullte Steigung,}$$

$$[t_0t_1] \quad = \quad \frac{[t_0] - [t_1]}{t_0 - t_1} \qquad\qquad \text{erste Steigung,}$$

$$[t_0t_1t_2] \quad = \quad \frac{[t_0t_1] - [t_1t_2]}{t_0 - t_2} \qquad\qquad \text{zweite Steigung,} \qquad (2.12)$$

$$\vdots$$

$$[t_0t_1...t_k] \quad = \quad \frac{[t_0t_1...t_{k-1}] - [t_1t_2...t_k]}{t_0 - t_k} \qquad \text{k-te Steigung.}$$

Allgemein gilt:

$$[t_0t_1...t_k] = [t_kt_{k-1}...t_0].$$

Jede Funktion $y(t)$ läßt sich mit ihren Steigungen darstellen:

$$y(t) = [t_0] + [t_0t_1]\,(t{-}t_0) + ... + [t\,t_0t_1...t_N]\,(t{-}t_0)\,(t{-}t_1)\,...\,(t{-}t_N). \qquad (2.13)$$

Die Polynominterpolation wird:

$$\hat{y}_N(t) = [t_0] + [t_0t_1]\,(t{-}t_0) + ... + [t_0t_1...t_N]\,(t{-}t_0)\,(t{-}t_1)\,...\,(t{-}t_{N-1}). \qquad (2.13a)$$

Der Vergleich mit Gl. 2.10 ergibt:

$$c_k = [t_0t_1...t_k] \qquad \text{für} \quad k = 0, ..., N. \qquad (2.13b)$$

Das Restglied $R_{N+1}(t)$ wird:

$$R_{N+1}(t) = y(t) - \hat{y}_N(t) = [t\,t_0t_1...t_N]\,(t{-}t_0)\,(t{-}t_1)\,...\,(t{-}t_N). \qquad (2.13c)$$

Zur Herleitung von Gl. 2.13: Wir schreiben mit Gl. 2.12 die erste Steigung und bilden dann weitere Steigungen:

$$y(t) = [t_0] + [t\,t_0]\,(t{-}t_0),$$

$$[t\,t_0] = [t_0t_1] + [t\,t_0t_1]\,(t{-}t_1),$$

$$[t\,t_0t_1] = [t_0t_1t_2] + [t\,t_0t_1t_2]\,(t{-}t_2) ... \,.$$

Einsetzen der zweiten Gleichung in die erste Gleichung u.s.f. ergibt Gl. 2.13. Gl. 2.13a und Gl. 2.13b folgt für $t = t_i$ sofort aus Gl. 2.13.

Die Newton-Interpolation hat den Vorteil, daß eine Interpolation vom Grad N durch Hinzunehmen von Stützstellen erweitert werden kann, ohne daß die bisherigen Koeffizienten oder Steigungen revidiert werden müssen. Bei einer neuen Stützstelle N+1 kommt lediglich ein Polynom der Ordnung N+1 und damit ein neuer Koeffizient c_{N+1} hinzu.

Die Steigungen können bequem aus dem Steigungsschema berechnet werden. Hier wird es am einfachen Beispiel des Differenzenschemas bei konstantem Stützstellenabstand h gezeigt. Die Interpolationsfunktion wird:

$$\hat{y}_N(t) = y_0 + \frac{\Delta y_0}{h}(t-t_0) + \frac{\Delta^2 y_0}{2!\,h^2}(t-t_0)(t-t_1) + \ldots + \frac{\Delta^N y_0}{N!\,h^N}(t-t_0)\ldots(t-t_{N-1}) \qquad (2.14)$$

mit:

$$\Delta^k y_0 = \Delta^{k-1} y_1 - \Delta^{k-1} y_0, \qquad \frac{\Delta^k y_0}{k!\,h^k} = [t_0 \cdots t_k] \qquad \text{für} \quad k = 1, \ldots, N.$$

Beispiel 6: Die Funktion $y(t) = \sin t$ soll im Bereich $[-\pi, \pi]$ durch fünf Stützstellen approximiert werden. Die Differenzen werden in der Funktionstabelle gebildet. Die Differenz $\Delta^k y_0$ ist das erste Glied der Spalte k.

t_i	y_i	Δy_i	$\Delta^2 y_i$	$\Delta^3 y_i$	$\Delta^4 y_i$	
$-\pi$	0					$\Delta^0 y_0$
		-1				$\Delta^1 y_0$
$-\frac{\pi}{2}$	-1		2			$\Delta^2 y_0$
		1		-2		$\Delta^3 y_0$
0	0		0		0	$\Delta^4 y_0$
		1		-2		
$\frac{\pi}{2}$	1		-2			
		-1				
π	0					

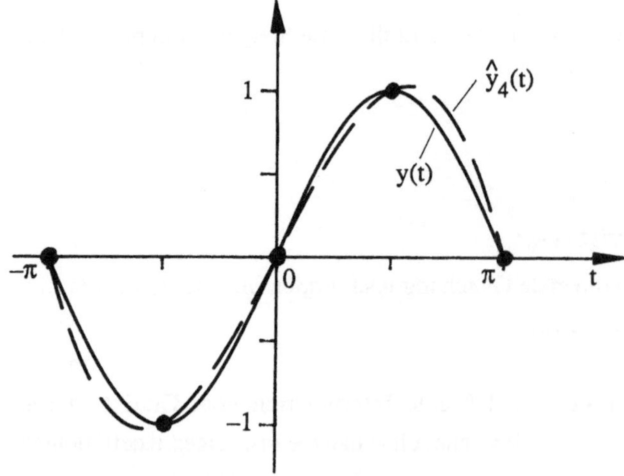

Bild 2.5. Polynominterpolation $\hat{y}_4(t)$ der Funktion $y(t) = \sin t$

Das Interpolationspolynom $\hat{y}_4(t)$ lautet nach Gl. 2.14

$$\hat{y}_4(t) = -\frac{2}{\pi}(t+\pi) + 2\frac{4}{2!\,\pi^2}(t+\pi)(t+\frac{\pi}{2}) - 2\frac{8}{3!\,\pi^3}(t+\pi)(t+\frac{\pi}{2})\,t.$$

Wie groß ist nun der Fehler, der bei der Polynominterpolation entsteht? Hilfreich dafür ist der Satz von Rolle. Eine differenzierbare Funktion $f(t)$ mit $f(a) = f(b) = 0$ hat im Intervall $[a,b]$ mindestens ein Stelle $\tau \in [a,b]$, für welche die Ableitung $f'(\tau)$ verschwindet.

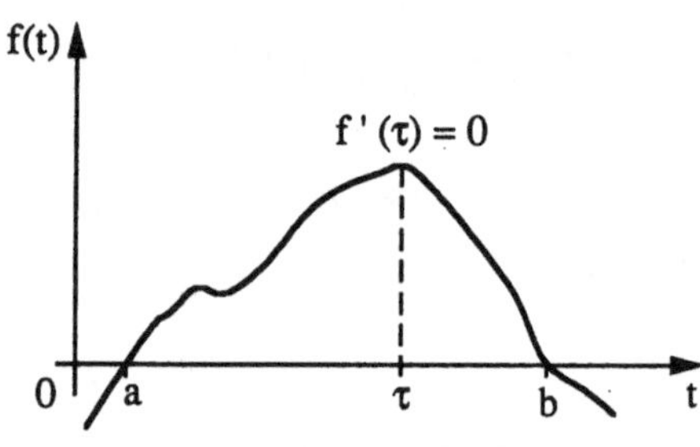

Bild 2.6. Zum Satz von Rolle

Das Restglied $R_{N+1}(t)$ aus Gl. 2.13c wird in den Knoten $t_0,\ldots, t_N$ zu null und oszilliert im allgemeinen dazwischen (Bild 2.7). Nach Rolle wird die erste Ableitung $R'_{N+1}(t)$ im Intervall $[t_0,t_N]$ mindestens N mal zu null u.s.f. $R^{N)}_{N+1}(t)$ wird damit mindestens an einer Stelle $\tau \in [t_0,t_N]$ null oder mit Gl. 2.13a:

$$y^{N)}(\tau) = \hat{y}_N^{N)}(\tau) = N!\,[t_0 t_1 \ldots t_N].$$

Damit ist bei einer N-fach differenzierbaren Funktion im Intervall $[t_0,t_N]$ die N-te Ableitung gleich der N-ten Steigung multipliziert mit $N!$. Wir betrachten $R_{N+1}(t)$ nach Gl. 2.13c und finden dort die $N+1$-te Steigung. Mit obigem Ergebnis wird:

$$R_{N+1}(t) = (t-t_0)(t-t_1)\ldots(t-t_N)\,\frac{1}{(N+1)!}\,y^{N+1)}(\tau). \tag{2.15}$$

Bild 2.7 zeigt den typischen Verlauf des Polynoms von $R_{N+1}(t)$ für $N = 5$:

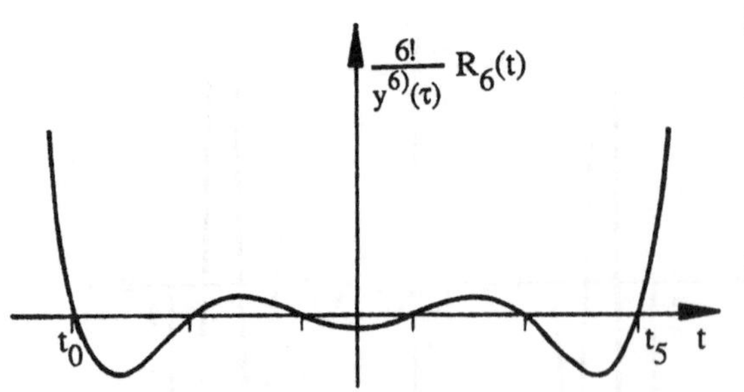

Bild 2.7. Verlauf von $\prod\limits_{i=0}^{5}(t-t_i)$

Die größten Abweichungen treten immer am Ende des Interpolationsbereiches auf. Abhilfe schaffen hier:

a) Stützstellen, die an den Rändern des Interpolationsbereiches dichter liegen /2.1/, /2.2/.

b) Man läßt im Anwendungsbereich der Interpolationsformel die äußeren Intervalle mit dem großen Fehler weg, interpoliert also statt im Bereich $t_0 < t < t_N$ z. B. im Bereich $t_1 < t < t_{N-1}$.

Gl. 2.15 macht noch keine direkte Aussage über die Größe des Interpolationsfehlers. Wir suchen eine grobe, aber griffige Abschätzung für $|R_{N+1}(t)|$. Mit $\tilde{t} = t - t_0$ gilt:

$$\prod_{i=0}^{N} (t - t_i) = \tilde{t}\,(\tilde{t} - (t_1 - t_0))\,(\tilde{t} - (t_2 - t_1) - (t_1 - t_0))\,\ldots .$$

Die Stützstellen seien nach ihrer Größe geordnet. Dann sind sämtliche Differenzen $t_i - t_{i-1}$ positiv. $R_{N+1}(t)$ ist in einem der beiden Randintervalle am größten. Mit $t \in [t_0, t_1]$ und $h = \max\{t_i - t_{i-1}\}$ folgt die Abschätzung:

$$\left| \prod_{i=0}^{N} (t - t_i) \right| \leq \max\{|\tilde{t}\,(\tilde{t} - (t_1 - t_0)|\}\,(2h)\,(3h)\,\ldots\,(Nh) \leq \frac{h^2}{4}\,N!\,h^{N-1}.$$

Das Maximum der ersten beiden Glieder liegt bei $\tilde{t} = \frac{t_1 - t_0}{2}$ und der Wert des Maximums der ersten beiden Glieder bei $\frac{1}{4}(t_1 - t_0)^2$ und ist damit kleiner als $\frac{h^2}{4}$.

Satz 2.5: *Güte der Polynomapproximation.*

Wir beurteilen die Güte der Polynomapproximation nach der Maximumsnorm $\|y - \hat{y}_N\|_{max} = \max\limits_{t \in [t_0, t_N]} \{|y - \hat{y}_N|\}$ und erhalten die grobe Abschätzung:

$$\|y - \hat{y}_N\|_{max} \leq \frac{M_{N+1}\,h^{N+1}}{4(N+1)} , \qquad M_{N+1} = \max\limits_{\tau \in [t_0, t_N]} \{|y^{N+1)}(\tau)|\}. \qquad (2.16)$$

Dabei ist $t_i - t_{i-1} \geq 0$ für $i = 1, \ldots, N$ und $h = \max\{t_i - t_{i-1}\}$.

Die Vermutung auf Grund Gl. 2.15, daß eine hohe Stützstellenzahl den Fehler $|y - \hat{y}_N|$ reduziere, trifft nur für sehr glatte Funktionen $y(t)$ zu. Ein klassisches Gegenbeispiel kommt von Runge, der die Funktion $y(t) = \frac{1}{1 + 100\,t^2}$ im Bereich $[-1,1]$ mit Lagrange-Polynomen der Ordnung $N = 5$ und $N = 15$ approximiert. Den Fehler zeigt Bild 2.8.

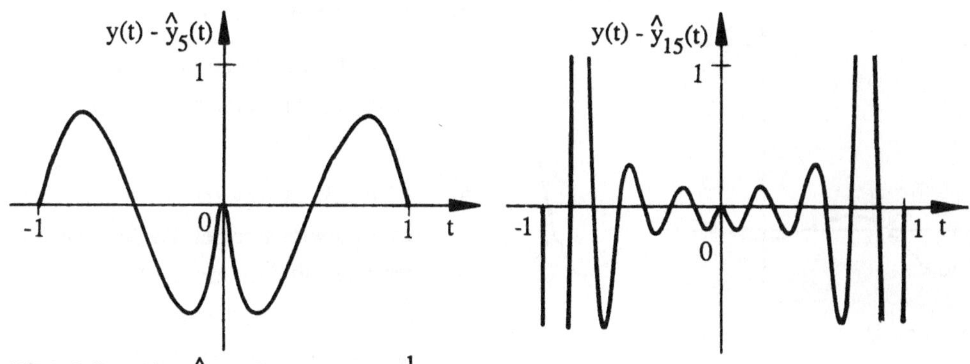

Bild 2.8. $y(t) - \hat{y}_N(t)$ für $y(t) = \dfrac{1}{1 + 100\,t^2}$

Das Rechnen mit Interpolationspolynomen hoher Ordnung ist lästig. Um so mehr wird man solche Polynome vermeiden, wenn mit wachsender Ordnung sogar die Norm $\|y - \hat{y}_N\|_{max}$ ansteigt. Die Idee, es mit stückweiser Interpolation von niederer Ordnung zu versuchen, liegt nahe. Wird mit Polynomen der Ordnung M stückweise approximiert, dann stellt sich die Interpolationsfunktion so dar:

$$\hat{y}_N(t) = \begin{cases} a_0 + a_1 t + a_2 t^2 + \dots + a_M t^M & \text{für } t_0 \leq t \leq t_M \\ a_M + a_{M+1} t + a_{M+2} t^2 + \dots + a_{2M} t^M & \text{für } t_M \leq t \leq t_{2M} \, . \\ \dots \end{cases}$$

Die Konstanten a_k werden aus den Interpolationsbedingungen $y(t_i) = \hat{y}_N(t_i)$ bestimmt. Bild 2.9 zeigt als Beispiel eine stückweise lineare Interpolation.

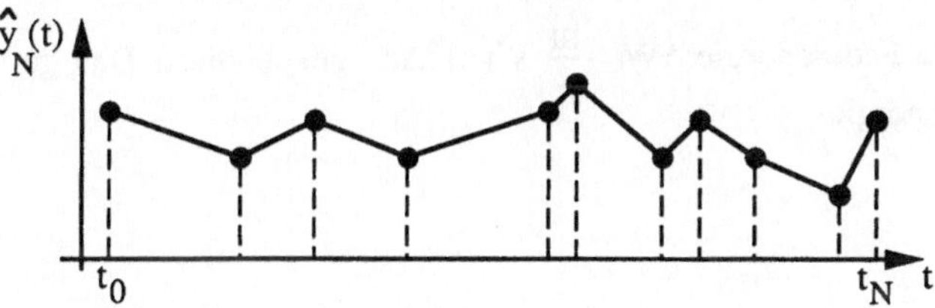

Bild 2.9. Stückweise Interpolation mit Polynomen erster Ordnung

Mit der Abschätzung des Restgliedes nach Gl. 2.16 gilt in diesem Beispiel:

$$\|y - \hat{y}_1\|_{max} \leq \frac{M_2}{8} h^2 .$$

Diese Interpolation kann ausgezeichnet sein! Ein schwerer Nachteil wird allerdings sichtbar, wenn die Näherungsfunktion $\hat{y}_N(t)$ differenziert werden muß. Wie man in Bild 2.9 sofort erkennt, wird schon die erste Ableitung in den Randpunkten der Interpolationsgeraden unstetig. Besser wird die Interpolationsfunktion $\hat{y}_N(t)$, wenn wir an den Randpunkten $t_{j0}, \dots, t_{jM}$ vorschreiben, daß $\hat{y}_N'(t_{j0}) = y'(t_{j0})$ und $\hat{y}_n'(t_{jM}) = y'(t_{jM})$ ist. Die Rechnung der Polynome wird aufwendiger, die Norm $\|y - \hat{y}_N\|_{max}$ mäßig reduziert. $\hat{y}_N(t)$ ist aber dann einmal stetig differenzierbar. Diese Art der Interpolation ist unter dem Namen *Hermite-Interpolation* bekannt /2.4/.

In den letzten Jahrzehnten hat sich eine neue Art der Interpolation bewährt, die besonders glatte Kurven liefert, die Spline-Interpolation. Die Splines sind Interpolationspolynome, die zusätzlich eine quadratische Norm minimieren.

2.1.2. Splines

Der Name kommt aus dem Englischen und bezeichnet dort die Kurve eines elastischen Lineals. Im Schiffsbau zum Beispiel ist die Rumpfform durch die Spanten festgelegt. Sie ergibt sich, wenn die Spanten mit den Planken verbunden werden, oder zeichnerisch, wenn ein elastisches Kurvenlineal über Fixpunkte gelegt wird. Die Linie des Splines in der Ebene sei $s(x)$.

Die Krümmung $s''(x)$ einer Latte aus homogenem Material und gleichem Querschnitt ist für kleine Biegungen /2.3/, /2.4/:

$$s''(x) = \frac{M(x)}{EI} ,$$

M: Moment,

I: Flächenträgheitsmoment,

E: Elastizitätsmodul.

Im Spline-Element Δx ist damit die Federenergie $\Delta W = \frac{EI}{2} s''(x)^2 \Delta x$ gespeichert. Das gesamte Intervall $[x_0, x_N]$ enthält die Energie

$$W = \frac{EI}{2} \int_{x_0}^{x_N} s''(x)^2 dx.$$

Aus der Mechanik ist bekannt, daß ein mechanisches System in einer Position $s(x)$, $x \in [x_0, x_N]$, zur Ruhe kommt, wenn die potentielle Energie W ein Minimum ist. Splines haben damit die Eigenschaft:

$$\int_{x_0}^{x_N} s''(x)^2 dx \rightarrow \min.$$

Der Wert der Spline-Funktion $s(x)$ ist in den Stützstellen $s_i = s(x_i)$ und eventuell noch durch Randbedingungen festgelegt. Auf eine kleine Veränderung der Biegelinie um $\Delta s(x)$ darf sich im Minimum die Energie nicht ändern:

$$\Delta W = EI \int_{x_0}^{x_N} s''(x) \Delta s''(x) dx = 0.$$

$\Delta s(x)$ soll einmal stetig differenzierbar sein, also keine Knicke besitzen, und an den Stützstellen verschwinden: $\Delta s(x_i) = 0$. Zweimal partiell integriert gibt:

$$0 = \int_{x_0}^{x_N} s''(x) \Delta s''(x)\, dx = s''(x) \Delta s'(x) - s'''(x) \Delta s(x) \Big|_{x_0}^{x_N} + \int_{x_0}^{x_N} s^{4)} \Delta s\, dx. \qquad (2.17)$$

Denkt man sich die Integration von Stützstelle zu Stützstelle durchgeführt, fällt wegen

$\Delta s'(x_0) = \Delta s'(x_N) = 0$ der erste Term weg und wegen $\Delta s(x_i) = 0$ der zweite ebenso. Wir lesen aus Gl. 2.17 sofort ab:

Satz 2.6: *Spline-Funktion.*
Eine Splinefunktion $s(x)$ minimiert die quadratische Norm $\|s''(x)\|$ und nimmt an den Interpolationsstellen x_i die vorgeschriebenen Werte $s(x_i) = s_i$ an. $s''(x)$ ist im Intervall $[x_0,x_N]$ stetig. Die vierte Ableitung $s^{4)}(x)$ ist für $x \in [x_0,x_N]$ null außer an den Stützstellen x_i. Die vierte Ableitung von $s(x)$ läßt sich damit allgemein als gewichteter Impulszug darstellen:

$$s^{4)}(x) = \sum_{i=0}^{N} a_i\, \delta(x-x_i). \tag{2.18}$$

Durch wiederholte Integration wird damit jede Spline-Funktion im Intervall $[x_j,x_{j+1}]$:

$$s_j(x) = \ldots + a_{j-2}(x-x_{j-2})^3 + a_{j-1}(x-x_{j-1})^3 + a_j(x-x_j)^3, \quad x \in [x_j,x_{j+1}]. \tag{2.19}$$

Funktionen $s(x)$, welche die quadratische Norm $\|s''(x)\|$ minimieren, heißen deshalb *kubische Splines*. Der Begriff läßt sich auch auf Splines höherer Ordnung erweitern. So ergibt etwa die Forderung einer minimalen Norm $\|s^{4)}(x)\|$ *quintische Splines*.

Wir vergessen jetzt das elastische Kurvenlineal mit der Ortskoordinate x und wenden uns der allgemeinen Spline-Interpolation einer Funktion $y(t)$ mit der unabhängigen Variablen t zu. Ein kubischer Spline $\hat{y}(t)$, der eine Funktion $y(t)$ approximiert, hat noch eine weitere Extremaleigenschaft. Die Energie des Fehlersignals $y''(t) - \hat{y}''(t)$ wird minimiert:

$$\|y'' - \hat{y}''\|^2 = \int_{t_0}^{t_N} (y''(t) - \hat{y}''(t))^2\, dt \;\rightarrow\; \min.$$

Die Bedingung dafür ist nach dem Orthogonalitätsprinzip (Satz 1.4):

$$\int_{t_0}^{t_N} (y''(t) - \hat{y}''(t))\, \hat{y}''(t)\, dt = 0.$$

Zweimal partiell integriert, ergibt:

$$0 = (y'(t)-\hat{y}'(t))\, \hat{y}''(t) \Big|_{t_0}^{t_N} - (y(t)-\hat{y}(t))\, \hat{y}'''(t) \Big|_{t_0}^{t_N} + \int_{t_0}^{t_N} (y(t)-\hat{y}(t))\, \hat{y}^{4)}(t)\, dt. \tag{2.20}$$

$\hat{y}''(t)$ ist als kubischer Spline stetig, $y(t_i) - \hat{y}(t_i)$ an den Stützstellen null. Damit gilt:

Satz 2.7: *Kubischer Spline.*
Ein kubischer Spline mit den Stützstellenbedingungen $\hat{y}(t_i) = y(t_i) = y_i$, $i = 0, \ldots, N$,

und $\hat{y}'(t_0) = y_0'$ sowie $\hat{y}'(t_N) = y_N'$ minimiert über die Interpolation hinaus die quadratische Norm $\|y'' - \hat{y}''\|$. Für jede Funktion $y(t)$ existiert ein einziger kubischer Spline.

Aus Gl. 2.20 bestätigt man wieder die Darstellung in Gl. 2.18 als gewichteter Impulszug. Bild 2.10 stellt einen speziellen kubischen Spline $B(t)$ (vgl. Def. 2.3) mit fünf Stützstellen dar: $B(-2) = B(2) = 0$, $B(-1) = B(1) = 1$, $B(0) = 4$, $B'(-2) = B'(2) = 0$. Die vierte Ableitung gibt den Impulszug, die dritte eine Treppenfunktion mit Unstetigkeiten an den Stützstellen, die zweite Ableitung ist ein stetiger linearer Polygonzug. Die Funktion $B(t)$ ist selbst daher glatt, d.h. zweimal stetig differenzierbar.

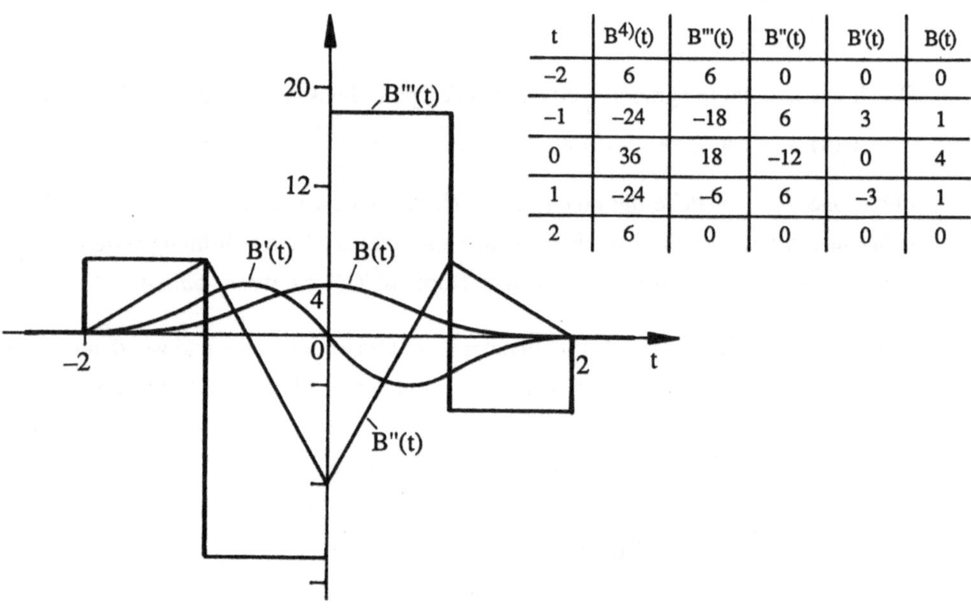

t	$B^{4)}(t)$	$B'''(t)$	$B''(t)$	$B'(t)$	$B(t)$
-2	6	6	0	0	0
-1	-24	-18	6	3	1
0	36	18	-12	0	4
1	-24	-6	6	-3	1
2	6	0	0	0	0

Bild 2.10. B-Spline und seine Ableitungen

Mit den stetigen zweiten Ableitungen lassen sich die Koeffizienten der Spline-Polynome direkt bestimmen. Der übersichtlichen Formulierung wegen rechnen wir mit gleichmäßigem Stützstellenabstand $h = t_j - t_{j-1}$, $j = 1, 2, \ldots, N$. Die zweite Ableitung $\hat{y}''(t)$ ist nach Obigem in jedem Intervall $[t_{j-1}, t_j]$ ein Geradenstück:

$$\hat{y}''(t) = \frac{1}{h}(-\hat{y}''_{j-1}(t-t_j) + \hat{y}''_j(t-t_{j-1})), \qquad \hat{y}''_j = \left.\frac{d^2\hat{y}(t)}{dt^2}\right|_{t=t_j}.$$

Zweimal integriert gibt:

$$\hat{y}(t) = \frac{1}{6h}(-\hat{y}''_{j-1}(t-t_j)^3 + \hat{y}''_j(t-t_{j-1})^3) + c_{j1}t + c_{j0}.$$

Mit der Interpolationsbedingung $\hat{y}(t_j) = y_j$ lassen sich die Integrationskonstanten c_{j1} und c_{j0} eliminieren:

$$\hat{y}(t) = -\frac{1}{6h}\hat{y}''_{j-1}(t-t_j)^3 + \frac{1}{6h}\hat{y}''_j(t-t_{j-1})^3$$

$$+ \frac{1}{h}\left(y_j - \hat{y}''_j\frac{h^2}{6}\right)(t-t_{j-1}) - \frac{1}{h}\left(y_{j-1} - \hat{y}''_{j-1}\frac{h^2}{6}\right)(t-t_j).$$

Differenziert man $\hat{y}(t)$ und fordert Stetigkeit an den Knoten t_j, $j = 1, \ldots, N-1$, so erhält man endgültig:

$$\frac{h^2}{6}\left(\hat{y}''_{j-1} + 4\hat{y}''_j + \hat{y}''_{j+1}\right) = y_{j+1} - 2y_j + y_{j-1} \qquad \text{für } j = 1, \ldots, N-1. \qquad (2.21)$$

Unbekannt sind die $N+1$ Krümmungen $\hat{y}''_0$ bis $\hat{y}''_N$. Gl. 2.21 hat $N-1$ Gleichungen. Die beiden zusätzlichen Gleichungen ergeben sich aus den Randbedingungen. Nimmt man etwa zwei außerhalb des Intervalls $[t_0, t_N]$ gelegene Stützstellen y_{-1} und y_{N+1} hinzu, so hat man zwei weitere Gleichungen. Meistens wählt man aber $\hat{y}'(t_0) = y'_0$ und $\hat{y}'(t_N) = y'_N$ (vgl. Satz 2.7) und erhält dann folgende zusätzlichen Gleichungen:

$$\left(\frac{1}{3}\hat{y}''_0 + \frac{1}{6}\hat{y}''_1\right)h = \frac{y_1 - y_0}{h} - y'_0,$$

$$\left(\frac{1}{3}\hat{y}''_N + \frac{1}{6}\hat{y}''_{N-1}\right)h = -\frac{y_N - y_{N-1}}{h} + y'_N. \qquad (2.22)$$

Andere Randbedingungen, wie Periodizität oder Vorschriften für die zweite Ableitung $\hat{y}''_0$ und $\hat{y}''_N$ lassen sich ebenso einführen /2.9/.

Das Gleichungssystem nach Gl. 2.21 und Gl. 2.22 läßt sich gut auflösen, nur die Diagonale und die beiden Nebendiagonalen sind besetzt.

Zur Erinnerung: Bei der Polynominterpolation hatten wir mit der Vandermonde-Matrix, mit den Lagrange-Polynomen und den Newton-Polynomen auf dreierlei Art dieselbe Aufgabe mit einer einzigen Lösung bewältigt. Mit Gl. 2.21 und 2.22 haben wir das Interpolationsproblem mit kubischen Splines gelöst. Mit Hilfe der B-Splines gehen wir nun auf eine zweite Art die Spline-Interpolation an.

Definition 2.3: *B-Spline.*
Ein B-Spline ist eine Spline-Funktion $B_j(t)$, die außerhalb des Intervalls $[t_{j-2}, t_{j+2}]$ identisch verschwindet. $B_j(t)$ ist von der Konstruktion her überall stetig, ebenso $B'_j(t)$ und $B''_j(t)$. Die Interpolationsformel wird dann mit den unbekannten Gewichten x_j:

$$\hat{y}(t) = \sum_{j=-1}^{N+1} x_j B_j(t).$$

Satz 2.8: *B-Spline.*

Ein kubischer B-Spline ist gegeben durch:

$$B_j(t) = \begin{cases} \dfrac{(t-t_{j-2})^3}{h^3} & \text{für } t \in [t_{j-2}, t_{j-1}] \\[2ex] 1+3\,\dfrac{t-t_{j-1}}{h} + 3\,\dfrac{(t-t_{j-1})^2}{h^2} - 3\,\dfrac{(t-t_{j-1})^3}{h^3} & \text{für } t \in [t_{j-1}, t_j] \\[2ex] 1-3\,\dfrac{t-t_{j+1}}{h} + 3\,\dfrac{(t-t_{j+1})^2}{h^2} + 3\,\dfrac{(t-t_{j+1})^3}{h^3} & \text{für } t \in [t_j, t_{j+1}] \\[2ex] -\dfrac{(t-t_{j+2})^3}{h^3} & \text{für } t \in [t_{j+1}, t_{j+2}] \\[2ex] 0 & \text{sonst.} \end{cases} \tag{2.23}$$

Die Gewichte x_j bestimmen sich aus der Matrix $\boldsymbol{B}$:

$$\boldsymbol{B}\,\boldsymbol{x} = \boldsymbol{y} \tag{2.24}$$

mit:

$$\boldsymbol{x} = \begin{pmatrix} x_{-1} \\ x_0 \\ \vdots \\ x_N \\ x_{N+1} \end{pmatrix}, \quad \boldsymbol{y} = \begin{pmatrix} y'(t_0) \\ y(t_0) \\ \vdots \\ y(t_N) \\ y'(t_N) \end{pmatrix}, \quad \boldsymbol{B} = \begin{pmatrix} -\frac{3}{h} & 0 & \frac{3}{h} & & & & \boldsymbol{0} \\ 1 & 4 & 1 & & & & \\ & 1 & 4 & 1 & & & \\ & & \ddots & \ddots & \ddots & & \\ & & & 1 & 4 & 1 \\ \boldsymbol{0} & & & & -\frac{3}{h} & 0 & \frac{3}{h} \end{pmatrix} .$$

Die Matrix $\boldsymbol{B}$ ist eine Bandmatrix mit vielen Nullen, die x_j werden leicht errechnet. Die Spline-Funktion wird:

$$\hat{y}(t) = \sum_{j=-1}^{N+1} x_j\, B_j(t). \tag{2.25}$$

Zur Herleitung von $B_0(t)$ setzen wir einen Impulszug mit fünf Impulsen an:

$$B_0^{(4)}(t) = \sum_{i=-2}^{2} c_i\, \delta(t-ih).$$

$B_0(t)$ soll für $|t| > 2h$ identisch verschwinden. Die dreifache Integration ergibt für $|t| > 2h$:

$$B_0(t) = \frac{1}{6}\left(c_{-2}(t+2h)^3 + c_{-1}(t+h)^3 + c_0 t^3 + c_1(t-h)^3 + c_2(t-2h)^3\right).$$

Der Koeffizientenvergleich für $B_0(t) \equiv 0$, $|t| > 2h$, ergibt:

$$c_1 = c_{-1} = -\frac{2}{3}\, c_0, \qquad\qquad c_2 = c_{-2} = \frac{1}{6}\, c_0.$$

Wählt man $c_0 = 36$, so folgt direkt Gl. 2.23. Gl. 2.24 folgt aus der Wertetabelle des B-Splines, die sich in Bild 2.10 findet.

Bild 2.11 zeigt noch einmal die Interpolation von $y(t) = \sin t$ mit fünf Stützstellen (vgl. Bsp.6) mit dem Lagrange-Polynom und dem B-Spline. Die Spline-Approximation liefert ein deutlich besseres Ergebnis.

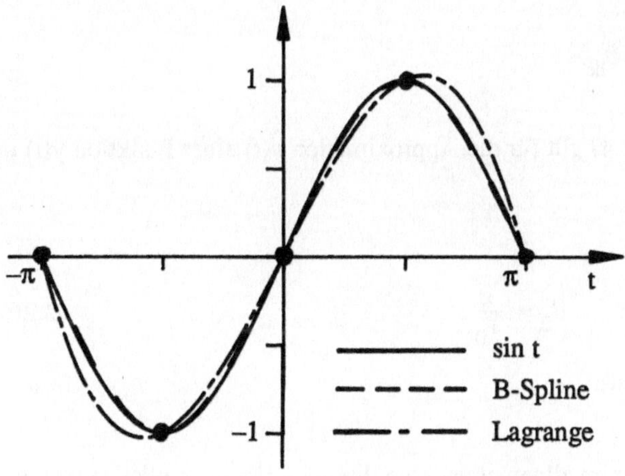

Bild 2.11. Approximation nach Lagrange und Spline-Approximation mit fünf Stützstellen

2.2. Fourier-Reihen

In Gl. 1.15 und in Kap. 1, Bsp. 10 haben wir das vollständige orthonormale System $\{F_k(t)\}$ mit:

$$F_k(t) = \frac{1}{\sqrt{T_0}}\, e^{j2\pi kt/T_0}, \qquad t \in [t_0, t_0+T_0], \quad k \in Z,$$

kennengelernt. Die Funktionen $F_k(t)$ sind die Eigenfunktionen von linearen Differentialoperatoren. Man bestätigt leicht, daß die Funktionen $F_k(t)$ eine orthonormale Basis bilden. Es ist:

$$\langle F_k | F_l \rangle = \int_{t_0}^{t_0+T_0} F_k(t)\, F_l^*(t)\, dt = \delta_{lk}.$$

Mit dem Projektionstheorem (Satz 1.4) gilt für die Approximation $\hat{y}(t)$ einer Funktion $y(t)$ in der Fourier-Basis:

$$\hat{y}(t) = \frac{1}{\sqrt{T_0}} \sum_{k=-N}^{N} Y_k\, e^{j2\pi kF_0 t}, \qquad F_0 = \frac{1}{T_0},$$

$$Y_k = \frac{1}{\sqrt{T_0}} \int_{t_0}^{t_0+T_0} y(t)\, e^{-j2\pi kF_0 t}\, dt. \tag{2.26}$$

Die Fourier-Koeffizienten Y_k werden im allgemeinen komplex sein. Für ein reelles Signal $y(t)$ liest man sofort ab:

$$Y_k = Y_{-k}^*.$$

Definiert man reelle Koeffizienten a_k und b_k durch:

$$Y_k = \frac{1}{2} \sqrt{T_0}\,(a_k - jb_k), \qquad\qquad Y_{-k} = \frac{1}{2} \sqrt{T_0}\,(a_k + jb_k),$$

$$a_k = \frac{1}{\sqrt{T_0}}\,(Y_k + Y_{-k}), \qquad\qquad b_k = j\,\frac{1}{\sqrt{T_0}}\,(Y_k - Y_{-k})$$

und setzt diese in Gl. 2.26 ein, so ergibt sich für reelle $y(t)$ die elementare Fourier-Reihe, in der allein über positive k summiert wird:

$$\hat{y}(t) = \frac{a_0}{2} + \sum_{k=1}^{N} a_k\, \cos 2\pi kF_0 t + \sum_{k=1}^{N} b_k\, \sin 2\pi kF_0 t$$

mit: (2.27)

$$a_k = \frac{2}{T_0} \int_{t_0}^{t_0+T_0} y(t)\, \cos 2\pi kF_0 t\, dt, \qquad b_k = \frac{2}{T_0} \int_{t_0}^{t_0+T_0} y(t)\, \sin 2\pi kF_0 t\, dt.$$

Satz 2.9: *Fourier-Reihe.*

Gl. 2.26 und Gl. 2.27 sind zwei gleichwertige Darstellungen einer reellen Funktion $y(t)$ als Fourier-Reihe. Wählt man den Beobachtungszeitraum zu $[-\frac{T_0}{2}, \frac{T_0}{2}]$, so erkennt man aus Gl. 2.27 sofort, daß die Basis $\{\cos 2\pi k F_0 t\}$ für gerade Funktionen $y(t)$ vollständig ist. Die Basis $\{\sin 2\pi k F_0 t\}$ besitzt die gleiche Eigenschaft für ungerade Funktionen $y(t)$.

Gl. 2.27 vermeidet zwar Rechnungen mit komplexen Größen, für numerische Rechnungen bringen jedoch Algorithmen in übersichtlicher komplexer Form wie Gl. 2.26 erhebliche Vorteile.

2.3. Diskrete Fourier-Transformation (DFT)

Aus den Prozessen kommen Signale, die bei der Verarbeitung folgenden Einschränkungen unterworfen sind:

- Nur endlich lange Signale können bearbeitet werden. Wir legen die Beobachtungszeit T_0 fest.

- Selbst leistungsfähige Digitalrechner können nur eine beschränkte Zahl N von Abtastwerten verarbeiten.

Üblich ist, Signalwerte in gleichbleibenden Abständen zu erfassen. Mit der festen Abtastzeit T gelten dann folgende Beziehungen (Bild 2.12):

$$N \qquad\qquad \text{Umfang der Stichprobe,}$$

$$T_0 = NT \qquad\qquad \text{Beobachtungszeit,}$$

$$F_0 = \frac{1}{T_0} = \frac{1}{N} F = \frac{1}{NT} \qquad\qquad \text{Beobachtungsfrequenz,} \qquad\qquad (2.28)$$

$$T = \frac{1}{N} T_0 \qquad\qquad \text{Abtastzeit,}$$

$$F = NF_0 = \frac{1}{T} \qquad\qquad \text{Abtastfrequenz,}$$

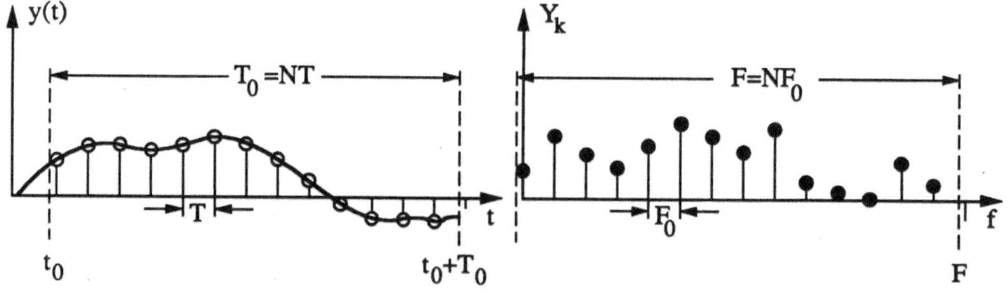

Bild 2.12. Größen bei der Signalerfassung

Wir stellen den Signalabschnitt $[t_0, t_0+T_0]$ als Fourier-Reihe dar. Wie soll man nun einen Fourier-Koeffizienten für gemessene Signalwerte $y(n) = y(t_0+nT)$ nach Gl. 2.26 oder Gl. 2.27 errechnen? Es bleibt nichts anderes übrig, als dies numerisch zu tun. Schreiben wir den Beitrag zum Integral für das Intervall n als $T\,y(n-1)$, so wird die zweite Gleichung von Gl. 2.26 mit $2\pi F_0 Tkn = \frac{2\pi}{N} kn$:

$$Y_k = \sum_{n=0}^{N-1} y(n)\, e^{-j2\pi kn/N}, \qquad k = 0, \ldots, N-1.$$

Der Faktor $T/\sqrt{T_0}$ wird in der folgenden Beziehung für $y(n)$ berücksichtigt. Y_k hat die Periode

N. Es genügt also immer die Fourier-Koeffizienten $Y_0, ..., Y_{N-1}$ zu bestimmen. Die Zeitwerte $y(n)$ errechnen sich umgekehrt aus folgender Beziehung:

$$y(n) = \frac{1}{N} \sum_{k=0}^{N-1} Y_k \, e^{j2\pi kn/N}, \qquad n = 0, ..., N-1.$$

Die Gleichung wird bestätigt durch Einsetzen der Gleichung für Y_k:

$$y(n) = \frac{1}{N} \sum_{k=0}^{N-1} \sum_{m=0}^{N-1} (y(m) \, e^{-j2\pi km/N}) \, e^{j2\pi kn/N} = \frac{1}{N} \sum_{m=0}^{N-1} y(m) \left(\sum_{k=0}^{N-1} e^{j2\pi k(n-m)/N} \right).$$

Die innere Summe ist eine endliche geometrische Reihe, die aufsummiert ergibt:

$$\frac{e^{j2\pi(n-m)} - 1}{e^{j2\pi(n-m)/N} - 1} = \delta_{nm}.$$

Der zweite Teil der Behauptung läßt sich mit der Regel von l'Hospital für $n-m \to 0$ bestätigen.

Satz 2.10: *Diskrete Fourier-Transformation (DFT).*

Als diskrete Fouriertransformation bezeichnet man das Wertepaar $y(n) \circ\!\!-\!\!\bullet\, Y_k$, das durch folgende Beziehungen verbunden ist:

$$y(n) = \frac{1}{N} \sum_{k=0}^{N-1} Y_k \, w_N^{-kn} \qquad \text{für } n = 0, ..., N-1,$$

$$Y_k = \sum_{n=0}^{N-1} y(n) \, w_N^{kn} \qquad \text{für } k = 0, ..., N-1, \tag{2.29}$$

mit:

$$w_N = e^{-j2\pi/N}, \qquad w_N^N = 1, \qquad w_N^k = w_N^{k+mN}, \qquad w_N^{*k} = w_N^{N-k}, \qquad k, m \in \mathbb{Z}.$$

Die Faktoren w_N^k, $k = 0, ..., N-1$ sind die N Wurzeln der Gleichung $w_N^N = 1$. Es gilt: $|w_N^k| = 1$ für $k = 0, ..., N-1$ (Bild 2.13). Die Vektoren $w_k^T = (1 \quad w_N^{-k} \, ... \, w_N^{-k(N-1)})$ bilden im N-dimensionalen Raum $\mathbb{C}^N$ eine orthogonale Basis:

$$\langle w_k | w_l \rangle = \sum_{m=0}^{N-1} w_N^{(k-l)m} = \delta_{kl}. \tag{2.30}$$

Das innere Produkt ist im Zeitbereich und im Frequenzbereich bis auf eine Konstante gleich. Die DFT ist bis auf den Faktor $\frac{1}{N}$ eine unitäre Transformation (Def. 1.11):

$$\langle y | z \rangle = \sum_{n=0}^{N-1} y(n) \, z^*(n) = \frac{1}{N} \langle Y | Z \rangle = \frac{1}{N} \sum_{k=0}^{N-1} Y_k \, Z_k^*$$

mit:

$$y^T = (y(0)\ y(1)\ ...\ y(N{-}1)), \qquad Y^T = (Y_0\ ...\ Y_{N-1}), \qquad (2.31)$$

$$z^T = (z(0)\ z(1)\ ...\ z(N{-}1)), \qquad Z^T = (Z_0\ ...\ Z_{N-1}).$$

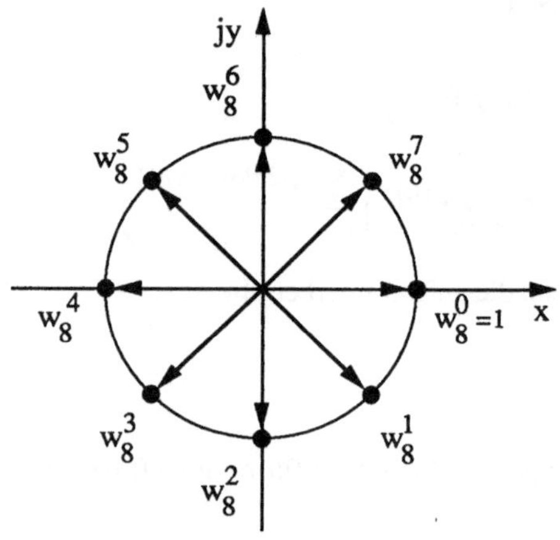

Bild 2.13. w_8^k in der komplexen Ebene

Zur Herleitung von Gl. 2.31 schreiben wir Gl. 2.29 in Matrixform:

$$y = \frac{1}{N}\ W\ Y$$

mit:

$$W = \begin{pmatrix} w_0^T \\ w_1^T \\ \vdots \\ w_{N-1}^T \end{pmatrix}$$

$$= (w_0\ w_1\ ...\ w_{N-1}) = (w_N^{-ij}).$$

Die Matrix W ist symmetrisch, und es gilt mit Gl. 2.30:

$$\frac{1}{N}\ W^T W^* = I.$$

Damit erhält man für das Innenprodukt zweier Folgen y und z sofort :

$$\langle y|z \rangle = y^T z^* = \frac{1}{N^2}\ Y^T\ W^T W^* z^* = \frac{1}{N}\ = Y^T Z^* = \frac{1}{N}\ \langle Y|Z \rangle .$$

$$\sum_{n=0}^{N-1} y(n)\ z^*(n) = \frac{1}{N} \sum_{k=0}^{N-1} Y_k\ Z_k^*.$$

Eine weitere wichtige Operation, die in Kap. 3 und Kap. 4 eingeführt wird, ist die Faltung. Mit Gl. 2.29 schreiben wir:

$$y(m) = \frac{1}{N} \sum_{l=0}^{N-1} Y_l w_N^{-lm}, \qquad\qquad z(n{-}m) = \frac{1}{N} \sum_{k=0}^{N-1} Z_k w_N^{-k(n-m)}.$$

Die Faltung wird dann mit geänderter Summationsfolge:

$$y(n) * z(n) = \sum_{m=0}^{N-1} y(m)\ z(n{-}m) = \frac{1}{N^2} \sum_{k=0}^{N-1} \left(\sum_{m=0}^{N-1} \sum_{l=0}^{N-1} Z_k Y_l w_N^{-m(l-k)} \right) w_N^{-kn}.$$

Die Doppelsumme in der Klammer verschwindet für $l \ne k$ und hat für $l = k$ den Wert $N\ Y_k Z_k$. Damit wird:

$$y(n) * z(n) = \frac{1}{N} \sum_{k=0}^{N-1} Z_k Y_k w_N^{-kn}$$

und mit Gl. 2.29:

$$\sum_{m=0}^{N-1} y(m)\, z(n-m) \;\circ\!\!-\!\!\bullet\; Z_k Y_k. \qquad (2.32)$$

Beispiel 7: Bestimmung der Fourier-Koeffizienten Y_k zur Folge $y(n)$ in Bild 2.14.

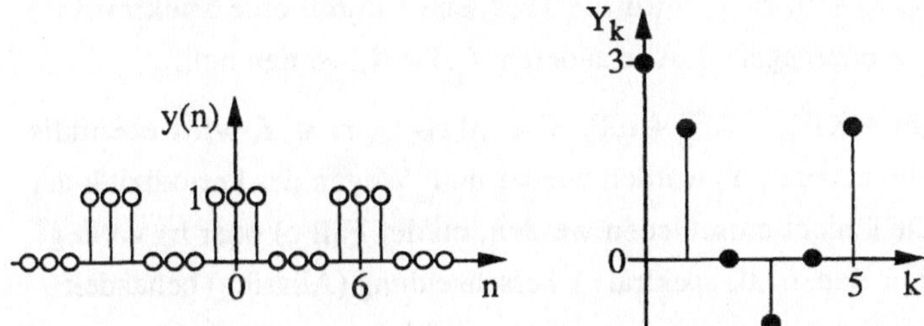

Bild 2.14. Beispiel einer Folge $y(n)$ und deren Fourier-Koeffizienten Y_k

Die Folge hat offensichtlich die Periode 6. w_N ist damit $w_6 = e^{-j\pi/3}$. Mit Gl. 2.29 gilt:

$$Y_k = \sum_{n=0}^{5} y(n)\, e^{-j\pi kn/3}.$$

Für die Y_k finden wir direkt:

$$Y_k = 1 + e^{-j\pi k/3} + e^{-j\pi k5/3} = 1 + e^{-j\pi k/3} + e^{j\pi k/3} = 1 + 2\cos\frac{\pi}{3}k.$$

Daß die Y_k reell sind, ist nicht überraschend, da die Folge $y(n)$ eine reelle und gerade Folge ist (Satz 2.9). In Bild 2.14 sind die Fourier-Koeffizienten Y_k aufgetragen.

Die diskrete Fourier-Transformation ist umkehrbar eindeutig. Man kann unbedenklich und beliebig oft vom Zeitbereich in den Frequenzbereich und umgekehrt wechseln.

Zu untersuchen ist, welche Fehler durch die zeitdiskrete Verarbeitung entstehen. Als kontinuierliche Testfunktion nehmen wir ein harmonisches Signal $y(t) = e^{j2\pi ft}$ an. Mit Gl. 2.29 gilt für die Fourier-Koeffizienten:

$$Y_k = \sum_{n=0}^{N-1} e^{j2\pi fnT}\, e^{-j2\pi kn/N}.$$

Die endliche geometrische Reihe läßt sich aufsummieren:

$$Y_k = e^{j\pi(N-1)\alpha} \, \frac{\sin \pi N\alpha}{\sin \pi \alpha} \;, \qquad \alpha = f\,T - \frac{k}{N} = \frac{1}{N}\left(\frac{f}{F_0} - k\right). \qquad (2.33)$$

Wir diskutieren die Funktion (Bild 2.15):

$$|Y_k| = \left| \frac{\sin \pi N\alpha}{\sin \pi \alpha} \right|.$$

Sie besitzt in k die Periode N. Die Y_k liest man am einfachsten aus dem Raster der Pfeile mit Abstand eins in Bild 2.15 ab. Drei Fälle sind zu unterschieden.

a)   Für $\alpha = 0$ oder $f = KF_0$, $K \in [0,N-1]$ wird die Frequenz f durch eine Spektrallinie $Y_K = N$ am Ort $f = KF_0$ wiedergegeben. Alle anderen Y_l, $l \neq K$, werden null.

b)   Für $\alpha = m$ oder $f = (Nm + K)F_0 = KF_0 + mF$, $K \in [0,N-1]$, $m \in Z$, wird ebenfalls $Y_K = N$ am Ort KF_0. Alle anderen Y_l werden wieder null. Wegen der Periodizität der Y_k kann aber mit der DFT nicht entschieden werden, ob der Fall a) oder b) vorliegt. Diese Erscheinung wird in Kap. 6 als spektrale Überschneidung (Aliasing) behandelt.

c)   Besonders wichtig für die Anwendung ist der Leckeffekt (Leakage). In diesem Fall ist $\alpha = \frac{1}{N}(\frac{f}{F_0} - K)$ oder $f = (K + \alpha N)F_0$ mit $|\alpha| < \frac{1}{N}$. In Bild c1) und c2) erkennt man sofort, daß statt einer Spektrallinie Y_K überall noch kleine Linien entstehen. In Bild c1) sind die Linien für $\alpha = \frac{1}{2N}$ eingezeichnet. Statt einer Linie sind zwei gleich hohe und daneben viele andere kleine Linien vorhanden. In Bild c2), $\alpha = \frac{1}{4N}$, erkennt man eine hohe, eine etwas kleinere und sehr viele ganz kleine Linien.

Die Ergebnisse zusammengefaßt ergeben:

Satz 2.11: *Aliasing, Leckeffekt.*
Reale Signale endlicher Länge und Amplitude lassen sich als Summe harmonischer Signale darstellen. Wird ein harmonisches Signal einer DFT der Ordnung N unterworfen, so wird die Frequenz des harmonischen Signals durch eine einzige *Spektrallinie*, dem Koeffizienten $Y_K = N$, korrekt wiedergegeben, wenn $\frac{f}{F_0} = K$, $K \in [0,N-1]$ ist.

Frequenzen f, die außerhalb dieses Bereiches liegen, werden ebenfalls mit einer Linie $Y_K = N$ detektiert, wenn nur $\frac{f}{F_0} = K + mN$, $K \in [0,N-1]$, $m \in Z$ ist. Durch die DFT geht dann Information über die Frequenz f verloren (Spektrale Überschneidung, Aliasing, Kap. 6).

Mit dem Leckeffekt (Leakage) ist zu rechnen, wenn $\frac{f}{F_0}$ nicht ganzzahlig ist. Ein einziges harmonisches Signal erzeugt dann im ganzen Bereich $k \in [0,N-1]$ DFT-Koeffizienten Y_k. Ordnet man dem betragsgrößten Koeffizienten Y_{max} die unbekannte Frequenz f zu, so wird der Fehler Δf bei der Frequenzbestimmung:

$$|\Delta f| < \frac{F}{2N} = \frac{1}{2NT} \ . \tag{2.34a}$$

Der relative Betragsfehler bei der Bestimmung von Y_{max} wird:

$$\left|\frac{Y_{max}-N}{Y_{max}}\right| \leq 1 - \frac{2}{\pi} \approx 0{,}35. \tag{2.34b}$$

Ist Y_{max} der betragsgrößte DFT-Koeffizient, dann gilt für die benachbarten Koeffizienten $Y_{max\pm1}$:

$$\left|\frac{Y_{max\pm1}}{Y_{max}}\right| = \left|\frac{\sin\pi\alpha}{\sin\pi(\alpha \pm \frac{1}{N})}\right| \approx \left|\frac{N\alpha}{N\alpha \pm 1}\right| < \frac{1}{3} \ .$$

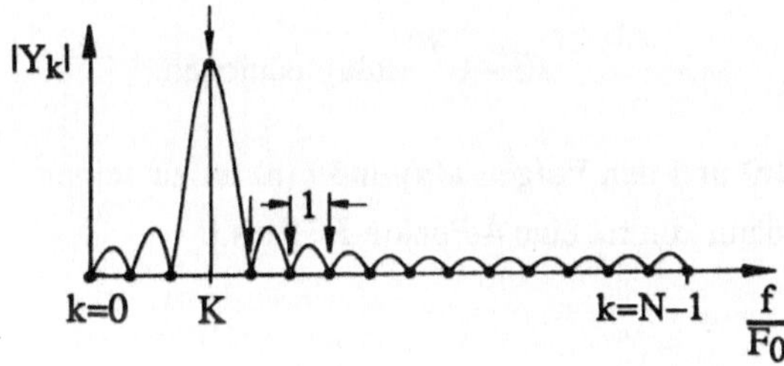

a) $\dfrac{f}{F_0} = K = 3, \ \alpha = 0,$

b) $\dfrac{f}{F_0} = Nm+K, \ \alpha = m$ (Aliasing),

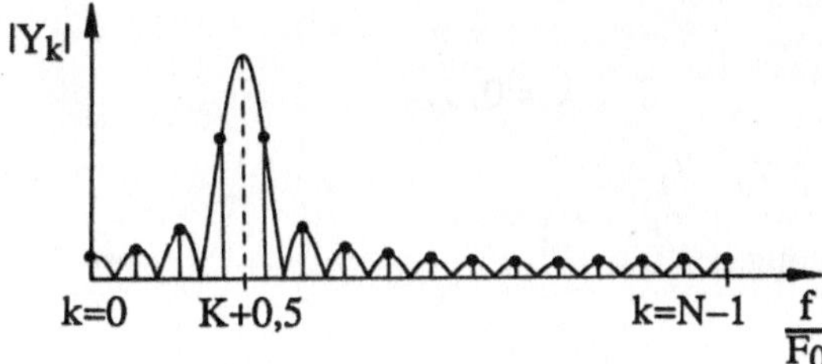

c1) $\dfrac{f}{F_0} = K + \dfrac{1}{2} = 3{,}5, \ \alpha = \dfrac{1}{2N}$ (Leakage),

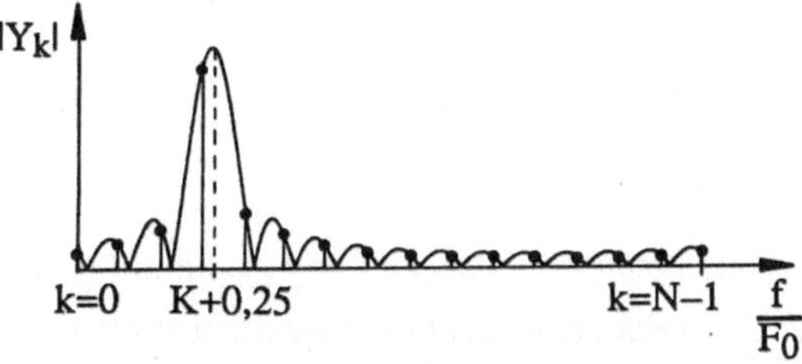

c1) $\dfrac{f}{F_0} = K + \dfrac{1}{4} = 3{,}25, \ \alpha = \dfrac{1}{4N}$ (Leakage),

Bild 2.15. DFT bei einer harmonischen Schwingung, Leckeffekt

Zur Herleitung: Man liest aus Bild 2.15 sofort ab, daß im Fall $\alpha = \dfrac{1}{2N}$ zwei gleich hohe Linien entstehen. Der maximale Fehler rechnet sich gerade für diesen Fall mit Gl 2.33. Weiter folgt aus der Gleichung der maximale Frequenzfehler und der maximale Betragsfehler.

2.4. Schnelle Fourier-Transformation (FFT)

Die schnelle Fourier-Transformation (FFT, Fast Fourier Transform) ist keine neue Transformation. Sie bringt dieselben Ergebnisse wie die DFT. Die Zahl der Rechenoperationen ist bei der FFT erheblich kleiner, weil die Koeffizienten rekursiv bestimmt und Symmetrien ausgenützt werden.

Zur Rechnung von Y_k nach Gl. 2.29 werden N–1 komplexe Multiplikationen je Fourier-Koeffizient benötigt. Die grundlegende Idee ist folgende. Wir betrachten wir eine 2N Punkte-FFT. Statt nun eine Folge Y_k mit 2N Koeffizienten zu rechnen, werden zwei Folgen A_k und B_k mit je N Koeffizienten gerechnet:

$$y(n) \quad \circ\!\!-\!\!\bullet \quad Y_k \qquad\qquad\qquad (2N{-}1)^2 \text{ Multiplikationen,}$$
$$\underset{2N}{}$$

$$a(n) \quad \circ\!\!-\!\!\bullet \quad A_k, \qquad b(n) \quad \circ\!\!-\!\!\bullet \quad B_k, \qquad 2(N{-}1)^2 \text{ Multiplikationen.}$$

Der Zusammenhang zwischen der Folge y(n) und den Folgen a(n) und b(n) ist zu zeigen. Dazu beginnen wir mit einer 2-Punkte-FFT, dann kommt eine 4-Punkte-FFT u.s.f.

-   2-Punkte-FFT:

$$w_2^{kn} = e^{-j\pi kn},$$

$$Y_k = y_0 + y_1\, e^{-j\pi k}, \qquad\qquad k = 0, 1,$$

$$Y_0 = y_0 + y_1, \qquad Y_1 = y_0 - y_1.$$

Offensichtlich ist keine Multiplikation nötig.

-   4-Punkte-FFT:

$$w_4^{kn} = e^{-j\pi kn/2},$$

$$Y_k = (y_0 + y_2\, e^{-j\pi k}) + e^{-j\pi k/2}\,(y_1 + y_3\, e^{-j\pi k}), \quad k = 0, 1, 2, 3 .$$

$$\underbrace{\qquad\qquad}_{\text{2-Punkte-FFT}} \cdot \underbrace{\qquad\qquad}_{\text{2-Punkte-FFT}}$$

Die 4-Punkte-FFT setzt sich aus zwei gewichteten 2-Punkte-FFT's (y_0,y_2) und (y_1,y_3) zusammen. Wir beobachten hier wieder den Trick, eine Operation als Summe elementarer Operationen darzustellen. Diese Technik ist die Basis aller linearen Operatoren.

-   8-Punkte-FFT:

$$w_8^{kn} = e^{-j\pi nk/4},$$

$$Y_k = (y_0 + y_4 e^{-j\pi k}) + e^{-j\pi k/4}(y_1 + y_5 e^{-j\pi k}) + e^{-j\pi k/2}(y_2 + y_6 e^{-j\pi k}) + e^{-j3\pi k/4}(y_3 + y_7 e^{-j\pi k})$$

$$\underbrace{\quad}_{\text{2-Punkte-FFT}} \quad \underbrace{\quad}_{\text{2-Punkte-FFT}} \quad \underbrace{\quad}_{\text{2 Punkte-FFT}} \quad \underbrace{\quad}_{\text{2 Punkte-FFT}}$$

$$k = 0, 1, ..., 7 .$$

Wir erkennen daran, daß sich eine 2^{ν}-Punkte-FFT aus ν 2-Punkte-FFT's zusammensetzen läßt.

Satz 2.12: *Schnelle Fourier-Transformation (FFT).*
Eine 2^{ν}-Punkte-DFT läßt sich auf eine Summe von ν gewichteten 2-Punkte-DFT's reduzieren. Hat eine DFT den Umfang 2N mit den Koeffizienten $y(n) \circ\!\!-\!\!\bullet Y_k$, so kann diese durch zwei DFT's vom Umfang N ersetzt werden. Mit

$$a(n) = y(2n), \qquad a(n) \circ\!\!-\!\!\bullet A_k,$$

$$b(n) = y(2n+1), \quad b(n) \circ\!\!-\!\!\bullet B_k \tag{2.35}$$

gilt im Frequenzbereich:

$$Y_k = A_k + w_{2N}^k B_k, \qquad\qquad k = 0, \dots 2N-1.$$

Wen die Herleitung interessiert: Es ist:

$$Y_k = \sum_{n=0}^{2N-1} y(n)\, w_{2N}^{nk} = \sum_{m=0}^{N-1} y(2m)\, w_{2N}^{2mk} + \sum_{m=0}^{N-1} y(2m+1)\, w_{2N}^{(2m+1)k}$$

$$w_{2N}^{2mk} = e^{-j2\pi 2mk/2N} = w_N^{mk},$$

$$w_{2N}^{(2m+1)k} = w_{2N}^k\, w_N^{mk}.$$

Bild 2.16 zeigt die übliche Symbolik des Signalflußplanes am Beispiel einer 2-Punkte-FFT.

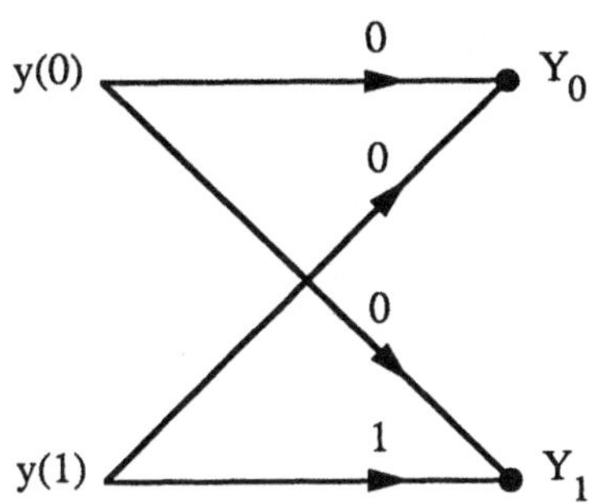

Bild 2.16. Signalflußplan einer 2-Punkte-FFT

Allgemein wird an den Knoten summiert, längs der Linien wird mit w_N^i multipliziert. Die Zahlen i, also die Exponenten von w_N^i, werden an den Pfaden aufgetragen.

Bild 2.17 zeigt einen Signalflußplan für eine 8-Punkte-FFT, wie sie oben aufgestellt wurde. Vergleicht man die Numerierung der Koeffizienten Y_k mit der der Signalwerte y(n), so erkennt man die *Bitumkehr*. Den Begriff Bitumkehr können wir verstehen, wenn wir die Indizes der Abtastwerte in Dualzahlen anschreiben. y_6 hat dann z. B. die Nummer 110, Bitumkehr gibt 011 = 3. Wir finden daher y_6 an der Stelle 3 im Graphen (Bild 2.17). Oder 5 = 101 gibt mit Bitumkehr ebenfalls 101 = 5. Wir finden y_5 am

Platz 5. Es leuchtet ein, daß man die Zerlegung, die hier im Zeitbereich vorgenommen wurde, auch im Frequenzbereich vornehmen kann.

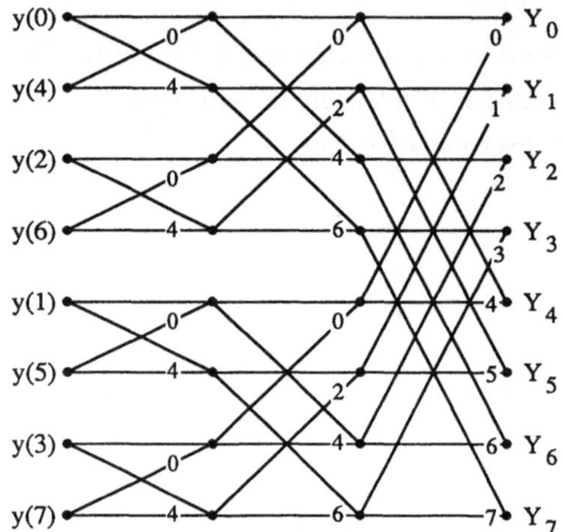

Bild 2.17. 8-Punkte-FFT, Zeitzerlegung, Bitumkehr am Eingang, Konstanten w_8^k

Bild 2.18 zeigt einen Graphen mit Frequenzzerlegung und Bitumkehr am Ausgang.

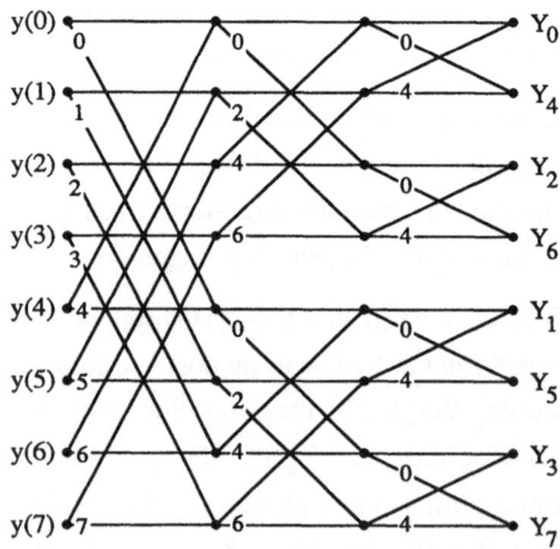

Bild 2.18. 8-Punkte-FFT, Frequenzzerlegung, Bitumkehr am Ausgang, Konstanten w_8^k

Nach der Herleitung zu Gl. 2.31 ist klar, daß sich die Zerlegung auch in Matrixform darstellen lassen muß. Der Verfasser möchte den Gegenstand nicht weiter verfolgen und empfiehlt spezielle Darstellungen /2.6/, /2.7/.

Alle angeführten Signalflußgraphen haben den gemeinsamen Vorteil, daß Zwischenergebnisse auf einfache Weise abgespeichert werden können und diese Zwischenergebnisse wieder allein die Grundlage für Zwischenergebnisse der nächsten Stufe sind (*inplace-Verarbeitung*).

Für die Praxis sind noch folgende Eigenschaften wichtig:

Satz 2.13: *FFT für reelle Zeitsignale.*

Ist das Signal $y(n)$ reell, so muß Y_k nur für $k = 0, \ldots, \frac{N}{2} - 1$ gerechnet werden. Es gilt:

$$Y_k = Y_{N-k}^*.$$

Ist $y(n)$ reell und eine gerade bzw. ungerade Funktion, so sind alle Y_k rein reell bzw. rein imaginär. Für ein reelles Signal $y(n)$ gilt:

$$Y_k = \sum_{n=0}^{N-1} y(n)\, w_N^{kn}, \qquad Y_{N-k} = \sum_{n=0}^{N-1} y(n)\, w_N^{-nk} = Y_k^*.$$

Wir stellen den Rechenaufwand für die FFT zusammen:

Für die Rechnung von A_k und B_k haben wir $2(N-1)^2$ Multiplikationen benötigt. Für $Y_k = A_k + w_{2N}^k B_k$ werden also $2(N-1)^2 + 2N - 1 = 2N^2 - 2N + 1$ Multiplikationen benötigt. Mit der DFT würde man $(2N-1)^2 = 4N^2 - 4N + 1$ Multiplikationen benötigen. Grob wird der Rechenaufwand um dem Faktor zwei reduziert.

Die Zahl der Multiplikationen für eine N-Punkte-FFT sei $M(N)$. Mit Gl. 2.35 wird der Aufwand für die 2N-Punkte-FFT:

$$M(2N) = 2M(N) + 2N - 1 \approx 2M(N) + 2N.$$

Die Lösung der Rekursionsformel ist:

$$M(N) = N \log_2 N.$$

Für reelle Signale gilt:

$$M(N) = \frac{N}{2} \log_2 N.$$

Satz 2.14: *Anzahl der Multiplikationen.*

Das Verhältnis der Anzahl der benötigten Multiplikationen $M_{FFT}(N)$ bei der FFT zur Anzahl der benötigten Multiplikationen $M_{DFT}(N)$ bei der DFT wird:

$$\frac{M_{FFT}(N)}{M_{DFT}(N)} = \frac{1}{N} \log_2 N. \tag{2.36}$$

Zum Beispiel wird für $N = 2^9 = 512$ das Verhältnis kleiner als 2 %.

Beispiel 8: Die 8-Punkte-FFT des Signals $y(t) = \cos 2\pi t/\tau$ soll gerechnet werden. Wir wählen drei Beobachtungszeiten:

a) eine Periode $\tau = T_{0a} = 8T_a:$ $y_a(n) = \cos \pi n/4,$

b) zwei Perioden $2\tau = T_{0b} = 8T_b:$ $y_b(n) = \cos \pi n/2,$

c) drei Perioden $3\tau = T_{0c} = 8T_c:$ $y_c(n) = \cos \pi n3/4.$

Mit der Beziehung von Satz 2.12 gilt:

$$Y_k = y(0)+y(4)e^{-j\pi k} + e^{-j\pi k/4}(y(1)+y(5)e^{-j\pi k}) + e^{-j\pi k/2}(y(2)+y(6)e^{-j\pi k})$$
$$+ e^{-j\pi k3/4}(y(3)+y(7)e^{-j\pi k}).$$

Die Bilder zeigen die Signale und die entsprechenden FFT's.

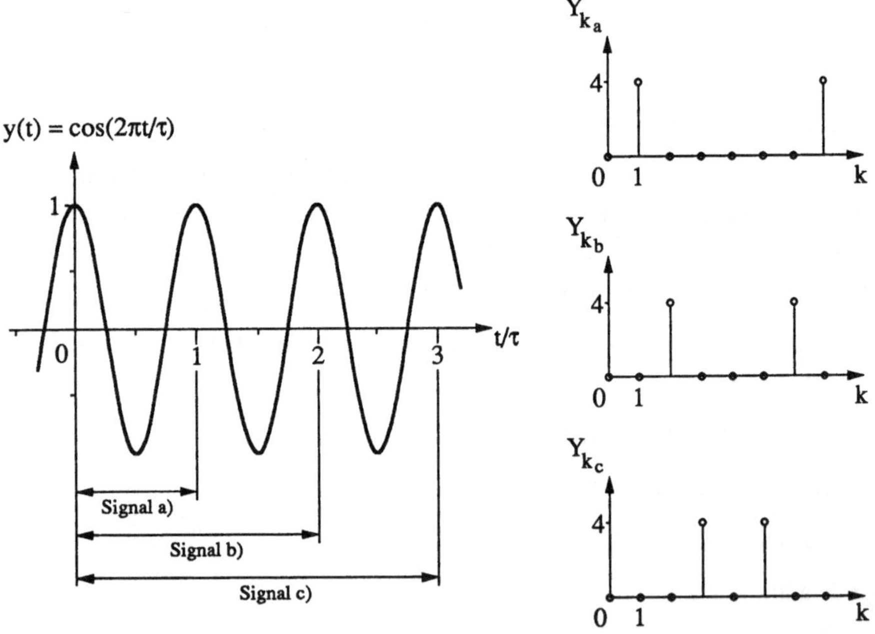

Bild 2.19. FFT bei verschiedenen Beobachtungszeiten

Diskussion:

-   Nach Satz 2.11 gibt ein harmonisches Signal $e^{j2\pi ft}$ mit $f = KF_0$, $K = 0, ..., N-1$, eine einzige Spektrallinie der Höhe N.

-   Hier werden zwei Spektrallinien beobachtet, weil sich die Cosinusfunktion aus zwei Exponentialfunktionen zusammensetzt.

-   Mit einer größeren Beobachtungszeit wird die Frequenzauflösung $F_0 = \frac{1}{NT}$ besser (Bild 2.12).

Overlap and add-Methode:

So ziemlich die wichtigste Operation ist die Faltung, die wir in Kap. 4 kennenlernen und in Kap. 8 intensiv verwenden wollen. Es ist:

$$y(n) = g(n) * u(n) = \sum_{m=-\infty}^{\infty} g(m)\, u(n-m) \quad \circ\!\!-\!\!\bullet \quad Y_k = G_k\, U_k.$$

Der Rechenaufwand wird wesentlich durch die Zahl der Multiplikationen bestimmt. Hat das Signal $u(n)$ eine Länge von N_S Punkten und das Filter $g(n)$ eine solche von N_F Punkten, so wird die Zahl der benötigten Multiplikationen $M_z = N_F\, N_S$. Bei $N_S = 1000$ und $N_F = 500$ sind das 500000 Multiplikationen, die durchgeführt werden müssen.

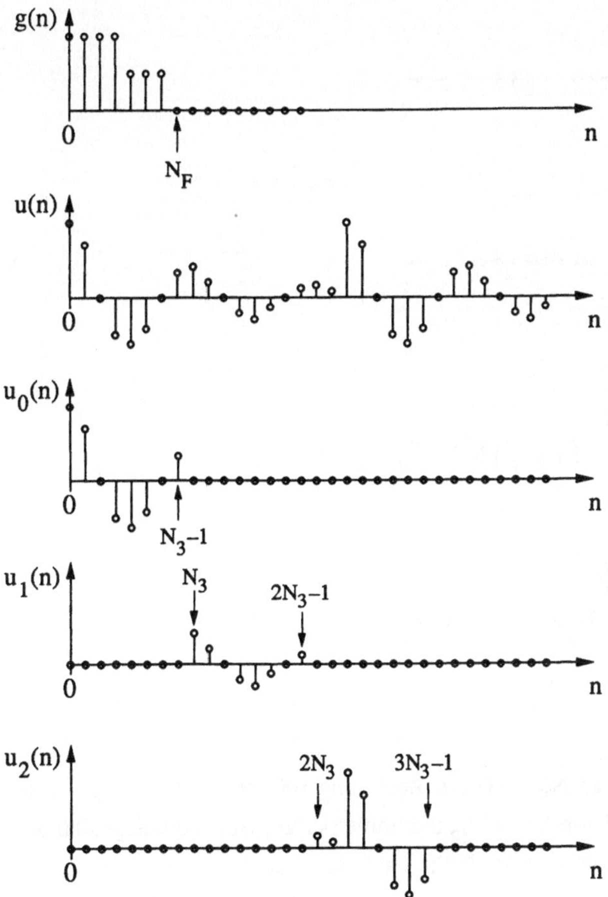

Bild 2.20. Segmentierung des Eingangssignals u(n)

Mit der FFT läßt sich die Aufgabe so bewältigen: Man transformiert die Folgen g(n) und u(n) auf der Länge N_S+N_F und erhält G_k und U_k, dann multipliziert man die beiden, um sie schließlich in den Zeitbereich zurückzutransformieren.

Wir haben drei Transformationen der Länge N_S+N_F gebraucht und zuzüglich noch N_S+N_F Multiplikationen. Damit wird die Zahl der benötigten Multiplikationen
$M_{FFT} = 3(N_S+N_F)\,\log_2(N_S+N_F)+N_S+N_F$. Das Verhältnis der Multiplikationen bei der Faltung mit Hilfe der FFT zur Zahl der Operationen bei Rechnung im Zeitbereich wird:

$$\frac{M_{FFT}}{M_Z} \approx 3\left(\frac{1}{N_S} + \frac{1}{N_F}\right)\log_2(N_S+N_F).$$

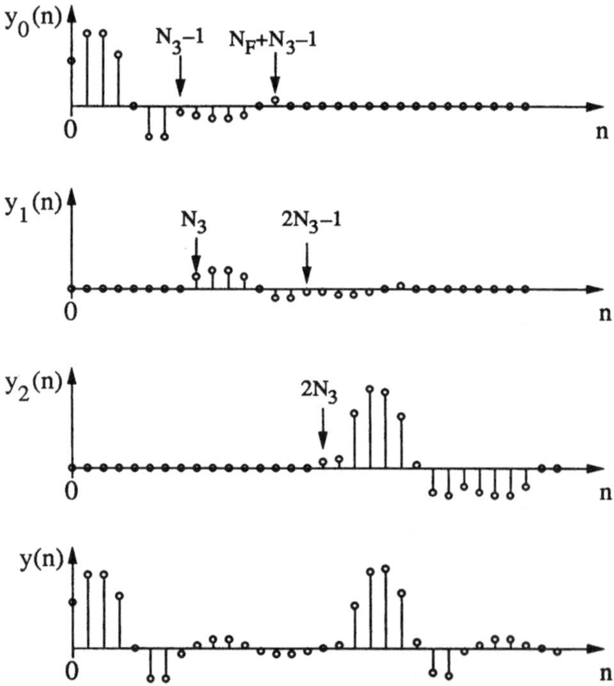

Bild 2.21. Ausgangssignal y(n)

Mit $N_S = 1024$, $\log_2 N_S = 10$ wird ab $N_F > 30$ die Rechnung mit der FFT weniger aufwendig. Eine gegebene Größe ist die Filterlänge N_F, die immer kürzer ist als die Signallänge, $g_n \equiv 0$ für $n < 0$ und $n > N_F$. Es wäre aber ungeschickt, nach der Signallänge die Punktezahl der FFT festzulegen. Die Signallängen wechseln, oft hat man fast Dauerbetrieb. Wir segmentieren daher das Signal in Abschnitte der Länge $N_3 \geq N_F+1$, die wir später festlegen. Damit ist sichergestellt, daß das gefaltete Signal des Segments i nicht über das Segment i+1 hinausgeht. Mit $u_i(n)$ bezeichnen wir ein Signalsegment $u(n)$ in $iN_3 \le n \le (i+1)N_3-1$. Wir wählen hier $N_3 = N_F+1$. Das Signal wird:

$$u(n) = \sum_{i=0}^{\infty} u_i(n)$$

und die Faltung:

$$y(n) = \sum_{m=0}^{N_F} g(m) \sum_{i=0}^{\infty} u_i(n-m) = \sum_{i=0}^{\infty} \left(\sum_{m=0}^{N_F} g(m)\, u_i(n-m) \right) = \sum_{i=0}^{\infty} y_i(n).$$

In den Bildern 2.20 und 2.21 ist die Impulsantwort $g(n)$, die Segmentierung $u_i(n)$ und das Ausgangssignal $y_i(n)$ gezeichnet. Von der Faltungsoperation her und aus dem Bild ist klar, daß die Faltung, die im Segment i geschieht, sich noch über den Sektor i+1 erstreckt. Dieser Teil muß zum Ausgangssignal $y_{i+1}(n)$ addiert werden. Daher der Name Overlap and add.

Wir wählen allgemein $N_3+N_F-1 = 2^m$. Die FFT des Filters wird einmal für eine Länge 2^m ausgeführt und kann abgespeichert werden. Wir erhalten die Zahl der Multiplikationen für ein Segment zu $M = 3m\,2^m$. Für ein Signal der Länge $N_S = KN_3$ wird der Aufwand für reelle Signale $M = \frac{3}{2}\,K\,2^m m$.

Satz 2.15: *Overlap and add-Methode.*
Für beliebig lange Signalsequenzen empfiehlt es sich, das Signal zu segmentieren. Die Segmente sind länger als die Länge des Filters: $N_3 > N_F$. Die Zahl der Operationen für ein Segment wird für $N_3+N_F-1 = 2^m$:

$$M = \frac{3}{2}\,m\,2^m.$$

Die Ersparnis ist beträchtlich.

Eine zweite ähnliche Methode *Overlap and save* sei der Vollständigkeit halber erwähnt /2.8/.

2.5. Approximation nach der Maximumsnorm (Tschebyscheff-Approximation)

Wir haben eingangs zu Kap. 2 in Bsp. 3 gesehen, daß die quadratische Norm pauschal den quadratischen Fehler beurteilt. Ausreißer wirken sich wenig auf den Fehler aus. Die Maximumsnorm ist viel schärfer, sie beurteilt die Güte der Approximation nach der größten Abweichung. Kein Wunder, daß in der Meßtechnik nach der Maximumsnorm justiert wird (Kap. 1, Bsp. 9).

Die minimale Maximumsnorm $\|y-\hat{y}\|_{max} = \max_{t \in [a,b]} \{|y-\hat{y}|\}$ wird mathematisch mit Hilfe der orthogonalen Tschebyscheffschen Polynome erreicht. Mit der Eulerschen Formel,

$$\cos \varphi = \frac{1}{2}(e^{j\varphi}+e^{-j\varphi}),$$

zeigt man leicht die Identität:

$$\cos(k+1)\varphi = 2 \cos \varphi \cos k\varphi - \cos(k-1)\varphi \qquad \text{für } k \in N. \tag{2.37}$$

Beginnt man mit $k = 1$ und fährt fort, so erkennt man, daß $\cos k\varphi$ immer als ein Polynom vom Grad k in $\cos \varphi$ darstellbar ist.

Definition 2.4: *Tschebyscheff-Polynome.*
Unter dem Tschebyscheff-Polynom (T-Polynom) $T_k(t)$ vom Grad k versteht man das Polynom:

$$T_k(t) = \cos k\varphi = a_0 + a_1\cos \varphi + a_2\cos^2\varphi + \ldots + a_k\cos^k\varphi \tag{2.38}$$

mit:

$$\cos \varphi = t, \quad t \in [-1,1].$$

Satz 2.16: *Tschebyscheff-Polynome.*
Tschebyscheff-Polynome haben folgende Eigenschaften:

1) Ihr Wert ist immer beschränkt:

$$|T_k(t)| \leq 1.$$

2) Die Extremalstellen liegen bei:

$$t_i^{(e)} = \cos \frac{i\pi}{k}, \qquad i = 0, \ldots, k.$$

Die Nullstellen liegen bei:

$$t_i^{(0)} = \cos(\frac{2i-1}{k} \frac{\pi}{2}), \qquad i = 1, \ldots, k.$$

3) Die Polynome gehorchen der Rekursionsformel:

$$T_{k+1}(t) = 2t\, T_k(t) - T_{k-1}(t)$$

mit:

$$k \geq 1, \qquad T_0(t) = 1, \ T_1(t) = t, \ T_2(t) = 2t^2 - 1, \ \ldots .$$

4) $T_k(t)$ ist, abhängig von k, ein gerades oder ungerades Polynom:

$$T_k(-t) = (-1)^k T_k(t).$$

5)   Die Tschebyscheff-Polynome bilden mit der Belegung $\mu(t) = \dfrac{1}{\sqrt{1-t^2}}$ ein Orthogonalsystem:

$$\int_{-1}^{1} T_k(t)\, T_j(t)\, \frac{1}{\sqrt{1-t^2}}\, dt = \begin{cases} 0 & \text{für } k \neq j \\ \dfrac{\pi}{2} & \text{für } k = j \neq 0 \\ \pi & \text{für } k = j = 0. \end{cases} \qquad (2.39)$$

Die Extremal- und Nullstellen sind reell und einfach, sie liegen am Rande des Intervalls dichter. Bild 2.22 zeigt die Konstruktion für $T_6(t)$ und die Polynome $T_k(t)$ für k = 0, 1, 3, 4.

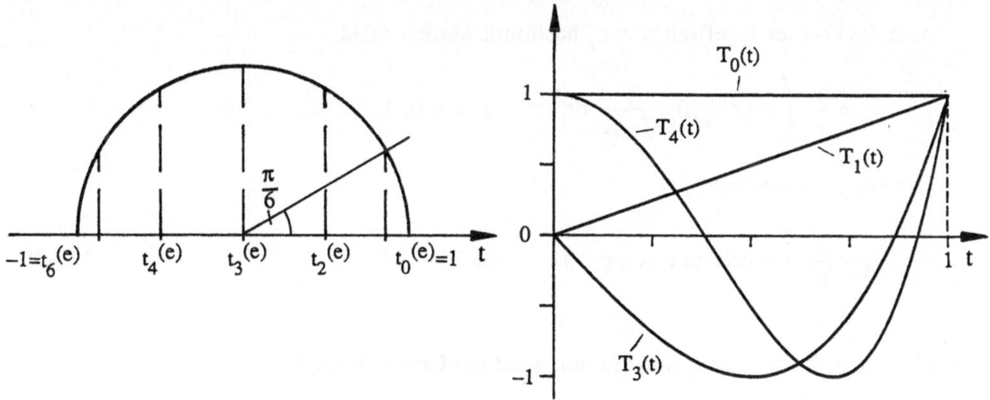

Bild 2.22. Extremalstellen von $T_6(t)$ und die ersten Tschebyscheff- Polynome

Zur Herleitung: Aussage 1) folgt direkt aus der Def. 2.4, ebenso Aussage 2). Aussage 3) liest man aus Gl. 2.38 mit cos $k\varphi = T_k(\cos \varphi)$ ab. Beginnend mit k=0 folgt aus Aussage 3) dann die Aussage 4). Die Orthogonalität, Aussage 5), zeigt man am einfachsten mit Hilfe der trigonometrischen Zerlegung cos $k\varphi$ cos $j\varphi = \frac{1}{2}$ cos$(k+j)\varphi + \frac{1}{2}$ cos$(k-j)\varphi$. cos$(k-j)\varphi$ integriert ergibt π für k=j. Führen wir eine neue Variable t = cos φ ein, so wird dt = $-\sin\varphi$ dφ, d$\varphi = -\dfrac{1}{\sqrt{1-t^2}}$ dt, und damit wird Aussage 5) bestätigt.

Mit dem System der Tschebyscheff-Polynome lassen sich im bekannten linearen Ansatz Funktionen y(t) approximieren:

$$\hat{y}_N(t) = \frac{1}{2}\, c_0 T_0(t) + \sum_{k=1}^{N} c_k T_k(t).$$

Im Sinne der quadratischen Norm $\|y-\hat{y}\|$ wird dann mit dem Projektionstheorem nach Satz 1.4 die beste Näherung erreicht für:

$$\int_{-1}^{1} (y(t)-\hat{y}_N(t))\, T_k(t)\, \frac{1}{\sqrt{1-t^2}}\, dt = 0 \qquad \text{für } k = 0, 1, ..., N,$$

$$c_k = \frac{2}{\pi} \int_{-1}^{1} y(t)\, T_k(t)\, \frac{1}{\sqrt{1-t^2}}\, dt \qquad \text{für } k = 0, 1, ..., N.$$

Satz 2.17: *Approximation mit Tschebyscheff-Polynomen.*

Die Tschebyscheff-Polynome approximieren eine Funktion $y(t)$ im Sinne der quadratischen Norm mit der Belegung $\mu(t) = \dfrac{1}{\sqrt{1-t^2}}$ optimal durch die Funktion:

$$\hat{y}_N(t) = \frac{1}{2}\, c_0 T_0(t) + \sum_{k=1}^{N} c_k T_k(t),$$

wenn die Fourier-Koeffizienten c_k bestimmt werden nach:

$$c_k = \frac{2}{\pi} \int_{-1}^{1} y(t)\, T_k(t)\, \frac{1}{\sqrt{1-t^2}}\, dt \qquad \text{für } k = 0, 1, ..., N$$

oder mit $y(\cos \varphi)$ nach:

$$c_k = \frac{2}{\pi} \int_{-\pi}^{\pi} y(\cos \varphi)\, \cos k\varphi\, d\varphi \qquad \text{für } k = 0, 1, ..., N. \qquad (2.40)$$

Die Tschebyscheff-Polynome sind ein vollständiges Orthogonalsystem. Damit wird im Sinne der quadratischen Norm:

$$y(t) = \frac{1}{2}\, c_0 T_0(t) + \sum_{k=1}^{\infty} c_k T_k(t).$$

Der absolute Fehler durch eine endliche Entwicklung

$$\hat{y}_N(t) = \frac{1}{2}\, c_0 T_0(t) + \sum_{k=1}^{N} c_k T_k(t)$$

läßt sich sofort anschreiben:

$$|\, y(t)-\hat{y}_N(t)\, | = \left| \sum_{k=N+1}^{\infty} c_k T_k(t) \right|.$$

Wegen $\max\{|T_k(t)|\} = 1$ (Satz 2.15) gilt für den maximalen Fehler die Abschätzung:

Satz 2.18: *Approximationsfehler.*

Für eine Funktion y(t) und ihre Tschebyscheff-Approximation

$$\hat{y}_N(t) = \frac{1}{2}\, c_0 T_0(t) + \sum_{k=1}^{N} c_k T_k(t)$$

gehorcht der Approximationsfehler $y(t){-}\hat{y}_N(t)$ nach der Maximumsnorm folgender Ungleichung:

$$\max\{|y(t){-}\hat{y}_N(t)|\} \leq \sum_{k=N+1}^{\infty} |c_k|. \tag{2.41}$$

Im allgemeinen wird es mühsam sein, genügend viele c_k zu bestimmen, um die Abschätzung in Gl. 2.41 zu nutzen.

Viel wichtiger ist die Frage bei der Interpolation, welchen maximalen Fehler $\max\{|\hat{y}(t){-}y(t)|\}$ man erwarten kann. Wir haben den Fehler bereits in Satz 2.5 abgeschätzt und stellen jetzt die Frage, wie die Stützstellen t_i zu wählen sind, damit der maximale Fehler minimiert wird. Die zentrale Aussage liefert der folgende Satz:

Satz 2.19: *Optimale Approximation.*

Unter allen Polynomen $P_N(t)$, $N \geq 1$, die mit $1 \cdot t^N$ beginnen, hat das Polynom $\frac{1}{2^{N-1}} T_N(t)$ im Intervall $[-1,1]$ die kleinste Maximumsnorm:

$$\max_{t \in [-1,1]} \{|P_N(t)|\} \;\geq\; \max_{t \in [-1,1]} \left\{\left|\frac{1}{2^{N-1}} T_N(t)\right|\right\} = \frac{1}{2^{N-1}}.$$

Zur Herleitung findet man aus der Rekursionsgleichung in Satz 2.16, daß ein Tschebyscheff-Polynom $T_N(t)$ mit dem Glied $2^{N-1}\, t^N$ beginnt. Wir führen den Beweis indirekt und nehmen an, daß es ein besseres Polynom $P_N(t)$ gibt. Dann gilt für die Extremalstellen $t_i^{(e)}$, bei denen $T_N(t)$ positive und negative Werte abwechselnd annimmt:

$$P_N(t_0^{(e)}) < \frac{1}{2^{N-1}} T_N(t_0^{(e)}) = \frac{1}{2^{N-1}}$$

$$P_N(t_1^{(e)}) > \frac{1}{2^{N-1}} T_N(t_1^{(e)}) = -\frac{1}{2^{N-1}}$$

$$\vdots$$

Das Differenzpolynom $P_N(t){-}T_N(t)/2^{N-1}$ nimmt an den N+1 Extremalstellen Werte mit wechselndem Vorzeichen an. Damit hat das Differenzpolynom N verschiedene Nullstellen. Der Grad des Differenzpolynoms ist aber N–1, da $P_N(t)$ und $T_N(t)/2^{N-1}$ beide mit t^N beginnen.

Das ist ein Widerspruch zum Hauptsatz der Algebra, wonach ein Polynom der Ordnung N–1 genau N–1 Nullstellen hat.

Satz 2.19 sagt, daß es im Sinne der kleinsten Maximumsnorm kein besseres Polynom als das Tschebyscheff-Polynom gibt. Die Nullstellen des Polynoms sind aber ungleichmäßig verteilt. Sie drängen sich an den Intervallgrenzen. Bei der Interpolation wird man davon Gebrauch machen und die Nullstellen nach Satz 2.16 legen. Es gilt:

Satz 2.20: *Wahl der Stützstellen.*
Wählt man die Stützstellen eines Interpolationspolynoms $\hat{y}_N(t)$ so, daß die N+1 Stützstellen mit den Nullstellen des Polynoms $T_{N+1}(t)$ zusammenfallen, gilt die Abschätzung:

$$\left| y(t) - \hat{y}_N(t) \right| \le \frac{M_{N+1}}{2^N\,(N+1)!} \qquad \text{mit: } M_{N+1} = \max_{\tau \in [-1,1]} \{ |y^{N+1)}(\tau)| \}.$$

Die günstigsten Stützstellen sind damit die Nullstellen des Polynoms $T_{N+1}(t)$.

Das günstigste Interpolationspolynom kann direkt mit den Nullstellen von $T_{N+1}(t)$, etwa nach Newton, gewonnen werden. Auch ein Ansatz $\hat{y}_N(t) = \frac{1}{2}\,a_0\,T_0(t) + \sum a_k T_k(t)$ ist denkbar und liefert das gleiche Ergebnis. Die durch Interpolation gewonnenen a_k entsprechen natürlich nicht den verallgemeinerten Fourier-Koeffizienten c_k nach Gl. 2.40, der Unterschied in der Güte der Approximation ist aber meist unerheblich. Wenn man allgemein eine Funktion mit der Belegung $\frac{1}{\sqrt{1-t^2}}$ nach der quadratischen Norm entwickelt oder als Fourier-Approximation nach Gl. 2.40 darstellt, so kommt man der minimalen Maximumsnorm sehr nahe.

Beispiel 9 (nach /2.2/): Die Funktion e^t wird an den Nullstellen des Tschebyscheff-Polynoms vom Grad 7 interpoliert mit den Interpolationskoeffizienten a_k:

$$\hat{y}_6(t) = \sum_{k=0}^{6} a_k P_k(t)$$

Der Interpolationsfehler ist in Bild 2.22 zu sehen.

Wir beobachten: Die Fehler sind in ihren Extremwerten über dem ganzen Bereich gleich, eine charakteristische Eigenschaft des Tschebyscheff-Polynoms. Weiter sind die Stützstellen entsprechend den Nullstellen des T_7-Polynoms gewählt. Ausgezogen sind die Fehler des Interpolationspolynoms dargestellt, gestrichelt die Fehler bei der Approximation mit Fourier-Koeffizienten. Der Unterschied ist unerheblich. Wir rechnen den maximalen Fehler nach Satz 2.20. Nehmen wir als ungünstigsten Fall für die Ableitung die Stelle $\tau = 1$ an, wird $|y^{7)}| = e$ und $|y(t) - \hat{y}_6(t)| \le 8{,}43 \cdot 10^{-6}$. Sie sehen, wie gut die Abschätzung arbeitet.

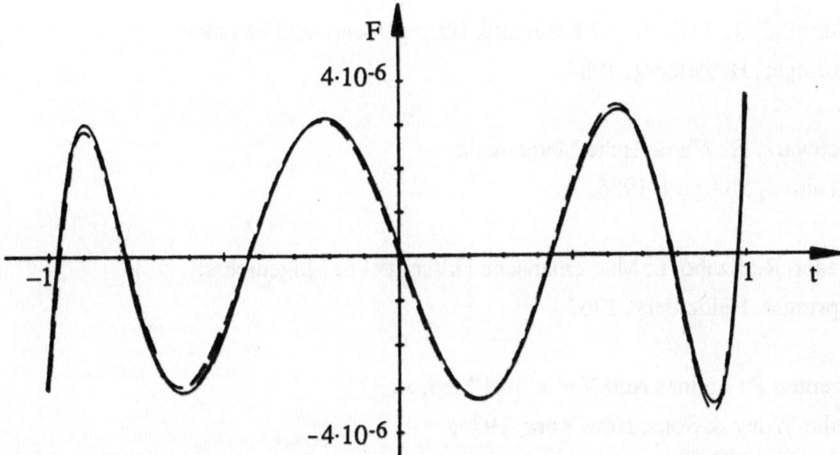

Bild 2.23. Interpolationsfehler von e^t

      2. Approximation und Interpolation

Literatur:

/2.1/   Zurmühl, R.: Praktische Mathematik für Ingenieure und Physiker,
          Springer, Heidelberg, 1984.

/2.2/   Schwarz, H.: Numerische Mathematik,
          Teubner, Stuttgart, 1986.

/2.3/   Sauer, R.; Szabó, I.: Mathematische Hilfsmittel des Ingenieurs,
          Springer, Heidelberg, 1967.

/2.4/   Prenter, P.: Splines And Variational Methods,
          John Wiley & Sons, New York, 1975.

/2.5/   Achilles, D.: Die Fourier-Transformation in der Signalverarbeitung,
          Springer, Heidelberg, 1978.

/2.6/   Oppenheim, A.; Schafer, R.: Digital Signal Processing,
          Prentice-Hall, Englewood Cliffs, 1975.

/2.7/   Rabiner, L.; Gold, B.: Theory and Application of Digital Signal Processing,
          Prentice-Hall, Englewood Cliffs, 1975.

/2.8/   Kammeyer, K.; Kroschel, K.: Digitale Signalverarbeitung,
          Teubner, Stuttgart, 1989.

/2.9/   Bronstein, I.; Semendjajew, K.: Taschenbuch der Mathematik,
          Harri Deutsch, Frankfurt / Main, 1981.

/2.10/   Brigham, E.: The Fast Fourier Transform and its Applications,
          Prentice–Hall, Englewood Cliffs, 1988.

3. Integraltransformationen

Der Leser sollte schon mit der Fourier- und Laplace-Transformation vertraut sein. Hier werden die beiden Transformationen nur in ihren wesentlichen Eigenschaften, Gemeinsamkeiten und Unterschieden als unentbehrliches Werkzeug der Signalverarbeitung kurz beschrieben. Ausführliche Darstellungen finden sich bei /3.1/, /3.2/, /3.3/, /3.5/.

3.1. Fourier-Transformation

Satz 3.1: *Fourier-Transformation.*

Die Fourier-Transformation bildet eine Zeitfunktion in den Frequenzbereich ab:

$$y(t) \; \circ\!\!-\!\!\bullet \; Y(f) \qquad\qquad y(t) \in L_2(-\infty,\infty),$$
$$Y(f) \in L_2(-\infty,\infty).$$

Wir schreiben symbolisch:

$$F\{y(t)\} = Y(f), \qquad\qquad F^{-1}\{Y(f)\} = y(t).$$

Die Fourier-Transformation ist im Hilbert-Raum ein linearer, unitärer Operator. Es gilt:

$$\langle x|y \rangle = \int_{-\infty}^{\infty} x(t)\, y^*(t)\, dt \;\; = \;\; \int_{-\infty}^{\infty} X(f)\, Y^*(f)\, df = \langle X|Y \rangle ,$$

$$\|y\| = \|Y\|.$$

Die Transformationsvorschriften sind:

$$y(t) = \int_{-\infty}^{\infty} Y(f)\, e^{j2\pi ft}\, df \;\; \circ\!\!-\!\!\bullet \;\; Y(f) = \int_{-\infty}^{\infty} y(t)\, e^{-j2\pi ft}\, dt. \tag{3.1}$$

Nur für den interessierten Leser: Die Herleitung der inversen Fourier-Transformation in Gl. 3.1 kann mit Hilfe der Darstellungsmatrix des Integraloperators (Kap. 1.3, Fall 2) geschehen. Als Orthonomalsystem in $L_2(-\infty,\infty)$ verwenden wir die Hermiteschen Funktionen $\varphi_k(\sqrt{2\pi}\,t)$ (Gl. 1.17). Es wird sich zeigen, daß diese die Eigenfunktionen des Fourier-Integraloperators sind.

$$\varphi_k(\sqrt{2\pi}\,t) = \frac{(-1)^k}{\sqrt{2^k k!\sqrt{\pi}}} \frac{e^{\pi t^2}}{(\sqrt{2\pi})^k} \frac{d^k e^{-2\pi t^2}}{dt^k} = \frac{(-1)^k}{\sqrt{2^k k!\sqrt{\pi}}\,(\sqrt{2\pi})^k}\, \Psi_k(\sqrt{2\pi}\,t). \tag{3.2}$$

Wir bilden die Fourier-Transformierte von $\Psi_k(\sqrt{2\pi}\,t)$ nach Gl. 3.1:

$$F\{\Psi_k(\sqrt{2\pi}\,t)\} \;=\; \int\limits_{-\infty}^{\infty} e^{\pi t^2}\, \frac{d^k e^{-2\pi t^2}}{d\,t^k}\, e^{-j2\pi ft}\, dt \;=\; \int\limits_{-\infty}^{\infty} e^{\pi(t-jf)^2}\, e^{\pi f^2}\, \frac{d^k e^{-2\pi t^2}}{d\,t^k}\, dt.$$

Der Integrand geht für beliebiges k für große t gegen null. Mit k-facher partieller Integration wird das Integral:

$$F\{\Psi_k(\sqrt{2\pi}\,t)\} \;=\; (-1)^k\, e^{\pi f^2} \int\limits_{-\infty}^{\infty} e^{-2\pi t^2}\, \frac{d^k e^{\pi(t-jf)^2}}{d\,t^k}\, dt.$$

Weiter gilt im zweiten Faktor des Integranden $\frac{d}{d\,t} = j\,\frac{d}{d\,f}$ und damit:

$$F\{\Psi_k(\sqrt{2\pi}\,t)\} \;=\; (-j)^k\, e^{\pi f^2}\, \frac{d^k}{d\,f^k} \int\limits_{-\infty}^{\infty} e^{-2\pi t^2}\, e^{\pi(t-jf)^2}\, dt.$$

Es ist der Exponent $-2\pi t^2 + \pi(t-jf)^2 = -\pi(t+jf)^2 - 2\pi f^2$. Damit wird:

$$\int\limits_{-\infty}^{\infty} e^{-2\pi t^2}\, e^{\pi(t-jf)^2}\, dt \;=\; e^{-2\pi f^2} \int\limits_{-\infty}^{\infty} e^{-\pi(t+jf)^2}\, dt = e^{-2\pi f^2}$$

und:

$$F\{\Psi_k(\sqrt{2\pi}\,t)\} \;=\; (-j)^k\, e^{-\pi f^2}\, \frac{d^k}{d\,f^k}\, e^{-2\pi f^2},$$

$$F\{\varphi(\sqrt{2\pi}\,t)\} \;=\; (-j)^k\, \varphi_k(\sqrt{2\pi}\,f).$$

Die orthonormale Basis $\varphi_k(\sqrt{2\pi}\,t)$ bleibt bei der Transformation durch den Fourier-Operator unverändert. Die Hermiteschen Funktionen $\varphi_k(\sqrt{2\pi}\,t)$ sind offensichtlich die Eigenfunktionen und $(-j)^k$ die entsprechenden Eigenwerte des Fourier-Operators. Es sei an den Fall des Differentialoperators (Kap. 1.3 Fall 3) erinnert, wo die komplexen Schwingungen die Eigenfunktionen des Operators waren. Mit:

$$y(t) = \sum_{n=0}^{\infty} y(n)\, \varphi_n(\sqrt{2\pi}\,t), \qquad\qquad Y(f) = \sum_{k=0}^{\infty} Y_k\, \varphi_k(\sqrt{2\pi}\,f)$$

gilt:

$$Y = A\, y.$$

Für die Hermiteschen Funktionen, eine orthonormale Basis, wird die Abbildungsmatrix A diagonal. Es ist:

$$A = \begin{pmatrix} 1 & & & & \mathbf{0} \\ & -j & & & \\ & & -1 & & \\ & & & j & \\ \mathbf{0} & & & & \ddots \end{pmatrix}.$$

Der Operator ist unitär, wie man sofort aus der Abbildungsmatrix A abliest:

$$A^T A^* = I.$$

Der Rechengang läßt sich analog auch vom Frequenzbereich zum Zeitbereich führen. Damit ist die Transformation in Gl. 3.1 gezeigt. Sie gilt für alle Funktionen $y(t) \in L_2(-\infty,\infty)$, die Norm

$$\|y\|^2 = \int_{-\infty}^{\infty} y(t)\, y^*(t)\, dt$$

muß also existieren.

Die Klasse der Funktionen mit existierender quadratischer Norm ist für die Anwendung in der Signalverarbeitung zu eng. So gehört z.B. schon die Klasse der periodischen Funktionen nicht dazu. Wir benötigen im Zeit- und Frequenzbereich Impulse und Impulszüge. Es ist zu zeigen, daß die Fourier-Transformation auch dann noch gilt.

Wir transformieren $Y(f)$ im Bereich $[-F, F]$ zurück:

$$y_F(t) = \int_{-F}^{F} Y(f)\, e^{j2\pi ft}\, df = \int_{-F}^{F} \int_{-\infty}^{\infty} y(\tau)\, e^{-j2\pi f\tau}\, d\tau\, e^{j2\pi ft} df = \int_{-\infty}^{\infty} \left(\int_{-F}^{F} e^{j2\pi f(t-\tau)}\, df \right) y(\tau)\, d\tau.$$

Mit Def. B3 erkennen wir das innere Integral als Fourier-Kern $\dfrac{\sin 2\pi F(t-\tau)}{\pi(t-\tau)}$, der mit wachsendem F gegen die Impulsfunktion $\delta(t-\tau)$ konvergiert. Es gilt:

$$y(t) = \lim_{F\to\infty} y_F(t) = \lim_{F\to\infty} \int_{-\infty}^{\infty} \frac{\sin 2\pi F(t-\tau)}{\pi(t-\tau)}\, y(\tau)\, d\tau = \int_{-\infty}^{\infty} \delta(t-\tau)\, y(\tau)\, d\tau. \qquad (3.3)$$

Die Klasse der Fourier-transformierbaren Funktionen $y(t)$ oder $Y(f)$ kann um die Impulsfunktionen erweitert werden, da diese Gl. 3.3 erfüllen. Nach Gl. B4 lassen sich Impulsfunktionen falten.

Für den Ingenieur ist die Fourier-Transformation faszinierend. Sie bildet ein sehr anschauliches Denkmodell. Meist rechnet man nicht konkret mit der Fourier-Transformation, die uneigentlichen Integrale sind schon unbequem. Häufiger denkt der Ingenieur im Zeit- und Frequenzbereich mit Hilfe einiger weniger Korrespondenzen und Operationen.

Die Fourier-Transformation hat eindrucksvolle Symmetrieeigenschaften, die bei geraden und ungeraden Funktionen richtig zur Geltung kommen.

Definition 3.1: *Gerade und ungerade Funktionen.*
Eine Funktion heißt gerade bzw. ungerade, wenn folgendes gilt:

$$y(t) = y(-t) \qquad \text{bzw.} \qquad y(t) = -y(-t).$$

Jede Funktion $y(t)$ läßt sich als Summe einer geraden Funktion $y_g(t)$ und einer unge-

Jede Funktion $y(t)$ läßt sich als Summe einer geraden Funktion $y_g(t)$ und einer ungeraden $y_u(t)$ darstellen:

$$y_g(t) = \frac{1}{2}\,(y(t) + y(-t)), \qquad y_u(t) = \frac{1}{2}\,(y(t) - y(-t)). \tag{3.4}$$

Die Beziehungen bestätigt man sofort durch Vertauschen von t und –t.

Tab. 3.1 gibt die wichtigsten Eigenschaften der Fourier-Transformation in einer Zusammenstellung an. Sie folgen direkt aus Gl. 3.1. Die Verbindungslinien zwischen Zeit- und Frequenzbereich sind leicht zu verstehen. Im Intervall $[-\infty,\infty]$ verschwinden Integrale, deren Integrand ein Produkt aus einer geraden und einer ungeraden Funktion ist. Z.B. erzeugt ein reelles ungerades Signal $y_u(t)$ ein rein imaginäres und ungerades Spektrum $Y_u(f)$:

$$F\{y_u(t)\} = \int\limits_{-\infty}^{\infty} y_u(t)\,e^{-j2\pi ft}\,dt = -j \int\limits_{-\infty}^{\infty} y_u(t)\,\sin 2\pi ft\,dt = Y_u(f).$$

Tabelle 3.1. Eigenschaften der Fourier-Transformation

$$y(t) = \int\limits_{-\infty}^{\infty} Y(f)\,e^{j2\pi ft}df \quad \circ\!\!-\!\!\bullet \quad Y(f) = \int\limits_{-\infty}^{\infty} y(t)\,e^{-j2\pi ft}dt$$

$\mathrm{Re}\{y(t)\}$		$\mathrm{Re}\{Y(f)\}$
gerade $\circ$————$\bullet$ gerade		
ungerade $\circ$ ⤬ $\bullet$ ungerade		
ungerade $\circ$ ⤬ $\bullet$ ungerade		$\mathrm{Im}\{Y(f)\}$
gerade $\circ$————$\bullet$ gerade		

$$
\begin{array}{ll}
y(\pm t) & Y(\pm f) \\[4pt]
Y(\pm t) & y(\mp f) \\[4pt]
y^*(\pm t) & Y^*(\mp f) \\[4pt]
y(t) \geq 0 & |Y(f)| \leq Y(0) \\[4pt]
\displaystyle\int\limits_{-\infty}^{\infty} |(y(t)|\,dt < M & \displaystyle\lim_{f\to\pm\infty} Y(f) = 0
\end{array}
$$

Tab. 3.2 bringt die wichtigsten Operationen der Fourier-Transformation und Tab. 3.3 die wichtigsten Korrespondenzen.

Tabelle 3.2. Rechenoperationen der Fourier-Transformation

Operation	$y(t) = \int\limits_{-\infty}^{\infty} Y(f)\, e^{j2\pi ft}\, dt \quad \circ\!\!-\!\!\bullet \quad Y(f) = \int\limits_{-\infty}^{\infty} y(f)\, e^{-j2\pi ft}\, dt$
Zeitskalierung	$y(at), \qquad a$ reell, $a \neq 0 \qquad \frac{1}{|a|} Y\!\left(\frac{f}{a}\right)$
Zeitverschiebung	$y(t-t_0), \qquad t_0$ reell $\qquad e^{-j2\pi ft_0}\, Y(f)$
Frequenzverschiebung (Modulation)	$e^{j2\pi f_0 t}\, y(t),\; f_0$ reell $\qquad Y(f-f_0)$
Differentiation Zeitbereich	$y^{k)}(t) \qquad\qquad (j2\pi f)^k\, Y(f)$
Frequenzbereich	$(-j2\pi t)^k\, y(t) \qquad\qquad Y^{k)}(f)$
Integration	$\int\limits_{-\infty}^{t} y(\tau)\, d\tau \qquad\qquad \dfrac{Y(f)}{j2\pi f} + \dfrac{1}{2} Y(0)\, \delta(f)$
Multiplikation	$y_1(t)\, y_2(t) \qquad\qquad Y_1(f)*Y_2(f) = \int\limits_{-\infty}^{\infty} Y_1(v) Y_2(f-v)\, dv$
Faltung	$y_1(t)*y_2(t) = \int\limits_{-\infty}^{\infty} y_1(\tau) y_2(t-\tau)\, d\tau \quad Y_1(f)\, Y_2(f)$
Korrelation	$K_{y_1 y_2}(t) = y_1(-t)*y_2(t) \qquad L_{y_1 y_2}(f) = Y_1(-f)\, Y_2(f)$
Inneres Produkt	$\langle y_1 | y_2 \rangle = \int\limits_{-\infty}^{\infty} y_1(t)\, y_2^*(t)\, dt \; = \; \langle Y_1 | Y_2 \rangle = \int\limits_{-\infty}^{\infty} Y_1(f)\, Y_2^*(f)\, df$
Parseval	$\|y\|^2 = \int\limits_{-\infty}^{\infty} y(t)\, y^*(t)\, dt \qquad = \|Y\|^2 = \int\limits_{-\infty}^{\infty} Y(f)\, Y^*(f)\, df$

Tabelle 3.3. Korrespondenzen der Fourier-Transformation

Korrespondenzen	$y(t) = \int\limits_{-\infty}^{\infty} Y(f)\, e^{j2\pi ft}\, df$	$\circ\!\!-\!\!\bullet$	$Y(f) = \int\limits_{-\infty}^{\infty} y(t)\, e^{-j2\pi ft}\, dt$
Vorzeichenfunktion	$y(t) = \operatorname{sign} t$		$Y(f) = \dfrac{-j}{\pi f}$
Sprungfunktion	$\sigma(t) = \begin{cases} 1 & \text{für } t \geq 0 \\ 0 & \text{für } t < 0 \end{cases}$		$Y(f) = \dfrac{1}{2}\,\delta(f) - \dfrac{j}{2\pi f}$
Impulsfunktion	$\delta(t)$		$Y(f) = 1$
Konstante	$y(t) = 1$		$Y(f) = \delta(f)$
Impulszug	$i_T(t) = \sum\limits_{k=-\infty}^{\infty} \delta(t-kT)$		$F\; i_F(f) = \dfrac{1}{T} \sum\limits_{k=-\infty}^{\infty} \delta\!\left(f-k\,\dfrac{1}{T}\right)$

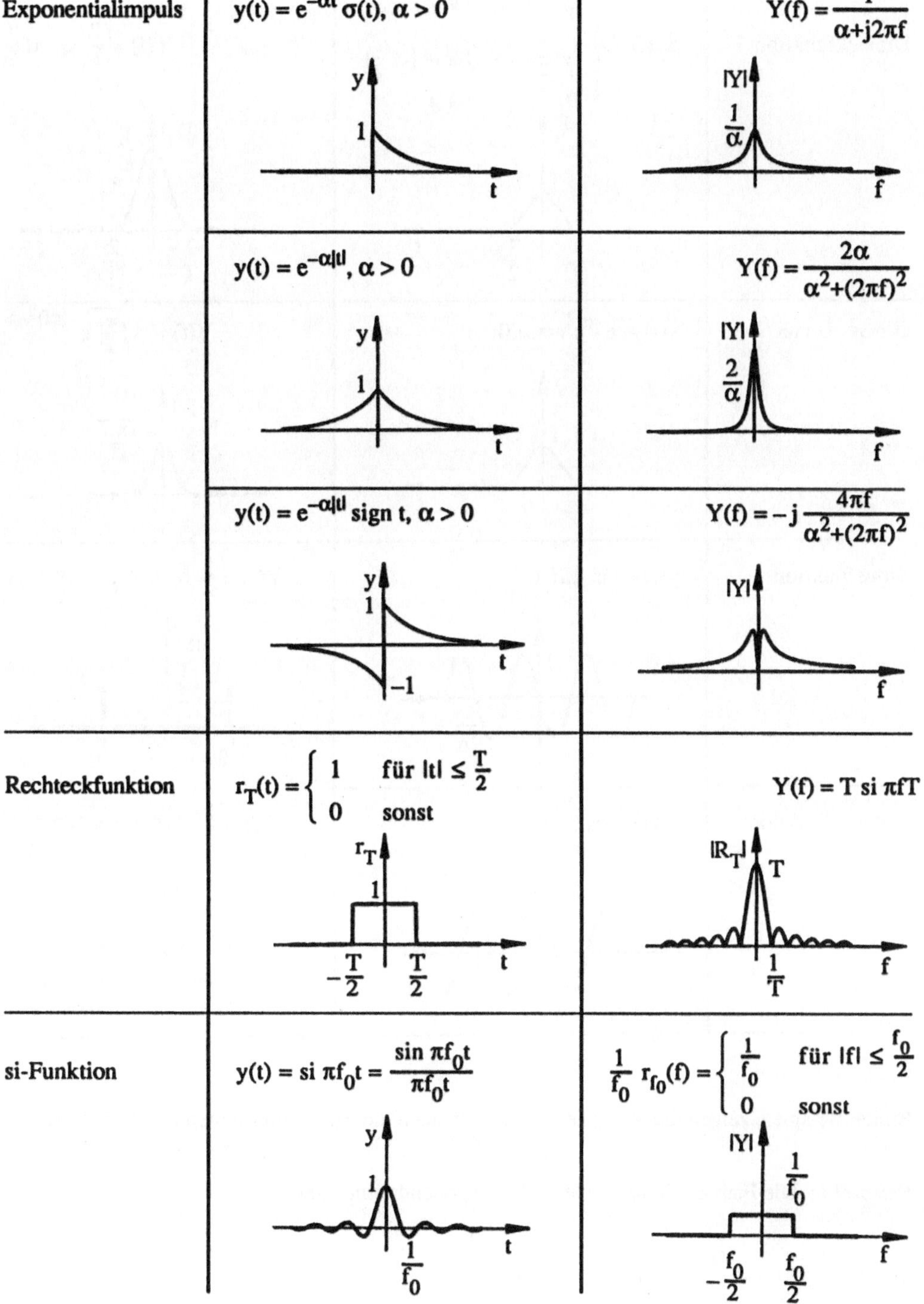

Exponentialimpuls

$y(t) = e^{-\alpha t}\,\sigma(t),\ \alpha > 0$

$Y(f) = \dfrac{1}{\alpha + j2\pi f}$

y
1
t

|Y|
$\dfrac{1}{\alpha}$
f

$y(t) = e^{-\alpha|t|},\ \alpha > 0$

$Y(f) = \dfrac{2\alpha}{\alpha^2 + (2\pi f)^2}$

y
1
t

|Y|
$\dfrac{2}{\alpha}$
f

$y(t) = e^{-\alpha|t|}\,\mathrm{sign}\,t,\ \alpha > 0$

$Y(f) = -j\,\dfrac{4\pi f}{\alpha^2 + (2\pi f)^2}$

y
1
t
−1

|Y|
f

Rechteckfunktion

$r_T(t) = \begin{cases} 1 & \text{für } |t| \le \dfrac{T}{2} \\ 0 & \text{sonst} \end{cases}$

$Y(f) = T\,\mathrm{si}\,\pi f T$

r_T
1
$-\dfrac{T}{2}$ $\dfrac{T}{2}$
t

$|R_T|$
T
$\dfrac{1}{T}$
f

si-Funktion

$y(t) = \mathrm{si}\,\pi f_0 t = \dfrac{\sin \pi f_0 t}{\pi f_0 t}$

$\dfrac{1}{f_0}\,r_{f_0}(f) = \begin{cases} \dfrac{1}{f_0} & \text{für } |f| \le \dfrac{f_0}{2} \\ 0 & \text{sonst} \end{cases}$

y
1
$\dfrac{1}{f_0}$
t

|Y|
$\dfrac{1}{f_0}$
$-\dfrac{f_0}{2}$ $\dfrac{f_0}{2}$
f

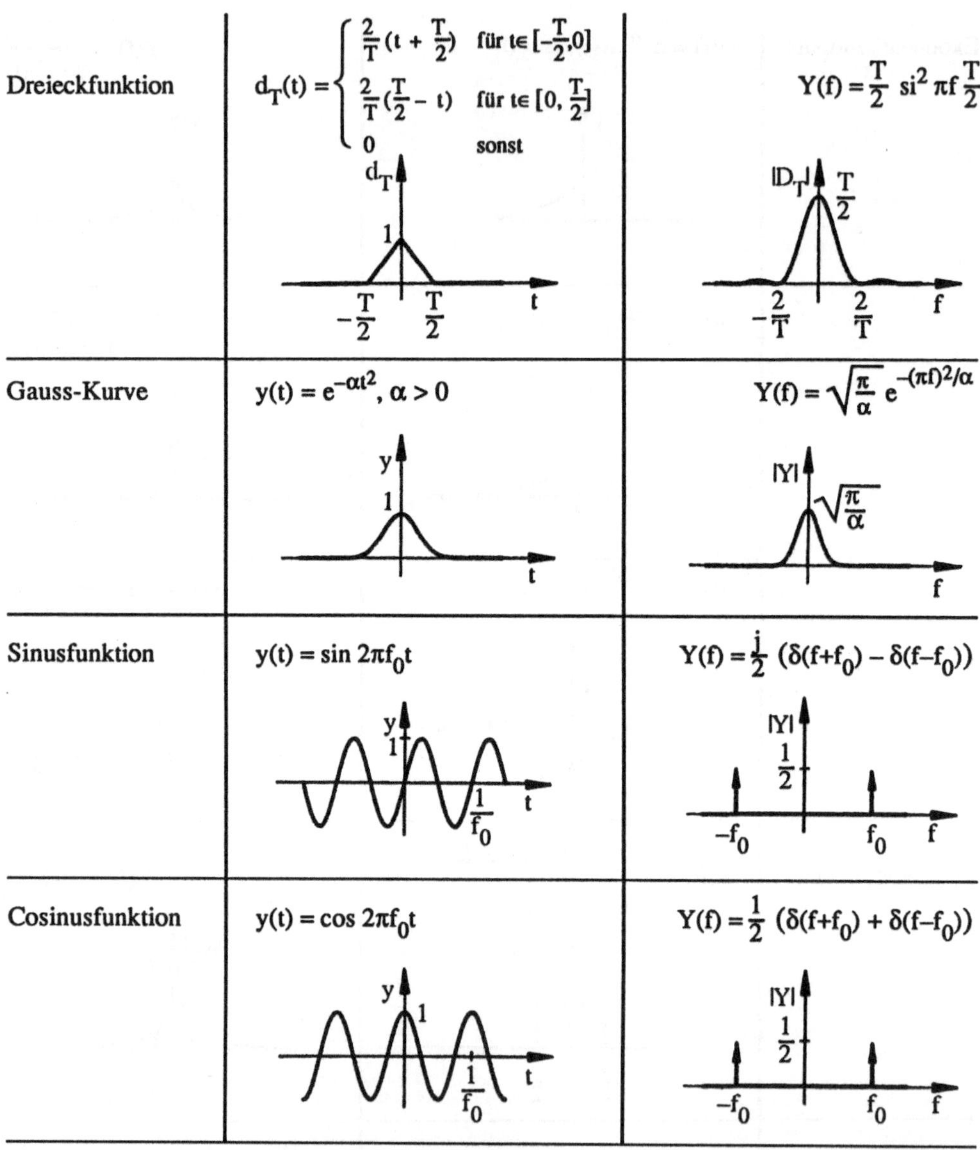

Einige Beispiele zeigen die Vorgehensweise und auch die dabei aufkommenden Probleme.

Beispiel 1: Die Fourier-Transformierte des Exponentialimpulses:

$$y(t) = e^{-\alpha t}\, \sigma(t) = \begin{cases} e^{-\alpha t} & \text{für } t \geq 0 \\ 0 & \text{sonst,} \end{cases}$$

$$F\{\sigma(t)\,e^{-\alpha t}\} = \int_0^\infty e^{-\alpha t}\,e^{-j2\pi ft}\,dt \;=\; -\,\frac{e^{-(\alpha+j2\pi f)t}}{\alpha+j2\pi f}\,\Big|_0^\infty .$$

Wenn $\alpha > 0$ ist, so geht $e^{-(\alpha+j2\pi f)t}$ mit wachsender Zeit gegen null und es gilt:

$$\sigma(t)e^{-\alpha t} \; \circ\!\!-\!\!\bullet \;\; \frac{1}{\alpha+j2\pi f} \quad \text{für} \quad \alpha > 0.$$

Beispiel 2: Die Fourier-Transformierte des doppelseitigen Exponentialimpulses:

$$y(t) = e^{-\alpha|t|},$$

$$F\{e^{-\alpha|t|}\} = \int_{-\infty}^{0} e^{\alpha t}\,e^{-j2\pi ft}\,dt + \int_0^\infty e^{-\alpha t}\,e^{-j2\pi ft}\,dt$$

$$= \frac{1}{\alpha-j2\pi f} + \frac{1}{\alpha+j2\pi f} = \frac{2\alpha}{\alpha^2+(2\pi f)^2} \quad \text{für} \quad \alpha > 0. \tag{3.5}$$

$y(t)$ ist reell und gerade. Dann muß laut Tab. 3.1 auch $Y(f)$ reell und gerade sein.

Beispiel 3: Die Fourier-Transformierte der Rechteckfunktion:

$$r_T(t) = \begin{cases} 1 & \text{für } |t| \le \dfrac{T}{2} \\ 0 & \text{sonst,} \end{cases}$$

$$F\{r_T(t)\} = \int_{-\frac{T}{2}}^{\frac{T}{2}} e^{-j2\pi ft}\,dt \;=\; \frac{e^{j\pi fT} - e^{-j\pi fT}}{j2\pi f} \;=\; \frac{T\sin\pi fT}{T\pi f} = T\,\mathrm{si}\,\pi fT. \tag{3.6}$$

Beispiel 4: Die Fourier-Transformierte der Vorzeichenfunktion:

$$\text{sign } t = \begin{cases} 1 & \text{für } t \ge 0 \\ -1 & \text{für } t < 0. \end{cases}$$

Die Funktion ist ungerade, die Fourier-Transformierte wird mit den Symmetrieeigenschaften, wenn zunächst bis $t = T$ integriert wird:

$$Y_T(f) = -2j\int_0^T \sin 2\pi ft\;dt \;=\; -\frac{j}{\pi f} + \frac{j\cos 2\pi fT}{\pi f}\,.$$

$Y_T(f)$ hat für $T \to \infty$ keinen Grenzwert. Wir versuchen einen anderen Weg.

$$y_\alpha(t) = \begin{cases} e^{-\alpha t} & \text{für } t \ge 0 \\ -e^{\alpha t} & \text{für } t < 0 \end{cases}$$

gibt entsprechend Bsp. 2:

$$Y_\alpha(f) = \frac{1}{\alpha+j2\pi f} - \frac{1}{\alpha-j2\pi f} = -\frac{j4\pi f}{\alpha^2+(2\pi f)^2} \ .$$

In der Hoffnung, daß $\lim_{\alpha\to 0} Y_\alpha(f) = Y(f)$ wird, ist dann $Y(f) = -\frac{j}{\pi f}$. Mißtrauen gegenüber dieser genialen Methode ist angebracht. Wir rechnen deshalb die Umkehrfunktion:

$$y(t) = -j \int_{-\infty}^{\infty} \frac{e^{j2\pi ft}}{\pi f} \ df.$$

Das Integral wird im Anhang A (vgl. Bild A6) mit Hilfe des Residuensatzes gelöst und ergibt wirklich $y(t) = \text{sign } t$.

$\bullet$

Beispiel 5:   Die Fourier-Transformierte des Einheitssprunges:

$$\sigma(t) = \begin{cases} 1 & \text{für } t \geq 0 \\ 0 & \text{für } t < 0, \end{cases}$$

Versuchen wir es mit der Methode nach Bsp. 4:

$$y_\alpha(t) = e^{-\alpha t} \ \sigma(t) \ \circ\!\!-\!\!\bullet \ Y_\alpha(f) = \frac{1}{\alpha+j2\pi f} \ .$$

Mit $\alpha \to 0$ wird $Y_\alpha = \frac{1}{j2\pi f}$. Das ist offensichtlich falsch. Ein imaginäre ungerade Fourier-Transformierte müßte nach Tab. 3.1 eine ungerade reelle Zeitfunktion haben. Siehe auch Bsp. 4. Wir versuchen aus dem Einheitssprung $\sigma(t)$ mit Hilfe der Differentiation die Aufgabe zu lösen:

$$\frac{d\sigma(t)}{dt} = \delta(t) \ \circ\!\!-\!\!\bullet \ 1 = j2\pi f \ \sigma(f).$$

Das Resultat ändert sich nicht und ist falsch. Wir müssen eine Integrationskonstante K berücksichtigen:

$$\frac{d}{dt}(\sigma(t)+K) = \delta(t) \ \circ\!\!-\!\!\bullet \ 1 = j2\pi f \ (\sigma(f)+K \ \delta(f)),$$

$$\sigma(f) = \frac{1}{j2\pi f} - K \ \delta(f).$$

Mit der Vorzeichenfunktion aus Bsp. 4 und der Korrespondenz $K \circ\!\!-\!\!\bullet K \ \delta(f)$ wird:

$$\sigma(t) = \frac{1}{2} \text{ sign } t + \frac{1}{2} \ \circ\!\!-\!\!\bullet \ -\frac{j}{2\pi f} + \frac{1}{2} \ \delta(f). \qquad (3.7)$$

$\bullet$

Beispiel 6: Die Fourier-Transformierte des Impulszuges:

$$i_T(t) = \sum_{k=-\infty}^{\infty} \delta(t-kT).$$

$i_T(t)$ besitzt die Periode T. Wir stellen die Funktion in $[-\frac{T}{2}, \frac{T}{2}]$ als Fourier-Reihe in der Basis $\{e^{j2\pi kt/T}\}$ dar:

$$a_k = \frac{1}{T} \int_{-\frac{T}{2}}^{\frac{T}{2}} \delta(t)\, e^{-j2\pi kt/T}\, dt = \frac{1}{T}, \qquad i_T(t) = \frac{1}{T} \sum_{k=-\infty}^{\infty} e^{j2\pi kt/T}.$$

Wir rechnen die Fourier-Transformierte:

$$L_T(f) = F\{i_T(t)\} = \int_{-\infty}^{\infty} \sum_{k=-\infty}^{\infty} \delta(t-kT)\, e^{-j2\pi ft}\, dt = \sum_{k=-\infty}^{\infty} e^{-j2\pi kf/F} = Fi_F(f)$$

$$= F \sum_{k=-\infty}^{\infty} \delta(f-kF), \qquad F = \frac{1}{T}.$$

Die Fourier-Transformierte ist periodisch in F, das Zeitsignal in T. Der Impulszug im Zeitbereich wird auf einen Impulszug im Frequenzbereich abgebildet. Damit gilt die Korrespondenz:

$$i_T(t) \,\circ\!\!-\!\!\bullet\, F\, i_F(f).$$

Wir lernen aus den Beispielen: Wenn für eine Funktion y(t) die Norm $\|y\|$ nicht existiert, also y(t) nicht quadratisch integrierbar ist, ist bei der Rechnung von $F\{y(t)\}$ Vorsicht geboten. Man setzt in dem Fall die Funktion als Linearkombination von Impuls, Sprung, Konstante und einem quadratisch integrierbaren Rest an.

3.1.1. Fourier-Reihe und Fourier-Transformation

Wir haben in Kap. 2.2 die Fourier-Reihe als Darstellung einer Funktion $y(t) \in L_2(-\frac{T_0}{2}, \frac{T_0}{2})$ kennengelernt. Die Basis $\{e^{j2\pi kF_0 t}\}$, $F_0 = \frac{1}{T_0}$, ist periodisch. Also stellt die Fourier-Reihe auch über das Intervall $[-\frac{T_0}{2}, \frac{T_0}{2}]$ hinaus eine periodische Funktion $y_p(t) = y_p(t-kT_0)$, $k \in Z$, dar.

In der Praxis mit langsam abklingenden Signalen ist es oft schwierig eine Beobachtungsdauer T_0 für ein Signal y(t) festzulegen. Um das sichere Fundament der Fourier-Reihen benutzen zu können, konstruieren wir eine periodische Funktion $y_p(t)$, die durch periodische Wiederholung eines Signals y(t) entsteht:

$$y_p(t) = \sum_{k=-\infty}^{\infty} y(t-kT_0).$$

Zur theoretischen Behandlung denkt man sich $y_p(t)$ durch Faltung von y(t) mit dem Impulszug $i_{T_0}(t)$ erzeugt. Man prüft mit der Ausblendeigenschaft der Impulsfunktion (Anhang B) leicht nach:

$$y_p(t) = y(t) * i_{T_0}(t) = \sum_{k=-\infty}^{\infty} \int_{-\infty}^{\infty} y(\tau)\, \delta(t-\tau-kT_0)\, d\tau = \sum_{k=-\infty}^{\infty} y(t-kT_0).$$

Im Frequenzbereich entspricht der Faltung die Multiplikation. Mit Bsp. 6,

$$i_{T_0}(t) \; \circ\!\!-\!\!\bullet \; F_0\, i_{F_0}(f),$$

wird das Spektrum der periodischen Funktion $y_p(t)$:

$$F\{y_p(t)\} = F_0 \sum_{k=-\infty}^{\infty} Y(f)\, \delta(f-kF_0) = F_0 \sum_{k=-\infty}^{\infty} Y(kF_0)\, \delta(f-kF_0)$$

mit:

$$Y(kF_0) = \int_{-\infty}^{\infty} y(t)\, e^{-j2\pi kF_0 t}\, dt.$$

Wir fassen zusammen:

Satz 3.2: *Linienspektrum.*

Eine periodische Funktion $y_p(t) = \sum y(t-kT_0)$ hat als Fourier-Transformierte ein Linienspektrum an den Stellen $f = kF_0$, $F_0 = \dfrac{1}{T_0}$:

$$y_p(t) = \sum_{k=-\infty}^{\infty} y(t-kT_0) \; \circ\!\!-\!\!\bullet \; F_0 \sum_{k=-\infty}^{\infty} Y(kF_0)\, \delta(f-kF_0)$$

mit:

$$Y(kF_0) = \int_{-\infty}^{\infty} y(t)\, e^{-j2\pi kF_0 t}\, dt. \tag{3.8}$$

Die Rücktransformation des Linienspektrums in den Zeitbereich ergibt eine Fourier-Reihe

$$y_p(t) = \sum_{k=-\infty}^{\infty} a_k\, e^{j2\pi kF_0 t} \tag{3.9}$$

mit den Fourier-Koeffizienten

$$a_k = F_0\, Y(kF_0).$$

Ist die Funktion $y(t)$ zeitbegrenzt, also $y(t) \equiv 0$ für $|t| > \dfrac{T_0}{2}$, entsprechen die Fourier-Koeffizienten a_k denen in Gl. 2.26:

$$a_k = F_0 \int_{-\frac{T_0}{2}}^{\frac{T_0}{2}} y(t)\, e^{-j2\pi kF_0 t}\, dt.$$

Bemerkenswert ist, daß eine periodische Funktion ein Linienspektrum mit äquidistanten Linien besitzt. Offensichtlich sind im Frequenzbereich verhältnismäßig wenig Werte notwendig, um eine periodische Funktion vollständig zu beschreiben.

Zu Satz 3.2 gibt es mit der Symmetrieeigenschaft der Fourier-Transformation (Tab. 3.1),

$$y(t) \circ\!\!-\!\!\bullet \; Y(f), \qquad\qquad Y(t) \circ\!\!-\!\!\bullet \; y(-f),$$

eine duale Beziehung im Frequenzbereich:

Satz 3.3: *Poissonsche Summenformel.*
Für eine Funktion $y(t) \circ\!\!-\!\!\bullet \; Y(f)$ gilt:

$$y_p(t) = \sum_{k=-\infty}^{\infty} y(t-kT_0) = F_0 \sum_{k=-\infty}^{\infty} Y(kF_0)\, e^{j2\pi nF_0 t}, \tag{3.10}$$

$$Y_p(f) = \sum_{k=-\infty}^{\infty} Y(f-kF) = T \sum_{n=-\infty}^{\infty} y(nT)\, e^{-j2\pi kTf}.$$

Liegen von einer Funktion $y(t)$ diskrete Werte $Y(kF_0)$ des Spektrums vor, dann wird durch eine Fourier-Reihe eine periodische Zeitfunktion mit der Periode $T_0 = \frac{1}{F_0}$ festgelegt. Liegen von einer Funktion $y(t)$ zeitdiskrete Werte $y(nT)$ vor, ist durch eine Fourier-Reihe ein periodisches Spektrum mit der Periode $F = \frac{1}{T}$ bestimmt.

Vorsicht ! $y_p(t)$ und $Y_p(f)$ sind kein Fourier-Paar.

Für $t = 0$ bzw. $f = 0$ gilt:

$$\sum_{k=-\infty}^{\infty} y(kT_0) = F_0 \sum_{k=-\infty}^{\infty} Y(kF_0), \qquad \sum_{k=-\infty}^{\infty} Y(kF) = T \sum_{n=-\infty}^{\infty} y(nT).$$

Mit Hilfe von Satz 3.3 lassen sich gut die Beziehungen erkennen, die wir bei der DFT kennengelernt haben (Kap. 2.3). Mit $t = nT$ und $F_0 = \frac{1}{NT}$ (Bild 2.12) wird:

$$y_p(nT) = F_0 \sum_{k=-\infty}^{\infty} Y(kF_0)\, e^{j2\pi kn/N} = \sum_{k=0}^{N-1} Y_k\, e^{j2\pi kn/N} \tag{3.11a}$$

mit:

$$Y_k = F_0 \sum_{i=-\infty}^{\infty} Y((k+iN)\, F_0).$$

Man erhält den Koeffizienten Y_k der DFT, der sich aus den Anteilen $Y((k+iN)F_0)$, $i \in Z$, zusammensetzt (vgl. Bild 2.15, Fall b). Wenn $Y(f)$ bandbegrenzt ist, $Y(f) \equiv 0$ für $|f| \geq NF_0$, dann gilt:

$$Y_k = F_0 \, Y(kF_0), \qquad\qquad \text{für} \quad k = 0, \ldots, N-1. \qquad\qquad (3.11b)$$

Bild 3.1 zeigt drei verschiedene Zeitfunktionen, die alle zu derselben periodischen Funktion $y_p(t) = i_{T_0}(t) * y_i(t)$ führen und damit das gleiche Linienspektrum haben.

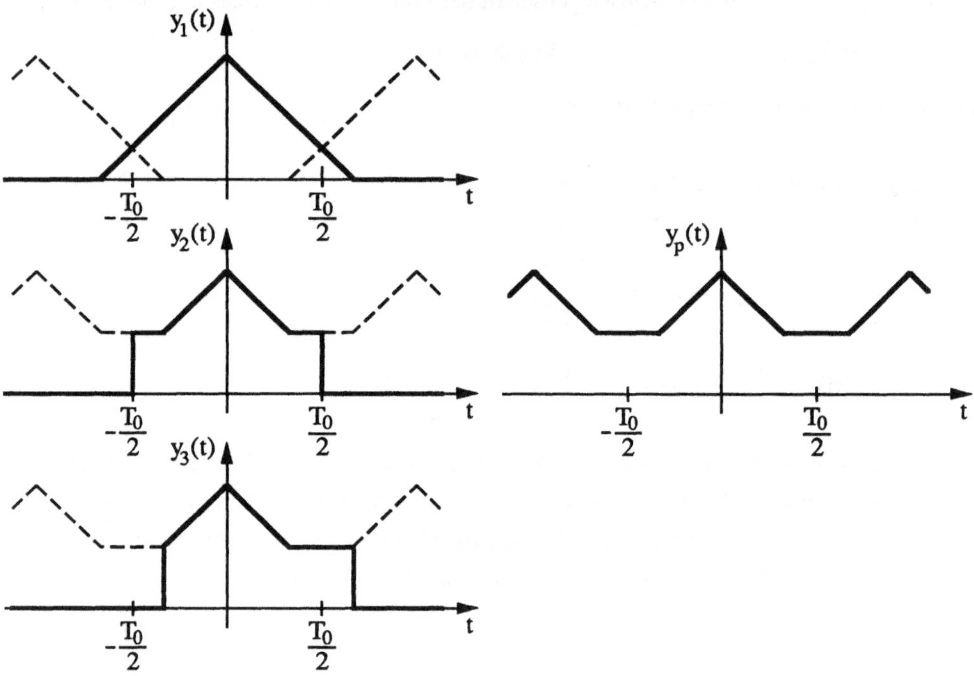

Bild 3.1. Periodische Fortsetzung verschiedener Zeitfunktionen

3.1.2. Unstetigkeiten der Zeitfunktion, das Spektrum bei großen Frequenzen

Die Darstellung einer Funktion $y(t) \in L_2(a,b)$ durch eine orthonormale Basis, $\hat{y}(t) = \sum a_i e_i(t)$, bedeutet, daß im Hilbert-Raum die Distanz $\|y - \hat{y}\| = \int |y - \hat{y}|^2 \, dt$ zu null wird. Das bedeutet keineswegs, daß $y(t) \equiv \hat{y}(t)$ für alle $t \in [a,b]$ ist. In einzelnen Punkten t_i (Unstetigkeitsstellen) kann $y(t_i) \neq \hat{y}(t_i)$ sein. Funktionen $y(t)$ mit einzelnen unstetigen Stellen t_i lassen sich als Summe von stetigen Funktionen $y_c(t)$ und Sprungfunktionen $(y(t_{i+}) - y(t_{i-})) \, \sigma(t - t_i)$ darstellen (Bild 3.2):

$$y(t) = y_c(t) + (y(t_{i+}) - y(t_{i-})) \, \sigma(t - t_i). \qquad\qquad (3.12)$$

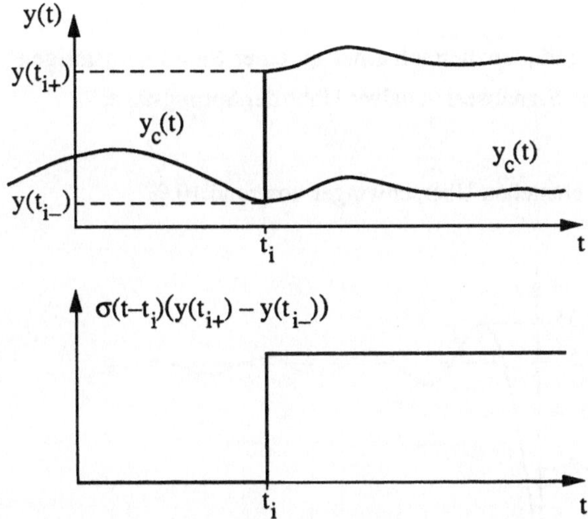

Bild 3.2. Unstetigkeit bei t_i

Wir legen die Unstetigkeit in den Zeitnullpunkt und erhalten bei der Rücktransformation aus dem Frequenzbereich für ein frequenzbeschränktes Signal, $Y_F(f) \equiv 0$ für $|f| > F$, mit dem Fourier-Kern (Gl. 3.3):

$$\hat{y}_F(t) = \int_{-\infty}^{\infty} y_c(\tau) \frac{\sin 2\pi F(t-\tau)}{\pi(t-\tau)} \, d\tau + (y(0_+) - y(0_-)) \int_{-\infty}^{\infty} \sigma(\tau) \frac{\sin 2\pi F(t-\tau)}{\pi(t-\tau)} \, d\tau.$$

Wir untersuchen nur den zweiten Term, der erste konvergiert mit $F \to \infty$ gegen $y_c(t)$.

$$\sigma_F(t) = \int_{-\infty}^{\infty} \sigma(\tau) \frac{\sin 2\pi F(t-\tau)}{\pi(t-\tau)} \, d\tau = \int_{0}^{\infty} \frac{\sin 2\pi F(t-\tau)}{\pi(t-\tau)} \, d\tau,$$

Mit $u = 2\pi F(t-\tau)$ wird:

$$\sigma_F(t) = \int_{-\infty}^{2\pi Ft} \frac{\sin u}{\pi u} \, du = \int_{-\infty}^{0} \frac{\sin u}{\pi u} \, du + \int_{0}^{2\pi Ft} \frac{\sin u}{\pi u} \, du,$$

$$\sigma_F(t) = \frac{1}{2} + \frac{1}{\pi} \int_{0}^{2\pi Ft} \mathrm{si}(u) \, du. \tag{3.13}$$

Damit gilt an der Unstetigkeitsstelle $t = 0$ für $F \to \infty$:

$$\hat{y}_F(0) = y_c(0) + \frac{1}{2}(y(0_+) - y(0_-)) = \frac{1}{2}(y(0_+) + y(0_-)).$$

Die Funktion $\frac{1}{\pi} \int_{0}^{2\pi Ft} \mathrm{si}(u) \, du$ ist in Bild 3.3 gezeichnet. Mit $F \to \infty$ ändert sich der Zeitmaßstab, aber nicht die Höhe des Überschwingens von ca. 10% !

Satz 3.4: *Gibbssches Phänomen.*

Die Rücktransformation aus dem Frequenzbereich einer an einer Stelle t_i unstetigen Funktion liefert im Zeitbereich einen Signalwert in halber Höhe der Sprungstelle:

$$\hat{y}_F(t_i) = \frac{1}{2}\,(y(t_{i-}) + y(t_{i+})).$$

In der Umgebung der Unstetigkeit entstehen Überschwinger von rund 10 %.

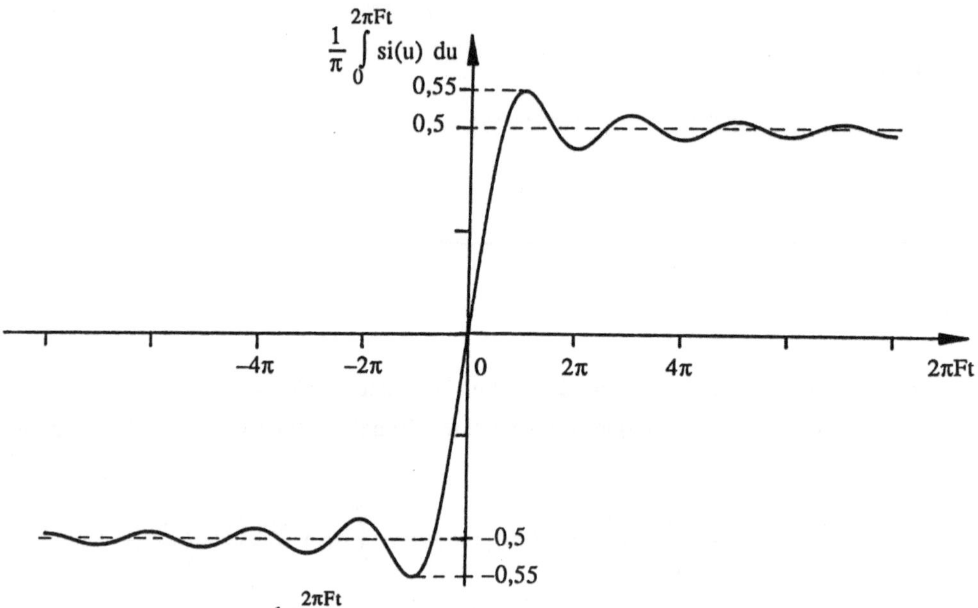

Bild 3.3. Integralsinus, $\dfrac{1}{\pi}\displaystyle\int_0^{2\pi Ft} \mathrm{si}(u)\,du$

Soll eine Funktion numerisch durch eine orthonormale Basis im Hilbert-Raum dargestellt werden, so muß die Reihe möglichst rasch konvergieren (Kap. 1, Satz 1.5). Bei der Darstellung einer Funktion im Frequenzbereich gibt es Abschätzungen für den Zusammenhang im Zeit- und Frequenzbereich.

Satz 3.5: *Riemann-Lebesguesches Lemma.*

Ist eine Funktion $y(t)$ zeitbegrenzt, $y(t) \equiv 0$ für $|t| \geq \dfrac{T_0}{2}$, und existieren K beschränkte Ableitungen, dann gilt folgende Entwicklung (K-fache partielle Integration):

$$Y(f) = \frac{1}{j2\pi f}\left(y(-\tfrac{T_0}{2})\,e^{j\pi fT_0} - y(\tfrac{T_0}{2})\,e^{-j\pi fT_0}\right) + \dots \tag{3.14}$$

$$+ \frac{1}{(j2\pi f)^K}\left(y^{K-1}(-\tfrac{T_0}{2})\,e^{j\pi fT_0} - y^{K-1}(\tfrac{T_0}{2})\,e^{-j\pi fT_0}\right) + \frac{1}{(j2\pi f)^K}\int_{-\frac{T_0}{2}}^{\frac{T_0}{2}} y^{K)}(t)\,e^{-j2\pi ft}\,dt.$$

Wenn zu dem Signal y(t) K Ableitungen $y^{k)}(t)$, $k = 0, \ldots, K$, existieren und im Intervall $[-\infty, \infty]$ beschränkt sind, $s < y^{k)}(t) < S$, so geht die Fourier-Transformierte $|Y(f)|$ mit $\frac{1}{|f|^{K+1}}$ für große Frequenzen gegen null :

$$|Y(f)| \leq \frac{M}{|f|^{K+1}} . \tag{3.15}$$

Für das Linienspektrum gilt:

$$|Y(kF_0)| \leq \frac{M}{|k|^{K+1}} .$$

Für die Fourier-Reihe einer periodischen Funktion $y_p(t)$, die in ihren K Ableitungen beschränkt ist, gilt für die Fourier-Koeffizienten:

$$|Y_k| \leq \frac{M}{|k|^{K+1}} .$$

Herleitung von Gl. 3.15 nach /3.1/:

Eine Funktion f(x) heißt beschränkt in [a,b], wenn für alle $x \in$ [a,b] gilt: $s \leq f(x) \leq S$. Mit einer nichtnegativen Funktion g(x), $g(x) \geq 0$ für alle $x \in$ [a,b], gilt:

$$s \int_a^b g(x) \, dx \leq \int_a^b f(x) \, g(x) \, dx \leq S \int_a^b g(x) \, dx$$

und für stetige f(x) (1. Mittelwertsatz der Integralrechnung):

$$\int_a^b f(x) \, g(x) \, dx = f(\xi) \int_a^b g(x) \, dx \qquad \text{mit:} \quad \xi \in [a,b].$$

Ist g(x) eine in [a,b] monoton wachsende Funktion, $g'(x) \geq 0$ für alle $x \in$ [a,b], so wird mit:

$$F(x) = \int_a^x f(\xi) \, d\xi,$$

$$\int_a^b f(x) \, g(x) \, dx = F(x) \, g(x)\Big|_a^b - \int_a^b F(x) \, g'(x) \, dx$$

$$= F(b)g(b) - F(a)g(a) - F(\xi) \, (g(b) - g(a)).$$

(2. Mittelwertsatz der Integralrechnung)

$$\int_a^b f(x) \, g(x) \, dx = g(a) \int_a^\xi f(x) \, dx + g(b) \int_\xi^b f(x) \, dx \qquad \text{mit:} \quad \xi \in [a,b]. \tag{3.16}$$

Gl. 3.16 läßt sich entsprechend für monoton fallende Funktionen g(x) zeigen.

Im Falle der Fourier-Transformation gilt mit einer monotonen Funktion y(t):

$$Y(f) = \int\limits_{-\frac{T_0}{2}}^{\frac{T_0}{2}} y(t)\, e^{-j2\pi ft}\, dt = -y(-\tfrac{T_0}{2})\, \frac{e^{-j2\pi ft}}{j2\pi f}\, \bigg|_{-\frac{T_0}{2}}^{\xi} + Y(\tfrac{T_0}{2})\, \frac{e^{-j2\pi ft}}{j2\pi f}\, \bigg|_{\xi}^{\frac{T_0}{2}},$$

$$|Y(f)| \le \left| y(-\tfrac{T_0}{2})\, \frac{1}{\pi f} \right| + \left| y(\tfrac{T_0}{2})\, \frac{1}{\pi f} \right| \le \frac{M}{f}, \; M = \frac{2}{\pi}\, \max\left\{ \left| y(-\tfrac{T_0}{2}) \right|, \; \left| y(\tfrac{T_0}{2}) \right| \right\}.$$

Nun sind unsere Signale y(t) nicht monoton. Aber ein beschränktes Signal y(t) läßt sich immer als Differenz zweier monotoner Funktionen $y_1(t)$ und $y_2(t)$ darstellen (Bild 3.4),

$$y(t) = y_1(t) - y_2(t).$$

Die obige Beziehung gilt dann mit:

$$M = \frac{4}{\pi}\, \max\left\{ \left| y_1(-\tfrac{T_0}{2}) \right|, \; \left| y_2(-\tfrac{T_0}{2}) \right|, \; \left| y_1(\tfrac{T_0}{2}) \right|, \; \left| y_2(\tfrac{T_0}{2}) \right| \right\}.$$

Mit der Korrespondenz $(j2\pi f)^K\, Y(f)\ \bullet\!\!-\!\!\circ\ y^{K)}(t)$ wird dann Gl 3.15 bewiesen.

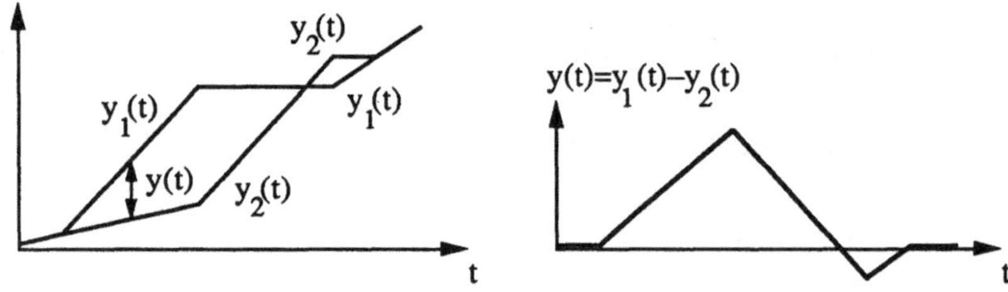

Bild 3.4. Eine beschränkte Funktion y(t) als Differenz zweier monotoner Funktionen $y_1(t)$ und $y_2(t)$

Beispiel 7: Wir diskutieren nocheinmal Kap. 1, Bsp. 10:
Bei der ersten Fourier-Approximation (Fall a) wird deutlich, daß $\hat{x}_F(1) = \tfrac{1}{2}$ wird. (Gibbssches Phänomen Satz 3.4). Bereits die erste Ableitung x'(t) ist unbeschränkt, die Konvergenz wird damit schlecht. Bei der zweiten Fourier-Approximation (Fall c) ist x'(t) beschränkt und x''(t) unbeschränkt. Die Konvergenz der Approximation ist deshalb besser.

Beispiel 8: Gl. (3.14) angewendet auf das Beispiel einer

-    Rechteckfunktion:

$$r_{T_0}(t)\ \circ\!\!-\!\!\bullet\qquad T_0\, \frac{\sin \pi f T_0}{\pi f T_0},$$

-     Dreiecksfunktion:

$$d_{T_0}(t) \circ\!\!-\!\!\bullet \quad \frac{T_0}{2} \frac{\sin^2 \pi f T_0}{(\pi f T_0)^2} \; ,$$

-     und der Funktion:

$$x_{T_0}(t) = \frac{1}{2}\left(1 + \cos\frac{2\pi}{T_0}t\right)r_{T_0}(t) \circ\!\!-\!\!\bullet \quad \frac{\sin \pi f T_0}{2\pi f(1 - (T_0 f)^2)} \; .$$

$r_{T_0}(t)$ hat eine unbeschränkte Ableitung $y'(t)$ bei $t = \pm\frac{T_0}{2}$ ⌃⌃ $|R(f)| \sim \frac{1}{|f|}$,

$d_{T_0}(t)$ hat eine unbeschränkte Ableitung $y''(t)$ bei $t = \pm\frac{T_0}{2}$ ⌃⌃ $|D(f)| \sim \frac{1}{|f|^2}$,

$x_{T_0}(t)$ hat eine unbeschränkte Ableitung $y'''(t)$ bei $t = \pm\frac{T_0}{2}$ ⌃⌃ $|X(f)| \sim \frac{1}{|f|^3}$.

3.2. Laplace-Transformation

Die Laplace-Transformation ist eine der Fourier-Transformation verwandte Integraltransformation. Die am häufigsten verwendete einseitige Laplace-Transformation gilt für kausale Funktionen, d.h. für Funktionen, die für $t \geq 0$ definiert sind und für $t < 0$ verschwinden.

Satz 3.6: *Laplace-Transformation.*

Die Laplace-Transformation bildet eine kausale Zeitfunktion $y(t)$ in den s-Bereich mit einer komplexen Variablen $s = \alpha + j\omega$ ab. Die Transformationsvorschriften sind:

$$y(t) = L^{-1}\{Y(s)\} = \frac{1}{2\pi j} \int_{c-j\infty}^{c+j\infty} Y(s)\, e^{st}ds,$$

$$Y(s) = L\{y(t)\} = \int_{0_-}^{\infty} y(t)\, e^{-st}dt. \tag{3.17}$$

Der Integrationsweg parallel zur imaginären Achse muß in der Konvergenzhalbebene H verlaufen, d.h. auf dem Integrationsweg und rechts davon ist $Y(s)$ analytisch (Bild 3.5):
$c + j\omega \in H$ für alle $\omega \in [-\infty,\infty]$.

Die Ähnlichkeit mit der Fourier-Transformation erkennt man, wenn man $s = \alpha + j\omega$ ausschreibt:

$$Y(s) = \int_{0_-}^{\infty} y(t)\, e^{-\alpha t}\, e^{-j\omega t}\, dt.$$

Man kann die Laplace-Transformierte als Fourier-Transformierte der Funktion $y(t)\, e^{-\alpha t}$ ansehen. Die Herleitung von Gl. 3.17 kann ähnlich wie bei der Fourier-Transformation geführt werden.

Die Operationen und einige Korrespondenzen sind in Tab. 3.4 und Tab. 3.5 aufgeführt. Die Laplace-Transformation benützt in hohem Maße die Eigenschaften von analytischen oder regulären Funktionen (Anhang A).

Beispiel 9: Ist $Y(s)$ für $Re\{s\} \geq c$ analytisch, so muß nach dem Residuensatz (Satz A4) das Umlaufintegral über die rechte Halbebene verschwinden (Bild 3.5). Mit dem Jordanschen Lemma (Satz A6) verschwindet für $t < 0$ das Integral über den rechten Halbkreis K_r. Damit verschwindet für $t < 0$ das Integral auf dem Integrationsweg $(c-j\infty, c+j\infty)$. Die Funktion $y(t)$ ist null für $t < 0$ oder eine kausale Funktion. Wir rechnen mit Satz A4 aus $Y(s)$ die Funktion $y(t)$ für $t \geq 0$.

Tabelle 3.4. Operationen der Laplace-Transformation

Operation	$y(t) = \dfrac{1}{2\pi j} \displaystyle\int_{c-j\infty}^{c+j\infty} Y(s)\, e^{st}\, ds \quad \circ\!\!-\!\!\bullet$	$Y(s) = \displaystyle\int_{0_-}^{\infty} y(t)\, e^{-st}\, dt$
Differentiation Zeitbereich	$y^{k)}(t)$	$s^k Y(s) - s^{k-1} y(0_-) - \dots - y^{k-1)}(0_-)$
Bildbereich	$(-1)^k t^k y(t)$	$Y^{k)}(s)$
Integration	$\displaystyle\int_0^t y(\tau)\, d\tau$	$\dfrac{1}{s}\, Y(s)$
Zeitverschiebung	$y(t-t_0), \qquad t_0 > 0$	$e^{-t_0 s}\left(Y(s) + \displaystyle\int_{-t_0}^{0} y(t)\, e^{-st} dt \right)$
	$y(t+t_0), \qquad t_0 > 0$	$e^{t_0 s}\left(Y(s) - \displaystyle\int_{0}^{t_0} y(t)\, e^{-st}\, dt \right)$
Frequenzverschiebung (Modulation)	$y(t)\, e^{\alpha t}, \qquad \alpha \in C$	$Y(s-\alpha)$
Faltung	$y_1(t) * y_2(t) = \displaystyle\int_0^t y_1(\tau)\, y_2(t-\tau)\, d\tau$	$Y_1(s)\, Y_2(s)$
Multiplikation	$y_1(t)\, y_2(t)$	$Y_1(s) * Y_2(s) = \dfrac{1}{2\pi j} \displaystyle\int_{c-j\infty}^{c+j\infty} Y_1(z) Y_2(s-z)\, dz$
Inneres Produkt	$\displaystyle\int_{-\infty}^{\infty} y_1(t)\, y_2^*(t)\, dt \qquad =$	$\displaystyle\int_{-\infty}^{\infty} Y_1(f)\, Y_2^*(f)\, df$
Anfangswertsatz	$\displaystyle\lim_{t\to 0^+} y(t) \qquad =$	$\displaystyle\lim_{s\to\infty} s\, Y(s)$
Endwertsatz	$\displaystyle\lim_{t\to\infty} y(t) \qquad =$	$\displaystyle\lim_{s\to 0} s\, Y(s)$

Tabelle 3.5. Korrespondenzen der Laplace-Transformation

Korrespondenzen	$y(t) = \dfrac{1}{2\pi j} \displaystyle\int_{c-j\infty}^{c+j\infty} Y(s)\, e^{st}\, ds \quad\circ\!\!-\!\!\bullet\quad Y(s) = \displaystyle\int_{0_-}^{\infty} y(t)\, e^{-st}\, dt$	
Impulsfunktion	$\delta(t)$	1
	$\delta(t-t_0),\ t_0 > 0$	$e^{-t_0 s}$
Sprungfunktion	$\sigma(t) = \begin{cases} 1 & \text{für } t \geq 0 \\ 0 & \text{für } t < 0 \end{cases}$	$\dfrac{1}{s}$
Potenzen in t	$\dfrac{t^k}{k!}, \qquad k = 0, 1, \dots$	$\dfrac{1}{s^{k+1}}$
Exponentialfunktion	$e^{\alpha t}, \qquad \alpha \in C$	$\dfrac{1}{s - \alpha}$
	$t\, e^{\alpha t}$	$\dfrac{1}{(s - \alpha)^2}$
	$\dfrac{t^k}{k!}\, e^{\alpha t}$	$\dfrac{1}{(s - \alpha)^{k+1}}$
	$\dfrac{1}{T}\, e^{-t/T}$	$\dfrac{1}{1 + Ts}$
	$\delta(t) - \dfrac{1}{T}\, e^{-t/T}$	$\dfrac{Ts}{1 + Ts}$
Sinusfunktion	$\dfrac{1}{\omega}\, \sin \omega t$	$\dfrac{1}{s^2 + \omega^2}$
Cosinusfunktion	$\cos \omega t$	$\dfrac{s}{s^2 + \omega^2}$
	$\dfrac{1}{\omega}\, e^{-\delta t} \sin \omega t$	$\dfrac{1}{s^2 + 2\delta s + \delta^2 + \omega^2}$
	$e^{-\delta t} \cos \omega t$	$\dfrac{s + \delta}{s^2 + 2\delta s + \delta^2 + \omega^2}$

Schließen wir den Integrationspfad $(c-j\infty,\ c+j\infty)$ über den linken großen Halbkreis K_l, so wird nach dem Residuensatz (Satz A4) das Integral gleich der Summe der Residuen. Mit $t \geq 0$ verschwindet wieder nach Satz A6 der Anteil über den großen linken Halbkreis. Es wird mit der Umkehrformel:

$$y(t) = \frac{1}{2\pi j}\left(\int\limits_{K_1} Y(s)\, e^{st}\, ds + \int\limits_{c-j\infty}^{c+j\infty} Y(s)\, e^{st}\, ds \right)$$

$$= \frac{1}{2\pi j} \int\limits_{c-j\infty}^{c+j\infty} Y(s)\, e^{st}\, ds = \sum_k \mathrm{Res}\{Y(s)\, e^{st};\ s = \alpha_k\}, \tag{3.18}$$

wenn der große Halbkreis alle Pole α_i umschließt.

$Y(s)$ analytisch für $\mathrm{Re}\{s\} > c$

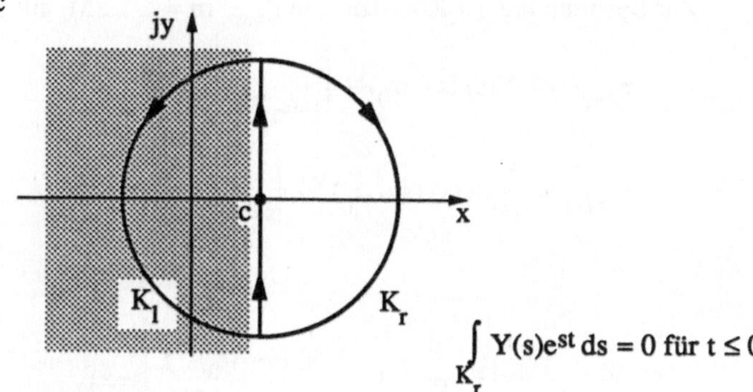

$$\int\limits_{K_l} Y(s)e^{st}\, ds = 0 \text{ für } t \geq 0 \qquad\qquad \int\limits_{K_r} Y(s)e^{st}\, ds = 0 \text{ für } t \leq 0$$

Bild 3.5. Konvergenzgebiet der Laplace-Transformation

Der Residuensatz ist ein schweres Geschütz, das man für eine wichtige Klasse von Zeitfunktionen nicht braucht. Wir haben in Kap. 1.3. Fall 3) bei einer gewöhnlichen Differentialgleichung die Bedeutung von Exponentialfunktionen kennengelernt. Eine Linearkombination von Exponentialfunktionen läßt sich einfach mit der Korrespondenz $e^{\alpha_k t} \circ\!\!-\!\!\bullet\ \dfrac{1}{s - \alpha_k}$ transformieren.

Satz 3.7: *Partialbruchzerlegung.*

Läßt sich ein Signal $y(t)$ als endliche Summe von Zeitfunktionen $r_i\, e^{\alpha_i t}$ darstellen,

$$y(t) = \sum_{k=1}^{K} r_k e^{\alpha_k t},$$

so wird die Laplace-Transformierte durch gliedweises Transformieren eine rationale Funktion $Y(s)$:

$$Y(s) = \sum_{k=1}^{K} \frac{r_k}{s-\alpha_k} = \frac{b_0 s^{K-1} + b_1 s^{K-2} + \ldots + b_{K-1}}{(s-\alpha_1)\ldots(s-\alpha_K)} = \frac{Z(s)}{N(s)}. \tag{3.19}$$

Die erste Gleichung wird als Partialbruchzerlegung von $Y(s)$ bezeichnet. Zur Partialbruchzerlegung kommt man, wenn die Pole α_k einfach sind, mit (Anhang A):

$$r_k = \lim_{s\to\alpha_k} \frac{Z(s)(s-\alpha_k)}{N(s)} = \frac{Z(\alpha_k)}{N'(\alpha_k)}. \tag{3.20}$$

Das Residuum von Gl. 3.18 bei Pol α_k ist $r_k\, e^{\alpha_k t}$.

Enthält R(s) einen M-fachen Mehrfachpol $(s-\alpha_0)^M$, so enthält die Signaldarstellung Glieder $r_0(t)\, e^{\alpha_0 t}$, wobei $r_0(t)$ ein Polynom in t vom Grade M–1 ist. Die Partialbruchzerlegung wird dann mit den einfachen Polen α_k, k = 1, ..., K:

$$Y(s) = \sum_{k=1}^{K} \frac{r_k}{s-\alpha_k} + \frac{r_{01}}{s-\alpha_0} + \frac{r_{02}}{(s-\alpha_0)^2} + \ldots + \frac{r_{0M}}{(s-\alpha_0)^M}. \qquad (3.21)$$

Zur Bestimmung der Koeffizienten r_{0m}, m = 1, ..., M, gilt folgende Beziehung:

$$
\begin{aligned}
r_{0M} &= \left. Y(s)\,(s-\alpha_0)^M \right|_{s=\alpha_0}, \\[2ex]
r_{0M-1} &= \left. \frac{d}{ds}\left(Y(s)\,(s-\alpha_0)^M\right) \right|_{s=\alpha_0}, \\[2ex]
&\;\;\vdots \\[2ex]
r_{01} &= \left. \frac{1}{(M-1)!}\,\frac{d^{M-1}}{ds^{M-1}}\left(Y(s)\,(s-\alpha_0)^M\right) \right|_{s=\alpha_0}.
\end{aligned}
\qquad (3.22)
$$

Die Rücktransformierte wird mit Tab. 3.5:

$$y(t) = \sum_{k=1}^{K} r_k e^{\alpha_k t} + r_{01} e^{\alpha_0 t} + r_{02} t e^{\alpha_0 t} + \ldots + r_{0M}\frac{t^{M-1}}{(M-1)!}\, e^{\alpha_0 t}. \qquad (3.23)$$

Die im Buch vorkommenden Funktionen lassen sich im Laplace-Bereich als rationale Funktionen darstellen. Die Partialbruchzerlegung ist die Standardmethode zur Rücktransformation in den Zeitbereich. Die große Stärke der Laplace-Transformation liegt beim Lösen linearer gewöhnlicher Differentialgleichungen mit konstanten Koeffizienten. Mit dieser Klasse von Operatoren läßt sich das Zeitverhalten der meisten Prozesse zumindest näherungsweise beschreiben. Allgemein werden oft auch Signale durch eine Linearkombination von Exponentialfunktionen beschrieben. Am einfachen Beispiel eines Kraftmessers soll die Vorgehensweise demonstriert werden.

Beispiel 10: Kräfte f werden indirekt über die Verformung x eines elastischen Körpers, der Meßfeder, gemessen, f = cx. Die Meßfeder und der elektrische Wegmesser haben eine Masse m, eine Dämpfung d und die Federkonstante c. Für die Kraft f gilt die Differentialgleichung:

$$f = m\ddot{x} + d\dot{x} + cx.$$

Im Laplace-Bereich wird die Gleichung mit Tab. 3.4:

$$F(s) = m\left(s^2 X(s) - s\, x(0\_) - x'(0\_)\right) + d\left(sX(s) - x(0\_)\right) + c\, X(s),$$

$$X(s) = \frac{F(s)}{ms^2+ds+c} + \frac{sx(0\_)m+ x'(0\_)m+ x(0\_)d}{ms^2+ds+c} \,.$$

Die ganze Vorgeschichte des Systems läßt sich in den Anfangsbedingungen ausdrücken. Ab der Zeit t = 0 ist der Ausschlag x(t) auch von der Kraft f(t), t ≥ 0, bestimmt. Wir führen die technisch wichtige Eigenfrequenz $\omega_0^2 = \frac{c}{m}$ und eine Dämpfungskonstante $2\delta = \frac{d}{\sqrt{c\,m}}$ ein und erhalten:

$$X(s) = \frac{1}{m}\,\frac{F(s)}{s^2+2\delta\omega_0 s+\omega_0^2} + \frac{sx(0\_)+x'(0\_)+x(0\_)\frac{d}{m}}{s^2+2\delta\omega_0 s+\omega_0^2} \,.$$

Man beachte, daß die spezielle Lösung X(s) die Anfangsbedingungen x(0_), x'(0_) mit einschließt. Beide Terme der rechten Seite haben dasselbe Nennerpolynom. Die Pole sind:

$$s_{1,2} = -\delta\omega_0 \pm j\omega_0\sqrt{1-\delta^2}.$$

Die Anfangsbedingungen sollen zunächst null sein. Die Partialbruchzerlegung gibt:

$$\frac{1}{(s-s_1)(s-s_2)} = \frac{1}{(s-s_1)(s_1-s_2)} + \frac{1}{(s-s_2)(s_2-s_1)} \,.$$

Die Impulsantwort g(t), d.h. F(s) = 1 , wird dann im Zeitbereich:

$$g(t) = \frac{1}{m}\,\frac{1}{s_1-s_2}\,(e^{s_1 t} - e^{s_2 t}) = \frac{1}{m}\,\frac{1}{\omega_0\sqrt{1-\delta^2}}\,e^{-\delta\omega_0 t}\sin(\omega_0\sqrt{1-\delta^2}\,t)\,.$$

Die Sprungantwort h(t) auf einen Einheitssprung der Kraft, $F(s) = \frac{1}{s}$, wird mit

$$\frac{1}{s}\;\bullet\!\!-\!\!\circ\;\int_0^t g(\tau)\,d\tau \qquad \text{(Tab. 3.4):}$$

$$h(t) = \frac{1}{m\,\omega_0^2}\left(1 - e^{-\delta\omega_0 t}\left(\frac{\delta}{\sqrt{1-\delta^2}}\sin(\omega_0\sqrt{1-\delta^2}\,t) + \cos(\omega_0\sqrt{1-\delta^2}\,t)\right)\right).$$

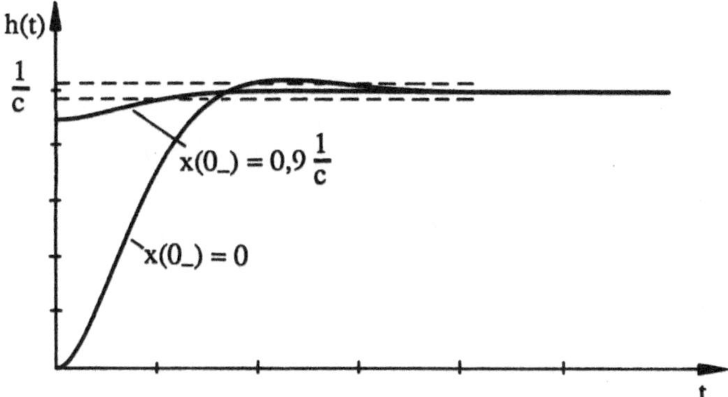

Bild 3.6. Sprungantwort eines Kraftmessers

In Bild 3.6 ist die Sprungantwort für $\delta = \frac{\sqrt{2}}{2}$, der sogenannten *Oszillographendämpfung*, aufgezeichnet.

Als Nutzanwendung der Simulation ist die Sprungantwort mit den Anfangsbedingungen $x'(0\_) = 0$, $x(0\_) = 0,9 \, \frac{1}{c}$ gezeichnet. Der Kraftmesser ist auf 90 % des stationären Wertes vorgespannt. Das Toleranzband mit ±2% zeigt deutlich, wie die Einstellzeit durch diese einfache Maßnahme herabgesetzt werden kann. Kennt man die zu erwartende Meßgröße in etwa, ist die Vorspannung eine sehr wirksame und einfache Methode, um die Einstellzeit beträchtlich zu reduzieren.

Mathematische Modelle eines physikalischen Prozesses interessieren hier wenig. Wenn aber ein Signal $y(t)$ $\circ\!\!-\!\!\bullet$ $Y(s)$ als rationale Funktion

$$Y(s) = \frac{Z(s)}{N(s)}$$

vorliegt, können wir $y(t)$ als Impulsantwort auf einen Impuls $\delta(t)$ $\circ\!\!-\!\!\bullet$ 1 deuten. Praktisch können Signale nur als Summe von endlich vielen Funktionen approximiert werden. Im Fall der rationalen Laplace-Transformierten heißt das, daß Nenner- und Zählergrad beschränkt sein müssen:

$$Y(s) = \frac{b_0 s^K + b_1 s^{K-1} + \ldots + b_K}{s^K + a_1 s^{K-1} + \ldots + a_K} = \frac{Z(s)}{\prod\limits_{k=1}^{K} (s - s_k)} \; .$$

Ein solches Signal genügt der Differentialgleichung:

$$y^{K)}(t) + a_1 y^{K-1)}(t) + \ldots + a_K = b_0 \delta^{K)}(t) + b_1 \delta^{K-1)}(t) + \ldots + b_K \delta(t) \qquad (3.24)$$

genügt.

3.3. Beziehungen zwischen Fourier- und Laplace-Transformation

Satz 3.8: *Beziehungen zwischen Laplace-und Fourier-Transformation.*
Bei der Umwandlung einer Laplace-Transformierten $Y(s)$ in eine Fourier-Transformierte $Y(f)$ sind drei Fälle zu unterscheiden:

a) Zum Signal $y(t)$ ⊙—● $Y(s)$ gibt es keine Fourier-Transformierte, $y(t)$ ⊙≠● $Y(f)$. In diesem Fall liegen Pole von $Y(s)$ rechts der imaginären Achse. Die Konvergenzabszisse c (Bild 3.5) ist c > 0.

b) Für das Signal $y(t)$ ⊙—● $Y(s)$ liegen alle Pole von $Y(s)$ links der imaginären Achse. Dann gehört die imaginäre Achse zum Konvergenzgebiet. Es gilt:

$$Y(s=j2\pi f) = Y(f).$$

c) Für das Signal $y(t)$ ⊙—● $Y(s)$ liegen alle Pole von $Y(s)$ links der imaginären Achse, einige davon auch auf der imaginären Achse. $Y(s)$ wird in einen Teil $Y_1(s)$ aufgeteilt, bei dem alle Singularitäten links der imaginären Achse liegen (Fall b). Ein M-facher Pol auf der imaginären Achse sei mit $\dfrac{a_i}{(s-j2\pi f_i)^M}$ angegeben:

$$Y(s) = Y_1(s) + \frac{a_i}{(s-j2\pi f_i)^M} \cdot \qquad \text{(Partialbruchzerlegung)}$$

Dann gilt für die Fourier-Transformierte:

$$Y(f) = Y_1(s=j2\pi f) + a_i\left(\frac{1}{(j2\pi f-j2\pi f_i)^M} + \frac{\pi}{(2\pi)^M}\frac{j^{M-1}}{(M-1)!}\,\delta^{M-1)}(f-f_i)\right).$$

Beispiel zur Aussage a): Die Funktion $y(t) = \sigma(t)\,e^{\alpha t}$ mit $Re\{\alpha\} > 0$ hat keine Fourier-Transformierte,

$$Y(f) = \int\limits_0^\infty e^{\alpha t}\,e^{-j2\pi ft}\,dt$$

existiert auch mit den verallgemeinerten Funktionen nicht. Aussage b) leuchtet unmittelbar aus den Definitionen ein. Aussage c) wird so einsichtig: In Tab. 3.5 für die Laplace-Transformation finden wir die Korrespondenz:

$$L\left\{\sigma(t)\,\frac{t^{M-1}}{(M-1)!}\,e^{j2\pi f_it}\right\} = \frac{1}{(s-j2\pi f_i)^M}\cdot$$

Für die Fourier-Transformation dieser Zeitfunktion gilt:

$$F\left\{\sigma(t)\,\frac{t^{M-1}}{(M-1)!}\,e^{j2\pi f_it}\right\} = \frac{1}{(j2\pi f-j2\pi f_i)^M} + \frac{\pi}{(2\pi)^M}\frac{j^{M-1}}{(M-1)!}\,\delta^{M-1)}(f-f_i).$$

Zum Schluß möchte sich der Verfasser kaum in den Glaubensstreit einlassen, ob nun die Fourier- oder Laplace-Transformation besser sei. Dies hängt entscheident von der Anwendung ab.

Die Laplace-Transformation ist für kausale Signale vorteilhaft. Sie arbeitet weitgehend in dem engen Korsett der analytischen Funktionen. Sie kann unbedenklich in diesem Rahmen, ohne viele Regeln zu beachten, angewendet werden. Der zugehörige Funktionenvorrat ist größer. Zum Beispiel hat $y(t) = e^{\alpha t}\,\sigma(t)$, $\alpha > 0$, eine Laplace- aber keine Fourier-Transformierte.

Die Fourier-Transformierte hat für den Ingenieur die Anschaulichkeit: ein Signal ist aus harmonischen Schwingungen zusammengesetzt. Alle leistungsfähigen numerischen Verfahren wie DFT und FFT gehen auf die Fourier-Transformierte zurück. Für Signale, die sich für t im Intervall $[-\infty,\infty]$ erstrecken können, hat die Fourier-Transformierte Vorteile. Zwar läßt sich in dem Intervall eine zweiseitige Laplace-Transformation einführen /3.2/, /3.5/, die Konvergenzbedingungen für die Inversion sind aber hart und eng. Zum Beispiel hat eine periodische Funktion $y(t) = y(t+T)$, $t \in [-\infty,\infty]$ keine zweiseitige Laplace-Transformierte, wohl aber gibt es eine Fourier-Transformierte (Gl. 3.10). Diese Funktionenklasse ist aber in unserer technischen Welt besonders häufig. Wir können darauf nicht verzichten.

Literatur:

/3.1/   Papoulis, A.: Signal Analysis,
             McGraw-Hill, New York, 1977.

/3.2/   Föllinger, O.: Laplace- und Fourier-Transformation,
             AEG Telefunken, Berlin, 1980.

/3.3/   Doetsch, G.: Einführung in Theorie und Anwendung der Laplace-Transformation,
             Birkhäuser, Basel, 1976.

/3.4/   Bronstein, I.; Semendjajew, K.: Taschenbuch der Mathematik,
             Harri Deutsch, Frankfurt, 23. Auflage, 1987.

/3.5/   Papoulis, A.: The Fourier-Integral and it's Applications,
             McGraw-Hill, New York, 1962.

4. z-Transformation

Prozesse werden von Menschen gefahren, selbsttätig überwacht, gesteuert und geregelt mit Hilfe von digitalen Signalen, die wichtige technische Größen des Prozesses darstellen. Diese Meßgrößen am Prozeß fallen wert- und zeitkontinuierlich, also als *analoge* Größen an. Die Meßgrößen werden oft schon bei der Umformung in ein elektrisches Signal in *digitale* Signale, d.h. wert- und zeitdiskrete Signale, umgewandelt. In der modernen Prozeßleittechnik werden ausschließlich digitale Signale verarbeitet.

Wir beschäftigen uns hier zunächst allein mit zeitdiskreten Signalen. Die Meßgröße $y(t)$ wird nur zu den Abtastzeitpunkten nT, $n \in Z$, erfaßt und verarbeitet. T ist die Abtastzeit, die einmal gewählt unverändert beibehalten wird. Wir schreiben $y(n)$ und meinen das Signal zum Zeitpunkt nT,

$$y(n) = y(nT). \tag{4.1}$$

In der digitalen Signalverarbeitung werden ganz überwiegend Algorithmen eingesetzt, die zur Klasse der linearen Operatoren (Kap. 1.3) gehören. Die Implementierung solcher Algorithmen im Rechner bereitet grundsätzlich keine Schwierigkeiten. Für eine allgemeine Darstellung und Diskussion eines Problems sind auch bei zeitdiskreten Signalen Betrachtungen in einer komplexen Ebene vorteilhaft. Die Beschreibung diskreter Signale mit der z-Transformation bietet dabei ähnliche Möglichkeiten wie die Beschreibung kontinuierlicher Signale mit der Fourier- oder Laplace-Transformation.

Die folgende Darstellung ist knapp. Im Anhang A sind die Grundlagen der Funktionentheorie und die Laurent-Reihe in einer Zusammenfassung dargestellt.

Definition 4.1: *z-Transformation.*
Eine Folge $y(n)$, $n \in Z$, von Signalwerten hat eine z-Transformierte $Y(z) = Z\{y(n)\}$:

$$Y(z) = \sum_{n=-\infty}^{\infty} y(n)\, z^{-n}. \tag{4.2}$$

$Y(z)$ ist nur für solche reelle oder komplexe z definiert, für welche die Reihe absolut konvergiert. Gl. 4.2 definiert eine Laurent-Reihe um den Punkt $z = 0$ (Satz A8). Das Konvergenzgebiet R ist immer ein Kreisringgebiet $R: r_+ < |z| < r_-$.

Gl. 4.2 definiert die zweiseitige z-Transformation. Jede *akausale* Folge $y(n)$ läßt sich aufspalten in einen *kausalen* Teil $Y_+(z)$ und einen *antikausalen* Teil $Y_-(z)$. Es gilt:

$$Y_+(z) = \sum_{n=0}^{\infty} y(n)\, z^{-n}, \qquad Y_-(z) = \sum_{n=-\infty}^{0} y(n)\, z^{-n} = \sum_{n=0}^{\infty} y(-n)\, z^{n},$$

$$Y(z) = Y_+(z) + Y_-(z) - y(0). \tag{4.3}$$

Für $Y_+(z)$ ist das Konvergenzgebiet R: $|z| > r_+$, für $Y_-(z)$ ist R: $|z| < r_-$.

Eine Folge y(n) bestimmt eindeutig die z-Transformierte Y(z). Umgekehrt ist eine Folge y(n) durch Y(z) nur dann eindeutig bestimmt, wenn zu Y(z) das Konvergenzgebiet R: $r_+ < |z| < r_-$ angegeben wird.

Beispiel 1: Wie sieht die Folge y(n) der z-Transformierten $Y(z) = \dfrac{z}{z-1}$ aus? Y(z) muß in eine Laurent-Reihe um $z = 0$ entwickelt werden. Wir benutzen dazu zweckmäßig die Summenformel für geometrische Reihen:

$$\sum_{i=0}^{\infty} q^i = \frac{1}{1-q} \qquad\qquad \text{für } |q| < 1.$$

a)   Kausaler Fall:

$$Y(z) = \frac{1}{1 - \dfrac{1}{z}} = \sum_{n=0}^{\infty} z^{-n} \quad \bullet\!\!-\!\!\circ \quad y(n) = \begin{cases} 1 & \text{für } n \geq 0 \\ 0 & \text{für } n < 0 \end{cases} = \sigma(n).$$

y(n) ist der Einheitssprung $\sigma(n)$. Das Konvergenzgebiet R lesen wir sofort aus Y(z) oder dem Quotientenkriterium (Satz A7) ab: R: $r_+ = 1 < |z|$.

b)   Antikausaler Fall:

$$Y(z) = \frac{z}{z-1} = -\sum_{n=-1}^{-\infty} z^{-n} \quad \bullet\!\!-\!\!\circ \quad y(n) = \begin{cases} -1 & \text{für } n \leq -1 \\ 0 & \text{für } n > -1 \end{cases} = -\sigma(-n-1).$$

y(n) ist der antikausale, negative und um eins verschobene Einheitssprung $-\sigma(-n-1)$. Das Konvergenzgebiet ist R: $|z| < r_- = 1$.

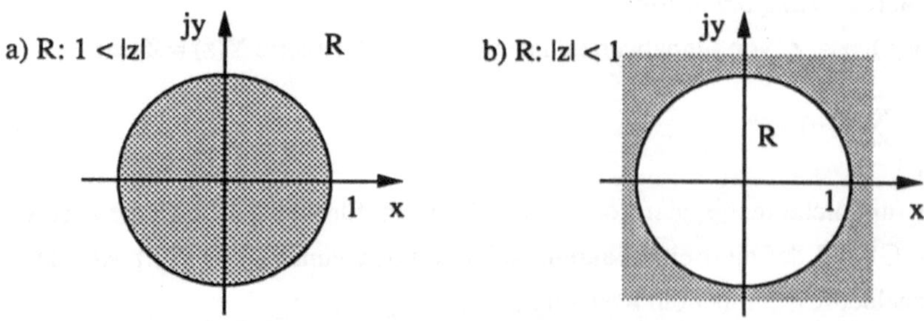

Bild 4.1. Konvergenzgebiete von $Y(z) = \dfrac{z}{z-1}$

Beispiel 2: Wie sieht die z-Transformierte Y(z) der zweiseitigen Folge

$$y(n) = \begin{cases} a^n & \text{für } n \geq 0 \\ b^n & \text{für } n < 0 \end{cases}$$

aus? Welcher Bedingung muß a und b genügen, damit Y(z) existiert?

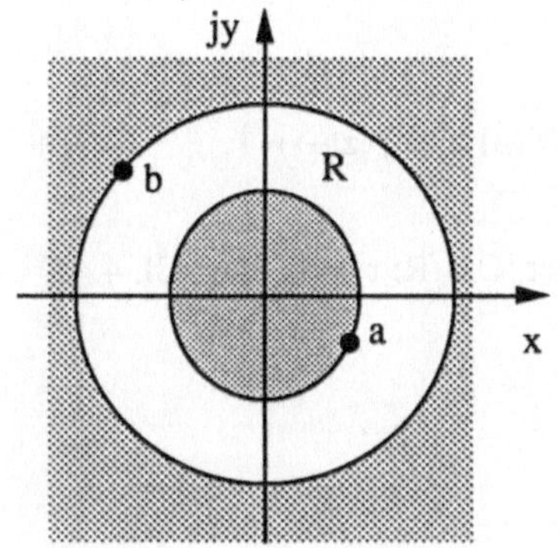

a)   Kausaler Teil:

$$Y_+(z) = \sum_{n=0}^{\infty} \left(\frac{a}{z}\right)^n = \frac{z}{z-a} \, , \, r_+ = |a|.$$

b)   Antikausaler Teil:

$$Y_-(z) = \sum_{n=-\infty}^{0} \left(\frac{b}{z}\right)^n = \frac{b}{b-z} \, , \, r_- = |b|.$$

Bild 4.2. Konvergenzgebiet R von Y(z)

Die z-Transformierte der zweiseitigen Folge ist:

$$Y(z) = Y_+(z) - Y_-(z) - y(0) = \frac{z(b-a)}{(z-a)(b-z)} \, .$$

Wenn $r_- = |b| > r_+ = |a|$ ist, dann existiert Y(z) in R: $|a| < |z| < |b|$.

Beispiel 3: Wie sieht das Konvergenzgebiet einer endlichen Folge

$$Y(z) = \sum_{n=N_1}^{N_2} y(n) \, z^{-n}$$

aus? Für beschränkte y(n), y(n) < M für alle n ∈ $[N_1, N_2]$, konvergiert Y(z) absolut für alle Werte von z in R: $0 < |z| < \infty$. Das Konvergenzgebiet ist die ganze z-Ebene mit Ausnahme des Nullpunktes und des unendlich fernen Punktes.

Bsp. 1 zeigt deutlich, wie wichtig das Konvergenzgebiet bei der inversen z-Transformation ist. Die anderen Beispiele machen deutlich, daß Exponentialfolgen a^n (geometrische Reihen) zu rationalen Funktionen Y(z) führen. Die Parallele zur Laplace-Transformation ist offensichtlich.

$$L\{e^{\alpha t} \sigma(t)\} = \frac{1}{s-\alpha} \, , \qquad Z\{a^n \sigma(n)\} = \frac{z}{z-a} \, .$$

Für die inverse z-Transformation spielt der Residuensatz auf Laurent-Reihen angewendet eine wichtige Rolle:

Satz 4.1: *Umkehrformel der z-Transformation.*

Die inverse z-Transformation $y(n) = Z^{-1}\{Y(z)\}$ gewinnt man mit Hilfe des Residuensatzes (Satz A4):

$$y(n) = \frac{1}{2\pi j} \oint_C Y(z)\, z^{n-1}\, dz$$

$$= \begin{cases} \sum_i \operatorname{Res}\{Y(z)\, z^{n-1};\ |z_i| < r_+\} & \text{(4.4a)} \\[2ex] -\sum_i \operatorname{Res}\{Y(z)\, z^{n-1};\ |z_i| > r_-\} - \operatorname{Res}\{Y(z)\, z^{n-1};\ |z| \to \infty\}. & \text{(4.4b)} \end{cases}$$

Die geschlossene Kurve C verläuft im Konvergenzgebiet, $C \in R: r_+ < |z| < r_-$. Gl. 4.4a und Gl. 4.4b können nach Belieben verwendet werden.

Die Residuen errechnen sich für $z_i \neq \infty$ nach:

$$\operatorname{Res}\{Y(z)\, z^{n-1};\ z_i\} = \begin{cases} (z-z_i)\, Y(z)\, z^{n-1}\Big|_{z \to z_i} & \text{einfacher Pol } z_i, \\[2ex] \dfrac{1}{(K-1)!}\, \dfrac{d^{K-1}}{dz^{K-1}}\, (z-z_i)^K\, Y(z)\, z^{n-1}\Big|_{z \to z_i} & K\text{-facher Pol } z_i. \end{cases}$$

$$\text{(4.5)}$$

Achtung! Die Funktion $Y(z) = \frac{1}{z}$ hat im unendlich fernen Punkt das Residuum

$$\operatorname{Res}\left\{\frac{1}{z}\ ;\ z \to \infty\right\} = -1.$$

In diesem Fall ist die Rechnung nach Gl. 4.5 nicht möglich.

Bei Gl. 4.4a werden alle singulären Stellen $|z_i| < r_+$ von C umschlossen. Bei Gl. 4.4b umfährt C das Gebiet $|z_i| > r_-$. Dieses Gebiet liegt rechts von C, deshalb das negative Vorzeichen. Ein Residuum im Punkt $z \to \infty$ ist gegebenenfalls zu berücksichtigen. Kausale Folgen werden einfacher nach Gl. 4.4a, antikausale einfacher nach Gl. 4.4b errechnet.

Beispiel 4: Wir nehmen die z-Transformierte aus Bsp. 2:

$$Y(z) = \frac{z(b-a)}{(z-a)(b-z)} \qquad \text{mit} \quad R: r_+ = |a| < |z| < r_- = |b|.$$

Wie groß ist $y(n)$ für $n \geq 0$?

$$y(n) = \frac{1}{2\pi j} \oint_C \frac{z(b-a)}{(z-a)(b-z)}\, z^{n-1}\, dz.$$

Wir rechnen mit Gl. 4.4a. Zunächst wird der kausale Teil gesucht. Innerhalb von C liegt der Pol $z = a$. Es wird für $n \geq 0$:

$$y(n) = \mathrm{Res}\{Y(z)\, z^{n-1};\, a\} = \left.\frac{z^n(b-a)}{b-z}\right|_{z\to a} = a^n.$$

Wie groß ist $y(n)$ für $n = -1$? Innerhalb von C liegt der einfache Pol $z = a$ und der einfache Pol $z = 0$. Es wird:

$$y(-1) = \mathrm{Res}\{Y(z)\, z^{-2};\, a\} + \mathrm{Res}\{Y(z)\, z^{-2};\, 0\}$$

$$= \left.\frac{z^{-1}(b-a)}{b-z}\right|_{z\to a} + \left.\frac{b-a}{(z-a)(b-z)}\right|_{z\to 0} = b^{-1}.$$

Für noch kleinere n wird die Differenziererei um den mehrfachen Pol bei $z = 0$ sehr umständlich. Wir lösen die Aufgabe mit Hilfe von Gl. 4.4b, indem wir die Pole außerhalb von C umlaufen. Für $n < 0$ ist $Y(z)\, z^{n-1}$ in unserem Beispiel nur an der Stelle $z = b$ mit einem einfachen Pol singulär. Für $z \to \infty$ wird das Residuum null. Wir erhalten mit Gl. 4.4b für $n < -1$:

$$y(n) = -\,\mathrm{Res}\{Y(z)\, z^{n-1};\, b\} = \left.\frac{z^n(b-a)}{z-a}\right|_{z=b} = b^n.$$

$\bullet$

Im folgenden werden kurz die wichtigsten Operationen der z-Transformation besprochen. Ausführliche Darstellungen finden sich in /4.1/, /4.2/, /4.3/. Dem Leser sei empfohlen, mit den Hinweisen die Herleitung nachzuvollziehen. Es ist $y(n) \circ\!\!-\!\!\bullet Y(z)$ mit $R: r_+ < |z| < r_-$.

-    Modulation $a^n y(n)$:

Aus $Y(z) = \sum\limits_{n=-\infty}^{\infty} y(n)\, z^{-n}$ folgt $\sum\limits_{n=-\infty}^{\infty} y(n)\left(\frac{a}{z}\right)^n = Y\left(\frac{z}{a}\right)$:

$$a^n\, y(n) \;\circ\!\!-\!\!\bullet\; Y\left(\frac{z}{a}\right) \qquad\qquad \text{mit: } R:\, |a|\, r_+ < |z| < |a|\, r_-. \tag{4.6}$$

-    Zeitumkehr $y(-n)$:

Mit $Y(z) = \sum\limits_{n=-\infty}^{\infty} y(n)\, z^{-n}$ wird $\sum\limits_{n=-\infty}^{\infty} y(-n)\, z^{-n} = \sum\limits_{n=-\infty}^{\infty} y(n)\, z^{n} = Y\left(\frac{1}{z}\right)$:

$$y(-n) \;\circ\!\!-\!\!\bullet\; Y\left(\frac{1}{z}\right) \qquad\qquad \text{mit: } R:\, \frac{1}{r_-} < |z| < \frac{1}{r_+}. \tag{4.7}$$

-    Lineare Gewichtung $n\, y(n)$:

Mit $\frac{d}{dz} Y(z) = \frac{d}{dz}\sum\limits_{n=-\infty}^{\infty} y(n)\, z^{-n} = -\sum\limits_{n=-\infty}^{\infty} n\, y(n)\, z^{-n-1} = -\frac{1}{z}\sum\limits_{n=-\infty}^{\infty} n\, y(n)\, z^{-n}$ wird:

$$n\, y(n) \;\circ\!\!-\!\!\bullet\; -z\,\frac{dY(z)}{dz} \qquad\qquad \text{mit: } R:\, r_+ < |z| < r_-. \tag{4.8}$$

-    Verzögerung $y(n-m)$:

Mit $Y(z) = \sum\limits_{n=-\infty}^{\infty} y(n)\, z^{-n}$ wird $\sum\limits_{n=-\infty}^{\infty} y(n-m)\, z^{-n} = z^{-m}\sum\limits_{n=-\infty}^{\infty} y(n-m)\, z^{-(n-m)} = z^{-m}\, Y(z)$:

$$y(n-m) \;\circ\!\!-\!\!\bullet\; z^{-m}\, Y(z) \qquad\qquad \text{mit: } R:\, r_+ < |z| < r_-. \tag{4.9}$$

- Symmetrie für reelle Signale:

Mit $Y(z) = \sum\limits_{n=-\infty}^{\infty} y(n)\, z^{-n}$ wird $Y^*(z) = \sum\limits_{n=-\infty}^{\infty} y(n)\, (z^*)^{-n} = Y(z^*)$:

$$Y^*(z) = Y(z^*) \qquad\qquad \text{mit: } R: r_+ < |z| < r_-. \tag{4.10}$$

- Anfangswerttheorem:

Für kausale Folgen $y(n)$ wird mit $Y_+(z) = \sum\limits_{n=0}^{\infty} y(n)\, z^{-n}$:

$$y(0) = Y_+(z)\Big|_{z\to\infty}, \qquad\qquad y(n) = z^n\, Y(z) - \sum\limits_{i=0}^{n-1} y(i)\, z^{n-i}\Big|_{z\to\infty}. \tag{4.11}$$

- Endwerttheorem:

Annahme: ein Pol bei $z = 1$. Sein Beitrag zu $y(n)$ wird für $n\to\infty$:

$$\lim_{n\to\infty} y(n) = Y_+(z)\,(z-1)\Big|_{z\to 1}. \tag{4.12}$$

- Produkte $H(z) = Z\{y(n)\, x(n)\}$:

Mit der Umkehrformel (Satz 4.1) ist:

$$H(z) = \sum\limits_{n=-\infty}^{\infty} y(n)\, x(n)\, z^{-n} = \sum\limits_{n=-\infty}^{\infty} \frac{1}{2\pi j} \oint_C Y(u)\, u^{n-1}\, du\; x(n)\, z^{-n}$$

$$= \frac{1}{2\pi j} \oint_C Y(u) \sum\limits_{n=-\infty}^{\infty} x(n)\left(\frac{z}{u}\right)^{-n} \frac{1}{u}\, du = \frac{1}{2\pi j} \oint_C Y(u)\, X\!\left(\frac{z}{u}\right) \frac{du}{u}. \tag{4.13}$$

$Y(u)$ und $X\!\left(\frac{z}{u}\right)$ brauchen ein gemeinsames Konvergenzgebiet, in welchem der Integrationsweg C verläuft. Ist das Konvergenzgebiet von $Y(z)$ $R_y: r_{y_+} < |z| < r_{y_-}$, das von $X(z)$ $R_x: r_{x_+} < |z| < r_{x_-}$, so gilt für das Konvergenzgebiet R_{xy} von $H(z)$: $r_{y_+} r_{x_+} < |z| < r_{y_-} r_{x_-}$.

- Parsevalsche Gleichung:

$$\sum\limits_{n=-\infty}^{\infty} y(n)\, x(n) = \frac{1}{2\pi j} \oint_C Y(z)\, X\!\left(\frac{1}{z}\right) \frac{dz}{z} \tag{4.14}$$

Die Kurve C liegt im Konvergenzgebiet $R_{xy}: r_{y_+} r_{x_+} < |z| < r_{y_-} r_{x_-}$. Die Beziehung folgt direkt aus Gl. 4.13 mit $z = 1$.

- Faltung $y(n) * x(n)$:

$$y(n) * x(n) = \sum\limits_{m=-\infty}^{\infty} y(m)\, x(n-m) = \sum\limits_{m=-\infty}^{\infty} y(n-m)\, x(m) \;\circ\!\!-\!\!\bullet\; Y(z)\, X(z) \tag{4.15}$$

mit:

$$R_{xy}: \max\{r_{y_+}, r_{x_+}\} < |z| < \min\{r_{y_-}, r_{x_-}\}.$$

Die Relation folgt sofort mit $n = k + m$ aus:

$$\sum_{n=-\infty}^{\infty} \sum_{m=-\infty}^{\infty} y(m)\, x(n-m)\, z^{-n} = \sum_{m=-\infty}^{\infty} y(m)\, z^{-m} \sum_{k=-\infty}^{\infty} x(k)\, z^{-k} = Y(z)\, X(z).$$

- Korrelation zweier Energiesignale:

$$K_{xy}(k) = \sum_{n=-\infty}^{\infty} x(n)\, y(n+k) = y(n) * x(-n) \; \circ\!\!-\!\!\bullet \; Y(z)\, X\!\left(\frac{1}{z}\right) \tag{4.16}$$

mit:

$$R_{xy}: \max\{r_{y_+}, \frac{1}{r_{x_-}}\} < |z| < \min\{r_{y_-}, \frac{1}{r_{x_+}}\}.$$

In Tab. 4.1 sind wichtige Operationen, in Tab. 4.2 einige Korrespondenzen aufgeführt.

Tabelle 4.1. Wichtige Operationen der z-Transformation

Operation	$y(n) = \dfrac{1}{2\pi j} \displaystyle\oint_C Y(z)\, z^{n-1}\, dz \; \circ\!\!-\!\!\bullet$	$Y(z) = \displaystyle\sum_{n=-\infty}^{\infty} y(n)\, z^{-n}$
z-Transformation	$y(n)$	$Y(z)$ $R: r_+ < |z| < r_-$
kausale Folge	$y(n)\, \sigma(n)$	$Y_+(z)$ $R: r_+ < |z|$
antikausale Folge	$y(n)\, \sigma(-n)$	$Y_-(z)$ $R: |z| < r_-$
endliche Folge	$y(n) = 0$ für $|n| > N$	$\displaystyle\sum_{n=-N}^{N} y(n)\, z^{-n}$ $R: 0 < |z| < \infty$
Zeitverschiebung	$y(n-m)$	$z^{-m}\, Y(z)$ $R: r_+ < |z| < r_-$
kausale Folge	$y(n+m),\; m \geq 0$	$z^m\, Y_+(z) - \displaystyle\sum_{n=0}^{m-1} y(n)\, z^{m-n}$ $R: r_+ < |z|$

Modulation	$a^n\, y(n)$	$Y\!\left(\dfrac{z}{a}\right)$
		$R: \lvert a\rvert\, r_+ < \lvert z\rvert < \lvert a\rvert\, r_-$
Zeitumkehr	$y(-n)$	$Y\!\left(\dfrac{1}{z}\right)$
		$R: \dfrac{1}{r_-} < \lvert z\rvert < \dfrac{1}{r_+}$
Symmetrie für reelle Folgen	$y(n)$	$Y(z) = Y^*(z^*)$ $R: r_+ < \lvert z\rvert < r_-$
Lineare Gewichtung	$n\, y(n)$	$-z\,\dfrac{dY(z)}{dz}$
		$R: r_+ < \lvert z\rvert < r_-$
Faltung	$y(n)*x(n) = \displaystyle\sum_{m=-\infty}^{\infty} y(m)\, x(n-m)$	$Y(z)\, X(z)$ $R_{xy}: \max\{r_{y_+}, r_{x_+}\} < \lvert z\rvert < \min\{r_{y_-}, r_{x_-}\}$
Korrelation	$K_{xy}(n) = y(n)*x(-n)$	$L_{xy}(z) = Y(z)\, X\!\left(\dfrac{1}{z}\right)$ $R_{xy}: \max\{r_{y_+}, \dfrac{1}{r_-}\} < \lvert z\rvert < \min\{r_{y_-}, \dfrac{1}{r_+}\}$
Multiplikation	$y(n)\, x(n)$	$\dfrac{1}{2\pi j}\displaystyle\oint_C Y(\xi)\, X\!\left(\dfrac{z}{\xi}\right)\dfrac{d\xi}{\xi}$ $R_{xy}: r_{y_+} r_{x_+} < \lvert z\rvert < r_{y_-} r_{x_-}$
Summation	$\displaystyle\sum_{n=-\infty}^{\infty} y(n)$	$= \quad Y(1)$
Endwerttheorem	$\displaystyle\lim_{n\to\infty} y(n)$	$= \quad Y(z)\,(z-1)\Big\vert_{z\to 1}$
Anfangswerttheorem für kausale Folgen	$y(0)$	$= \quad Y_+(z)\Big\vert_{z\to\infty}$
	$y(n)$	$= \quad z^n\!\left(Y_+(z) - \displaystyle\sum_{i=0}^{n-1} y(i)\, z^{-i}\right)\Big\vert_{z\to\infty}$
Parsevalsche Gleichung	$\displaystyle\sum_{n=-\infty}^{\infty} y(n)\, x(n)$	$= \quad \dfrac{1}{2\pi j}\displaystyle\oint_C Y(z)\, X\!\left(\dfrac{1}{z}\right)\dfrac{dz}{z}$ $R_{xy}: r_{y_+} r_{x_+} < \lvert z\rvert < r_{y_-} r_{x_-}$
		$= \quad \dfrac{1}{2\pi}\displaystyle\int_{-\pi}^{\pi} Y(e^{j\Omega})\, X(e^{-j\Omega})\, d\Omega,$ falls $\lvert z\rvert = 1 \in R_{xy}$

Tabelle 4.2. Einige Korrespondenzen der z-Transformation

Korrespondenzen	$y(n) = \dfrac{1}{2\pi j} \oint_C Y(z)\, z^{n-1}\, dz \;\circ\!\!-\!\!\bullet\; Y(z) = \displaystyle\sum_{n=-\infty}^{\infty} y(n)\, z^{-n}$		Konvergenz–gebiet
Impuls	$\delta(n-k) = \begin{cases} 1 & \text{für } n = k \\ 0 & \text{für } n \neq k \end{cases}$	z^{-k}	$R:\; 0 < |z| < \infty$
Sprung	$\sigma(n-k) = \begin{cases} 1 & \text{für } n \geq k \\ 0 & \text{für } n < k \end{cases}$	$\dfrac{z^{-k+1}}{z-1}$	$R:\; 1 < |z|$
Expon. Folge kausal	$\sigma(n)\, a^n$	$\dfrac{z}{z-a}$	$R:\; |a| < |z|$
akausal	$y(n) = \begin{cases} a^n & \text{für } n \geq 0 \\ b^n & \text{für } n < 0 \end{cases}$	$\dfrac{z(b-a)}{(z-a)(b-z)}$	$R:\; |a| < |z| < |b|$
gewichtet	$n\, a^n\, \sigma(n)$	$\dfrac{z\,a}{(z-a)^2}$	$R:\; |a| < |z|$
Sinusfunktion	$\sin \omega n\; \sigma(n)$	$\dfrac{z \sin \omega}{z^2 - 2z \cos \omega + 1}$	$R:\; 1 < |z|$
Cosinusfunktion	$\cos \omega n\; \sigma(n)$	$\dfrac{z\,(z-\cos \omega)}{z^2 - 2z \cos \omega + 1}$	$R:\; 1 < |z|$

Auffällig ist bei den Korrespondenzen in Tab. 4.2, daß für zeitdiskrete Signale der Impuls anders als für zeitkontinuierliche Signale definiert ist. Dies hängt mit der Def. 4.1 der z-Transformation als Summe zusammen. Es gilt für die Faltung des Impulses mit einer Funktion $y(t)$ bzw. einer Folge $y(n)$:

$$\int_{-\infty}^{\infty} y(\tau)\, \delta(t-\tau)\, d\tau = y(t), \qquad \sum_{m=-\infty}^{\infty} y(m)\, \delta(n-m) = y(n).$$

Der Wert der Funktion bzw. Folge wird in beiden Fällen wiedergegeben. Bei der Impulsfunktion $\delta(t-\tau)$ ist die Impulsstärke

$$\int_{\tau=-\infty}^{\infty} \delta(t-\tau)\, d\tau = 1$$

und die Höhe des Impulses an der Stelle τ unendlich. Beim Impuls der Folge $\delta(n-m)$ ist die Höhe des Impulses für $n = m$ eins, die Impulsstärke ebenfalls

$$\sum_{m=-\infty}^{\infty} \delta(n-m) = 1.$$

Die Rücktransformation vom z-Bereich in den Zeitbereich, $y(n) = Z^{-1}\{Y(z)\}$, kann mit der Umkehrformel erfolgen. Ist $Y(z)$ eine rationale Funktion, so empfiehlt sich wie bei der Laplace-Transformation die Partialbruchzerlegung. Werden nur wenige $y(n)$ um $y(0)$ herum benötigt, erhält man diese einfach durch Division des Zähler- und Nennerpolynoms.

Satz 4.2: *Inverse z-Transformation.*

1)   Die inverse z-Transformation kann immer mit dem Residuensatz (Satz 4.1) durchgeführt werden.

2)   Ist $Y(z)$ eine rationale Funktion, also $y(n)$ als Summe von Exponentialfunktionen darstellbar, so kann für kausale Signale $Y_+(z)$ die Folge $y(n)$ durch Polynomdivision gewonnen werden:

$$Y_+(z) = \frac{b_0 + b_1 \frac{1}{z} + \ldots + b_M \frac{1}{z^M}}{a_0 + a_1 \frac{1}{z} + \ldots + a_M \frac{1}{z^M}}$$

mit:

$$(b_0 + b_1 \frac{1}{z} + \ldots + b_M \frac{1}{z^M}) : (a_0 + a_1 \frac{1}{z} + \ldots + a_M \frac{1}{z^M}) = y(0) + y(1)\frac{1}{z} + \ldots \; .$$

Die Folge $y(n)$ kann auch rekursiv aus dem Gleichungssystem gewonnen werden:

$$(b_0 + b_1 \frac{1}{z} + \ldots + b_M \frac{1}{z^M}) = (a_0 + a_1 \frac{1}{z} + \ldots + a_M \frac{1}{z^M})\,(y(0) + y(1)\frac{1}{z} + \ldots),$$

$$b_0 = a_0\, y(0),$$

$$b_1 = a_0\, y(1) + a_1\, y(0), \qquad\qquad\qquad\qquad\qquad (4.17)$$

$$\vdots$$

$$b_M = a_0\, y(M) + a_1\, y(M-1) + \ldots + a_M\, y(0).$$

Bei zweiseitigen Signalen ist $Y(z)$ nach Gl. 4.3 aufzuspalten. Bei antikausalen Signalen ist $Y(z)$ nach z^n, $n > 0$, zu entwickeln.

3)   Ist $Y(z)$ eine rationale Funktion und sind die Nullstellen des Nennerpolynoms z_i bekannt, so empfiehlt sich die Partialbruchzerlegung. Das Konvergenzgebiet teilt die Pole in solche mit $|z_{i+}| < r_+$ und $|z_{i-}| > r_-$. Man zerlegt, einfache Pole der einfachen Darstellung wegen vorausgesetzt, so:

$$\frac{Y(z)}{z} = \sum_i \frac{A_{i+}}{z - z_{i+}} + \frac{A_{i-}}{z - z_{i-}}, \qquad A_i = \frac{Y(z)}{z}(z - z_i)\Big|_{z \to z_i}.$$

Die gliedweise Rücktransformation ergibt:

$$y(n) = \begin{cases} \sum_i A_{i+} \, z_{i+}^n & \text{für } n \geq 0 \\[2mm] -\sum_i A_{i-} \, z_{i-}^n & \text{für } n < 0. \end{cases} \qquad\qquad (4.18)$$

Beispiel 5: Geometrische Reihe:

$$Y(z) = \frac{z + 3}{z(z + 2)} \, , \qquad\qquad R: 0 < |z| < 2,$$

$$\frac{z + 2 + 1}{z + 2} = 1 + \frac{1}{z + 2} = 1 + \frac{1}{2} \sum_{n=0}^{\infty} (-1)^n \left(\frac{z}{2}\right)^n,$$

$$Y(z) = \frac{3}{2} \frac{1}{z} - \frac{1}{4} + \frac{1}{8} z - \frac{1}{16} z^2 + \dots .$$

Beispiel 6: Geometrische Reihe:

$$Y(z) = \frac{1}{z(1 + z^2)}$$

Welche Laurent-Entwicklungen um $z = 0$ sind möglich?

a) $\quad \dfrac{1}{1 + z^2} = 1 - z^2 + z^4 - z^6 \dots \quad \to Y(z) = z^{-1} - z + z^3 - z^5 + \dots \qquad$ mit: $R: 0 < |z| < 1$

b) $\quad \dfrac{1}{1 + z^2} = \dfrac{1}{z^2} \, \dfrac{1}{1 + \dfrac{1}{z^2}} = \dfrac{1}{z^2} - \dfrac{1}{z^4} + \dfrac{1}{z^6} - \dots$

$$\to Y(z) = z^{-3} - z^{-5} + z^{-7} - \dots \qquad \text{mit: } R: 1 < |z|$$

Beispiel 7: Residuensatz:

$$Y(z) = \frac{1}{(z - a)^2} \, , \qquad\qquad R: a < |z|.$$

$Y(z)$ ist kausal, da alle Pole auf $r_+ = |a|$ liegen, $Y(z) = Y_+(z)$.

$$y(n) = \text{Res}\left\{\frac{z^{n-1}}{(z - a)^2} \, ; \, a\right\} + \text{Res}\left\{\frac{z^{n-1}}{(z - a)^2} \, ; \, 0\right\},$$

$$\text{Res}\left\{\frac{z^{n-1}}{(z - a)^2} \, ; \, a\right\} = (n-1) \, a^{n-2}, \qquad \text{Res}\left\{\frac{z^{n-1}}{(z - a)^2} \, ; \, 0\right\} = \begin{cases} 0 & \text{für } n \neq 0 \\[2mm] \dfrac{1}{a^2} & \text{für } n = 0, \end{cases}$$

$$y(n) = \begin{cases} (n-1) \, a^{n-2} & \text{für } n > 0 \\ 0 & \text{für } n = 0. \end{cases}$$

Beispiel 8: Partialbruchzerlegung:

$$Y(z) = \frac{z}{(z-1)^2\left(z - \frac{1}{2}\right)} \ , \qquad R: 1 < |z|$$

$Y(z)$ ist kausal, weil alle Pole innerhalb oder auf $r_+ = 1$ liegen. Ansatz zur Partialbruchzerlegung:

$$\frac{Y(z)}{z} = \frac{A}{(z-1)^2} + \frac{B}{z-1} + \frac{C}{z - \frac{1}{2}} \ .$$

Bestimmung der Konstanten A, B und C:

$$1 = A\left(z - \frac{1}{2}\right) + B\,(z-1)\left(z - \frac{1}{2}\right) + C\,(z-1)^2,$$

$$z = 1: \quad \rightarrow \qquad A = 2,$$

$$z = \frac{1}{2}: \quad \rightarrow \qquad C = 4,$$

Koeffizientenvergleich (Glieder mit z^2):

$$B + C = 0 \rightarrow \quad B = -4,$$

$$Y(z) = \frac{2z}{(z-1)^2} - \frac{4z}{z-1} + \frac{4z}{z - \frac{1}{2}} \ ,$$

$$y(n) = \left(2n - 4 + 4\left(\frac{1}{2}\right)^n\right)\sigma(n).$$

Beispiel 9: Polynomdivision:

$$Y_+(z) = \frac{z\,(z+2)}{(z-1)^2} = \frac{1 + 2\,z^{-1}}{1 - 2\,z^{-1} + z^{-2}} \ , \quad R: 1 < |z|,$$

$$(1 + 2\,z^{-1}) : (1 - 2\,z^{-1} + z^{-2}) = 1 + 4\,z^{-1} + 7\,z^{-2} + 10\,z^{-3} + 13\,z^{-4} + \dots$$

$$\underline{1 - 2\,z^{-1} + \ z^{-2}}$$

$$\underline{4\,z^{-1} - \ z^{-2}}$$
$$4\,z^{-1} - 8\,z^{-2} + 4\,z^{-3}$$

$$\underline{7\,z^{-2} - 4\,z^{-3}}$$
$$7\,z^{-2} - 14\,z^{-3} + 7\,z^{-4}$$

$$\underline{10\,z^{-3} - 7\,z^{-4}}$$
$$10\,z^{-3} - 20\,z^{-4} + 10\,z^{-5}$$

$$13\,z^{-4} - 10\,z^{-5}$$

$$\dots$$

Literatur:

/4.1/   Jury, E.: Theory and Application of the z–Transform Method,
John Wiley & Sons, New York, 1964.

/4.2/   Sauer, R.; Szabo, I.: Mathematische Hilfsmittel des Ingenieurs, Teil 1,
Springer Verlag, Heidelberg, 1967.

/4.3/   Oppenheim, A.; Schafer, R.: Digital Signal Processing,
Prentice-Hall, Englewood Cliffs, New Jerscy, 1975.

5. Signale

Die digitale Signalverarbeitung geschieht ganz überwiegend mit Hilfe von linearen Operatoren (Kap. 1.3) und darunter insbesondere mit linearen zeitinvarianten Operatoren. Operatoren, Rechenvorschriften oder Algorithmen werden in der Signaltheorie auch als Systeme oder Filter bezeichnet. Man kann sie sich als Programm im Rechner implementiert denken. Manche von ihnen können auch durch miteinander im Stoff- und Energieaustausch stehende physikalische Baugruppen realisiert werden.

In diesem Kapitel wird das lineare zeitinvariante System definiert (Kap. 5.1) und durch die Impulsantwort und Systemfunktion beschrieben. Die Faltung als allgemeine Ein-/Ausgangsbeziehung solcher Systeme wird eingeführt (Kap. 5.2). In Kap. 5.3 werden die wichtigsten Blockstrukturen behandelt. Die wichtigsten Klassen von Signalen und ihre besonderen Eigenschaften werden besprochen (Kap. 5.4) und verschiedene Kennwerte zur Signalbeschreibung eingeführt (Kap. 5.5).

5.1. Lineares zeitinvariantes System, Impulsantwort und Systemfunktion

Definition 5.1: *LTI-System.*

Ein lineares zeitinvariantes System oder ein LTI-System (linear time invariant system) ist als linearer Operator definiert, der aus einem Eingangssignal u(t) ein Ausgangssignal y(t) generiert. Ein LTI-System $y(t) = T\{u(t)\}$ erfüllt folgende Bedingungen:

$$k\, y(t) = T\{k\, u(t)\}, \qquad k \in C \qquad\qquad \text{Homogenität,}$$

$$y_1(t) + y_2(t) = T\{u_1(t) + u_2(t)\} \qquad\qquad \text{Additivität,} \qquad\qquad (5.1)$$

$$y(t{-}\tau) = T\{u(t{-}\tau)\}, \qquad t, \tau \in [-\infty,\infty] \qquad \text{Zeitinvarianz.}$$

Die beiden ersten Beziehungen bestimmen einen linearen Operator. Die Zeitinvarianz engt die Klasse weiter ein. Def. 5.1 reicht für die Signalverarbeitung und die Anwendungen im Buch fast immer aus. LTI-Operatoren nach Gl. 5.1 sind sehr beliebt, weil die Mathematik einfach ist, mehr noch aber weil die Menschen anschaulich linear denken.

Wir stoßen aber mit dieser einfachen Beschreibung an Grenzen, wenn man z. B. an Vorgänge aus der Ökologie oder der Medizin denkt, die allerdings nur bedingt den exakten Naturwissenschaften zuzuordnen sind. Schwierige Systeme sind chaotische Systeme wie z. B. das Wetter. Dort gelten sicher die exakten physikalischen Gesetze. Es kommen aber wesentliche

Nichtlinearitäten vor, welche die mathematische Modellierung unmöglich machen.

Physikalische, chemische oder technische Prozesse in den Anlagen der Wirtschaft müssen beherrschbar oder steuerbar sein. Für kleine Abweichungen von einem Arbeitspunkt und übersehbare Zeitabschnitte ist die Beschreibung als LTI-System ausreichend.

Beispiel 1: Als einfaches Beispiel diene ein elektrisch beheizter Glühofen (Bild 5.1). Das Eingangssignal u(t) ist die zugeführte elektrische Leistung p(t). Die Temperatur $\vartheta(t)$ des Glühgutes wird gemessen. Ausgangsgröße y(t) des LTI-Systems "Glühofen" ist die Temperaturdifferenz $\Delta\vartheta(t)$ zur Umgebung: $\Delta\vartheta(t) = \vartheta(t)-\vartheta_a$. Bei gleichen Anfangsbedingungen und gleichem Glühgut wird jeder Glühvorgang identisch verlaufen (Zeitinvarianz). Doppelte elektrische Heizleistung wird etwa ein doppelt so großes Ausgangssignal $\Delta\vartheta(t)$ erzeugen (Homogenität). Eine Heizleistung $p_1(t) + p_2(t)$ wird das Ausgangssignal $\Delta\vartheta_1(t) + \Delta\vartheta_2(t)$ bewirken (Additivität).

Werden Abweichungen beobachtet, so kann die Ursache im nichtlinearen Wärmeübergang liegen. Nach dem Boltzmannschen Strahlungsgesetz ist der Wärmeübergang vom Körper 1 zum Körper 2 proportional zur Differenz $\vartheta_1^4 - \vartheta_2^4$. Eine in $\vartheta_1-\vartheta_2$ lineare Näherung ist $\vartheta_1^4 - \vartheta_2^4 \approx 4\,\vartheta_2^3(\vartheta_1-\vartheta_2)$. Sie gilt nur beschränkt. Eine andere Fehlerursache kann in einer veränderlichen Umgebungstemperatur $\vartheta_a(t)$ liegen, welche dann als zweite Eingangsgröße neben der Heizleistung behandelt werden muß.

Für die meisten Anwendungen im engen Bereich um einen Arbeitspunkt herum kommt man jedoch mit einem LTI-System als Modellannahme zurecht, auch wenn die Physik Hinweise auf nichtlineare Teilprozesse gibt.

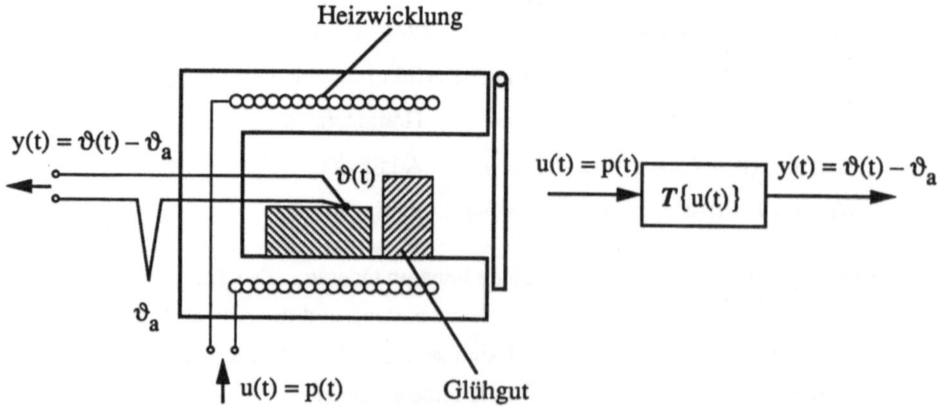

Bild 5.1.   Elektrisch beheizter Glühofen. Messung der
Temperaturdifferenz $\vartheta(t) - \vartheta_a$ mit Thermoelement

Die meisten technischen Prozesse haben mehrere Ein- und Ausgangsgrößen (Mehrgrößen-systeme). Im LTI-System läßt sich die Beziehung jeder Eingangsgröße j zu einer Ausgangs-größe i durch einen LTI-Operator T_{ij} darstellen:

$$y_i(t) = \sum_{j=1}^{L} T_{ij}\{u_j(t)\}, \qquad\qquad i = 1, ..., M. \qquad\qquad (5.2)$$

Der Übersichtlichkeit und der einfachen Notation wegen bleiben wir beim einfachsten LTI-System mit einem Eingangs- und einem Ausgangssignal und bezeichnen die Signale mit u(t) bzw. y(t).

Für ein LTI-System läßt sich eine einfache allgemeine Beziehung zwischen Eingangs- und Ausgangssignal angeben. Hier wird der zeitkontinuierliche Fall u(t) und auch der zeitdiskrete Fall u(n) = u(nT), T: Abtastzeit, behandelt.

Im Sinne von Kap. 1 wird das Eingangssignal linear mit einer Basis $\{\varphi(\tau,t)\}$ bzw. $\{\varphi_i(n)\}$ dargestellt:

$$u(t) = \int_{-\infty}^{\infty} a(\tau)\, \varphi(\tau,t)\, d\tau, \qquad\qquad u(n) = \sum_{i=-\infty}^{\infty} a_i\, \varphi_i(n).$$

Ist die Antwort des Systems auf die Basis bekannt, $\psi = T\{\varphi\}$, so kann das Ausgangssignal mit Def. 5.1 sofort angegeben werden:

$$y(t) = \int_{-\infty}^{\infty} a(\tau)\, \psi(\tau,t)\, d\tau, \qquad\qquad y(n) = \sum_{i=-\infty}^{\infty} a_i\, \psi_i(n).$$

Zwei orthogonale Basen sind besonders günstig:

1) Die Impulsfunktionen $\delta(t)$ bzw. $\delta(n)$:

$$\int_{-\infty}^{\infty} \delta(t-t_i)\, \delta(t-t_j)\, dt = \delta(t_i-t_j), \qquad\qquad \sum_{n=-\infty}^{\infty} \delta(n-m)\, \delta(n-k) = \delta(m-k).$$

$$\text{(Gl. B 8)} \qquad\qquad\qquad\qquad \text{(Tab. 4.2)}$$

Mit der Ausblendeigenschaft der δ-Funktionen läßt sich ein Signal besonders einfach darstellen:

$$u(t) = \int_{-\infty}^{\infty} u(\tau)\, \delta(t-\tau)\, d\tau, \qquad\qquad u(n) = \sum_{m=-\infty}^{\infty} u(m)\, \delta(n-m).$$

2) Die Exponentialfunktionen $e^{j2\pi ft}$ bzw. $e^{j\Omega n}$:

$$u(t) = \int_{-\infty}^{\infty} U(f)\, e^{j2\pi ft}\, df, \qquad\qquad u(n) = \frac{1}{2\pi} \int_{-\pi}^{\pi} U(e^{j\Omega})\, e^{j\Omega n}\, d\Omega,$$

$$U(f) = F\{u(t)\}, \qquad\qquad U(e^{j\Omega}) = Z\{u(n)\}\Big|_{z=e^{j\Omega}}.$$

(Gl. 3.1)   (Gl. 4.2, Gl. 4.4)

Kennt man die Antwort des LTI-Systems auf eine Basisfunktion am Eingang,

$$g(t) = T\{\delta(t)\}, \qquad\qquad g(n) = T\{\delta(n)\},$$

$$e^{j2\pi ft}\, G(f) = T\{e^{j2\pi ft}\}, \qquad\qquad e^{j\Omega n}\, G(e^{j\Omega}) = T\{e^{j\Omega n}\},$$

so erhält man sofort das auf ein Eingangssignal u folgende Ausgangssignal y zu:

$$y(t) = \int_{-\infty}^{\infty} u(\tau)\, g(t-\tau)\, d\tau, \qquad\qquad y(n) = \sum_{m=-\infty}^{\infty} u(m)\, g(n-m),$$

$$y(t) = \int_{-\infty}^{\infty} U(f)\, G(f)\, e^{j2\pi ft}\, df, \qquad\qquad y(n) = \frac{1}{2\pi} \int_{-\pi}^{\pi} U(e^{j\Omega})\, G(e^{j\Omega})\, e^{j\Omega n}\, d\Omega.$$

Den Zusammenhang zwischen g und G erhält man aus den obigen Gleichungen mit $u(t) = \delta(t)$ bzw. $u(n) = \delta(n)$ und $F\{\delta(t)\} = Z\{\delta(n)\} = 1$. Dann wird:

$$G(f) = F\{g(t)\}, \qquad\qquad G(e^{j\Omega}) = Z\{g(n)\}\Big|_{z=e^{j\Omega}}.$$

Die Ergebnisse zusammengefaßt sind:

Definition 5.2: *Impulsantwort, Systemfunktion, Frequenzgang.*
Die Antwort eines LTI-Systems auf einen Impuls am Eingang heißt Impulsantwort :

$$g(t) = T\{\delta(t)\}, \qquad\qquad g(n) = T\{\delta(n)\}.$$

Die Antwort auf ein exponentielles Eingangssignal $e^{j2\pi ft}$ bzw. $e^{j\Omega n}$ ist:

$$T\{e^{j2\pi ft}\} = e^{j2\pi ft}\, G(f), \qquad\qquad T\{e^{j\Omega n}\} = e^{j\Omega n}\, G(e^{j\Omega}).$$

$e^{j2\pi ft}$ bzw. $e^{j\Omega n}$ sind die Eigenfunktionen des LTI-Operators T. $G(f)$ bzw. $G(e^{j\Omega})$ sind die entsprechenden Eigenwerte. Sie heißen Frequenzgang. Der Zusammenhang zwischen den Impulsantworten g und den Eigenwerten G ist:

$$F\{g(t)\} = G(f), \qquad\qquad Z\{g(n)\}\Big|_{z=e^{j\Omega}} = G(e^{j\Omega}),$$

$$L\{g(t)\} = G(s), \qquad\qquad Z\{g(n)\} = G(z).$$

$G(s)$ bzw. $G(z)$ heißen in der Systemtheorie Systemfunktion oder *Übertragungsfunktion* des LTI-Systems. Unter dem Frequenzgang versteht man:

$$F\{g(t)\} = G(f), \qquad\qquad Z\{g(n)\}\Big|_{z=e^{j\Omega}} = G(e^{j\Omega}).$$

Mit $G(f) = A(f)\, e^{-j\phi(f)} = e^{-\alpha(f)-j\phi(f)}$ heißt:

$$A(f) = |G(f)| \qquad \textit{Amplitudengang, Betragskennlinie, Spektrum,}$$
$$\alpha(f) = -\ln A(f) \qquad \textit{Dämpfung,}$$
$$\phi(f) = -\arg\{G(f)\} \qquad \textit{Phasenkennlinie.}$$

Im zeitdiskreten Fall gelten die entsprechenden Definitionen.

Satz 5.1: *LTI-System.*

Ein LTI-System ist vollständig bestimmt durch die Impulsantwort $g(t) = T\{\delta(t)\}$ bzw. $g(n) = T\{\delta(n)\}$ oder durch die Systemfunktion $G(s) = L\{g(t)\}$ bzw. $G(z) = Z\{g(n)\}$.

Allgemein errechnet sich das Ausgangssignal y durch die Operation *Faltung* aus dem Eingangssignal u:

$$y(t) = g(t)*u(t) = \int_{-\infty}^{\infty} g(t-\tau)\, u(\tau)\, d\tau = \int_{-\infty}^{\infty} g(\tau)\, u(t-\tau)\, d\tau,$$

$$y(n) = g(n)*u(n) = \sum_{m=-\infty}^{\infty} g(n-m)\, u(m) = \sum_{m=-\infty}^{\infty} g(m)\, u(n-m). \qquad (5.3)$$

Im Bildbereich entspricht der Faltung die Multiplikation:

$$Y(f) = G(f)\, U(f), \qquad Y(z) = G(z)\, U(z). \qquad (5.4)$$

Die Faltung ist kommutativ. Mathematisch spielt es keine Rolle, welches Signal als Eingangssignal oder als Impulsantwort aufgefaßt wird.

Die Ergebnisse von Satz 5.1 sind für die Praxis sehr nützlich. Man braucht etwa die Impulsantwort g nur experimentell zu bestimmen und schon kann man mit Hilfe der Faltung alle Ausgangssignale rechnen. Die Bestimmung der Impulsantwort durch Versuche heißt Identifikation (Kap. 12).

Wir rechnen im Kontinuierlichen mit Hilfe der Laplace-Transformation die Sprungantwort $h(t) \circ\!\!-\!\!\bullet H(s)$. Für den Einheitssprung

$$\sigma(t) \circ\!\!-\!\!\bullet \frac{1}{s}$$

gilt:

$$h(t) = \int_{0}^{t} g(\tau)\, d\tau \;\circ\!\!-\!\!\bullet\; H(s) = \frac{1}{s}\, G(s)$$

oder direkt aus der Faltung (Gl. 5.3):

$$h(t) = \int_{-\infty}^{\infty} g(\tau)\, \sigma(t-\tau)\, d\tau = \int_{0}^{t} g(\tau)\, d\tau, \qquad g(t) = \frac{dh(t)}{dt}. \qquad (5.5)$$

Im Experiment kann ein Impuls nur durch ein Signal endlicher Höhe und endlicher Dauer angenähert werden. Deshalb wird Gl. 5.5 oft benutzt, um die Impulsantwort aus der Sprungantwort zu bestimmen. Die numerische Differentiation der Sprungantwort bringt aber auch Fehler. Der Grund für den Gebrauch der idealen Testsignale Impuls bzw. harmonische Erregung für LTI-Systeme liegt in der unübertrefflich einfachen Rechnung. An einem physikalischen System ist ein Impuls oder eine harmonische Erregung gar nicht einfach herzustellen und zu applizieren. Fast immer ist jedoch ein realer Stellgrößensprung möglich.

Mit den Ergebnissen aus Satz 5.1 läßt sich im Grunde aus jedem Ein- und Ausgangssignal im Zeitbereich durch *Entfaltung*, im Frequenzbereich etwa mit der FFT (Kap. 2.3), die Systemfunktion und die Impulsantwort rechnen. Über gute Testsignale für den Eingang wird in Kap. 12.1 berichtet.

Beispiel 2: Wir studieren die Problematik am Beispiel einer Rohrleitung, in der Gase oder Flüssigkeiten transportiert werden. Eingangsgröße des Prozesses ist ein Stellventil, das den Durchfluß einstellt. Die Stellzeiten der elektrisch angetriebenen Ventile liegen zwischen einer halben Minute und einigen Minuten. Ausgangsgröße des Systems ist etwa der Durchfluß. Für die Impulsantwort der Strecke nehmen wir als grobe Beschreibung

$$g(t) = \frac{\sigma(t)}{T} e^{-t/T}$$

an, die Sprungantwort ist dann mit Gl. 5.5:

$$h(t) = 1 - e^{-t/T} \qquad \text{für} \quad t \geq 0.$$

Wie verfälscht nun ein Sprung, der nicht plötzlich, sondern in einigen Minuten realisiert wird, das Ergebnis? Das Stellglied hat eine maximale Geschwindigkeit v_m. Von der Massenträgheit abgesehen, sieht der reale Sprung wie in Bild 5.2a aus. Der Stellhub Δu wird nach der Stellzeit T_0 erreicht: $\Delta u = T_0 v_m$. Die reale Stellbewegung setzen wir aus einfachen Signalen zusammen:

$$u(t) = v_m t\, \sigma(t) - v_m(t-T_0)\, \sigma(t-T_0) \qquad \circ\!\!-\!\!\bullet \qquad U(s) = \frac{v_m}{s^2}(1 - e^{-sT_0}).$$

Mit dem Integraloperator $\frac{1}{s}$ rechnet sich die reale Sprungantwort $\hat{h}(t)$ aus der integrierten idealen Sprungantwort

$$k(t) = \int_{0}^{t} h(\tau)\, d\tau$$

und für $t > T_0$ minus derselben um T_0 verschobenen Funktion $k(t-T_0)$. Man beachte, daß $\Delta u = 1 = v_m\, T_0$ ist.

$$\hat{h}(t) = \frac{1}{T_0} \left(k(t) - k(t-T_0) \right) \qquad \text{für } t \in [T_0, \infty].$$

Wir entwickeln $k(t-T_0)$ in eine Taylor-Reihe um t nach Potenzen von T_0:

$$\hat{h}(t) = h(t) - \frac{T_0}{2} h'(t) \pm \dots = h(t) - \frac{T_0}{2T} e^{-t/T} \pm \dots .$$

Der relative Fehler bezogen auf die Höhe $h(\infty) = 1$ wird:

$$F = h(t) - \hat{h}(t) \approx \frac{T_0}{2T} e^{-t/T} \qquad \text{für } t \in [T_0, \infty].$$

Der maximale Wert wird für $t = T_0$ erreicht.

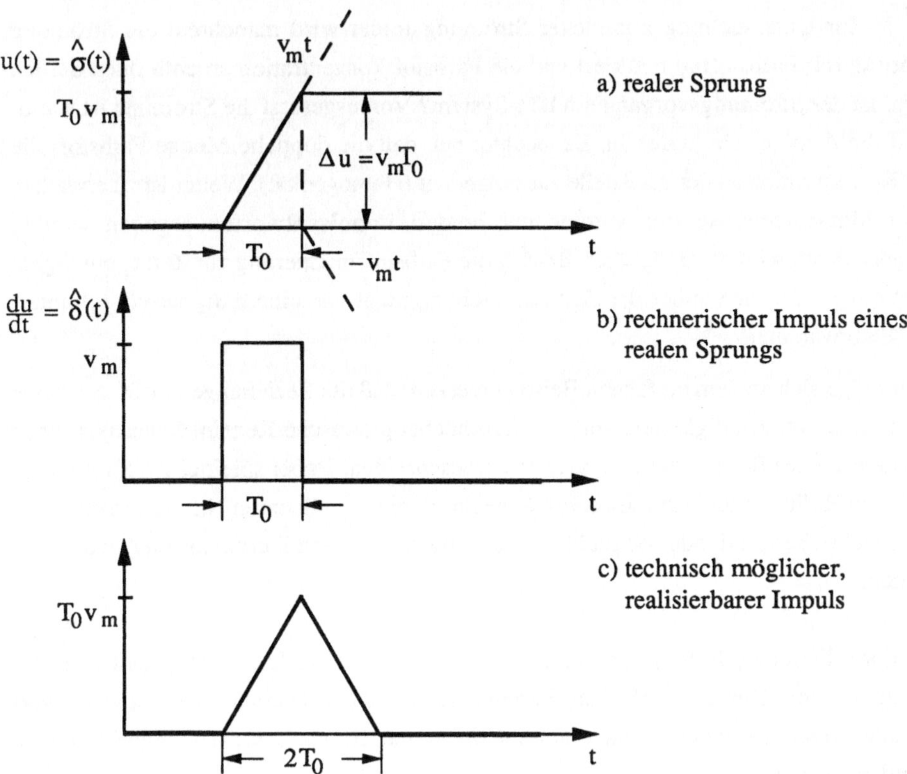

Bild 5.2. Realer Sprung und Impuls

Die Impulsantwort wird nach Gl. 5.5 gewonnen. Der relative Fehler wird:

$$F_r = \frac{h'(t) - \hat{h}'(t)}{h'(t)} = -\frac{T_0}{2T} \qquad \text{für } t \in [T_0, \infty].$$

Zur Abschätzung bei realen Prozessen wird für die Zeitkonstante T die Summe aller Zeitkonstanten T_i des Prozesses, $T = \sum T_i$, eingesetzt.

Wir merken uns: Ein realer Sprung mit der Anstiegszeit T_0 bringt einen relativen Fehler bei $t = T_0$ von ca. $\frac{1}{2}\frac{T_0}{T}$. Dauert ein realer Impuls $T_0 = 0,1\ T$, so ergibt sich bei Impuls- und Sprungantwort ein Fehler von ca. 5%. Dem realen Sprung würde ein fiktiver rechteckförmiger Impuls nach Bild 5.2b entsprechen.

Zum Schluß sei darauf hingewiesen, daß mit dem in der Stellgeschwindigkeit begrenzten Stellglied kein Impuls nach Bild 5.2b erzeugt werden kann. Der kürzeste Impuls ist ein Dreieck von der Dauer $2T_0$ (Bild 5.2c). Das Stellglied läuft dabei mit der Geschwindigkeit v_m hoch und mit $-v_m$ wieder zurück. Die Rechnung über die Sprungantwort gibt einen halb so großen Fehler.

Beispiel 3: Zur Untersuchung komplexer Strömungsfelder wird manchmal die Strömung impulsförmig mit Farbstoffen markiert und die Farbstoffkonzentration an entfernten Stellen gemessen. Ist der Strömungsvorgang ein LTI-System? Vorausgesetzt die Strömung ist stationär, so ist die Antwort ein klares Ja. Es leuchtet ein, daß die doppelte Menge Farbstoff die doppelte Konzentration an der Meßstelle zur Folge hat (Homogenität). Weiter ist zu erwarten, daß zwei Markierimpulse die Summe der beiden Impulsantworten ergeben werden (Additivität). Auch wird im stationären Betrieb die Farbstoffmarkierung zur Zeit t_1 ein Signal $y(t-t_1)$ erzeugen, das sich außer der Zeitverschiebung nicht von einem Signal $y(t-t_2)$ unterscheidet (Zeitinvarianz).

Der Leser möge sich an dem einfachen Beispiel merken, daß die Beziehungen in Gl. 5.1 keine mathematischen Spitzfindigkeiten sind, sondern höchst praktische Regeln. Sie ermöglichen es, ein kompliziertes System als LTI-System zu beschreiben. Dabei spielt es im Strömungsbeispiel keine Rolle, ob die Strömungsvorgänge durch die nichtlinearen Navier-Stokes-Gleichungen beschrieben sind, oder ob nichtlineare Konvektions- und Durchmischungsvorgänge vorkommen.

Die Operation Faltung (Gl. 5.3) unterstreicht die überragende Rolle der Impulsantwort $g(n)$ für LTI-Operatoren. Der Entwurf eines Systems dieser Klasse bedeutet die Impulsantwort $g(n)$ festzulegen und in einem Rechner zu implementieren. Einige Beschränkungen durch die Praxis sind zu beachten:

- Rechner können nur im Wert beschränkte Signale verarbeiten. Dies führt zur Frage der Stabilität.

- Soll das Ausgangssignal nicht von zukünftigen Werten des Eingangssignals abhängen, muß das Filter kausal sein.

- Rechner können nur eine beschränkte Datenmenge verarbeiten. Ist z. B. der Algorithmus durch die Impulsantwort g(n) festgelegt, bedeutet dies, daß $g(n) \equiv 0$ für alle $|n| > N$ sein muß (FIR-Filter).

Die Punkte werden der Reihe nach behandelt.

Definition 5.3: *Stabilität.*

Ein System (Signal) ist *BIBO-stabil* (bounded input - bounded output), wenn ein beschränktes Eingangssignal, $|u(n)| < M$, ein beschränktes Ausgangssignal y(n) erzeugt.

Ein System heißt *bedingt stabil*, wenn ein Impuls am Eingang ein beschränktes Ausgangssignal y(n) erzeugt, welches mit der Zeit nicht verschwindet: $\lim_{n \to \infty} |y(n)| > m$.

Satz 5.2: *Stabilität.*

Ein System (Signal) ist BIBO-stabil, wenn die Summe der Impulsantwort absolut konvergiert, $\sum |g(n)| < S$. Bei einem stabilen System gehört der Einheitskreis der z-Ebene, $|z| = 1$, zum Konvergenzgebiet der Systemfunktion G(z). Auf dem Einheitskreis liegen keine Pole. Ein bedingt stabiles System hat den Konvergenzradius $r_+ = 1$ und damit Pole auf dem Einheitskreis.

Herleitung: Mit Gl. 5.3 ist $y(n) = \sum g(n{-}m)\,u(m)$. Mit beschränktem u(n), $|u(n)| < M$, gilt:

$$|y(n)| \leq M \left| \sum_{m=-\infty}^{\infty} g(n{-}m) \right| \leq M\,S.$$

Gehört der Einheitskreis zum Konvergenzgebiet, so konvergiert G(z) dort absolut (Satz A7). Es ist $G(1) = \sum g(n)$. Ein bedingt stabiles System enthält Pole auf seinem Konvergenzradius $r_+ = 1$. G(z) in Partialbruchdarstellung ergibt zum Beispiel für einen Pol bei $z_{\infty i} = e^{j\Omega_i}$:

$$G(z) = \ldots + r_i\, \frac{z}{z - e^{j\Omega_i}} \quad \bullet\!\!-\!\!\circ \quad g(n) = \ldots + r_i\, e^{j\Omega_i n}.$$

Die Impulsantwort g(n) verschwindet mit wachsendem n nicht . $\bullet$

In der Signalverarbeitung sind bedingt stabile Systeme kaum einzusetzen. Ein einziger Fehler im Eingangssignal, etwa $\varepsilon\,\delta(n)$, erzeugt für alle Zeiten ein fehlerhaftes Ausgangssignal. Ist der Algorithmus stabil, so verschwindet bei einem einmaligen Fehler im Eingangssignal im Laufe der Zeit der Fehler im Ausgangssignal.

Satz 5.3: *Kausalität.*

Ein System (Signal) heißt kausal, wenn für die Impulsantwort g(n) gilt:

$$g(n) \equiv 0 \qquad \text{für} \quad n < 0.$$

Kausale Algorithmen liefern für jeden Zeitpunkt $t = nT$ ein Ausgangssignal y(n), welches den aktuellen Wert u(n) des Eingangssignals und die vergangenen Werte berücksichtigt. Mit kausalen Systemen ist daher eine Echtzeitsignalverarbeitung möglich. Alle anderen Systeme heißen akausal. Akausale Signale y(t) lassen sich mit der Sprungfunktion $\sigma(t)$ in einen kausalen Teil $y_+(t)$ und einen antikausalen Teil $y_-(t)$ aufspalten (vgl. Def. 4.1):

$$y(t) = y_-(t) + y_+(t) - y(0), \qquad y_+(t) = \sigma(t)\, y(t),$$
$$y_-(t) = \sigma(-t)\, y(t),$$

bzw. bei zeitdiskreten Folgen y(n):

$$y(n) = y_+(n) + y_-(n) - y(0), \qquad y_+(n) = \sigma(n)\, y(n),$$
$$y_-(n) = \sigma(-n)\, y(n).$$

Ein in n = 0 gespiegeltes kausales Signal wird antikausal:

$$y_+(-n) = y_-(n), \qquad Y_+(z) = Y_-(z^{-1}).$$

Die Faltung wird für ein kausales System g(t) bzw. g(n):

$$y(t) \;=\; \int_{-\infty}^{t} u(\tau)\, g(t-\tau)\, d\tau \;=\; \int_{0}^{\infty} u(t-\tau)\, g(\tau)\, d\tau$$

bzw.

$$y(n) \;=\; \sum_{m=-\infty}^{n} u(m)\, g(n-m) \;=\; \sum_{m=0}^{\infty} u(n-m)\, g(m).$$

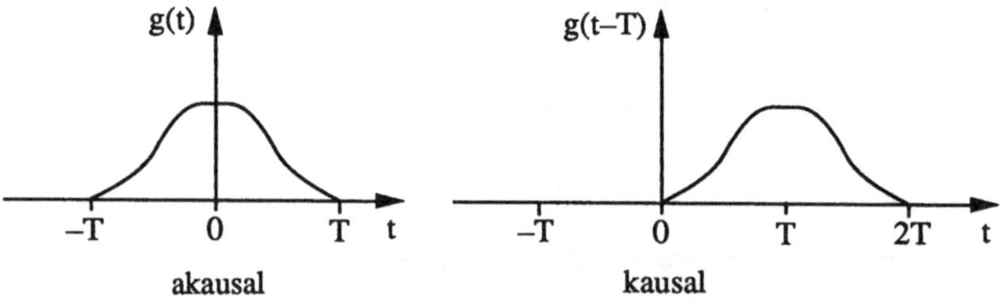

Bild 5.3. Von der akausalen zur kausalen Impulsantwort

Mit kausalen Systemen g(n) ist Echtzeitbetrieb möglich. Das Ausgangssignal y(n) wird aus dem aktuellen Eingangssignal u(n) und allen vergangenen Eingangssignalen berechnet.

Technische Prozesse sind immer kausal. Das kommt schon in den gerichteten Wirkungslinien im Strukturbild (z.B. Bild 5.1) zum Ausdruck. Das Eingangssignal wirkt auf den Prozeß, der Prozeß antwortet mit dem Ausgangssignal. Die Wirkung g(n) auf einen Impuls $\delta(n)$ am Eingang kann nicht vor der Ursache kommen, also muß g(n) $\equiv$ 0 für n < 0 sein.

Akausale Systeme sind als Algorithmus durchaus keine akademische Spielerei, sie lassen sich in vielen Fällen effektiv einsetzen. Werden etwa Versuche gefahren und die Signale u(n) auf Datenträgern abgespeichert, so liegt die Eingangsfolge u(n) für alle Argumente n vor und es kann mit akausalen Algorithmen gerechnet werden. Verschiebt man die Impulsantwort eines akausalen Systems nach rechts, so kann ein akausales System weitgehend oder ganz kausal gemacht werden (Bild 5.3). Eine Zeitverzögerung am Ausgang muß dann in Kauf genommen werden. Dazu ein einfaches Beispiel:

Beispiel 4: Ein langsam veränderliches Nutzsignal x(t) wird von einem zappeligen Störsignal e(t) überlagert:

$$u(n) = x(n) + e(n).$$

Wir filtern u(n) mit einem akausalen Filter g(n) und hoffen einen guten Näherungswert $\hat{x}(n)$ für die sich langsam ändernde Größe x(n) zu erhalten:

$$\hat{x}(n) = \sum_{m=-\infty}^{\infty} u(n-m)\ g(m).$$

Eine Zeitverschiebung der Impulsantwort g(n) um NT, Verschiebung nach rechts, gibt einen Verzug des Ausgangssignals:

$$\hat{x}(n-N) = \sum_{m=-\infty}^{\infty} u(m)\ g(n-N-m).$$

Als Filter wird hier gerne der gleitende Mittelwert genommen:

$$g(n) = \begin{cases} \dfrac{1}{2N+1} & \text{für } |n| \leq N \\[2ex] 0 & \text{sonst.} \end{cases}$$

Dies ist ein akausales Filter. Nimmt man eine Verzögerung um NT am Ausgang in Kauf, so wird das Filter kausal. Es gilt dann:

$$\hat{x}(n-N) = \frac{1}{2N+1} \sum_{m=-N}^{N} u(n-N-m) = \frac{1}{2N+1} \sum_{m=0}^{2N} u(n-m).$$

In beiden Fällen geht man davon aus, daß das Störsignal e(t) durch die Operation

$$\frac{1}{2N+1} \sum_{m=-N}^{N} e(n-m) \quad \text{bzw.} \quad \frac{1}{2N+1} \sum_{m=-N}^{N} e(n-N-m)$$

weitgehend herausgemittelt wird.

Definition 5.4: *FIR -, IIR - Systeme.*
Systeme mit endlicher Länge der Impulsantwort werden als FIR-Systeme (finite-impulse-response) bezeichnet. Systeme mit unendlich langer Impulsantwort heißen IIR-Systeme (infinite-impulse-response).

Zielt das Entwurfsverfahren direkt auf die Impulsantwort g(n), so entstehen FIR-Systeme, da nur endlich viele Werte g(n) zu realisieren sind.

IIR-Filter lassen sich realisieren, wenn man zur Berechnung von y(n) neben den Eingangssignalen auch noch vergangene Ausgangssignale mit einbezieht. Dies führt zu einem rekursiven Algorithmus, der Differenzengleichung:

$$y(n) = -(a_1\, y(n-1) + a_2 y(n-2) + \ldots + a_M\, y(n-M)) \tag{5.6a}$$

$$+\, b_{-K} u(n+K) + b_{-K+1} u(n+K-1) + \ldots + b_0 u(n) + \ldots + b_M u(n-M).$$

Man überzeugt sich leicht, daß der Operator in Gl. 5.6a die Bedingungen eines LTI-Systems (Gl. 5.1) erfüllt und damit ein LTI-System beschreibt. Der Operator in Gl. 5.6a ist akausal. Sind die $b_{-i} \equiv 0$ für $i > 0$, wird der Operator kausal. Wir lesen aus der Darstellung in Gl. 5.6a weiter ab, daß die Differenzengleichung ein IIR-System darstellt. Setzt man $u(n) = \delta(n)$, so liefert der Algorithmus $y(n) = g(n)$. Jedes neue $y(n)$ liefert rekursiv ein neues $y(n+1)$ u.s.f.

Offensichtlich ist hier die Impulsantwort implizit durch Parameter a_i und b_i bestimmt. Wir kommen dem Wesentlichen näher, wenn wir die Gleichung der z-Transformation unterwerfen. Sind die Anfangswerte $y(-1), \ldots, y(-M)$ von null verschieden und bekannt, so läßt sich $y(n)$ in einen kausalen und einen antikausalen Teil zerlegen. Wir rechnen für ein kausales Filter. Mit dem Verschiebungssatz (Tab. 4.1) folgt:

$$Y_+(z)\left(1+ \frac{a_1}{z} + \ldots + \frac{a_M}{z^M}\right) + A_1(z)\, y(-1) + \ldots + A_M(z)\, y(-M) = U_+(z)\left(b_0 + \frac{b_1}{z} + \ldots + \frac{b_M}{z^M}\right),$$

$$Y_+(z) = G(z)\, U_+(z) \;-\; \frac{A_1(z)\, y(-1) + \ldots + A_M(z)\, y(-M)}{1 + \frac{a_1}{z} + \ldots + \frac{a_M}{z^M}} \tag{5.6b}$$

mit:

$$A_m(z) = \sum_{i=m}^{M} a_i\, z^{-i+m}, \qquad\qquad m = 1, \ldots, M,$$

$$G(z) = \frac{b_0 + b_1\, z^{-1} + \ldots + b_M\, z^{-M}}{1 + a_1\, z^{-1} + \ldots + a_M\, z^{-M}} = \frac{b_0\, z^M + b_1\, z^{M-1} + \ldots + b_M}{z^M + a_1\, z^{M-1} + \ldots + a_M}.$$

Der zweite Term ist ein Einschwingvorgang, der vom Anfangszustand $y(-1), \ldots, y(-M)$ abhängt und bei einem stabilen System abklingt. Ist dieser null wird $Y_+(z) = G(z)\, U_+(z)$.

Die Systemfunktion G(z) $\bullet\!\!-\!\!\circ$ g(n) ist eine rationale Funktion, die sich nach dem Fundamentalsatz der Algebra durch die Nullstellen z_{0i} im Zähler und $z_{\infty i}$ im Nenner so darstellen läßt:

$$G(z) = K \frac{\prod_i (z-z_{0i})}{\prod_i (z-z_{\infty i})} \; .$$

Damit ist der Weg frei für die Partialbruchzerlegung:

$$G(z) = \sum_i \frac{r_i\, z}{z-z_{\infty i}} \qquad \bullet\!\!-\!\!\circ \qquad g(n) = \sum_i r_i\, z_{\infty i}^{\,n}, \qquad n \geq 0.$$

Der einfachen Darstellung wegen sind nur einfache Pole berücksichtigt.

Wir fassen zusammen:

Satz 5.4: *FIR -, IIR - Systeme.*

Ein zeitdiskretes, realisierbares Filter (endliche Zahl von Rechenoperationen und stabil) ist bestimmt entweder durch eine endliche Impulsantwort g(n) als FIR-Filter oder durch endlich viele Systemparameter a_i und b_i als IIR-Filter. Im kausalen Fall ist:

$$y(n) + a_1\, y(n-1) +...+ a_M\, y(n-M) = b_0\, u(n) + b_1\, u(n-1) +...+ b_M\, u(n-M).$$

Die Differenzengleichung für den akausalen Fall gibt Gl. 5.6a.

Beim IIR-Filter ist die Impulsantwort gegeben durch einen Ansatz mit Exponentialfunktionen, $g(n) = \sum r_i\, z_{\infty i}^{\,n}$. Die Systemfunktion G(z) der Differenzengleichung ist eine rationale Funktion in z:

$$G(z) = \frac{b_0 + b_1\, z^{-1} +...+ b_M\, z^{-M}}{1 + a_1\, z^{-1} +...+ a_M\, z^{-M}} = \frac{b_0\, z^M + b_1\, z^{M-1} +...+ b_M}{z^M + a_1\, z^{M-1} +...+ a_M}$$

$$= K \frac{\prod_i (z-z_{0i})}{\prod_i (z-z_{\infty i})} = \frac{B(z)}{A(z)} \; . \tag{5.7}$$

Im Fall der FIR-Filter der Länge N stehen pro Zeittakt N Multiplikationen mit dem Eingangssignal an. Im Fall der IIR-Filter müssen pro Zeittakt 2M + 1 Multiplikationen gebildet werden.

Beschränkte FIR-Filter, $|g(n)| < S$, sind immer stabil, bei IIR-Filtern müssen alle Pole innerhalb des Einheitskreises liegen, $|z_{\infty i}| < 1$.

Die beiden letzten Aussagen folgen direkt aus Satz 5.2.

Die Differenzengleichung spielt für zeitdiskrete Signale offensichtlich die gleiche Rolle wie der lineare, zeitinvariante Differentialoperator für zeitkontinuierliche Signale, den wir bereits in Kap. 1.3 kennengelernt haben. Beide sind eine Beschreibung eines LTI-Systems, beide Lösungen setzen sich aus Exponentialfunktionen e^{st} bzw. $z^n = (e^{sT})^n$ zusammen.

Beispiele für Differenzengleichungen gibt es in der physikalischen Welt kaum, die Vorgänge verlaufen kontinuierlich.

Beispiel 5: Differenzengleichungen sind im Geldwesen wichtig. Hat ein Schuldner zur Zeit $t = nT$ eine Schuld $y(n)$, so ist die Schuld zum ersten Zinstermin mit dem Zinssatz p

$$y(n+1) = a\, y(n), \qquad\qquad a = 1 + p > 1.$$

Soll mit konstanter Annuität A getilgt werden, so ist am nächsten Zinstermin die Schuld

$$y(1) = a\, y(0) - A,$$

am darauf folgenden Termin

$$y(2) = a\,(a\, y(0) - A) - A$$

u.s.f. Zum Termin n gilt:

$$y(n) = a\, y(n{-}1) - A \;=\; y(0)\, a^n - A \sum_{i=0}^{n-1} a^i \;=\; y(0)\, a^n - A\, \frac{1 - a^n}{1 - a}\,.$$

Man kann die Differenzengleichung (Gl. 5.6a) als allgemeinen Grundtyp für alle zeitdiskreten LTI-Systeme auffassen. Je nach der Existenz der a_i und b_i ergeben sich die folgenden Filtertypen:

Definition 5.5: *Filtertypen.*
Die allgemeine Darstellung eines realisierbaren zeitdiskreten LTI-Systems ist durch eine Differenzengleichung gegeben:

$$y(n) + a_1 y(n{-}1) + \ldots + a_M y(n{-}M) = b_0 u(n) + b_1 u(n{-}1) + \ldots + b_M u(n{-}M). \qquad (5.8)$$

Abhängig von den a_i und b_i werden folgende Klassen unterschieden:

FIR-Filter (finite impulse response) oder   alle $a_i = 0$, mehrere $b_i \neq 0$,
MA-Filter (moving average)

AR-Filter (auto-recursive)   mindestens ein $a_i \neq 0$, ein $b_i \neq 0$,

ARMA-Filter (auto-recursive moving average)   mindestens ein $a_i \neq 0$, mehrere $b_i \neq 0$.

Ein FIR-Filter $g(0), \ldots, g(N)$ hat die Filterlänge $N+1$ und die Ordnung N. Ein IIR-Filter mit $a_M \neq 0$ hat die Ordnung M.

Die Eigenschaften der verschiedenen Systemfunktionen G(z) werden an sehr einfachen Beispielen demonstriert.

Beispiel 6: MA-Filter. Die Rechenvorschrift laute:

$$y(n) = b_0\, u(n) + b_1\, u(n-1).$$

Mit der z-Transformation gilt:

$$Y(z) = G(z)\, U(z), \qquad\qquad G(z) = b_0 + b_1\, z^{-1} = \frac{b_0}{z}\left(z + \frac{b_1}{b_0}\right).$$

Der Amplitudengang wird:

$$A^2(\Omega) = G(e^{j\Omega})\, G(e^{-j\Omega}) = b_0^2 + b_1^2 + 2b_0 b_1 \cos\Omega = (b_0^2 + b_1^2)\left(1 + \frac{2b_0 b_1}{b_0^2 + b_1^2}\cos\Omega\right).$$

Der Term $2b_0 b_1/(b_0^2 + b_1^2)$ erreicht für $b_0 = b_1$ seinen Maximalwert eins. Damit wird $A(\pm\pi) = 0$. Für $b_0 \neq b_1$ hat $A(\Omega)$ im Bereich $\Omega \in [-\pi,\pi]$ keine Nullstelle.

Die Phase wird mit $G(e^{j\Omega}) = b_0 + b_1\, e^{-j\Omega} = b_0 + b_1 \cos\Omega - j\, b_1 \sin\Omega$:

$$\phi(\Omega) = \arctan\frac{b_1 \sin\Omega}{b_0 + b_1 \cos\Omega}\,.$$

Der Amplitudengang ist völlig symmetrisch in den Koeffizienten b_0 und b_1. Der Algorithmus

$$y(n) = b_1\, u(n) + b_0\, u(n-1)$$

besitzt denselben Amplitudengang. Die Nullstelle des Zählerpolynoms ist aber einmal $z_0 = -b_1/b_0$, im zweiten Fall $z_0 = -b_0/b_1$. Mit $|b_1| < |b_0|$ haben wir im ersten Fall ein Minimalphasensystem (Satz 5.6), im zweiten Fall liegt die Nullstelle außerhalb des Einheitskreises. Der Unterschied wird in der Phase deutlich. Für $|b_1| < |b_0|$ geht im ersten Fall die Phase von null bei $\Omega = 0$ wieder auf null bei $\Omega = \pm\pi$. Im zweiten Fall wird der Nenner vom arctan bei $\cos\Omega_0 = -b_0/b_1$ null, die Phase erreicht dort den Wert $\frac{\pi}{2}$. In Bild 5.4 ist der Amplitudengang und die Phase der beiden Fälle dargestellt.

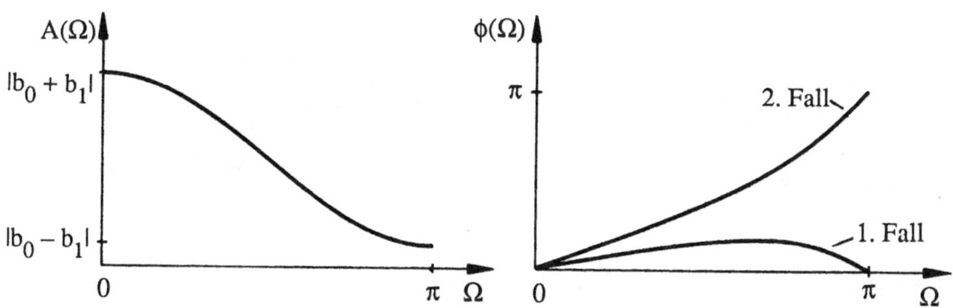

Bild 5.4. Amplitudengang und Phase eines MA–Filters

Spezialfälle:

- Einfacher Tiefpaß, $b_0 = b_1 = \frac{1}{2}$:

$$G(z) = \frac{1}{2}\left(1 + \frac{1}{z}\right), \qquad G(e^{j\Omega}) = e^{-j\Omega/2} \cos\frac{\Omega}{2} .$$

Die Phase ist linear und erreicht für $\Omega = \pi$ den Wert $\phi(\pi) = \frac{\pi}{2}$. Die Sprungantwort des Tiefpasses erreicht nach zwei Abtastungen den Endwert $G(1)$. Höhere Frequenzen des Signals werden unterdrückt.

- Differenzenquotient, $b_0 = \frac{1}{T}$, $b_1 = -\frac{1}{T}$:

$$y(n) = \frac{1}{T}(u(n) - u(n-1)).$$

Bei kleinen Abtastzeiten T kann dieses Filter als Differenzierer eingesetzt werden. Der Differentialquotient wird durch den Differenzenquotient genähert. Man erhält:

$$G(z) = \frac{1}{T}\left(1 - \frac{1}{z}\right), \qquad G(e^{j\Omega}) = \frac{2j}{T}\, e^{-j\Omega/2} \sin\frac{\Omega}{2} .$$

Mit der Abtastzeit T, $\Omega = 2\pi fT$, wird:

$$G(f) = \frac{2j}{T} \sin \pi fT \; e^{-j\pi fT}.$$

Amplitudengang und Phase sind:

$$A(f) = 2\pi f \left|\frac{\sin \pi fT}{\pi fT}\right|, \qquad \phi(f) = \begin{cases} \pi fT - \dfrac{\pi}{2} & \text{für } f \geq 0 \\[2mm] \pi fT + \dfrac{\pi}{2} & \text{für } f < 0. \end{cases}$$

Bei kleinen Frequenzen, $|fT| \ll 1$, entspricht das Verhalten des Differenzenquotienten dem des idealen Differenzierers. Größere Frequenzen bringen Abweichungen in der Phase und im Amplitudengang. Phase und Amplitudengang sind in Bild 5.5 gezeichnet, gestrichelt die Größen für den idealen Differenzierer.

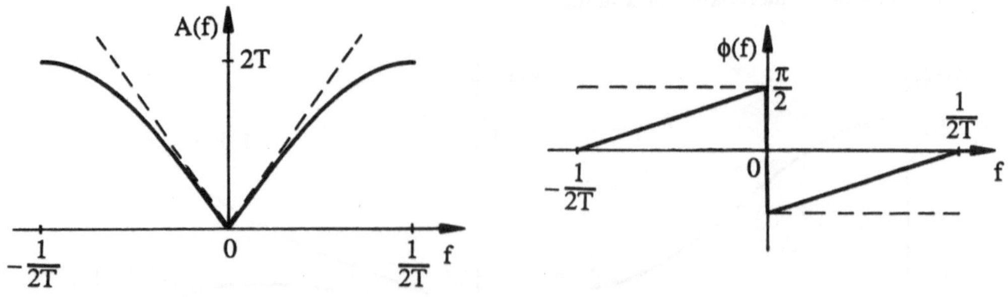

Bild 5.5. Amplitudengang und Phase des Differenzierers

Beispiel 7: ARMA-Filter. Wir diskutieren den Algorithmus:

$$a_0\, y(n) + a_1\, y(n-1) = b_0\, u(n) + b_1\, u(n-1).$$

Die z-Transformierte wird:

$$Y(z)\,(a_0 + a_1 z^{-1}) = U(z)\,(b_0 + b_1 z^{-1}),$$

$$Y(z) = G(z)\,U(z), \qquad\qquad G(z) = \frac{b_0 + b_1 z^{-1}}{a_0 + a_1 z^{-1}}\,.$$

Der Amplitudengang wird:

$$A^2(\Omega) = \frac{(b_0^2 + b_1^2)\left(1 + \dfrac{2\,b_0 b_1}{b_0^2 + b_1^2}\cos\Omega\right)}{(a_0^2 + a_1^2)\left(1 + \dfrac{2\,a_0 a_1}{a_0^2 + a_1^2}\cos\Omega\right)}\,.$$

Der Pol liegt bei $z_\infty = -\dfrac{a_1}{a_0}$. Das Filter ist stabil, wenn $|a_1| < |a_0|$ ist.

Die Phase wird:

$$\phi(\Omega) = \arctan\frac{b_1\,\sin\Omega}{b_0 + b_1\,\cos\Omega} - \arctan\frac{a_1\,\sin\Omega}{a_0 + a_1\,\cos\Omega}\,.$$

Diskussion:

- Der Amplitudengang $A(\Omega)$ bleibt unverändert, wenn man b_0 und b_1 bzw. a_0 und a_1 vertauscht.

- Am Amplitudengang $A(\Omega)$ ist nicht zu erkennen, ob das Filter stabil ist. Das Filter ist nur dann stabil, wenn $|z_\infty| = \dfrac{|a_1|}{|a_0|} < 1$ ist.

- Die Phase nimmt für $|b_1| > |b_0|$ einen größeren Wert an als für $|b_1| < |b_0|$, dem Fall des Minimalphasensystems.

- Der Amplitudengang wird für $\Omega = 0$ bzw. $\Omega = \pm\,\pi$:

$$A(0) = \frac{|b_0 + b_1|}{|a_0 + a_1|}\,, \qquad\qquad A(\pm\pi) = \frac{|b_0 - b_1|}{|a_0 - a_1|}\,.$$

- Je nach Wahl der a_i und der b_i lassen sich Filter mit Tiefpaß- oder Hochpaßcharakter entwerfen.

Als Spezialfall sei ein Allpaß diskutiert (Def. 5.6). Die Nullstelle liegt außerhalb des Einheitskreises. Nach Def. 5.4 ist für reelles a:

$$G_0(z) = \frac{za - 1}{z - a} = \frac{\dfrac{1}{a}(z-a) + \left(a - \dfrac{1}{a}\right)z}{z-a} = \frac{1}{a} + \left(a - \frac{1}{a}\right)\frac{z}{z-a}\,,$$

$$g_0(n) = \frac{1}{a}\,\delta(n) + \left(a - \frac{1}{a}\right)a^n\,\sigma(n).$$

Das Bild zeigt die Impulsantwort $g_0(n)$ für $a = -\frac{1}{2}$.

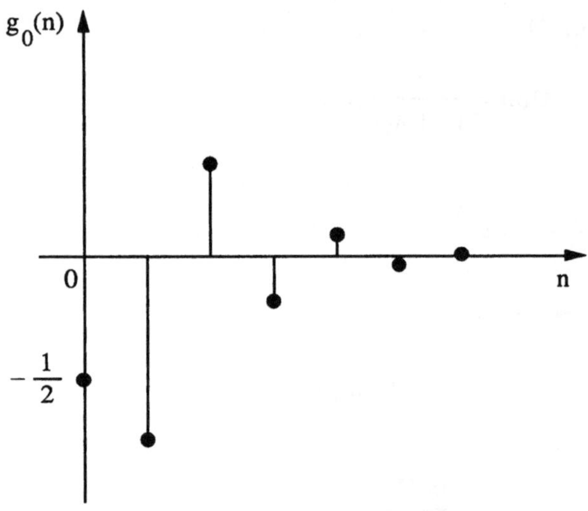

Bild 5.6. Impulsantwort eines Allpasses

5.2. Systemfunktion im zeitdiskreten System

Wir haben mit Gl. 5.8 die realisierbare Differenzengleichung kennengelernt. Die dazugehörige Systemfunktion $G(z)$ ist eine rationale Funktion in z.

Für den Ingenieur ist die kanonische Darstellung in Gl. 5.7 mit den Nullstellen z_{0i} des Zählers und den Polen $z_{\infty i}$, den Nullstellen des Nenners, ein wichtiges Hilfsmittel für den Entwurf.

Satz 5.5: *Pol-/Nullstellenplan.*
Der Pol-/Nullstellenplan ist zur Beurteilung eines LTI-Systems eine wertvolle Hilfe.

Der Amplitudengang $A(\Omega) = |G(e^{j\Omega})|$ ist gegeben durch die Polabstände P_i und Nullstellenabstände N_i zum Einheitskreis (Bild 5.7):

$$A(\Omega) = |K| \, \frac{\prod_i N_i}{\prod_i P_i} \; .$$

Die Phase $\phi(\Omega) = - \arg\{G(e^{j\Omega})\}$ ist gegeben durch die Polwinkel α_i und Nullstellenwinkel β_i zum Einheitskreis:

$$\phi(\Omega) = \sum_i \alpha_i - \beta_i.$$

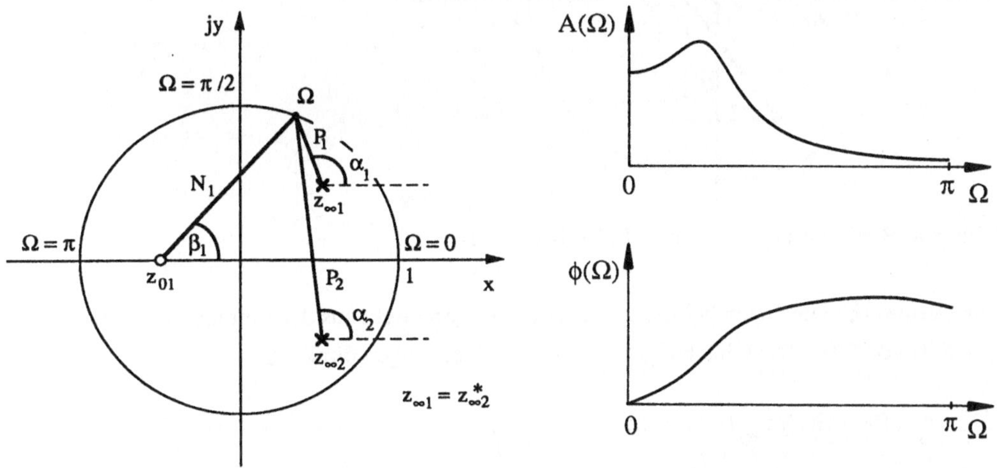

Bild 5.7. Pol-/ Nullstellenplan und Frequenzgang

Eine Nullstelle auf dem Einheitskreis bei $z = e^{j\Omega_0}$ bedeutet $A(\Omega_0) = 0$.

Bei zeitdiskreten Systemen entspricht der Einheitskreis der z-Ebene, $z = e^{j\Omega}$ mit

$\Omega \in [-\pi,\pi]$, der imaginären Achse der s-Ebene, $s = j2\pi f$ mit $f \in [-\infty,\infty]$, bei kontinuierlichen Systemen.

Bei einfachen Polen läßt sich das zum Pol $z_{\infty j}$ gehörende Residuum $r_j = \mathrm{Res}\{G(z);\, z_{\infty j}\}$ aus dem Pol-/Nullstellenplan ebenfalls ablesen. Sind P_i, $i \neq j$, die Polabstände und N_i die Nullstellenabstände zu $z_{\infty j}$, so gilt (Bild 5.8):

$$|r_j| = |K|\, \frac{\prod\limits_i N_i}{\prod\limits_{i\neq j} P_i}\,.$$

Mit den Pol- und Nullstellenwinkeln α_i, $i \neq j$, und β_i zu $z_{\infty j}$ gilt für das Argument:

$$\arg\{r_j\} = \sum_i \beta_i - \sum_{i\neq j} \alpha_i.$$

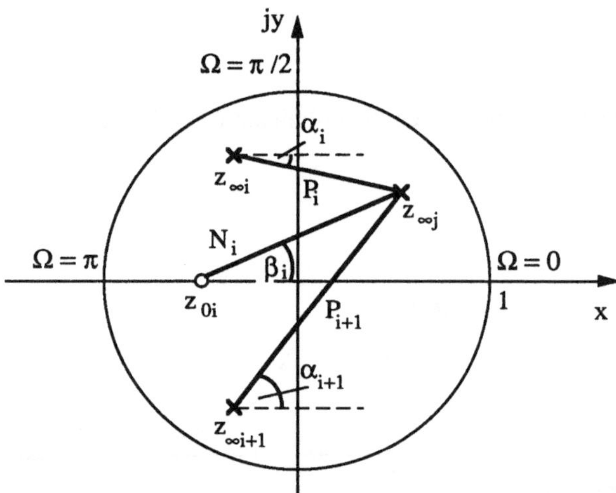

Bild 5.8. Residuum r_j aus dem Pol-/Nullstellenplan

Zur Herleitung: Die ersten beiden Beziehungen folgen direkt aus der kanonischen Darstellung (Gl. 5.7) von $G(z)$. Die Gleichungen für die Residuen folgen direkt aus:

$$r_j = \mathrm{Res}\{G(z),\, z_{\infty j}\} = G(z)\,(z-z_{\infty j})\Big|_{z\to z_{\infty j}}.$$

Beispiel 8: Notch-Filter.
Der Frequenzgang $G(e^{j\Omega})$ eines Notch-Filters (Kerbfilter) soll überschlägig berechnet werden. Ein Notch-Filter hat zwei Nullstellen $e^{\pm j\Omega_0}$ auf dem Einheitskreis und zwei Pole bei $(1-\varepsilon)\,e^{\pm j\Omega_0}$. Im Beispiel sei $\Omega_0 = \frac{\pi}{2}$.

Nullstellen: $z_{01} = j, \quad z_{02} = -j,$

Pole: $z_{\infty 1} = (1-\varepsilon)\,j, \quad z_{\infty 2} = -(1-\varepsilon)\,j, \qquad \varepsilon \ll 1.$

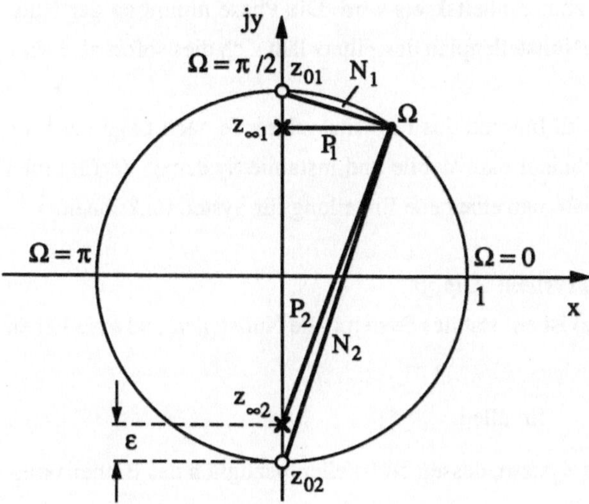

Bild 5.9. Pol-/Nullstellenplan eines Notch-Filters

Für die Übertragungsfunktion des Notch-Filters gilt damit:

$$G(z) = \frac{(z-j)\,(z+j)}{(z-(1-\varepsilon)j)\,(z+(1-\varepsilon)j)}\ .$$

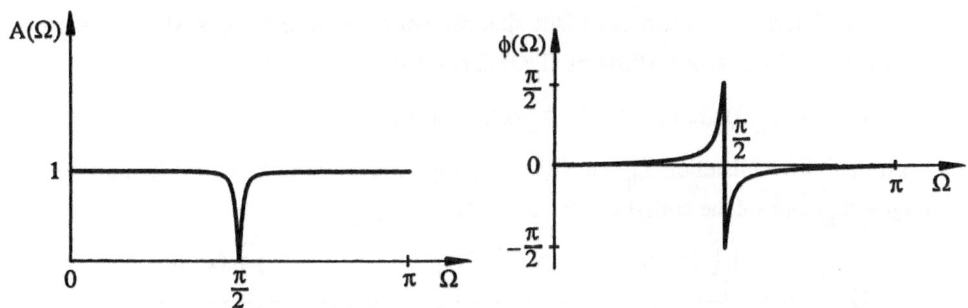

Bild 5.10. Amplitudengang und Phase eines Notch-Filters mit der Ausblendfrequenz $\Omega_0 = \frac{\pi}{2}$

Für Werte von Ω, die von $\pm\frac{\pi}{2}$ weit entfernt sind, ist der Amplitudengang $A(\Omega) \approx 1$ und die Phase $\phi(\Omega) \approx 0$. Für Werte von Ω in der Nähe von $\frac{\pi}{2}$ gilt mit Satz 5.5 die Näherung:

$$N_1 \approx \Omega - \frac{\pi}{2}, \qquad N_2 \approx 2, \qquad P_1 \approx \varepsilon, \qquad P_2 \approx 2 - \varepsilon,$$

$$|A(\Omega)| \approx \frac{1}{\varepsilon} \left| \Omega - \frac{\pi}{2} \right| .$$

Notch-Filter blenden eine Frequenz, hier $\Omega = \pm \frac{\pi}{2}$, vollständig aus. Die Kerbe wird umso schärfer, je kleiner der Polabstand ε zum Einheitskreis wird. Die Phase nimmt an der Nullstelle unstetig um π ab. Aus dem Pol-/Nullstellenplan des Filters läßt sich dies sofort ablesen.

$\bullet$

Stabile Systeme haben ihre Pole $z_{\infty i}$ im Inneren des Einheitskreises. Je nach Lage der Pole bezüglich des Einheitskreises unterscheidet man stabile und instabile Systeme. Verfügt man über die Nullstellen z_{0i} ähnlich, so erhält man eine neue Einteilung für Systemfunktionen.

Definition 5.6: *Minimalphasensystem, Allpaß.*
Ein Minimalphasensystem $G_m(z)$ ist ein stabiles System, alle Nullstellen und Pole liegen innerhalb des Einheitskreises:

$$|z_{0i}| < 1, \quad |z_{\infty i}| < 1 \qquad \text{für alle i.}$$

Ein Allpaß $G_0(z)$ ist ein stabiles System, dessen Nullstellen bezüglich des Einheitskreises spiegelbildlich zu den Polen liegen.

$$G_0(z) = \prod_i \frac{(z-z_{0i})}{(z\, z_{0i}^*-1)} , \qquad |z_{\infty i}| < 1,\ z_{0i} = \frac{1}{z_{\infty i}^*} .$$

Für beide Systeme gilt der Satz :

Satz 5.6: *Minimalphasensystem, Allpaß.*
Jedes realisierbare System $G(z)$ läßt sich als Serienschaltung eines Minimalphasensystems $G_m(z)$ und eines Allpasses $G_0(z)$ darstellen:

$$G(z) = G_m(z)\, G_0(z), \qquad A_m(\Omega) = A(\Omega).$$

Teilt man die Nullstellen z_{0j} von $G(z)$ ein in solche, die innerhalb des Einheitskreises liegen, z_{0i}, und solche außerhalb des Einheitskreises, a_i, so ist:

$$G_m(z) = K\, \frac{\prod\limits_i (z-z_{0i}) \prod\limits_i (z\, a_i^*-1)}{\prod\limits_i (z-z_{\infty i})} , \qquad G_0(z) = \frac{\prod\limits_i (z-a_i)}{\prod\limits_i (z\, a_i^*-1)}$$

mit:

$$\{z_{0j}\} = \{z_{0i}\} + \{a_i\}, \qquad |z_{0i}| < 1, \quad |a_i| > 1.$$

Beim Minimalphasensystem ändert sich mit wachsender Frequenz die Phase $\phi_m(\Omega)$ langsamer als die Phase $\phi(\Omega)$:

$$\frac{d\phi_m(\Omega)}{d\Omega} \leq \frac{d\phi(\Omega)}{d\Omega} \, .$$

Für die Energie des Ausgangssignals gilt für alle $N > 0$ die Ungleichung:

$$\sum_{n=0}^{N} y^2(n) \leq \sum_{n=0}^{N} y_m^2(n), \qquad \sum_{n=0}^{\infty} y^2(n) = \sum_{n=0}^{\infty} y_m^2(n).$$

Die Energie einer Eingangsfolge u(n) passiert demnach das Minimalphasensystem schneller als jedes andere System.

Ein Minimalphasensystem ist invertierbar. Mit $G_m(z)$ existiert auch $\frac{1}{G_m(z)}$ als stabiles System.

Ein Allpaß $G_0(z)$ hat den Amplitudengang $A_0(\Omega) \equiv 1$. Die Phase nimmt monoton zu:

$$\phi_0(\Omega_2) - \phi_0(\Omega_1) > 0 \quad \text{für} \quad \Omega_2 > \Omega_1.$$

Zur Herleitung: Die erste Aussage folgt aus der Pol-/Nullstellendarstellung von G(z). Wir schreiben das Zählerpolynom als:

$$B(z) = \prod_i (z-z_{0i}) \, \prod_i (z-a_i)$$

und erhalten:

$$G(z) = \frac{\prod\limits_i (z-z_{0i}) \, \prod\limits_i (a_i^* z-1)}{\prod\limits_i (z-z_{\infty i})} \, \frac{\prod\limits_i (z-a_i)}{\prod\limits_i (a_i^* z-1)} = G_m(z) \, G_0(z).$$

Die Eigenschaft $A_0(\Omega) \equiv 1$ liest man einfach an einem Pol-/Nullstellenpaar ab:

$$\frac{z-a_i}{a_i^* z-1} = \frac{z-a_i}{a_i^* - \frac{1}{z}} \, \frac{1}{z} \, .$$

Für $z = e^{j\Omega}$ ist $|z| = 1$. Ist der Zähler A_i, so ist hier der Nenner $-A_i^*$, der Betrag des Bruches also eins.

Die Monotonie der Phase beim Allpaß erkennt man aus Bild 5.11. Man liest leicht ab, daß für jedes Pol-/Nullstellenpaar $\frac{1}{a_i^*}$, a_i die Phase $\phi_{0i}(\Omega)$ mit wachsendem Ω zunimmt.

Mit der Parsevalschen Beziehung (Tab. 4.1) wird mit der Eingangsfolge u(n) beim Allpaß die Energie der Ausgangsfolge unter Beachtung von $G_0(e^{j\Omega}) \, G_0^*(e^{j\Omega}) = 1$:

$$\sum_{n=-\infty}^{\infty} y^2(n) = \frac{1}{2\pi} \int_{-\pi}^{\pi} G_0(e^{j\Omega}) \, G_0(e^{-j\Omega}) \, U(e^{j\Omega}) \, U(e^{-j\Omega}) \, d\Omega = \sum_{n=-\infty}^{\infty} u^2(n).$$

Wir rechnen im Allpaß mit einer kausalen Folge

$$u_1(n) = \begin{cases} u(n) & \text{für } 0 \le n \le N \\ 0 & \text{sonst} \end{cases}$$

und erhalten:

$$\sum_{n=0}^{N} u^2(n) = \sum_{n=0}^{\infty} u_1^2(n) = \sum_{n=0}^{\infty} y_1^2(n) = \sum_{n=0}^{N} y^2(n) + \sum_{n=N+1}^{\infty} y_1^2(n).$$

Damit gilt in jedem Allpaß:

$$\sum_{n=0}^{N} y^2(n) \le \sum_{n=0}^{N} u^2(n), \qquad \sum_{n=0}^{\infty} y^2(n) = \sum_{n=0}^{\infty} u^2(n).$$

Denken wir uns ein System $G(z)$ zusammengesetzt aus einem Minimalphasensystem $G_m(z)$ und einem Allpaß $G_0(z)$. $y_m(n)$ ist das Ausgangssignal von $G_m(z)$ und das Eingangssignal von $G_0(z)$. Damit gilt:

$$\sum_{n=0}^{N} y^2(n) \le \sum_{n=0}^{N} y_m^2(n), \qquad \sum_{n=0}^{\infty} y^2(n) = \sum_{n=0}^{\infty} y_m^2(n).$$

Weiter ist mit der Phase $\phi(\Omega) = \phi_m(\Omega) + \phi_0(\Omega)$ und mit $\phi_0'(\Omega) > 0$: $\phi'(\Omega) \ge \phi_m'(\Omega)$.

Die Invertierbarkeit von $G_m(z)$ folgt aus Def. 5.6, wonach die Zähler- und Nennernullstellen im Einheitskreis liegen.

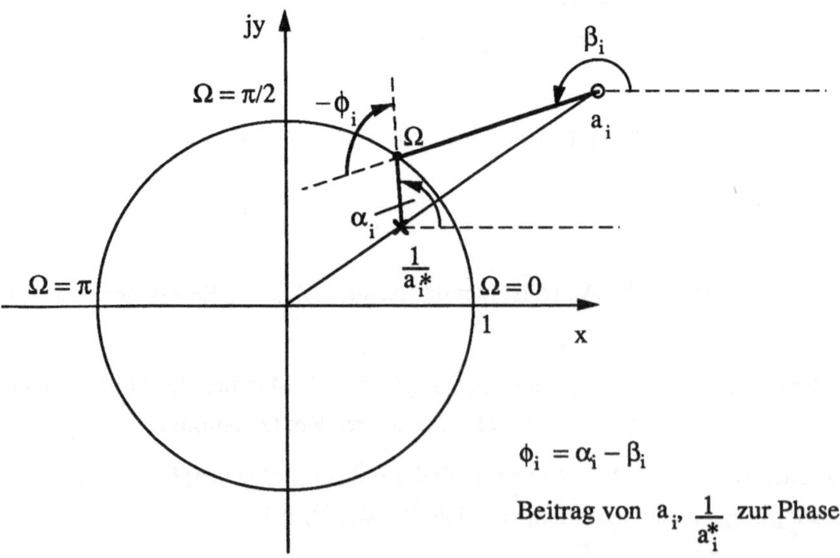

Bild 5.11. Monotonie der Phase beim Allpaß

Bei kausalen LTI-Systemen sind Realteil und Imaginärteil des Frequenzganges und auch Phase und Amplitudengang nicht unabhängig voneinander (Hilbert-Transformation /5.1/, /5.2/). Es ist mit Def. 5.2:

$$G(e^{j\Omega}) = e^{\ln A(\Omega) - j\phi(\Omega)}, \qquad\qquad G(e^{-j\Omega}) = G^*(e^{j\Omega}) = e^{\ln A(\Omega) + j\phi(\Omega)}$$

und damit:

$$\frac{G(e^{j\Omega})}{G(e^{-j\Omega})} = e^{-j2\phi(\Omega)}.$$

$e^{-j2\phi(\Omega)}$ ist eine rationale Funktion in $e^{j\Omega}$ und hängt von den Polen und Nullstellen von $G(z)$ und auch von den am Einheitskreis gespiegelten Polen und Nullstellen ab. Wir bilden:

$$A^2(z) = G(z^{-1})\, G(z).$$

Eine Nullstelle im Zähler oder Nenner ergibt:

$$(z - z_i)\,(z^{-1} - z_i) = 1 + z_i^2 - z_i\,(z^{-1} + z)\,.$$

Hat ein Polynom von $G(z)$ die Ordnung M, so ist $A^2(z)$ ein Polynom der Ordnung M in $z + z^{-1}$. Für $z = e^{j\Omega}$ wird $\frac{1}{2}\,(z + z^{-1}) = \cos\Omega$. Man kann damit aus $A^2(\cos\Omega)$ ein kausales LTI-System entwickeln.

Satz 5.7: *Amplitudengang, Phase.*
Zu einer Systemfunktion $G(z)$ vom Zählergrad M und vom Nennergrad K gehört der Amplitudengang $A(\Omega)$ und die Phase $\phi(\Omega)$. Der Amplitudengang ist eine in Ω gerade Funktion, die Phase ist in Ω ungerade. Der Amplitudengang ist eine Funktion von $\cos\Omega$:

$$A^2(\cos\Omega) = \frac{B_M(\cos\Omega)}{A_K(\cos\Omega)}\,.$$

Ist $A^2(\cos\Omega)$ vorgegeben, so läßt sich ein Minimalphasensystem $G_m(z)$ durch folgende Prozeduren entwickeln.

1) Ersetze $\cos\Omega$ durch die Variable $w = \frac{1}{2}\,(z + z^{-1})$.

2) Suche die Wurzeln w_i im Zähler und Nenner.

3) Berechne aus der quadratischen Gleichung $\frac{1}{2}\,(z + z^{-1}) = w_i$ die beiden Wurzeln z_i. Eine liegt innerhalb, die andere außerhalb des Einheitskreises.

4) Pole und Nullstellen der unbekannten Systemfunktion $G(z)$ entsprechen den z_i. Ein konstanter Faktor K wird aus $A^2(\cos\Omega_0)$ bestimmt.

5) Ein stabiles und minimalphasiges System $G_m(z)$ erhält man, wenn man alle Pole mit $|z_{\infty i}| < 1$ und alle Nullstellen mit $|z_{0i}| < 1$ für $G(z)$ verwendet.

Beispiel 9: Gesucht wird für das Amplitudenspektrum

$$A^2(\Omega) = \frac{5 - 4 \cos \Omega}{10 - 6 \cos \Omega}$$

das Minimalphasensystem $G_m(z)$.

1) $A^2(w) = \dfrac{5 - 4\,w}{10 - 6\,w}$,

2) $w_0 = \dfrac{5}{4}$, $w_\infty = \dfrac{5}{3}$,

3) $\dfrac{1}{2}(z + z^{-1}) = \dfrac{5}{4}$ $\rightarrow$ $z_{01} = \dfrac{1}{2}$, $z_{02} = 2$,

$\dfrac{1}{2}(z + z^{-1}) = \dfrac{5}{3}$ $\rightarrow$ $z_{\infty 1} = \dfrac{1}{3}$, $z_{\infty 2} = 3$,

4) $z_0 = \dfrac{1}{2}$, $z_\infty = \dfrac{1}{3}$ $\rightarrow$ $G(z) = G_m(z) = K \dfrac{z - \dfrac{1}{2}}{z - \dfrac{1}{3}}$,

$$A^2(\Omega_0 = 0) = A^2(w=1) = \frac{1}{4} = |G_m(z=1)|^2 = \frac{9}{16} K^2 \rightarrow K = \frac{2}{3},$$

$$G_m(z) = \frac{2z - 1}{3z - 1} .$$

Eine wichtige Klasse von LTI-Systemen sind die Filter mit linearer Phase. Nach Def. 5.2 müßte gelten:

$$G(e^{j\Omega}) = A(\Omega)\, e^{-j\Omega k}, \qquad\qquad k \in N_0$$

mit reellem, nicht negativem Amplitudengang $A(\Omega)$. Für manche Anwendungen ist diese Klasse zu eng. Man schreibt:

$$G(z) = A(z)\, z^{-k}, \qquad\qquad z = e^{j\Omega}$$

und verlangt nur, daß $A(z)$ entweder reell oder rein imaginär ist. Vorzeichenwechsel in $A(z)$ werden der Phase zugesprochen und verursachen dort Phasensprünge um π. Wir schreiben:

$$z^k\, G(z) = A(z) = \sum_{n=-\infty}^{\infty} a(n)\, z^{-n}$$

und erhalten für gerade $a(n)$, $a(n) = a(-n)$, ein reelles $A(\Omega)$ und für ungerade $a(n)$, $a(n) = -a(-n)$, ein rein imaginäres $A(\Omega)$. Eine Teilsumme $s_n = a(-n)\, z^n + a(n)\, z^{-n}$ wird

im 1. Fall: $2\, a(n)\, \cos \Omega n$,

im 2. Fall: $2\, j\, a(n)\, \sin \Omega n$.

Für $A(z)$ gilt damit für

gerade a(n): $A(z) = A(z^{-1})$,

ungerade a(n): $A(z) = -A(z^{-1})$.

Kausale Filter mit linearer Phase lassen sich nur als FIR-Filter realisieren, wenn die Verschiebung nach rechts endlich ist:

$$G(z) = z^{-k} A(z).$$

Das Zählerpolynom von G(z) läßt sich mit den Nullstellen z_{0i} als Produkt der Faktoren $\ldots (z-z_{0i})\,(z-z_{0i+1})\ldots$ darstellen. Mit $z \to \frac{1}{z}$ bleiben nach den Symmetrieeigenschaften dieser Systeme die Nullstellen erhalten. Ist z_{0i} eine Nullstelle, so ist damit auch $\frac{1}{z_{0i}}$ eine Nullstelle. Zu einer komplexen Nullstelle z_{0i} gehört aber auch eine Nullstelle z_{0i}^{*}. Dies folgt aus der Reellwertigkeit von G(z).

Zusammengefaßt gilt:

Satz 5.8: *LTI-Systeme mit linearer Phase.*
LTI-Systeme mit linearer Phase haben stückweise eine lineare Phase
$\phi(\Omega) = k\Omega + \pi\sum \sigma(\Omega - \Omega_i)$, die durch Sprünge um π unterbrochen sein kann.

Systeme mit linearer Phase lassen sich nur als FIR-Systeme endlicher Länge 2N+1, N = 0, 1, 2, ..., realisieren. Kausale FIR-Systeme mit linearer Phase haben die Systemfunktion

$$G(z) = z^{-N} A(z), \qquad A(z) = \begin{cases} A(z^{-1}) \\ -A(z^{-1}) \, , \end{cases} \qquad a(n) = \begin{cases} a(-n) \\ -a(-n). \end{cases}$$

Die Nullstellen z_{0i} für reelle a(n) sind paarweise konjugiert komplex und paarweise am Einheitskreis gespiegelt. Ist z_{0i} eine Nullstelle sind weiter z_{0i}^{*}, $\frac{1}{z_{0i}^{*}}$ und $\frac{1}{z_{0i}}$ ebenfalls Nullstellen. Jede Nullstelle auf dem Einheitskreis, $z_{0i} = e^{j\Omega_i}$ mit $\Omega_i \in [-\pi,\pi]$, verursacht einen Phasensprung um π.

Als Beispiel sei auf die beiden Spezialfälle in Bsp. 6 hingewiesen.

5.3. Blockstrukturen von realisierbaren Systemfunktionen, Zustandsraumdarstellung

Blockstrukturen /5.3/ helfen den Rechengang zu verdeutlichen. In einem Block wird eine einfache mathematische Operation vorgenommen. Die Eingangsgröße, die Ursache, ist eine Folge u(n). Sie geht als gerichtete Wirkungslinie in den Block hinein. Die Wirkung y(n) geht aus dem Block hinaus. Zu einem Algorithmus können mehrere Blockstrukturen gehören, die alle dasselbe Ergebnis liefern, wenn fehlerlos gerechnet wird. Wertquantisierungs- und Rundungsfehler können aber die Wahl einer bestimmten Struktur favorisieren. Für zeitdiskrete LTI-Systeme werden folgende Blöcke benötigt.

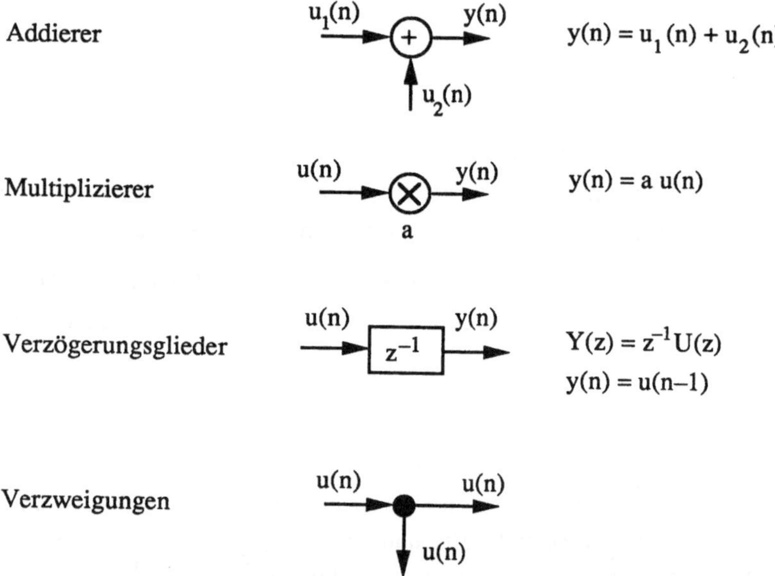

Die Systemfunktion (Gl. 5.7) läßt sich direkt in die Blockstruktur nach Bild 5.12 umsetzen. 2M+1 Multiplizierer und 2M Verzögerungsglieder werden benötigt,

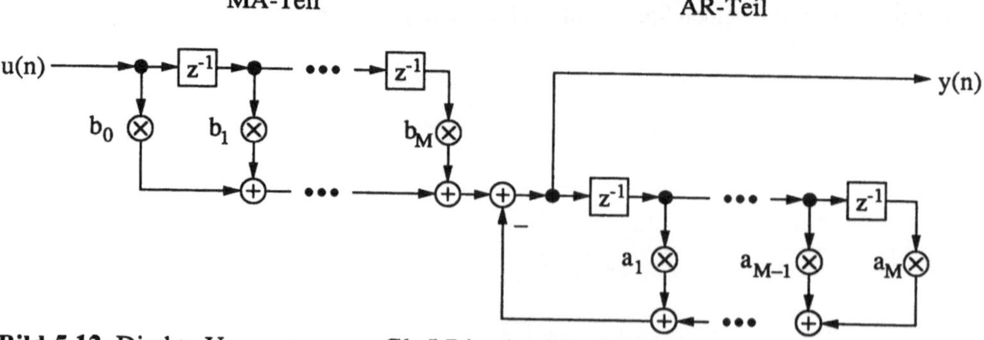

Bild 5.12. Direkte Umsetzung von Gl. 5.7 in eine Blockstruktur

Darstellungen von Strukturen und Algorithmen heißen kanonisch, wenn die Zahl der Parameter und Verzögerungsglieder minimal ist. G(z) in Gl. 5.7 ist eine solche kanonische Struktur. Nenner- und Zählerpolynom sind teilerfremd angenommen, mit $a_0 = 1$ ist die Parameterzahl 2M+1 minimal.

Zwei weitere kanonische Blockstrukturen mit 2M+1 Parametern und nur M Verzögerungsgliedern zeigt Bild 5.13 und Bild 5.14.

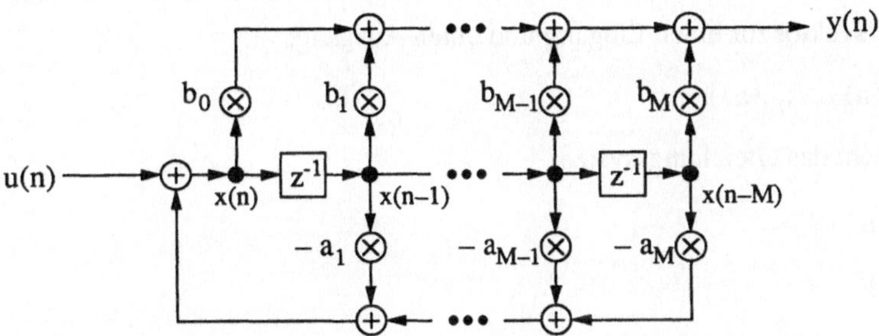

Bild 5.13. Eine kanonische Struktur erster Art (Regelungsnormalform)

Zu der Blockstruktur in Bild 5.13 kommt man, wenn man Gl. 5.7 wie folgt schreibt:

$$y(n) = \sum_{i=0}^{M} b_i \, x(n{-}i), \qquad\qquad x(n) = u(n) - \sum_{i=1}^{M} a_i \, x(n{-}i).$$

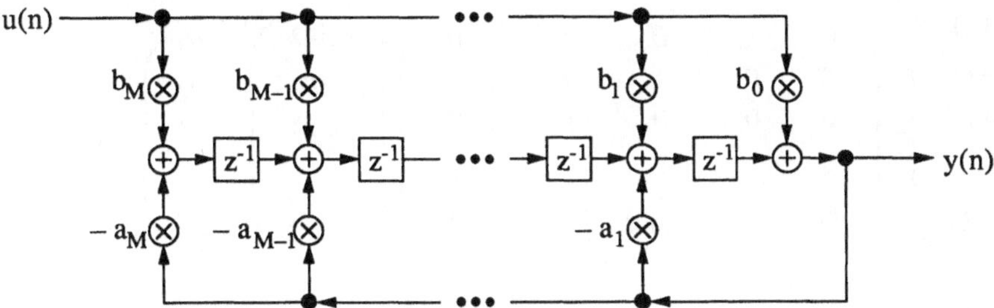

Bild 5.14. Eine kanonische Struktur zweiter Art (Beobachtungsnormalform)

Die Blockstruktur nach Bild 5.14 erhält man, wenn man Gl. 5.7 so schreibt:

$$y(n) = b_0 \, u(n) + \sum_{i=1}^{M} b_i \, u(n{-}i) - a_i \, y(n{-}i).$$

Die Strukturen nach Bild 5.13 und Bild 5.14 öffnen sofort den Weg zur Darstellung im Zustandsraum /5.4/, /5.5/. In der Zustandsraumdarstellung wird aus einem Zustandsvektor

x(n) und dem Eingangsvektor u(n) der Zustandsvektor x(n+1) gerechnet. Die allgemeine Darstellung ist:

$$x(n+1) = A\ x(n) + B\ u(n),$$

$$y(n) = C\ x(n) + D\ u(n). \tag{5.9}$$

Dabei ist A eine (MxM)-Matrix, wenn das System von der Ordnung M ist, B eine (MxL)-Matrix, wenn L Eingangsgrößen auf das System wirken und C eine (KxM)-Matrix, wenn das System K Ausgangsgrößen hat. D ist eine (KxL)-Matrix. Wir gehen von Bild 5.13 aus und schreiben für den Zustandsvektor für einen Eingang und einen Ausgang:

$$x^T(n) = (x_1(n)\ \ x_2(n)\ ...\ x_M(n)).$$

Direkt aus dem Bild entsteht das Gleichungssystem

$$x_1(n+1) \quad = x_2(n),$$

$$x_2(n+1) \quad = x_3(n),$$

$$\vdots$$

$$x_{M-1}(n+1) = x_M(n),$$

$$x_M(n+1) \quad = -\,a_M\,x_1(n) - a_{M-1}\,x_2(n) - ... - a_1\,x_M(n) + u(n),$$

$$y(n) = b_M\,x_1(n) + b_{M-1}\,x_2(n) + ... + b_1\,x_M(n)$$

$$+\ b_0\,(u(n) - a_M\,x_1(n) - a_{M-1}\,x_2(n) - ... - a_1\,x_1(n)).$$

In Matrixform ist die Zustandsraumdarstellung:

$$
\begin{pmatrix} x_1(n+1) \\ x_2(n+1) \\ x_3(n+1) \\ \vdots \\ x_M(n+1) \end{pmatrix}
=
\begin{pmatrix}
0 & 1 & 0 & 0 & ... & 0 \\
0 & 0 & 1 & 0 & ... & 0 \\
0 & 0 & 0 & 1 & ... & 0 \\
\vdots & \vdots & \vdots & \vdots & & \vdots \\
-a_M & -a_{M-1} & -a_{M-2} & -a_{M-3} & ... & -a_1
\end{pmatrix}
\begin{pmatrix} x_1(n) \\ x_2(n) \\ x_3(n) \\ \vdots \\ x_M(n) \end{pmatrix}
+
\begin{pmatrix} 0 \\ 0 \\ 0 \\ \vdots \\ 1 \end{pmatrix}
u(n),
$$

$$
y(n) = (b_M{-}b_0 a_M \quad b_{M-1}{-}b_0 a_{M-1}\ ...\ b_1{-}b_0 a_1)
\begin{pmatrix} x_1(n) \\ \vdots \\ x_M(n) \end{pmatrix}
+ b_0\,u(n), \tag{5.10}
$$

oder:

$$x(n+1) = A_R\,x(n) + b_R\,u(n),$$

$$y(n) = c_R^T\,x(n) + d_R\,u(n).$$

Diese Darstellung heißt Regelungsnormalform /5.4/. Bild 5.14 gibt die Beobachtungsnormalform:

$$\begin{pmatrix} x_1(n+1) \\ x_2(n+1) \\ x_3(n+1) \\ \vdots \\ x_M(n+1) \end{pmatrix} = \begin{pmatrix} 0 & 0 & \cdots & -a_M \\ 1 & 0 & \cdots & -a_{M-1} \\ 0 & 1 & \cdots & -a_{M-2} \\ \vdots & \vdots & & \vdots \\ 0 & 0 & \cdots & -a_1 \end{pmatrix} \begin{pmatrix} x_1(n) \\ x_2(n) \\ x_3(n) \\ \vdots \\ x_M(n) \end{pmatrix} + \begin{pmatrix} b_M - b_0 a_M \\ b_{M-1} - b_0 a_{M-1} \\ b_{m-2} - b_0 a_{M-2} \\ \vdots \\ b_1 - b_0 a_1 \end{pmatrix} u(n),$$

$$(5.11)$$

$$y(n) = (0\ 0\ \cdots\ 1) \begin{pmatrix} x_1(n) \\ \vdots \\ x_M(n) \end{pmatrix} + b_0\, u(n),$$

oder:

$$x(n+1) = A_B\, x(n) + b_B\, u(n),$$

$$y(n) = c_B^T\, x(n) + d_B\, u(n).$$

Für die Systemmatrizen gilt der Zusammenhang:

$$A_B = A_R^T, \quad b_B = c_R, \quad c_B = b_R, \quad d_B = d_R.$$

Die Zustandsraumdarstellung spielt in der Regelungstechnik bei Mehrgrößen-LTI-Systemen eine Rolle (Kap. 13.3), ebenso bei Beobachtern (Kap. 13.3) und bei den Kalman-Filtern (Kap. 8.6).

5.4. Signalklassen

Energie- und Leistungssignale:

Die in ein System durch ein Tor eingespeiste Leistung p(t) errechnet sich immer als Produkt eines allgemeinen Stromes y(t) und einer allgemeinen Kraft x(t):

$$p(t) = x(t)\, y(t).$$

Beispiele für solche Kraft-/Flußpaare, *konjugierte Größen*, sind Spannung und Strom, Kraft und Geschwindigkeit, Druck und Volumenstrom /5.6/. Das Zeitintegral über die Leistung gibt die Energie:

$$E = \int_{-\infty}^{\infty} x(t)\, y(t)\, dt.$$

Reale Systeme haben zeitlich begrenzte Kräfte und Ströme, die auch beschränkt sind, $|x(t)|$, $|y(t)| \le M$. Die Energie ist demnach auch beschränkt, das Integral existiert. In der Theorie aber rechnet man oft einfacher und übersichtlicher mit idealisierten Signalen, z.B. mit periodischen Funktionen, die sich auf $t \in [-\infty,\infty]$ erstrecken. Für beschränkte Signale von unbegrenzter Dauer existiert die mittlere Leistung.

$$P = \lim_{T\to\infty} \frac{1}{T} \int_{-\frac{T}{2}}^{\frac{T}{2}} x(t)\, y(t)\, dt.$$

Damit haben wir sofort den Anschluß an die Ergebnisse aus Kap. 1, insbesondere an den Funktionenraum $L_2(-\infty,\infty)$ bzw. den Folgenraum $l_2(-\infty,\infty)$ gefunden.

Definition 5.7: *Energie- und Leistungssignale.*
Unter einem Energiesignal versteht man ein Signal y(t), für welches die Energie beschränkt ist:

$$E = \|y\|^2 = \int_{-\infty}^{\infty} y(t)\, y^*(t)\, dt, \qquad y(t) \in L_2(-\infty,\infty),$$

bzw. $\hfill (5.12)$

$$E = \|y\|^2 = \sum_{n=-\infty}^{\infty} y(n)\, y^*(n), \qquad y(n) \in l_2(-\infty,\infty).$$

Unter einem Leistungssignal versteht man ein Signal, das aus der Klasse der Energiesignale herausfällt, für das aber die mittlere Leistung existiert:

$$P = \lim_{T \to \infty} \frac{1}{T} \int_{-\frac{T}{2}}^{\frac{T}{2}} y(t)\, y^*(t)\, dt, \qquad y(t) \in \tilde{L}_2(-\infty,\infty),$$

bzw. $\qquad\qquad\qquad\qquad\qquad\qquad\qquad\qquad\qquad\qquad\qquad$ (5.13)

$$P = \lim_{N \to \infty} \frac{1}{2N+1} \sum_{n=-N}^{N} y(n)\, y^*(n), \qquad y(n) \in \tilde{l}_2(-\infty,\infty).$$

Mit dem Energie- und Leistungssignal ist der Anschluß an die Methoden der Funktionalanalysis in Kap. 1 gefunden: lineare Operatoren, orthogonale Basen, unitäre Transformationen, Matrixdarstellungen usw. Insbesondere ist das innere Produkt zweier Vektoren unabhängig von der gewählten Basis (Parsevalsche Gleichung, Tab. 3.2).

Beispiel 10: Wie groß ist die mittlere Leistung für zwei in T periodische Signale x(t) und y(t)? Wir stellen beide Signale mit Hilfe der orthonormalen Fourier-Basis $\{\frac{1}{\sqrt{T}} e^{j2\pi kt/T}\}$ dar (Gl. 1.15):

$$x(t) = \frac{1}{\sqrt{T}} \sum_{k=-\infty}^{\infty} X_k\, e^{j2\pi kt/T}, \qquad y(t) = \frac{1}{\sqrt{T}} \sum_{k=-\infty}^{\infty} Y_k\, e^{j2\pi kt/T}.$$

Das innere Produkt $\langle x|y \rangle$ für $t \in [-\frac{T}{2}, \frac{T}{2}]$ läßt sich am einfachsten in dieser Basis rechnen:

$$\langle x|y \rangle = \sum_{k=-\infty}^{\infty} X_k Y_k^*.$$

Die mittlere Leistung einer Periode und damit auch über alle Zeiten hinweg ist:

$$P = \frac{1}{T} \sum_{k=-\infty}^{\infty} X_k Y_k^*.$$

Die Gleichungen können mit

$$\langle x|y \rangle = \int_{-\frac{T}{2}}^{\frac{T}{2}} x(t)\, y^*(t)\, dt$$

verifiziert werden. Dabei muß folgender Ausdruck integriert werden:

$$\int_{-\frac{T}{2}}^{\frac{T}{2}} e^{j2\pi(k-l)t/T}\, dt = T\, \delta_{lk}.$$

Beispiel 11: Man berechne die Energie der beiden Energiesignale:

$$x(t) = e^{-\alpha t}\, \sigma(t) \qquad \circ\!\!-\!\!\bullet \qquad X(s) = \frac{1}{s+\alpha}\,, \qquad \alpha > 0,$$

$$y(t) = e^{-\beta t}\, \sigma(t) \qquad \circ\!\!-\!\!\bullet \qquad Y(s) = \frac{1}{s+\beta}\,, \qquad \beta > 0.$$

Die Energie wird:

$$E = \int_0^\infty e^{-(\alpha+\beta)t}\, dt = \frac{1}{\alpha+\beta}$$

oder mit dem Residuensatz:

$$E = \frac{1}{2\pi j} \int_{-j\infty}^{j\infty} X(s)\, Y(-s)\, ds = \sum_i \mathrm{Res}\{X(s)\, Y(-s); \mathrm{Re}\{s_{\infty i}\} < 0\} = \frac{1}{\alpha+\beta}\,.$$

Zeit- und bandbegrenzte Signale:

Definition 5.8: *Zeit- und bandbegrenzte Signale.*

Ein Signal $y_T(t)$ heißt zeitbegrenzt, wenn gilt:

$$y_T(t) \equiv 0 \qquad\qquad \text{für} \quad |t| > \frac{T}{2}\,.$$

Ein Signal $Y_F(f)$ heißt bandbegrenzt, wenn gilt:

$$Y_F(f) \equiv 0 \qquad\qquad \text{für} \quad |f| > \frac{F}{2}\,.$$

Reale Signale sind praktisch immer zeit- und bandbegrenzt. Jeder Vorgang hat einen Anfang und ein Ende. Kein physikalisches System läßt Signale mit beliebig hoher Frequenz passieren. Die besonderen Eigenschaften dieser Signalklasse erkennt man am einfachsten, wenn man ein periodisches Signal mit der Rechteckfunktion multipliziert und so ein begrenztes Signal schafft. Die Transformation in den anderen Bereich ergibt dann die gewünschte Beziehug.

Bei einem zeitbegrenzten Signal $y_T(t)$ sehen die Schritte so aus. Die Faltung von $y_T(t)$ mit dem Impulszug $i_T(t)$ ergibt ein periodisches Signal $y_p(t)$ im Zeitbereich. Mit Kap. 3, Bsp. 6 folgt:

$$y_p(t) = y_T(t) * i_T(t) \qquad \circ\!\!-\!\!\bullet \qquad Y_T(f)\, L_T(f) = F \sum_{k=-\infty}^{\infty} Y_T(kF)\, \delta(f-kF).$$

Die periodische Funktion $y_p(t)$ wird durch Multiplikation mit dem Rechteck $r_T(t)$ zeitbegrenzt:

$$y_T(t) = y_p(t)\, r_T(t) \qquad \circ\!\!-\!\!\bullet \qquad Y_T(f) = F \sum_{k=-\infty}^{\infty} Y_T(kF)\, \delta(f-kF) * \frac{\sin \pi Tf}{\pi f}$$

$$= \sum_{k=-\infty}^{\infty} Y_T(kF)\, \frac{\sin \pi(Tf-k)}{\pi(Tf-k)}\,.$$

Satz 5.9: *Zeit- und bandbegrenzte Signale.*

Ein zeitbegrenztes Signal $y_T(t)$ hat die Fourier-Transformierte:

$$Y_T(f) = \sum_{k=-\infty}^{\infty} Y_T(kF)\ \frac{\sin \pi(Tf-k)}{\pi(Tf-k)}\ . \qquad (5.14)$$

Ein bandbegrenztes Signal $Y_F(f)$ hat die Darstellung im Zeitbereich:

$$y_F(t) = \sum_{n=-\infty}^{\infty} y_F(n)\ \frac{\sin \pi(Ft-n)}{\pi(Ft-n)}\ . \qquad (5.15)$$

Zeit- und bandbegrenzte Signale sind durch diskrete Werte im Frequenz- bzw. Zeitbereich vollständig beschrieben (vgl. Kap. 6).

Achtung! Ein Signal, das gleichzeitig zeit- und bandbegrenzt ist, existiert nicht.

Die letzte Aussage ist einzusehen mit Hilfe des Riemann-Lebesgueschen Lemmas (Satz 3.5). Das Spektrum $Y_T(f)$ eines zeitbegrenzten Signals konvergiert mit $\frac{1}{f}$ für große f gegen null. Auch bei glatten, zeitbegrenzten Signalen hört das Spektrum nie abrupt auf.

Eine besondere Untergruppe der zeitbegrenzten Signale sind die Fenster.

Definition 5.9: *Fenster (window).*

Unter einem Fenster versteht man ein zeitbegrenztes reelles Signal $w_T(t)$ bzw. $w_N(n)$ mit der Symmetrieeigenschaft:

$$w_T(t) = w_T(-t), \qquad\qquad w_N(n) = w_N(-n).$$

Die Fourier-Transformierte ist daher reell:

$$W_T(f) = A(f) = A(-f), \qquad\qquad W_N(e^{j\Omega}) = A(\Omega) = A(-\Omega),$$

$$W_T(f) = \int_{-\frac{T}{2}}^{\frac{T}{2}} w_T(t) \cos 2\pi ft\ dt, \qquad W_N(e^{j\Omega}) = \sum_{n=0}^{N} w_N(n) \cos \Omega n.$$

Die Fenster $w_T(f)$ sind Systeme mit linearer Phase (Satz 5.8).

Die Symmetrieeigenschaft (Tab. 3.1) erlaubt auch den Entwurf bandbegrenzter Fenster.

$$w_T(f) \ \bullet\!\!-\!\!\circ\ W_T(t), \qquad\qquad w_N(e^{j\Omega}) \ \bullet\!\!-\!\!\circ\ W_N(n).$$

Zwei wichtige Anwendungen der Fenster $w_T(t)$ sind:

1)   Filterung: Ein ruhiges Signal $x(t)$ sei von einem zappeligen Signal $e(t)$ überlagert:

   $u(t) = x(t) + e(t)$. Mit dem Filter $w_T(t)$ soll möglichst gut das Nutzsignal $x(t)$ gewonnen werden. Es ist:

$$\hat{x}(t) = w_T(t) * x(t) + w_T(t) * e(t).$$

Bild 5.15 zeigt die Spektren $W_T(f)$, $|X(f)|$ und $E(f)$, außerdem die Spektren des gefilterten Nutzsignals, $W_T(f) |X(f)|$, und des gefilterten Störsignals, $W_T(f) E(f)$.

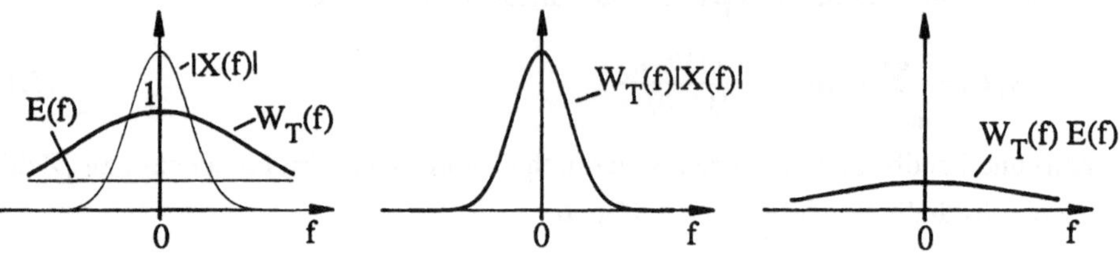

Bild 5.15. Filterung mit einem Fenster $w_T(t)$

2) Das Spektrum eines Signals y(t) soll bestimmt werden (Kap. 11). Zur Beobachtung steht aber nur das zeitbegrenzte Signal $y_T(t) = w_T(t) y(t)$ zur Verfügung. Es gilt:

$$y_T(t) = w_T(t) y(t) \quad \circ\!\!-\!\!\bullet \quad Y(f) * W_T(f) = \hat{Y}(f).$$

Die beste Fensterfunktion ist $W_T(f) = \delta(f)$ $\circ\!\!-\!\!\bullet$ $w_T(t) = 1$. Dann gilt:

$$\hat{Y}(f) = \int\limits_{-\infty}^{\infty} Y(\delta) \; \delta(f-\sigma) \; d\sigma = Y(f).$$

Mit einem endlich langen Fenster ist dies nicht zu erreichen. Man muß einen Kompromiß suchen. Soll aus dem zeitbegrenzten Signal $y_T(t)$ die Fourier-Transformierte Y(f) bestimmt werden, muß die Fourier-Transformierte $W_T(f)$ des Fensters $w_T(t)$ der des idealen Fensters $W_T(f) = \delta(f)$ möglichst ähnlich sein. Daher sollte die Fensterfunktion so gewählt werden, daß der Hauptzipfel von $W_T(f)$ möglichst schmal und die Amplitude der Nebenzipfel möglichst klein ist.

Im folgenden werden einige gebräuchliche Fensterfunktionen $w_N(n)$ in zeitdiskreter Form mit den entsprechenden Amplitudenspektren und logarithmierten Amplituden-spektren angegeben /5.8/.

Das einfachste und am meisten verwendete Fenster ist das Rechteckfenster mit einer Breite des Hauptzipfels von

$$B = \frac{4\pi}{N}.$$

Die Abschwächung des ersten Nebenzipfels im Vergleich zur Amplitude des Haupt-zipfels beträgt ca. 13 dB. Die Breite des Hauptzipfels des Dreieck- und Hanning-Fensters ist doppelt so groß wie beim Rechteckfenster:

$$B = \frac{8\pi}{N}.$$

Die Abschwächung des ersten Nebenzipfels beträgt beim Dreieckfenster aber bereits 25 dB und beim Hanning-Fenster 31 dB. Beim Dolph-Tschebyscheff-Fenster besitzen alle Nebenzipfel dieselbe Amplitude. Die Abschwächung der Nebenzipfel hängt neben der Wahl der Fensterlänge N auch von der gewählten Breite $B = 2\,\Omega_g$ des Hauptzipfels ab. Mit abnehmender Breite werden bei fester Fensterlänge die Nebenzipfel weniger stark unterdrückt.

Rechteck-Fenster:

$$w_N(n) = \begin{cases} 1 & \text{für } n = 0, \ldots, N-1 \\ 0 & \text{sonst} \end{cases} \qquad W_N(e^{j\Omega}) = e^{-j\Omega(N-1)/2}\,\frac{\sin\frac{\Omega N}{2}}{\sin\frac{\Omega}{2}}$$

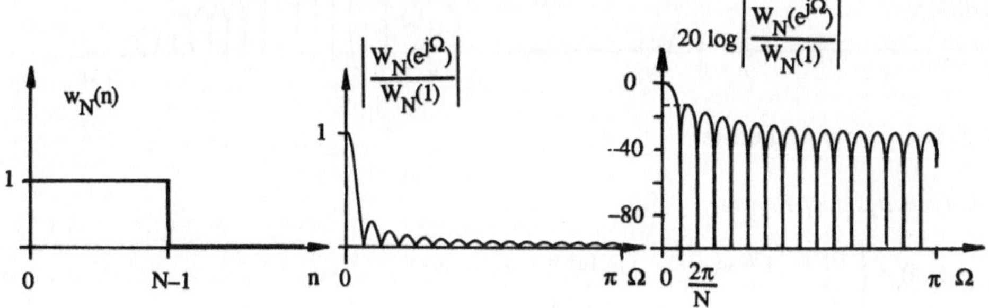

Bild 5.16a. Rechteckfenster

Dreieck- (Bartlett-) Fenster:

$$w_N(n) = \begin{cases} \dfrac{2n}{N-1} & \text{für } n = 0, \ldots, \dfrac{N-1}{2} \\[2mm] \dfrac{2(N-1-n)}{N-1} & \text{für } n = \dfrac{N+1}{2}, \ldots, N-1 \\[2mm] 0 & \text{sonst} \end{cases} \qquad W_N(e^{j\Omega}) = e^{-j\Omega(N-1)/2}\left(\frac{\sin\frac{\Omega N}{4}}{\sin\frac{\Omega}{2}}\right)^{2}$$

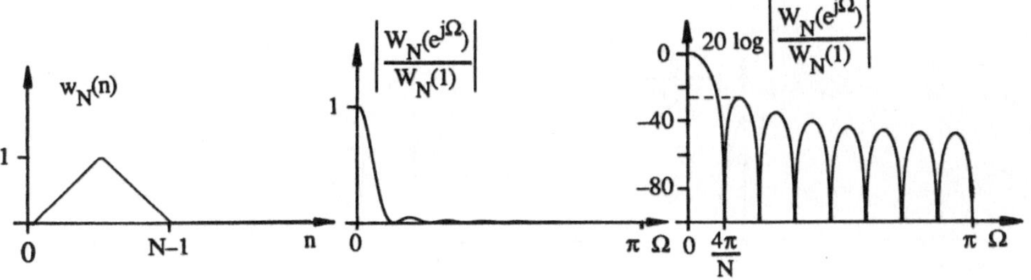

Bild 5.16b. Dreieckfenster

Hanning-Fenster:

$$w_N(n) = \begin{cases} \dfrac{1}{2}\left(1 - \cos\dfrac{2\pi n}{N-1}\right) & \text{für } n = 0, \dots, N-1 \\ 0 & \text{sonst} \end{cases}$$

$$W_N(e^{j\Omega}) = e^{-j\Omega(N-1)/2}\left(\frac{1}{2}\frac{\sin\frac{\Omega N}{2}}{\sin\frac{\Omega}{2}} + \frac{1}{4}\frac{\sin\left(\frac{\Omega N}{2} - \frac{\pi N}{N-1}\right)}{\sin\left(\frac{\Omega}{2} - \frac{\pi}{N-1}\right)} + \frac{1}{4}\frac{\sin\left(\frac{\Omega N}{2} + \frac{\pi N}{N-1}\right)}{\sin\left(\frac{\Omega}{2} + \frac{\pi}{N-1}\right)}\right)$$

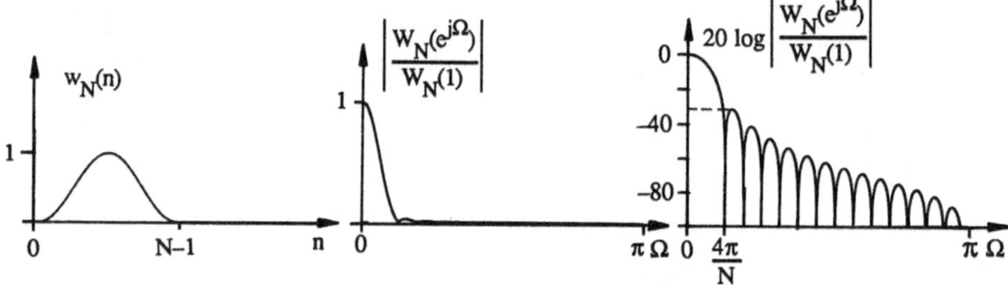

Bild 5.16c. Hanning-Fenster

Dolph-Tschebyscheff-Fenster:

$$w_N(n) = \begin{cases} DFT^{-1}\left\{W_N(e^{j2\pi n/N})\right\} & \text{für } n = 0, \dots, N-1 \\ 0 & \text{sonst} \end{cases}$$

$$W_N(e^{j\Omega}) = \begin{cases} e^{-j\Omega(N-1)/2}\cosh\left((N-1)\,\text{arcosh}\left(\dfrac{\cos\frac{\Omega}{2}}{\cos\frac{\Omega_g}{2}}\right)\right) & \text{für } 0 \leq \Omega \leq \Omega_g \\[3ex] e^{-j\Omega(N-1)/2}\cos\left((N-1)\,\arccos\left(\dfrac{\cos\frac{\Omega}{2}}{\cos\frac{\Omega_g}{2}}\right)\right) & \text{für } \Omega_g \leq \Omega \leq \pi \end{cases}$$

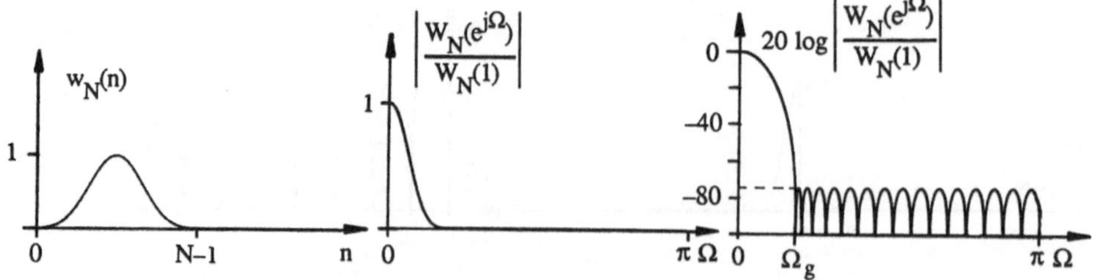

Bild 5.16d. Dolph-Tschebyscheff-Fenster

Ähnlichkeit der Signale, Korrelationsfunktionen:

Mit den Grundlagen aus Kap. 1 sind zwei Vektoren x und y dann einander gleich, wenn die Distanz $d(x,y) = \|x - y\|$ null wird. Sie sind einander ähnlich, wenn die Distanz möglichst klein wird. Mit zwei reellen Signalen x(t) und $y_\tau(t) = y(t+\tau)$ wird die Distanz:

$$d^2(x,y_\tau) \quad = \|x - y_\tau\|^2 = \|x\|^2 + \|y_\tau\|^2 - 2\,\langle x|y_\tau\rangle$$

$$= (\|x\| - \|y_\tau\|)^2 + 2\,\|x\|\,\|y_\tau\|\left(1 - \frac{\langle x|y_\tau\rangle}{\|x\|\,\|y_\tau\|}\right).$$

Die Distanz ist null, wenn

1) die Normen $\|x\|$ und $\|y_\tau\|$ gleich sind, die Signale haben die gleiche Energie, und

2) die Vektoren x und y_τ die gleiche Richtung haben.

Mit der Schwarzschen Ungleichung (Gl. 1.10) gilt:

$$|\langle x|y_\tau\rangle| \leq \|x\|\,\|y_\tau\|.$$

Das Gleichheitszeichen gilt für $x = a\,y_\tau$, $a \in R$. Ist α der Winkel zwischen den Vektoren x und y_τ, so gilt:

$$\cos\alpha = \frac{\langle x|y_\tau\rangle}{\|x\|\,\|y_\tau\|}.$$

Die Beziehungen gelten entsprechend für Leistungssignale.

Definition 5.10: *Kreuzkorrelationsfunktion.*

Unter der normierten Kreuzkorrelationsfunktion zweier reeller Energiesignale x(t) und $y_\tau(t) = y(t+\tau)$ versteht man:

$$k_{xy}^E(\tau) = \frac{\langle x|y_\tau\rangle}{\|x\|\,\|y_\tau\|}, \tag{5.16}$$

$$k_{xy}^E(\tau) = \frac{1}{\sqrt{E_x E_y}}\int_{-\infty}^{\infty} x(t)\,y(t+\tau)\,dt, \qquad E_x = \int_{-\infty}^{\infty} x^2(t)\,dt,\ E_y = \int_{-\infty}^{\infty} y^2(t)\,dt$$

bzw.

$$k_{xy}^E(k) = \frac{1}{\sqrt{E_x E_y}}\sum_{n=-\infty}^{\infty} x(n)\,y(n+k), \qquad E_x = \sum_{n=-\infty}^{\infty} x^2(n),\ E_y = \sum_{n=-\infty}^{\infty} y^2(n).$$

Für den Wertebereich von k_{xy}^E gilt:

$$|k_{xy}^E| \leq 1.$$

Das innere Produkt $\langle x|y_\tau\rangle$ wird als Kreuzkorrelationsfunktion K_{xy}^E bezeichnet:

$$K_{xy}^{E}(\tau) = \int_{-\infty}^{\infty} x(t)\, y(t+\tau)\, dt \qquad \text{bzw.} \qquad K_{xy}^{E}(k) = \sum_{n=-\infty}^{\infty} x(n)\, y(n+k).$$

Wer Wertebereich von K_{xy}^{E} ist:

$$|K_{xy}^{E}| \le \sqrt{E_x E_y}\,, \qquad\qquad E_x = K_x^{E}(0),\ \ E_y = K_y^{E}(0).$$

Entsprechende Definitionen gelten für Leistungssignale. Die Kreuzkorrelationsfunktion (KKF) ist definiert durch:

$$K_{xy}(\tau) = \lim_{T\to\infty} \frac{1}{T} \int_{-\frac{T}{2}}^{\frac{T}{2}} x(t)\, y(t+\tau)\, dt$$

bzw.

$$K_{xy}(k) = \lim_{N\to\infty} \frac{1}{2N+1} \sum_{n=-N}^{N} x(n)\, y(n+k). \tag{5.17}$$

Die normierte Kreuzkorrelationsfunktion wird:

$$k_{xy}(\tau) = \frac{1}{\sqrt{E_x E_y}} K_{xy}(\tau) \qquad \text{bzw.} \qquad k_{xy}(m) = \frac{1}{\sqrt{E_x E_y}} K_{xy}(m)$$

mit: $\tag{5.18}$

$$E_x = K_x(0), \qquad\qquad E_y = K_y(0).$$

Für den Wertebereich gilt wieder:

$$|k_{xy}| \le 1, \qquad\qquad |K_{xy}| \le \sqrt{E_x E_y}\,.$$

Als *Autokorrelationsfunktion* (AKF) $K_x(\tau)$ bzw. $K_x(k)$ bezeichnet man die Kreuzkorrelationsfunktion für $y = x$.

Die Prozedur Korrelation kann man auch als Faltung auffassen. Es gilt:

$$K_{xy}^{E}(\tau) = \int_{-\infty}^{\infty} x(t)\, y(t+\tau)\, dt = x(-\tau) * y(\tau) = K_{yx}^{E}(-\tau)$$

bzw.

$$K_{xy}^{E}(k) = \sum_{n=-\infty}^{\infty} x(n)\, y(n+k) = x(-k) * y(k) = K_{yx}^{E}(-k). \tag{5.19}$$

Damit gilt die Korrespondenz:

$$K_{xy}^{E}(\tau) \ \circ\!\!-\!\!\bullet \ X(-f)\, Y(f) \qquad \text{bzw.} \qquad K_{xy}^{E}(k) \ \circ\!\!-\!\!\bullet \ X(z^{-1})\, Y(z). \tag{5.20a}$$

Bei Leistungssignalen schreiben wir etwas salopp für den Grenzwert:

$$K_{xy}(\tau) \quad \circ\!\!-\!\!\bullet \qquad X(-f)\,Y(f)\,\frac{1}{T\to\infty}$$

bzw.   (5.20b)

$$K_{xy}(k) \quad \circ\!\!-\!\!\bullet \qquad X(z^{-1})\,Y(z)\,\frac{1}{N\to\infty}\ .$$

Die wichtigen Ergebnisse für Leistungssignale sind in Satz 5.10 zusammengestellt.

Satz 5.10: *Leistungsdichte.*

Die Fourier- bzw. z-Transformierte einer Kreuzkorrelationsfunktion K_{xy} heißt Leistungsdichte L_{xy}.

$$K_{xy}(\tau) = \frac{1}{T\to\infty}\, x(-\tau) * y(\tau) \quad \circ\!\!-\!\!\bullet \quad L_{xy}(f) = X(-f)\,Y(f)\,\frac{1}{T\to\infty}$$

bzw.

$$K_{xy}(k) = \frac{1}{N\to\infty}\, x(-k) * y(k) \quad \circ\!\!-\!\!\bullet \quad L_{xy}(z) = X(z^{-1})\,Y(z)\,\frac{1}{N\to\infty}\ . \qquad (5.21)$$

Die mittlere Leistung erhält man aus der Beziehung für $\tau = 0$ bzw. $k = 0$:

$$P = \int_{-\infty}^{\infty} L_{xy}(f)\,df \qquad \text{bzw. } P = \frac{1}{2\pi}\int_{-\pi}^{\pi} L_{xy}(e^{j\Omega})\,d\Omega. \qquad (5.22)$$

Korrelationsfunktionen haben folgende Symmetrieeigenschaften:

Kreuzkorrelationsfunktion: Autokorrelationsfunktion:

$$
\begin{aligned}
K_{xy}(\tau) &= K_{yx}(-\tau), & K_x(\tau) &= K_x(-\tau),\\
L_{xy}(f) &= L_{yx}(-f), & L_x(f) &= L_x(-f),\\
K_{xy}(k) &= K_{yx}(-k), & K_x(k) &= K_x(-k), & (5.23)\\
L_{xy}(z) &= L_{yx}(z^{-1}), & L_x(z) &= L_x(z^{-1}).
\end{aligned}
$$

Dem Leser sei empfohlen, sich Gl. 5.21 zu merken. Diese Beziehung ist hervorragend geeignet, Korrelationsfunktionen und Leistungsdichten für Signale zu rechnen, welche LTI-Systeme passiert haben.

Beispiel 12: Ein Energiesignal $u(n) \circ\!\!-\!\!\bullet U(z)$ passiert ein System $g(n) \circ\!\!-\!\!\bullet G(z)$. Wie sieht die AKF des Ausgangssignals $Y(z)$ aus? Es gilt:

$$Y(z) = G(z)\,U(z).$$

Mit Gl. 5.21 wird die Leistungsdichte $L_y(z)$:

$$L_y(z) \quad = G(z)\, U(z)\, G(z^{-1})\, U(z^{-1}) \; \frac{1}{N \to \infty}$$

$$= G(z)\, G(z^{-1})\, U(z)\, U(z^{-1}) \; \frac{1}{N \to \infty}$$

$$= L_g^E(z)\, L_u(z) \; \bullet\!\!-\!\!\circ \; K_y(k).$$

Stochastische Signale:

Ein physikalisches Signal heißt stochastisch, wenn aus mehreren identischen Prozessen oder Baugruppen unter gleichen Voraussetzungen Signale $y_i(n)$ kommen, die untereinander verschieden sind:

$$y_i(n) \neq y_j(n) \qquad \text{für} \quad i \neq j. \tag{5.24}$$

Streng genommen sind alle Signale aus physikalischen Systemen stochastisch. Der Energie- und Stoffaustausch mit der Umwelt geschieht in Quanten, Molekülen, Atomen usw. Dies ist die Ursache für Rauschvorgänge /5.6/, /5.7/. In der Prozeßleittechnik sind diese Rauschvorgänge nur selten in Betracht zu ziehen. In der täglichen Praxis wird jede Diskrepanz zwischen Vorwissen und Meßergebnis in die Gruppe der stochastischen Signale eingeordnet, wenn auch in vielen Fällen mehr Vorinformation manches Signal determiniert erscheinen lassen würde.

Als Beispiel sei eine Serienfertigung betrachtet. Die Stücke i sollen eine Qualität x_i haben. Man beobachtet im allgemeinen

$$x_i \neq x_j \qquad \text{für} \quad i \neq j.$$

Mit der Annahme der vollkommenen Fertigung, d.h. Stück i hat identische Eigenschaften mit Stück j, wird man die Streuungen der Meßwerte dem Prüfgerät anlasten, welches die stochastischen Meßwerte $\{x_i\}$ liefert. Ist das Prüfgerät vollkommen, erscheinen die Meßwerte determiniert. Dann sind die verschiedenen Werte $\{x_i\}$ stochastischen Fertigungstoleranzen zuzuschreiben. Wir halten fest: Inwieweit ein Signal stochastisch ist, hängt entschieden vom Umfang des Vorwissens ab.

Zur Untersuchung der stochastischen Eigenschaften kann Gl. 5.24 äußerst selten dienen, weil meist nur ein Prozeß zur Verfügung steht. Bei einem stationären Prozeß nimmt man an, daß die Signalwerte $\{y_i(n)\}$ verschiedener Prozesse die gleichen stochastischen Eigenschaften wie die Zeitwerte $\{y(n)\}$ eines einzigen Prozesses haben (*Ergodenhypothese*). Dazu ein einfaches Beispiel. Ob man mit drei Würfeln einmal würfelt oder mit einem Würfel dreimal hintereinander, man wird eine Meßreihe mit den gleichen Eigenschaften produzieren.

Wie beschreibt man nun die Eigenschaften einer stochastischen Variablen? Einzelne zufällige Werte $\{y(n)\}$ festzuhalten, zu dokumentieren und mit anderen Größen $\{y(n)\}$ zu vergleichen ist nicht durchführbar. Ein Weg, der in der Signalverarbeitung praktisch immer zum Ziel führt, ist es, das Signal $y(n)$ durch das globale Ähnlichkeitsmaß "Korrelationsfunktion" zu beschreiben.

Definition 5.11: *Stochastisches Signal.*

Ein stochastisches Signal $x(n)$ heißt stationär im weiteren Sinn, wenn die Autokorrelationsfunktion $K_x(k)$ existiert und von null verschieden ist:

$$K_x(k) = \lim_{N \to \infty} \frac{1}{2N+1} \sum_{n=-N}^{N} x(n)\, x(n+k).$$

Eine weitere Kenngröße ist der Mittelwert $\bar{x}$, der durch Korrelation mit der stationären Folge $y(n) = 1$ gebildet wird.

$$\bar{x} = K_{x1} = \lim_{N \to \infty} \frac{1}{2N+1} \sum_{n=-N}^{N} x(n).$$

Zwei Signale $x(n)$ und $y(n)$ sind im Sinne dieser *Statistik zweiter Ordnung* gleich, wenn ihre Korrelationsfunktionen gleich sind:

$$K_x(k) = K_y(k).$$

Die Ähnlichkeit zweier stochastischer Signale $x(n)$ und $y(n)$ wird ebenfalls durch ihre Kreuzkorrelationsfunktion beschrieben:

$$k_{xy}(k) = \lim_{N \to \infty} \frac{\displaystyle\sum_{n=-N}^{N} x(n)\, y(n+k)}{\sqrt{\displaystyle\sum_{n=-N}^{N} x^2(n)}\,\sqrt{\displaystyle\sum_{n=-N}^{N} y^2(n)}}.$$

Korrelationsfunktionen müssen fast immer experimentell bestimmt werden. Dazu eignet sich Def. 5.11 kaum, man kann ja nur endlich viele Meßwerte verarbeiten. Als Näherung wird die Folge

$$\hat{K}_{xy}(k) = \frac{1}{2N+1} \sum_{n=-N}^{N} x(n)\, y(n+k)$$

benutzt. $\hat{K}_{xy}(k)$ ist die Partialsumme s_N von $K_{xy}(k)$. Sie kann als Cauchysche Fundamentalfolge (Kap. 1.2.2) angesehen werden, die für Leistungssignale absolut gegen $K_{xy}(k)$ konvergiert.

Die Korrelationsfunktion ist ein ziemlich pauschales Maß. Z.B. gibt

$$\hat{K}_x(0) = \frac{1}{2N+1} \sum_{n=-N}^{N} x^2(n)$$

lediglich die mittlere Leistung des Signals x(n) an.

Wer sich für die Verteilung der Signalwerte interessiert, wird aus dem Signalverlauf x(n) die Verteilung ermitteln. Bild 5.17 zeigt einen stationären stochastischen Signalverlauf x(t). Der einfacheren Notation und besseren Übersicht wegen, wählen wir ein kontinuierliches Signal. Wir interessieren uns für den Anteil der Signalwerte, der unter eine Schranke x fällt. Dazu ermitteln wir die Zeiten t_{xi}, für welche x(t) < x ist, und erhalten die *Häufigkeit (Marginalhäufigkeit):*

$$H(x) = \frac{1}{T_0} \sum_i t_{xi}.$$

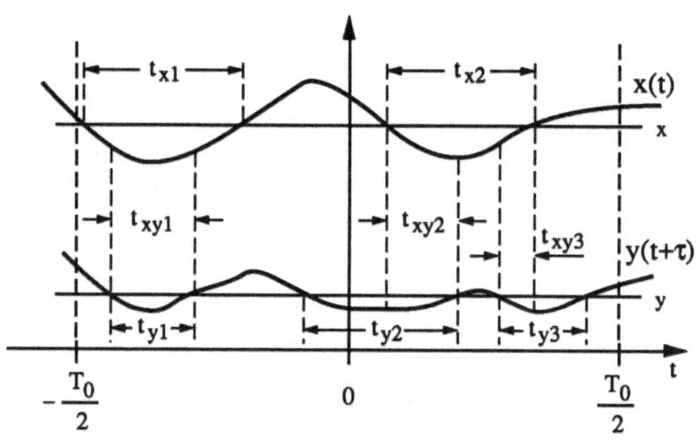

Marginalverteilung:

$$H(x) = \frac{1}{T_0} \sum_i t_{xi}$$

$$H(y) = \frac{1}{T_0} \sum_i t_{yi}$$

Verbundverteilung:

$$H(x,y) = \frac{1}{T_0} \sum_i t_{xyi}$$

Bedingte Verteilung:

$$H(x|y) = \frac{\sum_i t_{xyi}}{\sum_i t_{yi}}$$

Bild 5.17. Häufigkeit und ihre Dichten

Die Häufigkeit H(x) gibt an, welcher Anteil der Meßwerte x(t) im Zeitraum T_0 unter der Schranke x liegt. Die *Häufigkeitsdichte (Marginaldichte)* h(x) ist definiert durch:

$$h(x) = \frac{\partial H(x)}{\partial x}.$$

h(x) Δx gibt an, welcher Anteil der Signalwerte x(t) innerhalb von T_0 im Intervall [x,x+Δx] liegt. Die Häufigkeit für eine sehr große Schranke x ist eins:

$$H(\infty) = 1.$$

Für zwei Signale x(t) und y(t) läßt sich eine *Verbundhäufigkeit* H(x,y) angeben (Bild 5.17). Die Zeiten t_{xyi} sind definiert als die Zeiten innerhalb der Beobachtungszeit T_0, in denen sowohl das Signal $x(t) < x$ als auch das Signal $y(t) < y$ ist. Man ließt aus Bild 5.17 ab:

$$H(x,y) = \frac{1}{T_0} \sum_i t_{xyi}.$$

Die zugehörige *Verbunddichte* $h(x,y)$ ist definiert durch:

$$h(x,y) = \frac{\partial^2 H(x,y)}{\partial x\, \partial y}.$$

Wieder gilt:

$$H(\infty,\infty) = 1.$$

Eine andere Art, die Verteilung zweier Signale anzugeben, ist die *bedingte Häufigkeit* $H(x|y)$. Sie gibt an, welcher Anteil $x(t) < x$ ist, falls die Bedingung $y(t) < y$ erfüllt ist (Bild 5.17).

$$H(x|y) = \frac{\sum_i t_{xyi}}{\sum_i t_{yi}}, \qquad\qquad H(\infty|y) = 1.$$

Für den Zusammenhang der einzelnen Häufigkeiten gilt:

$$H(x,y) = H(x|y)\, H(y).$$

Ähnlich definiert man die *bedingten Dichten* :

$$h(x,y) = h(x|y)\, h(y).$$

Für die bedingte Dichte gilt damit:

$$h(x|y) = \frac{\partial H(x|y)}{\partial x} + \frac{H(y)}{h(y)} \, \frac{\partial^2 H(x|y)}{\partial x\, \partial y}.$$

Die Häufigkeiten und ihre Dichten aus den Signalverläufen zu bestimmen, ist numerisch etwas mühsam, aber doch ohne weiteres möglich. Die Signaldarstellung mit Dichten ist sehr allgemein. Wenn nur erst einmal die Verbunddichte $h(x,y)$ bestimmt ist, lassen sich sämtliche Mittelwerte $\hat{g}(x,y)$ sofort rechnen. Es gilt immer:

$$\hat{g}(x,y) = \frac{1}{T_0} \int_{-\frac{T_0}{2}}^{\frac{T_0}{2}} g(x(t),y(t))\, dt \;=\; \int_{-\infty}^{\infty} \int_{-\infty}^{\infty} g(x,y)\, h(x,y)\, dx\, dy. \qquad (5.25)$$

Im zeitdiskreten Fall gilt:

$$\hat{g}(x,y) = \frac{1}{2N+1} \sum_{n=-N}^{N} g(x(n),y(n)) \;=\; \int_{-\infty}^{\infty} \int_{-\infty}^{\infty} g(x,y)\, h(x,y)\, dx\, dy.$$

Die Mittelung über die Zeit ist völlig identisch mit der Mittelung über die Dichten. Im Integral ist allein die Summationsreihenfolge geändert. In Bild 5.18 ist für den eindimensionalen Fall ein Element Δt der Zeitmittelung und ein Element $h(x)\,\Delta x = \frac{1}{T_0}\sum \Delta t_{xi}$ der Mittelung mit Hilfe der Dichten eingezeichnet. Letzten Endes wird in beiden Fällen über die ganze Beobachtungszeit gemittelt. Die Zeitintervalle werden mit $g(x(t))$ bzw. $g(x)$ gewichtet.

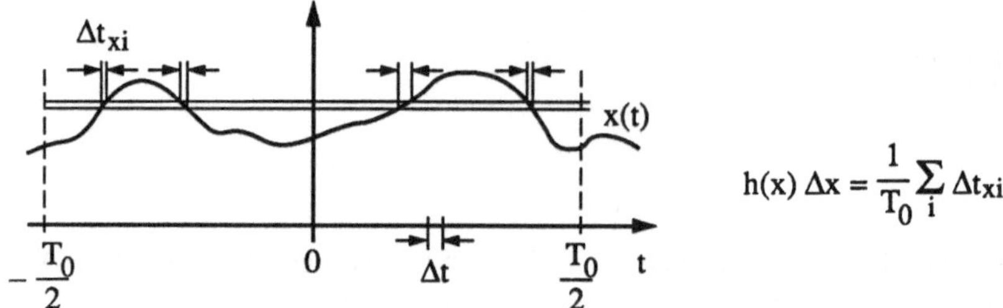

$$h(x)\,\Delta x = \frac{1}{T_0}\sum_i \Delta t_{xi}$$

Bild 5.18. Mittelwert und Häufigkeit

Die Korrelationsfunktion $\hat{K}_{xy}(k)$ ist nur ein Spezialfall. Man erhält sie mit:

$$g(x(n),y(n)) = x(n)\,y(n+k).$$

Der Übergang von den Häufigkeiten zur Wahrscheinlichkeitsrechnung ist damit für den Ingenieur leicht. Man folgt der Annahme, daß bei einem stationären Prozeß mit wachsender Beobachtungszeit T_0 bzw. zunehmendem Stichprobenumfang N alle Häufigkeiten bzw. Dichten in die entsprechenden Wahrscheinlichkeitsverteilungen bzw. Wahrscheinlichkeitsdichten übergehen. Also etwa:

$$h(x,y) \;\rightarrow\; p(x,y) \quad \text{für } T_0 \rightarrow \infty \quad \text{bzw. für } N \rightarrow \infty.$$

Diese Annahme ist für Mathematiker nicht befriedigend. (Sie haben aber doch bis Kolmogorow in den dreißiger Jahren damit gelebt!) Für den Ingenieur in der Signalverarbeitung ist diese Frage nicht so wichtig. Wenn Dichten gewonnen worden sind, ist dies immer mit einem endlichen Stichprobenumfang N geschehen. Ob man Mittelwerte durch Aufsummieren einer Stichprobe rechnet oder dazu Dichten verwendet (Gl. 5.25), ist mathematisch einwandfrei und führt in jedem Fall zum gleichen Ergebnis. Ob die aus einer endlichen Stichprobe gewonnene Häufigkeitsdichte eine gute Approximation der tatsächlichen Wahrscheinlichkeitsdichte ist, ist eine andere Frage, die in der Praxis wegen des mangelnden Vorwissens oft unbeantwortet bleibt.

Satz 5.11: *Häufigkeitsverteilungen und Wahrscheinlichkeitsverteilungen.*
Zur Beurteilung von stochastischen Signalen dienen Verteilungen und Dichten. Häufigkeitsverteilungen, Wahrscheinlichkeitsverteilungen und ihre Dichten befolgen die gleichen Definitionen und Rechenregeln. Im einzelnen gilt:

P(x,y) ist die *Verbundverteilung*. Sie gibt an, welcher Anteil der Meßwerte x(n) und y(n) sowohl unter einer Schranke x, x(n) < x, als auch unter einer Schranke y, y(n) < y, liegt. Es gilt immer:

$$P(x,y) \geq 0, \qquad\qquad P(\infty,\infty) = 1.$$

p(x,y) ist die *Verbunddichte*. p(x,y) Δx Δy gibt an, welcher Anteil der Meßwerte x(n) und y(n) sowohl im Intervall [x,x+Δx] als auch im Intervall [y,y+Δy] liegt. Es ist immer:

$$p(x,y) = \frac{\partial^2 P(x,y)}{\partial x\, \partial y} \geq 0, \qquad \int_{-\infty}^{\infty} \int_{-\infty}^{\infty} p(x,y)\, dx\, dy = 1.$$

Die Verbunddichte p(x,y) kann auch durch die *bedingte Dichte* p(x|y) und die *Marginaldichte* p(y) ausgedrückt werden. Es gilt:

$$p(x,y) = p(x|y)\, p(y) = p(y|x)\, p(x), \qquad\qquad (Bayessche\ Regel)$$

$$p(x) = \int_{-\infty}^{\infty} p(x,y)\, dy, \qquad\qquad p(y) = \int_{-\infty}^{\infty} p(x,y)\, dx. \qquad\qquad (5.26)$$

p(x|y) Δx ist der Anteil der Meßwerte x(n), welche im Intervall [x,x+Δx] liegen, falls y(n) = y ist. p(x) Δx gibt an, welcher Anteil der Meßwerte x(n) im Intervall [x,x+Δx] liegt.

Zwei stochastische Variable x(n) und y(n) mit der Verbunddichte p(x,y) heißen voneinander statistisch unabhängig, wenn gilt:

$$p(x,y) = p(x)\, p(y), \qquad\qquad p(x) = p(x|y).$$

Innenprodukte $\langle x|y \rangle$ im Funktionenraum lassen sich auch mit dem linearen Erwartungsoperator $E\{g(x,y)\}$ angeben:

$$E\{g(x,y)\} = \int_{-\infty}^{\infty} \int_{-\infty}^{\infty} g(x,y)\, p(x,y)\, dx\, dy.$$

Für die Korrelationsfunktion $K_{xy}(k) = \langle x|y_k \rangle$ gilt:

$$K_{xy}(k) = \lim_{N \to \infty} \frac{1}{2N+1} \sum_{n=-N}^{N} x(n)\, y(n+k) \qquad\qquad (5.27)$$

$$= E\{x(n)\, y(n+k)\} = \int_{-\infty}^{\infty} \int_{-\infty}^{\infty} x\, y\, p(x,y;k)\, dx\, dy.$$

Die Dichte p(x,y;k) enthält den Parameter k. Für jedes k gilt eine andere Dichte (Bild 5.17, Verändern von τ).

Mit Korrelationsfunktionen kann man mathematisch einwandfrei alle Leistungssignale beschreiben. Ob aber die Korrelationsfunktion $\hat{K}_{xy}$ oder die Häufigkeitsdichte h(x,y) eine gute Näherung von K_{xy} bzw. von p(x,y) ist, hängt von der Vorinformation ab und ist in der Praxis oft schwierig zu klären (Bsp. 14).

Zwei Beispiele illustrieren die letzte Aussage.

Beispiel 13: In der Prozeßmeßtechnik wird die Kernstrahlungsmeßtechnik /5.6/, /5.7/ zur Dickenbestimmung von Folien und Bändern und auch zur Messung der Massenbelegung eingesetzt. Die Strahler sind radioaktive Präparate, deren Atome nach der Poisson-Verteilung (Kap. 9.2) unabhängig voneinander zerfallen. Parameter der Verteilung ist die Zahl der Atome des Strahlers und die Halbwertszeit. Der Entwickler für Dickenmeßgeräte nach diesem Prinzip muß sich mit diesem stochastischen Signal auseinandersetzen. Die mittlere Impulsrate etwa ist ein Maß für die Massenbelegung. Aufgrund der Kenntnisse des radioaktiven Zerfalls und der Absorption der Strahlung kann eine Wahrscheinlichkeitsdichte angegeben und benutzt werden.

Beispiel 14: Ein Entwicklungsingenieur prüft in seinem Labor die Qualität x(n) einer Nullserie von Sensoren. Ziel ist es, Fertigungstoleranzen festzustellen. Dazu wird $\bar{x} = K_{x1}$ und $K_{xx}(0)$ ermittelt. Erst nach einiger Zeit stellt er fest, daß sich $\bar{x}$, am Morgen gemessen, erheblich vom Wert zur Mittagszeit unterscheidet. Die Ursache kann nicht in der Fertigung liegen, da die Sensoren aus einer Vorratskiste genommen werden. Die Werte $\bar{x}$ und $K_{xx}(0)$ sind also falsch, eine unverändert gebliebene Fertigung läuft stationär und liefert Mittelwerte, die sich voneinander nur gering unterscheiden, h(x,y) $\rightarrow$ p(x,y).

Eine nähere Untersuchung zeigt, daß die Sensorqualität x(n) auch von der Umgebungstemperatur abhängt, die sich am Prüfplatz im Verlauf des Tages ändert. Die Sensorqualität x(n) muß in einem Thermostaten geprüft werden. Dann werden $\bar{x}$ und $K_{xx}(0)$ als Maß für die Fertigungstoleranzen richtig ermittelt.

Viele andere Beispiele finden sich in der Automatisierungstechnik. Die meisten Prozesse der Verfahrensindustrie werden stationär gefahren. Zufällig, d.h. mit mangelnder Information, fallen Baugruppen aus, verändern sich oder werden gestört. Alle diese Ereignisse werden vom Prozeßleitsystem abgefangen und möglichst gut ausgeregelt. Es wäre nun nicht sinnvoll, solche Ereignisse mit Korrelationsfunktionen zu beschreiben, um danach die Regler statistisch auszulegen. Diese Störungen sind im Beobachtungszeitraum T_0 schon zufällige, aber doch einmalige Ereignisse, die je nachdem signifikant andere Korrelationsfunktionen liefern können.

5.5. Kennwerte von Signalen, Näherungen

Zeitdauer und Bandbreite:

Für die Zeitdauer und Bandbreite eines Signals sind zahlreiche Definitionen denkbar und auch im Gebrauch. Bei einem impulsförmigen Signal $y(t)$ kann man etwa eine Schwelle y legen, die von der maximalen Höhe $y_{max} = \max\{y(t)\}$ abhängt, $y = \varepsilon\, y_{max}$, mit $0 < \varepsilon < 1$, und die Zeitdauer L als die Zeit festlegen, für die $y(t) > y$ gilt.

Eine andere Möglichkeit ist, die Fläche $\int y(t)\, dt$ oder $\int Y(f)\, df$ durch ein flächengleiches Rechteck der Höhe $y_{max} = \max\{y(t)\}$ bzw. $y_{max} = \max\{Y(f)\}$ zu ersetzen, und damit die Zeitdauer L bzw. die Bandbreite B des Signals $y(t)$ festzulegen (Bild 5.19).

$$y_{max}L = \int_{-\infty}^{\infty} y(t)\, dt \qquad\qquad Y_{max}B = \int_{-\infty}^{\infty} Y(f)\, df$$

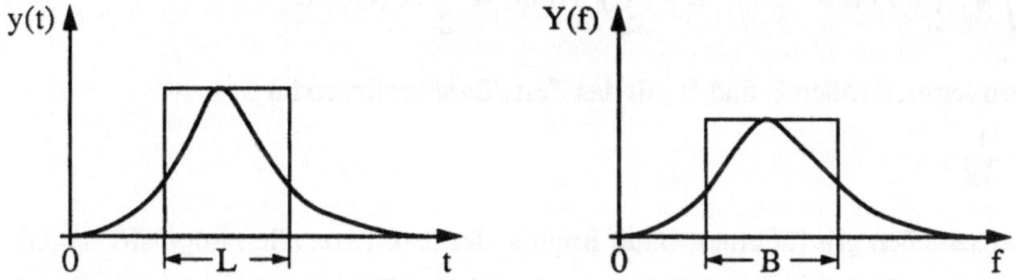

Bild 5.19. Flächenerhaltende Definition der Zeitdauer L und Bandbreite B

Wählt man ein gerades, nicht negatives Signal $y(t)$, $y(t) = y(-t)$, $y(t) \geq 0$ für alle t, dann wird auch $\int Y(f)\, df$ reell und positiv. Der maximale Wert wird für ein impulsförmiges Signal $y(t)$ bei $t = 0$ bzw. $f = 0$ erreicht. Dann gilt:

$$y(0)\, L = \int_{-\infty}^{\infty} y(t)\, dt = Y(0), \qquad Y(0)\, B = \int_{-\infty}^{\infty} Y(f)\, df = y(0).$$

Satz 5.12: *Zeit-/Bandbreiteprodukt* (flächenerhaltend definiert, Bild 5.19).

Ist ein impulsförmiges Signal $y(t)$ gerade und nicht negativ, so ist auch das Spektrum gerade. Die größten Werte werden bei $t = 0$ bzw. $f = 0$ erreicht.

$$y_{max} = y(0), \qquad\qquad Y_{max} = Y(0).$$

Für das Zeit-/Bandbreiteprodukt gilt:

$$L\, B = 1.$$

Im allgemeinen wählt man Definitionen, die auf positiv definiten Größen wie der Leistung $y^2(t)$ oder dem Amplitudengang $|Y(f)|^2$ des Spektrums beruhen. Die Zeitdauer L und die Bandbreite B werden dann als Wurzel aus der jeweiligen Größe definiert.

Satz 5.13: *RMS-Definition der Zeitdauer L und Bandbreite B* (Root Mean Square).
Das Signal y(t) bzw. das Spektrum Y(f) wird auf der Zeit- bzw. Frequenzachse so ver-schoben, daß $y_{max} = y(0)$ bzw. $Y_{max} = Y(0)$ ist. Die Verschiebung kann auch so erfolgen, daß der Zeit- bzw. Frequenzschwerpunkt bei $t = 0$ bzw. $f = 0$ liegt. Die Zeitdauer L errechnet sich nach:

$$L = \sqrt{\frac{1}{E} \int_{-\infty}^{\infty} t^2 y^2(t)\, dt},$$

und die Bandbreite B nach:

$$B = \sqrt{\frac{1}{E} \int_{-\infty}^{\infty} f^2 |Y(f)|^2\, df}, \quad E = \int_{-\infty}^{\infty} y^2(t)\, dt = \int_{-\infty}^{\infty} |Y(f)|^2 df.$$

Für die so definierten Größen L und B gilt das Zeit-/Bandbreiteprodukt:

$$L\,B \geq \frac{1}{4\pi}.$$

Das Gleichheitszeichen gilt für einen Gauß-Impuls, der damit von allen impulsförmigen Signalen bei dieser Definition von Zeitdauer L und Bandbreite B das kleinste Zeit-/Bandbreiteprodukt besitzt.

Herleitung: Mit dem Parsevalschen Satz (Tab. 3.2) ist für reelle Signale y(t):

$$E = \int_{-\infty}^{\infty} y^2(t)\, dt = \int_{-\infty}^{\infty} |Y(f)|^2 df.$$

Mit der Beziehung (Tab. 3.2)

$$\frac{d\,y(t)}{dt} \;\circ\!\!-\!\!\bullet\; j2\pi f\, Y(f)$$

gilt:

$$\int_{-\infty}^{\infty} \left(\frac{d\,y(t)}{dt}\right)^2 dt = 4\pi^2 \int_{-\infty}^{\infty} f^2\, |Y(f)|^2 df.$$

Wir betrachten den Ausdruck:

$$\int_{-\infty}^{\infty} t^2\, y^2(t)\, dt \quad \int_{-\infty}^{\infty} \left(\frac{dy(t)}{dt}\right)^2 dt.$$

Mit der Schwarzschen Ungleichung (Gl. 1.10) gilt:

$$\int\limits_{-\infty}^{\infty} t^2\, y^2(t)\, dt \ \int\limits_{-\infty}^{\infty} \left(\frac{dy(t)}{dt}\right)^2 dt \ \geq \ \left(\int\limits_{-\infty}^{\infty} t\, y(t)\ \frac{dy(t)}{dt}\, dt\right)^2.$$

Die rechte Seite partiell integriert ergibt:

$$\int\limits_{-\infty}^{\infty} t\, y(t)\, \frac{dy(t)}{dt}\, dt = \frac{1}{2}\int\limits_{-\infty}^{\infty} t\, \frac{dy^2(t)}{dt}\, dt = \frac{1}{2}\left(\left.t\, y^2(t)\right|_{-\infty}^{\infty} - \int\limits_{-\infty}^{\infty} y^2(t)\, dt\right) = -\frac{1}{2}E_y.$$

Damit gilt:

$$L\,B \ \geq \ \frac{1}{4\pi}\ .$$

Das Gleichheitszeichen wird erreicht, wenn $t\, y = \frac{d\,y}{d\,t}$ gilt. Die Integration gibt den Gauß-Impuls.

$\bullet$

Beispiel 15: Wir rechnen das RMS-Zeit-/Bandbreiteprodukt für das Dreiecksignal:

$$d_T(t) \ = \ \begin{cases} \dfrac{2}{T}\left(t + \dfrac{T}{2}\right) & \text{für } t \in [-\dfrac{T}{2},0] \\[2ex] \dfrac{2}{T}\left(t - \dfrac{T}{2}\right) & \text{für } t \in [0, \dfrac{T}{2}\,] \\[2ex] 0 & \text{sonst.} \end{cases}$$

Es gilt:

$$E = \frac{T}{3}, \qquad L = \frac{T}{2\sqrt{10}}, \qquad B = \frac{\sqrt{3}}{\pi T}.$$

Das Produkt $L\,B = \dfrac{1}{2\pi}\sqrt{\dfrac{3}{10}} \approx \dfrac{0{,}27}{\pi}$ liegt über dem kleinst möglichen Wert $\dfrac{0{,}25}{\pi}$.

$\bullet$

Momente der Impulsantwort zur Rechnung des Ausgangssignals:

Wir betrachten ein sich langsam änderndes Eingangssignal $u(t)$ mit einem schmalen Spektrum $U(f)$ und stellen $u(t-\tau)$ durch eine Taylor-Reihe um t dar:

$$u(t-\tau) \approx u(t) - u'(t)\,\tau + \frac{1}{2}u''(t)\,\tau^2 - \ldots + \frac{(-1)^K}{K!}\,u^{K)}(t)\,\tau^K = \sum_{k=0}^{K} \frac{(-1)^k}{k!}\,u^{k)}(t)\,\tau^k.$$

Geben wir $u(t)$ auf ein kausales LTI-System mit einer hinreichend kurzen Impulsantwort $g(t)$, so daß sich die Entwicklung für $u(t-\tau)$ als ausreichend erweist, wird das Ausgangssignal $y(t)$:

$$y(t) = g(t) * u(t) = \int\limits_{-\infty}^{\infty} g(\tau)\, u(t-\tau)\, d\tau$$

$$= \sum_{k=0}^{K} \frac{(-1)^k}{k!}\,u^{k)}(t) \int\limits_{-\infty}^{\infty} \tau^k\, g(\tau)\, d\tau,$$

$$y(t) = \sum_{k=0}^{K} \frac{(-1)^k}{k!}\, g_k\, u^{k)}(t), \qquad\qquad g_k = \int_{-\infty}^{\infty} \tau^k\, g(\tau)\, d\tau. \tag{5.28}$$

Die Integrale g_k werden als Momente der Impulsantwort g(t) bezeichnet. Mit der Systemfunktion G(s) $\bullet\!\!-\!\!\circ$ g(t) sind die Momente auf besonders einfache Weise verknüpft:

$$g_0 = \int_{-\infty}^{\infty} g(t)\, dt = G(0),$$

$$g_1 = \int_{-\infty}^{\infty} t\, g(t)\, dt = -G'(0),$$

$$\vdots$$

$$g_K = \int_{-\infty}^{\infty} t^K\, g(t)\, dt = (-1)^K\, G^{K)}(0).$$

Damit gilt der Satz:

Satz 5.14: *Momente der Impulsantwort.*
Läßt sich ein Eingangssignal u(t) über die Dauer der Impulsantwort g(t) $\circ\!\!-\!\!\bullet$ G(s) hinweg durch K+1 Glieder der Taylor-Reihe darstellen, so gilt für das Ausgangssignal des Systems:

$$y(t) = \sum_{k=0}^{K} \frac{1}{k!}\, G^{k)}(0)\, u^{k)}(t). \tag{5.29}$$

Aus dem ersten Zentralmoment erhält man den *Schwerpunkt* t_s:

$$\int_{-\infty}^{\infty} (t - t_s)\, g(t)\, dt = 0 \qquad\rightarrow\qquad t_s = -\frac{G'(0)}{G(0)},$$

und aus dem zweiten Zentralmoment die *Varianz* σ^2:

$$\int_{-\infty}^{\infty} (t - t_s)^2\, g(t)\, dt = \sigma^2 \int_{-\infty}^{\infty} g(t)\, dt \qquad\rightarrow\qquad \sigma^2 = \frac{G''(0)}{G(0)} - \frac{G'^2(0)}{G^2(0)}.$$

Damit läßt sich annähernd das Ausgangssignal y(t) darstellen als:

$$y(t) \approx G(0)\left(u(t-t_s) + \frac{\sigma^2}{2}\, \frac{d^2 u(t-t_s)}{dt^2} \right). \tag{5.30}$$

Zur Herleitung von Gl. 5.30: Mit dem Schwerpunkt t_s läßt sich der Frequenzgang G(f) auf eine zweite Art approximieren. Für die Systemfunktion G(f) gilt für kleine Frequenzen f:

$$G(f) = e^{-j2\pi f t_s} \int_{-\infty}^{\infty} g(t)\, e^{-j2\pi f(t-t_s)}\, dt = e^{-j2\pi f t_s} \sum_{k=0}^{\infty} \int_{-\infty}^{\infty} g(t)\, \frac{1}{k!}\, (-j2\pi f(t-t_s))^k\, dt$$

$$\approx G(0)\left(1 - \frac{\sigma^2}{2}(2\pi f)^2\right) e^{-j2\pi f t_s}$$

und damit für das Ausgangssignal y(t):

$$y(t) \approx G(0)\left(u(t-t_s) + \frac{\sigma^2}{2}\frac{d^2 u(t-t_s)}{dt^2}\right).$$

Gl. 5.29 könnte einen zu der Ansicht verführen, man könnte die Impulsantwort y(t) vollständig durch ihre Momente g_k oder die Systemfunktion vollständig durch die Taylor-Entwicklung um s = 0 darstellen. Das ist falsch. Die Systemfunktion hat im allgemeinen Pole, ist also nicht durch die Taylor-, sondern durch eine Laurent-Reihe gegeben (Anhang A). Nur wenn die Signale u(t) und g(t) sehr verschieden breite Spektren haben, kann das breite Spektrum durch eine Taylor-Reihe um f = 0 approximiert werden (Bild 5.20).

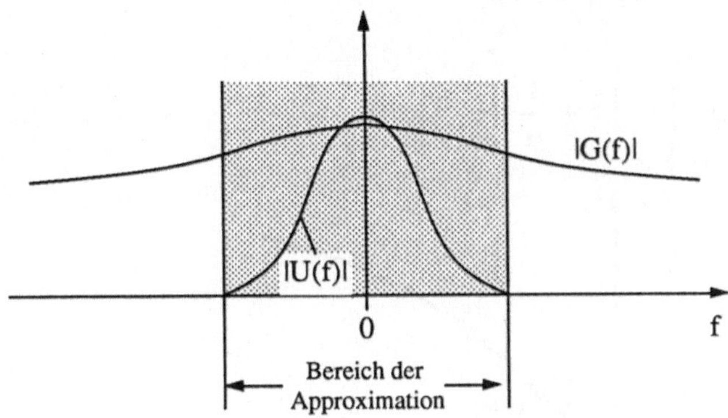

Bild 5.20. Approximation von G(f) durch Momente

Beispiel 16: Ein Meßgerät sei durch die Impulsantwort:

$$g(t) = \sigma(t)\,\alpha\, e^{-\alpha t} \qquad \circ\!\!-\!\!\bullet \qquad G(s) = \frac{\alpha}{s+\alpha}$$

beschrieben. Die Antwort auf den Einheitssprung, u(t) = σ(t), ist für t → ∞:

$$y(t\to\infty) = \lim_{s\to 0} \frac{\alpha}{s+\alpha}\,\frac{1}{s}\, s = 1.$$

Wir untersuchen die Antwort y(t) auf ein Eingangssignal:

$$u(t) = (1 - e^{-\beta t})\, \sigma(t) \;\circ\!\!-\!\!\bullet\; \frac{\beta}{s(s+\beta)} \; .$$

Nach Voraussetzung über die Breite der Spektren soll β sehr viel kleiner als α sein. Es gilt für die exakte Lösung:

$$y(t) = u(t) * g(t),$$

$$Y(s) = \frac{\alpha\beta}{s(s+\alpha)(s+\beta)} = \frac{1}{s} + \frac{\beta}{\alpha-\beta}\,\frac{1}{s+\alpha} - \frac{\alpha}{\alpha-\beta}\,\frac{1}{s+\beta} \; ,$$

$$y(t) = \sigma(t)\left(1 + \frac{1}{\frac{\alpha}{\beta}-1}\, e^{-\alpha t} - \frac{1}{1-\frac{\beta}{\alpha}}\, e^{-\beta t} \right).$$

Eine Näherungslösung $y_1(t)$ mit zwei Gliedern der Taylor-Entwicklung ist mit Gl. 5.29 möglich. Es gilt:

$$u(t) = (1 - e^{-\beta t})\,\sigma(t), \qquad\qquad G(0) = 1,$$

$$u'(t) = \beta\, e^{-\beta t}\,\sigma(t), \qquad\qquad G'(0) = -\frac{1}{\alpha} \, ,$$

$$y_1(t) \approx G(0)\, u(t) + G'(0)\, u'(t) = \left(1 - \left(1 + \frac{\beta}{\alpha} \right) e^{-\beta t} \right)\sigma(t).$$

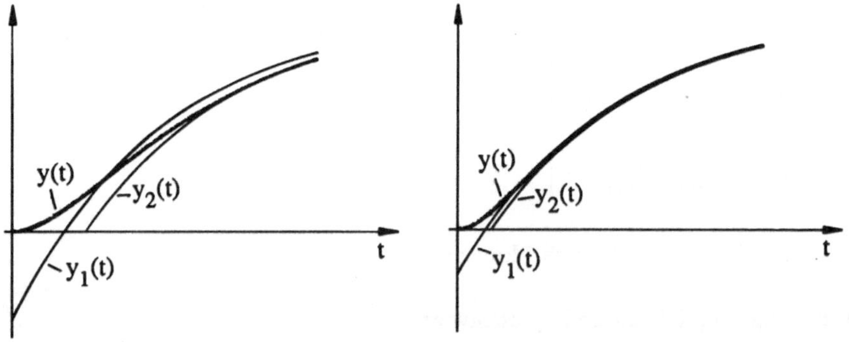

Bild 5.21. Exakte Lösung $y(t)$ und Näherungslösungen $y_1(t)$, $y_2(t)$

Zur Anwendung von Gl. 5.30 muß der Schwerpunkt t_s und die Varianz σ^2 gefunden werden. Es ist:

$$t_s = -\frac{G'(0)}{G(0)} = \frac{1}{\alpha} \, , \qquad\qquad \sigma^2 = \frac{G''(0)}{G(0)} - \frac{G'^2(0)}{G^2(0)} = \frac{1}{\alpha^2} \, ,$$

$$y_2(t) \approx \left(1 - \left(1 + \frac{\beta^2}{2\alpha^2} \right) e^{-\beta(t-1/\alpha)} \right)\sigma\!\left(t - \frac{1}{\alpha} \right).$$

In Bild 5.21 ist das exakte Signal y(t) und die beiden Näherungssignale nach Gl. 5.29 und nach Gl. 5.30 gezeichnet für $\alpha/\beta = 2{,}5$ bzw. für $\alpha/\beta = 5$.

Nach einiger Zeit approximieren beide Näherungen den tatsächlichen Verlauf ausgezeichnet. Für kleine Zeiten werden die Werte $y_1(t)$ negativ.

Literatur:

/5.1/   Papoulis, A.: Signal Analysis,
             McGraw-Hill, New York, 1977.

/5.2/   Unbehauen, R.: Einführung in die Systemtheorie für Ingenieure,
             Oldenbourg, München, 1980.

/5.3/   Schüßler, H.: Digitale Signalverarbeitung, Band 1,
             Springer, Berlin, 1988.

/5.4/   Ackermann, J.: Abtastregelung, Band 1,
             Springer, Berlin, 1983.

/5.5/   Föllinger, O.: Lineare Abtastsysteme,
             Oldenbourg, München, 1982.

/5.6/   Kronmüller, H.: Prinzipien der Prozeßmeßtechnik, Band 1,
             Schnäcker, Karlsruhe, 1986.

/5.7/   Kronmüller, H.: Methoden der Meßtechnik,
             Schnäcker, Karlsruhe, 1979.

/5.8/   Kroschel, K.; Kammeyer, K.: Digitale Signalverarbeitung,
             Teubner, Stuttgart, 1989.

6. Analoge und digitale Systeme

Technische Prozesse verlaufen kontinuierlich. Sie geschehen in unserem Umfeld, sie sind deshalb makroskopisch und werden im allgemeinen durch die Gesetze der klassischen Physik beschrieben. Jede physikalische Größe y(t) daraus ist wert- und zeitkontinuierlich. Alle Werte in einem Bereich $y \in [y_a, y_e]$ sind möglich. Ebenso ist zu jeder Zeit $t \in [t_1, t_2]$ ein neuer Wert y(t) möglich.

In der digitalen Signalverarbeitung ist der Wertevorrat für das Signal y begrenzt (Wertquantisierung, Kap. 6.3). Ebenso ist für die Signalverarbeitung ein Signal y(t) nicht zu allen Zeiten verfügbar, sondern nur zu bestimmten Zeiten t=nT mit $n \in Z$ (Zeitdiskretisierung, Kap. 6.1). Wir haben die Signalbeschreibung in zeitkontinuierlichen Systemen (Kap. 3) und in zeitdiskreten Systemen (Kap. 4) kennengelernt. In der Automatisierungstechnik haben wir es immer mit gemischten Systemen zu tun. Der Prozeß ist ein zeitkontinuierliches System, in der Signalverarbeitung liegt ein digitales oder wert- und zeitdiskretes System vor. Bild 6.1 zeigt als Beispiel einen einfachen Regler. Sollwert $x_s(n)$ und Meßgröße x(n) liegen als digitales Signal vor und werden im Mikroprozessor oder in einem Prozeßleitsystem zu einer digitalen Stellgröße u(n) verarbeitet. Ein Digital/Analog-Wandler (D/A-Wandler) setzt das Stellsignal u(n) in ein analoges Stellsignal u(t) um, welches ein Eingangssignal für den kontinuierlichen Prozeß ist. Daneben greifen auch Störgrößen e(t) am Prozeß an. Der Prozeß liefert ein kontinuierliches Ausgangssignal y(t), das im Sensor in ein elektrisches Signal x(t) umgesetzt wird und im Analog/Digital-Wandler (A/D-Wandler) in das digitale Signal x(n). Im A/D-Wandler wird das kontinuierliche Signal wert- und zeitdiskretisiert. Zunächst seien allein zeitdiskrete Signale (Kap. 6.1) betrachtet und angemerkt, daß der signalverarbeitende Teil (Mikroprozessor), der A/D- und der D/A-Wandler im Takt T der Abtastzeit von einer Uhr zeitsynchron gesteuert werden.

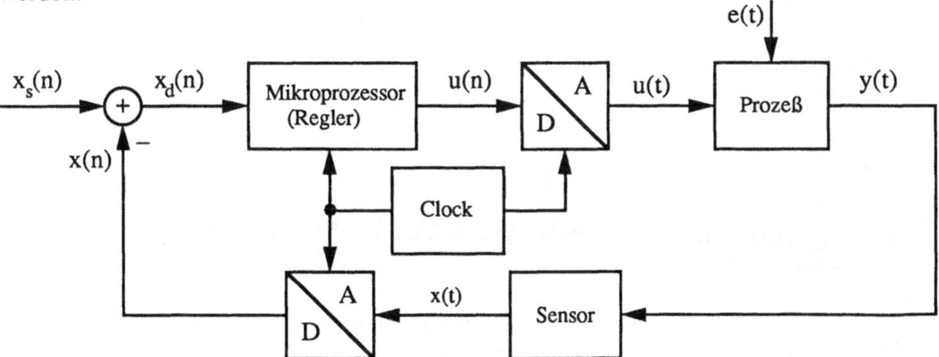

Bild 6.1. Digitaler Regelkreis und Prozeß

6.1. Zeitkontinuierliche und zeitdiskrete Signale

Wir benötigen eine handliche systemtheoretische Beschreibung der Vorgänge beim Übergang vom zeitkontinuierlichen Signal zum zeitdiskreten Signal. Dabei kümmern wir uns nicht um die technische Realisierung und die eingesetzte Technologie, sondern allein um die Ein-/ Ausgangsbeziehung. Hinreichend genau und so einfach wie möglich können wir die Zeitdiskretisierung so beschreiben:

Der A/D-Wandler setzt ein vielleicht analog gefiltertes Signal y(t) in ein Signal y(n) = y(nT) um. Die Abtastzeit T ist dabei ein ganzzahliges Vielfaches der Periode der Uhr. In der Prozeßleittechnik der Verfahrensindustrie mit verhältnismäßig langsamen Prozessen liegt T im Sekundenbereich. Bild 6.2 zeigt das zeitkontinuierliche Signal y(t) und das Ausgangssignal y(n) hinter dem A/D-Wandler. Zum Zeitpunkt nT wird der Wert y(n) erfaßt. y(n) steht in einem Speicher bis zum nächsten Zeitpunkt zur Verfügung (Treppenkurve $\bar{y}(t)$).

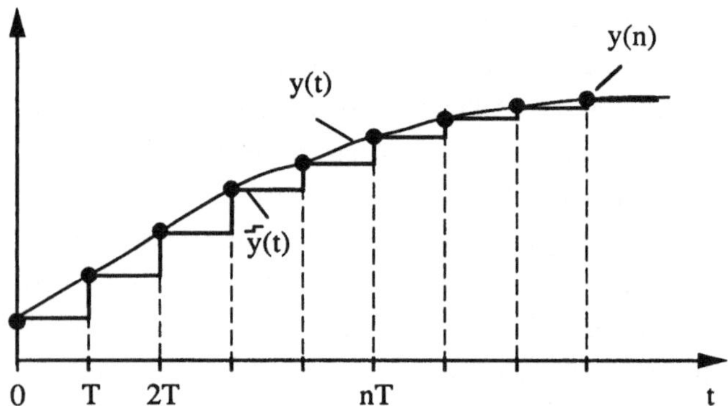

Bild 6.2. Kontinuierliches und zeitdiskretes Signal

Wir rechnen die Laplace-Transformierte der Treppenkurve $\bar{y}(t)$. Es ist:

$$\bar{y}(t) = \sum_{n=-\infty}^{\infty} y(n) \left(\sigma(t-nT) - \sigma(t-(n+1)T) \right)$$

$$\bar{Y}(s) = \sum_{n=-\infty}^{\infty} y(n) \frac{1}{s} \left(e^{-nTs} - e^{-(n+1)Ts} \right) = \frac{1-e^{-Ts}}{s} \sum_{n=-\infty}^{\infty} y(n) \, e^{-nTs}. \tag{6.1}$$

Nach den Ausführungen über das LTI-System (Kap. 5) würde man eine Darstellung der Treppenfunktion in der Form $\bar{Y}(s) = G_{AD}(s) \, Y(s)$, mit der Systemfunktion $G_{AD}(s)$ des A/D-

Wandlers erwarten. Offensichtlich ist der A/D-Wandler kein LTI-System. Prüft man nach Def. 5.1, so erkennt man, daß zwar Homogenität und Additivität gelten, aber die Zeitinvarianz verletzt ist. Man erkennt dies sofort aus Bild 6.2. Verschiebt man $y(t)$ um t_0, so erhält man keineswegs ein um t_0 verschobenes $\bar{y}(t)$, sondern ein anderes Signal. Spaltet man den Teil $G_H(s) = \frac{1}{s}(1 - e^{-Ts})$, das Halteglied, ab und untersucht den Teil $\sum y(n)\, e^{-nTs}$, erhält man sofort die Korrespondenz:

$$\sum_{n=-\infty}^{\infty} y(n)\, e^{-nTs} \quad \bullet\!\!-\!\!\circ \quad \sum_{n=-\infty}^{\infty} y(n)\, \delta(t-nT) = \sum_{n=-\infty}^{\infty} y(t)\, \delta(t-nT) = y(t)\, i_T(t).$$

Definition 6.1: *δ-Abtaster, Halteglied.*

In einem A/D-Wandler passiert das Signal $y(t)$ zuerst einen δ-Abtaster und danach ein LTI-System. Im δ-Abtaster wird das Signal $y(t)$ mit dem Impulszug $i_T(t)$ multipliziert oder moduliert. Man erhält das getastete Signal $y_*(t)$:

$$y_*(t) = y(t)\, i_T(t) = \sum_{n=-\infty}^{\infty} y(n)\, \delta(t-nT) \quad \circ\!\!-\!\!\bullet \quad \sum_{n=-\infty}^{\infty} y(n)\, e^{-nTs} = Y_*(s). \qquad (6.2)$$

Danach wird das modulierte Signal durch ein LTI-System, hier ein Halteglied mit der Impulsantwort $g_H(t)$, geführt:

$$g_H(t) = \begin{cases} 1 & \text{für } 0 \leq t \leq T \\ 0 & \text{sonst} \end{cases} \quad \circ\!\!-\!\!\bullet \quad G_H(s) = \frac{1}{s}\,(1 - e^{-Ts}). \qquad (6.3)$$

Modulation und Faltung sind in der Reihenfolge nicht vertauschbar. Im A/D-Wandler erfolgt zuerst die Modulation im δ-Abtaster, danach die Faltung im Halteglied.

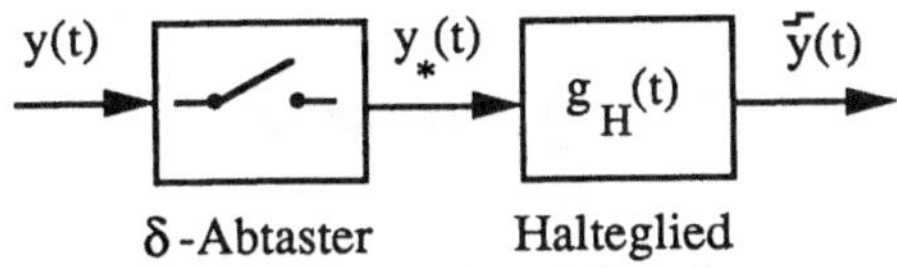

Die systemtheoretische Betrachtung des A/D-Wandlers als lineares System hat den Vorteil, daß man sich um die Vorgänge, die im einzelnen in dem Bauelement ablaufen, nicht kümmern muß. Solange die Signalumformung nach Bild 6.2 akzeptiert wird, ist die Beschreibung mit δ-Abtaster und Halteglied hinreichend.

Auf dem Weg vom zeitdiskreten zum zeitkontinuierlichen Signal kommt man ebenfalls direkt zum fiktiven Bauelement δ-Abtaster. Am Ausgang des A/D-Wandlers oder am Ausgang des Rechners sind Signalwerte $y(n)$ abgespeichert. Oft möchte man Werte für das Signal haben, die zwischen den Zeitpunkten nT liegen. Das rekonstruierte Signal $y_r(t)$ soll aus den Werten $y(n)$ mit einer linearen Operation gerechnet werden:

$$y_r(t) = \sum_{n=-\infty}^{\infty} y(n)\, k(t-nT). \tag{6.4}$$

Ist zum Beispiel

$$k(t) = \begin{cases} 1 & \text{für } t = 0 \\ 0 & \text{für } t = nT,\ n \neq 0, \end{cases}$$

so wird in den Abtastzeitpunkten das rekonstruierte Signal gleich dem ursprünglichen (Interpolation, Kap. 2.1). Allgemein läßt sich die Rekonstruktion als Faltung des getasteten Signals $y_*(t) = y(t)\, i_T(t)$ mit einem LTI-System $k(t)$ beschreiben:

$$y_r(t) = y_*(t) * k(t) = \int_{-\infty}^{\infty} \sum_{n=-\infty}^{\infty} y(\tau)\, \delta(\tau-nT)\, k(t-\tau)\, d\tau = \sum_{n=-\infty}^{\infty} y(n)\, k(t-nT). \tag{6.5}$$

Nun zu den Eigenschaften des getasteten Signals $y_*(t)\ \circ\!\!-\!\!\bullet\ Y_*(s)$. Gl. 6.2 gibt das Spektrum $Y_*(f)$ als Fourier-Reihe in der Frequenz f mit der Periode F:

$$Y_*(f) = \sum_{n=-\infty}^{\infty} y(n)\, e^{-j2\pi fTn} = \sum_{n=-\infty}^{\infty} y(n)\, e^{-j2\pi nf/F}, \qquad F = \frac{1}{T}.$$

Eine zweite Darstellung erhält man, wenn man die Darstellung des Impulszuges als Fourier-Reihe in der Zeit benutzt (Kap. 3, Bsp. 6):

$$i_T(t) = \frac{1}{T} \sum_{k=-\infty}^{\infty} e^{j2\pi kt/T}.$$

Die Laplace-Transformierte von $y_*(t)$ wird damit:

$$Y_*(s) = L\{y_*(t)\} = \frac{1}{T} \sum_{k=-\infty}^{\infty} \int_0^{\infty} y(t)\, e^{-(s-j2\pi kF)t}\, dt = F \sum_{k=-\infty}^{\infty} Y(s-j2\pi kF).$$

Auch diese Gleichung ist periodisch in $j2\pi F$. Wir haben eine ähnliche Beziehung mit der Poissonschen Summenformel (Gl. 3.10) kennengelernt. Die Beziehung der Funktion $Y_*(s)$ zur z-Transformation folgt aus Def. 6.1, $Y_*(s) = \sum y(n)\, e^{-nTs}$, und der Defintion der z-Transformation.

Satz 6.1: *Getastetes Signal.*

Die Laplace- bzw. die Fourier-Transformierte $Y_*(s)$ bzw. $Y_*(f)$ der mit dem δ-Abtaster getasteten Zeitfunktion $y_*(t) = i_T(t)\, y(t)$ ist periodisch. Es gilt:

$$L\{y_*(t)\} = Y_*(s) = \sum_{n=-\infty}^{\infty} y(n)\, e^{-sTn} = F \sum_{k=-\infty}^{\infty} Y(s-j2\pi kF), \qquad \text{Periode } j2\pi F$$

$$F\{y_*(t)\} = Y_*(f) = \sum_{n=-\infty}^{\infty} y(n)\, e^{-j2\pi nf/F} = F \sum_{k=-\infty}^{\infty} Y(f-kF), \qquad \text{Periode } F \qquad (6.6)$$

mit der Abtastfrequenz $F = \frac{1}{T}$.

Von der getasteten Funktion $y_*(t)$ kommt man zur z-Transformierten $Y(z)$, wenn man in $Y_*(s) = \sum y(n)\, e^{-sTn}$ für $e^{sT} = z$ setzt:

$$Y(z) = \sum_{n=-\infty}^{\infty} y(n)\, z^{-n} = Y_*(s)\Big|_{e^{sT}=z} \qquad (6.7)$$

Als *Nyquist-Rate* wird die Frequenz $\frac{F}{2}$ bezeichnet. Ist ein Signal $y(t)$ innerhalb des *Nyquist-Bandes* bandbegrenzt, $Y(f) \equiv 0$ für $|f| \geq \frac{F}{2}$, so unterscheidet sich innerhalb des Nyquist-Bandes das Spektrum $Y_*(f)$ des getasteten Signals bis auf den Faktor F nicht vom ursprünglichen Spektrum $Y(f)$.

Bandbegrenztes Signal:

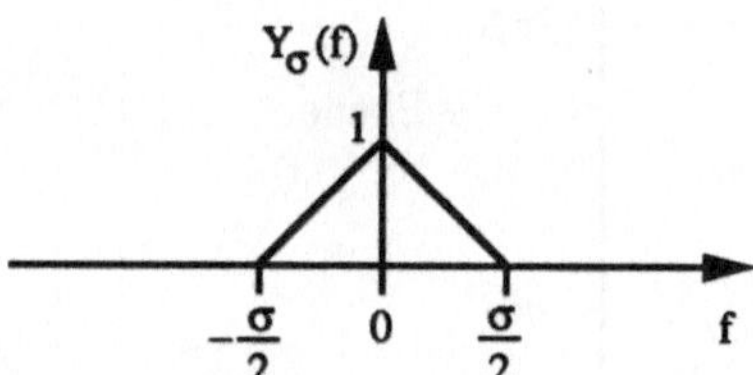

Mit verschiedener Abtastfrequenz F getastete Signale:

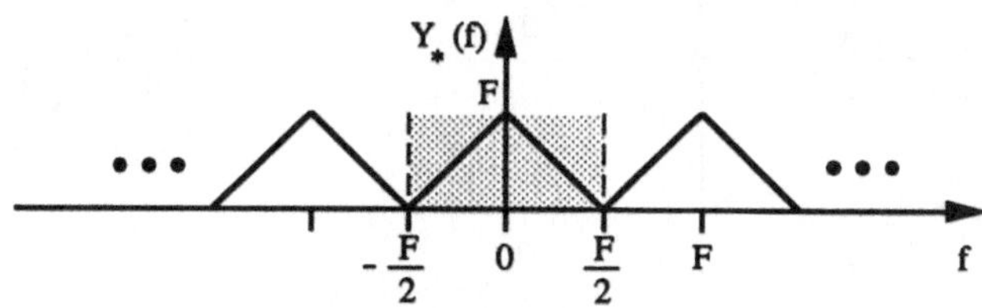

a) Kein Aliasing, $F = \sigma$, $Y_*(f) = F\, Y_\sigma(f)$ für $|f| < \frac{F}{2}$:

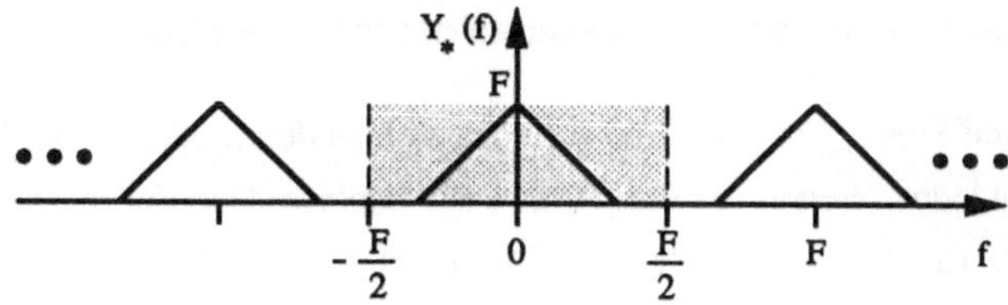

b) Kein Aliasing, $F > \sigma$, $Y_*(f) = F\, Y_\sigma(f)$ für $|f| < \frac{F}{2}$:

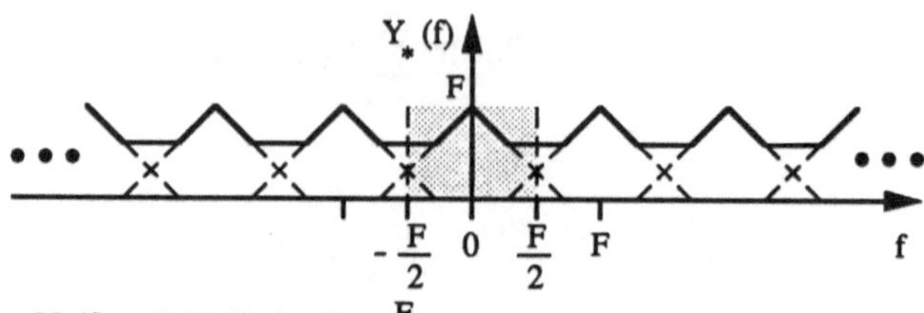

c) Aliasing, $F < \sigma$, $Y_*(f) \neq F\, Y_\sigma(f)$ für $|f| < \frac{F}{2}$:

Bild 6.3. Spektrale Überschneidung (Aliasing)

Die letzte Aussage bestätigt man direkt aus Bild 6.3, wo ein bandbegrenztes Signal $y_\sigma(t)$, $Y_\sigma(f) \equiv 0$ für $|f| \geq \frac{\sigma}{2}$, mit verschiedenen Abtastraten F getastet wird. Im Fall a) und b) ergibt sich keine spektrale Überschneidung, wohl aber im Fall c).

Bild 6.4 zeigt die Verhältnisse in der s- und in der z-Ebene. Der Streifen $\pm\, j\pi F$ der linken s-Halbebene wird durch die z-Transformation eindeutig in das Innere des Einheitskreises $|z| = 1$, abgebildet. Das Stück der imaginären Achse von $-j\pi F$ bis $j\pi F$ bildet den Einheitskreis. Mit $-\frac{F}{2} \leq f \leq \frac{F}{2}$ und $z = e^{j2\pi fT} = e^{j\Omega}$ gilt: $-\pi \leq \Omega \leq \pi$.

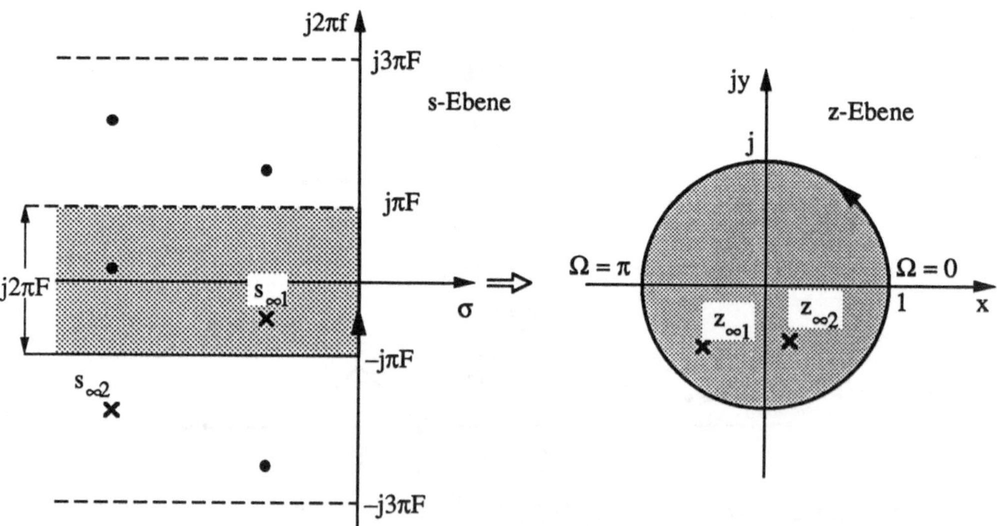

Bild 6.4. Abbildung der linken s-Halbebene auf das Innere des Einheitskreises der z-Ebene

Nullstellen s_{0i} und Pole $s_{\infty i}$ in der s-Ebene finden sich an den Stellen $z_{0i} = e^{s_{0i}T}$ und $z_{\infty i} = e^{s_{\infty i}T}$ in der z-Ebene wieder. Wegen der Periodizität der Laplace-Transformierten $Y_*(s)$ wird etwa ein Pol des Signals $Y(s)$ in alle Bänder $j(2k-1)\,\pi F < j2\pi f < j(2k+1)\,\pi F$, $k \in Z$, hineingespiegelt. Im Bild 6.4 sind zwei komplexe Pole $s_{\infty 1}$ und $s_{\infty 2}$ eingezeichnet (x), ebenso ihre Spiegelbilder ($\bullet$). In der z-Ebene fallen Pole und Spiegelbilder auf einen Punkt: $z_{\infty i} = e^{s_{\infty i}T}$.

Beispiel 1: Das Zeitsignal sei $y(t) = \mathrm{Re}\{e^{-\alpha t + j2\pi f_0 t}\,\sigma(t)\} = \sigma(t)\,e^{-\alpha t}\cos 2\pi f_0 t$. Damit erhält man die Abtastwerte $y(n) = \sigma(t)\,e^{-\alpha nT}\cos 2\pi f_0 nT$. Dieselben Abtastwerte $y(n)$ und dieselbe z-Transformierte erhält man für alle Signale $y(t) = \sigma(t)\,e^{-\alpha t}\cos 2\pi(f_0 + kF)t$, $k \in Z$.

Wir nehmen ein auf das Nyquist-Band begrenztes Signal $y_F(t)\; \circ\!\!-\!\!\bullet\; Y_F(f)$, $Y_F(f) \equiv 0$ für $|f| \geq \frac{F}{2}$. Das Spektrum des getasteten Signals $y_{F*}(t)$ ist periodisch. Das Spektrum $Y_F(f)$ kann durch Multiplikation mit einem idealen Tiefpaß

$$R_F(f) \; \bullet\!\!-\!\!\circ \; \frac{\sin \pi F t}{\pi F t}$$

wieder vollkommen rekonstruiert werden. Die Faltung im Zeitbereich ergibt direkt:

Satz 6.2: *Abtasttheorem.*

Ist $Y(f) \equiv 0$ für alle $|f| \geq \frac{F}{2}$, also auf das Nyquist-Band begrenzt, so läßt sich mit dem idealen Tiefpaß $R_F(f)$ das Signal vollständig rekonstruieren. Es ist (Bild 6.5):

$$y_r(t) \equiv y(t) = \sum_{n=-\infty}^{\infty} y(n)\,\frac{\sin \pi F(t-nT)}{\pi F(t-nT)}\;. \tag{6.8}$$

Ein auf das Nyquist-Band begrenztes Signal $y(t)$ ist durch seine Abtastwerte $y(n)$ vollständig bestimmt. Die Funktion $\frac{\sin \pi F t}{\pi F t}$ ist eine Interpolationsfunktion, welche in diesem Fall das Signal $y(t)$ vollkommen rekonstruiert. Ihr Wert für $t = 0$ ist eins, für $t = nT$, $n \neq 0$, wird ihr Wert null.

Ist das Signal $y(t)$ nicht auf das Nyquist-Band begrenzt, so kommt es zu spektralen Überschneidungen (Aliasing, Bild 6.3c). Eine vollkommene Rekonstruktion ist unmöglich.

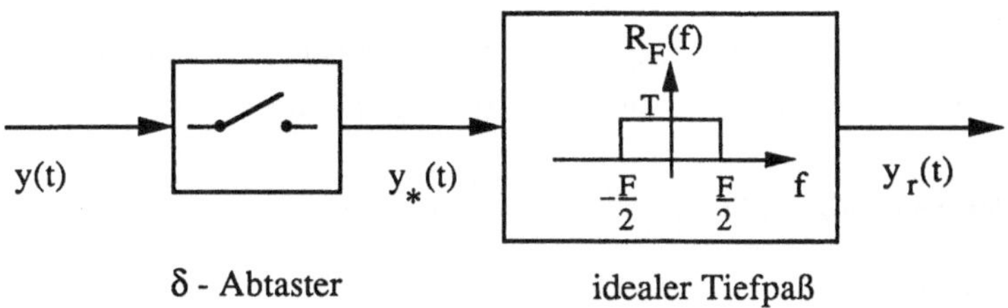

Bild 6.5. Rekonstruktion mit idealem Tiefpaß

Reale Signale sind im strengen Sinn kaum bandbegrenzt. Man hat zwei Möglichkeiten:

1) Man nimmt die spektralen Überschneidungen in Kauf und verfährt mit den Abtastwerten nach Gl. 6.8.

2)   Man vermeidet spektrale Überschneidungen indem man vor den A/D-Wandler ein analoges Antialiasing-Filter schaltet und so die Begrenzung auf das Nyquist-Band erzeugt.

Beide Verfahren verfälschen das ursprüngliche Signal y(t). Für die Fehler kann eine grobe obere Grenze angegeben werden.

Satz 6.3: *Fehler bei der Rekonstruktion nicht bandbegrenzter Signale.*

1)   Rekonstruiert man ein abgetastetes, nicht nicht auf das Nyquist-Band begrenztes Signal y(t) mit dem idealen Tiefpaß $R_F(f)$ nach Gl. 6.8, so entsteht dabei durch Aliasing aus dem Nachbarband ein Fehler $\varepsilon_r(t) = |y(t) - y_r(t)|$, für den gilt:

$$\varepsilon_r(t) \leq 2 \int_{|f|>\frac{F}{2}} |Y(f)| \, df. \tag{6.9}$$

2)   Macht man ein Signal y(t) durch ein analoges Antialiasing-Filter bandbegrenzt, $y(t) \rightarrow y_\sigma(t)$ mit $\sigma \leq F$, so wird eine spektrale Überschneidung vermieden. $y_\sigma(t)$ kann vollständig rekonstruiert werden,

$$y_r(t) = y_\sigma(t).$$

Durch ein ideales Antialiasing-Filter $R_\sigma(f)$ entsteht ein Fehler $\varepsilon_\sigma(t) = |y(t)-y_\sigma(t)|$, für den folgende Abschätzung gilt:

$$\varepsilon_\sigma(t) \leq \int_{|f|>\frac{\sigma}{2}} |Y(f)| \, df. \tag{6.10}$$

Achtung! Der Faktor 2 zwischen Gl. 6.9 und Gl. 6.10 bedeutet nicht, daß die eine Methode einen kleineren Fehler gibt als die andere. Es handelt sich in beiden Fällen um obere Schranken.

Allgemein ist die Approximation eines Signals y(t) durch ein bandbegrenztes Signal $y_\sigma(t)$ optimal im Sinne des quadratischen Fehlers: $\int (y(t) - y_\sigma(t))^2 \, dt \rightarrow \min$.

Herleitung: Wird ein ideales Antialiasing-Filter $R_\sigma(f)$ eingesetzt, so gilt:

$$y(t) - y_\sigma(t) = \int_{|f|>\frac{\sigma}{2}} Y(f) \, e^{j2\pi ft} \, df$$

und weiter:

$$|y(t) - y_\sigma(t)| \leq \int_{|f|>\frac{\sigma}{2}} |Y(f)| \, df.$$

Bei der Rekonstruktion eines nicht auf das Nyquist-Band begrenzten Signals mit dem idealen

Tiefpaß entsteht der doppelte Fehler, einmal durch die Bandbegrenzung, einmal mehr durch die spektrale Überschneidung vom Nachbarband (Bild 6.3c).

Der quadratische Fehler beim bandbegrenzten Signal $y_\sigma(t)$ wird mit der Parsevalschen Gleichung (Tab. 3.2):

$$\varepsilon^2 = \int_{-\infty}^{\infty} (y(t) - y_\sigma(t))^2 \, dt = \int_{-\infty}^{\infty} |Y(f) - Y_\sigma(f)|^2 \, df = \int_{|f| > \frac{\sigma}{2}} |Y(f)|^2 \, df + \int_{|f| \le \frac{\sigma}{2}} |Y(f) - Y_\sigma(f)|^2 \, df.$$

Der Fehler wird minimal, wenn für $|f| \le \frac{\sigma}{2}$ gilt: $Y(f) = Y_\sigma(f)$. ●

Die Verhältnisse werden in Beispielen veranschaulicht.

Beispiel 2: Ein Signal $y(t) = \cos 2\pi f_1 t + a \sin 2\pi f_2 t + b \cos 2\pi f_3 t$ wird im Abstand $T = \frac{1}{F}$ abgetastet (Bild 6.6). Es wurde gewählt: $|f_1| < \frac{F}{2} < |f_2|, |f_3|$.

Bild 6.6a zeigt das Signal $y(t)$ und die Wirkung der Bandbegrenzung. $y_F(t)$ enthält nur die Cosinuskomponente mit der Frequenz f_1. Die nächste Zeile zeigt das Linienspektrum $Y(f)$ bei $\pm f_1$, $\pm f_2$ und $\pm f_3$. Das Spektrum $Y_F(f)$ enthält nur die Linien bei $\pm f_1$.

Bild 6.6b zeigt das Spektrum $Y_*(f)$ des getasteten Signals $y_*(t)$. Die Linien bei $\pm f_2$ und $\pm f_3$ sind in das Nyquist-Band hineingespiegelt worden. Das Spektrum $Y_{F*}(f)$ hat nur die Linien bei $\pm f_1$. Wird mit dem idealen Tiefpaß $R_F(f)$ das Signal rekonstruiert, so ergeben sich die eingezeichneten Signalverläufe. Das Signal $y_r(t)$ unterscheidet sich erheblich vom ursprünglichen Signal $y(t)$, das rekonstruierte Signal $y_{Fr}(t)$ ist mit dem bandbegrenzten Signal $y_F(t)$ identisch.

Bild 6.6c zeigt das Signal $y(t)$ und das bandbegrenzte Signal $y_F(t)$. Die Abtastzeitpunkte sind um $\frac{T}{4}$ verschoben worden. Für das nicht bandbegrenzte Signal $y(t)$ ergibt sich eine neue Interpolationskurve $y_r(t)$, die sich von der in b) und vom ursprünglichen Signal in a) unterscheidet. Die Rekonstruktion des bandbegrenzten Signals $y_{Fr}(t)$ ist identisch mit dem ursprünglichen Signal $y_F(t)$ und auch mit dem in b). ●

Beispiel 3: Das kontinuierliche Signal sei $y(t) = e^{-\alpha|t|}$, $\alpha > 0$. Es gilt:

$$y(t) = e^{-\alpha|t|} \qquad \circ\!\!-\!\!\bullet \qquad Y(f) = \frac{2\alpha}{\alpha^2 + (2\pi f)^2} \; .$$

Wir bestätigen das Riemann-Lebesguesche Lemma (Satz 3.5), wonach das Spektrum einer stetigen Funktion mindestens mit $1/f^2$ gegen null geht. Die Abschätzung des Fehlers durch die Bandbegrenzung wird mit Gl. 6.10:

$$\varepsilon_\sigma \le 2 \int_{\frac{F}{2}}^{\infty} |Y(f)| \, df = 1 - \frac{2}{\pi} \arctan \frac{\pi F}{\alpha} = g\!\left(\frac{F}{\alpha}\right) .$$

Die Funktion $g\!\left(\frac{F}{\alpha}\right)$ ist in Bild 6.7 aufgetragen.

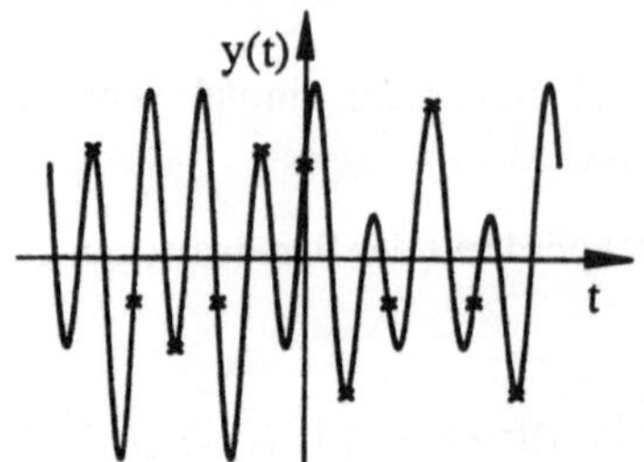
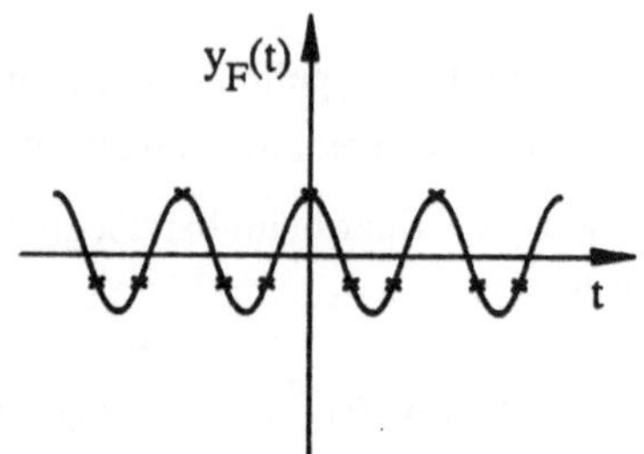

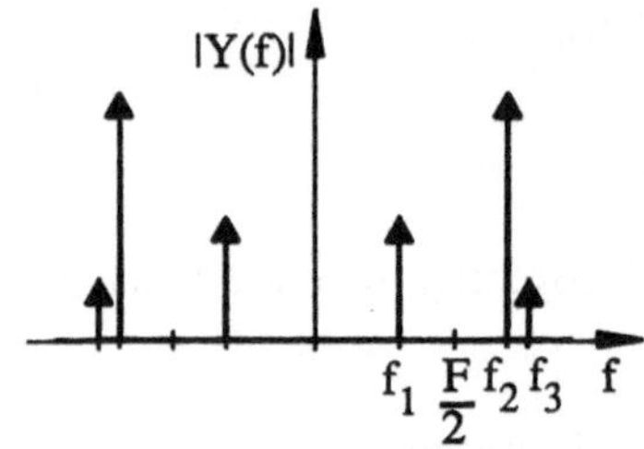
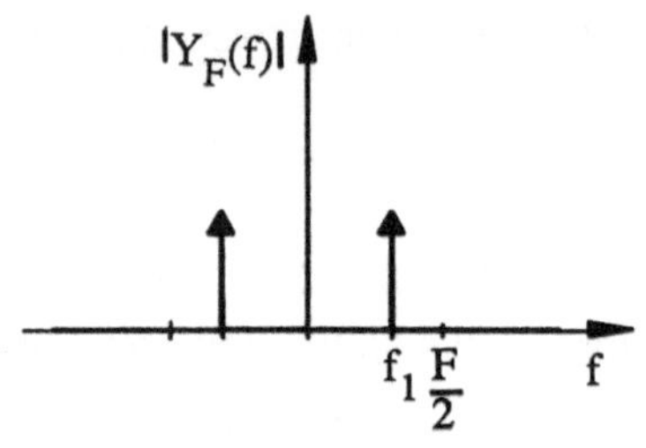

a) Zeitsignale und Spektren

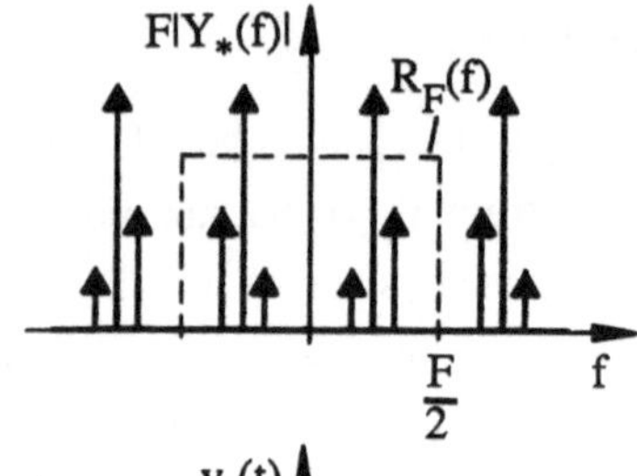
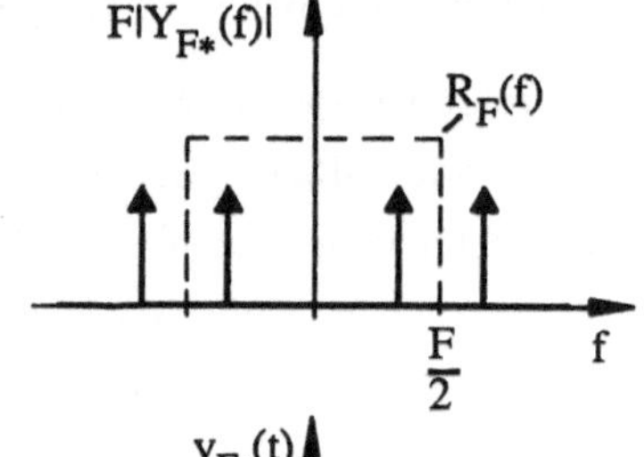

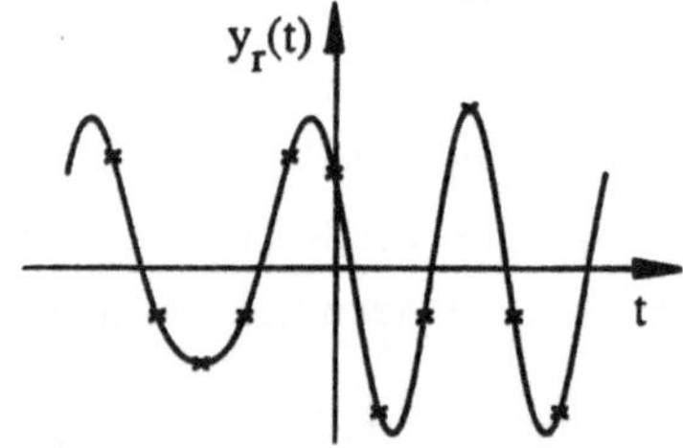
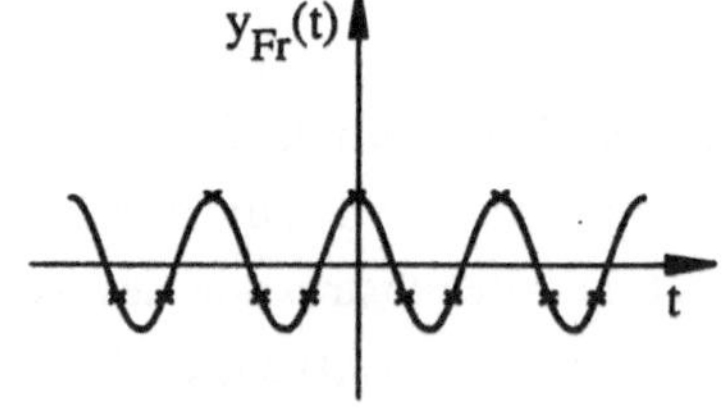

b) Spektren des getasteten Signals und die rekonstruierten Zeitsignale

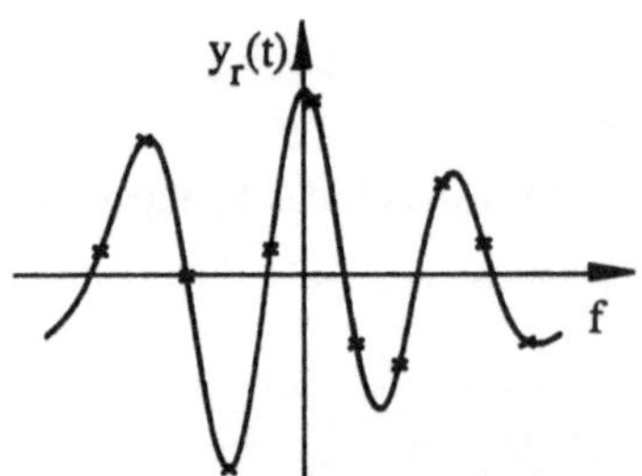
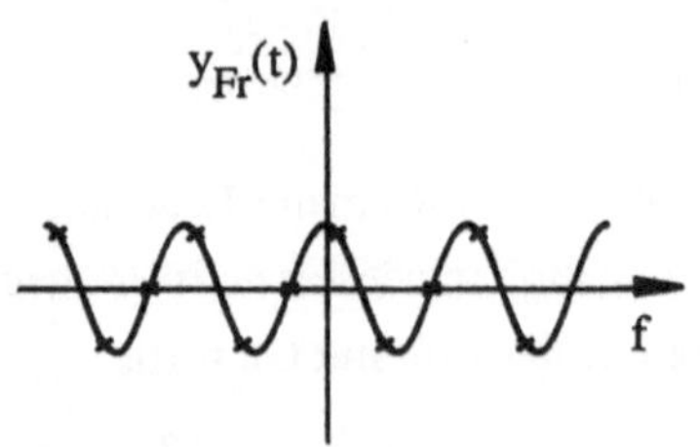

c) Rekonstruierte Zeitsignale bei Verschiebung der Abtastung um $\frac{1}{4}$

Bild 6.6. Signale und Spektren zu Bsp. 2

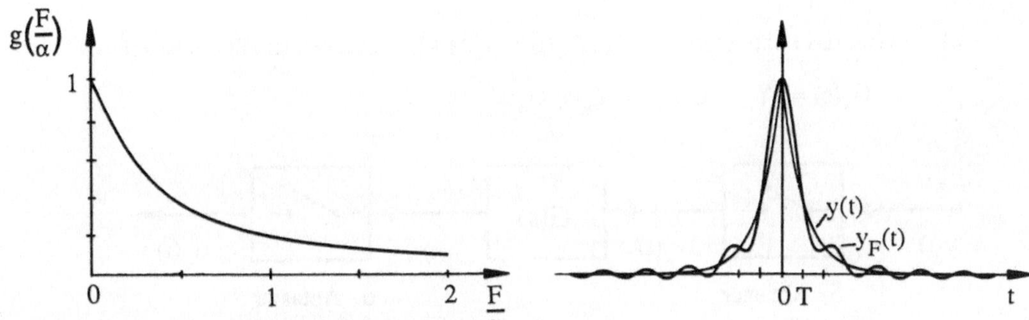

Bild 6.7. Fehler durch die Bandbegrenzung

Um einen Fehler von 5 % auszuschließen, muß gelten:

$$\frac{F}{\alpha} > 5.$$

Bei der Simulation, bei der Berechnung und Auslegung von digitalen Leitsystemen werden kontinuierliche Signale in digitale Signale umgesetzt und umgekehrt. Alle Rechnungen finden auf der digitalen Seite statt. In Satz 6.4 sind die wichtigen Ergebnisse und Regeln zusammengefaßt:

Satz 6.4: *Beschreibung zeitdiskreter Systeme.*

a) Eine kontinuierliche Größe y(t) wird getastet. Es gilt:

$$y_*(t) = \sum_{n=-\infty}^{\infty} y(n)\, \delta(t-nT) \quad\circ\!\!-\!\!\bullet\quad Y_*(s) = \sum_{n=-\infty}^{\infty} y(n)\, e^{-nTs} = F \sum_{k=-\infty}^{\infty} Y(s-j2\pi kF),$$

$$Y(z) = \sum_{n=-\infty}^{\infty} y(n)\, z^{-n}.$$

Weiter gilt für zwei synchron zu $t = nT$, $n \in Z$, getastete Signale:

$$y_*(t) * u_*(t) \quad\circ\!\!-\!\!\bullet\quad Y_*(s)\, U_*(s).$$

b) Folgen im Wirkungsablauf kontinuierliche Systeme G(s) hinter dem Abtaster, so gilt:

$$U(s) = Y_*(s)\, G(s).$$

Achtung! Aber:

$$U(s) \neq G_*(s)\, Y(s).$$

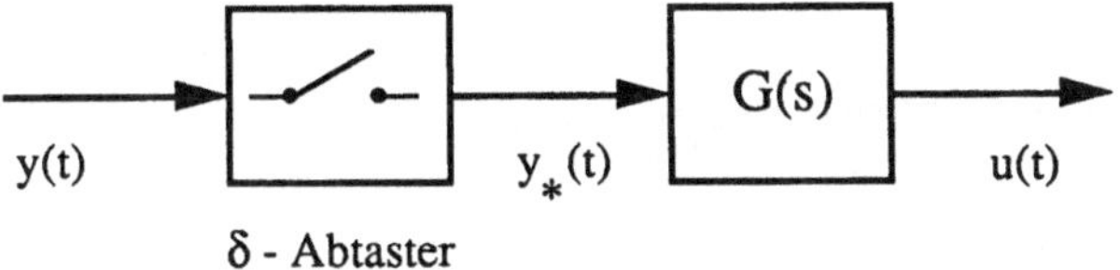

174   6. Analoge und digitale Systeme

c)   Wird das kontinuierliche Signal u(t) = $y_*(t) * g(t)$ getastet, so gilt die Regel:

$$U_*(s) = (Y_*(s)\, G(s))_* = Y_*(s)\, G_*(s).$$

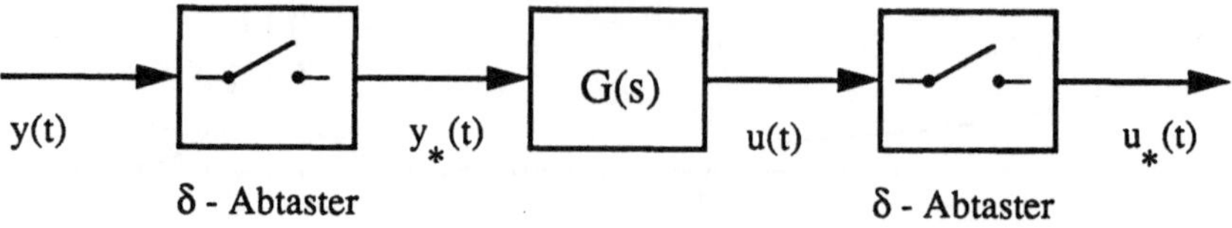

d)   Wird u(t) = g(t) * y(t) getastet, so gilt:

$$U_*(s) = (G(s)\, Y(s))_*.$$

Achtung! Aber:

$$U_*(s) \neq G_*(s)\, Y_*(s).$$

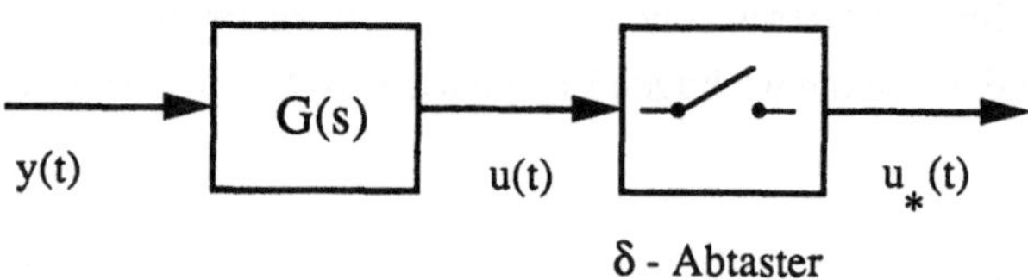

e)   Signale, die von zeitdiskreten in zeitkontinuierliche Signale umgewandelt werden, werden zum Rechnen mit einem kontinuierlichen System mit beschränkter Impulsantwort, z.B. dem Halteglied $\frac{1}{s}(1 - e^{-Ts})$, abgeschlossen. Damit sind beschränkte kontinuierliche Signale gewährleistet.

f)   Das Rechnen mit gemischten Systemen geschieht meist in zeitdiskreter Form. Man geht von der kontinuierlichen Darstellung aus und ersetzt die Terme e^{sT} durch z. Ausdrücke G(s) werden in den Zeitbereich transformiert und dort aus g(n) die z-Transformierte gebildet (siehe auch Kap. 7).

Zur Herleitung: a) und b) findet sich in Satz 6.1 und der unzulässigen Vertauschung von Modulation mit Impulszug und Faltung. Nach Anhang B dürfen Impulse zwar nicht multipliziert, aber gefaltet werden. Mit

$$Y_*(s) = \sum_{n=-\infty}^{\infty} y(n)\, e^{-sTn}, \qquad U_*(s) = \sum_{n=-\infty}^{\infty} u(n)\, e^{-sTn}$$

wird dann:

$$Y_*(s)\, U_*(s) = \sum_{n=-\infty}^{\infty} \sum_{m=-\infty}^{\infty} y(n-m)\, u(m)\, e^{-sTn} = L\{y_*(t) * u_*(t)\}.$$

c) folgt aus $U(s) = Y_*(s)\, G(s)$ mit Gl. 6.6:

$$U_*(s) = \sum_{k=-\infty}^{\infty} Y_*(s-j2\pi kF)\, G(s-j2\pi kF).$$

Es gilt:

$$Y_*(s-j2\pi kF) = \sum_{i=-\infty}^{\infty} Y(s-j2\pi kF-j2\pi iF) = \sum_{k=-\infty}^{\infty} Y(s-j2\pi Fk)$$

wegen der Periodizität von $Y_*(s)$. Damit ist $U_*(s) = Y_*(s)\, G_*(s)$.

Beispiel 4: Ein digitaler Regelkreis (Bild 6.8) soll in zeitdiskreter Form beschrieben werden.

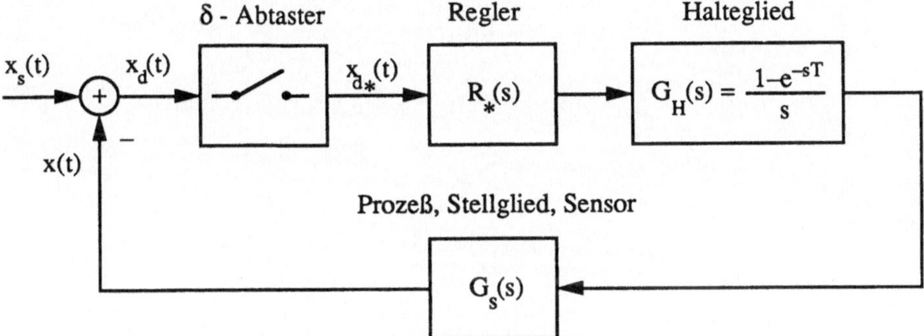

Bild 6.8. Digitaler Regelkreis

Es ist:

$$X_d(s) = X_s(s) - X(s) = X_s(s) - G(s)\, G_H(s)\, X_{d*}(s)\, R_*(s),$$

$$X_{d*}(s) = X_{s*}(s) - (G(s)\, G_H(s)\, X_{d*}(s)\, R_*(s))_* = X_{s*}(s) - (G(s)\, G_H(s))_*\, X_{d*}(s)\, R_*(s),$$

$$X_{d*}(s) = \frac{X_{s*}(s)}{1 + (G(s)\, G_H(s))_*\, R_*(s)}\;.$$

Sind im kontinuierlichen System Totzeitglieder $e^{-T_L s}$, so werden diese durch ganzzahlige Vielfache der Abtastzeit approximiert, $e^{-T_L s} \approx e^{-LTs}$, und direkt in den z-Bereich transformiert. Hier im Beispiel das Halteglied. Wir schreiben:

$$G_H(s)\, G(s) = \frac{1 - e^{-Ts}}{s}\; G(s) = (1 - z^{-1})\frac{G(s)}{s}\,.$$

Z. B. wird für $G(s)$ ●─○ $e^{-t/\tau}$:

$$\frac{G(s)}{s} \quad ●\!-\!○ \quad \tau(1 - e^{-t/\tau})$$

und:

$$\left(\frac{G(s)}{s}\right)_{*} = \sum_{n=-\infty}^{\infty} \tau\,(1 - e^{-nT/\tau})\,e^{-sTn}, \qquad\qquad Z\left\{\frac{G(s)}{s}\right\} = \sum_{n=-\infty}^{\infty} \tau(1 - e^{-nT/\tau})\,z^{-n}.$$

$$X_d(z) = \frac{X_s(z)}{1 + Z\left\{\frac{G(s)}{s}\right\} R(z)\,(1 - z^{-1})}\ .$$

$$\bullet$$

6.2. Abtastfrequenz, Antialiasing- und Rekonstruktionsfilter

Abtastfrequenz:

Jedes physikalisches Signal hat ein Spektrum, welches für hohe Frequenzen gegen null geht und damit praktisch bandbegrenzt ist. Mit einer genügend hohen Abtastrate F lassen sich damit Antialiasing-Fehler nahezu ausschließen. Auf den ersten Blick erscheint dieser Weg naheliegend. In der Praxis wird diese Methode selten gewählt. Dort wo hochfrequente Signale anfallen, etwa bei der Bild- und Sprachverarbeitung, kommt man sehr nahe an die Grenze der Leistungsfähigkeit der digitalen Signalverarbeitung. Ähnliches passiert in der Automatisierungstechnik. Die Signale sind dort zwar vergleichsweise niederfrequent, in den verteilten, hierarchisch geordneten Prozeßleitsystemen werden aber tausende von Signalen im Multiplexbetrieb verarbeitet. Die Algorithmen für die Signalverarbeitung und die Regelung sind zwar meist einfach, die große Anzahl und das Kostendenken erzwingen jedoch kleine Abtastraten von einigen Hertz.

Ein weiterer Gesichtspunkt läßt einen eher an kleinere Abtastraten F denken. Die Rechenleistung M für die Signalverarbeitung steigt im allgemeinen mehr als quadratisch mit der Abtastrate F an, $M \sim F^2$. Dies läßt sich so abschätzen: Als Beispiel diene ein FIR-Filter der Länge N, $T_0 = N\,T$. Die Beobachtungszeit T_0 ist durch die spezielle Aufgabe vorgegeben. Die Rechenleistung wird im wesentlichen durch die Zahl der Multiplikationen bestimmt. Pro Abtastzeit sind N Multiplikationen notwendig, pro Zeiteinheit N F Multiplikationen. Mit $F = \frac{1}{T}$ wird die Leistung: $M = T_0\,F^2$.

Wichtig für die Wahl der Abtastfrequenz ist auch die Frage, wann die verarbeiteten Daten zur Verfügung stehen müssen. Werden irgendwelche Versuche gefahren und die Daten auf Datenträger abgespeichert, so kann die Signalverarbeitung gemütlich "zu hause" vorgenommen werden. Man spricht von *off-line-Betrieb*. Die Auswertung hat Zeit, man kann unbekümmert eine recht hohe Abtastrate wählen. Auch bei der digitalen Sprach- und Bildverarbeitung stört oft eine Zeitverzögerung von vielen Abtastzeiten T nicht. In der Prozeßmeßtechnik dagegen werden aktuelle Daten verlangt (*on-line-Betrieb*). Die Signalverarbeitung wird meist innerhalb weniger Abtastzeiten geschehen müssen. In der Leittechnik müssen Stellbefehle möglichst ohne Verzögerung auf die Stellglieder gegeben werden. Verzögerungen von wenigen Abtastzeiten sind bereits unzulässig.

Die Unterschiede zwischen on-line- und off-line-Betrieb wirken sich nicht allein auf die Abtastrate aus. Im off-line-Betrieb werden keine aktuellen Daten verlangt. Zur Signalverarbeitung können ohne Schwierigkeit akausale Filter eingesetzt werden. Im on-line-Betrieb müssen die Algorithmen kausal sein.

Antialiasing-Filter:

Sehr häufig werden Antialiasing-Filter eingesetzt , um eine Bandbegrenzung des Signals zu erreichen. Antialiasing-Filter müssen kontinuierlich, also als analoge Filter arbeiten. Amplitudengänge $A(f)$, welche dem idealen Tiefpaß $R_F(f)$ sehr nahe kommen, sind nur aufwendig zu realisieren. Gewöhnlich schließt man einen Kompromiß zwischen der analogen und der digitalen Filterung. Man wählt die Abtastrate F so hoch, daß das getastete Spektrum am Rand des Nyquist-Bandes erheblich reduziert ist:

$$\left| Y_*\!\left(\frac{F}{2}\right) \right| \;<<\; F\,|Y(f)|_{max}.$$

Der Fehler durch die spektrale Überschneidung wird durch ein analoges Antialiasing-Filter $A(f)$ am Rand des Nyquist-Bandes weiter reduziert:

$$A\!\left(\frac{F}{2}\right) Y\!\left(\frac{F}{2}\right) \;\to\; 0.$$

Eine Überabtastung um den Faktor zwei bis fünf der in Satz 5.13 definierten Bandbreite ist durchaus üblich. Als Antialiasing-Filter werden gerne Butterworth-Filter höherer Ordnung eingesetzt (Kap. 8.7). Ein Butterworth-Filter der Ordnung N besitzt den Amplitudengang:

$$A^2(f) = \frac{1}{1 + \left(\dfrac{f}{f_0}\right)^{2N}} \, .$$

Soll ein hochfrequentes Nutzsignal durch ein Antialiasing-Filter auf das Nyquist-Band begrenzt werden, so muß die Grenzfrequenz f_0 deutlich kleiner als die Nyquist-Rate gewählt werden.

Eine andere Anwendung von Antialiasing-Filtern ist die Unterdrückung von hochfrequenten Rauschsignalen, die sich einem bandbegrenzten Nutzsignal überlagern. Um das Nutzsignal nicht zu verfälschen, wird die Grenzfrequenz f_0 höher als die Nyquist-Rate gelegt.

Butterworth-Filter sind als IC-Bauelement im Handel /6.1/, /6.2/. Mit wachsendem N nähert sich $A(f)$ dem idealen Tiefpaß $R_{2f_0}(f)$.

Ein hübsche Anwendung des Abtasttheorems läßt sich in Systemen mit zwei verschiedenen Abtastfrequenzen realisieren (Bild 6.9).

Das nicht bandbegrenzte Signal $y(t)$ wird mit einer hohen Abtastfrequenz F_h abgetastet. Ein digitaler Tiefpaß begrenzt die Bandbreite auf $F = F_h/K$, $K \in \mathbb{N}$. In der weiteren Signalverarbeitung arbeitet man weiter mit der Frequenz F und spart damit Rechenaufwand. Statt alle Werte $y(nT_h)$ zu verwenden, werden nur die Werte $y_{TP}(KnT_h)$ verwendet. Das niederfrequente Signal $y_{TP}(KnT_k)$ ist bandbegrenzt auf $|f| < \frac{F}{2}$. Das Verfahren wirkt wie ein analoges Antialiasing-Filter am Eingang (Bild 6.9).

a) Abtastung mit der Frequenz F_h:

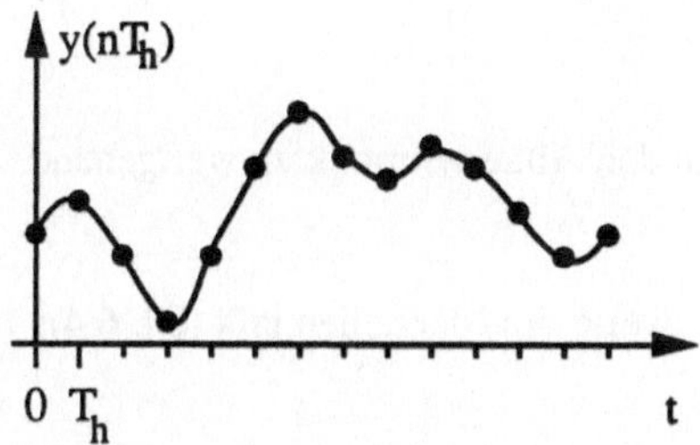
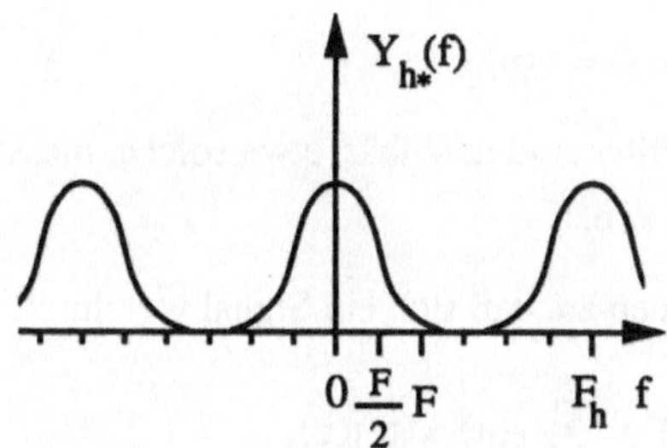

b) Digitales Tiefpaßfilter:

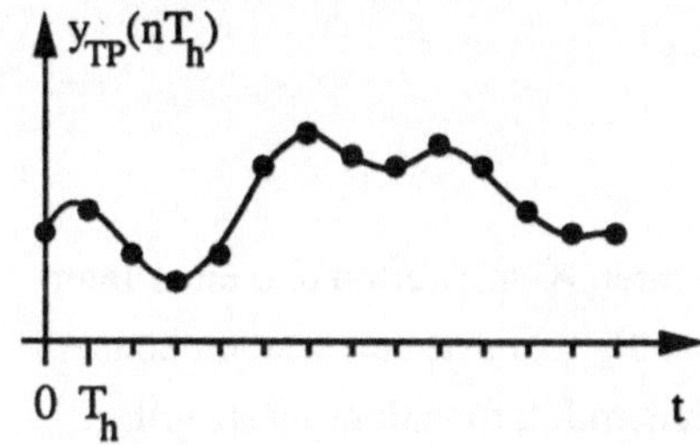
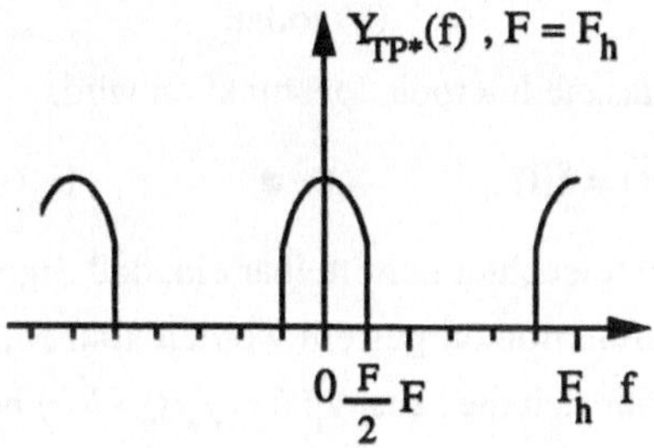

Übergang zur Frequenz $F = \dfrac{F_h}{K}$, (K = 3):

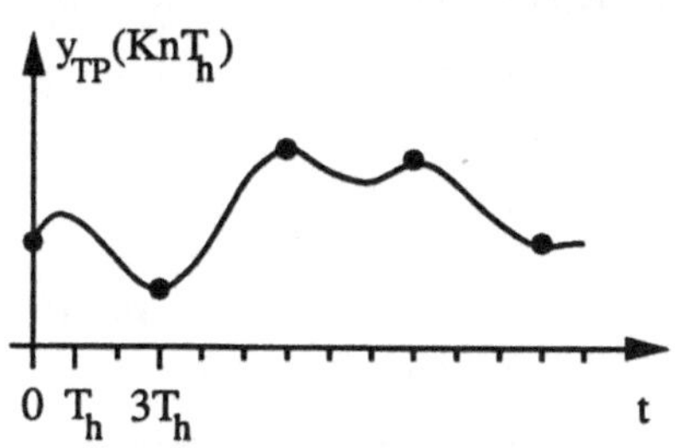
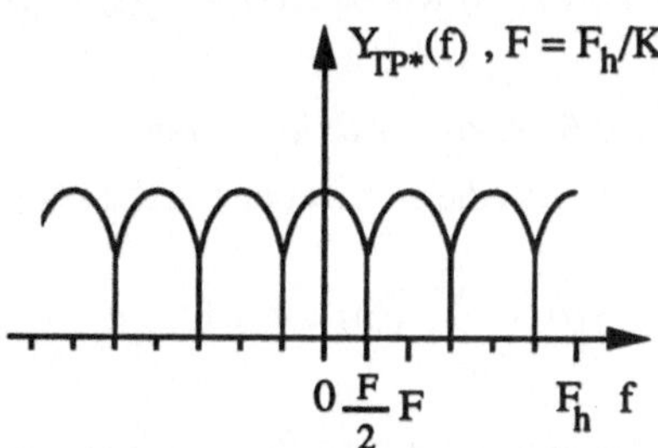

Bild 6.9. Tiefpaßfilterung auf digitaler Seite

Rekonstruktionsfilter:

Zuerst eine wichtige Feststellung: Sind von einem Signal nur die Abtastwerte y(n) bekannt, so ist prinzipiell eine vollkommene Rekonstruktion $y_r(t) = y(t)$ unmöglich. Zwischen den Abtastzeitpunkten nT kann ja im Signalverlauf vieles passiert sein. Liegen zusätzliche Informationen über das Signalverhalten zwischen den Abtastzeitpunkten vor, kann rekonstruiert werden.

Hier werden nur Rekonstruktionsfilter behandelt, welche das Signal in den Abtastpunkten fehlerlos wiedergeben, also Interpolationsfilter:

$$y_r(nT) = y(n).$$

Andere Filter sind machbar, etwa solche, die Störsignale in den Abtastzeitpunkten weitgehend unterdrücken.

Wir nehmen an, daß sich ein Signal $y(t)$ durch seine Abtastwerte $y(n)$ darstellen läßt (Gl. 6.4):

$$y(t) = \sum_{n=-\infty}^{\infty} y(n)\ k(t-nT).$$

Soll $y(nT) = y(n)$ sein, muß für alle denkbaren Interpolationsfunktionen $k(t)$ gelten:

$$k(nT) = \delta(n) = \begin{cases} 1 & \text{für } n = 0 \\ 0 & \text{sonst.} \end{cases}$$

Die abgetastete Interpolationsfunktion wird:

$$k_*(t) = \delta(t) \qquad \circ\!\!-\!\!\bullet \qquad K_*(s) = 1.$$

Aus Gl. 6.5 leuchtet unmittelbar ein, daß Signale, die mit ihren Abtastwerten und einer Interpolationsfunktion dargestellt werden können, auch vollständig rekonstruiert werden können. Formal läßt sich dies aus $y_r(t) = y_*(t) * k(t)$ herleiten. Mit dem Interpolationsansatz gilt:

$$Y(s) = Y_*(s)\ K(s)$$

und:

$$Y_r(s) = (Y_*(s)\ K(s))_*\ K(s) = Y_*(s)\ K_*(s)\ K(s) = Y_*(s)\ K(s) = Y(s).$$

Satz 6.5: *Rekonstruktionsfilter.*
Signale $y(t)$, die sich mit ihren Abtastwerten darstellen lassen,

$$y(t) = \sum_{n=-\infty}^{\infty} y(n)\ k(t-nT), \tag{6.11}$$

lassen sich mit einem Rekonstruktionsfilter $k(t)$ im ganzen Zeitbereich vollkommen fehlerlos rekonstruieren. Solche Rekonstruktionsfilter haben die Eigenschaft:

$$k(nT) = \delta(n),$$

$$k_*(t) = \delta(t) \qquad \circ\!\!-\!\!\bullet \qquad K_*(s) = 1.$$

Für beliebige Rekonstruktionsfilter $k(t)$ gilt:

$$y_r(t) = y(t) = \sum_{n=-\infty}^{\infty} y(n)\ k(t-nT) = y_*(t) * k(t).$$

Hier werden interpolierende Rekonstruktionsfilter für folgende Signalklassen behandelt:

-    Auf das Nyquist-Band begrenzte Signale $y_F(t)$,
-    Signale, die als Polynom in der Zeit gegeben sind,
-    Signale mit einem glatten Verlauf, die durch Splines darstellbar sind,
-    Signale, die mit Hilfe der DFT rekonstruiert werden können.

Auf das Nyquist-Band begrenzte Signale $y_F(t)$:

Nach Satz 6.2 wird das Signal $y_F(t)$ mit dem idealen Tiefpaß

$$k_F(t) = \frac{\sin \pi Ft}{\pi Ft} \qquad \text{o—●} \qquad R_F(f) = \begin{cases} T & \text{für } |f| \leq \dfrac{F}{2} \\ 0 & \text{sonst} \end{cases}$$

vollkommen rekonstruiert. Zur numerischen Rechnung ist Gl. 6.8 nicht ideal, wir formen um:

$$\sin \pi F(t - nT) = \sin \pi Ft \cos n\pi - \cos \pi Ft \sin n\pi = (-1)^n \sin \pi Ft.$$

Die Rekonstruktionsbeziehung wird:

$$y_r(t) = \frac{\sin \pi Ft}{\pi F} \sum_{n=-\infty}^{\infty} y(n) \frac{(-1)^n}{t - nT} . \tag{6.12}$$

Das Filter ist akausal. Alle Abtastwerte aus der Zukunft und der Vergangenheit werden zur Rekonstruktion mit einbezogen. Die Konvergenz ist nicht sehr gut, die Abtastwerte werden mit $\frac{1}{nT}$ gewichtet.

Die Signale $y(t)$ sind Polynome in t:

Wir haben im Kap. 2.1 die Lagrange-Interpolation kennengelernt:

$$y(t) = \sum_{n=-\infty}^{\infty} y(n) L_n(t), \qquad\qquad L_n(mT) = \delta_{nm}.$$

Der Vergleich mit Gl. 6.11 ergibt: $k(t-nT) = L_n(t)$. Der Polynomgrad N ist gegeben durch die Zahl N+1 der verwendeten Stützstellen $y(n)$. Zieht man zur Interpolation den auf t folgenden Abtastwert und N in der Vergangenheit liegende Abtastwerte heran, erhält man ein rekonstruiertes Signal mit einer Zeitverzögerung, die kleiner als die Abtastzeit T ist.

Versuche mit extrapolierenden Polynomen, alle Stützstellen liegen in der Vergangenheit, haben sich nicht durchgesetzt. Der Fehler $R_{N+1}(t)$ in Gl. 2.15 wächst außerhalb des Interpolationsbereiches sehr stark.

Hier seien allein die beiden einfachsten Fälle behandelt.

- Das Halteglied $k_0(t)$ (Lagrange-Interpolator nullter Ordnung):

$$k_0(t) = \begin{cases} 1 & \text{für } t \in [0,T] \\ 0 & \text{sonst} \end{cases} \qquad \circ\!\!-\!\!\bullet \quad K_0(f) = \frac{\sin \pi Tf}{\pi f}\, e^{-j\pi fT}. \qquad (6.13)$$

Die Rechenvorschrift für das rekonstruierte Signal in kausaler Form lautet:

$$y_r(t) = y(n-1), \qquad\qquad t \in [(n-1)T, nT]. \qquad (6.14)$$

Dieser Interpolator ist der am häufigsten verwendete. Praktisch jeder D/A-Wandler läßt sich damit grob beschreiben. Das Halteglied hat jedoch Mängel. Eine Stufenfunktion wird vollkommen rekonstruiert. Nur, wann kommt in der Praxis eine Stufenfunktion als interpolierendes Signal vor? Die Näherung ist doch recht grob. Bild 6.10 zeigt die Verhältnisse im Frequenzbereich für ein glockenförmiges Spektrum $Y(f)$. Die Abtastfrequenz ist ziemlich groß, die spektrale Überschneidung ist im Bild klein und kaum zu erkennen. Die Rekonstruktion mit $k_0(t)$ läßt jedoch um $\pm F$ herum Anteile im Spektrum entstehen, die mit $Y(f)$ nichts zu tun haben. Die Störspektren um $\pm F$ sind im Bild 6.10 schattiert gekennzeichnet.

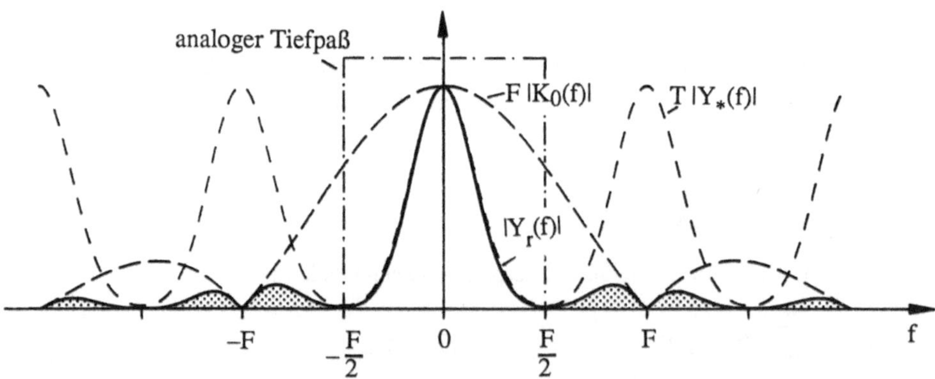

Bild 6.10. Höherfrequente Fehlersignale bei der k_0-Interpolation

Wenn irgend möglich spendiert man am Ausgang des D/A-Wandlers einen analogen Tiefpaß mit einer Grenzfrequenz bei $\frac{F}{2}$. Die hohen Frequenzen bei $\pm F$, die von der treppenförmigen Rekonstruktion herrühren und im Signal $y(t)$ kaum vorkommen, werden so eliminiert.

- Der Polygonzug-Interpolator $k_1(t)$ (Lagrange-Interpolator erster Ordnung):

Zwei benachbarte Stützstellen $y(n-1)$ und $y(n)$ werden durch eine Gerade miteinander verbunden. In akausaler Form gilt:

$$k_1(t) = \begin{cases} 1 + \dfrac{t}{T} & \text{für } t \in [-T,0] \\[2mm] 1 - \dfrac{t}{T} & \text{für } t \in [0,T] \\[2mm] 0 & \text{sonst} \end{cases} \qquad \circ\!-\!\bullet \qquad K_1(f) = \frac{\sin^2 \pi fT}{T\pi^2 f^2} \; . \qquad (6.15)$$

Die Rechenvorschrift für das rekonstruierte Signal lautet:

$$y_r(t) = y(n-1)\,\frac{nT-t}{T} + y(n)\,\frac{t-(n-1)T}{T}, \qquad t \in [(n-1)T, nT]. \qquad (6.16)$$

Die Fehlersignale in den Seitenbändern werden erheblich besser unterdrückt. Ein analoger Tiefpaß ist deshalb meist nicht nötig.

Die Interpolationsfilter $k_0(t)$ und $k_1(t)$ ermöglichen Echtzeitbetrieb. Die Verzögerung liegt unter der Abtastzeit T.

Lagrange-Interpolationen höherer Ordnung bildet man leicht. Sie haben sich im allgemeinen in der Praxis nicht bewährt. Wertquantisierungsfehler und Störsignale lassen die Polynominterpolation höherer Ordnung unsicher werden. Weiter kommt man mit Splines (Kap. 2.1.2), welche für besonders glatte Kurven durch die Abtastwerte sorgen.

Signale, die sich als Spline-Signal darstellen lassen /6.3/:

Nach Satz 2.6 ist eine Spline-Funktion $y_M(t)$ der Ordnung M definiert durch einen gewichteten Impulszug ihrer (M+1)-ten Ableitung:

$$y_M^{M+1)}(t) = \sum_{n=-\infty}^{\infty} a_n\, \delta(t-nT).$$

Die Fourier-Transformierte des Spline-Signals wird:

$$(j2\pi f)^{M+1}\, Y_M(f) = \sum_{n=-\infty}^{\infty} a_n\, e^{-j2\pi nfT}. \qquad (6.17)$$

Das getastete Signal hat das Spektrum:

$$Y_{M*}(f) = \sum_{n=-\infty}^{\infty} y(n)\, e^{-j2\pi nfT} = F \sum_{k=-\infty}^{\infty} Y_M(f-kF).$$

Mit Gl. 6.17 erhält man unter Beachtung, daß k und n ganzzahlig sind:

$$Y_{M*}(f) = F \sum_{n=-\infty}^{\infty} a_n\, e^{-j2\pi nfT} \sum_{k=-\infty}^{\infty} \frac{1}{(j2\pi(f-kF))^{M+1}} \; . \qquad (6.18)$$

Der Vergleich mit Gl. 6.17 ergibt:

$$Y_{M*}(f) = F\, Y_M(f)\, f^{M+1} \sum_{k=-\infty}^{\infty} \frac{1}{(f - kF)^{M+1}}\,. \tag{6.19}$$

Es gilt:

Satz 6.6: *Rekonstruktion mit Splines.*

Ein getastetes Spline-Signal der Ordnung M habe das Spektrum $Y_{M*}(f)$. Dann ist das Spektrum $Y_M(f)$ mit dem getasteten nach folgender Beziehung verknüpft:

$$Y_M(f) = K_M(f)\, Y_{M*}(f) \tag{6.20}$$

mit:

$$K_M(f) = \frac{\dfrac{d^M}{df^M}\left(\dfrac{1}{f}\right)}{\pi\, \dfrac{d^M}{df^M}\,(\cot \pi fT)}\,.$$

Die Interpolationsfunktion $K_M(f)$ ist ein Spline-Signal. Spline-Signale lassen sich deshalb mit der Interpolationsfunktion $K_M(f)$ vollständig rekonstruieren.

Splines ungerader Ordnung M ergeben reelle und gerade Spektren $K_M(f)$:

$$K_1(f) = T\left(\frac{\sin \pi fT}{\pi fT}\right)^2,$$

$$K_3(f) = \frac{3\,T}{2 + \cos 2\pi fT}\left(\frac{\sin \pi fT}{\pi fT}\right)^4, \tag{6.21}$$

$$K_5(f) = \frac{15\,T}{2 + 11\cos^2 \pi fT + 2\cos^4 \pi fT}\left(\frac{\sin \pi fT}{\pi fT}\right)^6,$$

$$K_7(f) = \frac{315\,T}{17 + 180\cos^2 \pi fT + 114\cos^4 \pi fT + 4\cos^6 \pi fT}\left(\frac{\sin \pi fT}{\pi fT}\right)^8.$$

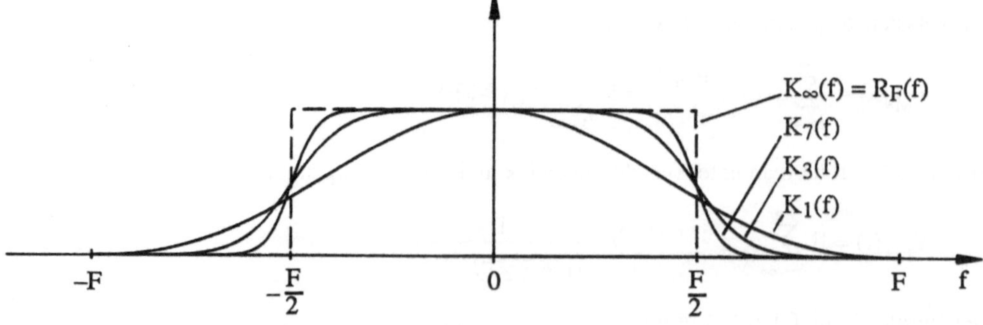

Bild 6.11. Spektren der Interpolationsfunktionen $K_M(f)$

Die Beziehung für $K_M(f)$ folgt nach einigen Umformungen aus Gl. 6.19. Der Interpolator $K_1(f)$ entspricht dem Lagrange-Interpolator erster Ordnung.

In Bild 6.11 sind die Spektren $K_M(f)$ aufgetragen. Man erkennt, mit höherer Ordnung M geht $K_M(f)$ in den idealen Tiefpaß $R_F(f)$ über.

In dem Tiefpaß $K_M(f)$ findet man wieder das Riemann-Lebesguesche Lemma (Satz 3.5) bestätigt. Ein Spline der Ordnung M besitzt M beschränkte Ableitungen. Für hohe Frequenzen gilt:

$$|K_M(f)| \sim \frac{1}{|f|^{M+1}} .$$

Die Rekonstruktion geschieht zweckmäßig mit Hilfe der FFT im Frequenzbereich /6.3/.

Signale, die sich als Fourier-Reihe darstellen lassen:

Wir wollen jetzt die Funktion y(t) als Fourier-Reihe darstellen. Es gilt:

$$y(t) = \sum_{k=0}^{N-1} Y_k \, e^{j2\pi F_0 kt}.$$

Soll das rekonstruierte Signal $y_r(t)$ aus den Abtastwerten y(n) durch Interpolation gewonnen werden, so erfolgt die Bestimmung der Fourier-Koeffizienten Y_k aus dem Gleichungssystem:

$$y(n) = y_r(nT) = \sum_{k=0}^{N-1} Y_k \, e^{j2\pi kn/N}, \qquad n = 0, \ldots, N-1.$$

Der Vergleich mit Satz 2.10 ergibt sofort die Bestimmung der Fourier-Koeffizienten aus der DFT:

$$Y_k = \frac{1}{N} \sum_{n=0}^{N-1} y(n) \, e^{-j2\pi kn/N}, \qquad k = 0, \ldots, N-1.$$

Satz 6.7: *Rekonstruktion mit Fourier-Reihe.*

Die Rekonstruktion eines Signals y(t) mit Hilfe der Fourier-Reihe geschieht nach der Beziehung:

$$y_r(t) = \sum_{k=0}^{N-1} Y_k \, e^{j2\pi F_0 kt}.$$

Die Fourier-Koeffizienten Y_k folgen direkt aus der DFT:

$$Y_k = \frac{1}{N} \sum_{n=0}^{N-1} y(n) \, e^{-j2\pi kn/N}, \qquad k = 0, \ldots, N-1.$$

Beispiel 5: Das Signal $y(t) = e^{-\alpha t} (1 - \cos 2\pi f_0 t)\, \sigma(t)$, $\alpha > 0$, hat als zweimal differenzierbares Signal ein Spektrum, das nach Satz 3.5 mit $\frac{1}{f^3}$ gegen null geht. Das Signal kommt einem bandbegrenzten Signal nahe.

In Bild 6.12 sind das Signal $y(t)$ und die nach den verschiedenen Verfahren rekonstruierten Signale $y_r(t)$ aufgetragen. In der rechten Spalte wird der jeweilige Rekonstruktionsfehler $y(t)-y_r(t)$ gezeigt. Die Abtastung geschieht zur Demonstration recht langsam, $F = 2{,}5\, f_0$.

Die Rekonstruktion mit dem idealen Tiefpaß ist hier die beste. Verblüffend, wie gut aus den wenigen Abtastwerten eine gute Rekonstruktion gelingt. Bei der geringen Abtastrate F ist der Lagrange-Interpolator nullter Ordnung unbrauchbar. Mit einem nachgeschalteten einfachen Butterworth-Tiefpaß zweiter Ordnung wird die Rekonstruktion ein wenig besser. Vorteilhaft ist der Lagrange-Interpolator erster Ordnung. Die Interpolatoren $k_0(t)$ und $k_1(t)$ kommen als einzige für Echtzeitanwendungen in Frage. Die Zeitverzögerung durch die Rekonstruktion ist kleiner als eine Abtastzeit T. Überraschend gut ist die Rekonstruktion über die Fourier-Reihe. Auch mit einem kubischen Spline wird eine gute Rekonstruktion erzielt.

Prinzipiell nimmt der Rechenaufwand für die Rekonstruktion mit der Länge des Rekonstruktionsfilters stark zu. Der ideale Tiefpaß $R_F(f)$ mit einer unendlich langen Impulsantwort ist in der Praxis nur näherungsweise realisierbar. Wenig Rechenzeit wird für die Interpolatoren $k_0(t)$ bzw. $k_1(t)$ benötigt, da sie nur einen bzw. zwei Abtastwerte berücksichtigen. Der Rechenaufwand für die Rekonstruktion mit Splines ist ähnlich hoch wie bei der Rekonstruktion mit der Fourier-Reihe und deutlich höher als der Rechenaufwand bei der k_0- bzw. k_1-Interpolation.

Die Rekonstruktion mit dem idealen Tiefpaß, mit der Fourier-Reihe und mit Splines läßt sich nur im off-line-Betrieb durchführen. Der komplette Datensatz muß vorliegen.

a)   Rekonstruktion mit idealem Tiefpaß $R_F(f)$:

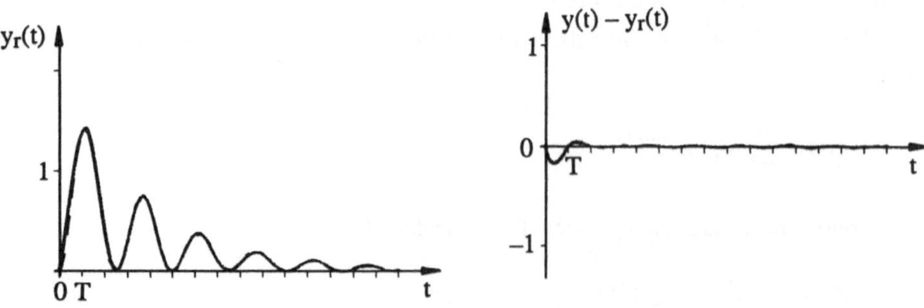

Bild 6.12a. Rekonstruktion mit idealem Tiefpaß

b)   Rekonstruktion mit Lagrange-Interpolator nullter Ordnung $k_0(t)$:

Um einen kleineren Rekonstruktionsfehler zu erhalten, wird das rekonstruierte Signal $y_r(t)$ um $-\frac{T}{2}$ verschoben.

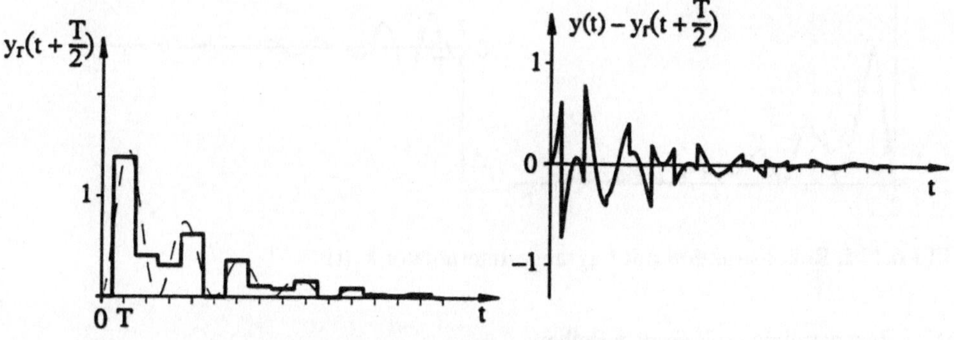

Bild 6.12b. Rekonstruktion mit Lagrange-Interpolator $k_0(t)$

c)   Rekonstruktion mit Lagrange-Interpolator nullter Ordnung $k_0(t)$ und nachgeschaltetem Butterworth-Tiefpaß zweiter Ordnung:

Die Grenzfrequenz des Butterworth-Tiefpasses ist $f_0 = \frac{F}{6}$. Da das Ausgangssignal des Tiefpasses gegenüber dem Eingangssignal um T verschoben ist, wird hier das rekonstruierte Signal zur Zeit $t + T$ betrachtet.

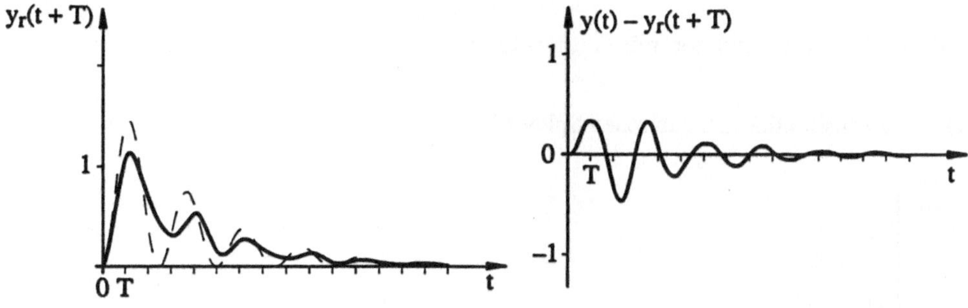

Bild   6.12c. Rekonstruktion mit Lagrange-Interpolator $k_0(t)$ und
                  nachgeschaltetem Butterworth-Tiefpaß

d)   Rekonstruktion mit Lagrange-Interpolator erster Ordnung $k_1(t)$:

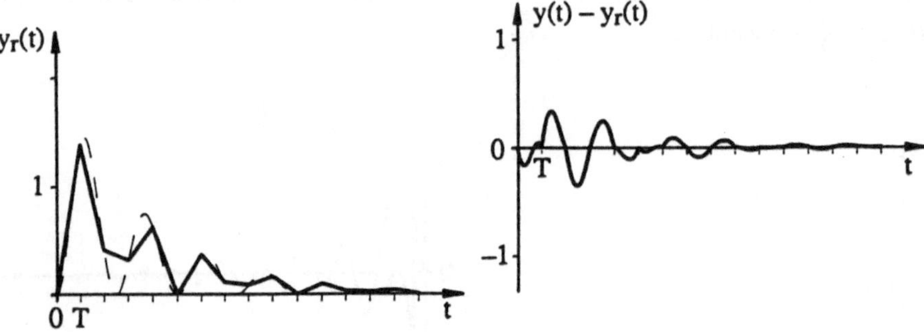

Bild 6.12d. Rekonstruktion mit Lagrange-Interpolator $k_1(t)$

e)   Rekonstruktion mit Fourier-Reihe:

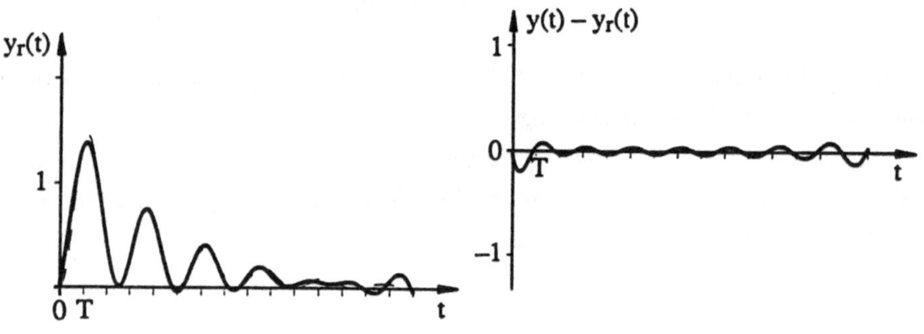

Bild 6.12e. Rekonstruktion mit Fourier-Reihe

f)   Rekonstruktion mit kubischen Splines $K_3(f)$:

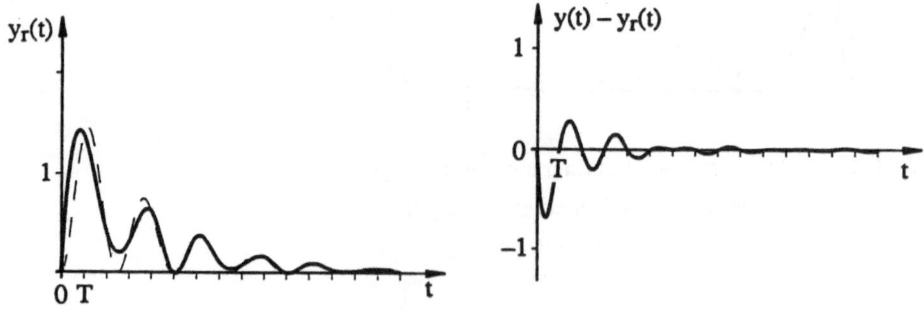

Bild 6.12f. Rekonstruktion mit kubischen Splines

6.3. Wertquantisierung

Zwei Arten von Fehlern bei der Wertquantisierung sind zu beachten:

1)   Bei digitalen Rechnungen entstehen Rundungsfehler. Multipliziert man z. B. zwei
     Zahlen mit je N bit, entsteht ein Produkt vom Format 2N bit. Bei iterativen Algorithmen
     kann dies zu Instabilitäten führen, der Algorithmus konvergiert nicht. Bei allen Fal-
     tungsoperationen, bei der FFT u.s.f. entstehen Rundungsfehler, die wir hier aber nicht
     behandeln wollen (vgl. /6.4/).

2)   Kontinuierliche Signale erfahren bei der Wertquantisierung Fehler. Diese Fehler beim
     Übergang vom analogen zum digitalen Signal sind in der Prozeßleittechnik wichtig und
     werden hier untersucht.

Beschreibung mit einem nichtlinearen Operator Q:

Beliebig vielen Werten einer physikalischen Größe y aus der Meßspanne $[y_a, y_e]$ entsprechen
N quantisierte Werte y_q mit einer gleichmäßigen Quantisierungsstufe Δy:

$$y_q = Q\{y\}, \qquad y \in [y_a, y_e], \qquad N\Delta y = y_e - y_a.$$

Q ist ein nichtlinearer Operator, der in allgemeinen Algorithmen schwierig einzusetzen ist.
Bild 6.13a zeigt die Struktur eines A/D-Wandlers für die Wertquantisierung und den Quantisierungsfehler $e_q = y - y_q$.

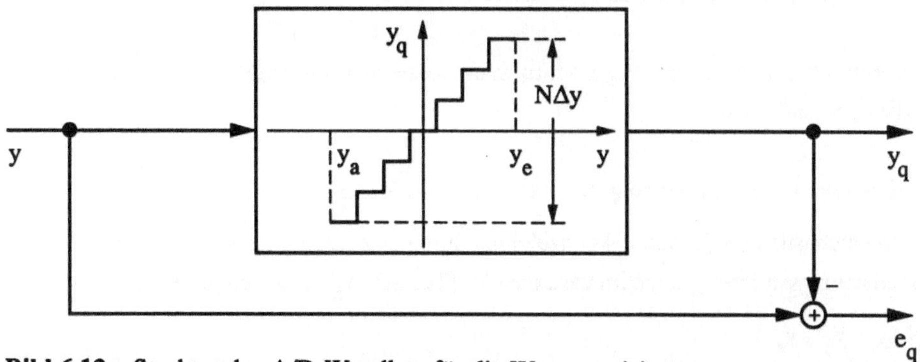

Bild 6.13a. Struktur des A/D-Wandlers für die Wertquantisierung

Bild 6.13b zeigt ein Sinussignal y(t), den Verlauf des quantisierten Signals $y_q(t)$ und den
Quantisierungsfehler $e_q(t) = y(t) - y_q(t)$. Man überlegt sich leicht, daß für die Häufigkeitsdichte $h_n(e_q)$ im Intervall $[(n-1)\Delta y, n\Delta y]$ gilt :

$$h_n(e_q) = 0 \qquad\qquad \text{für} \quad |e_q| \geq \frac{\Delta y}{2} .$$

Die Dichte $h_n(e_q)$ ist aber für jedes Intervall verschieden, für die Intervalle um null herum wird sie beim Sinussignal gleichverteilt sein. Beim maximalen Signalwert ist die Dichte sehr schief. Bei Intervallen, die der Signalwert nicht erreicht, ist die Häufigkeitsdichte null. Mit jedem anderen Signal, ja mit jeder anderen Amplitude entstehen andere Dichten $h_n(e_q)$. Dies ist für eine einfache Beschreibung alles andere als ideal.

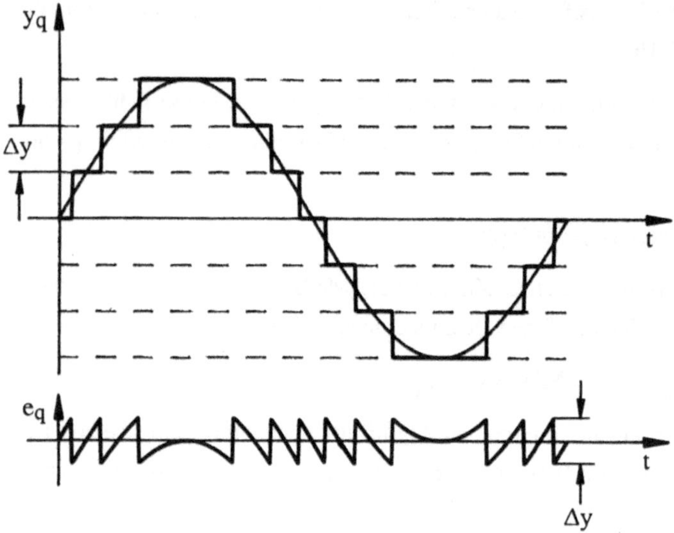

Bild 6.13b. Wertquantisierung und Quantisierungsfehler

Zu einer einfacheren Beschreibung kommt man, wenn man die Signale $y(t)$ und $y_q(t)$ als stochastische Signale beschreibt.

Beschreibung der Wertquantisierung durch stochastische Signale:

$y(t)$ ist ein stochastisches Signal, gekennzeichnet durch eine Wahrscheinlichkeitsdichte $p(y)$. Die Quantisierungsstufen Δy seien im gesamten Meßbereich $[y_a, y_e]$ gleich groß. Damit gilt:

$$N\Delta y = y_e - y_a.$$

Bild 6.14 zeigt die Dichte $p(y)$. Die Wahrscheinlichkeitsdichte $p_q(y)$ der wertquantisierten Größe ist nur an den Stellen $n\Delta y$ von null verschieden. Sie ist eine Impulsfolge. $p_q(y)$ läßt sich deshalb durch eine Funktion $c(y)$, die mit einem Impulszug $i_{\Delta y}(y)$ multipliziert ist, darstellen:

$$p_q(y) = c(y)\, i_{\Delta y}(y) = \sum_{n=-\infty}^{\infty} c(n\Delta y)\, \delta(y-n\Delta y). \tag{6.22}$$

Wir lesen in Bild 6.14 ab:

$$c(n\Delta y) = \int\limits_{n\Delta y - \frac{\Delta y}{2}}^{n\Delta y + \frac{\Delta y}{2}} p(y)\, dy.$$

Man prüft damit leicht, daß $p_q(y)$ eine echte Wahrscheinlichkeitsdichte ist. Es gilt:

$$p_q(y) \geq 0 \qquad\qquad \text{für alle } y \in [y_a, y_e],$$

$$\int\limits_{-\infty}^{\infty} p_q(y)\, dy = \int\limits_{-\infty}^{\infty} p(y)\, dy = 1.$$

Wir schreiben den Ausdruck $c(y)$ um und erhalten mit der Rechteckfunktion $r_{\Delta y}(y)$:

$$c(y) = \int\limits_{y-\frac{\Delta y}{2}}^{y+\frac{\Delta y}{2}} p(\xi)\, d\xi = \int\limits_{-\frac{\Delta y}{2}}^{\frac{\Delta y}{2}} p(y+\xi)\, d\xi = \int\limits_{-\infty}^{\infty} p(y-\xi)\, r_{\Delta y}(\xi)\, d\xi,$$

$$= p(y) * r_{\Delta y}(y). \tag{6.23}$$

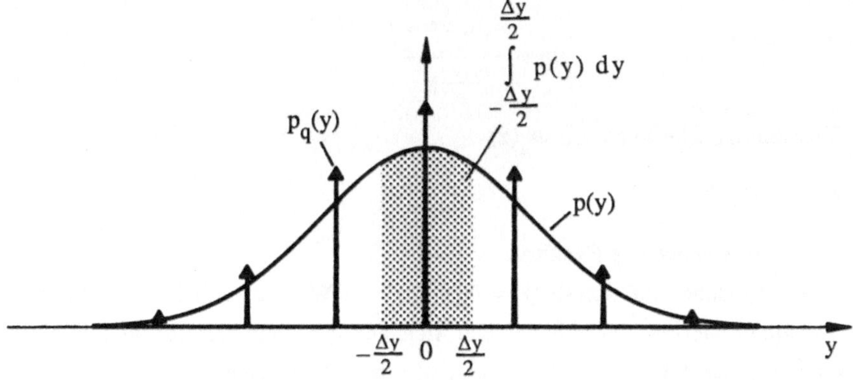

Bild 6.14. Wahrscheinlichkeitsdichten $p(y)$ und $p_q(y)$

Wie bei der Zeitabtastung (Kap. 3, Bsp. 6) schreiben wir den Impulszug als Fourier-Reihe:

$$i_{\Delta y}(y) = \frac{1}{\Delta y} \sum_{k=-\infty}^{\infty} e^{j2\pi ky/\Delta y}$$

und erhalten die charakteristische Funktion (Def. 9.1):

$$\phi_q(z) = F\{p_q(y)\} = \int\limits_{-\infty}^{\infty} p_q(y)\, e^{-jzy}\, dy$$

$$= \frac{1}{\Delta y} \sum_{k=-\infty}^{\infty} \int\limits_{-\infty}^{\infty} c(y)\, e^{-j(z-2\pi k/\Delta y)y}\, dy = \frac{1}{\Delta y} \sum_{k=-\infty}^{\infty} C\left(z - \frac{2\pi k}{\Delta y}\right) \tag{6.24}$$

mit:

$$C(z) = F\{c(y)\}.$$

Wie groß ist die Fourier-Transformierte $C(z)$? Mit Gl. 6.23 und $\Phi(z) = F\{p(y)\}$ gilt:

$$C(z) = \Phi(z)\, F\{r_{\Delta y}(y)\} = \Phi(z)\, \Delta y\, \frac{\sin \frac{\Delta y}{2} z}{\frac{\Delta y}{2} z}.$$

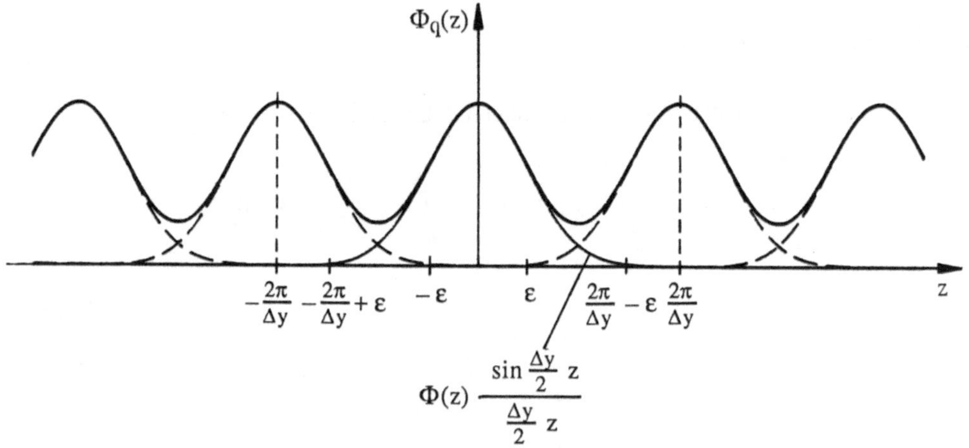

Bild 6.15. Charakteristische Funktion $\Phi_q(z)$

Wir erhalten mit Gl. 6.24:

Satz 6.8: *Charakteristische Funktion.*

Die charakteristische Funktion $\Phi_q(z) = F\{p_q(y)\}$ der Wahrscheinlichkeitsdichte $p_q(y)$ einer wertquantisierten Variablen y läßt sich aus der charakteristischen Funktion $\Phi(z) = F\{p(y)\}$ der kontinuierlichen Dichte $p(y)$ berechnen nach:

$$\Phi_q(z) = \sum_{k=-\infty}^{\infty} \Phi\left(z - \frac{2\pi k}{\Delta y}\right) \frac{\sin \frac{\Delta y}{2}\left(z - \frac{2\pi k}{\Delta y}\right)}{\frac{\Delta y}{2}\left(z - \frac{2\pi k}{\Delta y}\right)}.$$

$\Phi_q(z)$ besitzt die Periode $\frac{2\pi}{\Delta y}$.

Ist $\Phi(z)$ bandbegrenzt, $\Phi(z) = 0$ für $|z| > \frac{2\pi}{\Delta y} - \varepsilon$, $\varepsilon > 0$, dann gilt für $\Phi_q(z)$ im Bereich $|z| < \varepsilon$ (Bild 6.15):

$$\Phi_q(z) = \Phi(z)\, \frac{\sin \frac{\Delta y}{2} z}{\frac{\Delta y}{2} z}. \tag{6.25}$$

Die Aussage, daß die charakteristische Funktion $\Phi_q(z)$ in der Nähe von $z = 0$ der charakteristischen Funktion $\Phi(z)$ entspricht, ist ganz wichtig für die Berechnung der Momente eines Signals $y(t)$ (Gl. 9.6). Es gilt:

$$E\{y^M\} = j^{-M} \left. \frac{d^M\Phi(z)}{dz^M} \right|_{z=0},$$

$$E\{x^M y^N\} = j^{-(M+N)} \left. \frac{d^{M+N}\Phi_{xy}(z_1,z_2)}{dz_1^M \, dz_2^M} \right|_{z_1=z_2=0}.$$

Satz 6.9:

Ist die Wahrscheinlichkeitsdichte $p(y)$ bandbegrenzt, $\Phi(z) = 0$ für $|z| > \frac{2\pi}{\Delta y} - \varepsilon$, $\varepsilon > 0$, dann ist jedes Moment $E\{y^M\}$ bzw. $E\{x^M y^N\}$ mit Gl. 6.24 vollständig durch das Moment der quantisierten Signale bestimmt. Insbesondere gilt für die ersten beiden Momente:

$$E\{y\} = E\{y_q\},$$

$$E\{y^2\} = E\{y_q^2\} - \frac{1}{12} \Delta y^2 \tag{6.26}$$

und für die Korrelationsfunktionen $K_y(\tau)$ bzw. $K_{xy}(\tau)$:

$$K_y(\tau) = \begin{cases} K_{y_q}(0) - \frac{1}{2}\Delta y^2 & \text{für } \tau = 0 \\ K_{y_q}(\tau) & \text{für } \tau \neq 0, \end{cases}$$

$$K_{xy}(\tau) = K_{x_q y_q}(\tau).$$

Im allgemeinen wird die charakteristische Funktion $\Phi(z)$ nicht bandbegrenzt sein. Trotzdem kann Satz 6.9 näherungsweise zur Bestimmung der Momente aus den grob quantisierten Werten verwendet werden, wenn nur die charakteristische Funktion $\Phi(z)$ für große z schnell abnimmt.

Beispiel 6: Ist $p(y)$ eine Normalverteilung (Def. 9.2), so ist $\Phi(z)$ nicht bandbegrenzt. Die Voraussetzung zu Satz 6.9 ist nicht erfüllt. Für die ersten beiden Momente des kontinuierlichen und des wertquantisierten Signals gilt folgende Tabelle /6.5/:

Tabelle 6.1. Momente bei der Normalverteilung

Δy	σ_y	$2\sigma_y$	$3\sigma_y$
$\max\{|E\{y_q\} - E\{y\}|\}$	$8{,}3\cdot10^{-10}\,\Delta y$	$2{,}3\cdot10^{-3}\,\Delta y$	$3{,}5\cdot10^{-2}\,\Delta y$
$\max\{|E\{y_q^2\} - \frac{\Delta y^2}{12} - E\{y^2\}|\}$	$1{,}1\cdot10^{-8}\,\Delta y^2$	$3{,}1\cdot10^{-2}\,\Delta y^2$	$0{,}54\,\Delta y^2$

Bereits für eine Quantisierungsstufe von $\Delta y = \sigma_y$ wird der Fehler $|E\{y_q\} - E\{y\}|$ kleiner als $8{,}3\cdot10^{-10}\,\Delta y$. Selbst eine grobe Quantisierung bringt nur kleine Fehler bei stochastischen Signalen.

•

Literatur:

/6.1/   Kroschel, K.; Kammeyer, K.: Digitale Signalverarbeitung,
             Teubner, Stuttgart, 1989.

/6.2/   Tietze, U.; Schenk, C.: Halbleiter-Schaltungstechnik,
             Springer, Heidelberg, 1980.

/6.3/   Achilles, D.: Die Fourier-Transformation in der Signalverarbeitung,
             Springer, Heidelberg, 1978.

/6.4/   Oppenheim, A.; Schafer, R.: Digital Signal Processing,
             Prentice-Hall, Englewood Cliffs, 1975.

/6.5/   Random-Process Simulation and Measurement,
             Mc Graw Hill, New York, 1966.

7. Digitale Systeme zur Simulation kontinuierlicher Prozesse

In der Prozeßleittechnik spielt die digitale Simulation von kontinuierlichen Prozessen eine wichtige Rolle. Die Simulation ist unentbehrlich für den Entwurf und die Beurteilung von Regelsystemen. Sie ermöglicht Untersuchungen, die am Prozeß zu teuer und zu gefährlich wären oder die Anlage beschädigen würden. In Bild 7.1 ist für ein LTI-System die Problematik dargestellt. In der Anlage wirkt ein kontinuierliches Stellsignal $u(t)$ auf einen Prozeß mit der Impulsantwort $g(t)$ $\circ\!\!-\!\!\bullet$ $G(s)$. Die kontinuierliche Ausgangsgröße $y(t) = g(t) * u(t)$ soll nun möglichst gut mit einem simulierten Signal $y_s(t)$ übereinstimmen. Das Signal $y_s(t)$ wird aus dem Signal $u(t)$ erzeugt, das von einem δ-Abtaster getastet und im Simulationssystem $G_s(s)$ digital verarbeitet und rekonstruiert wird /7.1/, /7.2/.

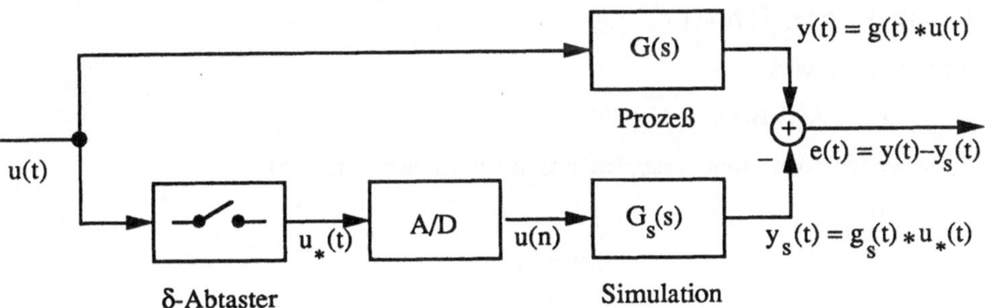

Bild 7.1. Das Simulationsproblem

Wie bei der Abtastung in Kap. 6 ist eine vollkommene Rekonstruktion für allgemeine Signale $u(t)$ nicht möglich. Die fehlerfreie Rekonstruktion gelingt aber für eine spezielle Signalklasse am Eingang, $u(t) = u_*(t) * k(t)$. Dann gilt $y_s(n) = y(nT)$ (Kap. 7.1).

Die numerische Integration in Kap. 7.2 bringt einfach anzuwendende Verfahren zum Entwurf des Simulationssystems $G_s(z)$, die aber immer Fehler in den Abtastpunkten mit sich bringen. Ähnliches gilt für das einfache Pol-/Nullstellenübertragen in Kap. 7.3.

7.1. Fehlerfreie Simulation in den Abtastpunkten

Gehört $u(t)$ zur Klasse der Signale

$$u(t) = u_*(t) * k(t) \qquad \circ\!\!-\!\!\bullet \qquad U(s) = U_*(s)\, K(s),$$

so gilt für das Ausgangssignal y(t) des realen Prozesses:

$$Y(s) = U(s)\,G(s) = U_*(s)\,K(s)\,G(s).$$

Das Signal $y_s(t)$ am Ausgang des Simulators wird mit den Regeln aus Satz 6.4:

$$Y_s(s) = U_*(s)\,G_s(s).$$

Für den Simulator $G_s(s)$ des realen Systems $G(s)$ gilt damit folgender Satz:

Satz 7.1: *Fehlerfreie Simulation, Interpolationssignale.*

Beschränkt man die Eingangssignale u(t) auf die Klasse

$$u(t) = u_*(t) * k(t) \quad \circ\!\!-\!\!\bullet \quad U(s) = U_*(s)\,K(s),$$

so läßt sich eine fehlerfreie Rekonstruktion erreichen. Für das Simulationssystem $G_s(s)$ gilt:

$$G_s(s) = K(s)\,G(s). \tag{7.1}$$

Den Simulator $G_s(z)$ gewinnt man, indem man $G_s(s)$ faktorisiert,

$$G_s(s) = A(e^{Ts})\,B(s),$$

und $A(e^{Ts}) = A(z)$ setzt. $B(z)$ erhält man aus

$$B(z) = Z\{L^{-1}\{B(s)\}\}.$$

Der Simulator wird:

$$G_s(z) = A(z)\,B(z).$$

Für interpolierende Eingangssignale u(t) gilt zusätzlich (Satz 6.5):

$$k(0) = 1,$$

$$k(nT) = 0, \qquad\qquad n \neq 0,$$

$$k_*(t) = \delta(t) \quad \circ\!\!-\!\!\bullet \quad K_*(s) = 1.$$

Tab. 7.1 enthält einige wichtige Korrespondenzen zwischen der Laplace- und der z-Transformation.

Beispiel 1: Der Prozeß sei durch

$$G(s) = \frac{a}{s+a}$$

gegeben.

a)   Keine Interpolation. Das Eingangssignal u(t) ist ein Impulszug. Wir wählen:

$$k(t) = T\,\delta(t) \;\circ\!\!-\!\!\bullet\; K(s) = T.$$

Damit gilt:

$$A(z) = 1,$$

$$B(s) = \frac{aT}{s+a} \quad \bullet\!\!-\!\!\circ \quad b(t) = aT\,e^{-at}\,\sigma(t),$$

$$B(z) = \mathcal{Z}\{b(t)\} = \frac{aTz}{z - e^{-aT}} \;,$$

$$G_s(z) = \frac{aTz}{z - e^{-aT}} \;.$$

Verwendet man ein reales Eingangssignal u(t), so gilt für das simulierte Ausgangssignal $y_s(t)$:

$$y_s(t) = T \sum_m u(m)\; g_s(n-m).$$

Der Vergleich mit dem Ausgangssignal y(t) des Prozesses,

$$y(t) = \int_0^{nT} u(\tau)\; g(t-\tau)\; d\tau \;\approx\; T \sum_m u(m)\; g(n-m),$$

rechtfertigt den Faktor T im Ansatz. Der Simulationsalgorithmus wird:

$$y_s(n) = e^{-aT}\, y_s(n-1) + a\, T\, u(n).$$

b)   Für den Lagrange-Interpolator nullter Ordnung ist

$$K_0(s) = \frac{1 - e^{-Ts}}{s} \qquad\qquad \text{(Gl. 6.13)}.$$

Mit $G_s(s) = K_0(s)\, G(s) = A(e^{Ts})\, B(s)$ wird:

$$A(z) = \frac{z - 1}{z} \;,$$

$$B(s) = \frac{a}{s(s+a)} \qquad \bullet\!\!-\!\!\circ \qquad b(t) = (1 - e^{-at})\, \sigma(t),$$

$$B(z) = \frac{z(1 - e^{-aT})}{(z - 1)(z - e^{-aT})} \;,$$

$$G_s(z) = \frac{1 - e^{-aT}}{z - e^{-aT}} \;.$$

Der Simulationsalgorithmus wird:

$$y_s(n) = e^{-aT}\, y_s(n-1) + (1 - e^{-aT})\, u(n-1).$$

c)   Für den Lagrange-Interpolator erster Ordnung ist

$$K_1(s) = \frac{(1 - e^{-sT})^2}{Ts^2} \qquad\qquad \text{(Gl.6.15, kausale Form)}.$$

Mit $G_s(s) = K_1(s)\, G(s) = A(e^{Ts})\, B(s)$ wird:

$$A(z) = \frac{(z - 1)^2}{z^2} \;,$$

$$B(s) = \frac{a}{Ts^2(s+a)} \qquad \bullet\!\!-\!\!\circ \qquad b(t) = \frac{1}{aT}\, (at - 1 + e^{-at})\, \sigma(t),$$

$$B(z) = \frac{1}{aT}\left(\frac{Tz}{(z-1)^2} - \frac{z(1-e^{-aT})}{(z-1)(z-e^{-aT})}\right),$$

$$G_s(z) = \frac{1}{aT}\,\frac{(aT-1+e^{-aT})\,z - ((1+aT)\,e^{-aT}-1)}{z(z-e^{-aT})}.$$

Der Simulationsalgorithmus wird:

$$y_s(n) = e^{-aT}y_s(n-1) + \frac{1}{aT}\,(aT-1+e^{-aT})\,u(n-1) - \frac{1}{aT}\,((1+aT)\,e^{-aT}-1)\,u(n-2).$$

Wegen des kausalen Ansatzes von $K_1(s)$ ist $y_s(n)$ der Simulationswert zu $y(n-1)$.

In Bild 7.2 sind die drei Simulationen $y_s(t)$ eingezeichnet und im Vergleich dazu das exakte Ausgangssignal $y(t)$. Als Eingangssignal wurde das Signal $u(t) = (1-e^{-bt})\,\sigma(t)$ gewählt. Es ist kein Interpolationssignal der besprochenen drei Klassen. Damit entstehen Fehler auch in den Abtastpunkten, $y_s(n) \neq y(n)$. Sie sind bei der Simulation mit $K_1(s)$ am kleinsten, da der Polygonzug das Eingangssignal $u(t)$ am besten annähert.

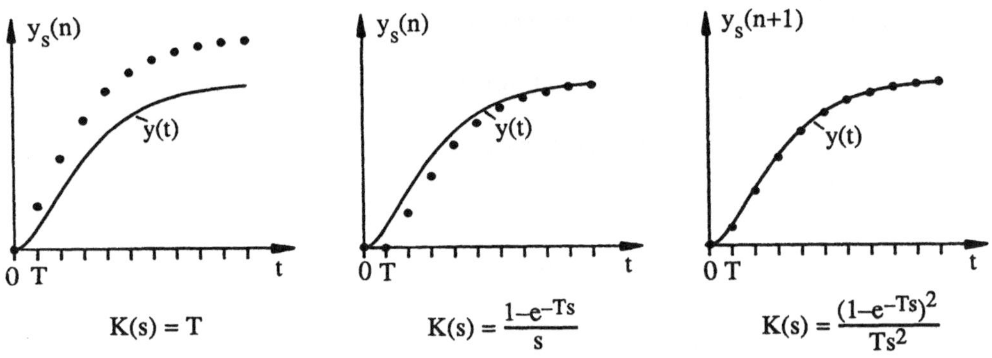

$$K(s) = T \qquad\qquad K(s) = \frac{1-e^{-Ts}}{s} \qquad\qquad K(s) = \frac{(1-e^{-Ts})^2}{Ts^2}$$

Bild 7.2. Lagrange-Interpolatoren niederer Ordnung

Alle Interpolatoren $k(t)$ $\circ\!\!-\!\!\bullet$ $K(s)$ sind in Bsp. 1 kausal ausgelegt. Die Lagrange-Interpolatoren niederer Ordnung sind damit gut für den Echtzeitbetrieb geeignet. Verwendet man aufwendigere Interpolatoren, die auch zukünftige Meßwerte berücksichtigen, wird die Interpolationsfunktion $k(t)$ akausal. Dies ist zum Beispiel bei der Interpolation mit Splines oder mit dem idealen Tiefpaß der Fall (vgl. Kap. 6.2). Der Simulator wird dann auch akausal und seine Verwendung im Echtzeitbetrieb ist eingeschränkt.

Wir studieren dies am Beispiel von bandbegrenzten Signalen $y_F(t)$. Nach Satz 7.1 ist $G_s(s) = G(s)\,K(s)$ in den Zeitbereich zu überführen. Mit dem idealen Tiefpaß $K(s) = R_F(s)$ gilt:

$$G_s(s) = G(s)\,K(s) \qquad\quad \bullet\!\!-\!\!\circ \qquad\quad g_s(t) = \int_{-\infty}^{t} g(t-\tau)\,\frac{\sin \pi F\tau}{\pi F\tau}\,d\tau.$$

Man erkennt direkt, daß die Impulsantwort $g_s(t)$ auch für Werte $t < 0$ von null verschieden ist. Der Simulator ist akausal.

Tabelle 7.1. Korrespondenzen zwischen Laplace- und z-Transformation

$Y(s) = \int\limits_{0-}^{\infty} y(t)\, e^{-st}\, dt$	$y(t),\ t \geq 0$	$Y(z) = \sum\limits_{n=0}^{\infty} y(n)\, z^{-n}$
1	$\delta(t),\ \delta(n)$	1
$\dfrac{1}{s}$	$\sigma(t)$	$\dfrac{z}{z-1}$
$\dfrac{1}{s^{k+1}}$	$\dfrac{1}{k!}\, t^k$	$\lim\limits_{a \to 0} \dfrac{(-1)^k}{k!} \dfrac{d^k}{da^k}\left(\dfrac{z}{z-e^{-aT}}\right)$
$\dfrac{1}{s+a}$	e^{-at}	$\dfrac{z}{z-e^{-at}}$
$\dfrac{1}{(s+a)^{k+1}}$	$\dfrac{t^k}{k!}\, e^{-at}$	$\dfrac{(-1)^k}{k!} \dfrac{d^k}{da^k}\left(\dfrac{z}{z-e^{-aT}}\right)$
$\dfrac{\omega}{s^2+\omega^2}$	$\sin \omega t$	$\dfrac{z \sin \omega T}{z^2-2z \cos \omega T+1}$
$\dfrac{s}{s^2+\omega^2}$	$\cos \omega t$	$\dfrac{z(z-\cos \omega T)}{z^2-2z \cos \omega T+1}$
$\dfrac{\omega}{(s+a)^2 + \omega^2}$	$e^{-at} \sin \omega t$	$\dfrac{z\, e^{-aT} \sin \omega T}{z^2-2z\, e^{-aT} \cos \omega T + e^{-2aT}}$
$\dfrac{s+a}{(s+a)^2 + \omega^2}$	$e^{-at} \cos \omega t$	$\dfrac{z^2 - z\, e^{-aT} \cos \omega T}{z^2 - 2z\, e^{-aT} \cos \omega T + e^{-2aT}}$

Satz 7.2: *Näherung akausaler Interpolationsfunktionen.*

Eine akausale Interpolationsfunktion $k(t)$ kann durch eine kausale Interpolationsfunktion $k_{t_0}(t)$ genähert werden, indem man $k(t)$ um $t_0 \gg T$ nach rechts verschiebt und den verbleibenden antikausalen Teil wegläßt (Bild 7.3).

$$k_{t_0}(t) = \begin{cases} k(t-t_0) & \text{für } t \geq 0 \\ 0 & \text{sonst.} \end{cases}$$

Die Simulation ist dann in den Abtastzeitpunkten jedoch nicht mehr fehlerfrei.

Für die abgetastete Interpolationsfunktion $k_*(t)$ ist die Fourier-Transformierte

$$K_*(f) = |K_*(f)|\, e^{-j\phi(f)}$$

periodisch in F. Im allgemeinen konvergiert k(n) mit $\frac{1}{n}$. Wählt man eine Zeitverzögerung $t_0 < T$ so, daß

$$\phi\!\left(\frac{F}{2}\right) + \pi F t_0 = 0$$

ist, konvergiert $k_{t_0}(n) = k(nT - t_0)$ mindestens mit $\frac{1}{n^2}$ gegen null. Der Fehler durch Weglassen des antikausalen Teils wird dadurch kleiner.

Zur Herleitung: Die zweite Aussage folgt aus dem Riemann-Lebesgueschen Lemma (Satz 3.5). Bei getasteten Funktionen $k_*(t)$ ist $K_*(f)$ periodisch in F. Wegen der Symmetrie gilt $|K_*(f)| = |K_*(-f)|$ (Tab. 3.1) und für die Phase $\phi(f) = -\phi(-f)$. An den Bandgrenzen des Nyquist-Bandes wird ein Sprung beobachtet. Die in F periodische Funktion $K_*(f)$ ist unstetig. Gelingt es durch eine Zeitverschiebung t_0 die Phase an den Grenzen des Nyquist-Bandes zu null zu machen, $\phi\!\left(\frac{F}{2}\right) + \pi F t_0 = 0$, ist $K_{t_0*}(f)$ ●—○ $k_*(t-t_0)$ stetig und die Ableitung $K'_{t_0*}(f)$ beschränkt. Nach Satz 3.5 konvergieren solche Folgen $k_{t_0}(n)$ mindestens mit $\frac{1}{n^2}$.   ●

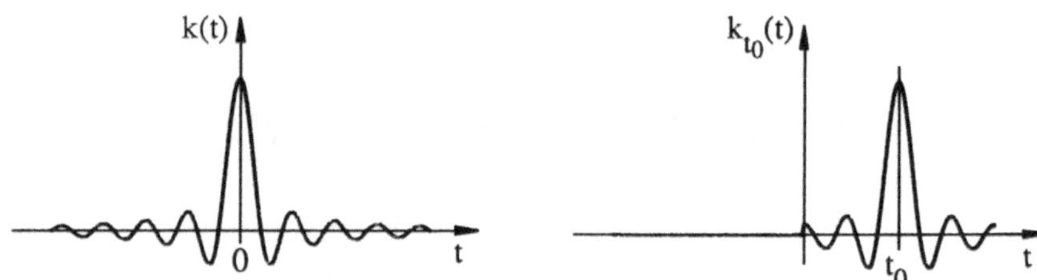

Bild 7.3. Akausale und kausale Interpolationsfunktion

Beispiel 2: Das System erster Ordnung mit der Impulsantwort

$$g(t) = a\,e^{-at}\,\sigma(t) \qquad \text{○—●} \qquad G(f) = \frac{a}{j2\pi f + a}$$

soll simuliert werden. Die simulierte Zeitfunktion $g_s(t)$ wird mit dem idealen Tiefpaß:

$$G_s(f) = G(f)\,R_F(f) \qquad \text{●—○} \qquad g_s(t) = \int_{-\infty}^{t} a\,e^{-a(t-\tau)}\,\frac{\sin \pi F\tau}{\pi F\tau}\,d\tau.$$

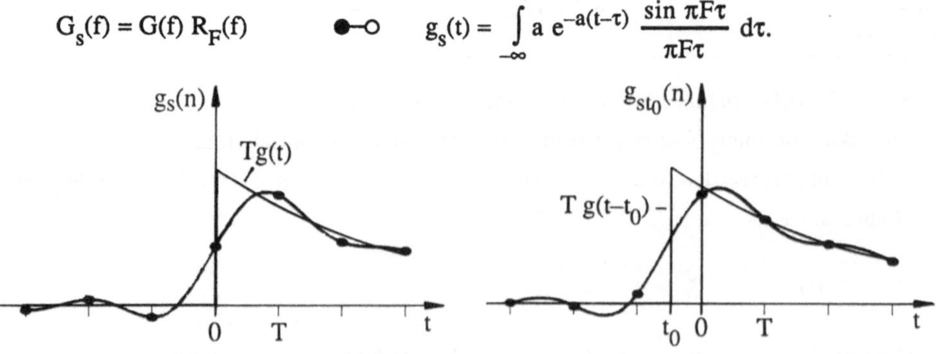

Bild 7.4. Simulation des Systems erster Ordnung

Die Zeitverschiebung t_0 berechnet sich aus $\tan \phi(f) = \frac{2\pi f}{a}$ und $\phi\left(\frac{F}{2}\right) + \pi F t_0 = 0$ zu:

$$t_0 = -\frac{1}{\pi F} \arctan \frac{\pi F}{a} \approx -\frac{T}{2} \qquad \text{für } F \gg a.$$

Die Wirksamkeit der Maßnahme läßt sich aus dem Vergleich der simulierten Folge $g_s(n) = T\, g(nT)$ mit der Folge $g_{st_0}(n) = T\, g(nT - t_0)$ ablesen.

Beispiel 3: Ein Differenzierglied mit $G(f) = j2\pi f$ soll simuliert werden. Mit dem idealen Tiefpaß als Interpolator gilt:

$$G_s(f) = G(f)\, R_F(f) \quad \circ\!\!-\!\!\bullet \quad g_s(t) = T \int_{-\frac{F}{2}}^{\frac{F}{2}} j2\pi f\, e^{j2\pi ft}\, df = \frac{\pi F t \cos \pi F t - \sin \pi F t}{\pi F t^2}.$$

Für $t = nT$ erhält man die Folge:

$$g_s(n) = \frac{(-1)^n}{nT} \sim \frac{1}{n}.$$

Die Folge $g_s(n)$ nimmt proportional zu $\frac{1}{n}$ ab.

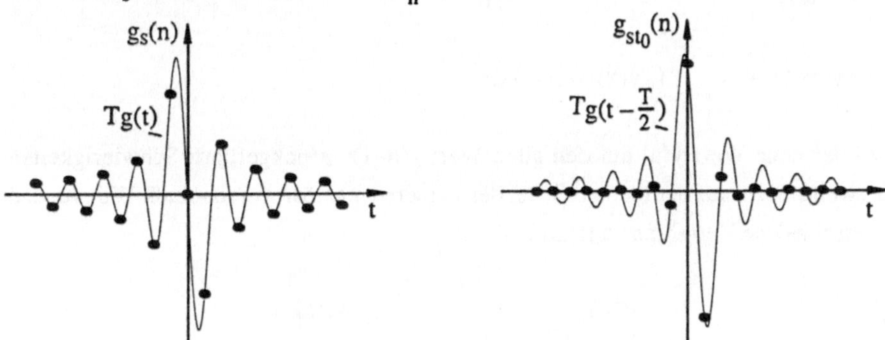

Bild 7.5. Impulsantworten $g_s(n)$ und $g_{st_0}(n)$ des Differenzierers

Lassen wir eine Zeitverschiebung $t_0 = \frac{T}{2}$ zu und rechnen $g_{st_0}(n)$ für die Zeiten $nT - \frac{T}{2}$, wird:

$$g_{st_0}(n) = \frac{4(-1)^n}{\pi T(2n-1)^2} \sim \frac{1}{n^2}.$$

Die Folge $g_{st_0}(n)$ nimmt jetzt mit $\frac{1}{n^2}$ ab. Bild 7.5 zeigt die beiden Impulsantworten. Der Simulationsalgorithmus wird:

$$y_s(n) = g_s(n) * u(n) = \sum_{m=-\infty}^{\infty} \frac{(-1)^m}{mT}\, u(n-m),$$

bzw. bei einer Zeitverschiebung $t_0 = -\frac{T}{2}$:

$$y_{st_0}(n) = g_{st_0}(n) * u(n) = \sum_{m=-\infty}^{\infty} \frac{4(-1)^m}{\pi T(2m-1)^2}\, u(n-m).$$

7.2. Numerische Integration

Die numerische Integration von Differentialgleichungen, wie sie zum Beispiel einem LTI-System zugrunde liegen, führt immer zu wert- und zeitdiskreten Lösungen. Wir untersuchen die einfachsten numerischen Integrationsverfahren am Beispiel einer Differentialgleichung erster Ordnung:

$$\frac{dy(t)}{dt} + a\,y(t) = a\,u(t) \qquad \circ\!\!-\!\!\bullet \qquad Y(s) = G(s)\,U(s), \qquad G(s) = \frac{a}{s+a}.$$

Die Integration der Differentialgleichung ergibt mit dem Anfangswert $y(-\infty) = 0$:

$$y(t) = a \int_{-\infty}^{t} \left(-\,y(\tau) + u(\tau)\right)\, d\tau.$$

Für zeitdiskrete Werte $y(n)$ gilt:

$$y(n) = a \int_{-\infty}^{(n-1)T} \left(-y(\tau) + u(\tau)\right)\, d\tau \; + \; a \int_{(n-1)T}^{nT} \left(-y(\tau) + u(\tau)\right)\, d\tau$$

$$= y(n-1) \; + \; a \int_{(n-1)T}^{nT} \left(-y(\tau) + u(\tau)\right)\, d\tau.$$

Damit wird der neue Wert $y(n)$ auf den alten Wert $y(n-1)$ zurückgeführt. Schwierigkeiten macht der zweite Term auf der rechten Seite, der numerisch gelöst werden muß. Wir wenden dazu drei verschiedene Verfahren an (Bild 7.6).

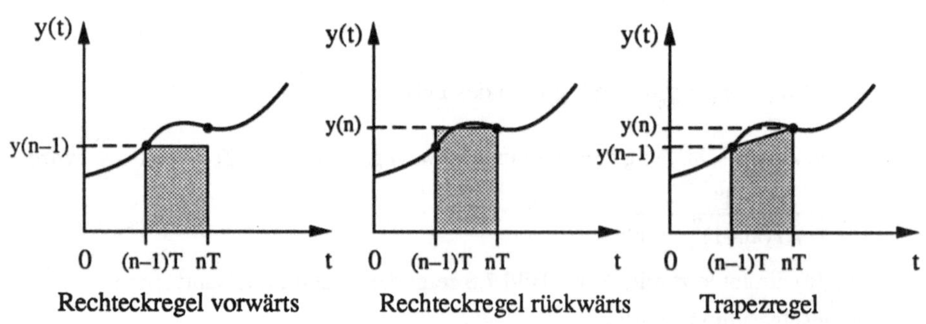

Bild 7.6. Numerische Integration

Man erhält:

- Rechteckregel vorwärts: $y(n) = y(n-1) + aT\,(-y(n-1) + u(n-1))$,

- Rechteckregel rückwärts: $y(n) = y(n-1) + aT\,(-y(n) + u(n))$,   (7.2)

- Trapezregel: $y(n) = y(n-1) + a\dfrac{T}{2}\,(-y(n-1) - y(n) + u(n-1) + u(n))$.

Werden diese Differenzengleichungen in den z-Bereich transformiert, so erhält man die Systemfunktionen $G_s(z)$ des jeweiligen Simulators von

$$G(s) = \frac{a}{s+a}:$$

- Rechteckregel vorwärts: $\quad G_s(z) = \dfrac{a}{\dfrac{z-1}{T} + a}, \qquad s = \dfrac{z-1}{T},$

- Rechteckregel rückwärts: $\quad G_s(z) = \dfrac{a}{\dfrac{z-1}{Tz} + a}, \qquad s = \dfrac{z-1}{Tz},$ $\qquad\qquad$ (7.3)

- Trapezregel: $\qquad\qquad\quad G_s(z) = \dfrac{a}{\dfrac{2}{T}\dfrac{z-1}{z+1} + a}, \qquad s = \dfrac{2}{T}\dfrac{z-1}{z+1}.$

Der Vergleich mit $G(s)$ läßt erkennen, wie die Variable s in $G(s)$ zu ersetzen ist, um die gewünschte Simulation $G_s(z)$ zu erhalten.

Bild 7.7 zeigt die Abbildung der s-Ebene in die z-Ebene bei der z-Transformation und bei den drei verschiedenen numerischen Integrationsverfahren.

Liegen alle Pole des kontinuierlichen Systems $G(s)$ in der linken s-Halbebene, so ist das System stabil. Wird die linke s-Halbebene auf das Innere des Einheitskreises der z-Ebene abgebildet, bleibt das System auch bei der numerischen Integration stabil. Dies ist ein Vorteil, den man nicht missen möchte. Bei der Rechteckregel vorwärts kann ein im s-Bereich stabiles System im z-Bereich instabil werden.

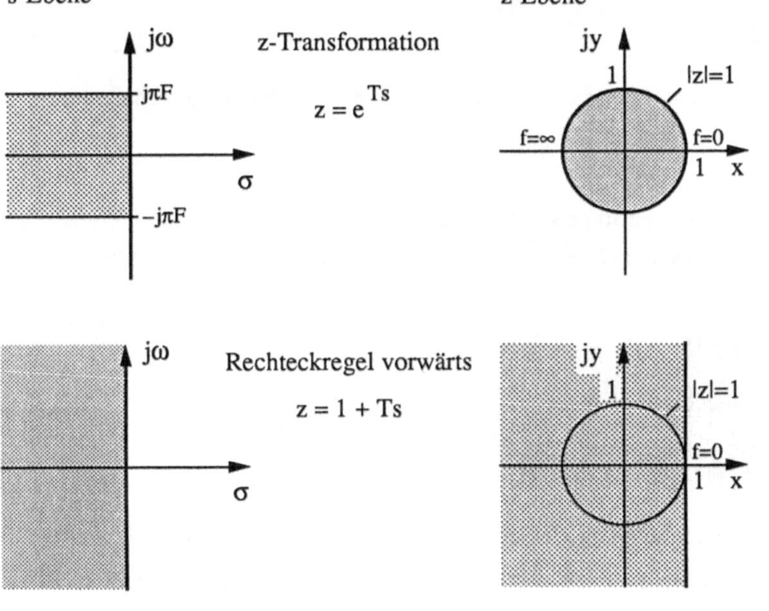

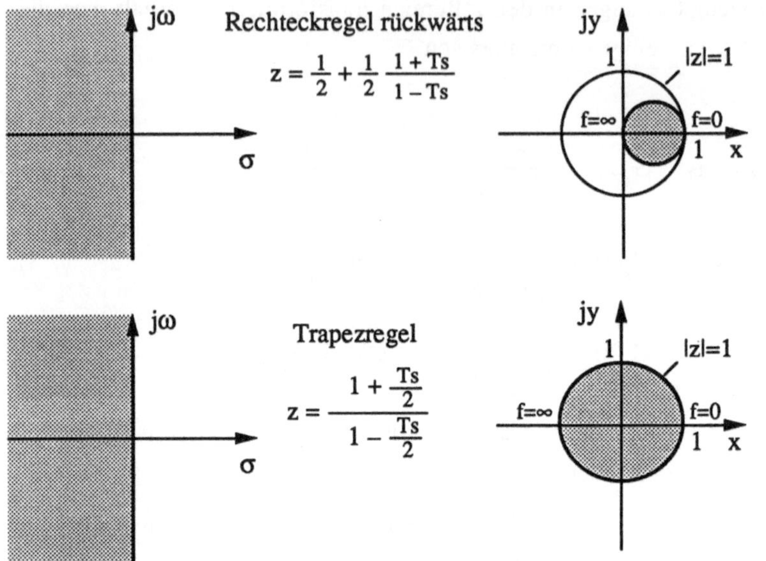

Bild 7.7. Abbildung der s-Ebene in die z-Ebene bei den verschiedenen Verfahren

Satz 7.3: *Bilineare Transformation.*

Von den numerischen Integrationsverfahren bildet allein die Trapezregel die linke s-Halbebene auf das gesamte Innere des Einheitskreises der z-Ebene ab. Die Integration mit der Trapezregel wird auch als bilineare Transformation bezeichnet. Die Vorgehensweise ist einfach. In G(s) wird

$$s = \frac{2}{T}\,\frac{z-1}{z+1} \tag{7.4}$$

gesetzt. Eine allgemeinere Transformation mit denselben Abbildungseigenschaften ist:

$$s = A\,\frac{z-1}{z+1}, \qquad\qquad A \in R. \tag{7.5}$$

Der reelle Parameter A kann so gewählt werden, daß für eine vorgegebene Frequenz f_1 der simulierte Frequenzgang $G_s(e^{j2\pi f_1 T})$ mit dem kontinuierlichen System $G(f_1)$ übereinstimmt:

$$G(f_1) = G_s(e^{j2\pi f_1 T}, A).$$

Der Parameter A berechnet sich nach:

$$A = \frac{2\pi f_1}{\tan \pi f_1 T} \; . \tag{7.6}$$

Für Frequenzen f_1, die wesentlich kleiner sind als die Abtastrate F, ist $A \approx 2F$.

Die bilineare Transformation hat die Eigenschaft $G(f \to \infty) = G_s(e^{j\pi FT})$. Für reale

Systeme ist $G(f \to \infty) = 0$. Damit gilt bei der bilinearen Transformation:

$$G_s(e^{j\pi}) = 0.$$

Das simulierte Spektrum wird am Rand des Nyquist-Bandes null.

Gl. 7.6 folgt aus:

$$j2\pi f_1 = A \, \frac{e^{j2\pi f_1 T} - 1}{e^{j2\pi f_1 T} + 1} = j \, A \tan \pi f_1 T.$$

Beispiel 4: Simulation des Systems

$$G(s) = \frac{a}{s+a} \, .$$

Bei der halben Nyquist-Frequenz soll $G(f) = G_s(e^{j2\pi fT})$ sein. Mit der allgemeinen bilinearen Transformation wird:

$$G_s(z) = \frac{a}{A \, \frac{z-1}{z+1} + a} \, .$$

Aus $G\left(\frac{F}{4}\right) = G_s(e^{j\pi/2})$ folgt mit Gl. 7.6:

$$A = \frac{\pi F}{2}$$

und damit:

$$G_s(z) = \frac{a}{\frac{\pi F}{2} \, \frac{z-1}{z+1} + a} \, .$$

Der Simulationsalgorithmus wird:

$$y_s(n) = \frac{1}{2a + \pi F} \left((\pi F - 2a) \, y(n-1) + 2a \, u(n) + 2a \, u(n-1)\right).$$

7.3. Pol-/Nullstellenübertragen

Dieses Verfahren geht von der einfachen, aber falschen Vorstellung aus, daß eine Simulation $g_s(n) = K\,g(n)$ recht günstig sei. Dies trifft nicht zu, ist doch nach Satz 6.4

$$(U(s)\,G(s))_* \neq U_*(s)\,G_*(s),$$

falls nicht zufällig $u(t)$ ein Impulszug ist. Die Beziehung $G_*(s) = \sum g(n)\,e^{-nTs}$ und $G_s(z) = \sum g_s(n)\,z^{-n}$ überträgt mit $z = e^{sT}$ die Pole $s_{\infty i}$ und die Nullstellen s_{0i} aus der s-Ebene in die z-Ebene. Es gilt:

$$z_{\infty i} = e^{s_{\infty i}T}, \qquad\qquad z_{0i} = e^{s_{0i}T}.$$

Beispiel 5: Ein System erster Ordnung ist gegeben durch:

$$g(t) = a\,e^{-at}\,\sigma(t) \qquad \circ\!\!-\!\!\bullet \qquad G(s) = \frac{a}{s+a}$$

und es gilt:

$$g_s(n) = K\,a\,e^{-anT}\,\sigma(n) \qquad \circ\!\!-\!\!\bullet \qquad G_s(z) = K\,\frac{z}{z - e^{-aT}}\,.$$

Der Pol bei $s_\infty = -a$ ist in die z-Ebene auf $z_\infty = e^{-aT}$ übertragen worden. Der Faktor K wird zur Anpassung bei einer gewünschten Frequenz f_1 verwendet. Für $f_1 = 0$ gilt:

$$G_s(z) = \frac{(1 - e^{-aT})z}{z - e^{-aT}}\,.$$

Das Verfahren wird noch verbessert, indem das Verhalten bei hohen Frequenzen am Rand des Nyquist-Bandes approximiert wird. Folgende heuristische Vorgehensweise hat sich bewährt:

Satz 7.4: *Pol-/Nullstellenübertragen:*

1)   Alle Pole $s_{\infty i}$ von $G(s)$ werden mit $z_{\infty i} = e^{s_{\infty i}T}$ in den z-Bereich übertragen.

2)   Die gleiche Prozedur wird für die endlichen Nullstellen s_{0i} durchgeführt: $z_{0i} = e^{s_{0i}T}$.

3)   Alle Nullstellen im Unendlichen, $s \to \infty$, werden auf den Punkt $z_0 = -1$ übertragen.

4)   Wird eine Verzögerung um T, eventuell wegen der Rechenzeit, gewünscht, so wird eine Nullstelle bei $s \to \infty$ auf eine Nullstelle $z \to \infty$ übertragen.

5)   Der fehlende Verstärkungsfaktor K wird durch Anpassung bei einer wichtigen Frequenz f_1 bestimmt.

Regel 3) und 4) gehen über das Pol-/Nullstellenübertragen hinaus. Alle technischen Systeme haben die Eigenschaft, daß für große Frequenzen die Systemfunktion G(f) gegen null strebt. Durch Regel 3) wird sichergestellt, daß am Rand des Nyquist-Bandes für den Simulator gilt:

$$G_s(e^{j\pi}) = 0.$$

Die Periodische Funktion $G_s(e^{j2\pi fT})$ wird dadurch stetig. Nach Satz 3.5 ist ein schnell konvergierendes $g_s(n)$ zu erwarten.

Beispiel 6: System erster Ordnung.

$$G(s) = \frac{a}{s + a} .$$

Regel 1) bis 3) ergibt:

$$G_s(z) = K \frac{z + 1}{z - e^{-aT}} .$$

Regel 5) ergibt für $f_1 = 0$:

$$G(0) = 1 = G_s(1) = K \frac{2}{1 - e^{-aT}} ,$$

$$G_s(z) = \frac{1 - e^{-aT}}{2} \frac{z + 1}{z - e^{-aT}} .$$

Der Simulationsalgorithmus wird:

$$y_s(n) = e^{-aT} y_s(n-1) + \frac{1 - e^{-aT}}{2} (u(n) + u(n-1)).$$

Bild 7.8 zeigt die bilineare Transformation $G_{s1}(e^{j2\pi fT})$ und das Pol-/Nullstellenübertragen $G_{s2}(e^{j2\pi fT})$ für ein System erster Ordnung G(f) für verschiedene Abtastfrequenzen.

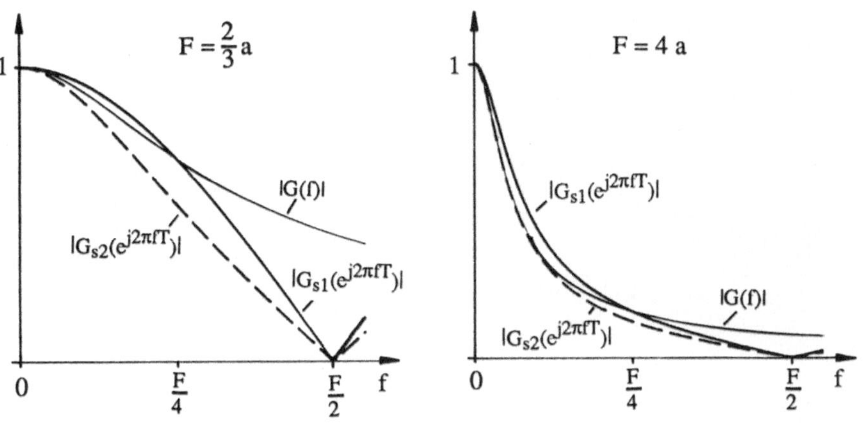

Bild 7.8. Bilineare Transformation und Pol-/Nullstellenübertragen
für ein System erster Ordnung

Literatur:

/7.1/   Stearns, S.: Digitale Simulation analoger Signale,
         Oldenbourg, München, 1984.

/7.2/   Papoulis, A.: Signal Analysis,
         McGraw-Hill, New York, 1977.

8. Lineare Filter

Die Filteraufgabe wird in Kap. 8.1 allgemein als Approximationsaufgabe eingeführt. Die Basis aller optimalen Filter in Kap. 8 ist das Projektionstheorem, das mit seinen drei verschiedenen Anwendungen auf die Filteraufgabe diskutiert wird (Kap.8.2). Die klassische Modellanpassung (Regressionsrechnung) wird behandelt und der multiple Korrelationskoeffizient als Gütemaß eingeführt (Kap. 8.3). In Abschnitt 8.4 wird der Gauß-Markoff-Schätzer aus dem Projektionstheorem hergeleitet und als Basis für verschiedene Beispiele benutzt. Die Beispiele sollen Anregungen für den eigenen Entwurf solcher einfachen Filter geben. Eine weitere Klasse optimaler Filter bilden das Wiener-Filter (Kap. 8.5) und das Kalman-Filter (Kap. 8.6), bei denen die stochastischen Eigenschaften der Signale bekannt sein müssen. Sie basieren wieder auf dem Projektionstheorem. In Kap. 8.7 wird kurz auf den klassischen Filterentwurf im Frequenzbereich eingegangen. Quantisierungsfehler der Filterkoeffizienten werden in Kap. 8.8 kurz besprochen

8.1. Allgemeine Filteraufgabe

Ein Meßsystem steht mit der Umwelt in Wechselwirkung. Das Ausgangssignal y(t) hängt nicht allein von der Meßgröße u(t), sondern im allgemeinen auch von einigen Störgrößen z(t) ab (Bild 8.1).

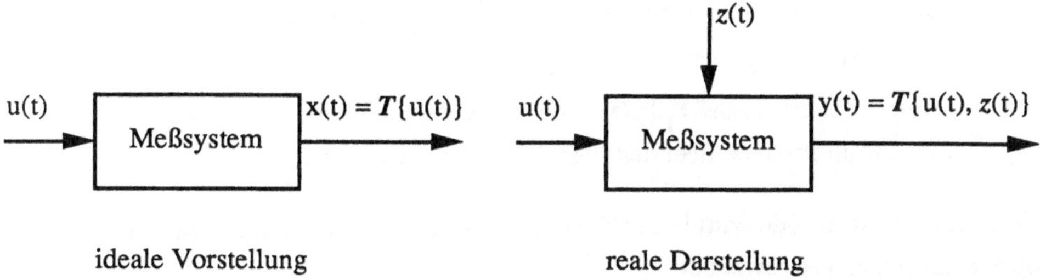

Bild 8.1. Ideales und reales Meßsystem

Vom Blickpunkt der Systemtheorie aus hat jedes reale Meßsystem y(t) = $T\{$u(t),z(t)$\}$ viele Eingänge, die sich auf das Ausgangssignal auswirken. Zweckmäßig wird der Störgrößeneinfluß durch die Wahl des Meßprinzips und die Auslegung /8.1/ so gering wie möglich gehalten.

Ausgangspunkt für die Filteraufgabe ist ein Meßsignal y(t), das sich aus einem Nutzsignal

$x(t) = T\{u(t)\}$ und einem superponierenden Störsignal $e(t) = T\{z(t)\}$ zusammensetzt:

$$y(t) = x(t) + e(t). \tag{8.1}$$

Das Filter $T_F\{y(t)\}$ verarbeitet nun das Meßsignal $y(t)$ so, daß das Störsignal $e(t)$ weitgehend unterdrückt wird. Man gewinnt so einen Schätzwert $\hat{x}(t)$, der nahe beim unbekannten Nutzsignal $x(t)$ liegt:

$$\hat{x}(t) = T_F\{y(t)\}.$$

Einige Beispiele für Störgrößen und ihre superponierende Wirkung:

Elektromagnetische Einstreuungen in die Leitungen des Meßsystems bringen zusätzlich Störungen und verfälschen das Ergebnis der Messung. Bei einem Analysegerät zur Messung einer Komponente c_i gibt die Querempfindlichkeit für eine andere Komponente c_j ein superponierendes Störsignal. Bei einer Waage erzeugen Vibrationen des Fundaments ein superponierendes Störsignal. Mit einem Radargerät im Flugzeug werden nicht nur die vom Ziel reflektierten Strahlen, sondern zusätzlich auch das vom Boden reflektierte Signal (Clutter) empfangen.

Zwei Methoden bieten sich an, ein Signal $\hat{x}(t)$ zu gewinnen, das in etwa dem Nutzsignal $x(t)$ entspricht.

Definition 8.1: *Kompensation und Filterung.*

a)   Kompensation: Sind die wesentlichen Störgrößen $z(t)$ meßbar, so kann das Meßsignal $y(t) = T\{u(t),z(t)\}$ in einer Kompensationsschaltung $T_K\{y(t),z(t)\}$ verarbeitet werden, so daß das Ausgangssignal weitgehend frei vom Störsignaleinfluß ist:

$$\hat{x}(t) = T_K\{y(t),z(t)\} \approx T\{u(t)\}. \tag{8.2}$$

b)   Filterung: Eine Signalverarbeitung $T_F\{y(t)\}$ des gestörten Meßsignals $y(t)$ kann ein verbessertes Signal, eine Schätzung $\hat{x}(t)$, für das Nutzsignal $x(t)$ liefern.

$$\hat{x}(t) = T_F\{y(t)\}. \tag{8.3}$$

Für den Filterentwurf $T_F\{y(t)\}$ ist ein Signalmodell notwendig, welches die verfügbare Information über den Signalverlauf enthält.

Die Kompensationsmethode wird in der klassischen Meßtechnik für wenige sich langsam ändernde Störgrößen $z(t)$ angewendet.

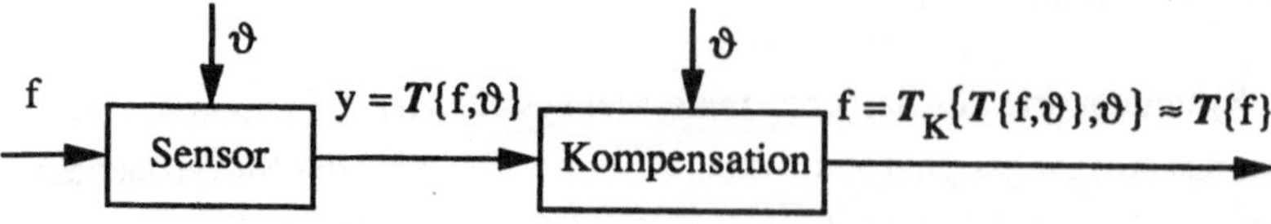

Bild 8.2. Kraftmesser als Beispiel für die Kompensationsmethode in der Meßkette

Hat etwa ein Sensor, der eine Kraft f in ein elektrisches Signal umformt, einen Temperaturfehler, so wird in die nachfolgende Kompensationsschaltung ein temperaturempfindlicher Widerstand eingebaut, der den Temperatureinfluß auf den Sensor weitgehend kompensiert.

Die Kompensationsmethode findet in der Praxis schnell ihre Grenzen. Der Aufwand, viele Störgrößen zu messen, ist groß. Häufig sind Störgrößen nicht meßbar oder der Zusammenhang zwischen einer Störgröße z_i und ihrer Auswirkung auf das Meßsignal y(t) ist nicht genau bekannt. Im Buch wird ausschließlich die Filteraufgabe behandelt. Das Wesentliche daran erkennen wir an der Grundaufgabe der Meßtechnik.

Beispiel 1: Die Bedeutung des Signalmodells:

a) Vorinformation: Ein flinkes Meßgerät mit der Empfindlichkeit E steht zur Verfügung. Das Ausgangssignal ist:

$$y(t) = E\, u(t) + e(t) = x(t) + e(t).$$

Der Fehler ist:

$$F = e(t).$$

b) Vorinformation: Das Eingangssignal u(t) bleibt beim Versuch konstant, u(t) = b, b ist unbekannt. Das Signalmodell wird:

$$y(t) = b + e(t).$$

Verschiedene Meßwerte innerhalb der Beobachtungszeit können dann nur durch einen Fehler e(t) erklärt werden. Hat man N+1 Meßwerte y(n), n = 0, ..., N, aufgenommen, so erhält man das Meßergebnis nach DIN 1319 als arithmetischen Mittelwert der Stichprobe zu:

$$\hat{b} = \frac{1}{N+1} \sum_{n=0}^{N} y(n). \tag{8.4}$$

Mit dem Wissen um die Versuchsbedingungen wurde ein Signalmodell y(t) = b + e(t) geschaffen und die Meßergebnisse y(t) mit diesem Modell erklärt. Der Filteralgorithmus $\hat{b} = T_F\{y\}$, $y^T = (y(N) ... y(0))$, wird für gut gehalten, wenn die Schätzung $\hat{b}$ der Modellvorstellung y(t) = b + e(t) am besten entspricht oder diese Vorstellung am besten approximiert.

c) Vorinformation: $u(t) = b$, $e(t) = A \cos (2\pi f_0 t + \varphi)$. Unbekannt sind b, A und φ. Das Signalmodell wird:

$$y(t) = b + A \cos (2\pi f_0 t + \varphi).$$

Hier ist bekannt, daß im Meßsignal y(t) das Nutzsignal b von Einstreuungen z.B. einer

Starkstromleitung mit $f_0 = 50\,\text{Hz}$, aber unbekannter Amplitude A und Phase φ überlagert ist. Man kann nun nach Gl. 8.4 ein Filter mit einer geraden Anzahl von Abtastpunkten vorsehen und die Abtastfrequenz zu $F = 2f_0$ wählen. Damit wird das Störsignal zu $e(n) = A\,\cos(\pi n + \varphi)$ und mit einer geraden Anzahl von Abtastpunkten gilt:

$$\frac{1}{N+1} \sum_{n=0}^{N} e(n) = \frac{A\,\cos\varphi}{N+1} \sum_{n=0}^{N} (-1)^n = 0, \qquad \hat{b} = b.$$

Vergleichen wir die Resultate im einzelnen. Der Fehler wird bei der Einzelmessung:

$$F_a = |\hat{b} - b| \leq \max_{\tau \in [t-T_0, t]} \{ (|e(\tau)|) \}.$$

Mit der zusätzlichen Information eines konstanten Meßsignals und Gl. 8.4 wird der Fehler:

$$F_b = |\hat{b} - b| = \left| \frac{1}{N+1} \sum_{n=0}^{N} e(n) \right| \leq \max_{\tau \in [t-T_0, t]} \{ (|e(\tau)|) \}.$$

Der ungünstigste Fall ist, daß alle $e(n)$ gleich groß sind. Der Fehler wird dann ebenfalls gleich dem maximalen Fehler F_a. In allen anderen Fällen wird er deutlich kleiner. Mit der Information eines harmonischen Störsignals der Frequenz f_0 wird der Fehler F_c null.

$\bullet$

Mit Bsp. 1 haben wir den Filterentwurf als Approximationsproblem kennengelernt. Je besser das Signalmodell, also die Information über das Signal und die Fehler, ist, um so kleiner wird der Abstand des idealen Meßsignals $x(t)$ von dem approximierenden oder geschätzten Signal $\hat{x}(t)$. Zur Beurteilung des Abstandes $d(x,\hat{x})$ wird allgemein die quadratische Norm herangezogen, $\|x - \hat{x}\| \rightarrow \min$, die lineare Filteralgorithmen ergibt (Kap. 1.3). Die in Kap. 8 behandelten Filter sind lineare Filter.

Signalmodelle:

Wir folgen den in Kap. 1 entwickelten Begriffen über lineare Vektorräume und definieren ein lineares Signalmodell:

Definition 8.2: *Lineares Signalmodell.*
Die zur Verfügung stehenden Meßwerte aus der Zeitreihe $y(n)$ werden in Matrixschreibweise zu einem *Meßvektor* $y(n)$ zusammengestellt:

$$y^T(n) = (y(n)\ y(n-1)\ y(n-2)\ \dots\ y(n-N)).$$

Das Vorwissen über den Signalverlauf wird in eine linear unabhängige *Basis* $\{x_k\}$, $k = 1, \dots, K$ (Def. 1.2) eingebracht und der Rest mit einem *Fehler* $e(n)$ erklärt:

$$y(n) = b_1(n)\,x_1 + b_2(n)\,x_2 + \dots + b_K(n)\,x_K + e(n),$$

$$x_k^T = (x_k(0)\ x_k(1)\ \dots\ x_k(N)). \tag{8.5a}$$

Die b_k(n) sind die Komponenten von y(n), die in Richtung der Basisvektoren x_k fallen (Gramsche Matrix, Def. 1.2). Für die Komponente m gilt:

$$y(n{-}m) = b_1(n)\, x_1(m) + b_2(n)\, x_2(m) + \ldots + b_K(n)\, x_K(m) + e(n{-}m), \qquad m = 0, \ldots, N.$$

Die Basisvektoren x_k lassen sich als Spaltenvektoren einer *Beobachtungsmatrix X*, die Komponenten b_k(n) in einem *Parametervektor b*(n) zusammenfassen. Das Signalmodell wird damit in Matrixschreibweise:

$$y(n) = X\, b(n) + e(n)$$

mit:

$$X = (x_1 \ldots x_K) = \begin{pmatrix} x^T(0) \\ \vdots \\ x^T(N) \end{pmatrix} = \begin{pmatrix} x_1(0) & \ldots & x_K(0) \\ \vdots & & \vdots \\ x_1(N) & \ldots & x_K(N) \end{pmatrix}. \tag{8.5b}$$

Die Basis- oder Spaltenvektoren $x_k^T = (x_k(0)\ \ x_k(1) \ldots x_k(N))$ werden auch *Variablenvektoren* genannt, die Zeilenvektoren $x^T(m) = (x_1(m) \ldots x_K(m))$ heißen *Versuchsvektoren*. Die Beobachtungsmatrix X hat nur bekannte Elemente, die durch die gewählte Basis gegeben sind. Unbekannt und zufällig sind die K Parameter b(n) und das Störsignal e(n).

Steht nur ein Meßvektor y(n) zur Verfügung oder ist nur ein Meßvektor von Interesse, schreiben wir einfacher ohne den Laufindex n für das Signalmodell:

$$y = X\, b + e. \tag{8.5c}$$

Die Darstellung nach Gl. 8.5 mag für eine allgemeine Signaldarstellung recht eng aussehen, für die lineare Filtertechnik ist sie jedoch völlig ausreichend.

Einige wichtige Basissysteme $\{x_k\}$ sind mit m = 0, ..., N, k = 1, ..., K, K ≤ N+1:

a) Fourier-Basis, $x_k(m) = e^{j2\pi km/(N+1)}$:
Diese Basis führt für K = N+1 direkt zur diskreten Fourier-Transformation (Satz 2.10). Die Fourier-Basis ist orthogonal, die Bestimmung der Fourier-Koeffizienten wird einfach.

b) Polynomdarstellung, $x_k(m) = (mT)^{k-1}$:
Diese Basis wurde bereits in Bsp. 1 für den einfachsten Fall (K = 1) verwendet. Weitere Anwendungen finden sich in Bsp. 6.

c) Exponentialfunktionen: $x_k(m) = e^{-s_k mT}$:
Das Signal läßt sich als Summe von Exponentialfunktionen darstellen. Die z-Transformierte Y(z) ist in dann eine rationale Funktion in z. Die geschätzten Parameter $\hat{b}$ sind die Residuen von Y(z) (Bsp. 9).

d) Beobachtungsmatrix X als Einheitsmatrix, $X = (e_1\, e_2 \ldots e_K) = I$, K = N+1:

Das Signalmodell wird mit Gl 8.5a:

$$y(n-m) = b_{m+1}(n) + e(n-m).$$

Führt man ein Nutzsignal $b_{m+1}(n) = u(n-m)$ ein, so gilt:

$$y(n-m) = u(n-m) + e(n-m).$$

Diese Aufteilung in Nutzsignal u(n) und Störsignal e(n) wird für stationäre stochastische Signale benutzt (Wiener-Filter (Kap. 8.5), Kalman-Filter (Kap. 8.6)). Für die Kovarianzfunktion des Nutzsignals gilt:

$$V_u(k) = E\{u(n)\, u(n+k)\}.$$

e) Stochastische Basis $\{x_k(n)\}$, *Markoffsches Signalmodell*:

Ein stationäres stochastisches Signal y(n) kann man sich aus einer weißen Rauschquelle $x(n)$, $E\{x(n)\, x(n+k)\} = \sigma_x^2\, \delta(k)$, $E\{x(n)\} = 0$, erzeugt denken, welche in ein kausales, stabiles System mit der Impulsantwort g(n) geleitet wird (Bild 8.3).

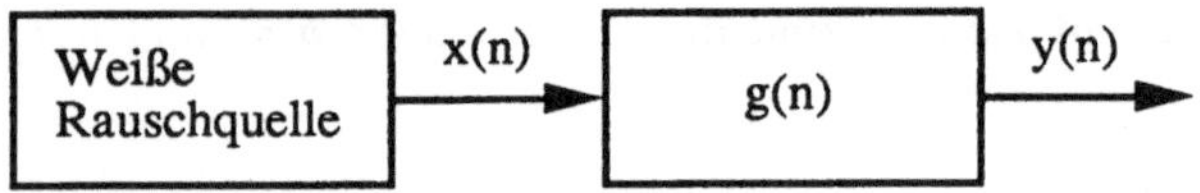

Bild 8.3. Stochastisches Signalmodell

Das LTI-System ist durch seine Impulsantwort der Länge K gegeben:

$$g^T = (g(0) \ldots g(K-1)).$$

Das Signalmodell wird:

$$y(n) = x(n) * g(n) = \sum_{k=0}^{K-1} x(n-k)\, g(k)$$

oder:

$$y(n) = \begin{pmatrix} x(n) & x(n-1) & \ldots & x(n-K+1) \\ x(n-1) & x(n-2) & \ldots & x(n-K) \\ \vdots & \vdots & & \vdots \\ x(n-N) & x(n-N-1) & \ldots & x(n-K-N+1) \end{pmatrix} \begin{pmatrix} g(0) \\ g(1) \\ \vdots \\ g(K-1) \end{pmatrix}$$

$$= (x_1(n)\, x_2(n) \ldots x_K(n))\, g = X(n)\, g.$$

Da x(n) weißes Rauschen ist, gilt:

$$E\{X^T X\} = (N+1)\, \sigma_x^2\, I.$$

Wie sieht die Kovarianzfunktion $V_y(k)$ des Signals $y(n)$ aus?

$$V_y(k) = E\{y(n)\ y(n+k)\} = E\left\{\sum_{m=0}^{K-1} x(n-m)\ g(m) \sum_{l=0}^{K-1} x(n+k-l)\ g(l)\right\}$$

$$= E\left\{\sum_{m=0}^{K-1} x^2(n-m)\ g(m)\ g(m+k)\right\} = \sigma_x^2\ K_g^E(k). \tag{8.6}$$

Im z-Bereich gilt für die Leistungsdichte des Signals $y(n)$:

$$L_y(z) = \sigma_x^2\ G(z)\ G(z^{-1}).$$

Das Signal $y(n)$ kann durch einen ARMA-Ansatz dargestellt werden, falls $G(z)$ eine rationale Funktion in z ist.

Die Signalmodelle nach d) und e) führen beide zur Kovarianzfunktion. Nach Gl. 8.6 kann eine Kovarianzfunktion als Energiekorrelationsfunktion der Impulsantwort $g(n)$ eines LTI-Systems interpretiert werden.

Die Filteraufgabe läuft nun darauf hinaus, für die unbekannten Parameter $b(n)$ einen Näherungswert $\hat{b}(n)$, in der Statistik einen *Schätzwert*, aufgrund der verfügbaren Information zu entwickeln. Dazu wird die vektorielle Schreibweise der Faltung benutzt.

Definition 8.3: *Lineares Filter.*

Ein lineares kausales Filter $g(n)$ ermittelt einen Näherungswert $\hat{b}(n)$ für eine Größe b zur Zeit n aufgrund der Meßwerte $y(n)$ mit der Operation Faltung:

$$\hat{b}(n) = g(n) * y(n) = \sum_{m=0}^{N} g(m)\ y(n-m),$$

oder in vektorieller Schreibweise:

$$\hat{b}(n) = g^T y(n) = y^T(n)\ g \qquad \text{mit:}\quad g^T = (g(0)\ g(1)\ ...\ g(N)), \tag{8.7}$$

$$y^T(n) = (y(n)\ y(n-1)\ ...\ y(n-N)).$$

Für mehrere Parameter $b_k(n)$, $k = 1, ..., K$, gilt:

$$\hat{b}(n) = G\ y(n) \qquad \text{mit:}\quad G^T = (g_1\ ...\ g_K).$$

Ein Filter heißt optimal, wenn g bzw. G so ausgelegt wird, daß die quadratische Norm $\|b-\hat{b}\|$ ein Minimum wird.

Die Entwurfsmethoden für die linearen optimalen Filter lassen sich mit den Methoden der linearen Schätztheorie /8.2/, /8.3/, /8.4/, /8.5/, /8.6/ behandeln. Wir haben in Bsp. 1 die Bedeutung eines Signalmodells erkannt. Alle verfügbare Information über den Prozeß und die Störgrößen wird in das Signalmodell gepackt. Mit dem Modell werden die gemessenen Werte im Sinne des minimalen Abstandes approximiert.

8.2. Projektionstheorem, Grundbegriffe der Schätztheorie

Die meisten der digitalen Filter sind linear. Der lineare Algorithmus ist durch die einfache Operation Faltung beschrieben (Def. 8.3). FIR- und IIR-Filter sind möglich. Aus dem Gütekriterium "Quadratische Norm" und dem linearen Signalmodell (Def. 8.2) leiten sich die optimalen Filter mit Hilfe des Projektionstheorems (Satz 1.4) ab.

Nach dem Projektionstheorem wird ein Vektor f optimal durch die Linearkombination

$$\hat{f} = \sum_{k=1}^{K} a_k \, x_k$$

von bekannten Vektoren x_k approximiert, wenn für $\hat{f}$ und damit für alle x_k gilt:

$$\langle f - \hat{f} \mid \hat{f} \rangle = 0, \qquad \langle f - \hat{f} \mid x_k \rangle = 0 \qquad \text{für } k = 1, ..., K.$$

Im Funktionenraum gilt damit:

$$\int_{-\infty}^{\infty} f(t) \, x_k^*(t) \, dt = \int_{-\infty}^{\infty} \hat{f}(t) \, x_k^*(t) \, dt \qquad \text{für } k = 1, ..., K,$$

und für zeitdiskrete Signale:

$$f^T x_k^* = \hat{f}^T x_k^* \qquad \text{für } k = 1, ..., K. \tag{8.8}$$

Die einfachste Aufgabe ist die klassische Regressionsrechnung. Der Meßvektor $y = X\,b + e$ wird durch das Modell $\hat{y} = X\,\hat{b}$ approximiert. Mit reellen Signalen folgt aus Gl. 8.8 sofort (Kap. 1, Bsp. 8) die Normalengleichung:

$$X^T \hat{y} = X^T X \, \hat{b} = X^T y. \tag{8.9}$$

Die Frage nach der besten Schätzung $\hat{b}$ der Parameter ist damit nicht beantwortet. Dazu wird jeder Parameter b_k und jeder Meßwert $y(n)$ als Zufallsvariable mit bekannter Verbunddichte $p(y,b)$, $y^T = (y(N) \ldots y(0))$, $b^T = (b_1 \ldots b_K)$ beschrieben. Wir wenden das Projektionstheorem auf den Funktionenraum $L_2(a,b)$ an (Kap. 1.2.3). Dann gilt für die optimale Schätzung $\hat{b}_k$ eines Parameters b_k und jede Messung $y(n)$ in der Notation des Funktionenraumes:

$$\langle b_k - \hat{b}_k \mid y(n) \rangle = \int_{-\infty}^{\infty} \int_{-\infty}^{\infty} (b_k - \hat{b}_k) \, y(n) \, p(y,b) \, dy \, db = E\{(b_k - \hat{b}_k) \, y(n)\} = 0$$

für $k = 1, ..., K$ und $n = 0, ..., N$. Diese Gleichungen lassen sich in Matrixform zusammenfassen:

$$E\{(b - \hat{b}) \, y^T\} = 0.$$

Mit dem linearen Ansatz $\hat{b} = G\,y$ und Def. C.13 wird dann:

$$E\{b \, y^T\} = G\,E\{y \, y^T\} = G\,K_y(0). \tag{8.10}$$

Für die Anwendung des Projektionstheorems lassen sich drei Fälle je nach dem Stand der a priori Information unterscheiden:

1) Regressionsrechnung oder Modellanpassung nach Gl. 8.9 (Kap.8.3), K << N:
Das Vorwissen beschränkt sich auf vermutete Zusammenhänge zwischen den Variablenvektoren x_k und dem Meßvektor y, welcher durch die Basis $\{x_k\}$ erklärt wird. Die Parameter b_k, k = 1, ..., K, zusammen mit der Basis $\{x_k\}$ approximieren den Meßvektor y optimal.

2) Einfache optimale Filter nach Gl. 8.10 (Kap.8.4), K << N:
Der Meßvektor y(n) wird mit wenigen Variablenvektoren x_k, k = 1, ..., K, und einem Fehler e(n) erklärt (Def. 8.2). Für eine optimale Filterung der stochastischen Signale y(n) wird die Korrelationsmatrix der Parameter und die Kovarianzmatrix des Fehlers benötigt.

3) Optimale Filter nach Gl. 8.10 (Kap. 8.5 und Kap. 8.6), K = N+1:
Die Beobachtungsmatrix $X = (x_1\ x_2\ ...\ x_K)$ entartet hier zur Einheitsmatrix I: y(n) = b(n) + e(n). Die Korrelationsmatrix der Parameter b(n) und der Fehler e(n) muß bekannt sein (Wiener-Filter, Kalman-Filter).

Wie aus Messungen y die Parameter b gewonnen werden, ist in der Statistik die Aufgabe der Schätztheorie. Einige einfache Begriffe aus der Schätztheorie werden eingeführt.

Definition 8.4: *Linearer Schätzer.*
Eine Menge von Messungen $\{y(n)\}$ wird als Stichprobe bezeichnet und als Vektor y angeordnet. In der linearen Schätztheorie ist das Modell des Prozesses durch eine in den Parametern lineare Vorschrift $y = X\,b + e$ gegeben. Ein linearer Schätzer (estimator) ist eine lineare Vorschrift zur Ermittlung von Schätzwerten $\hat{b}$ für die unbekannten Parameter b:

$$\hat{b} = G\,y.$$

Die Gewichtsmatrix G läßt sich mit Def. 8.3 auch als Filterbank mit den Impulsantworten g_k schreiben (Bild 8.4):

$$\hat{b}(n) = G\,y(n) \qquad \text{mit:}\quad G^T = (g_1\ ...\ g_K).$$

Aus einem Meßvektor y(n) wird mit Hilfe der Gewichtsmatrix G der Parametersatz $\hat{b}$(n) gewonnen.

Eine erwünschte Qualität des Schätzers ist die *Erwartungstreue*. Bei wiederholten Stichproben soll im Mittel richtig geschätzt werden. Ein Schätzer heißt erwartungstreu, wenn gilt:

$$E\{\hat{b}\} = E\{b\}. \tag{8.11}$$

Ein nicht erwartungstreuer Schätzer heißt *schief (biased)*.

Die Güte eines Schätzers wird nach der Kovarianzmatrix $V_{\tilde{b}}$ des Schätzfehlers

$$\tilde{b} = b - \hat{b}$$

beurteilt (Def. C13):

$$V_{\tilde{b}} = E\{\tilde{b}\,\tilde{b}^{\mathrm{T}}\} = E\{(b - \hat{b})\,(b - \hat{b})^{\mathrm{T}}\}.$$

Ein Schätzer $\hat{b}_e$ heißt *effizient*, wenn für alle anderen denkbaren Schätzer $\hat{b}$ gilt (Def. C10):

$$V_{\tilde{b}_e} \leq V_{\tilde{b}}. \tag{8.12}$$

Ein Schätzer $\hat{b}_N$, der eine Stichprobe vom Umfang N verarbeitet, heißt *konsistent*, wenn mit wachsendem Stichprobenumfang N der wahre Wert b mit Sicherheit ermittelt wird:

$$\lim_{N \to \infty} \hat{b}_N = b, \qquad\qquad \lim_{N \to \infty} V_{\tilde{b}_N} = 0. \tag{8.13}$$

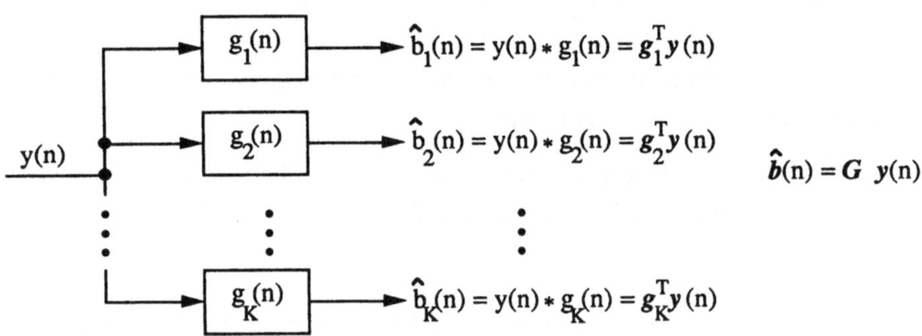

Bild 8.4. Filterbank zum Schätzen von Signalparametern

Beispiel 2: Als Beispiel für die Anwendung der Begriffe werden die Bedingungen für einen erwartungstreuen Schätzer $\hat{b}$ und die Kovarianzmatrix $V_{\tilde{b}}$ des Schätzfehlers hergeleitet. Das Prozeßmodell in die lineare Schätzvorschrift eingesetzt, ergibt:

$$\hat{b} = G\,y = G\,X\,b + G\,e,$$
$$E\{\hat{b}\} = G\,X\,E\{b\} + G\,E\{e\}. \tag{8.14}$$

Für $G\,X = I$ und $E\{e\} = 0$ ist ein linearer Schätzer erwartungstreu.

Die Kovarianzmatrix $V_{\tilde{b}}$ wird mit $G\,X = I$:

$$V_{\tilde{b}} = G\,E\{e\,e^{\mathrm{T}}\}\,G^{\mathrm{T}} = G\,V_e\,G^{\mathrm{T}}. \tag{8.15}$$

Die Kovarianzmatrix $V_{\tilde{b}}$ des Schätzfehlers ist für einen erwartungstreuen Schätzer proportional zur Kovarianzmatrix V_e des Meßfehlers.

8.3. Modellanpassung, Regressionsrechnung

Prototyp einer Anwendung in der Automatisierungstechnik ist ein Produktionsprozeß, bei dem eine Qualität des Produktes, die Ausgangsgrößen y (z.B. Länge, Oberflächengüte, Körnigkeit, Fremdstoffkonzentrationen u.s.w.) als abhängig von den Produktionsbedingungen, den Eingangsgrößen u (z.B. Alter und Material der Werkzeuge, Qualität der Eingangsstoffe, Temperatur, Druck, Feuchte u.s.w.) dargestellt wird (Bild 8.5). Der Prozeß wird als statisches Modell behandelt, $y = f(u) + e$. Ein lineares Signalmodell (Def. 8.2) erhält man etwa, indem $f(u)$ als Taylor-Entwicklung dargestellt wird und die Ableitungen von f nach den einzelnen Eingangsgrößen u_k als Parameter b_k geschätzt werden. Die Versuche $u(n)$ sind dabei nicht notwendig Zeitreihen, der Index n numeriert die einzelnen Versuche.

Mit Gl. C12 wird:

$$y(u) = y(u_0) + \left(\frac{\partial y(u_0)}{\partial u}\right)^T (u(n)-u_0) + \frac{1}{2}(u(n)-u_0)^T \frac{\partial^2 y(u_0)}{\partial u^2}(u(n)-u_0) + \dots .$$

$$y(n) = b_0 + b_1 x_1(n) + \dots + b_K x_K(n) + e(n), \qquad n = 0, \dots, N, \qquad (8.16)$$

$$x_k(n) = x_k(u(n)), \qquad k = 1, \dots, K.$$

Die Basis $\{x_k\}$ setzt sich aus den Abweichungen $(u_i(n)-u_{i0}(n))$, $(u_i(n)-u_{i0}(n))(u_j(n)-u_{j0}(n))$ usw. zusammen. Die zu schätzenden Parameter b_k sind die Ableitungen

$$\frac{\partial y(u_0)}{\partial u_i}, \qquad \frac{\partial^2 y(u_0)}{\partial u_i \, \partial u_j}, \qquad \dots .$$

Die Basisvektoren müssen keinesfalls aus der Taylor-Entwicklung stammen. Einen periodischen Anteil mit der Frequenz f_0 wird man zweckmäßig als

$$y(n) = A \sin 2\pi f_0 nT + B \cos 2\pi f_0 nT + e(n)$$

modellieren. Vielleicht nimmt man noch einige Oberwellen hinzu.

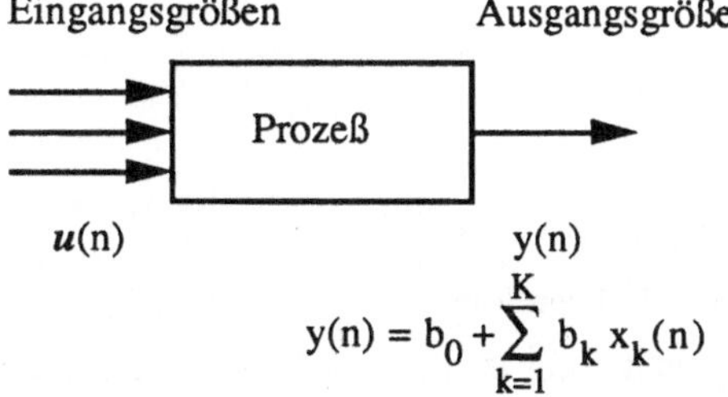

$$y(n) = b_0 + \sum_{k=1}^{K} b_k \, x_k(n)$$

Bild 8.5. Eingangs- und Ausgangsgrößen an einem Produktionsprozeß

Ein konstantes Glied b_0 in der Taylor-Entwicklung läßt sich mit dem Arbeitspunkt u_0 als $b_0 = f(u_0)$ interpretieren, das zugehörige Eingangssignal ist $x_0(n) \equiv 1$.

Dividiert man die Normalengleichungen (Gl. 8.9) durch den Umfang N+1 der Stichprobe, wird die erste Normalengleichung:

$$\bar{y} = \hat{b}_0 + \hat{b}_1 \bar{x}_1 + \hat{b}_2 \bar{x}_2 + \ldots + \hat{b}_K \bar{x}_K$$

mit den arithmetischen Mittelwerten:

$$\bar{y} = \frac{1}{N+1} \sum_{n=0}^{N} y(n), \qquad\qquad \bar{x}_k = \frac{1}{N+1} \sum_{n=0}^{N} x_k(n) \qquad \text{für } k = 1, \ldots, K.$$

Subtrahiert man diese erste Normalengleichung von allen übrigen, erhält man das Regressionsproblem in homogener Form:

$$M_x \hat{b} = m_{xy}, \qquad M_x = (m_{kl}), \qquad m_{kl} = \frac{1}{N+1} x_k^T x_l - \bar{x}_k \bar{x}_l, \qquad (8.17)$$

$$m_{xy}^T = \left(\frac{1}{N+1} x_1^T y - \bar{x}_1 \bar{y} \ldots \frac{1}{N+1} x_K^T y - \bar{x}_K \bar{y} \right),$$

$$\hat{b}^T = (\hat{b}_1 \ldots \hat{b}_K),$$

$$x_k^T = (x_k(0) \ldots x_k(N)).$$

Für den Anwender der Regressionsrechnung stellt sich die Frage, wie gut der Ansatz $\hat{y} = X\hat{b}$ die Versuchsergebnisse y wiedergibt (Modellanpassung). Mit der Normalengleichung und dem Gleichungsfehler $\tilde{y} = y - \hat{y}$ gilt:

$$X^T \tilde{y} = 0, \qquad\qquad \hat{y}^T \tilde{y} = 0.$$

Der Gleichungsfehler $\tilde{y}$ ist nicht unbedingt ein Meßfehler von y. Fehler im Modellansatz und in den Eingangsgrößen sind mit enthalten. Die Summe Q der Fehlerquadrate wird mit der Normalengleichung:

$$Q = \tilde{y}^T \tilde{y} = (X\hat{b} - y)^T (X\hat{b} - y) = y^T y - \hat{y}^T \hat{y}.$$

Je kleiner Q wird, desto besser ist das gewählte Modell $\hat{y} = X\hat{b}$.

Satz 8.1: *Regressionsrechnung, Modellanpassung.*

In einem Signalmodell nach Def. 8.2, $y = Xb + e$, mit den unbekannten Parametern b und den Meßfehlern e wird mit Hilfe der Normalengleichung (Gl. 8.9) die Summe der Modellfehlerquadrate $Q = \tilde{y}^T \tilde{y}$ zum Minimum (*Least-Squares-Schätzer*):

$$\hat{b}_{LS} = G_{LS}\, y$$

mit der Gewichtsmatrix:

$$G_{LS} = (X^T X)^{-1} X^T.$$

Die Gewichtsmatrix G_{LS} heißt wegen $G_{LS} X = I$ Pseudoinverse der Matrix X. Sie existiert immer, wenn die Basis $\{x_k\}$ linear unabhängig ist (Gramsche Matrix, Def. 1.2). Ist die Basis $\{x_k\}$ orthonormal, so gilt $X^T X = I$ und:

$$\hat{b}_{LS} = X^T y.$$

Die Werte $\hat{b}_{LS}$ sind dann die verallgemeinerten Fourier-Koeffizienten (Satz 1.2). Die Gewichtsmatrix G_{LS} hängt nur von der Basis $\{x_k\}$ ab und kann unabhängig von den Meßwerten vorab gerechnet werden.

Der Schätzer g_k ist eine Linearkombination der Basis des Signalmodells:

$$g_k = \sum_{j=1}^{K} \alpha_{kj}\, x_j, \qquad (X^T X)^{-1} = (\alpha_{kj}).$$

Die Gewichte α_{kj} können auch aus

$$g_k^T x_j = \delta_{kj}, \qquad k, j = 1, \ldots, K$$

ermittelt werden (Bsp. 6).

Für eine fest vorgegebene, deterministische Basis $\{x_k\}$ und $E\{e\} = 0$ ist der Least-Squares-Schätzer erwartungstreu:

$$E\{\hat{b}_{LS}\} = b.$$

Ein nicht homogenes Regressionsproblem kann nach Gl. 8.17 zentriert werden. Bei hohen Mittelwerten ist die Beobachtungsmatrix X dann besser konditioniert.

Die minimale Summe der Fehlerquadrate wird:

$$Q = \tilde{y}^T \tilde{y} = y^T y - \hat{y}^T \hat{y}. \tag{8.18}$$

Mit den Stichprobenvarianzen

$$s_y^2 = \frac{1}{N+1}\, y^T y \qquad \text{der Meßwerte,}$$

$$s_{\hat{y}}^2 = \frac{1}{N+1}\, \hat{y}^T \hat{y} \qquad \text{der geschätzten Meßwerte und}$$

$$s_{\tilde{y}}^2 = \frac{1}{N+1}\, \tilde{y}^T \tilde{y} \qquad \text{der Gleichungsfehler}$$

wird:

$$s_y^2 = s_{\hat{y}}^2 + s_{\tilde{y}}^2 .$$

Als Gütemaß wird der *multiple Regressionskoeffizient* R benutzt:

$$R^2 = \frac{s_{\hat{y}}^2}{s_y^2} = 1 - \frac{s_{\tilde{y}}^2}{s_y^2} \le 1. \tag{8.19}$$

Für die numerische Rechnung von R ist folgende Beziehung vorteilhafter:

$$R^2 = \frac{1}{s_y^2}\, \hat{b}^T m_{xy}. \tag{8.20}$$

mit m_{xy} aus Gl. 8.17.

Gl. 8.19 und Gl. 8.20 dienen zur Beurteilung verschiedener Modellansätze. Jeder Modellansatz liefert einen anderen Regressionskoeffizienten. Gl. 8.20 folgt sofort mit

$$s_{\hat{y}}^2 = \frac{1}{N+1}\, \hat{b}^T M_x\, \hat{b}$$

und Gl. 8.17.

Im folgenden Beispiel untersuchen wir die Vertauschung von Ein- und Ausgangsgröße.

Beispiel 3: Die gesuchte Regressionsgleichung sei $\hat{y} = \hat{b}\, x$, wir haben also ein zentriertes Problem. Gl. 8.17 ergibt:

$$\hat{b} = \frac{m_{xy}}{M_x} = \frac{s_{xy}^2}{s_x^2}\,.$$

Vertauscht man die Eingangs- mit der Ausgangsgröße, so wird die Regressionsgleichung

$$\hat{x} = \left(\frac{\hat{1}}{b}\right) y$$

gesucht. Man erhält:

$$\left(\frac{\hat{1}}{b}\right) = \frac{s_{xy}^2}{s_y^2}\,.$$

Wenn beide Probleme dieselbe Lösung hätten, müßte $\hat{b}\left(\frac{\hat{1}}{b}\right) = 1$ sein. Wir erhalten aber:

$$\hat{b}\left(\frac{\hat{1}}{b}\right) = \frac{\left(s_{xy}^2\right)^2}{s_x^2\, s_y^2} \le 1\,.$$

Der Ausdruck ist mit der Schwarzschen Ungleichung kleiner oder gleich eins. Es handelt sich um verschiedene Minimierungsaufgaben. Einmal wird die Norm $\|y - x\,\hat{b}\|$, das andere Mal die Norm $\|x - \left(\frac{\hat{1}}{b}\right)y\|$ minimiert.

Enthält auch die Beobachtungsmatrix X Meßwerte, so empfiehlt es sich, das Modell so anzusetzen, daß nur sichere Meßwerte in der Beobachtungsmatrix enthalten sind. In dem Fall kann man nach Satz 8.1 mit erwartungstreuen Schätzwerten rechnen.

8.4. Einfache optimale FIR-Filter

Wir lösen Gl. 8.10 unter den Annahmen, daß die Korrelationsmatrix $K_b = E\{b\,b^T\}$ der Parameter und die Kovarianzmatrix $V_e = E\{e\,e^T\}$, $E\{e\} = 0$, der Meßfehler aus vorhergegangenen Versuchen bekannt sind. Weiter sollen die Parameter b statistisch unabhängig von den Fehlern e sein, $E\{b\,e^T\} = E\{b\}\,E\{e^T\} = 0$. Mit diesen Annahmen wird:

$$E\{y\,y^T\} = X\,K_b X^T + V_e,$$

$$E\{b\,y^T\} = K_b X^T.$$

Satz 8.2: *Gauß-Markoff-Schätzer, Minimum-Varianz-Schätzer.*

Mit dem Projektionstheorem folgt aus dem Signalmodell $y = X\,b + e$ ein Schätzer $\hat{b}_{GM}$ minimaler Schätzfehlerkovarianz $V_{\tilde{b}GM}$:

$$\hat{b}_{GM} = G_{GM}\,y$$

mit:

$$G_{GM} = E\{b\,y^T\}E\{y\,y^T\}^{-1} \tag{8.21}$$

$$= K_b X^T\,(X\,K_b X^T + V_e)^{-1} = (X^T V_e^{-1} X + K_b^{-1})^{-1} X^T V_e^{-1}.$$

Die letzte Gleichung ist vorteilhaft. Bei K Parametern b^T ist hier bei bekannter Inversen V_e^{-1} nur eine (KxK)-Matrix zu invertieren, bei der anderen Gleichung muß eine (N+1xN+1)-Matrix invertiert werden. Der Gauß-Markoff-Schätzer ist für $K_b^{-1} \neq 0$ nicht erwartungstreu. Die Schätzfehlerkovarianzmatrix $V_{\tilde{b}GM}$ wird:

$$V_{\tilde{b}GM} = E\{(\hat{b}_{GM} - b)(\hat{b}_{GM} - b)^T\} = (X^T V_e^{-1} X + K_b^{-1})^{-1}.$$

Ausgehend vom Signalmodell $y = X\,b + e$ gibt es keinen linearen Schätzer $\hat{b}_k = g_k^T y$, $k = 1, \ldots, K$, der einen kleineren Wert für die Varianz $E\{(\hat{b}_k - b_k)^2\}$ liefert.

Liegt wenig Information über die Parameter b vor, wird $K_b^{-1} = 0$ gesetzt. Man erhält den erwartungstreuen *Minimum-Varianz-Schätzer* $\hat{b}_{MV}$:

$$\hat{b}_{MV} = G_{MV}\,y$$

mit:

$$G_{MV} = (X^T V_e^{-1} X)^{-1} X^T V_e^{-1}, \qquad E\{\hat{b}_{MV}\} = E\{b\}, \tag{8.22}$$

$$V_{\tilde{b}MV} = (X^T V_e^{-1} X)^{-1}.$$

Liegt wenig Information über die Meßfehler vor, setzt man $V_e = \sigma_e^2 I$. Gl. 8.22 geht dann in die Normalengleichung (Gl. 8.9) über. In diesem Fall ist die optimale Parameterschätzung identisch mit der besten Modellanpassung (Satz 8.1). Man erhält den *Least-Squares-Schätzer* $\hat{b}_{LS}$:

$$\hat{b}_{LS} = G_{LS}\,y$$

mit:

$$G_{LS} = (X^T X)^{-1} X^T, \qquad E\{\hat{b}_{LS}\} = E\{b\}, \qquad (8.23)$$

$$V_{\tilde{b}LS} = (X^T X)^{-1} \sigma_e^2.$$

Eine lineare Transformation (Vorfilterung) der Meßwerte von der Form $z = A\, y$ mit existierender Kehrmatrix A^{-1} ändert den Schätzalgorithmus $\hat{b}$ und die Schätzfehlerkovarianzmatrix $V_{\tilde{b}}$ nicht. Es gilt:

$$\hat{b} = G_y\, y = G_y\, A^{-1} z = G_z\, z. \qquad (8.24)$$

Herleitung:

Gl. 8.21 folgt mit Hilfe eines Matrixinversionslemmas. Sind A und D (KxN)-Matrizen, B eine (NxN)-Matrix und C eine (KxK)-Matrix, so gilt für $K < N$ mit $C\,A = D\,B$:

$$A\,B^{-1} = C^{-1} D.$$

Mit $B = X\,K_b X^T + V_e$ und $A = K_b X^T$ wird:

$$C\,K_b X^T = D\,X\,K_b X^T + D\,V_e,$$

$$C_1 K_b X^T + C_2 K_b X^T = D\,X\,K_b X^T + D\,V_e \qquad \text{mit: } C_1 + C_2 = C,$$

$$C_1 = D\,X, \qquad\qquad C_2 K_b X^T = D\,V_e,$$

$$C_1 = C_2 K_b X^T V_e^{-1} X.$$

Wir wählen $C_2 = K_b^{-1}$ und erhalten:

$$C = X^T V_e^{-1} X + K_b^{-1},$$

$$D = X^T V_e^{-1},$$

$$K_b X^T (X\,K_b X^T + V_e)^{-1} = (X^T V_e^{-1} X + K_b^{-1})^{-1} X^T V_e^{-1}.$$

$V_{\tilde{b}GM}$ erhält man, indem man das Signalmodell in Gl. 8.21 einsetzt:

$$b - \hat{b} = (X^T V_e^{-1} X + K_b^{-1})^{-1} (X^T V_e^{-1} X + K_b^{-1})\, b$$

$$\qquad - (X^T V_e^{-1} X + K_b^{-1})^{-1} X^T V_e^{-1} (X\,b + e)$$

$$\qquad = (X^T V_e^{-1} X + K_b^{-1})^{-1} (K_b^{-1} b - X^T V_e^{-1} e),$$

$$V_{\tilde{b}GM} = E\{(b - \hat{b})\,(b - \hat{b})\} = (X^T V_e^{-1} X + K_b^{-1})^{-1}.$$

Ohne Vorinformation ist $E\{b_i b_j\} = \sigma_b^2\, \delta_{ij}$ mit $\sigma_b^2 \to \infty$. Daraus folgt:

$$K_b = \sigma_b^2\, I, \qquad\qquad K_b^{-1} \to 0.$$

Gl. 8.24 folgt mit $z = A\,y$ und Gl. 8.21:

$$G_z = K_b X^T A^T (A\,X\,K_b X^T A^T + A\,V_e A^T)^{-1}$$

$$G_z = K_b X^T A^T (A (X K_b X^T + V_e) A^T)^{-1}$$
$$ = K_b X^T A^T A T^{-1} (X K_b X^T + V_e)^{-1} A^{-1}$$
$$ = G_y A^{-1}.$$

Daß sich $V_{\tilde{b}GM}$ durch die lineare Transformation $z = A\,y$ nicht ändert, ist unmittelbar klar. Ausgehend vom Meßvektor y oder z wird doch in beiden Fällen nach demselben Algorithmus gerechnet. Im einzelnen sieht man sofort:

$$V_{\tilde{b}GM} = (X^T A^T (A\,V_e A^T)^{-1} A\,X + K_b^{-1})^{-1} = (X^T V_e^{-1} X + K_b^{-1})^{-1}.$$

Mit Satz 8.2 kann der Ingenieur Schätzalgorithmen $\hat{b} = G\,y$ für seinen speziellen Anwendungsfall sofort numerisch entwerfen. Hier wird das Verfahren an einfachen Beispielen, die sich auch analytisch rechnen lassen, gezeigt.

Beispiel 4: In einer Stückfertigung werden Teile mit einer Qualität b (z.B. Dicke, Gewicht, Oberfläche u.s.w.) gefertigt. Aufgrund früherer Versuche weiß man, daß $E\{b\} = \bar{b}$ und $K_b = E\{b^2\} = \bar{b}^2 + \sigma_b^2$ ist. Die gefertigten Stücke werden im Prüfstand mehrmals auf die Qualität b geprüft. Man erhält die Stichprobe $y^T = (y(N)\ y(N-1)\ ...\ y(0))$.

Die Messungen sind voneinander unabhängig. Der Prüfvorrichtung wird ein stationärer Meßfehler $e^T = (e(N)\ e(N-1)\ ...\ e(0))$ mit $E\{e\} = 0$ und $V_e = E\{e\,e^T\} = \sigma_e^2 I$ zugeschrieben. Dann gilt mit Gl.8.21:

$$y = 1\ b + e,$$

$$\hat{b}_{GM} = (1^T V_e^{-1}\,1 + K_b^{-1})^{-1} 1^T V_e^{-1} y = \left(N+1 + \frac{\sigma_e^2}{\bar{b}^2 + \sigma_b^2}\right)^{-1} \sum_{n=0}^{N} y(N-n).$$

Ist der Schätzer erwartungstreu?

$$E\{\hat{b}_{GM}\} = \left(N+1 + \frac{\sigma_e^2}{\bar{b}^2 + \sigma_b^2}\right)^{-1} E\{1^T(1\,b + e)\} = \left(1 + \frac{\sigma_e^2}{(N+1)(\bar{b}^2 + \sigma_b^2)}\right)^{-1} E\{b\}.$$

Der Schätzer ist nicht erwartungstreu. Wie groß ist die Schätzfehlerkovarianzmatrix $V_{\tilde{b}GM}$, hier $\sigma_{\tilde{b}GM}^2$? Es gilt:

$$\sigma_{\tilde{b}GM}^2 = E\{(\hat{b}_{GM} - b)^2\} = \frac{\sigma_e^2}{N+1 + \dfrac{\sigma_e^2}{\bar{b}^2 + \sigma_b^2}}.$$

Der Schätzer ist konsistent, weil für wachsenden Stichprobenumfang der Schätzer erwartungstreu wird, $\lim E\{\hat{b}_{GM}\} = E\{b\}$, und die Schätzfehlervarianz verschwindet, $\lim \sigma_{\tilde{b}GM}^2 = 0$.

Im allgemeinen Fall wird die Meßfehlervarianz σ_e^2 der Prüfeinrichtung erheblich kleiner sein als $K_b = \bar{b}^2 + \sigma_b^2$. Das Vorwissen über die Statistik der Fertigungsqualität hat sich dann nicht gelohnt. Ohne Vorwissen, $K_b^{-1} = 0$, erhält man als Schätzer den arithmetischen Mittelwert

$$\hat{b}_{LS} = \frac{1}{N+1} \sum_{n=0}^{N} y(N-n),$$

den die DIN-Norm 1319 bei konstantem b angibt. Der Schätzer $\hat{b}_{LS}$ ist erwartungstreu:

$$E\{\hat{b}_{LS}\} = \frac{1}{N+1} \sum_{n=0}^{N} E\{b + e(n)\} = E\{b\}.$$

Die Schätzfehlervarianz $V_{\tilde{b}LS} = \sigma_{\tilde{b}LS}^2$ wird:

$$\sigma_{\tilde{b}LS}^2 = E\{(\hat{b}_{LS} - b)^2\} = \frac{\sigma_e^2}{N+1}.$$

In der Praxis wird man nicht zu große Hoffnungen auf einen großen Stichprobenumfang setzen, weil die Meßgröße bei keinem Versuch über beliebig lange Meßzeiten konstant bleibt und kleine Abtastzeiten nur wenig Verbesserung bringen (vgl. Bsp. 5).

Aus dem Blickpunkt der Systemtheorie ist dieser Schätzer ein linearphasiges FIR-Filter mit der Impulsantwort:

$$g(n) = \begin{cases} \dfrac{1}{N+1} & \text{für } n \in [0,N] \\ 0 & \text{sonst.} \end{cases}$$

Die z-Transformierte wird mit der Summenformel für geometrische Reihen:

$$G(z) = \frac{1}{N+1} \frac{1 - z^{-(N+1)}}{1 - z^{-1}} = \frac{1}{N+1} z^{-\frac{N}{2}} \frac{z^{\frac{N+1}{2}} - z^{-\frac{N+1}{2}}}{z^{\frac{1}{2}} - z^{-\frac{1}{2}}}.$$

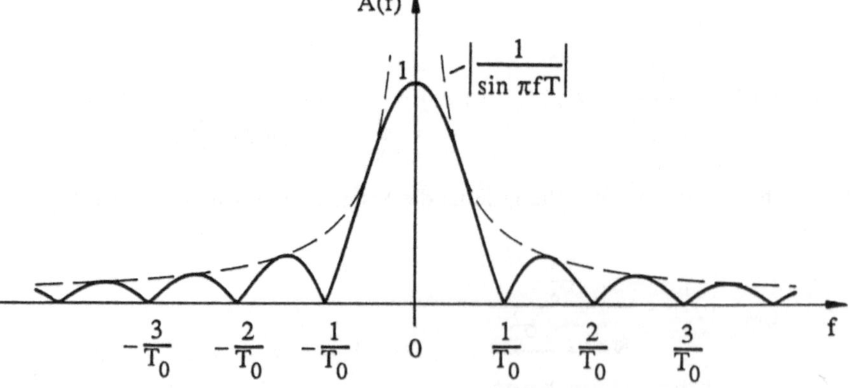

Bild 8.6. Amplitudengang des arithmetischen Mittelwerts

Der Amplitudengang $A(\Omega)$ (Bild 8.6) wird mit $A(\Omega) = |G(e^{j\Omega})|$, $\Omega = 2\pi fT$, $T_0 = (N+1)T$:

$$A(\Omega) = \frac{1}{N+1} \left| \frac{\sin\frac{N+1}{2}\Omega}{\sin\frac{1}{2}\Omega} \right|.$$

Das Filter $g(n)$ ist ein Tiefpaß, der im Bereich $0 < |f| < \frac{1}{(N+1)T} = \frac{1}{T_0}$ die Spektralanteile des Signals fast ungehindert passieren läßt.

Beispiel 5: Wir bleiben bei der Grundaufgabe der Meßtechnik. Das Meßsignal sei in der Beobachtungszeit konstant, $y(n) = b + e(n)$. Wir haben aber durch gesonderte Untersuchungen die Korrelationsfunktion des Störsignals ermittelt:

$$V_e(n) = \sigma_e^2\, a^{|n|}, \qquad a = e^{-T/T_e},$$

$$T: \quad \text{Abtastzeit,}$$

$$T_e: \quad \text{Zeitkonstante der Korrelationsfunktion des Störsignals.}$$

Die zugehörige Kovarianzmatrix V_e ist eine der wenigen, die sich analytisch invertieren lassen. Wie man selbst nachprüft, gilt:

$$V_e = \sigma_e^2 \begin{pmatrix} 1 & a & a^2 & \dots & a^N \\ a & 1 & a & \dots & a^{N-1} \\ a^2 & a & 1 & \dots & a^{N-2} \\ \vdots & \vdots & \vdots & & \vdots \\ a^N & a^{N-1} & a^{N-2} & \dots & 1 \end{pmatrix}, \quad V_e^{-1} = \frac{1}{\sigma_e^2(1-a^2)} \begin{pmatrix} 1 & -a & & & 0 \\ -a & 1+a^2 & -a & & \\ & -a & 1+a^2 & -a & \\ & & & \ddots & \\ 0 & & & & 1 \end{pmatrix}.$$

Ohne Vorwissen über die Statistik des Meßsignals, $K_b^{-1} = 0$, erhält man mit $y = 1\,b + e$ den Minimum-Varianz-Schätzer:

$$\hat{b}_{MV} = (1^T V_e^{-1}\, 1\,)^{-1}\, 1^T V_e^{-1}\, y$$

$$= \frac{1}{(N+1)(1-a)+2a} \,(1\ \ 1{-}a\ \dots\ 1{-}a\ \ 1)\, y$$

$$= \frac{1}{(N+1)(1-a)+2a} \left(\sum_{n=0}^{N} y(N-n) - a\sum_{n=1}^{N-1} y(N-n) \right).$$

Der Minimum-Varianz-Schätzer bewertet die erste und die letzte Messung der Stichprobe stärker als der Mittelwertschätzer. Die Schätzfehlerkovarianzmatrix $V_{\tilde{b}MV}$, hier $\sigma_{\tilde{b}MV}^2$, wird:

$$\sigma_{\tilde{b}MV}^2 = E\{(\hat{b}_{MV} - b)^2\} = (1^T V_e^{-1}\, 1\,)^{-1} = \frac{1+a}{(N+1)(1-a)+2a}\,\sigma_e^2.$$

Der Minimum-Varianz-Schätzer $\hat{b}_{MV}$ ist wie der einfache Mittelwertschätzer $\hat{b}_{LS}$ erwartungstreu. Die Schätzfehlervarianz $\sigma_{\tilde{b}LS}^2$ des Mittelwertschätzers wird nach längerer Rechnung:

$$\sigma_{\hat{b}LS}^2 = E\{(\hat{b}_{LS} - b)^2\} = \frac{1}{(N+1)^2}\, \boldsymbol{1}^T V_e\, \boldsymbol{1}$$

$$= \frac{1}{(N+1)^2}\, \frac{(N+1)(1-a^2) - 2a\,(1-a^{N+1})}{(1-a)^2}\, \sigma_e^2.$$

In Bild 8.7 ist die Verbesserung der Schätzfehlervarianz $\sigma_{\tilde{b}MV}^2$ im Vergleich zur Schätzfehlervarianz $\sigma_{\tilde{b}LS}^2$ des Mittelwertschätzers über der Beobachtungszeit $T_0 = (N+1)T$ aufgetragen. Wie erwartet ist der Minimum-Varianz-Schätzer besser als der Mittelwertschätzer. Der Vorteil ist aber recht gering.

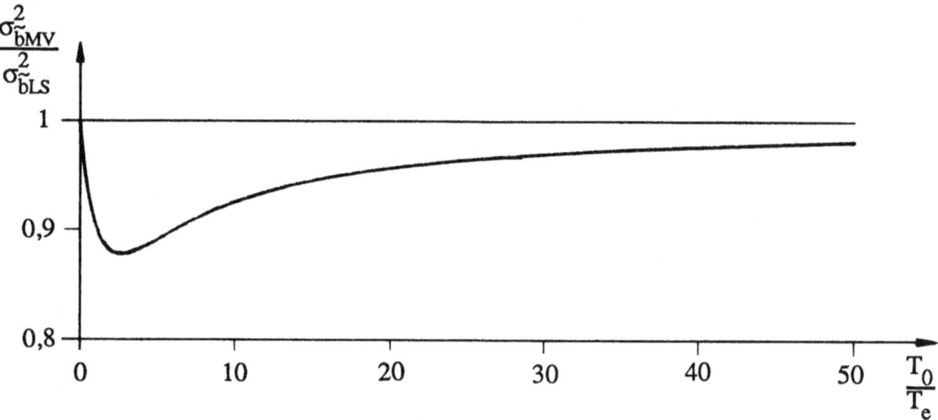

Bild 8.7. Vergleich von Minimum-Varianz- und Mittelwertschätzer

Wir tasten das Signal sehr schnell ab, $T \to 0$, und rechnen die Varianz $\sigma_{\tilde{b}MV,T\to0}^2$ für eine feste Beobachtungszeit $T_0 = (N+1)T$. Dann gilt mit $a = e^{-T/T_e} \approx 1 - \frac{T}{T_e}$ für die Varianz:

$$\sigma_{\tilde{b}MV,T\to0}^2 \approx \frac{1}{N+1}\, \frac{1+a}{1-a}\, \sigma_e^2 = \frac{2T_e}{T_0}\, \sigma_e^2.$$

Um zu untersuchen, ob sich die schnelle Abtastung lohnt, wählen wir für die Abtastzeit die Breite T_e der Korrelationsfunktion, $T = T_e$. Wir erhalten mit $a = e^{-1}$ und $(N+1)T_e = T_0$:

$$\sigma_{\tilde{b}MV,T=T_e}^2 \approx \frac{2,2}{N+1}\, \sigma_e^2.$$

Die Varianz hat sich lediglich um 10 % vergrößert. Meist kann man deshalb mit Abtastzeiten $T = T_e$ arbeiten und die Kovarianzmatrix zu $V_e = \sigma_e^2\, I$ setzen.

Im folgenden wird ein Signalmodell mit mehreren Komponenten benutzt. Mit den Algorithmen in Satz 8.2 können alle Komponenten geschätzt werden. Im Strukturbild (Bild 8.4) ermittelt eine Filterbank die Schätzwerte $\hat{b}_k$, $i = 1, \ldots, K$.

Beispiel 6: Mit einer optischen Basis (Triangulation) wird die Entfernung x(n) zu einem fahrenden Objekt laufend gemessen. Man kann annehmen, daß sich in der Beobachtungszeit $T_0 = (2N+1)T$ das Objekt mit konstanter Geschwindigkeit $\dot{x}(n)$ auf die Basis zu bewegt. Die gestörten Meßwerte sind:

$$\boldsymbol{y}^T = (y(n-N) \quad y(n-N+1) \ \dots \ y(n) \quad y(n+1) \ \dots \ y(n+N)).$$

Das Signalmodell lautet:

$$y(n-i) = x(n) - \dot{x}(n)\, i\, T + e(n-i), \quad i = -N,\dots, N,$$

oder in Matrixschreibweise:

$$\boldsymbol{y} = \boldsymbol{X}\,\boldsymbol{b} + \boldsymbol{e}, \qquad \boldsymbol{X}^T = \begin{pmatrix} 1 & 1 & \dots & 1 \\ N & N-1 & \dots & -N \end{pmatrix}, \qquad \boldsymbol{b} = \begin{pmatrix} x(n) \\ -\dot{x}(n)T \end{pmatrix}.$$

Wir nehmen $K_b^{-1} = 0$ und $V_e = \sigma_e^2 I$ an und erhalten mit der Normalengleichung (Gl. 8.9):

$$\hat{\boldsymbol{b}} = (\boldsymbol{X}^T\boldsymbol{X})^{-1}\boldsymbol{X}^T\boldsymbol{y} = \boldsymbol{G}\,\boldsymbol{y},$$

$$\boldsymbol{X}^T\boldsymbol{X} = \begin{pmatrix} 2N+1 & 0 \\ 0 & \sum\limits_{n=-N}^{N} n^2 \end{pmatrix} = \begin{pmatrix} 2N+1 & 0 \\ 0 & \frac{1}{3}N(N+1)(2N+1) \end{pmatrix},$$

$$\hat{\boldsymbol{b}} = \begin{pmatrix} \frac{1}{2N+1} & 0 \\ 0 & \frac{3}{N(N+1)(2N+1)} \end{pmatrix} \begin{pmatrix} 1 & 1 & \dots & 1 \\ N & N-1 & \dots & -N \end{pmatrix} \boldsymbol{y} = \begin{pmatrix} \boldsymbol{g}_1^T \\ \boldsymbol{g}_2^T \end{pmatrix} \boldsymbol{y}.$$

Die Impulsantwort für den Ort, $\hat{b}_1 = \hat{x}(n)$, lautet damit:

$$g_1(n) = \begin{cases} \dfrac{1}{2N+1} & n \in [-N,N] \\[2mm] 0 & \text{sonst} \end{cases}$$

und die Impulsantwort für die Geschwindigkeit, $\hat{b}_2 = -\hat{\dot{x}}(n)T$:

$$g_2(n) = \begin{cases} -\dfrac{3n}{N(N+1)(2N+1)T} & \text{für } n \in [-N,N] \\[2mm] 0 & \text{sonst.} \end{cases}$$

Die Schätzfehlerkovarianz $V_{\tilde{b}}$ wird:

$$V_{\tilde{b}} = (\boldsymbol{X}^T V_e^{-1} \boldsymbol{X})^{-1} = \begin{pmatrix} \frac{1}{2N+1} & 0 \\ 0 & \frac{3}{N(N+1)(2N+1)} \end{pmatrix} \sigma_e^2,$$

$$\sigma_{\tilde{b}_1}^2 = \frac{1}{2N+1}\,\sigma_e^2, \qquad\qquad \sigma_{\tilde{b}_2}^2 = \frac{3}{N(N+1)(2N+1)}\,\sigma_e^2.$$

Das Beispiel soll noch erweitert werden. Der leichteren Rechnung wegen, wird im Kontinu-ierlichen gerechnet. Das Signal y(t) soll sich in der Beobachtungszeit $[t-\frac{T_0}{2},t+\frac{T_0}{2}]$ durch vier Glieder der Taylor-Reihe darstellen lassen:

$$y(t-\tau) = x(t) - \dot{x}(t)\,\tau + \frac{1}{2}\,\ddot{x}(t)\,\tau^2 - \frac{1}{6}\,\dddot{x}(t)\,\tau^3 + e(t-\tau).$$

Unbekannte, zu schätzende Parameter sind:

$$\boldsymbol{b}^{T}(t) = (x(t) \quad -\dot{x}(t) \quad \tfrac{1}{2}\,\ddot{x}(t) \quad -\tfrac{1}{6}\,\dddot{x}(t)).$$

Wir machen Gebrauch von Satz 8.1 und rechnen die Impulsantworten $g_k(t)$:

$$\sum_{j=1}^{4} \alpha_{kj} \int_{-\frac{T_0}{2}}^{\frac{T_0}{2}} \tau^{j-1}\,\tau^{i-1}\,d\tau = \delta_{ik}, \qquad\qquad i,\,k = 1,\,...,\,4.$$

Nach einfacher aber umfangreicher Rechnung erhält man die Impulsantworten:

$$g_1(t) = \begin{cases} \dfrac{3}{4T_0}\left(3 - 20\left(\dfrac{t}{T_0}\right)^2\right) & \text{für } t \in [-\frac{T_0}{2}, \frac{T_0}{2}] \\[2ex] 0 & \text{sonst,} \end{cases}$$

$$g_2(t) = \begin{cases} \dfrac{15}{2T_0^2}\left(10\,\dfrac{t}{T_0} - 56\left(\dfrac{t}{T_0}\right)^3\right) & \text{für } t \in [-\frac{T_0}{2}, \frac{T_0}{2}] \\[2ex] 0 & \text{sonst,} \end{cases}$$

$$g_3(t) = \begin{cases} \dfrac{15}{T_0^3}\left(-1 + 12\left(\dfrac{t}{T_0}\right)^2\right) & \text{für } t \in [-\frac{T_0}{2}, \frac{T_0}{2}] \\[2ex] 0 & \text{sonst,} \end{cases}$$

$$g_4(t) = \begin{cases} \dfrac{70}{T_0^4}\left(-6\,\dfrac{t}{T_0} + 40\left(\dfrac{t}{T_0}\right)^3\right) & \text{für } t \in [-\frac{T_0}{2}, \frac{T_0}{2}] \\[2ex] 0 & \text{sonst.} \end{cases}$$

$$(8.25)$$

Systemtheoretisch sind die gewonnenen Impulsantworten $g_k(t)$ akausale FIR-Filter mit den Symmetrieeigenschaften:

$$g_1(t) = g_1(-t), \quad g_2(t) = -g_2(-t), \quad g_3(t) = g_3(-t), \quad g_4(t) = -g_4(-t).$$

Die Impulsantworten $g_k(t)$ und die Spektren $G_k(f)$ sind in Bild 8.8 aufgetragen.

Der Schätzer nach Gl. 8.25 ist eine Filterbank von vier akausalen FIR-Filtern. Das Spektrum des Filters $g_1(t)$ für $\hat{x}(t)$ ist für kleine Frequenzen erheblich breiter als etwa das des arithmetischen Mittelwertes in Bild 8.6. Das Filter $g_2(t)$ für $\hat{x}(t)$ zeigt im Spektrum für kleine Frequenzen den Frequenzgang eines Differenzierers.

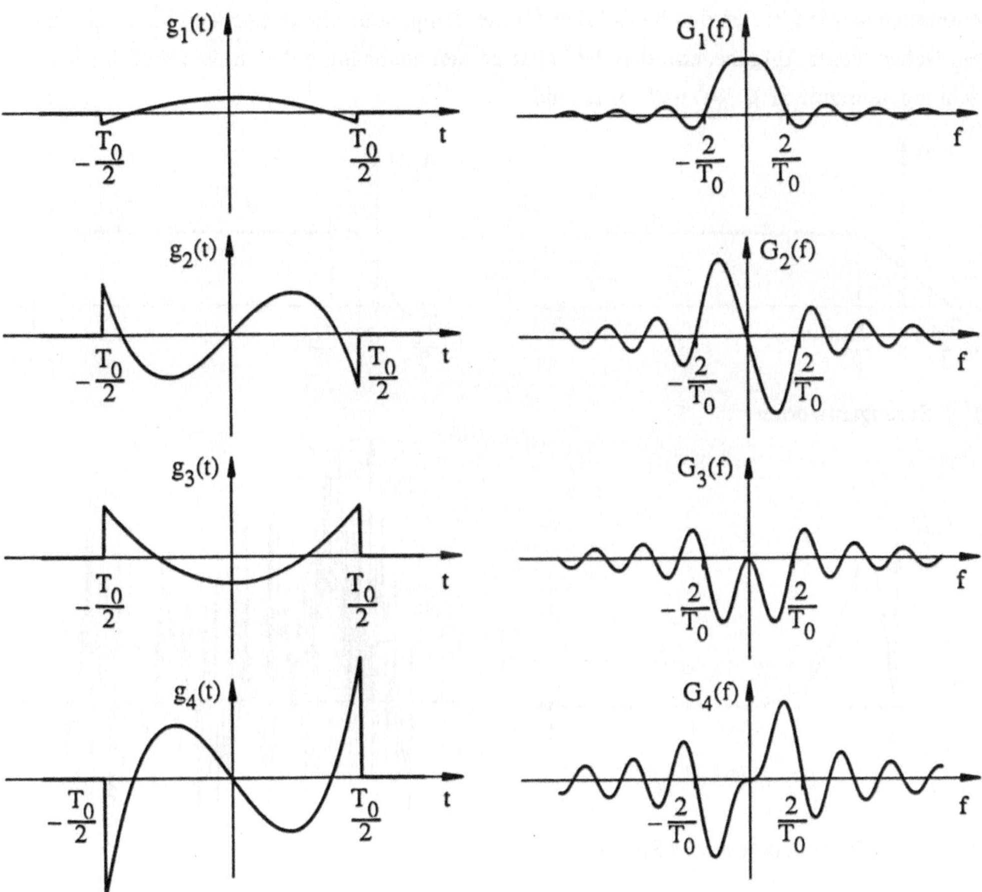

Bild 8.8. Impulsantworten $g_k(t)$ und Spektren $G_k(f)$

Der Leser mag sich fragen, was die Schätzung mehrerer Signalparameter in der Praxis soll, wenn nur eine Komponente interessiert. Der Vorteil liegt darin, daß durch die Berücksichtigung weiterer Signalkomponenten im Modellansatz ihr Einfluß auf das Schätzergebnis eliminiert wird. Nach Satz 8.1 gilt: $g_k^T x_i = \delta_{ki}$.

Korrelationsfunktionen und Korrelationsmatrizen eines Signals sind gut und schön, sie werden ganz überwiegend für stationäre Signale (Kap. 8.4 und Kap. 8.5) benützt. Was aber nützt die Korrelationsfunktion der Temperatur eines intermittierend beheizten Glühofens, der über Stunden hinweg stationär betrieben wird, wenn die aktuelle Temperaturmessung durch höherfrequente Störsignale beeinträchtigt wird?

Die bessere Signaldarstellung basiert hier auf dem Vorwissen, daß das ungestörte Temperatursignal einen stetigen glatten Verlauf hat, der sich durch ein Polynom in der Zeit mit einigen wenigen Gliedern darstellen läßt. Die Störungen, die als stationäres weißes Rauschen angenommen werden, sollen durch das Filter für die Temperatur $\hat{x}(t)$ weitgehend beseitigt werden. Neben dieser Aufgabe, ermittelt der Schätzer $\hat{x}(t)$ unabhängig davon, wie groß im Beobachtungszeitraum $\dot{x}(t)$, $\ddot{x}(t)$ und $\dddot{x}(t)$ sind.

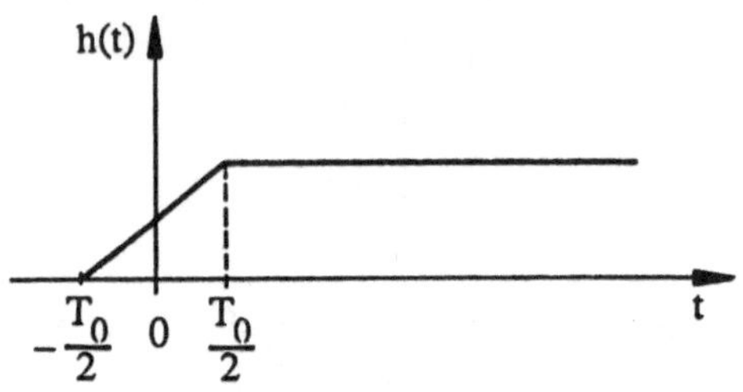
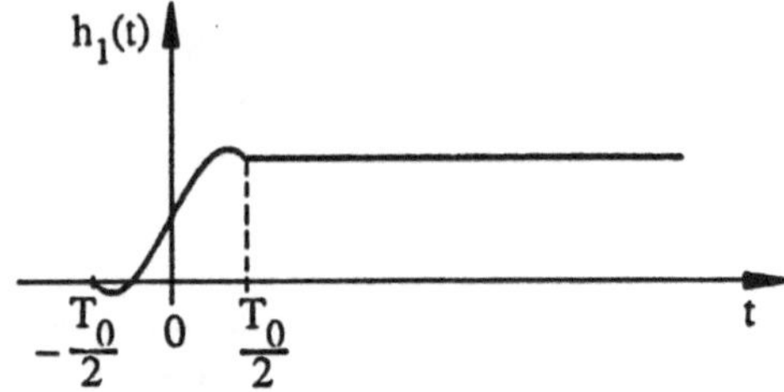

a)   Sprungantworten

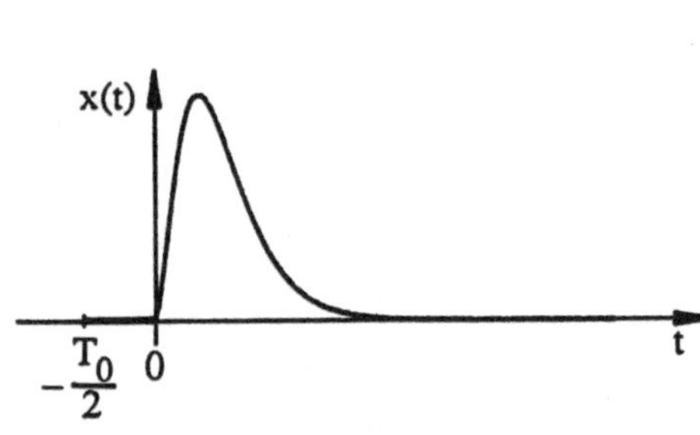
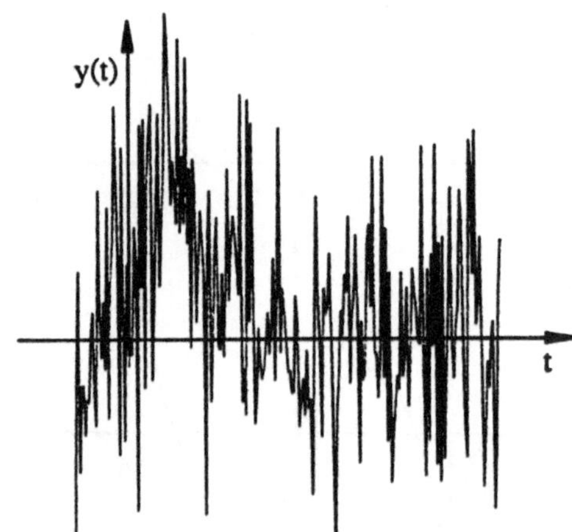

b)   Ungestörtes und gestörtes Signal

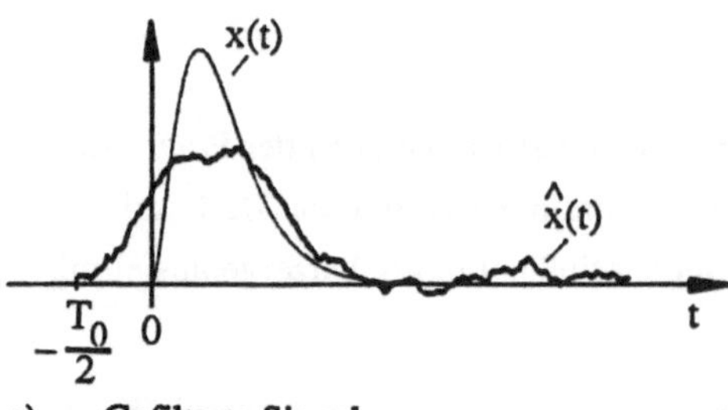
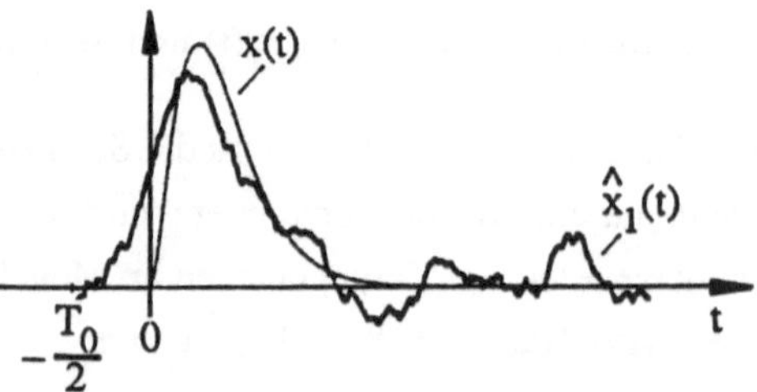

c)   Gefilterte Signale

Bild 8.9. Filterung des Signals mit dem arithmetischen Mittelwert $g(t)$
und mit $g_1(t)$ nach Gl. 8.24

In Bild 8.9a ist die Sprungantwort h(t) des arithmetischen Mittelwertes und die des Schätzers $\hat{h}_1(t)$ nach Gl. 8.24 für $\hat{x}(t)$ aufgetragen. Bild 8.9b zeigt ein ungestörtes Signal x(t) und das durch weißes Rauschen gestörte Signal y(t). Bild 8.9c zeigt das mit dem Mittelwertschätzer g(t) und dem Schätzer $g_1(t)$ gefilterte Signal $\hat{x}(t)$. Die Sprungantwort $h_1(t)$ des Filters $g_1(t)$ hat bei gleicher Beobachtungszeit T_0 einen wesentlich steileren Anstieg als der arithmetische Mittelwertschätzer h(t). Das Filter $g_1(t)$ bringt wegen der orthogonalen Eigenschaften einen Verlauf $\hat{x}(t)$, der erheblich besser als bei Einsatz der Mittelwertschätzung liegt. Die Störanteile werden mit dem Filter $g_1(t)$ nicht ganz so stark unterdrückt, wie beim Mittelwertschätzer.

Beispiel 7: Identifikation, Ermittlung des Frequenzganges eines unbekannten LTI-Systems. Ein stabiles System mit der Impulsantwort g(t) hat die Eigenfunktion $e^{j2\pi ft}$ mit dem Eigenwert G(f) (Def. 5.2). Im stationären Zustand erzeugt ein harmonisches Eingangssignal

$$u(t) = u_0 \cos 2\pi ft$$

ein Ausgangssignal

$$x(t) = \frac{1}{2} u_0 (G(f) \, e^{j2\pi ft} + G(-f) \, e^{-j2\pi ft}) = u_0 \, |G(f)| \cos(2\pi ft - \phi(f)).$$

Unbekannt ist der Amplitudengang A(f) = |G(f)| und die Phase $\phi(f)$. Auf der Suche nach einem in den Parametern b_1 und b_2 linearen Signalmodell wird:

$$y(t) = u_0 \, |G(f)| \cos \phi(f) \cos 2\pi ft + u_0 \, |G(f)| \sin \phi(f) \sin 2\pi ft + e(t)$$

$$= b_1 \cos 2\pi ft + b_2 \sin 2\pi ft + e(t)$$

mit:

$$|G(f)|^2 = \frac{1}{u_0^2} (b_1^2 + b_2^2), \qquad \tan \phi(f) = \frac{b_2}{b_1}.$$

Für jede Frequenz F_M ist ein Schätzer zu entwerfen. Wir beobachten M Perioden $T_0 = MT_M$ und erhalten den Schätzer nach Satz 8.1:

$$\hat{b}_1(t) = g_1(t) * y(t), \qquad g_1(t) = \begin{cases} \dfrac{2}{MT_M} \cos 2\pi F_M t & \text{für } t \in [-\dfrac{T_0}{2}, \dfrac{T_0}{2}] \\ 0 & \text{sonst,} \end{cases}$$

$$\hat{b}_2(t) = g_2(t) * y(t), \qquad g_2(t) = \begin{cases} \dfrac{2}{MT_M} \sin 2\pi F_M t & \text{für } t \in [-\dfrac{T_0}{2}, \dfrac{T_0}{2}] \\ 0 & \text{sonst.} \end{cases}$$

Das Verfahren ist in Frequenzgangmeßplätzen weit verbreitet (orthogonale Korrelation). Bild 8.10 zeigt den Amplitudengang $A_k(f) = |G_k(f)|$ des Schätzers g_k, k = 1, 2 in zeitdiskreter Form. Der Schätzer ist ein Bandpaß um die Frequenz F_M. Der Durchlaßbereich ist um so schmaler, je größer die Periodenzahl M ist.

Der vorstehende Modellansatz ist nicht ganz realistisch. Dem Eingangs- und Ausgangssignal ist ein statischer Anteil $u_0 \, G(0)$ und y_0 überlagert, der im Signalmodell zu berücksichtigen ist. Die Aufgabe kann nach Gl. 8.17 von dem konstanten Anteil befreit und zentriert behandelt werden.

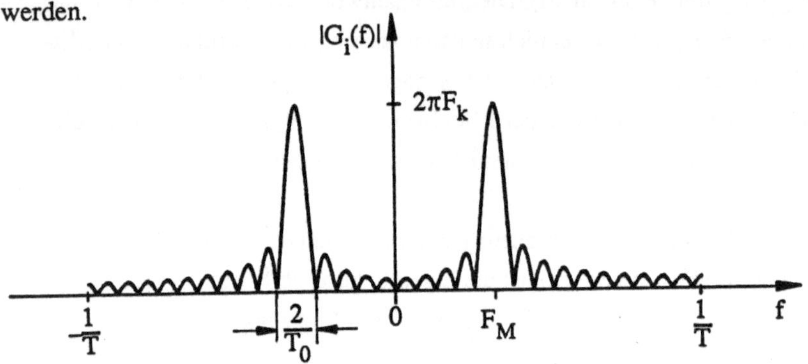

Bild 8.10. Amplitudengang von $g_k(t)$, $k = 1, 2$

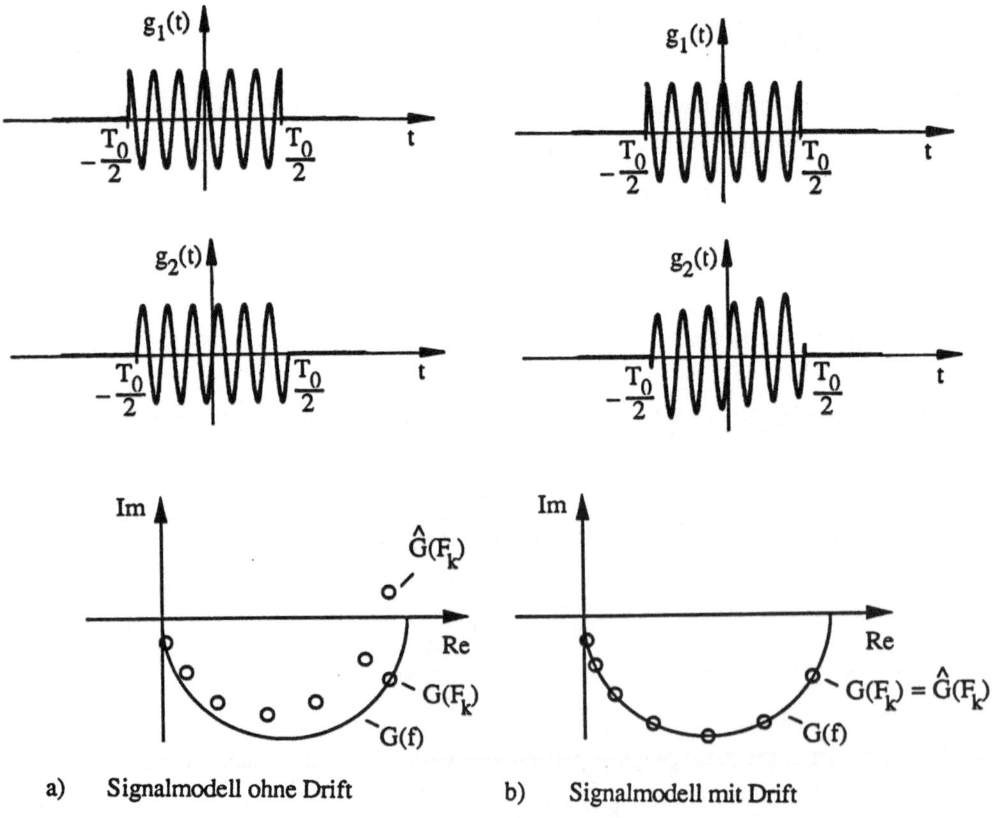

a)   Signalmodell ohne Drift   b)   Signalmodell mit Drift

Bild 8.11. Impulsantwort für die Schätzparameter b_1 und b_2 und die geschätzte Ortskurve

Häufig ist das Ausgangssignal von einer Drift überlagert. Der Modellansatz lautet dann:

$$y(t) = b_0 + b_1 \cos 2\pi F_M t + b_2 \sin 2\pi F_M t + b_3 t + e(t).$$

Bild 8.11 zeigt die Impulsantwort für die Parameter b_1 und b_2 mit und ohne Berücksichtigung der Drift für $M = 6$ und das Schätzergebnis für verschiedene F_M an einem System

$$G(f) = \frac{1}{1 + j2\pi f T_s} .$$

Beispiel 8: Aus einem Behälter mit Schüttgut wird laufend ein konstanter Massenstrom abgezogen. Gemessen wird die Masse m(t) des Behälters. Das Ausgangssignal y(t) enthält Rauschanteile des Meßverstärkers und Quantisierungsfehler des A/D-Wandlers, die mit dem Meßfehler e(t) beschrieben werden. Gesucht ist die Leistungsdichte $L_e(z)$ des Meßfehlers. Das Signalmodell lautet:

$$y(n) = m(0) - m\, nT + e(n).$$

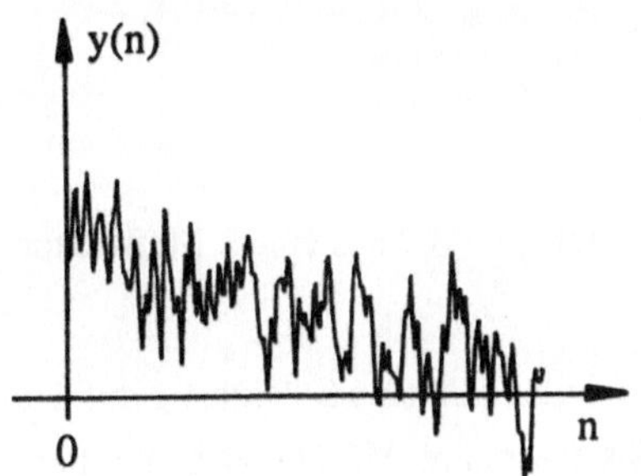
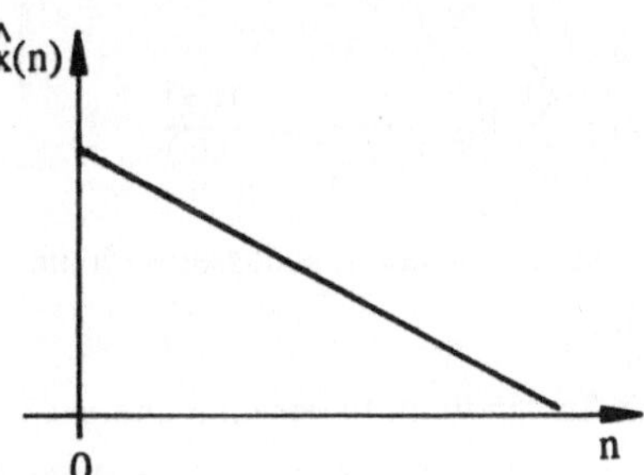
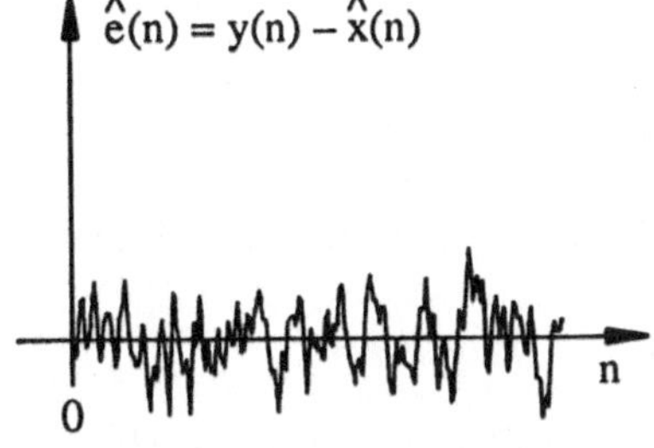
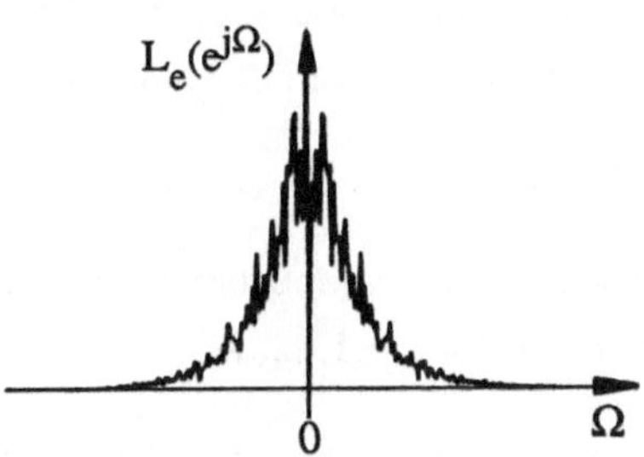

Bild 8.12. Schätzen der Leistungsdichte eines stationären Rauschsignals in einem instationären Prozeß

Die Leistungsdichte vom stationären Rauschsignal e(n) erhält man, indem die Parameter m(0) und $\dot{m}$ mit dem Regressionsansatz (Satz. 8.1) geschätzt werden. Man erhält ein geschätztes Signal

$$\hat{x}(n) = \hat{m}(0) - \hat{m}\, nT.$$

Das geschätzte Rauschsignal wird

$$\hat{e}(n) = y(n) - \hat{x}(n).$$

Die Leistungsdichte zu $\hat{e}(n)$ wird nach der Beziehung in Tab. 4.1 etwa mit Hilfe der FFT gewonnen. In Bild 8.12 sind die einzelnen Vorgänge festgehalten.

Beispiel 9: Das Signalmodell sei der Exponentialansatz

$$x(n) = \sum_{k=1}^{K} b_k \, z_{\infty k}^{n}.$$

Die z-Transformierte des Signals ist eine rationale Funktion in z, wobei die Koeffizienten b_k die Residuen zum Pol $z_{\infty k}$ sind. Es ist vorausgesetzt $z_{\infty k} \neq z_{\infty j}$ für $k \neq j$, da sonst die Basis $\{z_{\infty k}^{n}\}$ linear abhängig wäre. Mit Gl. 5.7 und den Polynomen $A(z)$ sowie $B(z)$ vom Grad K gilt:

$$X(z) = \sum_{k=1}^{K} b_k \, \frac{z}{z - z_{\infty k}} = \frac{B(z)}{A(z)}.$$

Sind die Pole $z_{\infty k}$ bekannt, so lassen sich die Residuen b_k nach Satz 8.2 aus einem Meßvektor *y* ermitteln.

Dazu eine Anwendung: In der industriellen Wägetechnik werden einzelne Stückgüter mit der Masse m_i gewogen. Die Zeit T_s, die notwendig ist um das stationäre Ausgangssignal zu erreichen, ist oft einem schnellen Durchsatz der Massen m_i hinderlich. Mit einer Lichtschranke wird gemeldet, wenn die Masse m_i vollständig auf der Wägeeinrichtung liegt. Das unbekannte Eingangssignal ist ab diesem Zeitpunkt der Sprung $u(n) = m_i\, \sigma(n)$ mit

$$U(z) = \frac{z}{z - 1}\, m_i.$$

Das Ausgangssignal der Meßeinrichtung wird dann mit Gl. 5.6 und den gegebenen Anfangsbedingungen $y(-k)$, $k = 1, ..., K$:

$$X_+(z) = G(z)\, U_+(z) - \frac{1}{A(z)} \sum_{k=1}^{K} A_k(z)\, y(-k).$$

Im Zeitbereich gilt mit dem überlagerten Störsignal $e(n)$:

$$y(n) = G(1)\, m_i + \sum_{k=1}^{K} b_k \, z_{\infty k}^{n} + e(n).$$

Als stabiles System hat G(z) keinen Pol bei z = 1. Bei Meßeinrichtungen ist wegen der stationären Genauigkeit $G(1) = 1$. Nach Satz 8.2 wird ein Least-Squares-Schätzer mit der Impulsantwort g_0 allein für den Parameter m_i entworfen. Wegen der Orthogonalität zu den anderen Basisvektoren $z_{\infty k}$, $z_{\infty k}^T = (z_{\infty k}^0 \; z_{\infty k}^1 \; ... \; z_{\infty k}^K)$ ist $g_0^T \, z_{\infty k} = \delta_{0k}$. Damit wird unabhängig von den Anfangsbedingungen der stationäre Signalanteil geschätzt.

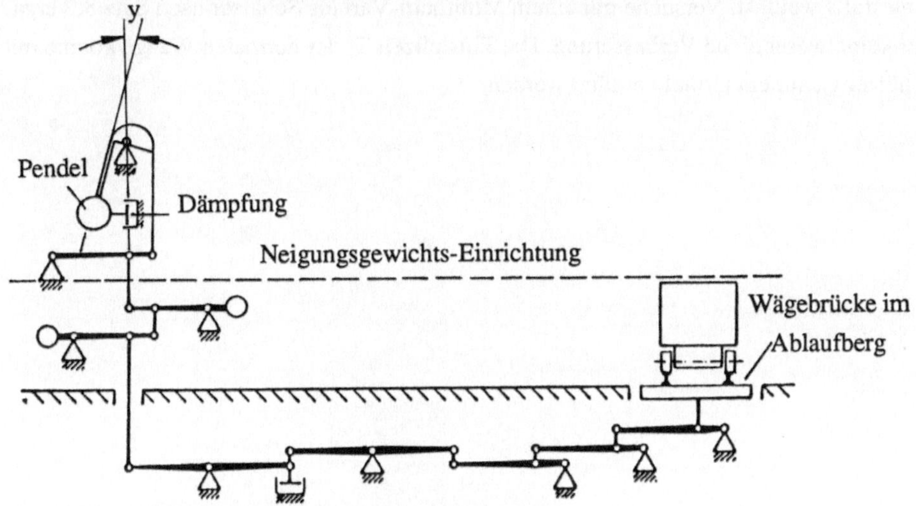

a)   Funktionsschema der Ablaufberg-Gleiswaage

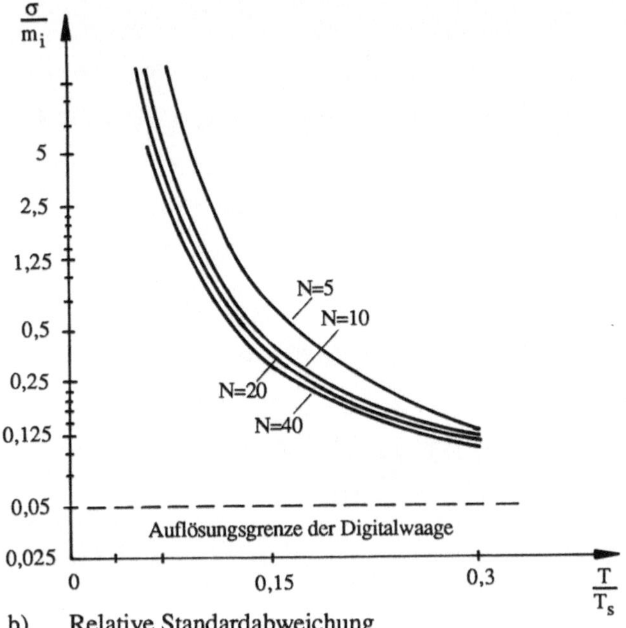

b)   Relative Standardabweichung

Bild 8.13. Zur Endwertschätzung bei einer Waage

Das Verfahren wurde u. a. für die Verwiegung von Güterwaggons auf einem Ablaufberg in einem Güterbahnhof erprobt /8.7/. Bild 8.13a zeigt die Struktur der mechanischen Waage. In Bild 8.13b ist die Abhängigkeit der relativen Standardabweichung $\frac{\sigma}{m_i}$ von der relativen Beobachtungszeit $\frac{T_0}{T_s}$ dargestellt. T_s ist die übliche Wägezeit. Kurvenparameter ist der Umfang N der Stichprobe. Die geringe Verbesserung für N > 10 läßt darauf schließen, daß das Störsignal e(n) keinesfalls weiß ist. Versuche mit einem Minimum-Varianz Schätzer nach Satz 8.2 ergaben aber keine wesentliche Verbesserung. Die Einstellzeit T_s der normalen Waage konnte mit dem Schätzer g_0 auf ein Drittel verkürzt werden.

•

8.5. Wiener-Filter

Diese Filter wurden von dem Mathematiker N. Wiener vor ca. 50 Jahren konzipiert und bei stark gestörten Radarsignalen angewendet. Vom Nutzsignal u(n) und der Störung e(n) sind die Korrelationsfunktionen $K_u(k)$ und $K_e(k)$ bekannt. Die verallgemeinerte Aufgabe zeigt Bild 8.14.

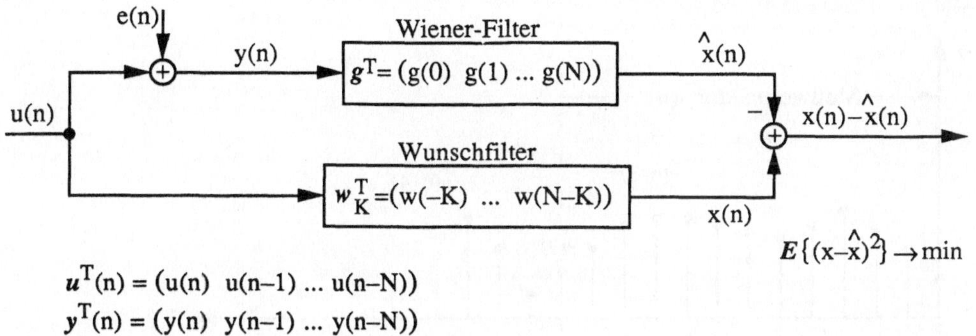

Bild 8.14. Allgemeine Funktion des Wiener-Filters

Das Signal y(n) = u(n) + e(n) wird im zu entwerfenden Wiener-Filter mit der Impulsantwort g verarbeitet. $\hat{x}(n) = g^T y(n)$ soll der Schätzwert für das Wunschsignal $x(n) = w_K^T u(n)$ sein.

Einige Beispiele für die Impulsantworten w(n) des Wunschfilters:

a)   w(n) = δ(n) gibt x(n) = u(n). Das gewünschte Ausgangssignal x(n) ist das aktuelle Signal u(n).

b)   w(n) = δ(n+K) gibt x(n) = u(n+K). Mit K > 0 wird ein in der Zukunft liegender Signalwert geschätzt (Prädiktion), mit K < 0 ein in der Vergangenheit liegender Signalwert (Glättung).

c)   Mit der Folge w_K^T = (w(–K) w(1–K) ... w(N–K)) erzeugen wir aus dem Nutzsignalvektor $u^T(n+K)$ = (u(n+K) u(n+K–1) .... u(n+K–N)) mit einer linearen Transformation die Faltung

$$x(n) = w_K^T u(n+K) = \sum_{m=0}^{N} w(m–K)\ u(n+K–m).$$

Das Wunschsignal kann ein Mittelwert, ein Differenzierer u. s. f. sein. K > 0 bedingt wieder die Vorhersage, K < 0 die Bearbeitung vergangener Werte (Bild 8.15).

Definition 8.5: *Filterung, Prädiktion und Glättung.*
Wird aus einer Stichprobe $y^T(n)$ = (y(n) y(n–1) ... y(n–N)) ein Schätzwert $\hat{x}(n)$ für

das Wunschsignal x(n) = $w_K^T\, u$(n+K), w_K^T = (w(–K) w(1–K) ... w(N–K)) ermittelt, so spricht man

von Filterung für K = 0,

von Glättung für K < 0,

von Prädiktion für K > 0.

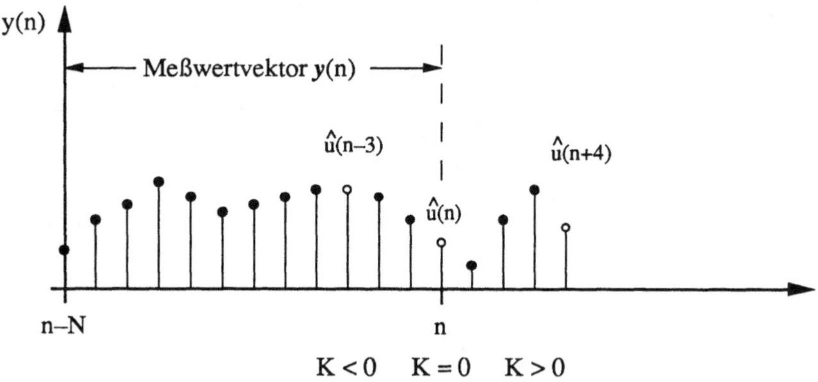

Bild 8.15. Glättung, Filterung und Prädiktion

8.5.1. Wiener-Filter vom FIR-Typ

Dieser Filtertyp läßt sich elegant in Matrixschreibweise formulieren. Nach dem Orthogonalitätsprinzip (Satz 1.4) muß der Schätzfehler

$$\tilde{x}(n) = x(n) - \hat{x}(n) = w_K^T\, u(n+K) - g^T y(n)$$

orthogonal zu jedem Element aus dem Meßwertvektor y(n) = u(n) + e(n) stehen:

$$g^T\, E\{y(n)\, y^T(n)\} = w_K^T\, E\{u(n+K)\, y^T(n)\}.$$

Mit den Annahmen, daß Nutzsignal u(n) und Störung e(n) stationär und unkorreliert sind, $E\{u(n+K)\, e^T(n)\} = 0$, gilt mit den Kovarianzmatrizen aus Def. C14:

$$g^T\, (K_u(0) + V_e(0)) = w_K^T\, K_u(K). \qquad \textit{(Wiener-Hopf-Gleichung)} \qquad (8.26)$$

Die enge Verwandtschaft zum Gauß-Markoff-Schätzer (Satz 8.2) soll gezeigt werden. Mit u(n) = b(n) ist im Signalmodell (Gl. 8.5b) $X = I$. Nach Gl. 8.21 ist der Gauß-Markoff-Schätzer dann:

$$G_{GM} = K_b(K_b + V_e)^{-1}.$$

Gilt zudem K = 0 und b(i) = u(n–i+1), so ist w_0^T = (1 0 ... 0) und die Verbindung zwischen dem Wiener-Filter g^T und dem Gauß-Markoff-Schätzer G_{GM} lautet:

$$g^T = w_0^T\, G_{GM}.$$

Wir rechnen die Varianz des Schätzfehlers $\sigma_{\tilde{x}}^2 = E\{(x - \hat{x})^2\}$. Nach dem Projektionstheorem ist $E\{\hat{x}^2\} = E\{x\,\hat{x}\}$ und damit:

$$\sigma_{\tilde{x}}^2 = E\{x^2\} - 2\,E\{x\,\hat{x}\} + E\{\hat{x}^2\} = E\{x^2\} - E\{\hat{x}^2\}.$$

Mit Gl. 8.25 wird:

$$\sigma_{\tilde{x}}^2 = w_K^T\,(K_u(0) - K_u(K)\,(K_u(0) + V_e(0))^{-1}K_u(K))\,w_K.$$

Die Ergebnisse werden in Satz 8.3 zusammengefaßt:

Satz 8.3: *Wiener-FIR-Filter.*

Das optimale Filter g für ein Wunschsignal $x(n) = w_K^T\,u(n+K)$ ist für voneinander unabhängige Signale $u(n)$ und $e(n)$ gegeben durch die Wiener-Hopf-Gleichung (Gl. 8.26):

$$g^T = w_K^T\,K_u(K)\,(K_u(0) + V_e(0))^{-1} = w_K^T\,G.$$

Mit $K = 0$ und Gl. 8.21 gilt:

$$g^T = w_0^T\,G$$

mit: $\qquad\qquad\qquad\qquad\qquad\qquad\qquad\qquad\qquad\qquad\qquad\qquad$ (8.27)

$$G = K_u(0)\,(K_u(0) + V_e(0))^{-1} = (K_u^{-1}(0) + V_e^{-1}(0))^{-1}\,V_e^{-1}(0).$$

Die minimale Schätzfehlervarianz wird:

$$\sigma_{\tilde{x}}^2 = w_K^T\,(K_u(0) - K_u(K)\,(K_u(0) + V_e(0))^{-1}K_u(K))\,w_K. \qquad (8.28)$$

Wiener-Filter sind, von Spezialfällen abgesehen, nicht stationär genau. Für $y(n) = 1$ gilt im allgemeinen $w_K^T\,1 \neq g^T\,1$.

Herleitung von G für $K = 0$:

$$G = K_u(0)\,(K_u(0) + V_e(0))^{-1} = (K_u(0)^{-1})^{-1}\,(K_u(0) + V_e(0))^{-1}$$

$$= ((K_u(0) + V_e(0))\,K_u(0)^{-1})^{-1} = (V_e(0)\,(K_u^{-1}(0) + V_e^{-1}(0)))^{-1}$$

$$= (K_u^{-1}(0) + V_e^{-1}(0))^{-1}\,V_e^{-1}(0).$$

Wiener-Filter werden numerisch nach Satz 8.3 gerechnet. Analytisch lösbare Beispiele gibt es kaum.

Beispiel 10:

a) Nutzsignal $u(n)$ und Störung $e(n)$ haben ähnliche Kovarianzfunktionen, sind aber stochastisch unabhängig:

$$K_u(k) = \sigma_u^2\,V(k), \qquad V_e(k) = \sigma_e^2\,V(k), \qquad V(0) = 1.$$

Mit Satz 8.3 werden die Schätzmatrix G und die Impulsantwort g^T für K = 0:

$$G = \frac{\sigma_u^2}{\sigma_u^2 + \sigma_e^2}\, I, \qquad g_K = \frac{\sigma_u^2}{\sigma_u^2 + \sigma_e^2}\, w_0.$$

Das optimale Filter g entspricht dem Wunschfilter bis auf einen konstanten Faktor. Für die Varianz des Schätzfehlers gilt:

$$\sigma_{\tilde{x}}^2 = \frac{1}{\dfrac{1}{\sigma_u^2} + \dfrac{1}{\sigma_e^2}}\, w_0^T\, V(0)\, w_0.$$

Schätzt man einen Signalwert aus dem Intervall u(n) ... u(n–N), so wird das Wunschfilter w(n) = δ(n–k) und die Impulsantwort des Wiener-Filters:

$$g(n) = \frac{\sigma_u^2}{\sigma_u^2 + \sigma_e^2}\, \delta(n-k), \qquad \hat{u}(n-k) = \frac{\sigma_u^2}{\sigma_u^2 + \sigma_e^2}\, y(n-k).$$

Um zu prüfen, ob sich der Filterentwurf lohnt, beziehen wir die Varianz $\sigma_{\tilde{x}}^2$ auf die Varianz σ_e^2, d. h. auf die Fehlervarianz ohne Filter. Für den Fall der Signalschätzung gilt:

$$\frac{\sigma_{\tilde{x}}^2}{\sigma_e^2} = \frac{1}{1 + \dfrac{\sigma_e^2}{\sigma_u^2}}\ .$$

Bei ähnlichen Kovarianzfunktionen von Nutz- und Störsignal lohnt sich der Einsatz des Wiener-Filters nur für $\sigma_u^2 \ll \sigma_e^2$.

b)   Die Kovarianzfunktionen von Nutz- und Störsignal sind voneinander extrem verschieden. Das Nutzsignal soll sich über die Länge des FIR-Filters kaum ändern, das Störsignal soll weiß rauschen. Dann gilt für die entsprechenden Kovarianzfunktionen:

$$K_u(k) = \sigma_u^2, \qquad K_u(0) = \sigma_u^2 \begin{pmatrix} 1 & \cdots & 1 \\ \vdots & & \vdots \\ 1 & \cdots & 1 \end{pmatrix},$$

$$V_e(k) = \sigma_e^2\, \delta(n), \qquad V_e(0) = \sigma_e^2\, I.$$

Wir bestimmen die Schätzmatrix G des Wiener-Filters. Mit Gl. 8.27 wird für K = 0:

$$K_u(0) = G\, (K_u(0) + V_e(0)),$$

$$\sigma_u^2 = g_{ii}\, \sigma_e^2 + \sum_{j=1}^{N+1} g_{ij}\, \sigma_u^2, \quad i = 1, .., N+1.$$

Offensichtlich ist $g_{ij} = a$ eine Konstante für alle i und j. Man erhält:

$$\sigma_u^2 = (N+1)\, a\, \sigma_u^2 + a\, \sigma_e^2,$$

$$G = \frac{1}{N+1 + \dfrac{\sigma_e^2}{\sigma_u^2}} \begin{pmatrix} 1 & \cdots & 1 \\ \vdots & & \vdots \\ 1 & \cdots & 1 \end{pmatrix},$$

$$g^T = w_0^T\, G = \frac{1}{N+1 + \dfrac{\sigma_e^2}{\sigma_u^2}} \sum_{n=0}^{N} w(n)\; I^T.$$

Für die Fehlervarianz folgt:

$$\sigma_{\tilde{x}}^2 = \frac{1}{N+1 + \dfrac{\sigma_e^2}{\sigma_u^2}} \left(\sum_{n=0}^{N} w(n) \right)^2 \sigma_e^2.$$

Wir schätzen wieder den Signalwert u(n–k), $w(n) = \delta(n–k)$, und erhalten für die auf σ_e^2 bezogene Varianz:

$$\frac{\sigma_{\tilde{x}}^2}{\sigma_e^2} = \frac{1}{N + 1 + \dfrac{\sigma_e^2}{\sigma_u^2}}.$$

Das Ergebnis entspricht dem in Bsp. 4 entworfenen Schätzer. Mit zunehmender Beobachtungsdauer $T_0 = (N+1)\, T$ geht $\sigma_{\tilde{x}}^2$ gegen null.

$\bullet$

Beispiel 11: Wiener-Filter für kleine Störsignale, K = 0, $K_u(0) >> V_e(0)$. Das Nutzsignal soll durch die Korrelationsfunktion $K_u(k) = \sigma_u^2\, a^{|k|}$, $a = e^{-T/T_u}$ beschrieben sein. Das Störsignal ist wieder weißes Rauschen mit $V_e(0) = \sigma_e^2\, I$. Im Beobachtungszeitraum soll gelten: $K_u(k) >> \sigma_e^2$. Die Kovarianzmatrix $K_u(0)$ ist invertierbar:

$$K_u^{-1}(0) = \frac{1}{\sigma_u^2}\, \frac{1}{1 - a^2} \begin{pmatrix} 1 & -a & & & 0 \\ -a & 1+a^2 & -a & & \\ & -a & 1+a^2 & & \\ & & & & \\ 0 & & & & 1 \end{pmatrix}.$$

Nach Gl. 8.26 ist $G\,(K_u(0) + V_e(0)) = K_u(0)$. Mit $G = I + \Delta G$ und Vernachlässigen von $\Delta G\, K_u^{-1}(0)$ wird:

$$\Delta G = -V_e(0)\, K_u^{-1}(0) = -\frac{\sigma_e^2}{\sigma_u^2}\, \frac{1}{1-a^2}
\begin{pmatrix}
1 & -a & & & \mathbf{0} \\
-a & 1+a^2 & -a & & \\
 & -a & 1+a^2 & & \\
 & & & \ddots & \\
\mathbf{0} & & & & 1
\end{pmatrix}.$$

Die Varianz des Schätzfehlers wird:

$$\sigma_{\tilde{x}}^2 = w_0^T\,(I + \Delta G)\, V_e(0)\, w_0.$$

Mit der Signalschätzung gilt:

$$\frac{\sigma_{\tilde{x}}^2}{\sigma_e^2} = 1 - \frac{\sigma_e^2}{\sigma_u^2}\, \frac{1+a^2}{1-a^2}\,.$$

Wir rechnen den Fehler auch für den realistischen Fall $V_e(k) = \sigma_e^2\, a_e^{|k|}$, $a_e = e^{-T/T_e}$ und $K_u(k) = \sigma_u^2\, a_u^{|k|}$, $a_u = e^{-T/T_u}$, $T_u \gg T_e$. Wir erhalten aus $\Delta G = -V_e(0)\, K_u^{-1}(0)$ nach einfacher Rechnung:

$$\frac{\sigma_{\tilde{x}}^2}{\sigma_e^2} \approx 1 - \frac{\sigma_e^2}{\sigma_u^2}\left(1 + \frac{2a_u(a_u - a_e)}{1 - a_u^2}\right). \tag{8.29}$$

Mit größer werdendem a_u wird auch hier die Varianz des Schätzfehlers kleiner. Eine große Stichprobe oder ein langes FIR-Filter bei einem sich nur wenig ändernden Nutzsignal läßt sehr genaue Schätzungen zu.

Mit den Breiten T_u und T_e der Korrelationsfunktionen kann Gl. 8.29 dazu dienen, die mögliche Verbesserung mit dem optimalen Filter grob zu schätzen. Damit läßt sich entscheiden, ob die optimale Filterauslegung lohnt. Man erhält als obere Grenze für die relative Schätzfehlervarianz bei sehr kleinen Abtastzeiten T, $T \to 0$:

$$\left.\frac{\sigma_{\tilde{x}}^2}{\sigma_e^2}\right|_{T\to 0} \approx 1 - \frac{\sigma_e^2}{\sigma_u^2}\, \frac{T_u}{T_e}\,. \tag{8.30}$$

Für kleine Störsignale, $K_u(0) \gg V_e(0)$, stellt Gl. 8.30 eine handliche Gebrauchsformel für die bezogene Varianz des Schätzfehlers dar.   ●

8.5.2. Wiener-Filter vom IIR-Typ

Wir gehen vom Markoffschen Signalmodell (Bild 8.3) aus, wo eine Impulsfolge ein stabiles, kausales System G(z) erregt und eine Leistungsdichte $L(z) = G(z)\, G(z^{-1})\, \sigma_x^2$ erzeugt. G(z) soll eine realisierbare Systemfunktion mit endlich vielen Nullstellen und Polen sein. Ist G(z) kausal, dann ist $G(z^{-1})$ antikausal. Ist $G(z)$ stabil, so liegen die Pole von $G(z)$ im Einheits-kreis, $|z_{\infty i}| < 1$. Die Nullstellen und Pole von $G(z)\,G(z^{-1})$ werden eingeteilt in solche, die außerhalb und innerhalb des Einheitskreises liegen. Diejenigen, die innerhalb des Einheits-kreises liegen, werden einer kausalen Systemfunktion $A_+(z)$ also einem Minimalphasensystem zugeschlagen (Def. 5.6), die anderen einem antikausalen System $A_-(z)$. Die Systeme $A_+^{-1}(z)$ bzw. $A_-^{-1}(z)$ sind damit wieder kausale bzw. antikausale Systeme. Für die Leistungsdichte $L(z) = L(z^{-1})$ eines Signals gilt (Gl. 5.20):

$$L(z) = A_+(z)\,A_-(z), \qquad\qquad A_+(z^{-1}) = A_-(z), \qquad\qquad (8.31)$$

$$A_-(z^{-1}) = A_+(z).$$

Mit diesen Voraussetzungen kann das optimale Filter elegant im z-Bereich entworfen werden. Der einfachen Darstellung zuliebe werden nur Signalschätzungen behandelt. Ein Filter $\hat{x}(n) = g(n) * y(n)$ soll einen Schätzwert für ein Nutzsignal $u(n+K)$ liefern. Weiter sollen Nutzsignal $u(n)$ und Störsignal $e(n)$ mittelwertfrei und voneinander unabhängig sein. Daraus folgt mit Gl. 5.20 und $y(n) = u(n) + e(n)$:

$$V_y(k) = V_u(k) + V_e(k) \qquad \circ\!\!-\!\!\bullet \qquad L_y(z) = L_u(z) + L_e(z),$$

Besonders bequem rechnet es sich mit weißen Signalen. Mit einer Übertragungsfunktion $A_+(z)$ können wir $y(n)$ zu einem weißen Signal $w(n)$ machen:

$$W(z) = A_+^{-1}\,Y(z), \qquad\qquad L_w(z) = A_+^{-1}(z), \qquad A_-^{-1}(z)\,L_y(z) = 1. \qquad (8.32)$$

Nach Satz 8.2 ändert eine solche invertierbare Transformation das Schätzergebnis nicht. Der Schätzfehler wird für $K = 0$:

$$\tilde{x}(n) = u(n) - \hat{x}(n) = u(n) - \sum_{m=-\infty}^{\infty} g_w(m)\,w(n-m).$$

Mit dem Orthogonalitätsprinzip gilt für den optimalen Schätzer:

$$E\left\{\left(u(n) - \sum_{m=\infty}^{\infty} g_w(m)\,w(n-m)\right)w(n-k)\right\} = 0 \qquad\qquad (8.32)$$

für alle k aus der Stichprobe. Da $w(n)$ weißes Rauschen ist, folgt:

$$V_{wu}(k) = g_w(k). \qquad\qquad (8.33)$$

Das Filter $g_w(k)$ ist akausal, da sich $V_{wu}(k)$ im allgemeinen über alle k erstreckt. Für kausale Filter kann Gl. 8.33 nur für $k \geq 0$ erfüllt werden. Ist $y(n) = u(n) + e(n)$ und sind die Signale $u(n)$ und $e(n)$ voneinander unabhängig, so wird mit den Rechenregeln zur Leistungsdichte (Gl. 5.21):

$$L_{wu}(z) = A_+^{-1}(z^{-1})\,L_u(z) = A_-^{-1}(z)\,L_u(z) = G_w(z).$$

Mit Satz 8.2 wird der Schätzer $G_y(z)$ für das Signal $y(n)$:

$$G_y(z) = A_+^{-1}(z) \, G_w(z) = (A_+(z) \, A_-(z))^{-1} \, L_u(z) = \frac{L_u(z)}{L_y(z)} \ .$$

Im Zusammenhang mit einem kausalen Filter wird nun die erweiterte Aufgabe behandelt, mit $\hat{x}(n)$ einen Signalwert $u(n+K)$ zu schätzen. Aus dem Orthogonalitätsprinzip folgt wieder:

$$E\left\{ \left(u(n+K) - \sum_{m=0}^{\infty} g_w(m) \, w(n-m) \right) w(n-k) \right\} = 0 \qquad \text{für beliebige positive k,}$$

$$V_{wu}(k+K) = g_w(k).$$

Die Leistungsdichte wird zu:

$$L_{wu}(z) \, z^K = A_-^{-1}(z) \, L_u(z) \, z^K = G_w(z).$$

Wir schreiben $A_-^{-1}(z) \, L_u(z) \, z^K$ als Summe aus einer kausalen Folge $B_+(z)$ und einer antikausalen Folge $B_-(z)$:

$$A_-^{-1}(z) \, L_u(z) \, z^K = B_+(z) + B_-(z).$$

Damit erhalten wir für den kausalen Teil:

$$G_{w+}(z) = B_+(z) = (A_-^{-1}(z) \, L_u(z) \, z^K)_+ , \tag{8.34}$$

$$G_{y+}(z) = A_+^{-1}(z) \, B_+(z).$$

Bevor man ein Filter entwirft, sollte man wissen, wie groß der Nutzen des optimalen Filters ist. Wir rechnen die Varianz $\sigma_{\tilde{x}}^2$ des Schätzfehlers mit dem Orthogonalitätsprinzip:

$$\sigma_{\tilde{x}}^2 = E\left\{ \left(u(n+K) - \sum_{m=0}^{\infty} g_w(m) \, w(n-m) \right)^2 \right\}$$

$$= E\left\{ \left(u(n+K) - \sum_{m=0}^{\infty} g_w(m) \, w(n-m) \right) u(n+K) \right\}$$

$$= V_u(0) - \sum_{m=0}^{\infty} g_w(m) \, V_{wu}(K+m).$$

Mit Gl. 8.33 folgt:

$$\sigma_{\tilde{x}}^2 = V_u(0) - \sum_{m=0}^{\infty} g_w^2(m).$$

Der Leser erkennt, daß bei kausalem $g_w(n)$ der Schätzfehler größer wird im Vergleich zum akausalen Filter.

Wir rechnen die Leistungsdichte des Schätzfehlers für den akausalen Fall ($K = 0$):

$$L_{\tilde{x}}(z) = L_u(z) - L_{\hat{x}}(z)$$

$$= L_u(z) - G_y(z)\, G_y(z^{-1})\, L_y(z)$$

$$= L_u(z)\,(1 - G_y(z^{-1})).$$

Die Ergebnisse zusammengefaßt lauten:

Satz 8.4: *Wiener-IIR-Filter.*

Für mittelwertfreie Meßsignale $y(n) = u(n) + e(n)$ mit voneinander unabhängigen Nutz- und Störsignalen ist:

$$V_y(k) \qquad \circ\!\!-\!\!\bullet \qquad L_y(z) = A_+(z)\, A_-(z).$$

Da die Nullstellen und Pole von $A_+(z)$ innerhalb des Einheitskreises der z-Ebene liegen, gilt für den Entwurf des optimalen Filters:

-     Akausaler Fall:

$$G_y(z) = \frac{L_u(z)}{L_y(z)} = \frac{L_u(z)}{L_u(z) + L_e(z)} \ . \tag{8.35}$$

Die Leistungsdichte des Schätzfehlers ist gegeben durch:

$$L_{\tilde{x}}(z) = L_u(z)\,(1 - G_y(z^{-1})). \tag{8.36}$$

-     Kausaler Fall:

$$G_{y+}(z) = \frac{B_+(z)}{A_+(z)}, \qquad L_y(z) = A_+(z)\, A_-(z) \tag{8.37}$$

mit der Zerlegung von $A_-^{-1}(z)\, L_u(z)\, z^K$ in einen kausalen Teil $B_+(z)$ und einen antikausalen Teil $B_-(z)$:

$$B_+(z) + B_-(z) = \frac{1}{A_-(z)}\, L_u(z)\, z^K.$$

Die Leistungsdichte des Schätzfehlers ist gegeben durch:

$$L_{\tilde{x}}(z) = L_u(z)\,(1 - G_{y+}(z^{-1})\, z^K) = L_u(z) - B_+(z) + B_+(z^{-1}). \tag{8.38}$$

Bevor man ein Filter realisiert, sollte man die Varianz des Schätzfehlers rechnen, um festzustellen, ob die Realisierung lohnt. Es gilt für akausalen Fall:

$$\sigma_{\tilde{x}}^2 = V_u(0) - \sum_{m=-\infty}^{\infty} g_w^2(m), \qquad G_w(z) = A_+(z)\, G_y(z).$$

Im kausalen Fall wird nur über positive m summiert. Die Varianz des Schätzfehlers rechnet sich mit dem Residuensatz zu:

$$\sigma_{\tilde{x}}^2 = \frac{1}{2\pi j} \oint L_{\tilde{x}}(z)\, \frac{dz}{z} \ . \tag{8.39}$$

Die Vorgehensweise wird an einem wichtigen Standardbeispiel demonstriert.

Beispiel 12: Akausaler Filterentwurf.

Stör- und Nutzsignal haben eine Kovarianzfunktion der gleichen Struktur:

$$V_e(k) = \sigma_e^2 \, a_e^{|k|}, \qquad a_e = e^{-T/T_e}, \qquad 0 < a_e < 1,$$

$$V_u(k) = \sigma_u^2 \, a_u^{|k|}, \qquad a_u = e^{-T/T_u}, \qquad 0 < a_u < 1.$$

Wir rechnen die Leistungsdichte für das Stör- und das Nutzsignal:

$$L(z) = \sigma^2 \left(\frac{1}{1 - az^{-1}} + \frac{1}{1 - az} - 1 \right) = \sigma^2 \frac{a - a^{-1}}{z + z^{-1} - (a + a^{-1})} \ .$$

Mit:

$$N(z) = z + z^{-1} - (a + a^{-1}) = N_+(z) \, N_-(z),$$

$$N_+(z) = \frac{z - a}{z} \ , \qquad N_-(z) = z - a^{-1}, \qquad b = \sigma^2(a - a^{-1})$$

wird:

$$L(z) = \frac{b}{N(z)} = \frac{b}{N_+(z) \, N_-(z)} \ .$$

Die Leistungsdichte $L_y(z)$ wird für voneinander unabhängige Signale u(n) und e(n):

$$y(n) = u(n) + e(n),$$

$$L_u(z) = L_y(z) + L_e(z) = \frac{b_u}{N_u(z)} + \frac{b_e}{N_e(z)} = (b_u + b_e) \frac{N_y(z)}{N_u(z) \, N_e(z)}$$

mit:

$$N_y(z) = z + z^{-1} - (a_y + a_y^{-1}), \qquad a_y = e^{-T/T_y},$$

$$a_y + a_y^{-1} = 2 \cosh\frac{T}{T_y} = \frac{2b_u}{b_u + b_e} \cosh\frac{T}{T_e} + \frac{2b_e}{b_u + b_e} \cosh\frac{T}{T_u} \ .$$

Für eine schnelle Abtastung, d. h. $T \ll T_u, T_e, T_y$, lassen sich die Exponentialfunktionen mit einem oder zwei Gliedern der Taylor-Reihe darstellen. Mit dem Signal-Rauschverhältnis β wird:

$$\frac{T_y}{T_u} = \frac{\sqrt{1 + \beta \frac{T_e}{T_u}}}{\sqrt{1 + \beta \frac{T_u}{T_e}}} \ , \qquad \beta = \frac{\sigma_u^2}{\sigma_e^2} \ .$$

Die Zeitkonstante T_y wird den Pol des optimalen Filters bestimmen. Für großes β, d. h. für ein schwach gestörtes Signal, gilt: $T_y \approx T_e$. Umgekehrt gilt für ein starkes Störsignal: $T_y \approx T_u$. Die Systemfunktion des akausalen Filters wird mit Gl. 8.35:

$$G_y(z) = \frac{L_u(z)}{L_y(z)} = \frac{b_u}{b_u + b_e} \frac{N_e(z)}{N_y(z)} \ .$$

Die Impulsantwort wird für $n \geq 0$ mit dem Residuensatz bestimmt. Es ist:

$$g_y(n) = \text{Res}\{G_y(z)\, z^{n-1}; a_y\} = \frac{b_u}{b_u + b_e} \; \frac{a_y + a_y^{-1} - (a_e + a_e^{-1})}{(a_y - a_y^{-1})} \; a_y^{|n|} \, .$$

Wegen der Symmetrie von $G_y(z)$, $G_y(z) = G_y(z^{-1})$, gilt diese Beziehung auch für negative n.

Welchen Erfolg bringt nun die optimale Filterung? Mit Gl. 8.36 wird für $K = 0$:

$$L_{\tilde{x}}(z) = L_u(z)\,(1 - G_y(z)) = \frac{L_u(z)\, L_e(z)}{L_y(z)} = \frac{b_u b_e}{b_u + b_e} \; \frac{1}{N_y(z)} \, .$$

Die Varianz des Schätzfehlers wird mit dem Pol $z_\infty = a_y$ im Einheitskreis:

$$\sigma_{\tilde{x}}^2 = \frac{1}{2\pi j} \oint L_{\tilde{x}}(z) \, \frac{dz}{z} = \frac{b_u b_e}{b_u + b_e} \; \frac{1}{a_y - a_y^{-1}}$$

$$= \frac{\sigma_u^2}{1 + \dfrac{\sigma_u^2}{\sigma_e^2}\, \dfrac{a_u - a_u^{-1}}{a_e - a_e^{-1}}} \; \frac{a_u - a_u^{-1}}{a_y - a_y^{-1}} \, .$$

Mit obigen Vereinfachungen für die schnelle Abtastung gilt für die auf σ_e^2 bezogene Varianz q_a des akausalen Wiener-Filters:

$$q_a = \frac{\sigma_{\tilde{x}}^2}{\sigma_e^2} = \frac{\beta}{\sqrt{\beta + \dfrac{T_e}{T_u}}\;\sqrt{\beta + \dfrac{T_u}{T_e}}} \; , \qquad \beta = \frac{\sigma_u^2}{\sigma_e^2} \, . \qquad (8.40)$$

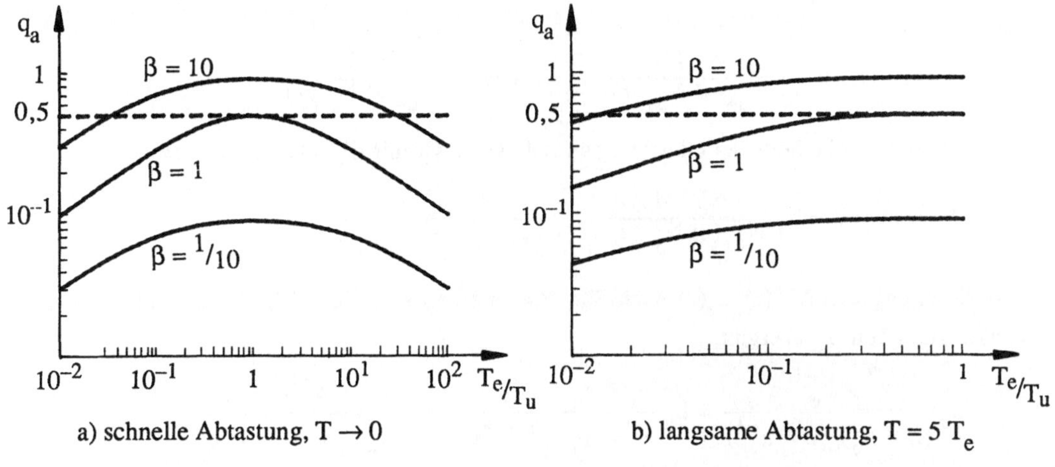

Bild 8.16. Relative Varianz des Schätzfehlers beim akausalen Wiener-Filter

Für schwache Störsignale, $\beta \to \infty$, bringt wegen $q_a \approx 1$ die Filterung nichts. Bei großen Stör-signalen, $\beta \to 0$, ist der Nutzen der Filterung erheblich. Sind die Kovarianzfunktionen von Nutz- und Störsignal sehr ähnlich, $T_u \approx T_e$, so wird das Maximum $q_a = \dfrac{\beta}{1 + \beta}$. Der Filter-erfolg nimmt mit unterschiedlichem T_u und T_e zu (Bild 8.16). Für die Praxis ist sehr wichtig, wie schnell die Signale abgetastet werden müssen. Gl. 8.40 enthält die Abtastzeit nicht mehr. Offensichtlich bringt schnelleres Abtasten als $T < \min\{T_u, T_e\}$ keine wesentliche Verbesserung des Filtererfolgs. Es reicht damit aus, die Abtastzeit T so zu wählen, daß die kürzere Kova-rianzfunktion etwa zweimal abgetastet wird. Der Parameter T ist nicht so kritisch. Bild 8.16b zeigt die bezogene Varianz q_a bei einer langsamen Abtastung ($T = 5\,T_e$, $T_e < T_u$). Die relative Varianz wird dabei um weniger als ein Faktor zwei schlechter.

In Bsp. 12 wurde ein akausales Filter entworfen. In dem Zusammenhang sei daran erinnert, daß eine akausale Impulsantwort durch Verschieben nach rechts annäherend kausal gemacht werden kann, wenn eine Zeitverzögerung erlaubt ist (Kap. 5.1, Bsp. 4).

Beispiel 13: Kausaler Filterentwurf.

Wir gehen wie in Bsp. 12 vom Orthogonalitätsprinzip aus, das jetzt aber nur für ein kausales Filter $G_{y+}(z)$ gelten soll. Die Leistungsdichte der Meßgröße $y(n)$ wird in einen kausalen und in einen antikausalen Teil zerlegt. Es ist:

$$L_y(z) = (b_u + b_e)\,\frac{N_y(z)}{N_u(z)\,N_e(z)}$$

$$= (b_u + b_e)\,\frac{N_{y+}(z)}{N_{u+}(z)\,N_{e+}(z)}\,\frac{N_{y-}(z)}{N_{u-}(z)\,N_{e-}(z)} = A_+(z)\,A_-(z)$$

mit:

$$A_+(z) = (b_u + b_e)\,\frac{N_{y+}(z)}{N_{u+}(z)\,N_{e+}(z)}\,, \qquad A_-(z) = \frac{N_{y-}(z)}{N_{u-}(z)\,N_{e-}(z)}\,.$$

Damit wird die linke Seite der Gleichung kausal, wenn wir mit $A^{-1}_-(z)$ multiplizieren:

$$A^{-1}_-(z)\,L_y(z) = b_u\,\frac{N_{e-}(z)}{N_{u+}(z)\,N_{y-}(z)} = b_u\,\frac{(z - a_e^{-1})\,z}{(z - a_u)\,(z - a_y^{-1})}\,.$$

Die Zerlegung von $A^{-1}_-(z)\,L_y(z)$ nach Satz 8.4 in einen kausalen Teil $B_+(z)$ und in einen antikausalen Teil $B_-(z)$ ergibt:

$$b_u\,\frac{z^2 - a_e^{-1}\,z}{(z - a_u)\,(z - a_y^{-1})} = b_u\,\frac{a_u - a_e^{-1}}{a_u - a_y^{-1}}\,\frac{z}{z - a_u} - b_u\,\frac{a_y^{-1} - a_e^{-1}}{a_u - a_y^{-1}}\,\frac{z}{z - a_y^{-1}}$$

$$= B_+(z) + B_-(z).$$

Mit dieser Zerlegung wird (Gl. 8.37):

$$G_{y+}(z) = A_+^{-1}(z)\, B_+(z) = \frac{b_u}{b_u + b_e} \; \frac{a_u - a_e^{-1}}{a_u - a_y^{-1}} \; \frac{z - a_e}{z - a_y} \; .$$

Damit ist das kausale Filter $g_+(n)$ durch zwei Exponentialfolgen mit a_y^n für $n \ge 0$ bestimmt.

Die Leistungsdichte des Schätzfehlers wird mit Gl. 8.38:

$$L_{\tilde{x}}(z) = \frac{b_u}{N_u(z)}\,(1 - G_{y+}(z^{-1})) = \frac{b_u}{N_u(z)}\left(1 - \frac{b_u}{b_u + b_e}\;\frac{a_u - a_e^{-1}}{a_u - a_y^{-1}}\;\frac{z^{-1} - a_e}{z^{-1} - a_y}\right).$$

Im Einheitskreis liegt nur der Pol bei $z_\infty = a_u$. Mit dem Residuensatz wird:

$$\sigma_{\tilde{x}}^2 = \frac{b_u}{a_u - a_u^{-1}}\left(1 - \frac{b_u}{b_u + b_e}\;\left(\frac{a_u - a_e^{-1}}{a_u - a_y^{-1}}\right)^2 \frac{a_e}{a_y}\right).$$

Bei sehr schneller Abtastung $T \ll T_u$, T_e, läßt sich mit den Begriffen aus Bsp. 12 ein Ausdruck für die relative Varianz q_k des Schätzfehlers des kausalen Filters entwickeln. Die relative Varianz q_k ist natürlich größer als die relative Varianz q_a beim akausalen Filter. Bild 8.17 zeigt das Verhältnis $\frac{q_k}{q_a}$ abhängig von $\frac{T_e}{T_u}$. Parameter ist das Signal-/Rauschverhältnis β.

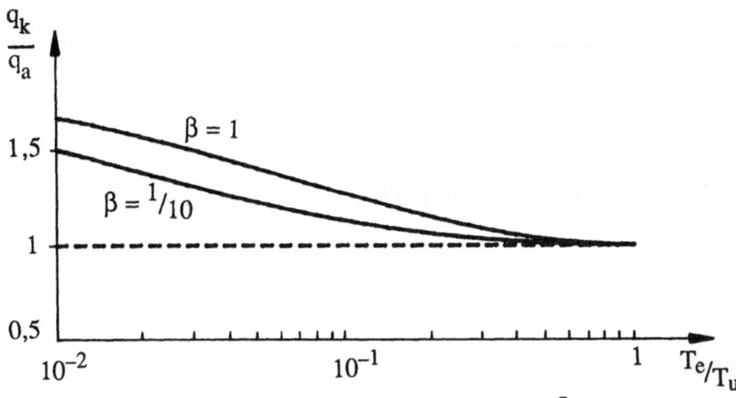

Bild 8.17. Verhältnis der relativen Fehlervarianzen $\frac{q_k}{q_a}$ bei schneller Abtastung

Das kausale Filter ist kaum schlechter als das akausale. Für $T_u = T_e$ besteht fast kein Unterschied.

Zum Schluß noch ein einfaches Beispiel zur Prädiktion.

Beispiel 14: Prädiktion ohne Störgröße. Es gilt:

$$V_u(k) = \sigma_u^2\, a_u^{|k|}, \qquad a_u = e^{-T/T_u}, \qquad V_e(k) = 0.$$

Nach Gl. 8.37 ist für den kausalen Entwurf:

$$B_+(z) + B_-(z) = A_-^{-1}(z)\, L_u(z)\, z^K = \frac{b_u z^K}{N_{u+}(z)} = b_u\, \frac{z^{K+1}}{z - a_u}$$

$$= b_u \left(\frac{a_u^K\, z}{z - a_u} + \frac{(z^K - a_u^K)\, z}{z - a_u} \right).$$

Mit

$$A_+(z) = \frac{b_u}{N_{u+}(z)}$$

folgt:

$$G_{y+}(z) = a_u^K \qquad \bullet\!\!-\!\!\circ \qquad g_{y+}(n) = a_u^K\, \delta(n).$$

Der Ausdruck $B_+(z) + B_-(z)$ ist die um K nach links verschobene Exponentialfolge. Aus der Aufspaltung in einen kausalen und einen antikausalen Teil folgt das angegebene $G_{y+}(z)$ (Bild 8.18).

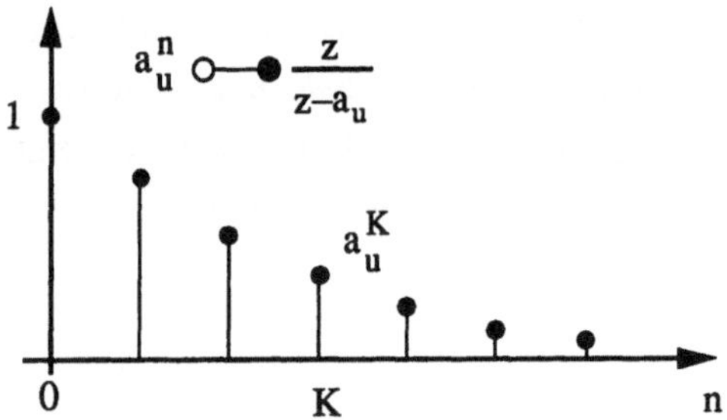

Bild 8.18. Prädiktion ohne Störgröße

Die erzeugende Rauschquelle des Nutzsignals nach Bild 8.3 ist mittelwertfrei. Die Prädiktion hat das allgemeine Ergebnis:

$$\hat{x}(n) = \hat{u}(n+K) = y(n) * g_{y+}(n).$$

Im Standardbeispiel (Bsp. 12 und Bsp. 13) sind die optimalen Filter Systeme erster Ordnung. Im kausalen Fall lautet mit

$$G_{y+}(z) = c\, \frac{z - a_e}{z - a_y}$$

der Filteralgorithmus:

$$\hat{x}(n) = a_y\, \hat{x}(n-1) + c\, (y(n) - a_e\, y(n-1)).$$

Es erhebt sich die Frage, ob sich die Entwurfsanstrengung lohnt. Wir wählen zum Vergleich einen stationär genauen Tiefpaß

$$G_T(z) = \frac{1 - d}{1 - dz^{-1}}$$

und rechnen den Schätzfehler. Aus

$$\sigma_{\tilde{x}}^2 = E\left\{\left(u(n) - \sum_{i=1}^{N} g(i)\, y(n-i)\right)^2\right\}$$

folgt die Leistungsdichte

$$L_{\tilde{x}}(z) = (1 - G_T(z))\,(1 - G_T(z^{-1}))\, L_u(z) + G_T(z)\, G_T(z^{-1})\, L_e(z).$$

Wir wählen $d = a_u$ und erhalten:

$$L_{\tilde{x}}(z) = \frac{b_u\,(z-1)^2\, z\, a_u}{(z-a_u)^2\,(z-a_u^{-1})^2} + \frac{z\, b\, b_e}{(z-a_u)\,(z-a_u^{-1})\,(z-a_e)\,(z-a_e^{-1})}$$

mit:

$$b = (a_u^{-1} - a_u)\,(1 - a_u).$$

Mit den Beziehungen aus Bsp. 12 und dem Residuensatz läßt sich $\sigma_{\tilde{x}}^2$ rechnen. Residuen im Einheitskreis liegen bei a_u und a_e. Man erhält für die relative Fehlervarianz nach umfangreicher Rechnung einen handlichen Ausdruck, der für sehr schnelle Abtastung gilt:

$$q_T = \frac{\sigma_{\tilde{x}}^2}{\sigma_e^2} = \frac{\beta}{4} + \frac{1}{1 + \dfrac{T_u}{T_e}}\,, \qquad \beta = \frac{\sigma_u^2}{\sigma_e^2}\,. \tag{8.41}$$

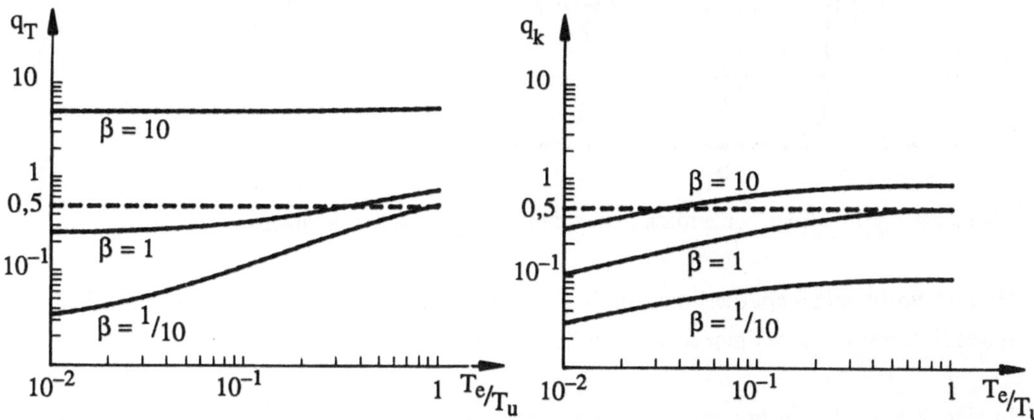

Bild 8.19. Vergleich der relativen Fehlervarianz bei suboptimalem und optimalem Filter

In Bild 8.19 ist die relative Varianz q_T abhängig von $\dfrac{T_e}{T_u}$ aufgetragen. Als Vergleich dazu ist nochmals die relative Varianz q_k des optimalen kausalen Filters dargestellt. Parameter ist wieder das Signal-/Rauschverhältnis β.

Die Güte der Tiefpaßfilterung kommt für $\frac{T_e}{T_u}$ < 0,1 und große Störsignale in die Nähe der Güte des optimalen Filters. Bei kleinen Störungen, β > 10, wird die Filterung unnötig.

Im Zeitdiskreten versagen die funktionentheoretischen Methoden, wenn stationäre Signale vorliegen, die Pole auf dem Einheitskreis haben (periodische Signale). Es existiert keine z-Transformierte, das Konvergenzgebiet geht gegen null (Kap. 4, Bsp. 2). Im Kontinuierlichen gilt nach dem Projektionstheorem entsprechend Gl. 8.32:

$$E\left\{\left(u(t) - \int_{-\infty}^{\infty} g(\tau)\, y(t-\tau)\, d\tau\right) y(t+\sigma)\right\} = 0,$$

$$L_u(f) = G(f)\,(L_u(f) + L_e(f)).$$

An den Stellen f_i im Frequenzbereich, wo $L_u(f)$ Singularitäten besitzt, ist $L_u(f_i) = a_i\, \delta(f-f_i)$. Für G(f) folgt daraus direkt: $G(f_i) = 1$. Umgekehrt ist, für $L_e(f_i) = a_i\, \delta(f-f_i)$: $G(f_i) = 0$. Liegt etwa ein schmalbandiges, mit der Frequenz F moduliertes Signal U(f±F) vor, so erkennt man aus Bild 8.20 sofort das Spektrum G(f) des optimalen Filters.

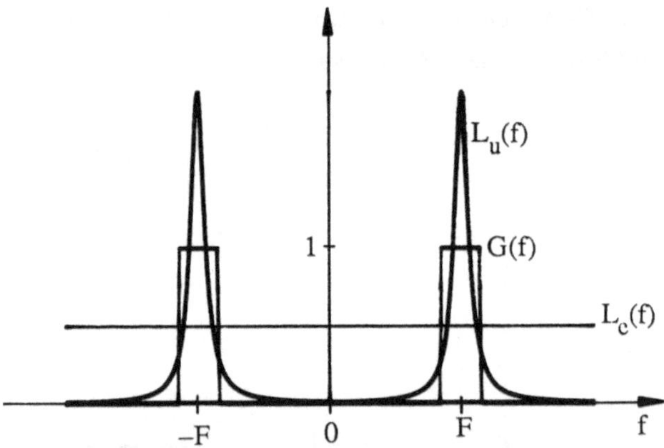

Bild 8.20. Optimalfilter bei zeitlich unbegrenzten, periodischen Signalen

G(f) ist ein Bandpaß um die Frequenz F. Das Bild zeigt deutlich die Bedeutung des klassischen Filterentwurfs im Frequenzbereich (Kap. 8.7).

In Kap. 8.5 wurden bisher mittelwertfreie Signale vorausgesetzt. In der Automatisierungstechnik sind die Nutzsignalgrößen oft aus einem fast stationären, langsam veränderlichen Anteil und einem dynamischen Anteil zusammengesetzt. Hier hilft eine suboptimale Lösung. Die niederfrequenten Anteile werden durch einen Tiefpaß $G_T(z)$, $G_T(1) = 1$, gefiltert. Nur für den Rest

$$Y_1(z) = Y(z)(1 - G_T(z)) \tag{8.42}$$

wird ein Wiener-Filter $G_1(z)$ entworfen (Bild 8.21). Der sich langsam ändernde Signalanteil $\hat{x}_2(n)$ wird zum Ausgangssignal $\hat{x}_1(n)$ des Wiener-Filters addiert:

$$\hat{x}(n) = \hat{x}_1(n) + \hat{x}_2(n) = g_1(n) * y_1(n) + g_T(n) * y(n). \tag{8.43}$$

Liegen für den stationären Anteil Signalmodelle vor, so kann er mit einem einfachen Filter nach Kap. 8.4 geschätzt werden.

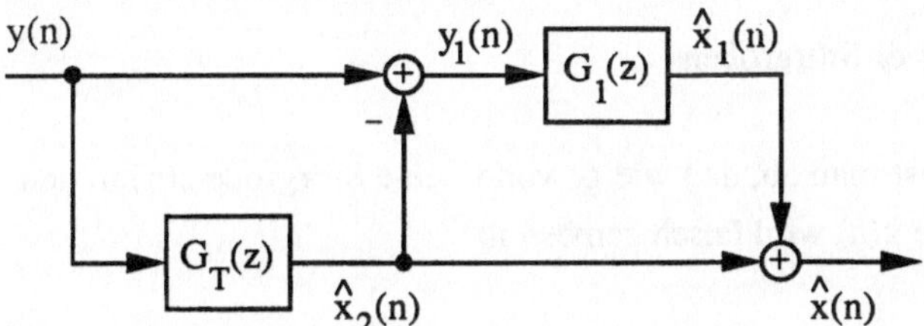

Bild 8.21. Suboptimale Lösung bei Signalen mit konstantem Anteil

Satz 8.5: *Allgemeine Bemerkungen zu optimalen Filtern.*
Der Entwurf optimaler Filter ist einigermaßen aufwendig, die Realisierung kann es auch sein. Das Optimum ist oft flach und wenig abhängig von den Systemparametern. In den meisten Fällen kommt man mit suboptimalen Filtern, die man im Frequenzbereich entwirft, fast so gut zurecht.

Welches Ergebnis mit der Maßnahme "Filtern" bestenfalls zu erreichen ist, zeigt die Leistungsdichte des Schätzfehlers (Gl. 8.36). Für Standardaufgaben sind Bsp. 12 und Bsp. 13 heranzuziehen. Sind Störgrößen durch den Aufbau des Meßsystems vermeidbar, ist dieser Weg auf jeden Fall vorzuziehen.

Mittelwertbehaftete Signale werden mit Hilfe eines Tiefpasses gefiltert und vom Mittelwert befreit. Der Mittelwert ist nach der Filterung wieder hinzuzufügen (Bild 8.21).

Der Filteraufwand hängt wesentlich von der Abtastzeit ab. Wie Bsp. 12 zeigt, lohnt es kaum, Abtastzeiten zu wählen, die wesentlich kleiner sind als die Breite T_u oder T_e der Spektren von Nutz- oder Störsignal.

Mit dem Wiener-Filter lassen sich auch Regelungsaufgaben lösen. Zum Schluß ein einfaches Beispiel für diese duale Aufgabe:

Beispiel 15: Regelungsaufgabe mit Wiener-Filter bei Beobachtungsstörungen e(n).

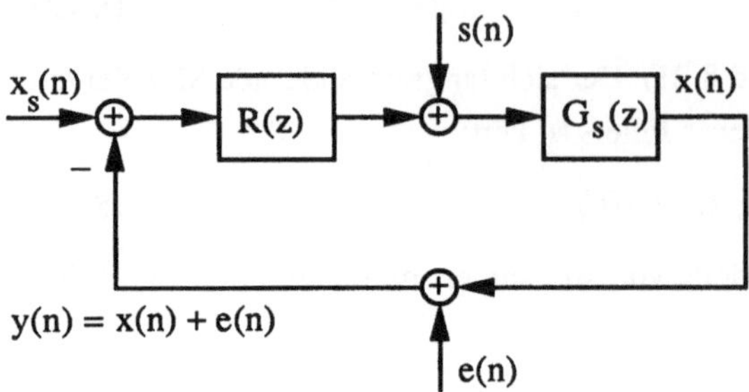

Bild 8.22. Regelungsaufgabe mit zwei Störgrößen

Aus dem Strukturbild (Bild 8.22) liest man ab, daß wie gewohnt, eine Störgröße s(n) in den Regelablauf eingreift. Die Regelgröße x(n) wird falsch gemessen:

$$y(n) = x(n) + e(n).$$

Durch die Beobachtungsstörungen e(n) wird der Regler zu falschen Stellbewegungen veranlaßt. Die Aufgabe ist hier nicht wie üblich eine gewünschte Dynamik des geschlossenen Regelkreises zu erzielen, z. B. Kompensation (Kap. 13.3), sondern die echte Regelabweichung $x(n) - x_s(n)$ zu minimieren. Es gilt:

$$((X_s(z) - X(z) - E(z))\, R(z) + S(z))\, G_s(z) = X(z),$$

$$X(z) = \frac{R(z)\, G_s(z)}{1 + R(z)\, G_s(z)}\, X_s(z) + \frac{G_s(z)}{1 + R(z)\, G_s(z)}\, S(z) - \frac{R(z)\, G_s(z)}{1 + R(z)\, G_s(z)}\, E(z).$$

Wir nehmen an, daß der Sollwert konstant bleibt und erhalten für die Regelabweichung:

$$X_d(z) = \frac{G_s(z)}{1 + R(z)\, G_s(z)}\, S(z) - \frac{R(z)\, G_s(z)}{1 + R(z)\, G_s(z)}\, E(z)$$

$$= G_s(z)\, (1 - G(z))\, S(z) - E(z)\, G(z)$$

mit dem Führungsverhalten:

$$G(z) = \frac{R(z)\, G_s(z)}{1 + R(z)\, G_s(z)} \; .$$

Die Regelungsaufgabe führt zu einem Kompromiß zwischen einem Reglerentwurf, der die Störgröße S(z) möglichst gut ausregelt und einem Entwurf, der das Störsignal E(z) möglichst herausfiltert. Mit der Funktion G(z) ergibt sich das vom Wiener-Filter bekannte Strukturbild (Bild 8.14).

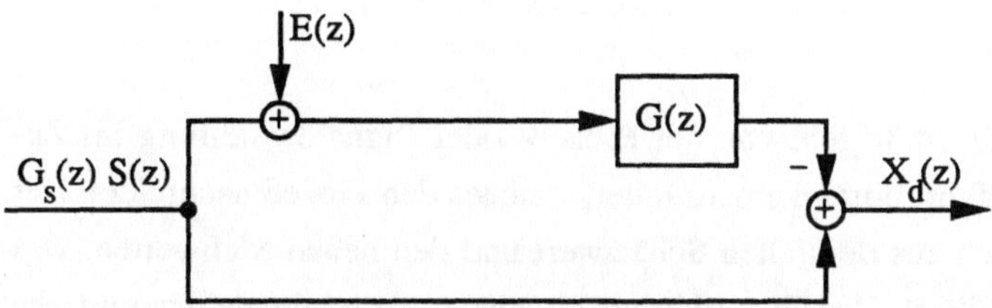

Bild 8.23. Regelungsaufgabe als Wiener-Filter

Minimiert wird die Regelabweichung $X_d(z)$. Mit den Leistungsdichten der beiden Störsignale und dem Orthogonalitätsprinzip gilt für das optimale Führungsverhalten (Gl. 8.35):

$$(G_s(z)\, G_s(z^{-1})\, L_s(z) + L_e(z))\, G(z) = G_s(z)\, G_s(z^{-1})\, L_s(z).$$

Aus $G(z)$ läßt sich der Regler $R(z)$ als Kompensationsregler (Kap. 13.3) berechnen.

8.6. Kalman-Filter

Das Kalman-Filter /8.4/, /8.5/, /8.8/ geht von der Prozeß- oder Signaldarstellung im Zustandsraum aus (Gl. 5.9) und führt dort zu einem Filter, welches den Prozeß nachbildet. Der neue Schätzwert errechnet sich aus dem alten Schätzwert und den neuen Meßwerten. Das Filter ist damit rekursiv (IIR-Filter). Das Gütekriterium ist wieder die minimale quadratische Norm des Schätzfehlers. Das Orthogonalitätsprinzip (Satz 1.4) ist die Basis zur Herleitung.

Die wesentlichen Unterschiede zum Wiener-IIR-Filter sind:

- Das Kalman-Filter kann für instationäre Vorgänge entworfen werden.

- Das Kalman-Filter löst die Aufgabe auch für Mehrgrößensysteme.

- Die Algorithmen des Kalman-Filters sind für die numerische Rechnung besonders geeignet. Sie werden im Zeitbereich entwickelt.

Ausgangspunkt für beide Filter ist das Markoffsche Signalmodell (Bild 8.3). Beim Kalman-Filter geht man von einem Vektorprozeß erster Ordnung aus, der von unkorrelierten, mittelwertfreien Rauschquellen u(n) erregt wird. Die Meßsignale y(n) sind dabei zusätzlich von mittelwertfreien, unkorrelierten Rauschsignalen e(n) überlagert. Die Rauschquellen des Vektorprozesses und die der Meßsignale sind unabhängig. Bild 8.24 zeigt das Signalmodell für das Kalman-Filter:

$$x(n+1) = A(n)\ x(n) + B(n)\ u(n), \qquad A(n):\ (MxM)\text{-Systemmatrix},$$

$$y(n) = C(n)\ x(n) + e(n), \qquad B(n):\ (MxL)\text{-Eingangsmatrix},$$

$$E\{u(n)\} = 0,\, E\{e(n)\} = 0, \qquad C(n):\ (KxM)\text{-Ausgangsmatrix}, \qquad (8.44)$$

$$E\{u(n)\ e^{T}(m)\} = 0,$$

$$E\{u(n)\ u^{T}(m)\} = V_{u}(n)\ \delta_{nm},$$

$$E\{e(n)\ e^{T}(m)\} = V_{e}(n)\ \delta_{nm}.$$

Alle Matrizen sind im allgemeinen Fall abhängig von n.

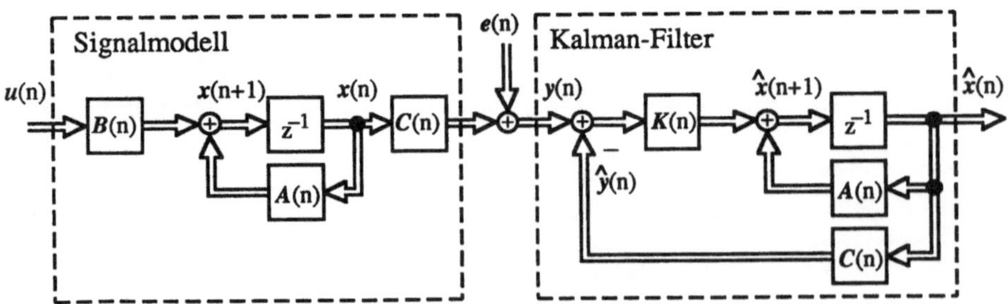

Bild 8.24. Signalmodell im Zustandsraum und Kalman-Filter

Die Ordnung M des Zustandsvektors x(n) ist durch die Ordnung des Systems gegeben. Die L Eingangsgrößen sind im Steuervektor u(n) und die K Ausgangsgrößen im Meßvektor y(n) zusammengefaßt. Die Kovarianzmatrizen V_u(n) und V_e(n) entsprechen nicht den bisher verwendeten Kovarianzmatrizen, welche als Elemente die Werte einer Kovarianzfunktion zu verschiedenen Zeiten enthalten. Die hier verwendeten Kovarianzmatrizen enthalten die Werte der Kreuzkorrelierten der verschiedenen Eingangs- bzw. Störsignale zur Zeit n:

$$V_u(n) = (E\{u_i(n)\,u_j(n)\}), \qquad V_e(n) = (E\{e_i(n)\,e_j(n)\}).$$

Ziel ist es, die einzelnen Zustände x(n+1) mit minimaler quadratischer Norm aus den vergangenen Meßwerten y(n) und dem alten Zustand x(n) zu schätzen:

$$\|x_i - \hat{x}_i\|^2 = E\{(x_i(n+1) - \hat{x}_i(n+1))^2\} \to \min \qquad \text{für } i = 1, ..., M.$$

Ein Meßwertsatz y(n) und der alte Schätzwert $\hat{x}$(n) ergeben den neuen Schätzwert $\hat{x}$(n+1). Es wird also eine rekursive Lösung angesetzt,

$$\hat{x}(n+1) = H(n)\,\hat{x}(n) + K(n)\,y(n), \tag{8.45}$$

mit zunächst noch unbekannten Matrizen H(n) und K(n). Das Orthogonalitätsprinzip angewendet auf stochastische Signale (Gl. 8.8) ergibt:

$$E\{(x_i(n+1) - \hat{x}_i(n+1))\,y(j)\} = 0 \qquad \text{für } i = 1, ..., M,$$
$$j = 0, ..., n.$$

Diese Gleichungen können in vektorieller Form zusammengefaßt werden:

$$E\{(x(n+1) - \hat{x}(n+1))\,y^T(j)\} = 0 \qquad \text{für } j = 0, ..., n.$$

Einsetzen der Zustandsraumdarstellung ergibt:

$$E\{(A(n)\,x(n) + B(n)\,u(n) - H(n)\,\hat{x}(n) - K(n)\,y(n))\,y^T(j)\} = 0 \tag{8.46}$$
$$\text{für } j = 0, ..., n.$$

Zur Auswertung benutzt man einige Beziehungen, die direkt aus dem Orthogonalitätsprinzip, der Kausalität oder der stochastischen Unabhängigkeit folgen:

$$E\{(x(n) - \hat{x}(n))\,y^T(j)\} = 0 \qquad \text{für } j = 0, ..., n{-}1 \qquad \text{(Orthogonalität)},$$
$$E\{e(n)\,y^T(j)\} = 0 \qquad \text{für } j = 0, ..., n{-}1 \qquad \text{(Kausalität)},$$
$$E\{u(n)\,y^T(j)\} = 0 \qquad \text{für } j = 0, ..., n \qquad \text{(Kausalität)}, \tag{8.47}$$
$$E\{u(n)\,e^T(j)\} = 0 \qquad \text{für } j = 0, ..., n \qquad \text{(Unabhängigkeit)}.$$

Damit und mit y(n) $= C$(n) x(n) $+ e$(n) wird aus Gl.8.46:

$$(A(n) - H(n) - K(n)\,C(n))\,E\{\hat{x}(n)\,y^T(j)\} = 0 \qquad \text{für } j = 0, ..., n{-}1.$$

Die Beziehung ist sicher erfüllt, falls gilt:

$$H(n) = A(n) - K(n)\,C(n). \tag{8.48}$$

Mit Gl. 8.48 folgt für j = n aus Gl. 8.46:

$$(K(n)\, C(n) - A(n))\, E\{\tilde{x}(n)\, y^T(n)\} + K(n)\, E\{e(n)\, y^T(n)\} = 0.$$

Der Schätzfehler $\tilde{x}(n) = x(n) - \hat{x}(n)$ steht senkrecht auf dem Schätzwert $\hat{x}(n)$. Mit

$$y(n) = C(n)\, (\hat{x}(n) + \tilde{x}(n)) + e(n)$$

folgt:

$$(K(n)\, C(n) - A(n))\, E\{\tilde{x}(n)\, \tilde{x}^T(n)\}\, C^T(n) + K(n)\, E\{e(n)\, e^T(n)\} = 0,$$

$$(A(n) - K(n)\, C(n))\, V_{\tilde{x}}(n)\, C^T(n) = K(n)\, V_e(n),$$

$$K(n) = A(n)\, V_{\tilde{x}}(n)\, C^T(n)\, (C(n)\, V_{\tilde{x}}(n)\, C^T(n) + V_e(n))^{-1}. \tag{8.49}$$

Unbekannt ist die Kovarianzmatrix $V_{\tilde{x}}(n)$ des Schätzfehlers. Mit Gl. 8.45 und Gl. 8.48 gilt:

$$\tilde{x}(n+1) = A(n)\, x(n) - B(n)\, u(n) - H(n)\, \hat{x}(n) - K(n)\, (C(n)\, x(n) + e(n))$$

$$= (A(n) - K(n)\, C(n))\, \tilde{x}(n) + B(n)\, u(n) - K(n)\, e(n)$$

und damit:

$$V_{\tilde{x}}(n+1) = (A(n) - K(n)\, C(n))\, V_{\tilde{x}}(n)\, (A(n) - K(n)\, C(n))^T$$

$$+ B(n)\, V_u(n)\, B^T(n) + K(n)\, V_e(n)\, K^T(n). \tag{8.50}$$

Mit Gl. 8.49 und Gl. 8.50 kann $V_{\tilde{x}}(n)$ rekursiv aus den Systemparametern $A(n)$, $B(n)$, $C(n)$, den Kovarianzmatrizen $V_e(n)$ und $V_u(n)$ und einem Startwert $V_{\tilde{x}}(0)$ berechnet werden. Es ist:

$$V_{\tilde{x}}(n+1) = A(n)\, V_{\tilde{x}}(n)\, A^T(n) - K(n)\, C(n)\, V_{\tilde{x}}(n)\, A^T(n) + B(n)\, V_u(n)\, B^T(n). \tag{8.51}$$

Wir schreiben den Schätzer mit Hilfe von Gl. 8.48 nocheinmal um:

$$\hat{x}(n+1) = H(n)\, \hat{x}(n) + K(n)\, y(n)$$

$$= A(n)\, \hat{x}(n) + K(n)\, (y(n) - C(n)\, \hat{x}(n)) \tag{8.52}$$

$$= A(n)\, \hat{x}(n) + K(n)\, (y(n) - \hat{y}(n)),$$

$$\hat{y}(n) = C(n)\, \hat{x}(n).$$

Der Schätzer bildet das Prozeßmodell mit der Systemmatrix $A(n)$ nach und fügt eine Korrektur hinzu, die proportional zur Innovation $y(n) - \hat{y}(n)$ ist (Bild 8.24). Wir fassen die Ergebnisse zusammen:

Satz 8.6: *Kalman-Filter*

Das Kalman-Filter geht von einem Markoffschen Prozeßmodell aus. Der Prozeß wird im Zustandsraum dargestellt:

$$x(n+1) = A(n)\, x(n) + B(n)\, u(n), \tag{8.53}$$

$$y(n) = C(n)\, x(n) + e(n). \tag{8.54}$$

Der Prozeß ist beschrieben durch die im allgemeinen zeitvarianten Matrizen A(n), B(n) und C(n) und durch die Rauschsignale u(n) und e(n) mit:

$$E\{u(n)\} = E\{e(n)\} = 0,$$

$$E\{u(n)\, u^T(m)\} = V_u(n)\, \delta_{nm},$$

$$E\{e(n)\, e^T(m)\} = V_e(n)\, \delta_{nm}.$$

(8.55)

Die Signale u(n) und e(n) sind mittelwertfrei und voneinander unabhängig. Der Schätzer $\hat{x}$(n) für den Zustand x(n) oder auch der Schätzer $\hat{y}$(n) für die Meßgrößen y(n) ergibt sich rekursiv aus:

$$\hat{x}(n{+}1) = A(n)\, \hat{x}(n) + K(n)\, (y(n) - \hat{y}(n)),$$

$$\hat{y}(n) = C(n)\, \hat{x}(n).$$

(8.56)

Das Filter bildet den Prozeß mit der Systemmatrix A(n) nach (Bild 8.24) und korrigiert die Schätzung mit der Innovation $y(n) - \hat{y}(n)$. Die Gewichtsmatrix K(n) errechnet sich aus:

$$K(n) = A(n)\, V_{\tilde{x}}(n)\, C^T(n)\, (C(n)\, V_{\tilde{x}}(n)\, C^T(n) + V_e(n))^{-1}.$$

(8.57)

Für die Bestimmung der Gewichtsmatrix K(n) ist die Kovarianzmatrix $V_{\tilde{x}}$(n) des Schätzfehlers notwendig. Es gilt:

$$V_{\tilde{x}}(n{+}1) = A(n)\, V_{\tilde{x}}(n)\, A^T(n)$$
$$- A(n)\, V_{\tilde{x}}(n)\, C^T(n)\, (C(n)\, V_{\tilde{x}}(n)\, C^T(n) + V_e(n))^{-1}\, C(n)\, V_{\tilde{x}}(n)\, A^T(n)$$
$$+ B(n)\, V_u(n)\, B^T(n).$$

Die Kovarianzmatrix kann auch Schritt für Schritt aus der Beziehung für K(n) berechnet werden:

$$V_{\tilde{x}}(n{+}1) = (A(n) - K(n)\, C(n))\, V_{\tilde{x}}(n)\, A^T(n) + B(n)\, V_u(n)\, B^T(n).$$

(8.58)

Zur Lösung sind Startwerte $V_{\tilde{x}}(0)$ und $\hat{x}(0)$ notwendig. Die Gewichtsmatrix K(n) und die Kovarianzmatrix $V_{\tilde{x}}$(n) können dann im voraus bestimmt werden, da dazu keine Meßwerte gebraucht werden. Sie stehen dann abgespeichert für die Filteraufgabe zur Verfügung.

Im stationären Fall erhält man konstante Matrizen A, B, C, K und $V_{\tilde{x}}$. Ist der Schätzer stabil, wird man unabhängig von der Wahl der Startwerte. Sind Startwerte bekannt, wird man diese verwenden, um eine schnelle Konvergenz zu erreichen. Sonst wählt man:

$$\hat{x}(0) = 0, \qquad V_{\tilde{x}}(0) = \sigma^2 I, \qquad \sigma^2 \to \infty.$$

Ist das Störsignal $e(n)$ nicht weiß, wird das Zustandsraummodell erweitert:

$$\begin{pmatrix} x_1(n+1) \\ x_2(n+1) \end{pmatrix} = \begin{pmatrix} A_1 & 0 \\ 0 & A_2 \end{pmatrix} \begin{pmatrix} x_1(n) \\ x_2(n) \end{pmatrix} + \begin{pmatrix} B_1 & 0 \\ 0 & B_2 \end{pmatrix} \begin{pmatrix} u(n) \\ e(n) \end{pmatrix}, \tag{8.59}$$

$$y(n) = C(n)\, x_1(n) + x_2(n).$$

Sind die Eingangssignale $u(n)$ nicht mittelwertfrei, $E\{u(n)\} = \overline{u}(n) \neq 0$, so ist für die Zustandsschätzung die Lösung $\overline{x}$ der Zustandsgleichungen hinzuzufügen. Der Zustandsvektor wird in dem Fall: $\hat{x}(n) + \overline{x}(n)$. In der Praxis hilft man sich wie beim Wiener-Filter (Satz 8.5). Die Eingangssignale werden mit einem Tiefpaß gefiltert und die Mittelwerte vom aktuellen Eingangssignal subtrahiert.

Analytisch lassen sich nur einfache Beispiele rechnen.

Beispiel 16: Grundaufgabe der Meßtechnik.

$$y(n) = x(n) + e(n).$$

Das Störsignal $e(n)$ ist weiß. Das Eingangssignal $x(n)$ habe wie in Bsp. 12 die Kovarianzfunktion:

$$V_x(n) = \sigma_x^2\, a^{|n|} \qquad \bullet\!\!-\!\!\circ \qquad L_x(z) = \frac{\sigma_x^2\,(1 - a^2)}{(1 - a\,z^{-1})(1 - a\,z)}, \quad |a| < 1.$$

Mit dem Markoffschen Signalmodell entsteht dieser Prozeß aus:

$$x(n+1) = a\,x(n) + u(n), \qquad\qquad y(n) = x(n) + e(n),$$

$$V_u(n) = \sigma_x^2\,(1 - a^2)\,\delta(n), \qquad\qquad V_e(n) = \sigma_e^2\,\delta(n).$$

Die Schätzfehlerkovarianz $\sigma_{\tilde{x}}^2(n) = V_{\tilde{x}}(n)$ wird mit Gl. 8.58:

$$\sigma_{\tilde{x}}^2(n+1) = a^2\,\frac{1}{\dfrac{1}{\sigma_{\tilde{x}}^2(n)} + \dfrac{1}{\sigma_e^2}} + \sigma_x^2\,(1 - a^2).$$

Diskussion:

- Auch bei sehr kleinen Störsignalen, $\sigma_e^2 \to 0$, verschwindet die Schätzfehlervarianz $\sigma_{\tilde{x}}^2$ nicht. Kalman-Filter sind in der Grundform Prädiktionsfilter erster Ordnung. Das Filter kann nicht wissen, wie $\hat{x}(n+1)$ vom weißen Rauschen der Quelle $u(n)$ abhängt. Deshalb bleibt der Anteil $\sigma_x^2\,(1 - a^2)$ als Grundbetrag erhalten. Je breiter die Kovarianzfunktion $V_x(n)$ ist, $a \to 1$, desto weniger wirkt sich die weiße Quelle $u(n)$ auf das Signal $x(n+1)$ aus.

- Für kleine Störsignale $e(n)$ wird die Varianz des Schätzfehlers sehr schnell stationär und damit das Filter zeitinvariant.

- Für große Störsignale e(n) wird der stationäre Wert $\sigma_{\tilde{x}}^2 = \sigma_x^2$ erreicht, für kleine Störsignale $\sigma_{\tilde{x}}^2 = \sigma_x^2 (1 - a^2)$.

Die Gewichtung K(n) berechnet man mit Gl. 8.57:

$$K(n) = \frac{a\,\sigma_{\tilde{x}}^2(n)}{\sigma_{\tilde{x}}^2(n) + \sigma_e^2} \; .$$

Das zeitinvariante Filter wird:

$$\hat{x}(n+1) = a\,\hat{x}(n) + a\,\frac{\sigma_{\tilde{x}}^2}{\sigma_{\tilde{x}}^2 + \sigma_e^2}\,(y(n) - \hat{x}(n))$$

$$= z_0\,\hat{x}(n) + (a - z_0)\,y(n), \qquad z_0 = \frac{a\,\sigma_e^2}{\sigma_{\tilde{x}}^2 + \sigma_e^2} \; .$$

Diskussion:

- Das Kalman-Filter hat die gleiche Ordnung wie das Signalmodell, das Filter bildet das Signalmodell nach.

- Die Pole des Filters liegen an anderen Stellen als im Signalmodell. Im Beispiel gilt für ein kleines Störsignal: $z_0 \to 0$, d.h. es wird auf die Verarbeitung der vergangenen Werte verzichtet. Bei großem Störsignal gilt $z_0 \to a$.

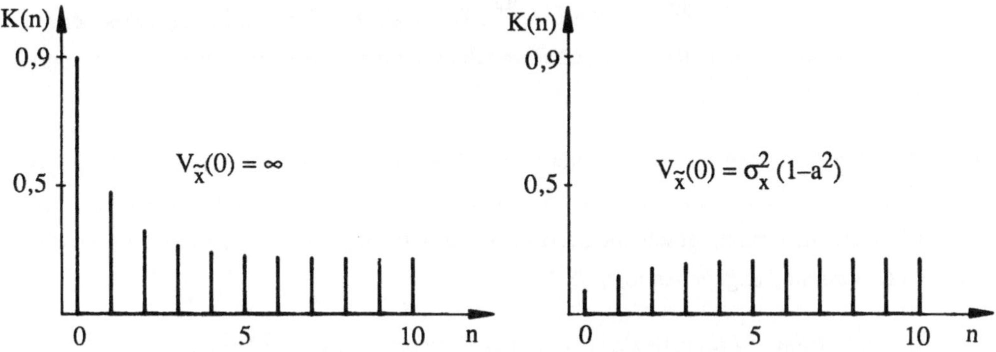

Bild 8.25. Gewichtung K(n) für verschiedene Startwerte $V_{\tilde{x}}(0)$

- Bei Anlaufvorgängen besteht das Problem, wie man die Anfangswerte $V_{\tilde{x}}(0)$ wählen soll. Bild 8.25 zeigt den Verlauf der Gewichtung K(n) für $V_{\tilde{x}}(0) = \infty$ und $V_{\tilde{x}}(0) = \sigma_x^2 (1 - a^2)$, $\sigma_e^2 = \sigma_x^2 (1 - a^2)$.

In Bild 8.26 ist das Spektrum des Nutzsignals

$$\left|L_x(e^{j\Omega})\right| = \frac{\sigma_x^2(1 - a^2)}{1 - 2a\cos\Omega + a^2}$$

und das Spektrum des Filters

$$|G(e^{j\Omega})|^2 = \frac{(a - z_0)^2}{1 - 2z_0\cos\Omega + z_0^2}$$

aufgetragen, ebenso die Störung $L_e(e^{j\Omega}) = \sigma_e^2$.

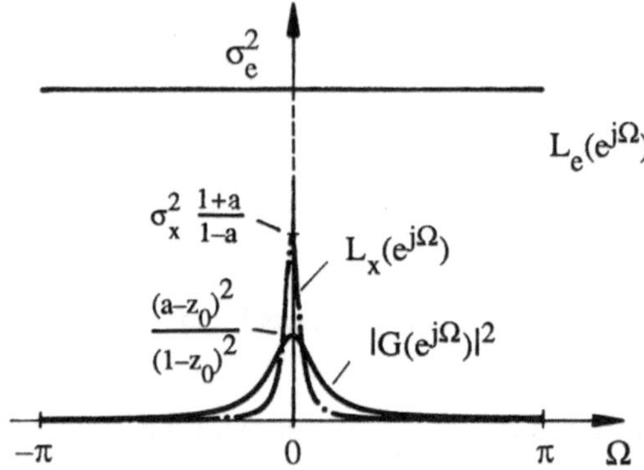

Bild 8.26. Spektren von Nutzsignal und Filter

Für kleine Störsignale, $\sigma_x^2 / \sigma_e^2 \gg 1$, wird $G(e^{j\Omega})$ breit ($z_0 \to 0$). Bei starken Störsignalen nähert sich die Breite von $G(e^{j\Omega})$ der von $L_x(e^{j\Omega})$. Das Kalman-Filter ist bei den Frequenzen durchlässig, wo auch das Nutzsignal hohe Signalanteile hat. Wo kein Nutzsignal ist, sperrt das Kalman-Filter.

Das in Satz 8.6 dargestellte Kalman-Filter ist ein Prädiktionsfilter erster Ordnung. Aus $y(n)$, $y(n-1)$, ..., $y(0)$ wird der nächste Zustand $x(n+1)$ geschätzt. Ohne Herleitung, die wieder mit dem Orthogonalitätsprinzip geschieht, sei der Fall der Glättung, der Filterung und der Prädiktion höherer Ordnung angegeben /8.4/, /8.5/:

Satz 8.7: *Kalman-Filter für Prädiktion und Glättung höherer Ordnung.*
Ist das Signalmodell nach Gl. 8.44 gegeben und ist $\hat{x}(n+K)$ der optimale Schätzer für die Prädiktion ($K > 0$) oder für die Glättung ($K < 0$), dann errechnet sich das Kalman-Filter für LTI-Systeme (A, B und C sind konstante Matrizen) nach folgenden Beziehungen:

-       Prädiktion, $K > 0$:

$$\hat{x}(n+K) = A^{K-1}\,\hat{x}(n+1).$$

Für K und $V_{\tilde{x}}$ gilt Gl. 8.56 und Gl. 8.57.

-   Glättung, K < 0:

$$\hat{x}(n+K) = Q(n+K)\,\hat{x}(n+K+1) + (A^{-1} - Q(n+K))\,\hat{x}(n+K+1),$$

$$Q(n) = A^{-1}\,(I - B\,V_u(n)\,B^T\,V_{\tilde{x}}^{-1}(n+1)).$$

Zum Schluß noch einige Bemerkungen zu den Optimalfiltern:

Wiener und Kalman-Filter minimieren die quadratische Norm

$$\|x - \hat{x}\| \to \min$$

mit Hilfe des Projektionstheorems. Ist das Signalmodell stationär, bringen beide die gleiche Lösung (IIR-Filter). In der Anwendung ist in jedem Fall die numerische Entwicklung als Kalman-Filter vorteilhaft. Für Anfahrvorgänge und zeitvariante Systeme ist der Entwurf nur als Kalman-Filter möglich. Möchte man ein FIR-Filter haben, empfiehlt sich der Entwurf als Wiener-FIR-Filter. In vielen Fällen lohnt der Entwurf für Anfahrvorgänge kaum. Man fährt meistens ebenso gut, wenn man gleich die stationäre Gewichtsmatrix einsetzt (vgl. Bsp. 16).

8.7. Filterentwurf im Frequenzbereich

In den ersten Abschnitten von Kap. 8 wurden mit dem Orthogonalitätsprinzip lineare Filter entworfen, welche bezüglich der quadratischen Norm optimal sind. Wir verlassen jetzt den Entwurf optimaler Filter und behandeln kurz den klassischen Entwurf im Frequenzbereich. Betrachtungen im Frequenzbereich führen unmittelbar zu Vorstellungen über den Frequenz- oder Amplitudengang des "idealen" Filters. Ein Beispiel dafür ist der ideale Tiefpaß, den wir beim Übergang vom zeitkontinuierlichen zum zeitdiskreten Signal sowie bei der Rekonstruktion brauchten (Kap. 6.2). Solche idealen Frequenzgänge lassen sich fast nie realisieren. Der Grund dafür liegt in den Gesetzen der Systemtheorie und am Rechenaufwand. Bei analogen Filtern spielen außerdem die Eigenschaften der Bauelemente eine Rolle.

Zum Filterentwurf im Frequenzbereich gibt es viele ausgezeichnete Bücher /8.9/, /8.10/, /8.11/. Hier werden nur kurz die grundlegenden Verfahren geschildert.

Filter sind lineare, zeitinvariante Systeme (Def 5.1). Ein Filter wird durch eine lineare Differenzengleichung mit konstanten Koeffizienten vollständig beschrieben. Der Filteralgorithmus kann in vielerlei Blockstrukturen angegeben werden. Von der Vielzahl möglicher Strukturen werden hier nur zwei genannt (Bild 8.27). Bei der Wahl einer Struktur und ihrer Realisierung als digitale Schaltung muß beachtet werden, daß die begrenzte Rechengenauigkeit in umfangreichen Strukturen zu nicht unerheblichen Fehlern führen kann. In der Praxis hat sich herausgestellt, daß man mit Blöcken höchstens zweiter Ordnung, die man z.B. in Serie schaltet, gut zurecht kommt:

$$G_k(z) = \frac{b_{2k}z^2 + b_{1k}z + b_{0k}}{a_{2k}z^2 + a_{1k}z + a_{0k}} , \quad G(z) = \prod_{k=1}^{K} G_k(z).$$

Der Vorteil dieser Darstellung liegt in der großen Flexibilität. Man kann Pole und Nullstellen verschiedener Blöcke beliebig zusammenfassen, die Reihenfolge der Teilsysteme ist frei wählbar. Außerdem wirken sich numerische Fehler in den Koeffizienten auf maximal zwei Pole und Nullstellen aus.

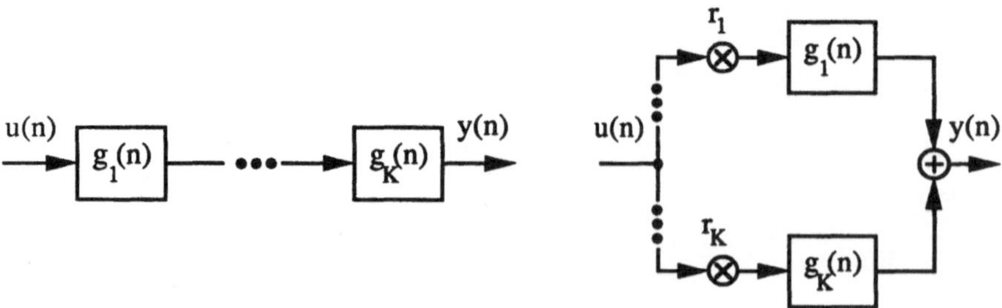

Bild 8.27. Kanonische Strukturen als Serien- und Parallelschaltung

Das Teilsystem $G_k(z)$ kann in der ersten oder zweiten kanonischen Struktur (Bild 5.13, Bild 5.14) realisiert werden. Auch eine Parallelschaltung von Teilsystemen $G_k(z)$ ist möglich. Man erhält sie aus der Partialbruchzerlegung:

$$G(z) = \sum_{k=1}^{K} r_k \, G_k(z).$$

8.7.1. Vom analogen zum zeitdiskreten Filter

Seit mehr als 80 Jahren finden analoge Filter hauptsächlich in der Nachrichtentechnik Anwendung. Die Entwurfsmethoden sind ausgereift, Filterkataloge liegen vor /8.12/. Es liegt nahe, solche zeitkontinuierlichen Filter ins Zeitdiskrete zu übersetzen. Dazu stehen die in Kap. 7 angegebenen Methoden zur Verfügung. Das wichtigste Entwurfsverfahren im Zeitkontinuierlichen, die Frequenztransformation, soll kurz erklärt werden. Eine weitere Methode, auf die nicht näher eingegangen wird, besteht darin, den Frequenzgang aus einfachen mathematischen Funktionen wie z.B. Polygonzügen zusammenzusetzen.

Die Frequenztransformation, eine konforme Abbildung, reduziert die Vielfalt der möglichen Entwurfsaufgaben auf den Entwurf eines normierten Tiefpasses. Dieser Standardtiefpaß approximiert den idealen Tiefpaß möglichst gut. Als Maß für die Güte der Approximation werden Toleranzbänder um den gewünschten Amplitudengang vorgegeben (Bild 8.28). Der Phasengang des Filters wird meistens nicht vorgegeben. Eine einfache mathematische Beschreibung erhält man mit einem Amplitudengang der Form

$$A^2(f) = |G(s = j2\pi f)|^2 = \frac{1}{1 + \alpha^2 |K(f)|^2} \,, \qquad A(f) \leq 1, \, \alpha \in R, \qquad (8.60)$$

mit der zunächst noch unbestimmten Funktion $K(f)$. Mit der Wahl dieser Funktion wird später der Filtertyp (z. B. Butterworth-, Tschebyscheff- oder Cauer-Filter) festgelegt. Die in Bild 8.28 angegebenen Toleranzbänder δ_D und δ_S werden durch Gl. 8.60 auf neue Toleranzbänder Δ_1 und Δ_2 abgebildet:

Satz 8.8: *Frequenztransformation.*
Die Entwurfsvorgaben für einen realen Tiefpaß lassen sich durch zwei Toleranzparameter δ_D und δ_S für den Durchlaß- und den Sperrbereich beschreiben. Weiter wird das Verhalten durch die Durchlaßfrequenz f_D und die Sperrfrequenz f_S charakterisiert. Die Toleranzparameter Δ_1 und Δ_2 der Funktion $\alpha \, |K(f)|$ sind mit δ_S und δ_D nach folgender Beziehung verbunden:

$$\Delta_1 = \frac{\sqrt{2\delta_D - \delta_D^2}}{1 - \delta_D} \geq \alpha \, |K(f)|, \qquad 0 \leq f \leq f_D,$$

$$\Delta_2 = \frac{\sqrt{1 - \delta_S^2}}{\delta_S} \leq \alpha \, |K(f)|, \qquad f_S \leq f \leq \infty.$$

$$(8.61)$$

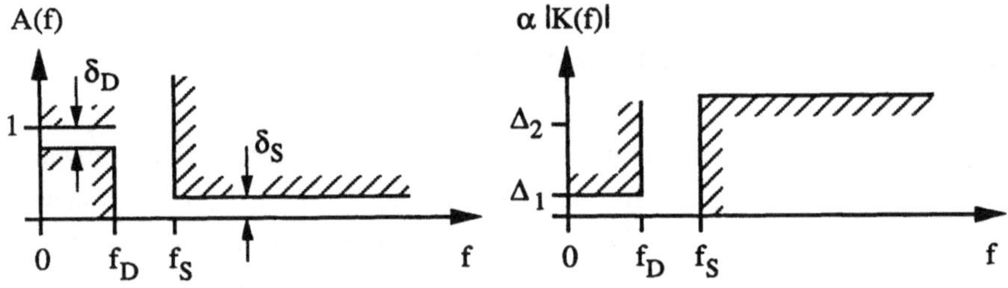

Bild 8.28. Toleranzschemata für den idealen Tiefpaß

Ein gewünschtes Filter (Tief-, Hoch- oder Bandpaß) mit den oben genannten Parametern wird durch folgende Transformationen in den normierten Tiefpaß (Bild 8.29) überführt:

-   Tiefpaß → normierter Tiefpaß:

$$s' = \frac{s}{2\pi f_D}, \qquad\qquad f' = \frac{f}{f_D},$$

-   Hochpaß → normierter Tiefpaß:

$$s' = -\frac{2\pi f_D}{s}, \qquad\qquad f' = \frac{f_D}{f},$$

-   Bandpaß → normierter Tiefpaß:

$$s' = \frac{s^2 + 2\pi f_D \, 2\pi f_{-D}}{(2\pi f_D - 2\pi f_{-D})\, s}, \qquad f' = \frac{f^2 - f_D \, f_{-D}}{(f_D - f_{-D})\, f}.$$

Die Aufgabe wird damit auf den Entwurf eines normierten Tiefpasses im s'-Bereich zurückgeführt. Bei der Bandpaß → normierter Tiefpaß Transformation wird ein symmetrischer Bandpaß mit $f_D \, f_{-D} = f_S \, f_{-S}$ vorausgesetzt (Bild 8.29).

Zwei Standardentwürfe im s'-Bereich werden angeführt. Eine ausführliche Darstellung ist beispielsweise in /8.10/ zu finden. Als erstes wird ein Butterworth-Filter entworfen.

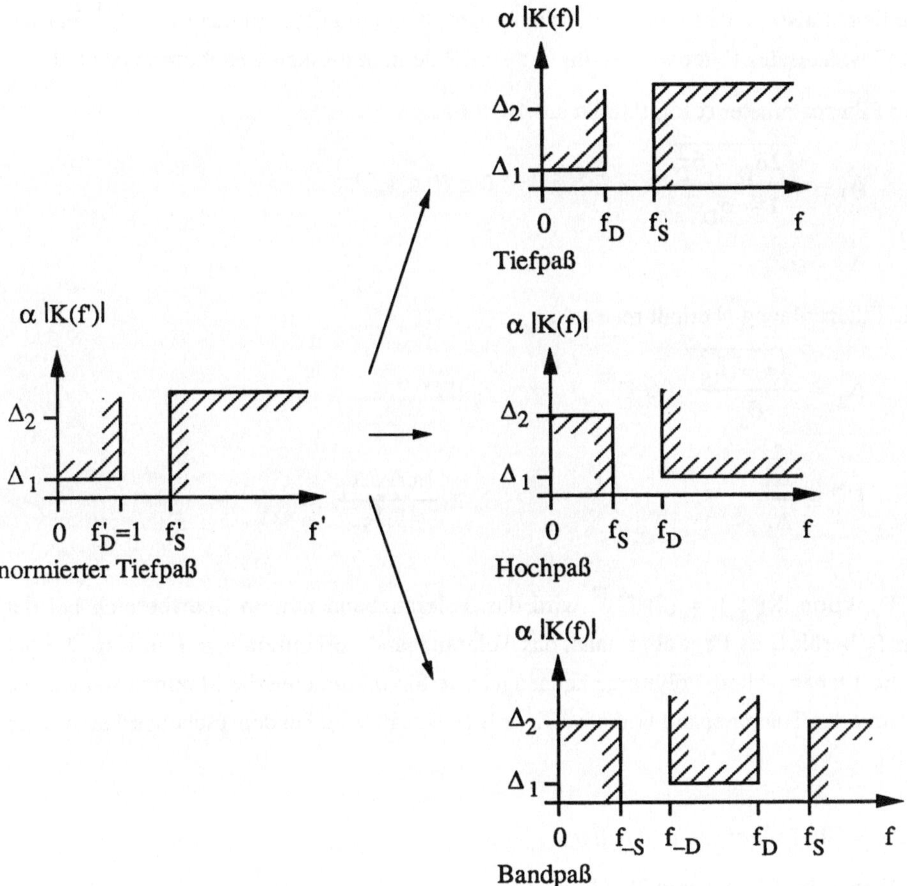

Bild 8.29. Transformationen des normierten Tiefpasses

Satz 8.9: *Butterworth-Filter.*

Butterworth-Filter der Ordnung N sind definiert durch:

$$K(f') = (j2\pi f')^N,$$

$$A^2(f') = G(s')\ G(-s')\Big|_{s'=j2\pi f'} = \frac{1}{1 + \alpha^2 |K(f')|^2} = \frac{1}{1 + \alpha^2 (2\pi f')^{2N}}\ .$$

Die Pole von $G(s')\ G(-s')$ bestimmen sich aus der Gleichung

$$1 + \alpha^2 \left(\frac{s'}{j}\right)^{2N} = 0$$

zu:

$$s'_{\infty i} = j\,\alpha^{-1/N}\, e^{j(2i+1)\pi/2N}, \qquad i = 0, ..., 2N-1.$$

Sie liegen also gleichmäßig verteilt auf einem Kreis mit dem Radius $r = \alpha^{-1/N}$. Für ein stabiles, kausales Filter werden für G(s') die Pole in der linken s-Halbebene benutzt.

Der Filterparameter α folgt direkt aus Gl. 8.61:

$$\Delta_1 = \frac{\sqrt{2\delta_D - \delta_D^2}}{1 - \delta_D} \geq \alpha\, f'^N, \qquad 0 \leq f' \leq 1,$$

$$\Delta_1 = \alpha.$$

Die Filterordnung N erhält man aus:

$$\Delta_2 = \frac{\sqrt{1 - \delta_S^2}}{\delta_S} \leq \alpha\, f'^N, \qquad f'_S \leq f',$$

$$f'^N \geq \frac{\Delta_2}{\Delta_1}\,, \qquad\qquad N \geq \frac{\ln \Delta_2/\Delta_1}{\ln f'_S}\,.$$

Mit der Funktion $|K(f')| = (2\pi f')^N$ wird das Toleranzband nur im Sperrbereich bei der Frequenz f'_S berührt. Es liegt aber nahe, das Toleranzband voll auszunutzen. In Kap. 2.5 haben wir die Tschebyscheff-Polynome kennengelernt. Sie minimieren die Maximumsnorm und nutzen damit das Toleranzband voll aus. Diese Eigenschaft wird bei den Tschebyscheff-Filtern verwendet.

Satz 8.10: *Tschebyscheff-Filter.*

Tschebyscheff-Filter vom Typ I:
Es wird:

$$K(f') = T_N(f')$$

mit dem erweiterten Tschebyscheff-Polynom

$$T_N(f') = \begin{cases} \cos(N \arccos 2\pi f') & \text{für } |f'| \leq 1 \\ \cosh(N \operatorname{arcosh} 2\pi f') & \text{für } |f'| > 1 \end{cases}$$

gewählt. Mit den Toleranzparametern wie in Satz 8.9 folgt:

$$\Delta_1 = \alpha,$$

$$N \geq \frac{\operatorname{arcosh} \Delta_2/\Delta_1}{\operatorname{arcosh} 2\pi f'_S}\,.$$

Das Filter zeigt im Durchlaßbereich den typischen oszillierenden Verlauf der Tschebyscheff-Polynome. Die Pole des Filters liegen auf einer Ellipse (ohne Herleitung).

Tschebyscheff-Filter vom Typ II:

Hier ist:

$$K(f') = \frac{T_N(f'_S)}{T_N(f'_S/f')} \ .$$

Der Entwurf verläuft wie bei Typ I. Typ II hat auf der imaginären Achse Nullstellen. Typ I hat keine Nullstellen.

Cauer- oder elliptische Filter sind eine Kombination von Tschebyscheff-Filtern vom Typ I und Typ II. Der Amplitudengang hat sowohl im Durchlaß- als auch im Sperrbereich das für ein Tschebyscheff-Polynom typische oszillierende Verhalten.

Beispiel 17: Auslegung eines digitalen Tiefpasses nach /8.10/. Die vorgegebenen Daten des digitalen Filters sind:

$$F = 8 \text{ kHz},$$
$$f_D = 1 \text{ kHz},$$
$$f_S = 1{,}2 \text{ kHz},$$
$$\delta_D = \delta_S = 0{,}1.$$

Der Tiefpaß wird als kontinuierliches Filter entworfen, folgende Schritte sind zu durchlaufen:

1) Festlegung der normierten Grenzfrequenzen im Zeitdiskreten:

$$\Omega_D = 2\pi \ \frac{f_D}{F} = 0{,}25 \ \pi, \qquad \Omega_S = 2\pi \ \frac{f_S}{F} = 0{,}3 \ \pi.$$

2) Übergang zum Zeitkontinuierlichen mit Hilfe der bilinearen Transformation (Satz 7.3). Wegen der Frequenzverzerrung durch die bilineare Transformation entsprechen im Zeitkontinuierlichen den Werten Ω_D und Ω_S die Werte F_D und F_S:

$$2\pi F_D = A \tan \frac{\Omega_D}{2} = 0{,}4142 \ A, \qquad 2\pi F_S = A \tan \frac{\Omega_S}{2} = 0{,}5095 \ A.$$

3) Normierung auf die Durchlaßfrequenz:

$$f'_D = 1, \qquad f'_S = \frac{F_S}{F_D} = 1{,}23.$$

4) Auswahl des Filtertyps und Festlegung der Filterordnung. Bestimmung der zeitkontinuierlichen Systemfunktion G(s') und Aufheben der Normierung mit $s = 2\pi F_D s'$.

5) Bilineare Transformation:

$$s = A \ \frac{z-1}{z+1} \ .$$

Soll der Amplitudengang $A(\Omega)$ im Zeitdiskreten mit dem Amplitudengang $A(f)$ im Zeitkontinuierlichen bei der Durchlaßfrequenz $f_D = \frac{F}{8}$ übereinstimmen, so gilt mit Gl. 7.6:

$$A = \frac{\pi F}{4 \tan \frac{\pi}{8}} \ .$$

Bild 8.30 zeigt den Amplitudengang eines Butterworth-Filters der Ordnung N = 15, den eines Tschebyscheff-Filters der Ordnung N = 6 vom Typ I und Typ II sowie den eines Cauer-Filters der Ordnung N = 4.

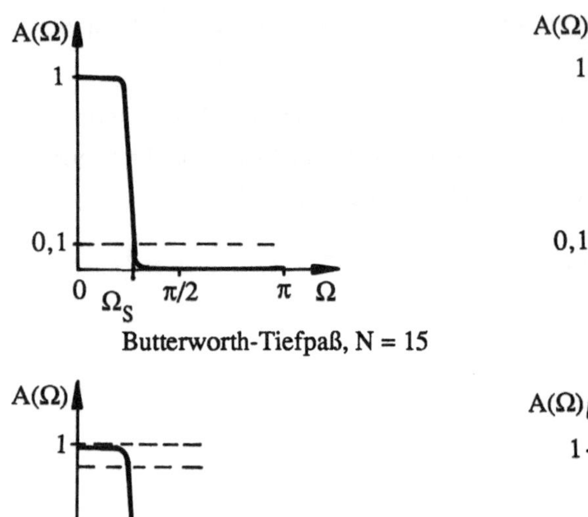

Butterworth-Tiefpaß, N = 15

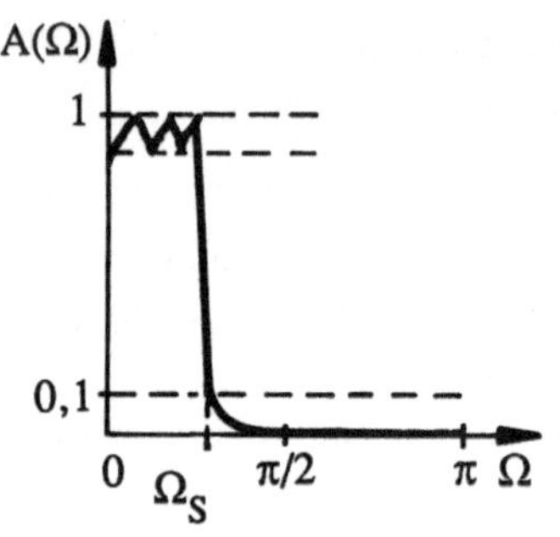

Tschebyscheff-Filter, Typ I, N = 6

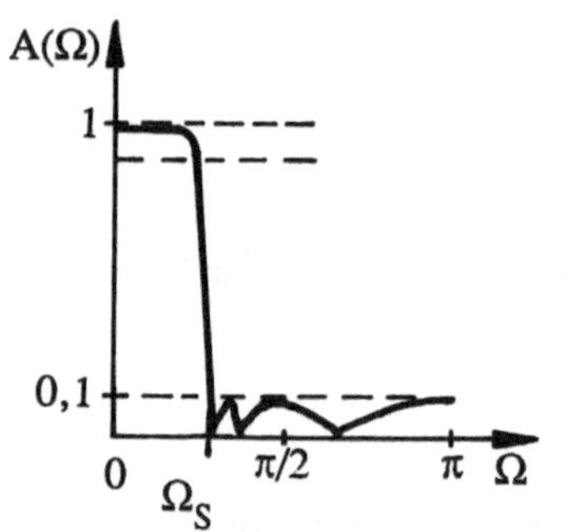

Tschebyscheff-Filter, Typ II, N = 6

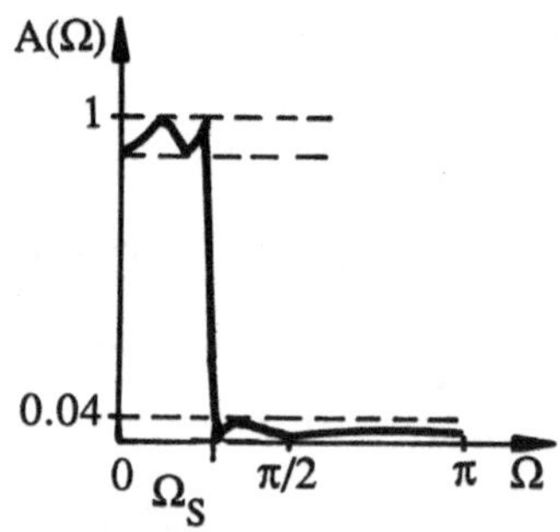

Cauer-Tiefpaß, N = 4

Bild 8.30. Vier verschiedene Approximationen

Diskussion:

- Die Toleranzgrenze wird beim Butterworth-Filter einmal im Sperrbereich berührt.

- Alle mit den Tschebyscheff-Polynomen entworfenen Filter berühren die Toleranzgrenzen mehrmals, bei Typ I sechs mal im Durchlaßbereich und bei Typ II sechs mal im Sperrbereich. Das Cauer-Filter zeigt die Oszillationen in beiden Toleranzbändern.

- Die Tschebyscheff-Filter besitzen bei niedriger Ordnung einen sehr steilen Übergang vom Durchlaß- zum Sperrbereich. Vergleichbares Übergangsverhalten erfordert beim Butterworth-Filter die Ordnung N = 15. Beim Cauer-Tiefpaß genügt die minimale Ordnung N = 4 für ein noch engeres Toleranzband im Sperrbereich.

8.7.2. Direkter Entwurf von digitalen Filtern aus dem Frequenzgang

8.7.2.1. Einige Bemerkungen zum Entwurf von IIR-Filtern

Alle realisierbaren digitalen Filter haben nach Satz 5.7 einen Amplitudengang der Form

$$A^2(\Omega) = \frac{B_M(\cos \Omega)}{A_K(\cos \Omega)} \ .$$

Die Entwicklung des minimalphasigen Filters $G(z)$ aus dem Amplitudengang ist in Kap. 5, Bsp. 9, gezeigt. Im allgemeinen wird der gewünschte Amplitudengang $A_w(\Omega)$ nicht dem eines realiserbaren Filters mit endlicher Ordnung N entsprechen, $A_w(\Omega)$ muß approximiert werden. Hierzu bieten sich sämtliche Methoden aus Kap. 2 an.

Sehr naheliegend ist die Formulierung der Approximationsaufgabe mit dem quadratischen Gütemaß

$$\int_{-\pi}^{\pi} (A_w(\Omega) - A(\Omega,a,b))^2 \, d\Omega \qquad \rightarrow \qquad \min.$$

Der realisierbare Amplitudengang $A(\Omega,a,b)$ enthält als freie Parameter die Polynomkoeffizienten b und a des Zähler- bzw. des Nennerpolynoms. Das nichtlineare Problem läßt sich nur numerisch lösen, die Koeffizienten werden nach Satz 5.7 in $G(z)$ übertragen.

Wenn schon numerisch optimiert wird, läßt sich vorteilhaft die Tschebyscheff-Approximation mit der Maximumsnorm anwenden

$$\max\{\,|A_w(\Omega) - A(\Omega,a,b)|\,\} \qquad \rightarrow \qquad \min.$$

Die Durchführung des Verfahrens wird in Kap. 2, Bsp. 9, gezeigt.

Häufig wird aber der Umweg über den Entwurf kontinuierlicher Filter vorgezogen. Der Hauptgrund liegt in den vertrauten Verfahren, die in der s-Ebene zur Verfügung stehen.

Besonders einfach und durchsichtig ist nur der direkte Entwurf von FIR-Filtern.

8.7.2.2. Digitale FIR-Filter mit linearer Phase

Linearphasige Filter lassen sich wegen ihren Symmetrieeigenschaften einfach entwerfen (Satz 5.8). Hier werden zunächst nur Filter mit ungerader Filterlänge 2N+1 behandelt. Dann gilt:

$$G(z) = z^{-N} G_0(z), \qquad\qquad G_0(z) = \sum_{n=-N}^{N} g_0(n) \, z^{-n}.$$

kausales FIR-Filter akausales FIR-Filter

Im folgenden wird allein der symmetrische Filtertyp mit $g_0(n) = g_0(-n)$ besprochen. Für den Amplitudengang dieser Filter gilt

$$A(\Omega) = |G_0(e^{j\Omega})| = |g_0(0) + 2\,g_0(1)\cos\Omega + ... + 2\,g_0(N)\cos N\Omega|. \tag{8.62}$$

Ein weiterer Vorteil der linearphasigen Filter ist, daß leicht Frequenztransformationen wie Tiefpaß in Hochpaß oder Bandpaß durchzuführen sind.

Satz 8.11: *Entwurf digitaler FIR-Filter.*

Ein akausaler Tiefpaß $G_{T0}(z)$, $G_{T0}(1) = 1$, wird zu einem akausalen Hochpaß durch:

$$G_{H0}(z) = 1 - G_{T0}(z).$$

Der kausale Hochpaß entsteht durch:

$$G_H(z) = (1 - G_{T0}(z))\,z^{-N} = z^{-N} - G_T(z).$$

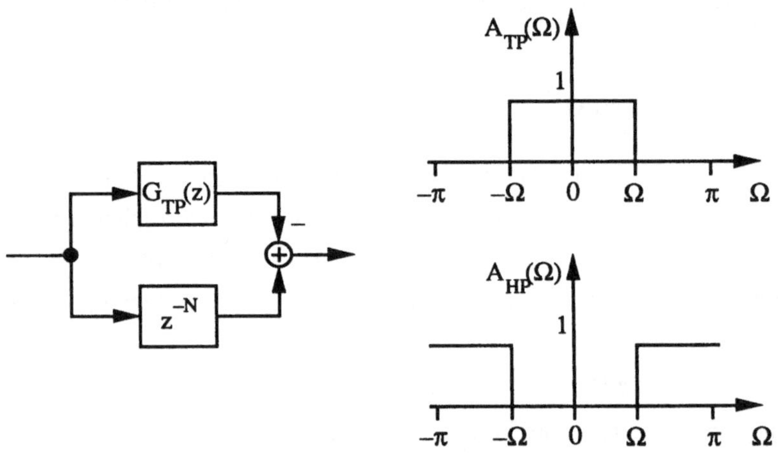

Bild 8.31a. Tiefpaß- / Hochpaßtransformation

Ein Bandpaß entsteht aus der Serienschaltung eines idealen Tief- und Hochpasses:

$$\begin{aligned}
G_B(z) &= G_H(z)\,G_{T1}(z) \\
&= (1 - G_{T20}(z))\,z^{-N_2}\,G_{T10}(z)\,z^{-N_1} \\
&= z^{-N_2}\,G_{T1}(z) - G_{T2}(z)\,G_{T1}(z), \qquad \Omega_2 < \Omega_1.
\end{aligned}$$

Der Bandpaß entsteht auch aus der Parallelschaltung zweier Tiefpässe.

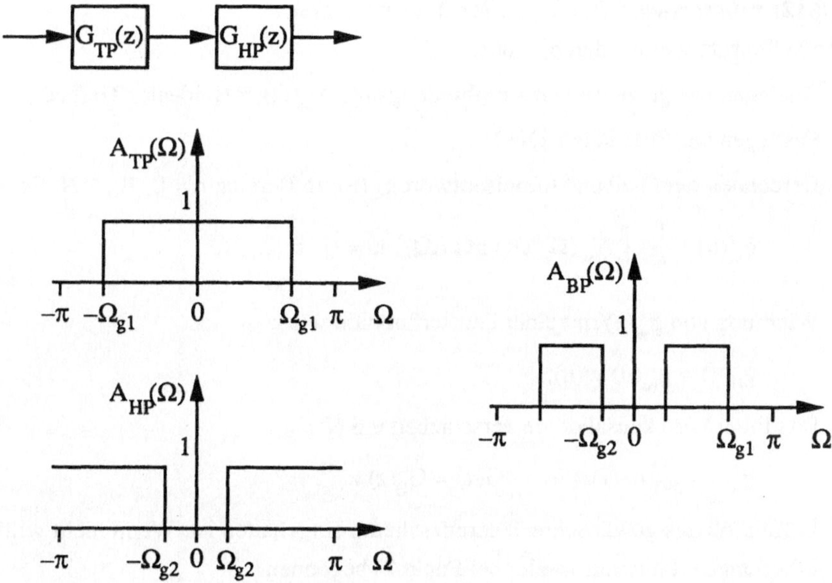

Bild 8.31b. Tiefpaß / Bandpaßtransformation

Für reelle Filterkoeffizienten $g_0(n) = g_0(-n)$ ist $G_0(e^{j\Omega})$ reell und eine gerade Funktion. Für gerade Funktionen bilden die Funktionen $\{\cos n\Omega\}$ ein vollständiges Orthogonalsystem. Ein sinnvoller Wunschamplitudengang $A_w(\Omega)$ ist daher eine gerade Funktion in Ω. Das FIR-Filter $G(z)$ kann damit als Fourier-Approximation von $A_w(\Omega)$ berechnet werden. Die Fourier-Koeffizienten folgen aus:

$$g_w(n) = \frac{1}{2\pi} \int_{-\pi}^{\pi} A_w(\Omega)\, e^{j\Omega n}\, d\Omega = \frac{1}{\pi} \int_{0}^{\pi} A_w(\Omega) \cos n\Omega\, d\Omega, \qquad n = 0, 1, \dots .$$

Dem Amplitudengang $A_w(\Omega)$ wird im allgemeinen ein Filter $g_w(n)$ mit unbegrenzt langer Impulsantwort entsprechen. Die Approximation mit einem Filter endlicher Länge entspricht im Zeitbereich der Multiplikation mit dem Rechteckfenster $r_{2N}(n)$:

$$g_0(n) = g_w(n)\, r_{2N}(n) \quad \circ\!\!-\!\!\bullet \quad \frac{1}{2\pi j} \int_{-\pi}^{\pi} G_w(e^{j(\Omega-\sigma)})\; e^{j\sigma/2} \frac{\sin N\sigma}{\sin \sigma/2}\, d\sigma.$$

Die Faltung mit $R_{2N}(e^{j\Omega})$ ist wegen der großen Nebenzipfel extrem ungünstig. Die Nebenzipfel verbreitern einen steilen Übergang im gewünschten Amplitudenspektrum empfindlich. Außerdem treten Überschwinger auf. Abhilfe schafft die Wichtung der Koeffizienten $g_w(n)$ mit einem anderen Fenster z. B. Hanning-Fenster (Bild 5.16) oder Kaiser-Fenster /8.10/.

Satz 8.12: *Filterentwurf durch Fourier-Approximation.*

Folgende Schritte werden durchgeführt:

1) Festlegen des gewünschten Amplitudengangs $A_w(\Omega)$, z.B. idealer Tiefpaß.

2) Festlegen der Filterlänge 2N+1.

3) Berechnen der "halben" Impulsantwort $g_w(n)$ im Bereich n = 0, 1, ..., N. Es gilt:

$$g_w(n) = \frac{1}{\pi} \int_0^\pi A_w(\Omega) \cos n\Omega \, d\Omega, \quad n = 0, 1, ..., N.$$

4) Wichtung von $g_w(n)$ mit einer Fensterfunktion w(n):

$$g_0(n) = g_w(n) \, w(n).$$

5) Das Filter wird kausal durch verschieben um N:

$$g(n) = g_0(n-N), \qquad G(z) = G_0(z) \, z^{-N}.$$

6) Prüfen, ob das gewünschte Toleranzschema eingehalten ist. Wenn nicht wird die Filterlänge erhöht und wieder bei Punkt 2) begonnen.

Statt der Approximation mit der quadratischen Norm kann der gewünschte Frequenzgang $G_w(e^{j\Omega})$ an äquidistanten Frequenzpunkten interpoliert werden (Bild 8.32). Durch die geforderte lineare Phase des zu entwerfenden FIR-Filters ist der Zusammenhang zwischen Frequenz- und Amplitudengang vorgegeben (Satz 5.8).

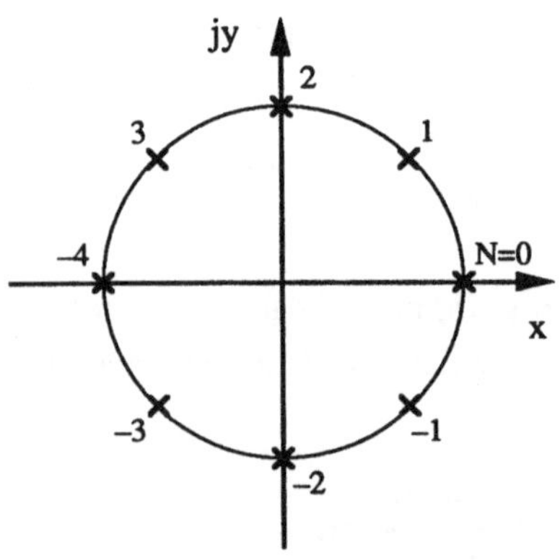

Die diskrete Fourier-Transformation gibt die Koeffizienten $g_0(n)$ des linearphasigen FIR-Filters, welche den gewünschten Amplitudengang $A_w(\Omega)$ an den Stellen Ω_k interpolieren.

Wir interpolieren an 2N+1 äquidistanten Stellen $\Omega_k = \frac{2\pi k}{2N}$, $-N \leq k \leq N$. Wegen der Periodizität ist $G_0(e^{j\pi}) = G_0(e^{-j\pi})$. Der Wert von $G_0(e^{j\pi})$ kann damit weggelassen werden, die Filterlänge beträgt 2N. Mit $g_0(n) = g_0(-n)$ wird:

Bild 8.32. Stützstellen für das Frequenz-abtastverfahren, N = 4

$$G_0(e^{j\Omega_k}) = \sum_{n=-N}^{N-1} g_0(n) \, e^{-j\Omega_k n}, \quad -N \leq k \leq N-1, \qquad \Omega_k = \frac{\pi k}{N}.$$

Mit der diskreten Fourier-Transformation nach Gl. 2.29 wird:

$$g_0(n) = \frac{1}{2N} \sum_{k=-N}^{N-1} G_0(e^{j\Omega_k}) \, e^{j\pi nk/N}$$

$$= \frac{1}{2N} \left(G_0(1) + 2 \sum_{k=1}^{N-1} G_0(e^{j\Omega_k}) \cos \frac{\pi kn}{N} + G_0(e^{j\Omega_N}) \, (-1)^N \right).$$

Satz 8.13: *Frequenzabtastverfahren.*

In den äquidistanten Frequenzen $\Omega_k = 2\pi \frac{k}{2N}$, $-N \leq k \leq N-1$, wird der Wunschfrequenzgang $G_w(e^{j\Omega})$ interpoliert und mit der diskreten Fourier-Transformation in den Zeitbereich transformiert.

Folgende Schritte werden durchlaufen:

1) Die Wahl der Filterlänge 2N wird mit Rücksicht auf den Wunschfrequenzgang getroffen.

2) Der Wunschfrequenzgang wird an 2N äquidistanten Stellen abgetastet, die Filterkoeffizienten werden mit der inversen DFT berechnet.

3) Ermitteln des tatsächlichen Frequenzgangs $G(e^{j\Omega})$, vorzugsweise mit einer FFT. Reicht die Güte der Interpolation nicht aus, wird die Filterordnung erhöht.

Zum Schluß einige Bemerkungen zu beiden Verfahren:

Nach Satz 3.5 haben glatte Wunschamplitudengänge $A_w(\Omega)$ schnell konvergierende Filter $g(n)$ zur Folge. Beide Verfahren, Fourier-Approximation und Frequenzabtastung, approximieren in dem Fall gut. Das Gibbssche Phänomen (Satz 3.4) macht sich bei der Fourier-Approximation und steilen Übergängen bemerkbar. Man hat 10 % Überschwinger unabhängig von der Filterordnung. Die Frequenzabtastung liefert ein FIR-Filter. Eine endlich lange Impulsantwort ist aber nicht bandbegrenzt. Die errechneten Filterkoeffizienten haben daher einen Aliasingfehler.

Beispiel 18: Frequenzabtastverfahren für gerade Filterlänge.

Ein FIR-Bandpaß mit einem Durchlaßbereich von $f_{g1} = 4$ kHz bis $f_{g2} = 6$ kHz soll entworfen werden. Die Abtastfrequenz ist F = 40 kHz.

Folgende Schritte werden durchlaufen:

1) Im Sinne einer guten Approximation wird man versucht sein, die Zahl der Stützstellen sehr hoch zu wählen. Damit steigen aber Filterlänge und Rechenaufwand. Im Beispiel legen wir in das Durchlaßband fünf Stützstellen und erhalten die Filterlänge N = 80.

2) Die Abtastwerte $A(\Omega_k)$ sind für den Bandpaß einfach zu ermitteln. Die Abtastwerte bei $f_{g1} = 4$ kHz und $f_{g2} = 6$ kHz werden zunächst nicht festgelegt. Mit einem einfachen

Suchverfahren werden diese Abtastpunkte so bestimmt, daß der Amplitudengang des FIR-Filters möglichst wenig vom Wunschamplitudengang $A_w(\Omega)$ abweicht. Die Güte der Approximation wird zum Beispiel mit der Maximumsnorm beurteilt. Ein Vergleich dieser Entwurfsmethode mit den übrigen Entwurfsverfahren ist in /8.13/ zu finden.

Für dir Grenzfrequenzen gilt:

$$\Omega_{g1} = 2\pi \, \frac{f_{g1}}{F} = \frac{\pi}{5} \, ,$$

$$\Omega_{g2} = 2\pi \, \frac{f_{g2}}{F} = \frac{3\pi}{10} \, .$$

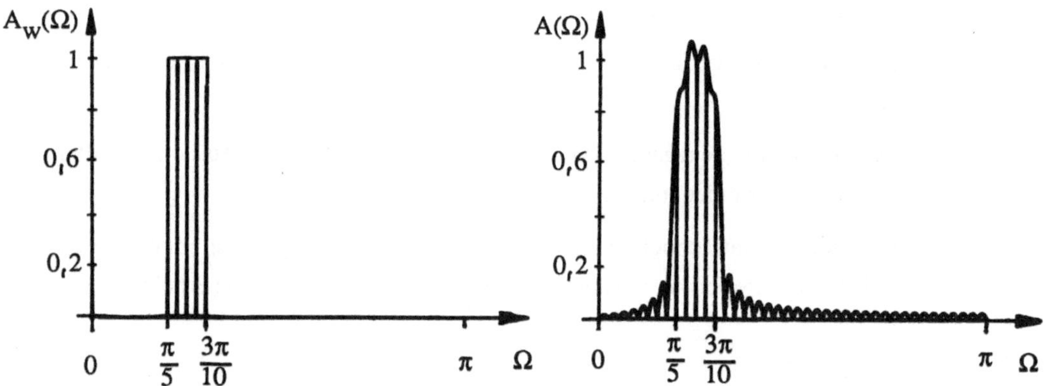

Bild 8.33. Amplitudengang des FIR-Filters

Zum Schluß noch ein Beispiel zum Entwurf eines Tiefpasses mit geringstmöglichem Rechenaufwand bei der Implementierung.

Beispiel 19: Der FIR-Tiefpaß wird aus zwei unterschiedlich langen Rechteckfiltern gebildet. Der Tiefpaß mit dem kleinsten Rechenaufwand ist der arithmetische Mittelwert:

$$y(n) = \frac{1}{N} \sum_{k=0}^{N-1} u(n-k),$$

$$g(n) = \begin{cases} \dfrac{1}{N} & \text{für } 0 \leq n \leq N-1 \\ 0 & \text{sonst} \end{cases} \quad \circ\!\!-\!\!\bullet \quad R_0(e^{j\Omega}).$$

Der Amplitudengang des Rechteckfensters ist:

$$A(\Omega) = \frac{1}{N} \left| \frac{\sin N\,\Omega/2}{\sin \Omega/2} \right| \approx \frac{1}{T_0} \left| \frac{\sin \pi f T_0}{\pi \, f} \right| .$$

Für die Approximation des idealen Tiefpasses mit der Grenzfrequenz Ω_g (Bild 8.34) soll der arithmetische Mittelwert genügen. In der Praxis stören die Nebenzipfel von $A_0(\Omega)$ mehr als die Abweichungen vom idealen Tiefpaß im Durchlaßbereich. Der erste Nebenzipfel erreicht beispielsweise ca 20% des Hauptmaximums. Schaltet man ein zweites Mittelwertfilter mit der Länge T_1 in Serie und wählt T_1 so, daß die Nullstellen des zweiten Filters $R_1(e^{j\Omega})$ ungefähr auf die Nebenzipfel von $R_0(e^{j\Omega})$ fallen, so können die störenden Nebenzipfel erheblich reduziert werden. Die numerische Optimierung von T_1 ergibt ein optimales Verhältnis

$$\frac{T_1}{T_0} = 0{,}7175.$$

In Bild 8.34 ist der Amplitudengang $A_0(\Omega)$ und der Amplitudengang $A_0(\Omega)\,A_1(\Omega)$ der Serienschaltung aufgetragen. Eine Dämpfung von mehr als 30 dB wird erreicht.

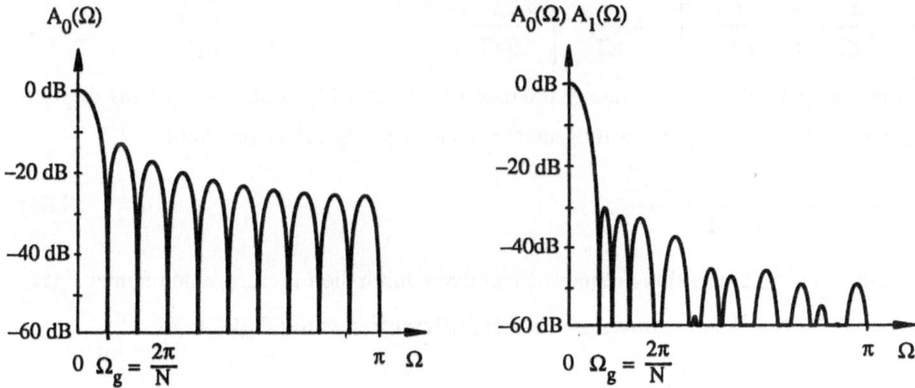

Bild 8.34. Amplitudengang des einfachen Tiefpasses ($N_0 = 20$) und Amplitudengang der Serienschaltung ($N_1 = 14$)

8.7.3. Differenzierer und Integrierer

Für Simulationen sind Integrierer und Differenzierer Standardalgorithmen. In Kap. 5, Bsp. 6, wurde der Differenzenquotient $G(z) = 1 - \frac{1}{z}$ als grobe Näherung für einen Differenzierer behandelt. Nur für kleine Frequenzen, also schnelle Abtastung, ist der Differenzenquotient eine akzeptable Näherung. Der Betrag des relativen Fehlers ist für kleine Frequenzen:

$$F_r(f) = -\frac{1}{2}\,(\pi f T)^2.$$

In Kap. 7, Bsp. 3, wird der Frequenzgang $G_D(f) = j2\pi f$ des idealen Differenzierers approximiert. Läßt man eine Zeitverschiebung um $\frac{T}{2}$ zu, so erhält man einen sehr schnell konvergierenden Algorithmus für ein akausales Filter:

$$g_D(n) = \frac{4\,(-1)^n}{\pi T\,(2n-1)^2} \; .$$

Für $n \geq 0$ gilt $g(n) = -g(-n+1)$. Um zu einem kausalen FIR-Filter zu kommen, begrenzt man die Impulsantwort $g_D(n)$ auf die Länge $2N$ und verschiebt das Filter um $N-1$ Takte nach rechts:

$$g(n) = \begin{cases} g_D(n-N+1) & \text{für } n = 0,\, \ldots,\, 2N-1 \\ 0 & \text{sonst,} \end{cases}$$

$$G(z) = \frac{4}{\pi T}\, z^{-N+1} \sum_{n=1}^{N} \frac{(-1)^n}{(2n-1)^2}\, (z^{-n} - z^{n-1}). \tag{8.63}$$

Für $N = 2$ sind die Koeffizienten $g(n)$:

$g(0)$	$g(1)$	$g(2)$	$g(3)$
$-\dfrac{4}{9\pi T}$	$\dfrac{4}{\pi T}$	$-\dfrac{4}{\pi T}$	$\dfrac{4}{9\pi T}$

Zur Beurteilung des idealen und des geschätzten Operators $G_i(z)$ bzw. $G(z)$ wird die Leistungsdichte des Fehlers auf die Leistungsdichte des idealen Operators bezogen:

$$F_r(\Omega) = \frac{|G(e^{j\Omega}) - G_i(\Omega)|^2}{|G_i(\Omega)|^2} \; . \tag{8.64}$$

Signalanteile $L_u(e^{j\Omega})\Delta\Omega$ um eine Frequenz Ω erfahren durch die Filterung einen Fehler $F_r(\Omega)$. Bild 8.35 zeigt für $N = 2$ den relativen Fehler des Differenzierers mit $G_i(\Omega) = j\Omega$:

$$F_r(\Omega) = \frac{|G(e^{j\Omega}) - j\Omega|^2}{\Omega^2} \; .$$

Im Vergleich dazu ist der relative Fehler des einfachen Differenzenquotienten aufgetragen.

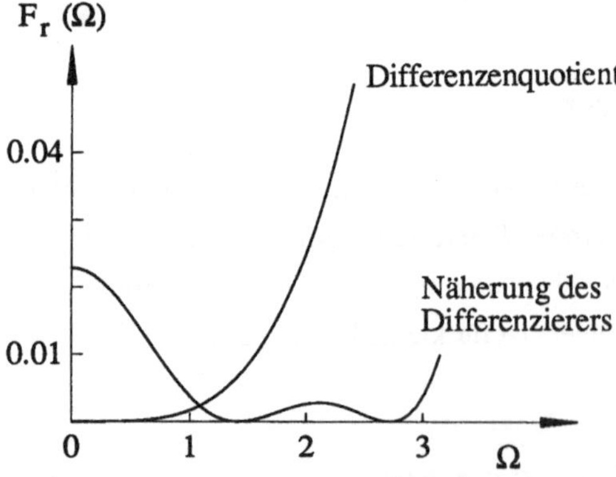

Bild 8.35. Relativer Fehler des Differenzenquotienten und der Näherung des Differenzierers nach Gl. 8.63

Zur Integration von Signalen bietet sich die Rechteck-, die Trapez- oder die Simpson-Regel an. Die Simpson-Regel legt durch die diskreten Werte eine Parabel /8.14/.

Rechteckregel (rückwärts):

$$y(n) = y(n{-}1) + T\,u(n) \qquad \circ\!\!-\!\!\bullet \qquad G_I(z) = \frac{Tz}{z{-}1}\,,$$

Trapezregel:

$$y(n) = y(n{-}1) + \frac{T}{2}(u(n){+}u(n{-}1)) \qquad \circ\!\!-\!\!\bullet \qquad G_I(z) = \frac{T}{2}\frac{z{+}1}{z{-}1}\,, \tag{8.65}$$

Simpson-Regel:

$$y(n) = y(n{-}2) + \frac{T}{3}\,u(n){+}\frac{4T}{3}\,u(n{-}1) + \frac{T}{3}\,u(n{-}2) \qquad \circ\!\!-\!\!\bullet \qquad G_I(z) = \frac{T}{3}\frac{z^2 + 4z + 1}{z^2 - 1}$$

Alle Systeme haben Pole auf dem Einheitskreis. Sie sind bedingt stabil. In Bild 8.36 ist der Betrag des relativen Fehlers des Integrierers nach Gl. 8.64 mit $G_i(\Omega) = \frac{1}{j\Omega}$ aufgetragen.

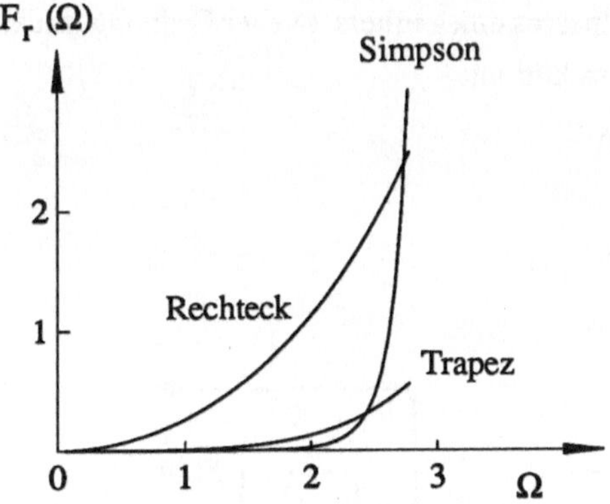

Bild 8.36. Relativer Fehler $F_r(\Omega)$ bei den verschiedenen Integrationsverfahren

8.8. Quantisierungsfehler bei digitalen Filtern

Die Wertquantisierung macht jedes lineare System zu einem nichtlinearen. Die Schwierigkeit einer exakten Beschreibung wurde in Kap. 6.3 deutlich gemacht. Dort wurden auch die Rundungsfehler stochastisch als Quantisierungsrauschen beschrieben. Hier wird kurz auf zwei andere Fehler in Verbindung mit digitalen Filtern eingegangen:

1)   Abweichungen im gewünschten Frequenzverhalten entstehen durch ungenaue Filterkoeffizienten. Darunter leiden sowohl FIR- als auch IIR-Filter.

2)   Bei IIR-Filtern entstehen Grenzzyklen /8.11/. Grenzzyklen sind kleine Schwingungen um den Nullpunkt, die auch bei nichterregtem System auftreten.

Fehler durch ungenaue Koeffizienten kann man sich durch geringfügiges Verschieben der Pole und Nullstellen entstanden denken. Eine Filterdarstellung in *gekoppelter Struktur* füllt den Einheitskreis gleichförmig mit Bereichen, in denen die Systempole liegen. In Bild 8.38 sind die möglichen Pole eines rein rekursiven Filters bei einer Koeffizientenquantisierung von drei bit und die entsprechenden Bereiche dargestellt. Der Vorteil der gekoppelten Filterstrukur liegt darin, daß der Real- und Imaginärteil des Polpaares eines Filters zweiter Ordnung direkt eingestellt werden kann. Bild 8.37 zeigt die Filterstruktur mit

$$y_1(n) = a_{11}\, y_1(n{-}1) + a_{12}\, y_2(n{-}1) + b_{10}\, u(n),$$

$$y_2(n) = a_{21}\, y_1(n{-}1) + a_{22}\, y_2(n{-}1),$$

$$y(n) = y_2(n).$$

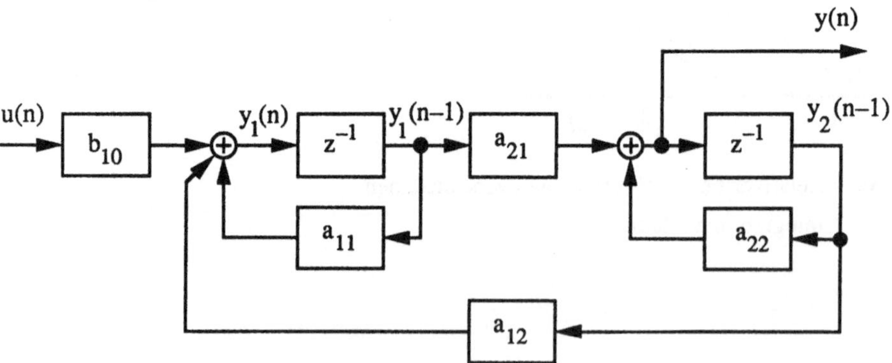

Bild 8.37. Gekoppelte Struktur eines rein rekursiven Filters zweiter Ordnung

Die Übertragungsfunktion des Filters ist:

$$\frac{Y(z)}{U(z)} = \frac{b_{10}\, a_{21}\, z^{-1}}{1 - (a_{11} + a_{22})\, z^{-1} + (a_{11} a_{22} - a_{12} a_{21})\, z^{-2}}$$

$$= \frac{b_{10}\, a_{21}\, z^{-1}}{1 - 2\,\mathrm{Re}\{z_\infty\}\, z^{-1} + |z_\infty|^2\, z^{-2}} \cdot$$

Mit $a_{11} = a_{22} = r \cos \varphi$ und $a_{21} = -a_{12} = r \sin \varphi$ lassen sich Real- und Imaginärteil des konjugiert komplexen Polpaares getrennt einstellen. Die Pole liegen bei dieser Struktur auf den Kreuzungspunkten eines quadratische Gitters.

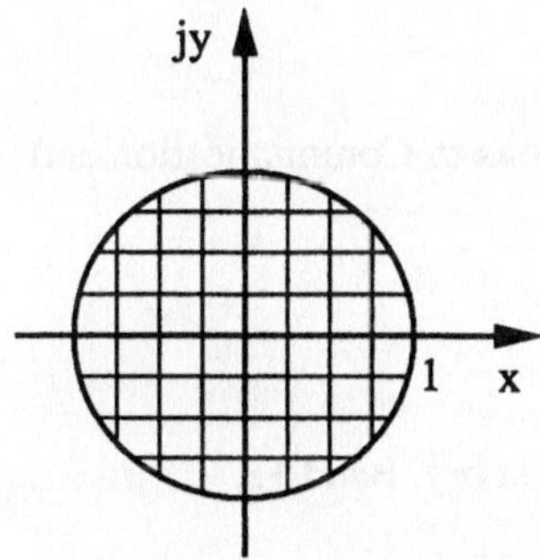

Bild 8.38. Gleichförmige Bereiche für die Lage der Pole bei der gekoppelten Struktur (drei bit Quantisierung)

Bild 8.38 zeigt die möglichen Pole bei einer drei bit Quantisierung eines solchen Filters mit gekoppelter Struktur /8.11/. Andere Filterstrukturen füllen den Einheitskreis mit möglichen Polstellen sehr ungleichmäßig.

Literatur:

/8.1/   Kronmüller, H.: Methoden der Meßtechnik,
             Schnäcker, Karlsruhe, 1979.

/8.2/   Sorenson, H.: Parameter Estimation,
             Marcel Dekker, New York, 1980.

/8.3/   Kroschel, K.: Statistische Nachrichtentheorie, Band 1,
             Springer, Heidelberg, 1973.

/8.4/   Sage, A.; Melsa, J.: Estimation Theory with Applications to Communication and
             Control, McGraw-Hill, New York, 1971.

/8.5/   Nahi, N.: Estimation Theory and Applications,
             Wiley, New York, 1968.

/8.6/   van Trees, H.: Detection, Estimation and Modulation Theory, Band 1,
             Wiley, New York, 1968.

/8.7/   Baumann, U.: Schätzen der Parameter von Eingangssignalen in linearen Syste-
             men, Dissertation an der Universität Karlsruhe, Institut Prozeßmeßtechnik und
             Prozeßleittechnik, 1975.

/8.8/   Brammer, K.; Siffling, G.: Kalman-Bucy-Filter,
             Oldenbourg, München, 1975.

/8.9/   Stearns, S.: Digitale Signalverarbeitung analoger Signale,
             Oldenbourg, München, 1984.

/8.10/   Kammeyer, K; Kroschel, K.: Digitale Signalverarbeitung,
             Teubner, Stuttgart, 1989.

/8.11/   Hess, W.: Digitale Filter,
             Teubner, Stuttgart, 1989.

/8.12/   Saal, R.: Handbuch zum Filterentwurf,
             AEG-Telefunken, Frankfurt, 1979.

/8.13/   Rabiner, L.; Gold, B.: Theory and Application of Digital Signal Processing,
             Prentice-Hall, Englewood Cliffs, 1975.

/8.14/   Schwarz, H.: Numerische Mathematik,
             Teubner, Stuttgart, 1986.

9. Systematische Schätztheorie

In Kap. 8 wurden im Sinne der quadratischen Norm optimale Filteralgorithmen entwickelt, welche Meßwerte linear verarbeiten. Basis für die Algorithmen ist das Projektionstheorem, das direkt aus linearen Vektor- oder Funktionenräumen folgt. Es beschreibt die beste Näherung durch den minimalen Abstand zwischen Vektor bzw. Funktion und Näherung. Nach den Erfahrungen des Verfassers kommt man damit in der Praxis der Automatisierungstechnik fast immer aus.

In Kap. 9 wird das Ermitteln von Parametern b aus einer Stichprobe, das Schätzen, auf allgemeiner Basis behandelt. Dabei werden die Gemeinsamkeiten mit der Statistik zweiter Ordnung in Kap. 8 und ihre Grenzen deutlich. Um eine Stichprobe $\{x\} = \{x_1, x_2, ...\}$, eine Ansammlung stochastischer Daten, analytisch auszuwerten, braucht man die Wahrscheinlichkeitsdichte $p(x) = p(x_1, x_2, ...)$ der Variablen x. Bei den Anwendungen in der Prozeßtechnik handelt es sich um Zeitreihen, stochastische Prozesse, die in Abschnitt 9.1 besprochen werden. Einige wichtige Wahrscheinlichkeitsdichten werden in Abschnitt 9.2 angegeben, weiter wird der zentrale Grenzwertsatz und als einfachste Aussage über wiederholte Messungen die Tschebyscheffsche Ungleichung erwähnt. Abschnitt 9.3 behandelt Markoff-Prozesse und Abschnitt 9.4 den allgemeinen systematischen Ansatz von Bayes für die Schätztheorie. Die wichtigsten Schätzer werden besprochen und die Verbindung zum Gauß-Markoff-Schätzer aus Kap. 8.4 wird hergestellt. Abschnitt 9.5 beginnt mit der Boltzmannschen H-Funktion und führt zur Ungleichung von Cramer-Rao, der unteren Grenze für die Schätzfehlervarianz des effizienten Schätzers.

9.1. Wahrscheinlichkeitsdichte und charakteristische Funktion

In Satz 5.11 wurden Häufigkeitsverteilungen und ihre Dichten bei stationären Signalen betrachtet und für zwei Variable die Dichten der Wahrscheinlichkeitsverteilung als Verbunddichte, Marginaldichte und bedingte Dichte eingeführt. Die Begriffe gelten auch für mehr als zwei Variable, wie sie in einer Stichprobe vorkommen. Die mehrdimensionale Fourier-Transformation einer mehrdimensionalen Dichte, die charakteristische Funktion, ist für bestimmte Umformungen nützlich.

Definition 9.1:   *Mehrdimensionale Dichte einer Wahrscheinlichkeitsverteilung,*
                      charakteristische Funktion.

Für die Dichte p(x), $x^T = (x_1 \dots x_N)$, einer Wahrscheinlichkeitsverteilung von mehreren Variablen (*Verbunddichte*) gilt:

$$p(x) \geq 0,$$

$$\int_{-\infty}^{\infty} p(x)\ dx = \int_{-\infty}^{\infty} \dots \int_{-\infty}^{\infty} p(x_1 \dots x_N)\ dx_1 \dots dx_N = 1. \tag{9.1}$$

Setzt man den Variablenvektor x aus zwei Vektoren x_1 und x_2 zusammen,
$x^T = (x_1^T\ x_2^T)$, so erhält man die *Marginaldichte* p(x_1) aus:

$$p(x_1) = \int_{-\infty}^{\infty} p(x_1,x_2)\ dx_2. \tag{9.2}$$

Die *bedingte Dichte* p($x_1|x_2$) ist nach der Regel von Bayes (Gl. 5.26) definiert durch:

$$p(x_1,x_2) = p(x_1|x_2)\ p(x_2) = p(x_2|x_1)\ p(x_1). \tag{9.3}$$

Die Marginaldichte und die bedingte Dichte sind echte Wahrscheinlichkeitsdichten. Sie erfüllen Gl. 9.1:

$$p(x_1) \geq 0, \qquad\qquad\qquad p(x_1|x_2) \geq 0,$$

$$\int_{-\infty}^{\infty} p(x_1)\ dx_1 = \int_{-\infty}^{\infty} p(x_2)\ dx_2 = 1,$$

$$\int_{-\infty}^{\infty} p(x_1|x_2)\ dx_1 = \int_{-\infty}^{\infty} p(x_2|x_1)\ dx_2 = 1.$$

Die Variablen x_1 heißen *unabhängig* von den Variablen x_2, wenn gilt:

$$p(x_1|x_2) = p(x_1), \qquad\qquad p(x_1,x_2) = p(x_1)\ p(x_2). \tag{9.4}$$

Die charakteristische Funktion $\phi_x(z)$ einer Dichte p(x) ist definiert durch:

$$\phi_x(z) = E\{e^{jz^Tx}\} = \int_{-\infty}^{\infty} p(x)\ e^{jz^Tx}\ dx, \qquad \begin{aligned} z^T &= (z_1 \dots z_N), \\ x^T &= (x_1 \dots x_N), \\ dx &= dx_1 \dots dx_N. \end{aligned} \tag{9.5}$$

Die charakteristische Funktion $\phi_x(z)$ ist mit der Dichte p(x) durch die N-dimensionale Fourier-Transformation verbunden. Für die inverse Transformation gilt:

$$p(x) = \frac{1}{(2\pi)^N} \int_{-\infty}^{\infty} \phi_x(z)\ e^{-jz^Tx}\ dz, \qquad dz = dz_1 \dots dz_N.$$

Die Verbindung zur eindimensionalen Fourier-Transformation aus Kap. 3.1 ist durch $z = -2\pi f$ gegeben. Allgemein gilt:

$$\phi_x(0) = 1, \qquad\qquad |\phi_x(z)| \leq 1.$$

Wahrscheinlichkeitsverteilungen können oft durch einige wenige Momente beschrieben werden. Das k-te Moment m_k der Variablen x ist im eindimensionalen Fall definiert durch:

$$m_k = E\{x^k\} = \int_{-\infty}^{\infty} x^k \, p(x) \, dx = j^{-k} \left. \frac{\partial^k \phi_x(z)}{\partial z^k} \right|_{z=0}.$$

Im N-dimensionalen Fall schreiben wir mit $k = \sum_{i=1}^{N} k_i$:

$$m_{k_1 k_2 \ldots k_N} = E\{x_1^{k_1} x_2^{k_2} \ldots x_N^{k_N}\} = j^{-k} \left. \frac{\partial^k \phi_x(z)}{\partial^{k_1} z_1 \partial^{k_2} z_2 \ldots \partial^{k_N} z_N} \right|_{z=0}. \tag{9.6}$$

Die Momente einer Wahrscheinlichkeitsverteilung sind damit durch die Taylor-Entwicklung der charakteristischen Funktion $\phi_x(z)$ um $z = 0$ bestimmt.

Gl. 9.6 prüft man leicht nach. Für das zweite Moment der Variablen x_1 gilt z.B.:

$$m_{2\,0\ldots0} = E\{x_1^2\} = -\frac{\partial^2}{\partial z_1^2} \int_{-\infty}^{\infty} p(x)\, e^{jz^T x}\, dx \bigg|_{z=0} = \int_{-\infty}^{\infty} x_1^2\, p(x)\, dx = \int_{-\infty}^{\infty} x_1^2\, p(x_1)\, dx_1.$$

Satz 9.1: *Variablentransformation.*

Die Berechnung der Wahrscheinlichkeitsdichte transformierter Zufallsvariablen ist im allgemeinen Fall kompliziert. Sollen N Variable $x^T = (x_1 \ldots x_N)$ in N Variable $y^T = (y_1 \ldots y_N)$ transformiert werden, $y = f(x)$, und existiert eine eindeutige Umkehrfunktion $x = f^{-1}(y) = g(y)$, dann gilt für die Verteilungen:

$$\int_{-\infty}^{x_1} p(x)\, dx = \int_{-\infty}^{y_1} p(y)\, dy, \qquad x_1 = g(y_1).$$

Differentiation nach den einzelnen Variablen führt direkt auf /9.1/:

$$p(y) = \|J\|\, p(x = g(y)) \tag{9.7}$$

mit der Jacobi-Matrix:

$$J = \frac{\partial g(y)}{\partial y} = \begin{pmatrix} \dfrac{\partial g_1}{\partial y_1} & \cdots & \dfrac{\partial g_1}{\partial y_N} \\ \vdots & & \vdots \\ \dfrac{\partial g_N}{\partial y_1} & \cdots & \dfrac{\partial g_N}{\partial y_N} \end{pmatrix}.$$

$\|J\|$ ist der Betrag der Determinante der Jacobi-Matrix. Ein Volumenelement dx im Raum X wird mit Hilfe der Determinante der Jacobi-Matrix in ein Volumenelement dy im Raum Y umgewandelt:

$$dy = \|J\|\, dx.$$

Eine Variablentransformation nach Gl. 9.7 ist, von der linearen Transformation abgesehen, äußerst unhandlich und kompliziert. Einen ganz einfachen Sonderfall bringt Bsp. 2. Die Wahrscheinlichkeitsverteilung einer neuen Variablen y ist im Rahmen des Buches nicht gefragt. Wir begnügen uns mit Erwartungswerten.

Beispiel 1: Die Dichte $p(x)$ einer Variablen x sei bekannt. Wie groß ist die Erwartung der stochastischen Größe $y = \frac{x}{1-x}$? Statt

$$E\{y\} = \int_{-\infty}^{\infty} y\, p(y)\, dy$$

zu rechnen, rechnet man einfacher:

$$E\{y\} = \int_{-\infty}^{\infty} \frac{x}{1-x}\, p(x)\, dx$$

mit der gegebenen Dichte $p(x)$. Bei der Rechnung ist die Darstellung in Momenten nützlich. Mit:

$$y = \frac{x}{1-x} = \sum_{k=1}^{\infty} x^k$$

wird:

$$E\{y\} = \sum_{k=1}^{\infty} m_k.$$

Dabei können die Momente m_k durch Taylor-Entwicklung der charakteristischen Funktion nach Gl. 9.6 gewonnen werden.

●

Beispiel 2: Anwendung der charakteristischen Funktion.
Ausgehend von der Dichte $p(x) \circ\!\!-\!\!\bullet \phi_x(z)$ soll die Dichte $p(y) \circ\!\!-\!\!\bullet \phi_y(z)$ für $y = ax + b$ gefunden werden. Es gilt:

$$\phi_x(z) = E\{e^{jzx}\}, \qquad\qquad \phi_y(z) = E\{e^{jz(ax+b)}\} = e^{jbz}\,\phi_x(az).$$

Mit den Regeln der Fourier-Transformation nach Tab. 3.2 gilt :

$$e^{jbz}\,\phi_x(az) \qquad \bullet\!\!-\!\!\circ \qquad p(y) = \frac{1}{|a|}\, p\!\left(x = \frac{y-b}{a}\right).$$

●

Beispiel 3 : Es interessiert die Dichte einer Summe von Zufallsvariablen:

$$y = \frac{1}{k} \sum_{n=1}^{N} x_n \qquad\qquad k > 0.$$

Alle Variablen x_n sind voneinander unabhängig. Die Verbunddichte wird:

$$p(x) = p(x_1)\, p(x_2) \dots p(x_N).$$

Wie sieht $\phi_y(z)$ aus? Mit den Gesetzen der Fourier-Transformation gilt:

$$\phi_y(z) = \int_{-\infty}^{\infty} p(x)\, e^{\,j\,z\,\frac{1}{k}\,\Sigma x_n}\, dx \; = \phi_{x_1}\!\left(\frac{z}{k}\right) \phi_{x_2}\!\left(\frac{z}{k}\right) \cdots \phi_{x_N}\!\left(\frac{z}{k}\right).$$

Bei unabhängigen Variablen läßt sich also die charakteristische Funktion einer Summe der Variablen als Produkt der charakteristischen Funktionen der einzelnen Variablen ausdrücken. Interessant ist der Zusammenhang zwischen der charakteristischen Funktion $\phi_y(z)$ und dem Wert des Gewichtsfaktors k. Wir entwickeln den Logarithmus einer charakteristischen Funktion $\phi_x\!\left(\frac{z}{k}\right)$ nach Potenzen von $\frac{z}{k}$ und erhalten:

$$\ln \phi_x\!\left(\frac{z}{k}\right) = \ln \phi + \frac{\phi'}{\phi}\,\frac{z}{k} + \frac{1}{2}\,\frac{\phi''\phi - \phi'^2}{\phi^2}\left(\frac{z}{k}\right)^2 + \frac{1}{3!}\,\frac{\phi'''\,\phi^2 - 3\,\phi''\phi'\phi + 2\phi'^3}{\phi^3}\left(\frac{z}{k}\right)^3 + \dots$$

mit :

$$\phi^{n)} = \left.\frac{\partial^n \phi_x(z)}{\partial z^n}\right|_{z=0}, \qquad\qquad \phi_x(0) = \phi = 1.$$

Mit Gl. 9.6 folgt:

$$\ln \phi_x\!\left(\frac{z}{k}\right) = j\, m_1 \frac{z}{k} - \frac{1}{2}\,(m_2 - m_1^2)\left(\frac{z}{k}\right)^2 - j\,\frac{1}{3!}\,(m_3 - 3m_1 m_2 + 2m_1^3)\left(\frac{z}{k}\right)^3 + \dots\,.$$

Die charakteristische Funktion $\phi_y(z)$ wird:

$$\ln \phi_y(z) = j\,\frac{z}{k}\sum_{n=1}^{N} m_{1n} - \frac{1}{2}\left(\frac{z}{k}\right)^2 \sum_{n=1}^{N} \sigma_n^2 - j\,\frac{1}{6}\left(\frac{z}{k}\right)^3 \sum_{n=1}^{N} r_n^3 + \dots \tag{9.8}$$

mit:

$$\sigma_n^2 = m_{2n} - m_{1n}^2, \qquad\qquad r_n^3 = m_{3n} - 3m_{1n}m_{2n} + 2m_{1n}^3.$$

Wir diskutieren verschiedene Werte für den Gewichtsfaktor k:

a) $k = 1,\; y = \displaystyle\sum_{n=1}^{N} x_n$:

Mit den Regeln der Fourier-Transformation gilt:

$$\phi_y(z) = \prod_{n=1}^{N} \phi_{x_n}(z) \quad \bullet\!-\!\circ \quad p(y) = p(x_1) * p(x_2) * \dots * p(x_N).$$

Die Dichte $p(y)$ ergibt sich aus der Faltung der Dichten $p(x_n)$. Mit wachsendem N wird $p(y)$ immer breiter.

b) $k = N,\ y = \dfrac{1}{N} \sum_{n=1}^{N} x_n$ (arithmetischer Mittelwert):

Aus Gl. 9.8 folgt für große N und beschränkte σ_n^2 und r_n^3:

$$\ln \phi_y(z) \approx j \frac{z}{N} \sum_{n=1}^{N} m_{1n},$$

$$\phi_y(z) \approx e^{j \frac{z}{N} \Sigma m_{1n}} \quad \bullet\!-\!\circ \quad p(y) = \delta\left(y - \frac{1}{N} \sum_{n=1}^{N} m_{1n}\right).$$

Die Dichte entartet zu einem Impuls. Bemerkenswert ist, daß die Lage des Impulses nur von den ersten Momenten m_{1n} der Dichten $p(x_n)$ abhängt aber nicht von der Gestalt der Dichten $p(x_n)$.

c) $k = \sqrt{N},\ y = \dfrac{1}{\sqrt{N}} \sum_{n=1}^{N} x_n:$

Für große N geht $N^{-3/2} \sum r_n^3$ in der Taylor-Entwicklung (Gl. 9.8) gegen null, sofern die r_n^3 beschränkt sind. Mit:

$$m = \frac{1}{\sqrt{N}} \sum_{n=1}^{N} m_{1n}, \qquad \sigma^2 = \frac{1}{N} \sum_{n=1}^{N} \sigma_n^2$$

gilt:

$$\ln \phi_y(z) = j z m - \frac{1}{2} \sigma^2 z^2 = -\frac{1}{2}\left(\sigma z - j \frac{m}{\sigma}\right)^2 - \frac{1}{2}\left(\frac{m}{\sigma}\right)^2,$$

$$\phi_y(z) = e^{-\frac{1}{2}\left(\frac{m}{\sigma}\right)^2} e^{-\frac{1}{2}\sigma^2\left(z - j\frac{m}{\sigma^2}\right)^2} \quad \bullet\!-\!\circ \quad p(y) = \frac{1}{\sqrt{2\pi}\,\sigma} e^{-\frac{1}{2\sigma^2}(y - m)^2}.$$

Diese Dichte heißt Normal- oder Gauß-Verteilung. Sie wird unter den genannten Voraussetzungen unabhängig von den Ausgangsverteilungen $p(x_n)$ erreicht (Zentraler Grenzwertsatz, Satz 9.4).

Bsp. b) und c) zeigen, daß unabhängig von der Dichte einer Variablen die Summe von Zufallsvariablen einer Verteilung zustrebt. In Kap. 8 reichte die Statistik zweiter Ordnung aus, um optimale Filter zu entwerfen. Offensichtlich kommt es in vielen Fällen nicht so darauf an, die Verteilung genau zu kennen. Zwei allgemeine Theoreme, die für große Klassen von Verteilungen gelten, seien angeführt.

Das starke Gesetz für große Zahlen von Kolmogorow /9.3/, /9.7/ bestimmt den Zusammenhang von Häufigkeit und Wahrscheinlichkeit. Für den Ingenieur ist die Tschebyscheffsche Ungleichung am leichtesten zugänglich.

Satz 9.2: *Tschebyscheffsche Ungleichung. (Das schwache Gesetz für große Zahlen).*
Ist $P(|x-\overline{x}| \geq \varepsilon)$ die Wahrscheinlichkeit dafür, daß eine Zufallsvariable x mindestens den Abstand ε zum Mittelwert $\overline{x}$ besitzt, dann gilt:

$$P(|x-\overline{x}| \geq \varepsilon) \leq \frac{\sigma^2}{\varepsilon^2}\,, \qquad \sigma^2 = \int_{-\infty}^{\infty} (x-\overline{x})^2\, p(x)\, dx, \qquad \overline{x} = \int_{-\infty}^{\infty} x\, p(x)\, dx.$$

Wird aus der gleichen Verteilung p(x) in N unabhängigen Versuchen der Schätzwert:

$$\hat{x} = \frac{1}{N} \sum_{n=1}^{N} x_n$$

gewonnen, so gilt für die Wahrscheinlichkeit $P(|\hat{x}-\overline{x}| \geq \varepsilon)$, daß $\hat{x}$ mindestens den Abstand ε vom Mittelwert $\overline{x}$ besitzt:

$$P(|\hat{x}-\overline{x}| \geq \varepsilon) \leq \frac{\sigma^2}{N\varepsilon^2}\,.$$

Mit großem Stichprobenumfang N liegt die Abweichung der Schätzung $\hat{x}$ vom Mittelwert $\overline{x}$ mit einer Wahrscheinlichkeit $P \to 1$ innerhalb einer beliebig kleinen Schranke ε.

Herleitung: Für die Varianz σ^2 einer Zufallsvariablen x mit Mittelwert $\overline{x}$ gilt:

$$\sigma^2 = \int_{-\infty}^{\infty} (x-\overline{x})^2 p(x)\, dx = \int_{|x-\overline{x}|<\varepsilon} (x-\overline{x})^2 p(x)\, dx + \int_{|x-\overline{x}|\geq\varepsilon} (x-\overline{x})^2 p(x)\, dx$$

$$\geq \int_{|x-\overline{x}|\geq\varepsilon} (x-\overline{x})^2 p(x)\, dx \geq \varepsilon^2 \int_{|x-\overline{x}|\geq\varepsilon} p(x)\, dx = \varepsilon^2\, P(|x-\overline{x}| \geq \varepsilon).$$

Führt man den Stichprobenmittelwert

$$\hat{x} = \frac{1}{N} \sum_{n=1}^{N} x_n$$

als neue Zufallsvariable ein, so wird bei unabhängigen Variablen x_n:

$$E\{(\hat{x}-\overline{x})^2\} = E\left\{ \frac{1}{N} \sum_{n=1}^{N} (x_n-\overline{x})^2 \right\} = \frac{1}{N^2} \sum_{n=1}^{N} \sigma^2 = \frac{\sigma^2}{N}\,. \qquad \bullet$$

Das zweite Theorem macht eine Aussage über Funktionen einer stochastischen Folge a_N. Eine solche Folge kann zum Beispiel eine lineare Schätzvorschrift

$$a_N = \sum_{n=1}^{N} g(N-n)\, y(n)$$

sein. Man wird hoffen, daß die Varianz $\sigma_{a_N}^2$ mit wachsendem Stichprobenumfang N verschwindet (vgl. konsistenter Schätzer, Def. 8.4) und spricht von Konvergenz im quadratischen Mittel. Andere Konvergenzkriterien sind möglich, werden aber im Buch nicht benötigt.

Satz 9.3: *Theorem von Slutzky /9.9/.*

Eine Folge a_N konvergiert im quadratischen Mittel gegen einen Wert a, wenn gilt:

$$\lim_{N\to\infty} E\{a_N\} = a, \qquad\qquad \lim_{N\to\infty} E\{(a_N - a)^2\} = 0.$$

Man schreibt:

$$\operatorname*{l.i.m.}_{N\to\infty} a_N = a \qquad\qquad \text{(limit in the mean).}$$

Ist a_N eine im quadratischen Mittel konvergente Folge, so gilt für differenzierbare Funktionen $f(a_N)$ und $g(a_N)$:

$$\operatorname*{l.i.m.}_{N\to\infty} f(a_N)\, g(a_N) = \operatorname*{l.i.m.}_{N\to\infty} f(a_N)\ \operatorname*{l.i.m.}_{N\to\infty} g(a_N) = f(a)\, g(a)$$

und auch:

$$\operatorname*{l.i.m.}_{N\to\infty} (f(a_N)^{-1}) = \operatorname*{l.i.m.}_{N\to\infty} (f(a_N))^{-1} = f(a)^{-1}.$$

Zur Herleitung: Man entwickelt a_N in eine Taylor-Reihe um a, $a_N = a + \Delta a_N$, und erhält:

$$f(a_N)\, g(a_N) = f\, g + (g\, f' + f\, g')\, \Delta a_N + \frac{1}{2}\, (2\, f'\, g' + g\, f'' + f\, g'')\, \Delta a_N^2 + \dots\,,$$

$$f^{k)} = \frac{d^k f(a)}{da^k}\,, \qquad\qquad g^{k)} = \frac{d^k g(a)}{da^k}\,.$$

Mit den Voraussetzungen gilt damit:

$$\operatorname*{l.i.m.}_{N\to\infty} f(a_N)\, g(a_N) = \operatorname*{l.i.m.}_{N\to\infty} f(a_N)\ \operatorname*{l.i.m.}_{N\to\infty} g(a_N) = f(a)\, g(a),$$

falls die höheren Momente $E\{\Delta a_N^k\}$, $k > 2$, mit $E\{\Delta a_N^2\}$ verschwinden. Dies läßt sich für lineare Schätzer mit beschränkten höheren Momenten der Meßwerte $y(n)$ zeigen (vgl. Bsp. 3, Fall b und c).

Die letzte Aussage in Satz 9.3 wird entsprechend plausibel gemacht.   ●

9.2. Einige wichtige Wahrscheinlichkeitsverteilungen und ihre Dichten

Definition 9.2: *Normalverteilung.*

Unter der Normalverteilung $N(x, \bar{x}, V_x)$ der Variablen $x^T = (x_1 \ldots x_N)$ versteht man die Dichte:

$$p(x) = \frac{1}{(2\pi)^{N/2} \, |V_x|^{1/2}} \; e^{-\frac{1}{2}(x-\bar{x})^T V_x^{-1}(x-\bar{x})}$$

mit der charakteristischen Funktion:

$$\phi_x(z) = e^{-jz^T \bar{x}} \; e^{-\frac{1}{2} z^T V_x z}. \tag{9.9}$$

Die Normalverteilung ist durch die Mittelwerte $\bar{x}$ und die Kovarianzmatrix V_x voll bestimmt. Es gilt:

$$\bar{x} = E\{x\}, \qquad\qquad V_x = E\{(x - \bar{x})(x - \bar{x})^T\}.$$

Die Kovarianzmatrix V_x ist im allgemeinen positiv definit (Def. C9), so daß V_x^{-1} existiert. Ist V_x positiv semidefinit, so müssen die Variablen x_n voneinander abhängig sein. Eliminiert man die abhängigen Variablen, kommt man wieder zu einer Darstellung nach Gl. 9.9, jedoch mit einer geringeren Anzahl von Variablen, die jetzt aber unabhängig sind.

Eine Transformation $y = A\,x + b$, die den N-dimensionalen Variablenvektor x in einen Vektor y überführt, erzeugt wieder eine Normalverteilung mit der Kovarianzmatrix $V_y = A\,V_x A^T$ und dem Mittelwert $\bar{y} = A\,\bar{x} + b$.

Teilt man den Variablenvektor x in zwei Teile $x^T = (x_1^T \; x_2^T)$ mit den Dimensionen n und m, $N = n + m$, so wird die bedingte Erwartung:

$$E\{x_1|x_2\} = \int\limits_{-\infty}^{\infty} \int\limits_{-\infty}^{\infty} x_1 \, p(x_1|x_2)\, dx_1 \, dx_2 \; = \; \bar{x}_1 + V_{x_1 x_2} V_{x_2 x_2}^{-1} (x_2 - \bar{x}_2)$$

und die bedingte Varianz: $\tag{9.10}$

$$V_{x_1|x_2} = V_{x_1 x_1} - V_{x_1 x_2} V_{x_2 x_2}^{-1} V_{x_2 x_1}.$$

Dabei ist V_x partitioniert (Satz C1):

$$V_x = \begin{pmatrix} V_{x_1 x_1} & V_{x_1 x_2} \\ V_{x_2 x_1} & V_{x_2 x_2} \end{pmatrix}.$$

Nur bei der Normalverteilung ist die bedingte Erwartung $E\{x_1|x_2\}$ linear in x_2 /9.2/.

Zur Herleitung: Die Korrespondenz zwischen Dichte und charakteristischer Funktion folgt direkt mit Hilfe der Fourier-Transformation und sei dem Leser überlassen. Man mache Gebrauch von der quadratischen Ergänzung im Exponenten von p(x) (Bsp. 3c). Der Zusammenhang zwischen den Erwartungen und den Parametern $\bar{x}$ und V_x aus der Verteilung erhält man direkt aus der charakteristischen Funktion. Eine Transformation $y = A\,x + b$ wird in Bsp. 4 demonstriert. Gl. 9.10 folgt nach einiger Rechnung direkt mit Hilfe der Regel von Bayes.

●

Beispiel 4: Aus einem normalverteilten stationären Prozeß mit Mittelwert $\bar{x}$ und Varianz σ^2

$$p(x) = \frac{1}{\sqrt{2\pi\sigma^2}}\, e^{-\frac{1}{2\sigma^2}(x-\bar{x})^2}$$

werde in N voneinander unabhängigen Messungen eine Stichprobe $\{x_i\}$ gewonnen. Wie sieht die Verbunddichte $p(x)$, $x^T = (x_1 \ldots x_N)$ aus?

Wegen der Unabhängigkeit der Messungen ist:

$$p(x) = p(x_1)\ p(x_2) \ldots p(x_N) = \frac{1}{(2\pi)^{N/2}\,\sigma^N}\, e^{-\frac{1}{2\sigma^2}\Sigma(x_i-\bar{x})^2}$$

$$= \frac{1}{(2\pi)^{N/2}\,|V_x|^{1/2}}\, e^{-\frac{1}{2}(x-\bar{x})^T V_x^{-1}(x-\bar{x})}, \qquad V_x = \sigma^2 I.$$

Wie sieht die Verteilung $p(y)$ nach einer Transformation $y = A\,x + b$ aus? Mit Gl. 9.7 wird die Jacobi-Matrix $J = A^{-1}$. Mit $x = A^{-1}(y - b) = g(y)$ gilt:

$$\frac{1}{2}(x - \bar{x})^T V_x^{-1}(x - \bar{x}) = \frac{1}{2}(y - \bar{y})^T\ {}^s V_y^{-1}(y - \bar{y}),$$

$$V_y = A\,V_x A^T, \qquad |V_y| = |A|^2\,|V_x|, \qquad \bar{y} = A\,\bar{x} + b.$$

Einsetzen in Gl. 9.7 gibt:

$$p(y) = \|J\|\,p(x = g(y)) = \frac{1}{(2\pi)^{N/2}\,|V_y|^{1/2}}\, e^{-\frac{1}{2}(y-\bar{y})^T V_y^{-1}(y-\bar{y})}.$$

Damit wird die Normalverteilung $p(x)$ wieder in eine Normalverteilung $p(y)$ transformiert.

●

Beispiel 5: Bei der Prüfung der Schätzer von Kovarianzfunktionen und Leistungsdichten auf Konsistenz werden vierte Momente benötigt. Die Signale x_i seien normalverteilt und mittelwertfrei. Wie groß ist das vierte Moment $E\{x_1 x_2 x_3 x_4\}$? Die charakteristische Funktion für mittelwertfreie normalverteilte Signale ist:

$$\phi_x(z) = e^{-\frac{1}{2}z^T V_x z} = e^{-\frac{1}{2}\Sigma v_{ij}z_i z_j} = e^{-Q}.$$

Q ist eine quadratische Form in z_i. Mit $Q_i = \frac{\partial Q}{\partial z_i}$ u.s.f. wird $Q_{ij} = v_{ij} \neq f(z)$ und $Q_{ijk} = 0$.
Es wird hintereinander nach z_1, z_2, z_3 und z_4 abgeleitet.

$$\frac{\partial \phi_x(z)}{\partial z_1} = -e^{-Q} Q_1,$$

$$\frac{\partial^2 \phi_x(z)}{\partial z_1 \partial z_2} = e^{-Q} (Q_1 Q_2 - Q_{12}),$$

$$\frac{\partial^3 \phi_x(z)}{\partial z_1 \partial z_2 \partial z_3} = -e^{-Q} (Q_3 (Q_1 Q_2 - Q_{12}) - Q_1 Q_{23} + Q_2 Q_{13}),$$

$$\frac{\partial^4 \phi_x(z)}{\partial z_1 \partial z_2 \partial z_3 \partial z_4} = e^{-Q} (Q_4 (Q_1 Q_2 Q_3 - Q_1 Q_{23} - Q_2 Q_{13} - Q_3 Q_{12})$$
$$- Q_1 Q_2 Q_{34} - Q_2 Q_3 Q_{14} - Q_1 Q_3 Q_{24} + Q_{14} Q_{23} + Q_{24} Q_{13} + Q_{34} Q_{12}).$$

Für $z = 0$ bleiben allein die Glieder mit Q_{ij}. Mit Gl. 9.6 gilt:

$$E\{x_1 x_2 x_3 x_4\} = E\{x_1 x_2\} E\{x_3 x_4\} + E\{x_1 x_3\} E\{x_2 x_4\} + E\{x_1 x_4\} E\{x_2 x_3\}. \qquad (9.11)$$

Die Normalverteilung ist die wichtigste Verteilung. In der Signalverarbeitung wird meist wegen mangelnder Kenntnis des Prozesses von vornherein die Normalverteilung angenommen. Eine gewisse Berechtigung dazu gibt es. Kommt die Variable y durch Summation von vielen Zufallsvariablen x_i zustande, so ist die Normalverteilung eine gute Approximation der Verteilung von y. Es gilt der zentrale Grenzwertsatz, dessen Herleitung in Bsp. 3 c) plausibel aufgezeigt wurde.

Satz 9.4: *Zentraler Grenzwertsatz.*
Haben die Variablen x_n die Verteilungen $p(x_n)$ mit beschränktem zweiten und dritten Moment und sind die Variablen x_n voneinander unabhängig, dann geht die Dichte $p(y)$ der Variablen

$$y = \frac{1}{\sqrt{N}} \sum_{n=1}^{N} x_n$$

mit wachsendem Umfang N in die Normalverteilung über:

$$p(y) = N\left(y, \ \bar{y} = \frac{1}{\sqrt{N}} \sum_{n=1}^{N} \bar{x}_n, \ \sigma^2 = \frac{1}{N} \sum_{n=1}^{N} \sigma_n^2\right).$$

Beispiel 6: Übergang zur Normalverteilung.
Eine Verteilung $p(y)$ konvergiert im allgemeinen schnell für wachsende N gegen die Normalverteilung. Im Bild 9.1 ist die Dichte $p_1(y) = N(y,0,\sigma^2)$ und die Dichte $p_2(y)$ für das Signal $y = \frac{1}{\sqrt{3}}(x_1 + x_2 + x_3)$ mit den unabhängigen Gleichverteilungen:

$$p_{x_n}(x_n) = \begin{cases} \dfrac{1}{2b} & \text{für } |x_i| < b \\[2mm] 0 & \text{sonst,} \end{cases} \qquad i = 1, 2, 3,$$

gezeichnet.

Die Dichte $p_2(y)$ kann man nach Bsp. 3a aus der Faltung der Dichten $p_{x_n}(x_n)$ erhalten. Eleganter ist folgende Vorgehensweise. Es wird eine Variablentransformation durchgeführt:

$$y^T = (\frac{1}{\sqrt{3}}\,(x_1+x_2+x_3),\, x_2,\, x_3)).$$

Mit der Verbunddichte

$$p(x) = p_{x_1}(x_1)\,p_{x_2}(x_2)\,p_{x_3}(x_3)$$

folgt die Verbunddichte $p(y)$ nach Gl. 9.7 zu:

$$p(y) = \|J\|\ p(x = g(y)).$$

Die gesuchte Dichte $p_2(y)$ erhält man daraus als Marginaldichte zu:

$$p_2(y) = \sqrt{3}\int\limits_{-\infty}^{\infty} p_{x_3}(y_3)\left(\int\limits_{-\infty}^{\infty} p_{x_2}(y_2)\,p_{x_1}(\sqrt{3}\,y-y_2-y_3)\,dy_2\right)dy_3.$$

Für die Varianz σ^2 der Normalverteilung gilt:

$$\sigma^2 = \frac{1}{3}b^2.$$

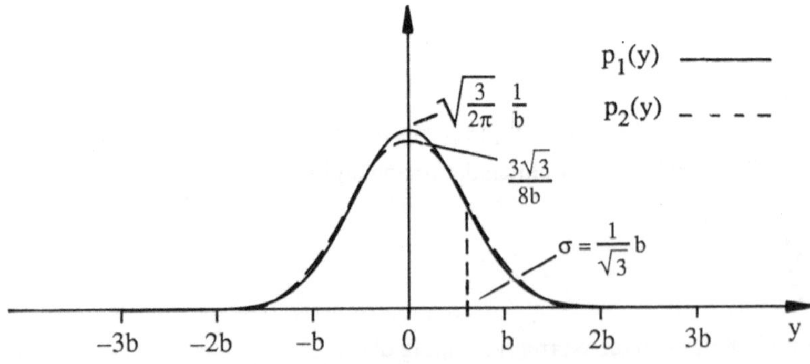

Bild 9.1. Normalverteilung $p_1(y)$ und die Dichte $p_2(y)$

Obwohl die Gleichverteilung sehr verschieden von der Normalverteilung ist, ist die Normalverteilung bereits für $N = 3$ eine gute Näherung.

Die Gleichverteilung ist eine andere wichtige Verteilung. Wir haben sie bereits bei der groben Beschreibung der Wertquantisierung in Kap. 6.3 kennengelernt.

Definition 9.3: *Gleichverteilung.*

Die Gleichverteilung einer Zufallsvariablen x ist gegeben durch die Dichte:

$$p(x) = \begin{cases} \dfrac{1}{b-a} & \text{für } a \leq x \leq b \\ 0 & \text{sonst} \end{cases}$$

mit der charakteristischen Funktion:

$$\phi_x(z) = \frac{e^{jbz} - e^{jaz}}{jz(b-a)} . \tag{9.12}$$

Mittelwert $\bar{x}$ und Varianz σ^2 sind gegeben durch:

$$\bar{x} = \frac{1}{2}(a+b), \qquad\qquad \sigma^2 = \frac{1}{12}(b-a)^2.$$

Beispiel 7: Wie groß sind die höheren Momente für eine mittelwertfreie Gleichverteilung und für eine mittelwertfreie Normalverteilung? Mittelwertfrei heißt bei der Gleichverteilung $a = -b$. Die charakteristische Funktion wird:

$$\phi_x(z) = \frac{\sin bz}{bz} = 1 - \frac{1}{3!}(bz)^2 + \frac{1}{5!}(bz)^4 - \frac{1}{7!}(bz)^6 + \dots ,$$

$$m_1 = 0, \quad m_2 = \frac{1}{3}b^2, \quad m_3 = 0, \quad m_4 = \frac{1}{5}b^4, \quad m_{2k+1} = 0, \quad m_{2k} = \frac{1}{(2k+1)!}b^{2k}.$$

Bei der mittelwertfreien Normalverteilung ist (Gl. 9.9):

$$\phi_x(z) = e^{-\frac{1}{2}\sigma^2 z^2} = \sum_{k=0}^{\infty} \left(-\frac{1}{2}\right)^k \frac{1}{k!}(\sigma z)^{2k},$$

$$m_1 = 0, \quad m_2 = \sigma^2, \quad m_3 = 0, \quad m_4 = 3\sigma^4, \quad m_5 = 0, \quad m_{2k+1} = 0, \quad m_{2k} = \left(\frac{1}{2}\right)^k \frac{(2k)!}{k!}\sigma^{2k}.$$

Bei der Gleichverteilung werden die Momente mit zunehmender Ordnung erheblich kleiner als bei der Normalverteilung.

Eine weitere wichtige Verteilung ist die Exponentialverteilung, welche die Lebensdauer gleichartiger Bauelemente beschreibt. Von N_0 Bauelementen sind nach einer Zeit t noch $N(t)$ Bauelemente in Betrieb. Während der Zeit $[t, t+\Delta t]$ fallen ΔN Bauelemente aus. Der einfachste Ansatz für ΔN ist mit einer von der Lebensdauer unabhängigen Konstanten $\lambda > 0$:

$$\Delta N = -N \, \lambda \, \Delta t,$$

$$N(t) = N_0 \, e^{-\lambda t}, \qquad\qquad t \geq 0.$$

Wird der Anteil der defekten Elemente durch eine Dichte ausgedrückt, erhält man die Exponentialverteilung.

Definition 9.4: *Exponentialverteilung.*

Die Verteilung ist gegeben durch:

$$p(x) = \begin{cases} \lambda\, e^{-\lambda x} & \text{für } x \geq 0 \\ 0 & \text{sonst} \end{cases}$$

mit der charakteristischen Funktion:

$$\phi_x(z) = \frac{1}{1 - j\frac{z}{\lambda}}\,. \tag{9.13}$$

Mittelwert $\bar{x}$ und Varianz σ^2 sind gegeben durch:

$$\bar{x} = \frac{1}{\lambda}\,, \qquad\qquad \sigma^2 = \frac{1}{\lambda^2}\,. \tag{9.14}$$

Die Exponentialverteilung ist durch einen einzigen Parameter λ bestimmt.

Ein letztes Beispiel ist die Poisson-Verteilung. Man erhält diese Verteilung, wenn zu den Zeiten t_i zufällige Ereignisse auftreten, die unabhängig voneinander sind, und die Wahrscheinlichkeit, daß in der Beobachtungszeit T_0 ein Ereignis auftritt, proportional T_0 ist. Ein Beispiel für die Poisson-Verteilung ist der radioaktive Zerfall von Atomen.

In einem radioaktiven Präparat können in der Beobachtungszeit n Atome, n = 0, 1, 2, ..., zerfallen. Die Ereignisse finden zu nicht vorhersagbaren Zeitpunkten t_i, $t_i \in [0, T_0]$ statt. Die Ereigniszeiten t_i sind im Intervall $[0, T_0]$ gleichverteilt. Die Poisson-Verteilung gibt an, mit welcher Wahrscheinlichkeit in der Beobachtungszeit n Ereignisse auftreten. Für die Herleitung sei auf die Lehrbücher der Statistik und Wahrscheinlichkeitsrechnung verwiesen /9.3/, /9.4/, /9.5/.

Definition 9.5: *Poisson-Verteilung.*

In der Beobachtungszeit T_0 treten im Mittel K Ereignisse auf. Die Wahrscheinlichkeit, daß in der Beobachtungszeit n Ereignisse stattfinden, ist gegeben durch die diskrete Verteilung:

$$P(n) = \frac{1}{n!}\,(KT_0)^n\, e^{-KT_0}, \qquad n = 0, 1, 2, \dots\,. \tag{9.15}$$

Das sichere Ereignis ist:

$$\sum_{n=0}^{\infty} P(n) = 1.$$

Die charakteristische Funktion der diskreten Verteilung P(n) wird hier:

$$\phi_n(z) = E\{e^{jzn}\} = \sum_{n=0}^{\infty} P(n)\, e^{jzn} = e^{KT_0(e^{jz}-1)}. \tag{9.16}$$

Mittelwert $\bar{n}$ und Varianz σ^2 sind gegeben durch:

$$\bar{n} = \sum_{n=0}^{\infty} n\, P(n) = KT_0, \qquad \sigma^2 = \sum_{n=0}^{\infty} (n - \bar{n})^2\, P(n) = KT_0.$$

Beispiel 8: Campbell-Theorem.

Jedes Ereignis, das zur Zeit t_i eintritt, löse eine Zeitfunktion $g(t-t_i)$ aus. Man erhält die Impulsfolge:

$$x(t) = \sum_{i=1}^{\infty} g(t-t_i).$$

Wie sieht die Autokorrelationsfunktion des Signals $x(t)$ aus? Die Dauer der Zeitfunktion $g(t)$ sei wesentlich kürzer als die Beobachtungszeit T_0. Zur Ermittlung der AKF von $x(t)$ wird zunächst die AKF über ein Ensemble von n Ereignissen gebildet (Gl. 5.17).

$$x_n(t) = \sum_{i=1}^{n} g(t-t_i),$$

$$K_{x_n}(\tau) = \frac{1}{T_0} \int_0^{T_0} \sum_{i=1}^{n} g(t-t_i) \sum_{j=1}^{n} g(t-t_j+\tau)\, dt$$

$$= \frac{n}{T_0} \int_0^{T_0} g(t)\, g(t+\tau)\, dt + \frac{1}{T_0} \sum_{\substack{i,j=1 \\ i \neq j}}^{n} \int_0^{T_0} g(t-t_i)\, g(t-t_j+\tau)\, dt.$$

Die Funktion $K_{x_n}(\tau)$ hängt von den Zufallsereignissen t_i und t_j ab, die gleichmäßig verteilt sind. Die Zeitpunkte t_i, t_j sind voneinander völlig unabhängig. Damit gilt:

$$E\left\{ \int_0^{T_0} g(t-t_i)\, g(t-t_j+\tau)\, dt \right\} = \int_0^{T_0} E\{g(t-t_i)\}\, E\{g(t-t_j+\tau\}\, dt.$$

Der Erwartungswert eines Impulses $g(t-t_i)$, der während der Beobachtungszeit auftritt, ist:

$$E\{g(t-t_i)\} = \bar{g} = \frac{1}{T_0} \int_0^{T_0} g(t)\, dt.$$

Damit gilt:

$$E\left\{ \int_0^{T_0} g(t-t_i)\, g(t-t_j+\tau)\, dt \right\} = T_0\, \bar{g}^2,$$

$$E\{K_{x_n}(\tau)\} = \frac{n}{T_0}\, K_g^E(\tau) + (n^2-n)\, \bar{g}^2.$$

Ist die Zahl n der Ereignisse in T_0 durch die Poisson-Verteilung bestimmt, so wird die AKF zu:

$$K_x(\tau) = E\{E\{K_{x_n}(\tau)\}\}.$$

Die AKF von x(t) erhält man also, indem man mit Hilfe der Poisson-Verteilung über alle n, n = 1, 2, ... , aufsummiert:

$$K_x(\tau) = \sum_{n=0}^{\infty} E\{K_{x_n}(\tau)\}\, P(n) \;=\; K\, K_g^E(\tau) + K^2 a^2, \qquad a = \int_{-\infty}^{\infty} g(t)\, dt. \qquad (9.17)$$

Löst jedes Ereignis i einen Impuls $g(t-t_i)$ aus, so ist der stationäre Anteil von $K_x(\tau)$ proportional dem Quadrat der mittleren Ereignishäufigkeit K (vgl. Def. 9.5). Die Differenz $K_x(0) - K^2 a^2$ oder die vom stationären Wert befreite AKF ist proportional der mittleren Ereignishäufigkeit K. Beim Nachweis von radioaktiver Strahlung läßt sich für nicht überlappende Impulse $g(t-t_i)$, also für eine kleine Rate K, K durch eine Schwelle aus dem Signal des Strahlungsempfängers ermitteln (Bild 9.2a). Bei hohen Raten K, wenn sich die Impulse mehrfach überlappen, bietet das Campbell-Theorem (Gl. 9.17) eine gute Möglichkeit die Rate K zu ermitteln (Bild 9.2b). Diese Methode ist auch zur Diskriminierung zweier verschiedener Strahlungsarten benutzt worden /9.6/.

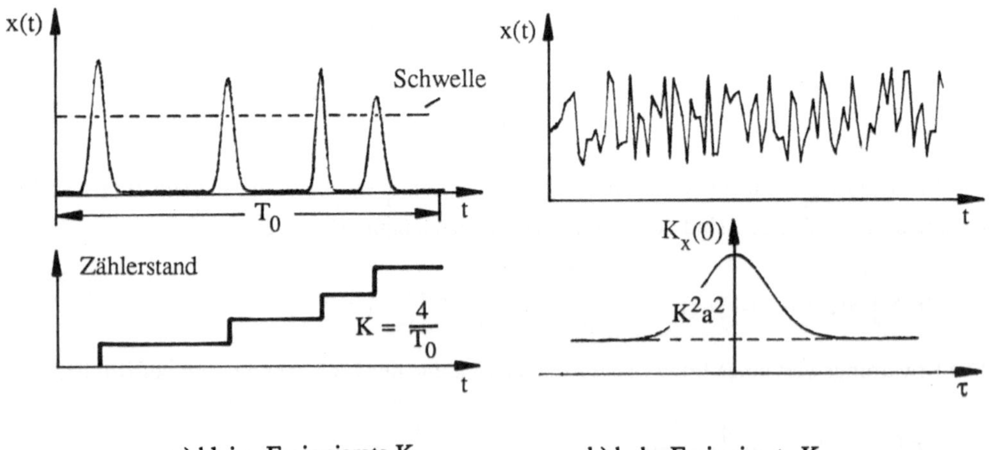

a) kleine Ereignisrate K   b) hohe Ereignisrate K

Bild 9.2. Bestimmung der Ereignisrate
a) mit Schwelle, b) nach Champbell

9.3. Stochastische Prozesse

In der Signalverarbeitung liegt das Signal als Zeitreihe x(n) vor, bei mehreren Signalen als Vektorprozeß x(n). Für eine vollständige Beschreibung mit Wahrscheinlichkeiten ist die Verbunddichte p(x(n), x(n–1), x(n–2), … , x(0)) erforderlich, im allgemeinen ein hoffnungsloses Unternehmen.

In der Signalverarbeitung werden die Prozesse als Markoff-Prozesse auf einfache Weise beschrieben. Der Leser hat Markoff-Prozesse schon an zwei Stellen kennengelernt. Eine weiße Rauschquelle erregt ein stabiles, kausales LTI-System (Bild 8.3). Die Verallgemeinerung auf einen Vektorprozeß findet sich bei dem Signalmodell für das Kalman-Filter (Gl. 8.44). Auch dort erregen Rauschquellen ein lineares System.

Definition 9.6: *Markoff-Prozeß.*
Stochastische Folgen x(n) sind ein Markoff-Prozeß, wenn für die bedingte Dichte folgende Beziehung gilt:

$$p(x(n)|x(n-1), x(n-2), … , x(0)) = p(x(n)|x(n-1)).$$

Die bedingte Dichte des Vektors x(n) hängt allein vom vorhergehenden Vektor x(n–1) ab.

Die Verbundwahrscheinlichkeit eines Markoff-Prozesses ist:

$$p(x(n), x(n-1), … , x(0)) = p(x(0)) \prod_{i=1}^{n} p(x(i)|x(i-1)). \tag{9.18}$$

Jede Lösung x(n) einer Vektordifferenzengleichung erster Ordnung (vgl. Zustandsraumbeschreibung in Anhang C), die von unkorreliertem, mittelwertfreiem Rauschen angeregt wird, ist ein Markoff-Prozeß.

$$x(n+1) = A\ x(n) + B\ u(n).$$

Zur Herleitung:

Die im allgemeinen mehrdimensionale Rauschquelle u(n) sei mittelwertfrei und unkorreliert:

$$p(u(n),u(n-1),…,u(0)) = p(u(n))\ p(u(n-1))\ … \ p(u(0)).$$

Die Dichte p(u(i)) ist eine mehrdimensionale Dichte für den Vektor u(i). Aus der Zustandsraumdarstellung liest man sofort ab:

$$p(x(n+1)|A\ x(n)) = p(B\ u(n)).$$

Alle anderen Vektoren $x(n)$, $x(n-1)$, ... sind gegeben durch die Signale $u(n-1)$, $u(n-2)$, ... Deshalb ist:

$$p(x(n+1)|x(n),x(n-1), \ldots ,x(0)) = p(x(n+1)|x(n)).$$

Als Beispiel rechnen wir die Erwartung und die Kovarianzmatrix des Signalvektors $x(n)$.

•

Beispiel 9: Der Prozeß sei als linearer zeitvarianter Prozeß im Zustandsraum gegeben. Die Eingangsgröße $u(n)$ sei stochastisch und nicht unbedingt mittelwertfrei:

$$x(n+1) = A(n)\, x(n) + B(n)\, u(n).$$

Dann läßt sich der Mittelwert $\bar{x}(n) = E\{x(n)\}$, wenn $\bar{u}(n)$ gegeben ist, rekursiv rechnen. Es ist:

$$\bar{x}(n+1) = A(n)\, \bar{x}(n) + B(n)\, \bar{u}(n). \tag{9.19}$$

Die Kovarianzmatrix

$$V_x(n) = E\{(x(n) - \bar{x}(n))(x(n) - \bar{x}(n)^T\}$$

wird mit unabhängigen $u(n)$:

$$V_u(n,m) = E\{(u(n) - \bar{u}(n))(u(m) - \bar{u}(m))^T\}\, \delta(n-m) = V_u(n),$$

$$V_x(n+1) = A(n)\, V_x(n)\, A^T(n) + B(n)\, V_u(n)\, B^T(n). \tag{9.20}$$

Wie bei einem Markoff-Prozeß zu erwarten ist, werden Mittelwert, Kovarianzmatrix und auch alle höheren Momente der Zustandsgröße zum Zeitpunkt n mit den Momenten der Eingangsgröße rekursiv gerechnet.

•

9.4. Schätztheorie und der Ansatz von Bayes

Bayes-Schätzer:

Ausgangspunkt ist die Verbunddichte $p(b,y)$ aller Parameter b und Messungen y. Nach Bayes wird nun eine nicht negative skalare Kostenfunktion C definiert, die von den Schätzwerten $\hat{b}$ und den wahren Parametern b abhängig ist, z.B.:

$$C(b-\hat{b}) \geq 0, \qquad\qquad \hat{b} = \hat{b}(y).$$

Im Bayes-Schätzer wird nun die Erwartung der Kostenfunktion, das Risiko R, minimiert:

$$R = E\{C(b-\hat{b})\} \to \min.$$

Führt man viele Versuche durch, von denen jeder eine Stichprobe y liefert, so wird der Schätzer $\hat{b}(y)$ unter dem Gesichtspunkt entworfen, daß die Kostenfunktion im Mittel möglichst klein wird. Sinnvolle Kostenfunktionen haben für $b = \hat{b}$ ihr Minimum oder sogar den Wert null.

Bild 9.3 zeigt bei einem Parameter drei Kostenfunktionen für den Schätzfehler $\tilde{b} = b - \hat{b}$.

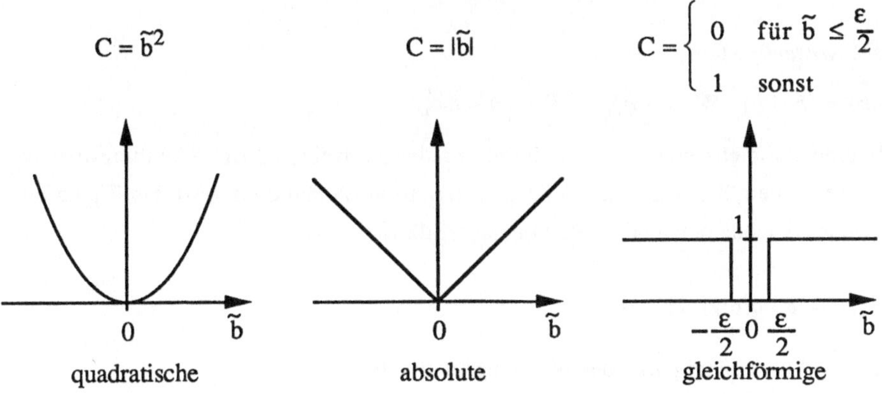

Bild 9.3. Beispiele für Kostenfunktionen

Nach der Regel von Bayes schreiben wir:

$$p(b,y) = p(b|y)\, p(y)$$

und erhalten als Minimierungsaufgabe

$$R = \int_{-\infty}^{\infty} \left(\int_{-\infty}^{\infty} C(b-\hat{b})\, p(b|y)\, db \right) p(y)\, dy = \int_{-\infty}^{\infty} E_{b|y}\{C(b-\hat{b})\}\, p(y)\, dy.$$

Eine Dichte p(y) ist nie negativ. Es genügt also das innere Integral zu minimieren. Dann minimiert der Bayes-Schätzer $\hat{b}(y)$ das Risiko für alle denkbaren y. Der Bayes-Schätzer liefert damit das Minimum der bedingten Erwartung $E_{b|y}\{C(b-\hat{b})\}$ der Kostenfunktion.

Definition 9.7: *Bayes-Schätzer.*

Der Bayes-Schätzer setzt die Kenntnis der Verbundwahrscheinlichkeitsdichte p(b,y) der Parameter b und der Meßwerte y voraus. Es wird das Risiko R, die Erwartung einer nicht negativen Kostenfunktion $C(b-\hat{b})$, minimiert:

$$R = \int_{-\infty}^{\infty} \int_{-\infty}^{\infty} C(b-\hat{b})\, p(b,y)\, db\ dy \qquad \rightarrow \text{min.} \tag{9.21}$$

Für den Entwurf des Schätzers genügt es die bedingte Erwartung der Kostenfunktion zu minimieren:

$$E_{b|y}\{C(b-\hat{b})\} = \int_{-\infty}^{\infty} C(b-\hat{b})\, p(b|y)\, db \quad \rightarrow \text{min.} \tag{9.22}$$

p($b|y$) wird als *a-posteriori-Dichte* bezeichnet.

Quadratische Kostenfunktion:

$$C(b-\hat{b}) = (b - \hat{b})^{\mathrm{T}}\, W\, (b - \hat{b}), \qquad R = \|b - \hat{b}\|_{W}^{2}.$$

Dabei ist W eine symmetrische, positiv definite, im übrigen frei wählbare Wichtungsmatrix. Mit den Konventionen über die vektorielle Differentation (Anhang C) wird das Risiko ein Minimum, wenn folgende notwendige Bedingung erfüllt ist:

$$\int_{-\infty}^{\infty} W\, (b - \hat{b})\, p(b|y)\, db = 0.$$

Der Schätzer wird unabhängig von der Wichtungsmatrix W:

$$\hat{b}_{Q} = E_{b|y}\{b\}. \tag{9.23}$$

Hinreichend für ein Minimum ist, daß W positiv definit ist. Daß die Wichtungsmatrix W zwar Einfluß auf das kleinste Risiko, aber keinen Einfluß auf den Entwurf des Schätzers hat, ist von großer praktischer Bedeutung.

Irgendwelche Überlegungen, wie W zu wählen ist, um einen Parameter besonders genau zu schätzen, lohnen nicht. Solange das quadratische Gütekriterium akzeptiert wird, liefert der Schätzer nach Gl. 9.23 den kleinsten Wert für jeden Ausdruck $E\{\tilde{b}_{i}\,\tilde{b}_{j}\}$. Der Schätzer $\hat{b}_{Q} = E_{b|y}\{b\}$ ist der effiziente Schätzer, sofern der Schätzer erwartungstreu ist (Def. 8.4).

Die nächste Frage ist, wann der in den Meßwerten y(n) lineare Gauß-Markoff-Schätzer (Kap. 8.4) der effiziente Schätzer ist. Nach Def. 9.2 haben nur normalverteilte Variable eine bedingte Erwartung $E_{b|y}\{b\}$, die in den Meßwerten y(n) linear ist /9.2/. Damit gilt:

Satz 9.5: *Quadratische Kostenfunktion.*

Der Bayes-Schätzer für die quadratische Kostenfunktion,

$$C(b-\hat{b}) = (b - \hat{b})^{\mathrm{T}}\, W\, (b - \hat{b}),$$

ist die bedingte Erwartung der Parameter b,

$$\hat{b}_Q = E_{b|y}\{b\}.$$

Alle positiv definiten Wichtungsmatrizen W ergeben den gleichen Schätzer $\hat{b}_Q$. Der Schätzer liefert die minimalen Varianzen $E\{\tilde{b}_i\, \tilde{b}_j\}$. Ist der Schätzer $\hat{b}_Q$ erwartungstreu, so ist er auch effizient.

Sind die Meßwerte y(n) und die Parameter b_i normalverteilt, so entspricht der Schätzer $\hat{b}_Q$ dem Gauß-Markoff-Schätzer (Satz 8.2).

Wir haben gesehen, daß bei einer quadratischen Kostenfunktion die Wichtungsmatrix W ohne Einfluß auf den Entwurf des Schätzers ist. Anstrengungen eine besonders gute Kostenfunktion zu finden, sind auch weitgehend nutzlos. Ohne Herleitung gilt /9.2/:

Satz 9.6: *Konvexe Kostenfunktion, monotone Kostenfunktion.*

Die Klasse L_k der konvexen Kostenfunktionen ist definiert durch:

$$C(\tilde{b}) = C(-\tilde{b}),$$

$$C(\lambda \tilde{b}_1 + (1 - \lambda)\, \tilde{b}_2) \le \lambda C(\tilde{b}_1) + (1 - \lambda)\, C(\tilde{b}_2) \qquad \text{für } 0 \le \lambda \le 1,$$

$$C(0) = 0.$$

Unter der Voraussetzung, daß die a-posteriori-Dichte p(b|y) um den Mittelwert $\bar{b} = E_{b|y}\{b\}$ symmetrisch ist, ist der optimale Bayes-Schätzer für jede konvexe Kostenfunktion identisch mit dem Gauß-Markoff-Schätzer der quadratischen Kostenfunktion $(b - \hat{b})^{\mathrm{T}} W\, (b - \hat{b})$:

$$\hat{b} = \hat{b}_Q \qquad\qquad \text{für alle } C(\tilde{b}) \in L_k.$$

Die Klasse L_m der monotonen Kostenfunktionen ist definiert durch:

$$C(\tilde{b}) = C(-\tilde{b}),$$

$$C(\tilde{b}_1) \le C(\tilde{b}_2) \qquad\qquad \text{für } 0 \le \tilde{b}_1^{\mathrm{T}}\, \tilde{b}_1 \le \tilde{b}_2^{\mathrm{T}}\, \tilde{b}_2,$$

$$C(0) = 0.$$

Ist die a-posteriori-Dichte $p(b|y)$ symmetrisch um den Mittelwert $\bar{b}$, dann ist der beste Bayes-Schätzer für jede monotone Kostenfunktion wieder identisch mit dem Gauß-Markoff-Schätzer der quadratischen Kostenfunktion:

$$\hat{b} = \hat{b}_Q \qquad\qquad \text{für alle } C(\tilde{b}) \in L_m.$$

Beispiel 10: Verschiedene Kostenfunktionen:

-   quadratische Kostenfunktion:

$$C(\tilde{b}) = \tilde{b}^T\, W\, \tilde{b} \in L_k, L_m, \qquad W \text{ ist positiv definit,}$$

-   absolute Kostenfunktion:

$$C(\tilde{b}) = |\tilde{b}| \in L_k, L_m,$$

-   gleichmäßige Kostenfunktion

$$C = \begin{cases} 0 & \text{für } \tilde{b} \le \dfrac{\varepsilon}{2} \\[2ex] 1 & \text{sonst} \end{cases} \in L_m.$$

Beispiel 11: Wie sieht der Schätzer für die absolute Kostenfunktion eines Parameters aus?

$$E_{b|y}\{|b - \hat{b}|\} = -\int_{-\infty}^{\hat{b}} (b - \hat{b})\, p(b|y)\, db + \int_{\hat{b}}^{\infty} (b - \hat{b})\, p(b|y)\, db.$$

Differenzieren nach $\hat{b}$ und Nullsetzen gibt den Schätzer $\hat{b}$:

$$0 = -\int_{-\infty}^{\hat{b}} p(b|y)\, db + \int_{\hat{b}}^{\infty} p(b|y)\, db.$$

$\hat{b}$ ist der Median der a-posteriori-Dichte $p(b|y)$. Das Ergebnis gilt auch für mehrere Parameter b. Bei um den Mittelwert $\bar{b}$ symmetrischer Verteilung ist:

$$0 = -\int_{-\infty}^{\bar{b}} p(b|y)\, db + \int_{\bar{b}}^{\infty} p(b|y)\, db$$

und damit:

$$\hat{b} = \int_{-\infty}^{\infty} b\, p(b|y)\, db = E_{b|y}\{b\} = \hat{b}_Q.$$

Maximum a-posteriori- und Maximum -Likelihood-Schätzer.

Beide Schätzer folgen aus der gleichförmigen Kostenfunktion (Bild 9.2).

$$C(\tilde{b}) = \begin{cases} 0 & \text{für } |\hat{b}_k - b_k| < \dfrac{\varepsilon}{2} \\[2ex] 1 & \text{sonst.} \end{cases}$$

Das Risiko ist:

$$R = E_{b|y}\{C(\tilde{b})\} = 1 - \int\limits_{\hat{b}-\frac{\varepsilon}{2}}^{\hat{b}+\frac{\varepsilon}{2}} p(\hat{b}|y)\, d\hat{b} \approx 1 - \varepsilon^K p(\hat{b}|y).$$

Das Risiko wird minimiert, wenn die a-posteriori-Dichte $p(\hat{b}|y)$ ein Maximum hat:

$$p(\hat{b}|y) \to \max. \tag{9.24}$$

Man nimmt an, daß das Wahrscheinlichste geschieht. Bei gegebener Stichprobe y wird $\hat{b}$ so gewählt, daß $p(\hat{b}|y)$ maximal wird.

Mit a-posteriori-Dichten $p(b|y)$ von vielen Variablen läßt sich im Buch oder an der Tafel trefflich rechnen. Doch wie kommt man zu den Dichten? Durch viele Versuche wohl kaum. Nach der Regel von Bayes (Gl. 5.26) ist:

$$p(b|y) = \frac{p(y|b)\, p(b)}{p(y)}. \tag{9.25}$$

Am ehesten der Beobachtung zugänglich ist wohl die Dichte $p(y|b)$. Für einen festen Parametervektor b kann die Dichte $p(y|b)$ durch wiederholte Stichproben leichter gewonnen werden als die a-posteriori-Dichte $p(b|y)$, die für eine gegebene Stichprobe y die Verteilung von b verlangt. Die Dichte $p(y|b)$ heißt Likelihood-Dichte. Wir suchen den Zusammenhang zwischen dem Maximum-a-posteriori-Schätzer und dem Maximum-Likelihood-Schätzer. Logarithmiert und differenziert man Gl. 9.25 zur Maximumsuche, so wird:

$$\frac{\partial \ln p(b|y)}{\partial b} = \frac{\partial \ln p(y|b)}{\partial b} + \frac{\partial \ln p(b)}{\partial b} = 0.$$

Die Lösung dieses Gleichungssystems gibt den optimalen Schätzer $\hat{b}_{MAP}$. Hat man keine Information über die Parameter b, so wird man $p(b)$ sehr breit und flach annehmen. Bei einer kontinuierlichen Dichte geht sicher $\frac{\partial p(b)}{\partial b} \to 0$.

Definition 9.8: *Maximum-a-posteriori-Schätzer, Maximum-Likelihood-Schätzer.*
Den Maximum-a-posteriori-Schätzer $\hat{b}_{MAP}$ erhält man direkt aus der gleichförmigen Kostenfunktion als Maximum der a-posteriori-Dichte $p(b|y)$ oder aus dem Maximum der Funktion $\ln p(b|y)$:

$$\frac{\partial p(b|y)}{\partial b} = \frac{\partial \ln p(b|y)}{\partial b} = 0 \quad \to \quad \hat{b}_{MAP}. \tag{9.26}$$

Der Maximum-Likelihood-Schätzer $\hat{b}_{ML}$ maximiert die Likelihood-Funktion $\ln p(y|b)$:

$$\frac{\partial \ln p(y|b)}{\partial b} = 0 \quad \to \quad \hat{b}_{ML}. \tag{9.27}$$

Sind keine Kenntnisse über b vorhanden, wird man die Dichte $p(b)$ breit und flach annehmen. Dann werden beide Schätzer gleich:

$$\hat{b}_{MAP} = \hat{b}_{ML}.$$

Maximum-Likelihood-Schätzer sind *konsistent* und für große Stichproben *effizient* (*asymptotisch effizient*, /9.9/, Herleitung vgl. Satz 9.7). Sie sind die ältesten Schätzer und am besten untersucht.

Unter der Voraussetzung, daß p(b|y) um $\overline{b}$ symmetrisch ist, gilt mit Satz 9.5:

$$\hat{b}_Q = \hat{b}_{MAP}, \qquad\qquad \hat{b}_{ML} = \hat{b}_{MV}.$$

Sind y(n) und b_i normalverteilt, so gilt:

$$\hat{b}_Q = \hat{b}_{GM}.$$

Beispiel 12: MAP-Schätzer bei Normalverteilung.

Das Signalmodell sei $y = X\,b + e$. Die Kovarianzmatrix V_e der mittelwertfreien Meßfehler e und die Kovarianzmatrix $K_b = V_b$ der mittelwertfreien Parameter b seien gegeben.

Die Normalverteilung p(y,b) wird mit der Regel von Bayes (5.26):

$$p(y,b) = p(y|b)\ p(b).$$

Es ist:

$$p(y|b) = \frac{1}{(2\pi)^{n/2}|V_e|^{1/2}}\ e^{-\frac{1}{2}(y-Xb)^T V_e^{-1}(y-Xb)},$$

$$p(b) = \frac{1}{(2\pi)^{n/2}|K_b|^{1/2}}\ e^{-\frac{1}{2}b^T K_b^{-1}b}.$$

Damit wird:

$$\ln p(y,b) = \ln p(y|b) + \ln p(b) = \text{const} - \frac{1}{2}(y - X\,b)^T V_e^{-1}(y - X\,b) - \frac{1}{2}b^T K_b^{-1}b.$$

Mit den Regeln der vektoriellen Differentation (Anhang C) wird:

$$\frac{\partial \ln p(y,b)}{\partial b} = X^T V_e^{-1}(y - Xb) - K_b^{-1}b = 0,$$

$$\hat{b}_{MAP} = (X^T V_e^{-1} X + K_b^{-1})^{-1} X^T V_e^{-1}\,y.$$

Diskussion:

- Der MAP-Schätzer entspricht dem Gauß-Markoff-Schätzer, was hier für mittelwertfreie Parameter b gezeigt wurde (Kap. 8.4).

- Ohne Information über die Parameter b geht $K_b^{-1} \to 0$. Man erhält den Maximum-Likelihood-Schätzer der dem Minimum-Varianz-Schätzer aus Satz 8.2 entspricht.

Beispiel 13: ML-Schätzer für ein nichtlineares Signalmodell mit einem superponierenden normalverteilten Meßfehler.

Das Signalmodell sei $y = X(b) + e$ mit der Kovarianzmatrix V_e des Meßfehlers. Es ist:

$$\ln p(y|b) = \text{const} - \frac{1}{2}(y - X(b))^{\mathrm{T}} V_e^{-1} (y - X(b)),$$

$$\frac{\partial \ln p(y|b)}{\partial b} = \left(\frac{\partial X(b)}{\partial b}\right)^{\mathrm{T}} V_e^{-1} (y - X(b)) = 0.$$

Das Schätzproblem ist nichtlinear, die Gleichung muß numerisch nach allgemeinen Optimierungsverfahren gelöst werden.

Beispiel 14: ML-Schätzer für den Mittelwert $\overline{y} = E\{y\}$ und die Varianz $\sigma_y^2 = E\{(y - \overline{y})^2\}$ bei normalverteilten, voneinander unabhängigen Messungen y(n), n = 1, ..., N. Es ist:

$$p(y|\overline{y},\sigma^2) = \frac{1}{(2\pi \sigma^2)^{n/2}} \, e^{-\frac{1}{2\sigma^2}(y-\overline{y}1)^{\mathrm{T}}(y-\overline{y}1)},$$

und damit:

$$\frac{\partial \ln p(y|\overline{y},\sigma^2)}{\partial \overline{y}} = \frac{1}{\sigma^2} \sum_{n=1}^{N} (y(n) - \overline{y}) = 0 \qquad \rightarrow \qquad \widehat{\overline{y}} = \frac{1}{N} \sum_{n=1}^{N} y(n),$$

$$\frac{\partial \ln p(y|\overline{y},\sigma^2)}{\partial \sigma^2} = \frac{1}{2\sigma^4} \sum_{n=1}^{N} (y(n) - \overline{y})^2 - \frac{N}{2\sigma^2} = 0 \qquad \rightarrow \qquad \widehat{\sigma}^2 = \frac{1}{N} \sum_{n=1}^{N} (y(n) - \widehat{\overline{y}})^2.$$

Diskussion:

- Als Schätzer für $\overline{y}$ erhält man den wohlbekannten Stichprobenmittelwert $\widehat{\overline{y}}$.

- Als Schätzer für σ^2 erhält man die Stichprobenvarianz $\widehat{\sigma}^2$. Durch Einsetzen findet man

$$E\{\widehat{\sigma}^2\} = \frac{N - 1}{N} \sigma^2.$$

Der Schätzer $\widehat{\sigma}^2$ ist nicht erwartungstreu, aber konsistent.

Beispiel 15: Mittelwertfreie Gleichverteilung. Wie lautet der ML-Schätzer für die Breite b der Verteilung, wenn N Meßwerte y(n) vorliegen? Es ist:

$$p(y|b) = \begin{cases} \dfrac{1}{2b} & \text{für } |y| < b \\ 0 & \text{sonst.} \end{cases}$$

Die einzelnen Meßwerte y(n), n = 1, ..., N, seien voneinander unabhängig.

Die Verbunddichte p(y|b) wird:

$$p(y|b) = \prod_{n=1}^{N} p(y(n)|b).$$

Durch Differenzieren der Verbunddichte kann der ML-Schätzer nicht gewonnen werden, weil die Rechteckfunktion nicht differenzierbar ist. Wir unterscheiden folgende Fälle:

-   Für alle Messungen y(n) gilt $|y(n)| < b$. Dann ist die Verbunddichte:

$$p(y|b) = \frac{1}{(2b)^N} \, .$$

Sie wird umso größer, je kleiner b gewählt wird.

-   Wird b so klein gewählt, daß für einen Meßwert gilt: $b < y(n)$, dann wird:

$$p(y|b) = p(y(n)|b) = 0.$$

Man erhält damit die Schätzvorschrift für die Breite b der Dichte:

$$\hat{b} = \max_{n=1,\dots N} \{|y(n)|\}.$$

Die Schätzvorschrift ist die Maximumsnorm (Kap. 1.2.4).

Im allgemeinen Fall gilt: Ist der Meßfehler e im Signalmodell $y = X\,b + e$ gleichverteilt, so ist die Maximumsnorm $|y(n) - x_n^T b|$ durch Wahl der Parameter b zu minimieren.

Beispiel 16: Exponentialverteilung.

Ein ML-Schätzer für die mittlere Lebensdauer $\bar{t}$ und die Varianz σ^2 einer Serie von Bauelementen ist zu entwerfen. Für die Dichte der Exponentialverteilung gilt:

$$p(t) = \begin{cases} \lambda\, e^{-\lambda t} & \text{für } t \geq 0 \\ 0 & \text{sonst.} \end{cases}$$

Mit der charakteristischen Funktion findet man (Gl. 9.14):

$$\bar{t} = \frac{1}{\lambda} \, , \qquad\qquad \sigma^2 = \frac{1}{\lambda^2} \, .$$

Der zu schätzende Parameter ist also λ.

Fällt das Element n der Serie zur Zeit t_n aus, ist bei N Ausfällen die Likelihood-Funktion, da die Ausfälle voneinander unabhängig sind und alle Bauelemente die gleiche mittlere Lebensdauer haben:

$$p(t|\lambda) = \prod_{n=1}^{N} p(t_n|\lambda) = \lambda^N\, e^{-\lambda \Sigma t_n} \, , \qquad \frac{\partial \ln p(t|\lambda)}{\partial \lambda} = \frac{N}{\lambda} - \sum_{n=1}^{N} t_n = 0.$$

Der Schätzer $\hat{\lambda}$ für den Parameter λ wird:

$$\hat{\lambda} = \frac{N}{\displaystyle\sum_{n=1}^{N} t_n} = \frac{1}{\hat{t}} \, .$$

Damit folgt:

$$\hat{\bar{t}} = \frac{1}{N} \sum_{n=1}^{N} t_n \, , \qquad\qquad \hat{\sigma}^2 = \frac{1}{N^2} \left(\sum_{n=1}^{N} t_n \right)^2 \, .$$

9.5. Das Extremalprinzip der Schätztheorie, der effiziente Schätzer und die Ungleichung von Cramer-Rao

Extremalprinzipien sind die klassische und schönste Beschreibung von physikalischen Gesetzen. Beispiele dazu aus der klassischen Physik sind das Fermatsche Prinzip in der Optik, die Hamilton-Jacobi-Gleichungen in der Mechanik, der zweite Hauptsatz der Thermodynamik u.s.f.

Der einfachen Darstellung wegen nehmen wir keine Vorkenntnisse über die Parameter b an. Die Parameter b sind unbekannt, aber in unserer Versuchsserie konstant (ML-Schätzer).

Im folgenden wird gezeigt, daß sich der richtige Parametersatz $\beta = b$ dann ergibt, wenn die Boltzmannsche H-Funktion ein Maximum annimmt:

$$H(\beta) = \int_{-\infty}^{\infty} \ln((p(y|\beta))\, p(y|b)\, dy\ = E_{y|b}\{\ln p(y|\beta)\},$$

$$H(\beta) \to \max \text{ für } \beta = b.$$

Die H-Funktion ist die bedingte Erwartung der Likelihood-Funktion $\ln p(y|\beta)$ (Def. 9.7). Mathematisch wird diese Behauptung weiter unten verifiziert. Es lohnt aber, sich diese Eigenschaft anschaulich klar zu machen.

Aus dem Maximum von $p(y|\beta)$ oder auch $\ln p(y|\beta)$ erhält man den Maximum-Likelihood-Schätzer $\hat{b}_{ML}$. Wir machen in Gedanken sehr viele voneinander unabhängige Versuchsreihen y_n, $n = 1, ..., N$, bei festen, unbekannten Parametern b. Die Dichte wird:

$$p(y_1, y_2, ... \, y_N|\beta) = p(y_1|\beta)\, p(y_2|\beta)\, ... \, p(y_N|\beta),$$

$$\ln p(y_1, y_2, ... \, y_N|\beta) = \sum_{n=1}^{N} p(y_n|\beta).$$

Behandelt man die Stichproben y_n mit Häufigkeiten (Kap. 5.4), so kann man die Summe mit einer bedingten Häufigkeit $h(y|b)\, dy$ schreiben, die von den wahren Parametern b der Verteilung abhängig ist:

$$\sum_{n=1}^{N} \ln p(y_n|\beta)\ = \int_{-\infty}^{\infty} \ln p(y|\beta)\, h(y|b)\, dy.$$

Für eine große Anzahl von Stichproben geht die Häufigkeit in die Wahrscheinlichkeit $p(y|b)\, dy$ über. Das Wahrscheinlichste passiert also, wenn die H-Funktion

$$H(\beta) = \int_{-\infty}^{\infty} \ln p(y|\beta)\, p(y|b)\, dy$$

maximal wird.

Beispiel 17: Das Signalmodell sei y(n) = b + e(n). Gesucht ist der Erwartungswert $\bar{y} = E\{y\} = b$. Es ist: p(y|β) = p(e) = p(y–β). Zu maximieren ist damit die Likelihood-Funktion ln p(y–β). Bei einer Einzelmessung y_1 wird β so gewählt, daß ln p(y_1–β) maximal wird, β = y_1(Bild 9.4). Bei mehreren Messungen y_n, n = 1,..., N, wird β so gewählt, daß

$$\sum_{n=1}^{N} \ln p(y_n - \beta) \to \max$$

ein Maximum wird. Bei sehr vielen Messungen könnte man die Summe mit einer Häufigkeit und letzten Endes mit einer Dichte p(y|$\bar{y}$) beschreiben.

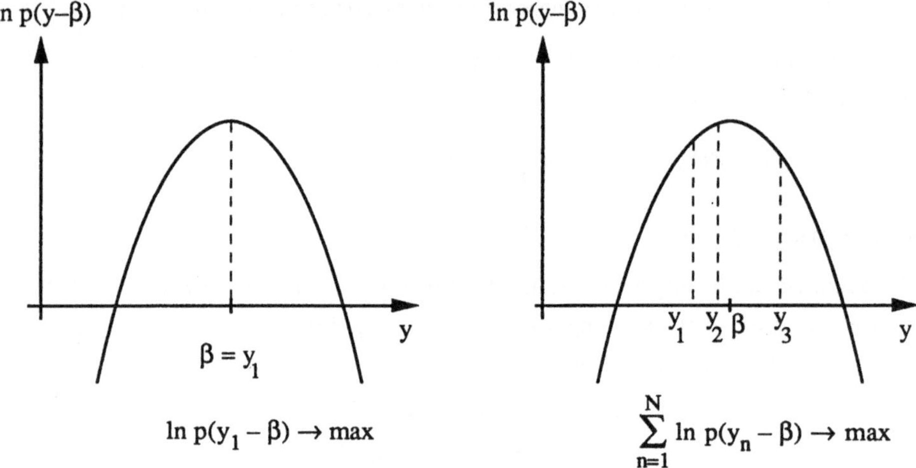

Bild 9.4. Maximieren der Likelihood-Funktion

Notwendige Bedingung für ein Extremum der H-Funktion ist:

$$\frac{\partial H}{\partial \beta} = E_{y|b}\left\{ \frac{\partial \ln p(y|\beta)}{\partial \beta} \right\} = \int_{-\infty}^{\infty} \frac{1}{p(y|\beta)} \frac{\partial p(y|\beta)}{\partial \beta} \, p(y|b) \, dy = 0.$$

Wird für β der richtige Wert *b* gewählt, so ist die Gleichung erfüllt. Es ist:

$$\int_{-\infty}^{\infty} \frac{\partial p(y|\beta)}{\partial \beta} \bigg|_{\beta=b} dy = \frac{\partial}{\partial \beta} \int_{-\infty}^{\infty} p(y|\beta) \, dy \bigg|_{\beta=b} = 0.$$

Soll für β = *b* ein Maximum vorliegen, so muß die Matrix der zweiten Ableitungen (Anhang Satz C5)

$$\frac{\partial^2 H}{\partial \beta^2} = \left(\frac{\partial^2 H}{\partial \beta_i \partial \beta_j} \right)$$

für β = *b* negativ definit sein. Man erhält für die Elemente der Matrix:

$$\frac{\partial^2 H}{\partial \beta_i \partial \beta_j} = E_{y|b}\left\{ \frac{\partial^2 \ln p(y|\beta)}{\partial \beta_i \partial \beta_j} \right\}$$

$$= \int_{-\infty}^{\infty} \frac{1}{p^2(y|\beta)} \left(p(y|\beta) \frac{\partial^2 p(y|\beta)}{\partial \beta_i \partial \beta_j} - \frac{\partial p(y|\beta)}{\partial \beta_i} \frac{\partial p(y|\beta)}{\partial \beta_j} \right) p(y|b)\, dy.$$

Für $\beta = b$ gilt damit:

$$\left. \frac{\partial^2 H}{\partial \beta_i \partial \beta_j} \right|_{\beta=b} = - \left. \int_{-\infty}^{\infty} \frac{\partial \ln p(y|\beta)}{\partial \beta_i} \frac{\partial \ln p(y|\beta)}{\partial \beta_j}\, p(y|b)\, dy \right|_{\beta=b}$$

$$= \frac{\partial^2 H}{\partial b_i \partial b_j} = - E_{y|b}\left\{ \frac{\partial \ln p(y|b)}{\partial b_i} \frac{\partial \ln p(y|b)}{\partial b_j} \right\}$$

$$= E_{y|b}\left\{ \frac{\partial^2 \ln p(y|b)}{\partial b_i \partial b_j} \right\}.$$

Damit wird die Matrix:

$$\left. \left(\frac{\partial^2 H}{\partial \beta_i \partial \beta_j} \right) \right|_{\beta=b} = -J = - E_{y|b}\left\{ \left(\frac{\partial \ln p(y|b)}{\partial b} \right) \left(\frac{\partial \ln p(y|b)}{\partial b} \right)^T \right\}$$

$$= E_{y|b}\left\{ \frac{\partial^2 \ln p(y|b)}{\partial b^2} \right\}.$$

Eine Matrix $E\{x\,x^T\}$ ist nicht negativ definit, da für einen beliebigen Vektor a gilt::

$$(a^T x)^2 = a^T x\,x^T a \geq 0, \qquad a^T E\{x\,x^T\}\, a \geq 0.$$

Die Matrix J wird demnach im allgemeinen positiv definit sein, sicher jedoch ist sie nicht negativ definit. Die Matrix J heißt Fishersche Informationsmatrix.

Satz 9.7: *Boltzmannsche H-Funktion, Fishersche Informationsmatrix.*
Die Boltzmannsche H-Funktion

$$H(\beta) = \int_{-\infty}^{\infty} \ln p(y|\beta)\, p(y|b)\, dy = E_{y|b}\{\ln p(y|\beta)\}$$

hat für $\beta = b$ ein Maximum, da die Fishersche Informationsmatrix

$$J = - \left. \left(\frac{\partial^2 H}{\partial \beta_i \partial \beta_j} \right) \right|_{\beta=b} = E_{y|b}\left\{ \left(\frac{\partial \ln p(y|b)}{\partial b} \right) \left(\frac{\partial \ln p(y|b)}{\partial b} \right)^T \right\}$$

$$= - E_{y|b}\left\{ \frac{\partial^2 \ln p(y|b)}{\partial b^2} \right\}$$

nicht negativ definit ist.

Die Fishersche Informationsmatrix J gibt ein Maß für die Schärfe des Maximums der Boltzmannschen H-Funktion. Das Glied $-\frac{1}{2}\,(\beta - b)^T\,J\,(\beta - b)$ als drittes Glied der Taylor-Entwicklung von H(β) um $\beta = b$ bestimmt die Abweichung vom Maximum in der nahen Umgebung von b (Gl. C12).

Jetzt soll die kleinstmögliche Kovarianzmatrix $V_{\tilde{b}}$ des Schätzfehlers hergeleitet werden. Der einfachen Herleitung wegen nehmen wir einen erwartungstreuen Schätzer an:

$$0 = \int\limits_{-\infty}^{\infty} (b - \hat{b})\, p(y|b)\, dy.$$

Die Ableitung nach b ergibt:

$$0 = I + \int\limits_{-\infty}^{\infty} \frac{\partial \ln p(y|b)}{\partial b}\, (b - \hat{b})^T\, p(y|b)\, dy.$$

Diese Gleichung wird mit zwei willkürlichen Vektoren a_1^T bzw. a_2 von links bzw. rechts multipliziert:

$$a_1^T a_2 = -\int\limits_{-\infty}^{\infty} \left\{ a_1^T \frac{\partial \ln p(y|b)}{\partial b} \right\}\ \left\{ (b - \hat{b})^T a_2 \right\}\, p(y|b)\, dy.$$

In den geschweiften Klammern des Integrals stehen skalare stochastische Größen, für welche die Schwarzsche Ungleichung gilt (Satz 1.3). Mit der Definition der Informationsmatrix J ist:

$$a_2^T E_{y|b}\{(b - \hat{b})\,(b - \hat{b})^T\}a_2\ a_1^T J\, a_1 \ge (a_1^T a_2)^2.$$

Wir wählen $a_1 = J^{-1} a_2$ und erhalten:

$$a_2^T V_{\tilde{b}}\, a_2\ a_2^T J^{-1} a_2 \ge (a_2^T J^{-1} a_2)^2.$$

Satz 9.8: *Ungleichung von Cramer-Rao.*

Für die Kovarianzmatrix $V_{\tilde{b}}$ des Schätzfehlers existiert eine untere Grenze J^{-1}. $V_{\tilde{b}}$ ist nicht kleiner als die Inverse der Fisherschen Informationsmatrix J:

$$V_{\tilde{b}} \ge J^{-1}.$$

Dabei ist:

$$J = E_{y|b}\left\{ \left(\frac{\partial \ln p(y|b)}{\partial b}\right)\left(\frac{\partial \ln p(y|b)}{\partial b}\right)^T \right\} \tag{9.28}$$

$$= - E_{y|b}\left\{ \frac{\partial^2 \ln p(y|b)}{\partial b^2} \right\}.$$

Schätzer mit $V_{\tilde{b}} = J^{-1}$ heißen *effiziente* Schätzer.

Die Ungleichung von Cramer-Rao kann auf Parameter b, deren Verteilung bekannt ist und auf Schätzer, die nicht erwartungstreu sind, erweitert werden /9.8/.

Wir wenden Satz 9.7 auf Bsp. 16 an.

Beispiel 18: Bei einer Serie von gleichen Bauelementen werden Ausfälle nach den unabhängigen Betriebszeiten t_n, n = 1, ..., N beobachtet. Zur Schätzung der mittleren Lebensdauer $\bar{t}$ wird der Mittelwertschätzer

$$\hat{t} = \frac{1}{N} \sum_{n=1}^{N} t_n$$

eingesetzt . Ist der Schätzer effizient?

Die Varianz des Schätzfehlers wird:

$$\sigma_{\tilde{t}}^2 = E\{(\hat{t} - \bar{t})^2\} = \frac{1}{N^2} E\left\{ \sum_{n=1}^{N} (\hat{t}_i - \bar{t})^2 \right\} = \frac{1}{N} \sigma^2.$$

Mit $\sigma^2 = \frac{1}{\lambda^2} = \bar{t}^2$ aus Bsp. 16 wird:

$$\sigma_{\tilde{t}}^2 = \frac{\bar{t}^2}{N}.$$

Die Fishersche Informationsmatrix J wird für unabhängige Ausfälle mit

$$p(t|\bar{t}) = \frac{1}{\bar{t}^N} e^{-\frac{1}{\bar{t}} \Sigma t_n}$$

$$J = -E_{t|\bar{t}}\left\{ \frac{\partial^2 \ln p(t|\bar{t})}{\partial \bar{t}^2} \right\} = -\frac{N}{\bar{t}^2} + \frac{2}{\bar{t}^3} E\left\{ \sum_{n=1}^{N} t_n \right\} = \frac{N}{\bar{t}^2}.$$

Die Varianz $\sigma_{e\tilde{t}}^2$ des Schätzfehlers wird damit für den effizienten Schätzer:

$$\sigma_{e\tilde{t}}^2 = \frac{\bar{t}^2}{N}.$$

Der arithmetische Mittelwertschätzer für die Lebensdauer ist effizient.

Beispiel 19: Ist der MV-Schätzer für normalverteilte Fehler e(n) effizient?

Das Signalmodell ist $y = X\,b + e$. Für die Wahrscheinlichkeitsdichte bei normalverteilten Fehlern gilt (Def. 9.2):

$$p(y|b) = \frac{1}{(2\pi)^{N/2} |V_e|^{1/2}} e^{-\frac{1}{2}(y-Xb)^T V_e^{-1}(y-Xb)}.$$

Mit

$$\ln p(y|b) = C - \frac{1}{2}\,(y - X\,b)^T V_e^{-1}\,(y - X\,b)$$

folgt die Fishersche Informationsmatrix J zu:

$$J = -E_{y|b}\left\{ \frac{\partial^2 \ln p(y|b)}{\partial b^2} \right\} = X^T V_e^{-1} X$$

Der Vergleich mit Satz 8.2 zeigt:

$$V_{\hat{b}_{MV}} = (X^T V_e^{-1} X)^{-1} = J^{-1}.$$

Der MV-Schätzer ist erwartungstreu (Satz 8.2). Damit ist der MV-Schätzer für normalverteilte Fehler effizient.

$\bullet$

Literatur:

/9.1/   Papoulis, A.: Probability, Random Variables and Stochastic Processes, McGraw-Hill, New York, 1965.

/9.2/   Deutsch, R.: Estimation Theory, Prentice Hall, Englewood Cliffs, 1965.

/9.3/   Morgenstern, D.: Einführung in die Wahrscheinlichkeitsrechnung und mathematische Statistik, Springer, Heidelberg, 1968.

/9.4/   Kreyszig, E.: Statistische Methoden und ihre Anwendungen, Vandenhoeck & Rupprecht, Göttingen, 1968.

/9.5/   Heinhold, J.; Gaede, K.: Ingenieur-Statistik, Oldenbourg, München, 1968.

/9.6/   Buchmüller, R.: Diskriminierung von Neutronen und Gammaquanten durch ihre Leistungsdichtespektren, Dissertation an der Universität Karlsruhe, Institut Prozeßmeßtechnik und Prozeßleittechnik, 1977.

/9.7/   Kolmogorow, A.: Grundbegriffe der Wahrscheinlichkeitsrechnung, Ergebnisse der Mathematik und ihre Grenzgebiete, Band 2, Heft 3, 1933.

/9.8/   Sorenson H.: Parameter Estimation, Marcel Dekker, New York, 1980.

/9.9/   Wilks, S.: Mathematical Statistics, John Wiley & Sons, New York, 1962.

10. Sequentielle, rekursive und adaptive Algorithmen

Der lineare Filterentwurf in Kap. 8. erfordert immer die Auflösung eines linearen Gleichungs-systems. Wenn für stationäre Modelle dies einmal beim Entwurf geschieht, zählt der Aufwand kaum. Ändert sich aber im Betrieb das Signalmodell, so muß das Filter laufend neu berechnet werden (adaptive Filter). Der Rechenaufwand steigt bei ständiger Anpassung immens.

Abschnitt 10.1 bringt die mathematischen Grundlagen beim Entwurf eines linearen Filters nach dem LS- oder MMS-Kriterium. Das Verfahren nach Cholesky zur Invertierung symme-trischer Matrizen wird vorgestellt. Im Abschnitt 10.2 werden rekursive und sequentielle Algo-rithmen zum Parameterschätzen hergeleitet und als adaptierender Algorithmus die gewichtete rekursive Regression eingeführt. Adaptive Filter in ihren wichtigsten Formen finden sich in Abschnitt 10.3. Abschnitt 10.3.1 bringt das autoregressive Prozeßmodell als Basis adaptiver Filter. Die einfachen Gradientenverfahren kommen in Abschnitt 10.3.2. In Abschnitt 10.3.3 wird als Filter mit variabler Ordnung der Levinson-Durbin-Algorithmus und seine Realisie-rung in Filtern mit Lattice-Struktur hergeleitet und auf die Möglichkeit hingewiesen, auch die Parcor-Koeffizienten mit Hilfe des Gradienten- oder auch des rekursiven LS-Algorithmus laufend zu schätzen.

10.1. Die Mathematik beim Entwurf eines linearen Schätzers

Die meisten Schätzaufgaben dienen der Modellierung eines Signals oder eines Prozesses. Der Prozeß wird in der Praxis durch einen Wust von Meßwerten verkörpert, die man durch weni-ge Kennwerte (Parameter), darstellen möchte. Bei einfachen Prozessen hat man bei einigen Parametern die Vorstellung einer bestimmten physikalischen Größe, z.B. Masse, Wärmeka-pazität etc. Solche mathematisch physikalische Modelle sind für den Entwurf und die Ausle-gung von Meßeinrichtungen und Prozessen nützlich. Oft sind die Prozesse so schwer durch-schaubar, daß man sich mit der mathematischen Modellanpassung begnügt, ohne mit den Pa-rameterwerten bestimmte technische Vorstellungen zu verbinden. Der richtige Parameterwert interessiert in dem Fall selten. Hauptsache ist, daß das Modell einigermaßen stimmt. Wir haben die Modellanpassung bei der klassischen Regressionsrechnung in Kap. 8.3 kennenge-lernt und eine weitere Variante in der Wiener-Hopf-Gleichung (Gl. 8.26).

Zur Orientierung seien die Grundideen noch einmal angeführt. Ein realisierbarer Algorithmus liefert für die Zeit n einen Schätzer $\hat{y}$(n) für einen Signalwert y(n), der sich als lineare Funktion in den Parametern $\hat{\boldsymbol{b}}^T = (\hat{b}_1 \ldots \hat{b}_K)$ mit dem Versuchsvektor $\boldsymbol{x}$(n) darstellt,

$$\hat{y}(n) = \boldsymbol{x}^T(n)\,\hat{\boldsymbol{b}},$$

oder für die Stichprobe mit den Variablenvektoren $\boldsymbol{x}_k$(n):

$$\hat{\boldsymbol{y}}(n) = X(n)\,\hat{\boldsymbol{b}}, \qquad\qquad X(n) = (\boldsymbol{x}_1(n)\,\boldsymbol{x}_2(n)\,\ldots\,\boldsymbol{x}_K(n)).$$

Bei gutem Vorwissen sind die Variablenvektoren $\boldsymbol{x}_k$(n) bekannte Funktionen (z.B. Regressionsrechnung in Kap. 8.3), es können aber auch Meßwerte $\boldsymbol{y}^T$(n) = (y(n) y(n–1)… y(n–N)) in X(n) eingehen.

Das geschätzte Signal $\hat{y}$(n) soll möglichst gut einem Wunschsignal y(n) entsprechen. Hat man über die Statistik keine Kenntnis, so wird man die Summe der Fehlerquadrate der Stichprobe minimieren (Normalengleichung, Gl. 8.9). Im anderen Fall erfolgt der Entwurf über die Wiener-Hopf-Gleichung (Gl. 8.26). Beide Entwürfe sind unübertrefflich einfach mit dem Projektionstheorem zu schaffen.

Mit einem Fehler $\tilde{y}$(n) = y(n) – $\hat{y}$(n) wird $\tilde{\boldsymbol{y}}^T$(n) $\tilde{\boldsymbol{y}}$(n) minimal, falls gilt:

$$X^T(n)\,\tilde{\boldsymbol{y}}(n) = \boldsymbol{0}, \qquad X^T(n)\,\boldsymbol{y}(n) - X^T(n)\,X(n)\,\hat{\boldsymbol{b}}(n) = \boldsymbol{0}. \qquad \text{(Normalengleichung)}$$

Das Modell $\hat{\boldsymbol{y}}(n) = X(n)\,\hat{\boldsymbol{b}}(n)$ wird von Variablenvektoren $\boldsymbol{x}_k$(n) aufgespannt, die orthogonal zum Fehler $\tilde{\boldsymbol{y}}$(n) sein müssen.

Sind die Statistiken zweiter Ordnung verfügbar und sind die Signale stationär, so folgt aus dem Projektionstheorem (Satz 1.4):

$$E\{\boldsymbol{x}(n)\,\tilde{y}(n)\} = \boldsymbol{0}, \qquad \boldsymbol{k}_{xy}(0) - K_x(0)\,\boldsymbol{b}(n) = \boldsymbol{0}, \qquad\qquad \text{(Wiener-Hopf-Gl.)}$$

$$\boldsymbol{k}_{xy}(0) = E\{\boldsymbol{x}(n)\,y(n)\}, \quad K_x(0) = E\{\boldsymbol{x}(n)\,\boldsymbol{x}^T(n)\}.$$

Der Schätzwert $\hat{y}(n) = \boldsymbol{x}^T(n)\,\hat{\boldsymbol{b}}(n)$ wird aus dem Versuchsvektor $\boldsymbol{x}$(n) gebildet, der Fehler $\tilde{y}$(n) muß orthogonal dazu sein.

In beiden Fällen muß für den Entwurf ein lineares Gleichungssystem der Form $P\,\hat{\boldsymbol{b}} = \boldsymbol{p}$ gelöst werden.

Beispiele: -   Minimum-Varianz-Schätzer (Kap. 8.4):

$$P = X^T V_e^{-1} X, \qquad P = P^T, \quad \boldsymbol{p} = X^T V_e^{-1} \boldsymbol{y}.$$

   -   FIR-Wiener-Filter (Kap. 8.5):

$$P = K_y(0), \qquad\qquad P = P^T, \quad \boldsymbol{p} = \boldsymbol{k}_{xy}(0), \qquad J\,P = P\,J$$

mit der Koidentitätsmatrix J. P ist eine Töplitz-Matrix (Def. C14).

Definition 10.1: *Modellanpassung, LS- und MMS-Schätzer:*

Als LS-Schätzer (Least Squares Estimator, kleinste Fehlerquadratsumme) wird ein Schätzer bezeichnet, welcher einen Fehler $\tilde{y}(n)$ nach dem Gütekriterium $\tilde{y}^T(n)\,\tilde{y}(n)$ minimiert. Der Parametervektor $\hat{b}$ wird aus dem linearen Gleichungssystem

$$P\,\hat{b} = p, \qquad\qquad P = X^T X, \qquad p = X^T y \qquad\qquad (10.1)$$

gewonnen. Dabei ist P eine symmetrische Matrix.

Als MMS-Schätzer Minimum Mean Square Estimator, kleinster mittlerer quadratischer Fehler) wird ein Schätzer bezeichnet, der das Gütekriterium $E\{\tilde{y}^2(n)\}$ minimiert. Der Parametervektor $\hat{b}$ wird aus einem linearen Gleichungssystem

$$P\,\hat{b} = p, \qquad\qquad P = K_x(0), \qquad p = k_{xy}(0) \qquad\qquad (10.2)$$

gewonnen. Dabei ist P eine Töplitz-Matrix (Def. C14) mit $P = P^T$ und $J\,P = P\,J$.

Aus der numerischen Mathematik ist der Gaußsche Algorithmus zur Lösung eines linearen Gleichungssystems bekannt. Der Algorithmus nach Cholesky berücksichtigt die Symmetrie von P und ist deshalb weniger aufwendig /10.1/, /10.2/.

Satz 10.1: *Cholesky-Zerlegung.*

Eine symmetrische, positiv definite Matrix P wird zerlegt in eine Diagonalmatrix D und in eine untere Dreiecksmatrix A mit den Diagonalelementen $a_{ii} = 1$:

$$P = A\,D\,A^T,$$

$$p_{ij} = \sum_{k=1}^{j} a_{ik}\,d_k\,a_{jk},$$

$$a_{ij}\,d_j = p_{ij} - \sum_{k=1}^{i-1} a_{ik}\,d_k\,a_{jk} \qquad\qquad \text{für } 1 \le j \le i-1.$$

Für die Diagonalelemente gilt: $\qquad\qquad\qquad\qquad\qquad\qquad\qquad\qquad (10.3)$

$$p_{ii} = \sum_{k=1}^{i} a_{ik}\,d_k\,a_{ik},$$

$$d_i = p_{ii} - \sum_{k=1}^{i-1} a_{ik}^2\,d_k, \qquad\qquad d_1 = p_{11}.$$

Zur Lösung $\hat{b}^T = (\hat{b}_1 \ \dots \ \hat{b}_K)$ von $P\,\hat{b} = p$ rechnet man aus $A\,y = p$ rekursiv den Hilfsvektor y. Für die Komponenten gilt:

$$y_i = p_i - \sum_{j=1}^{i-1} a_{ij}\, y_j \qquad\qquad \text{für } i = 1, ..., K.$$

Mit $\boldsymbol{P} = \boldsymbol{A}\,\boldsymbol{D}\,\boldsymbol{A}^T$ und $\boldsymbol{D}\,\boldsymbol{A}^T\hat{\boldsymbol{b}} = \boldsymbol{y}$ wird:

$$\boldsymbol{A}^T\hat{\boldsymbol{b}} = \boldsymbol{D}^{-1}\boldsymbol{y}. \qquad\qquad\qquad (10.4)$$

Diese Gleichung wird rekursiv gelöst:

$$\hat{b}_i = \frac{y_i}{d_i} - \sum_{j=i+1}^{K} a_{ji}\,\hat{b}_j \qquad\qquad \text{für } i = 1, ..., K.$$

Beispiel 1: Berechnung der Dreiecksmatrix $\boldsymbol{A}$ und der Diagonalmatrix $\boldsymbol{D}$:

$$\begin{pmatrix} p_{11} & p_{21} & p_{31} \\ p_{21} & p_{22} & p_{32} \\ p_{31} & p_{32} & p_{33} \end{pmatrix} = \begin{pmatrix} 1 & 0 & 0 \\ a_{21} & 1 & 0 \\ a_{31} & a_{32} & 1 \end{pmatrix} \begin{pmatrix} d_1 & 0 & 0 \\ 0 & d_2 & 0 \\ 0 & 0 & d_3 \end{pmatrix} \begin{pmatrix} 1 & a_{21} & a_{31} \\ 0 & 1 & a_{32} \\ 0 & 0 & 1 \end{pmatrix},$$

$$i = 1: \qquad d_1 = p_{11},$$

$$i = 2: \qquad a_{21} = \frac{p_{21}}{d_1},$$

$$d_2 = p_{22} - a_{21}^2\, d_1,$$

$$i = 3: \qquad a_{31} = \frac{p_{31}}{d_1},$$

$$a_{32} = \frac{1}{d_2}\,(p_{32} - a_{31}\, d_1\, a_{21}),$$

$$d_3 = p_{33} - a_{31}^2\, d_1 - a_{32}^2\, d_2.$$

$\bullet$

Hat die Matrix $\boldsymbol{P}$ Töplitz-Struktur, so gibt es noch effizientere Algorithmen, z.B. den Levinson-Durbin-Algorithmus (Satz 10.10).

10.2. Sequentielle und rekursive Schätzer

Der Weg zur Lösung des linearen Gleichungssystems ist für stationäre Signale und für den stationären Betrieb nicht so wichtig. Wählt man ein anderes Format des Meßvektors y, so beginnt der Entwurf aufs Neue. Rekursive und sequentielle Filter erleichtern diesen Schritt.

Wir gehen vom Minimum-Varianz-Schätzer (Gl. 8.22) aus und schätzen die Parameter b aufgrund eines Versuchs mit dem Meßvektor y_1:

$$\hat{b}_1 = G_1 \, y_1.$$

Um das Ergebnis zu verbessern, können noch weitere Versuche mit den Meßvektoren y_i gefahren werden (i ist nicht unbedingt ein Laufindex für eine Zeitreihe).

Naheliegend aber aufwendig ist es, die Meßvektoren y_i zu einem neuen Vektor y zusammenzufügen und neu zu schätzen. Wir schreiben mit partitionierten Matrizen (Satz C1):

$$\begin{pmatrix} y_1 \\ \vdots \\ y_n \end{pmatrix} = \begin{pmatrix} X_1 \\ \vdots \\ X_n \end{pmatrix} b + \begin{pmatrix} e_1 \\ \vdots \\ e_n \end{pmatrix}.$$

Mit der Voraussetzung, daß die Meßvektoren y_i voneinander unabhängig sind, setzt sich die Meßfehlerkovarianzmatrix V_{e_n} aus den Kovarianzmatrizen R_i, $i = 1, \ldots, n$, der einzelnen Versuche zusammen. Für die Kovarianzmatrix V_{e_n} von $(e_1^T \ldots e_n^T)$ gilt damit:

$$V_{e_n} = \begin{pmatrix} R_1 & & & 0 \\ & R_2 & & \\ & & \ddots & \\ 0 & & & R_n \end{pmatrix}, \qquad R_i = E\{e_i \, e_i^T\},$$

$$V_{e_n}^{-1} = \begin{pmatrix} R_1^{-1} & & & 0 \\ & R_2^{-1} & & \\ & & \ddots & \\ 0 & & & R_n^{-1} \end{pmatrix}. \tag{10.5}$$

Mit Satz 8.2 wird die Kovarianzmatrix $V_{\tilde{b}_n}$ des Schätzfehlers wegen der unabhängigen Versuchsreihen:

$$V_{\tilde{b}_n} = \left(\sum_{i=1}^{n} X_i^T \, R_i^{-1} X_i \right)^{-1}.$$

Wir partitionieren die Beobachtungsmatrix X in zwei Teile X_{n-1} und X_n:

$$X = \begin{pmatrix} X_{n-1} \\ X_n \end{pmatrix}$$

und erhalten:

$$V_{\tilde{b}_n} = (X_{n-1}^T \, V_{e_{n-1}}^{-1} \, X_{n-1} + X_n^T \, R_n^{-1} \, X_n)^{-1} = (V_{\tilde{b}_{n-1}}^{-1} + X_n^T \, R_n^{-1} \, X_n)^{-1}.$$

Mit dem Matrix-Inversions-Lemma (Satz C6) folgt:

$$V_{\tilde{b}_n} = V_{\tilde{b}_{n-1}} - V_{\tilde{b}_{n-1}} \, X_n^T \, (R_n + X_n \, V_{\tilde{b}_{n-1}} \, X_n^T)^{-1} \, X_n \, V_{\tilde{b}_{n-1}}.$$

Allgemein kann man für den Schätzvektor $\hat{b}$ einen sequentiellen Ansatz machen:

$$\hat{b}_n = \hat{b}_{n-1} + K_n \, (y_n - X_n \, \hat{b}_{n-1}). \tag{10.6}$$

Der neue Schätzvektor $\hat{b}_n$ enthält alle Meßvektoren y_i, $i = 1, \ldots, n$. Er wird erklärt aus dem alten Schätzvektor $\hat{b}_{n-1}$, der y_n nicht enthält, und einem Zusatzterm, der von der Innovation $y_n - X_n \, \hat{b}_{n-1}$ ausgeht und mit einer noch zu bestimmenden Matrix K_n gewichtet ist. Satz 10.2 folgt direkt aus der Matrizenrechnung, einige Matrizenschaufeleien sind notwendig.

Satz 10.2: *Sequentieller Minimum-Varianz-Schätzer.*

In einem linearen Signalmodell mit unabhängigen Versuchsreihen y_i läßt sich die Minimum-Varianz-Schätzung sequentiell durchführen. Für den sequentiellen Schätzer gilt:

$$\hat{b}_n = \hat{b}_{n-1} + K_n(y_n - X_n \, \hat{b}_{n-1}), \tag{10.7}$$

$$K_n = V_{\tilde{b}_{n-1}} \, X_n^T \, (X_n \, V_{\tilde{b}_{n-1}} \, X_n^T + R_n)^{-1} = V_{\tilde{b}_n} \, X_n^T \, R_n^{-1},$$

$$V_{\tilde{b}_n} = V_{\tilde{b}_{n-1}} - K_n \, X_n \, V_{\tilde{b}_{n-1}} = (V_{\tilde{b}_{n-1}}^{-1} + X_n^T \, R_n^{-1} \, X_n)^{-1}$$

mit der Kovarianzmatrix $V_{\tilde{b}_n} = E\{\tilde{b}_n \, \tilde{b}_n^T\}$ des Schätzfehlers und der Kovarianzmatrix $R_n = E\{e_n \, e_n^T\}$ des Meßfehlers.

Mit einer Startmatrix $V_{\tilde{b}_0}$ kann mit Gl. 10.7 $V_{\tilde{b}_n}$ rekursiv gerechnet werden. Sind die Matrizen $X_i^T \, R_i^{-1} \, X_i$, $i = 1, \ldots, n$, positiv definit, so ist der Schätzer $\hat{b}_n$ konsistent, d.h. $\lim\limits_{n \to \infty} E\{\hat{b}_n\} = b$ und $\lim\limits_{n \to \infty} V_{\tilde{b}_n} = 0$. Die Wichtungsmatrix K_n geht dann für große n ebenfalls gegen null.

Bei *exogenen* Prozeßmodellen, d.h. der Versuchsvektor $x(n)$ enthält keine Meßwerte, läßt sich die Gewichtsmatrix K_n vorab bestimmen.

Die Konsistenz läßt sich schnell einsehen. Es sei A eine positiv definite Matrix,

$$A < X_i^T \, R_i^{-1} \, X_i, \qquad\qquad i = 1, \ldots, n.$$

Dann ist:

$$V_{\tilde{b}_n} = (V_{\tilde{b}_0}^{-1} + \sum_{i=1}^{n} X_i^T R_i^{-1} X_i)^{-1} < \frac{1}{n} \left(\frac{1}{n} V_{\tilde{b}_0}^{-1} + A \right)^{-1},$$

$$\lim_{n \to \infty} V_{\tilde{b}_n} = 0, \qquad\qquad \lim_{n \to \infty} K_n = 0.$$

Einige Bemerkungen zur Beobachtbarkeit: Die Matrix $X^T V_e^{-1} X$ haben wir in Kap. 9, Bsp. 19 für normalverteilte Fehler als Fishersche Informationsmatrix kennengelernt. Ihr Kehrwert gibt die Kovarianzmatrix $V_{\tilde{b}}$ der Schätzfehler für den effizienten Schätzer. Schreibt man $V_e = \sigma^2 R$ wird $V_{\tilde{b}} = (X^T R^{-1} X)^{-1} \sigma^2$ (Satz 8.2). Für fehlerfreie Messungen, also $\sigma^2 = 0$, wird man genaue Schätzwerte, also $V_{\tilde{b}} = 0$, erwarten dürfen. Voraussetzung ist dann allein, daß die Inverse der Informationsmatrix existiert.

Satz 10.3: *Beobachtbarkeit.*

Parameter b sind beobachtbar, wenn sie aus fehlerfreien Messungen ermittelt werden können. Dazu muß die Inverse der Fisherschen Informationsmatrix $X^T V_e^{-1} X$ existieren, die Matrix muß positiv definit sein. Gleichwertig ist die Aussage: Wenn bei K Parametern b die (nxK)-Matrix X den vollen Rang K hat und die (nxn)-Matrix V_e positiv definit ist, so sind die Parameter b beobachtbar.

Gl. 10.7 ist wegen der unbekannten Kovarianzmatrizen R_i etwas akademisch. Wir beschränken uns auf den Fall der Modellanpassung, bei dem für das Störsignal weißes Rauschen angenommen wird, $R_i = \sigma^2 I$. In diesem Fall ist keine Vorkenntnis von R_i bzw. σ^2 notwendig, wenn man die bezogene Matrix $P(n) = \frac{V_{\tilde{b}}(n)}{\sigma^2}$ einführt. Weiter beschränken wir uns auf Zeitreihen y(n) und nehmen im Einsignalmodell nur *eine neue* Messung y(n) in der Innovation an. Mit Gl. 10.7 folgt dann:

Satz 10.4: *Rekursive Regression.*

Einen rekursiven Schätzer für ein lineares Signalmodell

$$y(n) = x^T(n)\, b + e(n)$$

erhält man nach dem LS-Kriterium zu:

$$\hat{b}(n) = \hat{b}(n{-}1) + k(n)\, (y(n) - x^T(n)\, \hat{b}(n{-}1)).$$

Der Gewichtsvektor $k(n)$ rechnet sich aus einer Matrix $P(n)$ rekursiv:

$$P(n) = P(n{-}1) - P(n{-}1)\, x(n)\, x^T(n)\, P(n{-}1)\, (1 + x^T(n)\, P(n{-}1)\, x(n))^{-1}$$

$$= P(n{-}1) - k(n)\, x^T(n)\, P(n{-}1), \tag{10.8}$$

$$k(n) = P(n)\, x(n) = P(n{-}1)\, x(n)\, (1 + x^T(n)\, P(n{-}1)\, x(n))^{-1}.$$

Ein neuer Meßwert y(n) reicht aus, um alle Parameter $\hat{b}(n{-}1)$ zu korrigieren.

Der Schätzer ist konsistent mit $\lim\limits_{n\to\infty} k(n) = 0$. Gute Startwerte für die Matrix $P(n)$ sind $P(0) = c\,I$ mit $10^3 \leq c \leq 10^6$ /10.3/.

Die Eigenschaft, daß der Gewichtsvektor $k(n)$ für große n verschwindet, ist meist lästig. Jüngere Messungen werden dann nicht mehr berücksichtigt. Man weiß bei längerer Beobachtungszeit nicht sicher, ob sich die Parameter b nicht doch ändern. Man hätte gerne eine aktuelle Schätzung, d.h. eine Schätzung der Parameter aus der jüngsten Vergangenheit.

Das Nachführen von Parametern in zeitvarianten Systemen, eine *adaptive Schätzung*, gelingt mit der gewichteten Regression. Dabei wird die Matrix $P(n)$ nicht nach Gl. 10.8 gerechnet, sondern durch eine heuristische Matrix $Q(n)$ ersetzt.

Satz 10.5: *Gewichtete, rekursive Regression.*

Für den Gewichtsvektor $k(n)$ gilt:

$$k(n) = Q(n)\,x(n) = Q(n{-}1)\,x(n)\,(1+ x^{\mathrm{T}}(n)\,Q(n{-}1)\,x(n))^{-1}.$$

$$P(n) = Q(n{-}1) - Q(n{-}1)\,x(n)\,x^{\mathrm{T}}(n)\,Q(n{-}1)\,(1+ x^{\mathrm{T}}(n)\,Q(n{-}1)\,x(n))^{-1}.$$

Weit zurückliegende Daten sollen mit geringem Gewicht in die Schätzung eingehen. Bewährt haben sich folgende Matrizen $Q(n)$, welche die bezogene Kovarianzmatrix des Schätzfehlers $P(n) = \dfrac{1}{\sigma^2}\,V_{\tilde{b}}(n)$ ersetzen.

-   Exponentielle Wichtung:

    Aus dem Gütekriterium

    $$Q = \sum_{i=n-N}^{n} c^{2(n-i)}\,(y(i) - x^{\mathrm{T}}(i)\,b)^2$$

    folgt (ohne Herleitung, /10.9/):

    $$Q(n) = \frac{1}{c^2}\,P(n), \qquad 0 < c^2 < 1. \tag{10.9}$$

    Bei der exponentiellen Wichtung haben sich Werte $0{,}9 < c < 1$ bewährt.

-   Verbesserung der Kondition von $P(n)$:

$$Q(n) = P(n) + D, \qquad\qquad D = \begin{pmatrix} d_1 & & 0 \\ & \ddots & \\ 0 & & d_K \end{pmatrix}.$$

Beispiel 2:

a)   Das Signalmodell sei:

$$y(n) = A\,\sin(2\pi f_0 nT + \phi) + e(n).$$

Unbekannt sei die Amplitude A und die Phase ϕ. Wir schreiben als exogenes Signalmodell:

$$y(n) = b_1 \sin 2\pi f_0 nT + b_2 \cos 2\pi f_0 nT + e(n)$$

mit:

$$b_1^2 + b_2^2 = A^2, \qquad \frac{b_2}{b_1} = \tan \phi.$$

Das Störsignal wurde zu $V_e = \sigma^2 I$ mit $\sigma^2 = 0{,}2\, A^2$ gewählt. In einem ersten Versuch werden die konstanten Parameter $A = 1$ und $\phi = \frac{\pi}{8}$ mit der rekursiven Regression geschätzt (Bild 10.1a). In einem zweiten Versuch wird mit der gewichteten rekursiven Regression, $c^2 = 0{,}95$, geschätzt, wobei einmal A zeitvariant,

$$A(n) = 1 + \frac{n}{50}\ ,$$

und ϕ konstant ist. Das andere Mal ist A konstant und für die Phase gilt:

$$\phi(n) = \frac{\pi}{8} + \frac{\pi}{600}\ n.$$

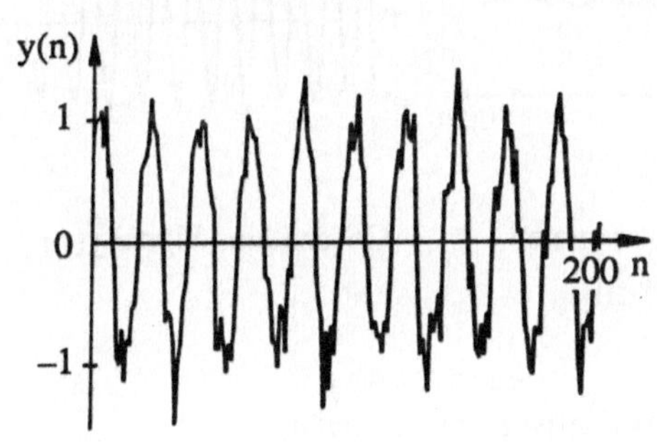

Gestörtes Signal $y(n)$

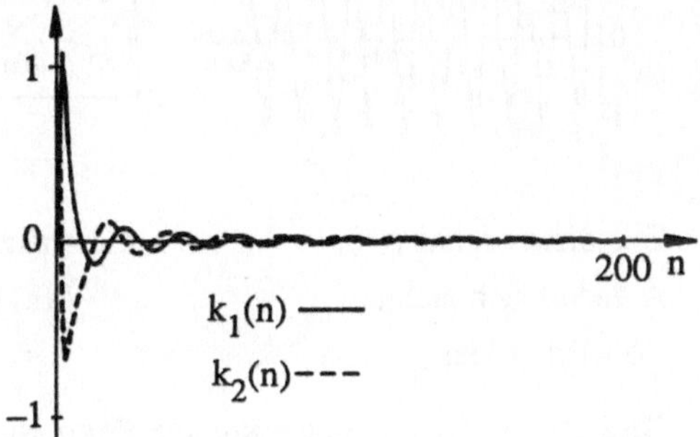

Gewichtsvektor $k^T(n) = (k_1(n)\ \ k_2(n))$

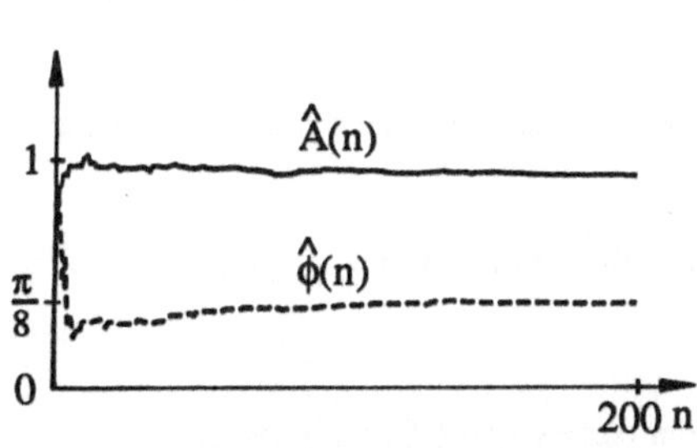

Geschätzte Parameter $\hat{A}(n)$ und $\hat{\phi}(n)$

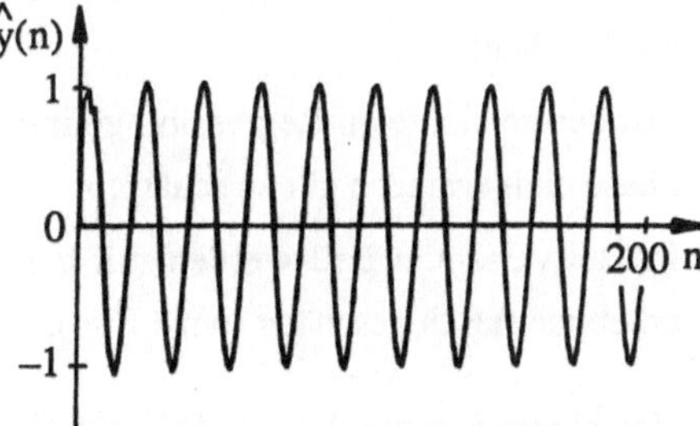

Geschätztes Signal $\hat{y}(n)$

Bild 10.1a. Rekursive Regression bei zeitinvariantem Signal

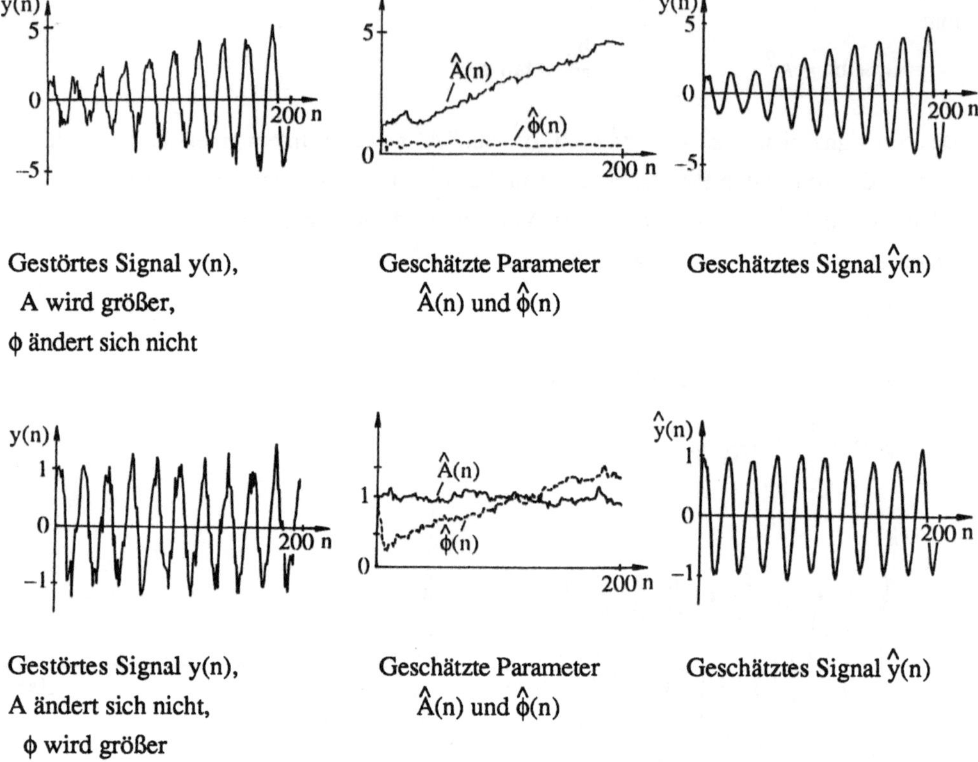

Gestörtes Signal y(n),
 A wird größer,
φ ändert sich nicht

Geschätzte Parameter
$\hat{A}$(n) und $\hat{\phi}$(n)

Geschätztes Signal $\hat{y}$(n)

Gestörtes Signal y(n),
A ändert sich nicht,
 φ wird größer

Geschätzte Parameter
$\hat{A}$(n) und $\hat{\phi}$(n)

Geschätztes Signal $\hat{y}$(n)

Bild 10.1b. Gewichtete rekursive Regression bei zeitvariantem Signal

Diskussion:

- Der Gewichtsvektor klingt sehr rasch ab. Im zeitinvarianten Fall steht die Schätzung für große n bald.

- Mit der gewichteten Regression gelingt es, die sich langsam ändernde Amplitude und Phase einigermaßen gut zu schätzen.

- Im zeitvarianten Fall werden mit der rekursiven Regression Amplitude und Phase erheblich falsch geschätzt (ohne Bild).

b)   Von einem Signal sei wenig bekannt. Wir setzen das exogene Signalmodell an:

$$y(n) = b_1 + b_2 n + e(n).$$

Das tatsächliche Signal sei:

$$x(n) = 1 + \sin 2\pi f_0 nT + e(n)$$

mit:

$$V_e = \sigma^2 I, \qquad\qquad \sigma^2 = 0{,}2.$$

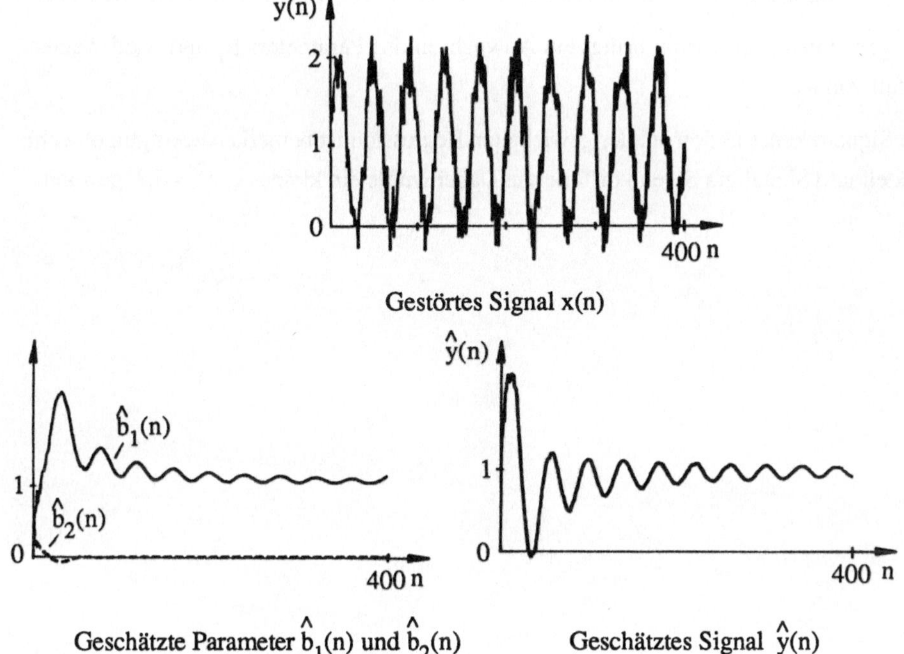

Bild 10.2a. Rekursive Regession

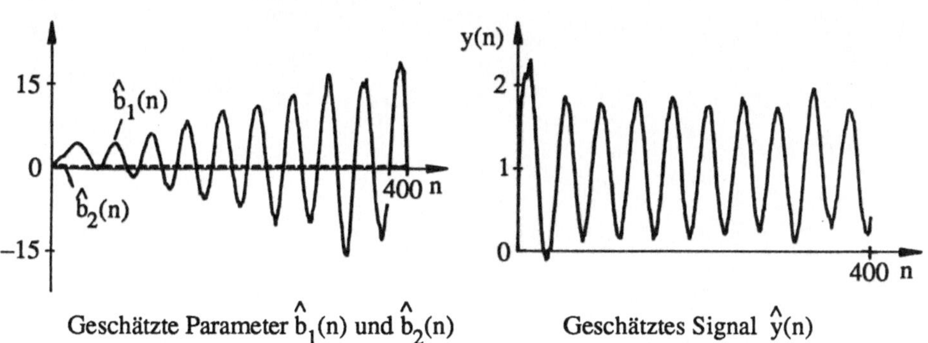

Bild 10.2b. Gewichtete rekursive Regression

Diskussion:

- Hier paßt Modell und Signal überhaupt nicht zusammen.

- Der Parameter b_1 findet sich beim rekursiven Ansatz bald auf dem Wert eins, dem Signalmittelwert.

- Der Parameter b_2 geht auf null, es ist ja kein Trend im Signal.

- Das geschätzte Signal der rekursiven Regression weicht erheblich vom tatsächlichen ab.

- Die gewichtete Regression bringt ein Anwachsen des Parameters b_1 und wieder einen Abfall von b_2.

- Die Signalrekonstruktion bei der gewichteten Regression ist bemerkenswert gut, obwohl Modell und Signal gravierend differieren. Dabei wurde ein kleines c, $c^2 = 0{,}7$, gewählt.

●

10.3. Adaptive Filter

Defintion 10.2: *Adaptive Filter.*
Ein adaptives Filter ist ein digitales Filter, dessen Parameter $\hat{b}$ selbsttätig der Aufgabe angepaßt werden. Die Modellanpassung (Adaption), kann dabei laufend oder von Zeit zu Zeit geschehen.

Die Grundstruktur zeigt Bild 10.3:

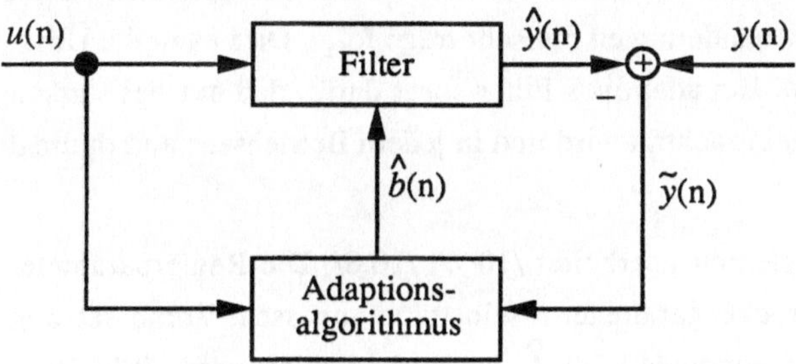

Bild 10.3. Adaptives Filter

Ein Signal u(n) wird im Filter verarbeitet. Das Ausgangssignal $\hat{y}$(n) wird mit einem Referenzsignal y(n) verglichen und das Fehlersignal $\tilde{y}$(n) zusammen mit dem Signal u(n) in einem Adaptionsalgorithmus zu neuen Filterkoeffizienten $\hat{b}$(n) verarbeitet, die ins Filter gegeben werden.

Adaptive Filter werden charakterisiert nach:

- dem Optimierungskriterium,
- dem Adaptionsalgorithmus,
- der Struktur des Filters,
- der Art des zu verarbeitenden Signals.

Hier wird als Optimierungskriterium das LS- oder MMS-Kriterium (Def. 10.1) genommen. Die Algorithmen hängen in hohem Maße vom Optimierungskriterium ab. Das adaptive Filter kann vom FIR- oder IIR-Typ sein. Es kann jede Struktur haben: direkte Form, Kaskaden- oder Latticeform. Die einfachste Form ist die eines FIR-Filters, die hier bevorzugt behandelt wird (Kap. 10.3.1). Einfache Beispiele für adaptive Filter haben wir schon in Abschnitt 10.2 kennengelernt. Jeder LS-Schätzer, der einen Meßvektor u(n) aus N Komponenten verarbeitet, liefert einen Parametervektor $\hat{b}$(n) und damit einen neuen Schätzwert $\hat{y}$(n).

Neben dieser Blockverarbeitung, bei der ein ganzer Meßvektor u(n) verarbeitet wird, wird auch eine rekursive Rechnung gewünscht. Das rekursive LS-Verfahren nach Satz 10.2 wird jetzt aufwendiger, weil im Signalmodell $y(n) = x^{T}(n)\, b + e(n)$ der Versuchsvektor x(n) Meßwerte u(n) enthält, der Wichtungsvektor k(n) also mit Hilfe der letzten Meßwerte vor jedem Schritt ermittelt werden muß. Bei den heutigen Rechnerleistungen ist aber der Rechenaufwand zu bewältigen. Der Schätzalgorithmus wird damit eine nichtlineare Funktion in den Meßwerten. Das Gradientenverfahren (Abschnitt 10.3.2) liefert einen einfacheren Algorithmus.

Anwendungen für adaptive Filter finden sich in der Automatisierungstechnik an verschiedenen Stellen. Manche technische Meßgrößen sind Fluktuationen, Störgrößen, unterworfen, welche für die Leittechnik uninteressant sind. Die Fluktuationen sind oft vom Betriebszustand der Anlage abhängig. Die Auslegung des Filters für den schlimmsten Fall im Anlagenbetrieb kann zu einem Signal führen, das Meßgrößenänderungen nur sehr träge folgt. Dies kann die Überwachung der Anlage merklich stören. Ein adaptives Filter sorgt dafür, daß nur bei starken Fluktuationen die Systemdynamik beeinträchtigt wird und in jedem Betriebszustand optimal gefiltert wird.

Intensiv wird an adaptiven Regelsystemen gearbeitet /10.7/, /10.8/. Die Reglerparameter sollen sich dabei Änderungen der Streckenparameter b selbsttätig anpassen. Voraussetzung dafür ist, daß ein parametrisches Streckenmodell $\hat{G}(z,\hat{b})$ laufend adaptiert wird (Bild 10.4) und die Parameter $\hat{b}$ für die Reglereinstellung bereitstehen. Nach den Erfahrungen des Verfassers ist bis jetzt, von einfachen Spezialfällen abgesehen, das Resultat der Bemühungen für die Praxis nicht sehr überzeugend.

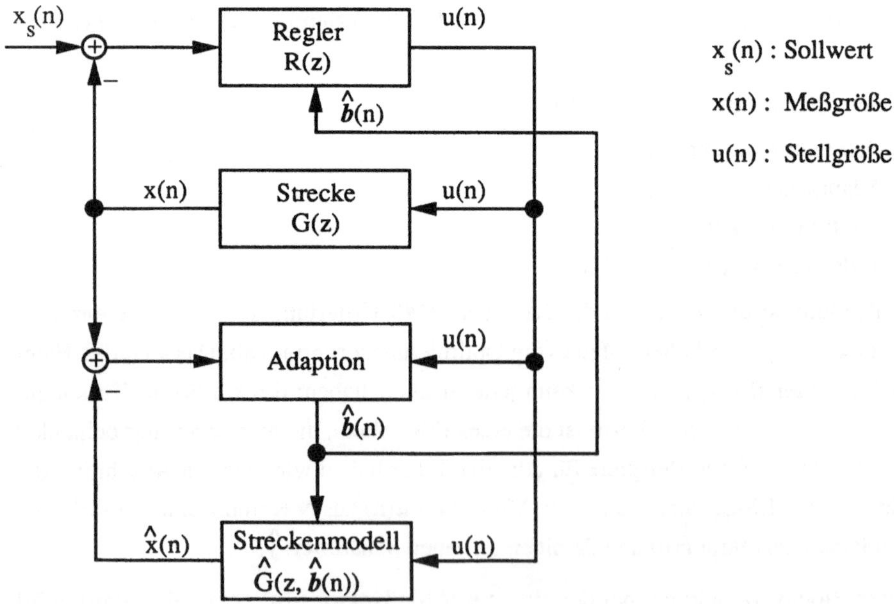

Bild 10.4. Regelkreis mit adaptierendem Regler und parametrischem, adaptivem Streckenmodell

10.3.1. AR-Prozeßmodell als Basis der adaptiven Filter

In Kap. 9.3 wurden stationäre Signale als Markoff-Prozesse dargestellt. Dabei erregt eine weiße Rauschquelle w(n) ein LTI-System. Das einfachste Prozeßmodell dieser Klasse ist das autoregressive Prozeßmodell (Gl. 5.6).

$$y(n) + a(1)\, y(n{-}1) + \dots + a(K)\, y(n{-}K) = w(n)$$

$$(\text{AR-Signalmodell, Ordnung K, } E\{w(n)\, w(m)\} = \sigma^2\, \delta_{nm}).$$

Der jüngste Meßwert y(n) hängt ab von einem determinierten Teil $y(n{-}1)$ und einem stochastischen Teil w(n). In Matrizenschreibweise lautet der Prozeß der Ordnung K:

$$a^T y(n) = y^T(n)\, a = y(n) + y^T(n{-}1)\, c = w(n)$$

mit:

$$y^T(n) = (y(n) \dots y(n{-}K)), \tag{10.10}$$

$$a^T = (1\ \ a(1) \dots a(K)) = (1\ \ c^T).$$

Mit der z-Transformation folgt:

$$Y(z) = \frac{W(z)}{A(z)} = G(z)\, W(z), \qquad A(z) = 1 + a(1)z^{-1} + \dots + a(K)z^{-K}.$$

Die Systemfunktion

$$G(z) = \frac{1}{A(z)}$$

ist ein sogenanntes *All-Pol-Modell*, weil G(z) allein durch die Pole $z_{\infty i}$, das sind die Nullstellen von A(z), festgelegt wird. Die Autokorrelationsfunktion $K_y(k)$ mit der Leistungsdichte $L_y(z)$ wird mit Gl. 5.19:

$$K_y(k) = \sum_{i=1}^{K} d_i\, z_{\infty i}^{|k|} \qquad \circ\!\!-\!\!\bullet \qquad L_y(z) = \frac{\sigma^2}{A(z)\, A(z^{-1})}. \tag{10.11}$$

Man kann sagen, daß die Korrelationsfunktion $K_y(k)$ mit Hilfe des autoregressiven Ansatzes modelliert wird. Den Zusammenhang zwischen dem Vektor c und den Werten der Korrelationsfunktion $K_y(k)$ geben die *Yule-Walker-Gleichungen*. Dazu wird Gl. 10.10 mit dem Vektor $y(n{-}1)$ multipliziert und die Erwartung gebildet:

$$E\{y(n)\, y(n{-}1) + y(n{-}1)\, y^T(n{-}1)\, c\} = E\{w(n)\, y(n{-}1)\},$$

$$k(-1) + K\, c = 0, \qquad\qquad k^T(-1) = (K_y(-1)\ K_y(-2) \dots K_y(-K)), \tag{10.12}$$

$$K = E\{y(n{-}1)\, y^T(n{-}1)\} = (K_y(i{-}j)),$$

$$c = -\, K^{-1}\, k(-1).$$

Die Erwartung $E\{w(n)\,y(n{-}1)\}$ verschwindet, da $w(n)$ weiß ist und damit $y(n{-}1)$ unabhängig ist von $w(n)$.

Neben dem Schätzen der Parameter a zur parametrischen Darstellung der Korrelationsfunktion (Gl. 10.12) sollen noch zwei andere wichtige Anwendungen angeführt werden.

Eine Größe $y^T(n)\,a$ kann allgemein als Schätzer interpretiert werden, $\hat{u}(n) = y^T(n)\,a$, der eine LS- oder MMS-Modellanpassung an ein Signal $u(n)$ bewirkt (Schätzer für Verbundprozesse, Joint Process Estimator). Ist etwa $y(n)$ ein Eingangssignal für ein LTI-System mit der Impulsantwort $g(n)$, so ist $\hat{u}(n)$ ein Schätzwert für das Ausgangssignal $u = y^T(n)g$ (Bild 10.5).

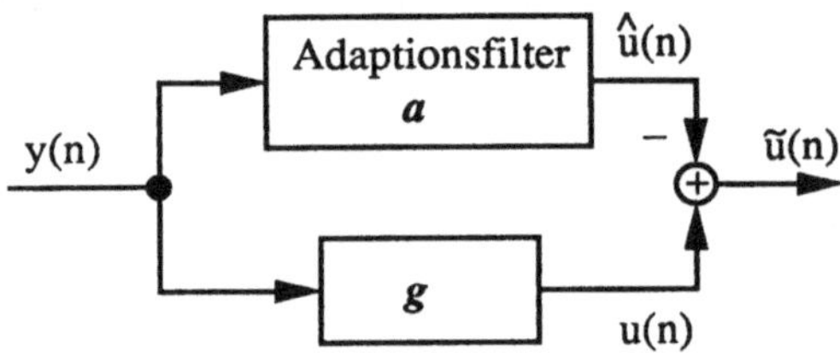

Bild 10.5. Joint Process Estimator

Eine weitere Möglichkeit ist es, mit Hilfe eines Filtervektors p aus den vergangenen Meßwerten $y(n{-}1)$ den neuen Meßwert $y(n)$ zu schätzen (Prädiktor erster Stufe),

$$\hat{y}(n) = p^T\,y(n{-}1).$$

Ebenso können vergangene Werte $y(n{-}K{-}1)$ geschätzt werden. Schätzer für $y(n{-}1)\dots y(n{-}K)$ sind sinnlos, da diese Meßwerte bekannt sind und im Unterschied zum Wiener-Filter als fehlerlos angenommen werden.

Zur Modellanpassung wird der Prädiktionsfehler $v(n)$ minimiert:

$$v(n) = y(n) - \hat{y}(n) = y(n) - p^Ty(n{-}1) = a^Ty, \qquad a^T = (1\ \ {-}p^T). \qquad (10.13)$$

Der einfacheren Schreibweise wegen verfahren wir nach dem MMS-Kriterium, es geht genau so einfach mit dem LS-Kriterium. Um $E\{v^2(n)\}$ zu minimieren, muß der Fehler $v(n)$ orthogonal auf dem Raum stehen, der von den beteiligten Meßvektoren $y(n{-}1)$ aufgespannt wird:

$$E\{v(n)\,y(n{-}1)\} = E\{(y(n) - y^T(n{-}1)\,p)\,y(n{-}1)\} = 0,$$

$$k({-}1) = K\,p.$$

Vergleicht man dieses Ergebnis mit Gl. 10.12, so gilt:

$$p = K^{-1}k({-}1) = -\,c.$$

Die minimale mittlere Leistung P des Prädiktionsfehlers $v(n)$ soll gerechnet werden.

$P = E\{v^2(n)\}$ folgt mit partitionierten Matrizen, dem vorstehenden Projektionstheorem und Gl. 10.12 sofort:

$$P = (1 \ -p^T)\begin{pmatrix} K_y(0) & k^T(-1) \\ k(-1) & K \end{pmatrix}\begin{pmatrix} 1 \\ -p \end{pmatrix} = K_y(0) - p^T k(-1) = a^T k(0),$$

$$k^T(0) = (K_y(0) \ \ k^T(-1)).$$

Für den Prädiktionsfehler $v(n)$ gilt:

$$v(n) = a^T y(n) \qquad \circ\!\!-\!\!\bullet \qquad A(z)\ Y(z).$$

Ist $y(n)$ tatsächlich ein AR-Prozeß,

$$Y(z) = \frac{W(z)}{A(z)},$$

so wird die Varianz des Prädiktionsfehlers $E\{v^2(n)\} = \sigma_w^2$ und seine Kovarianzmatrix $K_v = \sigma_w^2\ I$.

Zusammengefaßt sind die Ergebnisse:

Satz 10.6: *AR-Prozeß, Prädiktionsfehlerfilter.*

Ein stationäres, autoregressives und kausales Signalmodell der Ordnung K ist beschrieben durch:

$$y(n) + a(1)\ y(n{-}1) + \ldots + a(K)\ y(n{-}K) = a^T y(n) = y(n) + c^T y(n{-}1) = w(n),$$

$$a^T = (1\ \ a(1) \ldots a(K)) = (1\ \ c^T).$$

Der Zusammenhang zwischen der Autokorrelationsfunktion $K_y(k)$ des Signals $y(n)$ und dem Vektor c ist durch die Yule-Walker-Gleichung gegeben:

$$c = -K^{-1}k(-1), \qquad\qquad K = E\{y(n{-}1)\ y^T(n{-}1)\} = (K_y(i{-}j)),$$

$$k^T(-1) = (K_y(-1) \ldots K_y(-K)).$$

Das optimale Prädiktionsfehlerfilter $\hat{y}(n) = p^T y(n{-}1)$ hat die optimalen Filterkoeffizienten

$$p = -c = K^{-1}k(-1).$$

Das Ergebnis ist nicht überraschend. Das optimale Filter invertiert die Übertragungsfunktion $G(z) = A^{-1}(z)$ des Signals $Y(z)$.

Der minimale quadratische Fehler $P = E\{v^2(n)\}$ ist:

$$P = k^T(0)\ a.$$

Die Koeffizienten des AR-Ansatzes sind mit dem minimalen quadratischen Prädiktionsfehler P über folgendes Gleichungssystem verbunden:

$$K\,a = \begin{pmatrix} P \\ 0 \end{pmatrix}. \qquad\qquad (10.14)$$

Prädiktionsfehlerfilter werden auch als *Whitening-Filter* bezeichnet. Trifft der AR-Ansatz zu, so wird der Prädiktionsfehler weiß.

Die Frage, welche Signale sich überhaupt vollständig vorhersagen lassen, soll noch kurz behandelt werden. Ein Signal y(n) ist dann vorhersagbar, wenn die mittlere Leistung P des Vorhersagefehlers verschwindet.

Das Signal y(n) habe die Leistungsdichte $L_y(\Omega)$ und das Filter das Polynom A(z). Dann wird die mittlere Leistung des Vorhersagefehlers:

$$P = \frac{1}{2\pi} \int_{-\pi}^{\pi} |A(e^{j\Omega})|^2\, L_y(\Omega)\, d\Omega.$$

Beide Faktoren des Integranden sind nicht negativ. P kann nur dann null werden, wenn $L_y(\Omega)$ ein Linienspektrum hat, $L_y(\Omega) = \sum L_i^2\, \delta(\Omega-\Omega_i)$, und die Nullstellen z_{0i} des Filterpolynoms A(z) diese Linien kompensieren.

Satz 10.7: *Vorhersagbare Signale.*

Ein Signal mit der Leistungsdichte $L_y(\Omega)$ ist dann und nur dann vorhersagbar, wenn für die Leistungsdichte $L_y(\Omega)$ und das Filterpolynom A(z) gilt:

$$L_y(\Omega) = \sum_{i=1}^{K} L_i^2\, \delta(\Omega-\Omega_i),$$

$$A(z) = C \sum_{i=1}^{K} (z - z_{0i}), \qquad z_{0i} = e^{j\Omega_i}, \qquad i = 1, \ldots, K.$$

10.3.2. Gradientenverfahren

Bei den sequentiellen und rekursiven Verfahren in Kap. 10.2, ebenso wie beim Kalman-Filter in Kap. 8.6 wird die Gewichtsmatrix K_n rekursiv ein für allemal aus der Statistik zweiter Ordnung der Signale errechnet. Der allgemeine rekursive Ansatz in Gl. 10.6 inspiriert einen zu der Idee, sich die Bestimmung der optimalen Matrix K_n zu sparen und mit einer heuristischen Wichtungsmatrix zu rechnen. Das Schätzergebnis wird dann nicht optimal sein. Bedenkt man aber, daß sich bei adaptiven Filtern der Prozeß und damit die Statistik laufend ändern können, wird man eine heuristische Gewichtsmatrix eher akzeptieren.

Gradientenverfahren werden in der numerischen Mathematik gerne benutzt /10.1/, /10.2/, um lineare und nichtlineare Gleichungssysteme zu lösen. Ein Gleichungssystem $y - x(b) = 0$ etwa wird iterativ gelöst, indem man das quadratische Gütekriterium

$$Q = \frac{1}{2}\,(y - x(b))^T(y - x(b))$$

minimiert und eine Korrektur des Vektors b_n in Richtung des negativen Gradienten (Gl. C9) von Q vornimmt:

$$b_{n+1} = b_n - \beta\,\frac{\partial Q(b_n)}{\partial b} = b_n + \beta\,\frac{\partial x^T(b_n)}{\partial b}\,(y - x(b_n)) \tag{10.15}$$

mit:

$$b^T = (b_1 \ldots b_K), \qquad\qquad b_n^T = (b_{n1} \ldots b_{nK}).$$

Die Schrittweite β ist eine positive Konstante. Sie wird so gewählt, daß das Verfahren möglichst gut konvergiert. Mit dem Mittelwertsatz der Differentialrechnung gilt:

$$y - x(b_n) = \frac{\partial x^T(c_n)}{\partial b}\,(b - b_n), \quad b_i < c_{ni} < b_{ni}, \quad i = 1, \ldots, K.$$

Damit wird der Fehler $\tilde{b}_n = b_n - b$:

$$\tilde{b}_{n+1} = \tilde{b}_n - \beta\,\frac{\partial x^T(b_n)}{\partial b}\,\frac{\partial x^T(c_n)}{\partial b}\,\tilde{b}_n.$$

Die Zustandsraumdarstellung des Fehlers wird mit der Transitionsmatrix A_n:

$$\tilde{b}_{n+1} = A_n\,\tilde{b}_n, \qquad\qquad A_n = I - \beta\,\frac{\partial x^T(b_n)}{\partial b}\,\frac{\partial x^T(c_n)}{\partial b}$$

und mit dem Startfehlervektor $\tilde{b}_0$:

$$\tilde{b}_{n+1} = \prod_{i=1}^{n} A_i\,\tilde{b}_0. \tag{10.16}$$

Das Verfahren konvergiert, wenn die Transitionsmatrizen A_i stabil sind, d.h.

$$\lim_{n \to \infty} \prod_{i=1}^{n} A_i = 0.$$

Der Vergleich mit Satz 10.4 zeigt, daß im Gradientenverfahren brutal der Gewichtsvektor $k(n)$ ersetzt wird durch:

$$k(n) = \beta\,\frac{\partial x^T(b_n)}{\partial b}.$$

Zunächst wird mit dem Gradientenverfahren die optimale Schätzgleichung $p = K^{-1}\,k(-1)$ (Satz 10.6, MMS-Kriterium) numerisch gelöst. Für einen beliebigen nicht optimalen Prädiktionsfiltervektor $p(n)$ wird der Prädiktionsfehler:

$$v(n) = y(n) - p^T(n)\,y(n-1),$$

$$E\{v^2(n)\} = E\{y^2(n)\} - 2\,p^T(n)\,k(-1) + p^T(n)\,K\,p(n).$$

Der Gradient von $\frac{1}{2} E\{v^2(n)\}$ wird:

$$\frac{1}{2} \frac{\partial}{\partial p(n)} E\{v^2(n)\} = K\,p(n) - k(-1)$$

mit:

$$K = E\{y(n-1)\,y^T(n-1)\} = (K_y(i-j)),$$

$$k^T(-1) = E\{y(n)\,y^T(n-1)\} = (K_y(-1) \,\ldots\, K_y(-K)).$$

Der Algorithmus für die Filterkoeffizienten $p(n)$ wird:

$$p(n+1) = p(n) - \beta\,(K\,p(n) - k(-1)) = (I - \beta K)\,p(n) + \beta\,k(-1).$$

Setzt man den optimalen Vektor $p = K^{-1}\,k(-1)$ ein, so wird der Algorithmus für den Fehlervektor $\tilde{p}(n) = p(n) - p$:

$$\tilde{p}(n+1) = (I - \beta K)\,\tilde{p}(n).$$

Beginnend mit dem Anfangsfehler $p(0)$ gilt:

$$\tilde{p}(n+1) = A^n\,p(0), \qquad\qquad A = I - \beta K.$$

K ist eine symmetrische, positiv definite Matrix, ihre Eigenvektoren x_i stehen senkrecht aufeinander, die Eigenwerte λ_i sind positiv. Wir ordnen diese der Größe nach, $\lambda_1, \ldots, \lambda_K$, wobei λ_1 der kleinste und λ_K der größte Eigenwert ist, und erhalten mit Satz C3:

$$A^n = \sum_{i=1}^{K} (1 - \beta \lambda_i)^n\, x_i\, x_i^T.$$

Dieses Verfahren konvergiert exponentiell, wenn $|1 - \beta \lambda_K| < 1$ ist oder wenn $\beta < \frac{2}{\lambda_K}$ gilt. In Bild 10.6 ist der Wert $|1 - \beta \lambda_i|$ für λ_1 und λ_K aufgetragen.

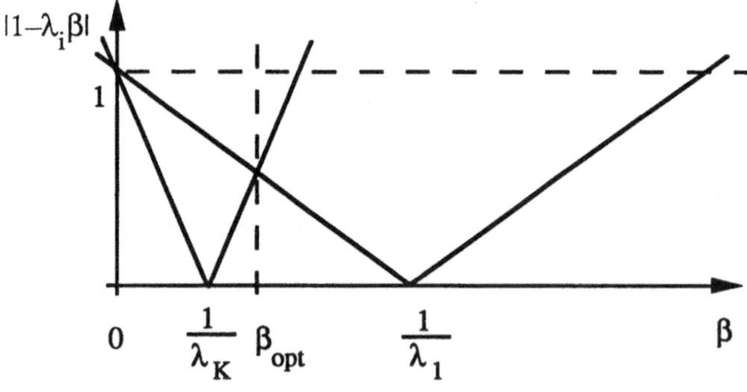

Bild 10.6. Konvergenz und extremale Eigenwerte

Schnelle Konvergenz erhält man für eine möglichst große Schrittweite β, wobei $|1 - \beta \lambda_i|$ für alle Eigenwerte λ_i möglichst klein sein soll. Dies wird erreicht für:

$$\beta_{opt} = \frac{2}{\lambda_1 + \lambda_K}.$$

Wir fassen zusammen:

Satz 10.8: *Gradientenverfahren (MMS-Kriterium).*

Beginnend mit einem Startvektor $p(0)$ werden die Filtervektoren $p(n)$ rekursiv gerechnet:

$$p(n+1) = p(n) + \beta \, (k(-1) - K\,p(n)).$$

Das Verfahren konvergiert, wenn die Schrittweite β in den Grenzen $0 < \beta < \dfrac{2}{\lambda_K}$ liegt. Eine gute Konvergenz wird mit:

$$\beta_{opt} = \frac{2}{\lambda_1 + \lambda_K}$$

erziehlt. λ_K ist der größte Eigenwert, λ_1 der kleinste Eigenwert von K.

Das Gradientenverfahren mit dem MMS-Kriterium ist etwas akademisch. Man wird selten die Korrelationsfunktion bzw. ihre Matrix fertig vorliegen haben. Leichter einzusetzen ist das stochastische Gradientenverfahren, bei dem allein die neueste Messung zur Korrektur der Schätzung benutzt wird.

Wir schreiben den Prädiktionsfehler $v(n+1)$ für den Schätzer $\hat{y}(n+1) = p^T(n)\,y(n)$,

$$v(n+1) = y(n+1) - \hat{y}(n+1) = y(n+1) - p^T(n)\,y(n),$$

und bilden den Gradienten allein von $\frac{1}{2}\,v^2(n+1)$. Die vorangegangenen Fehler $v(n)$ sind ja schon zur Berechnung von $p(n-1)$benutzt worden. Der Gradient wird:

$$\frac{1}{2}\,\frac{\partial}{\partial p(n)}\,v^2(n+1) = -\,y(n)\,(y(n+1) - p^T(n)\,y(n)) = -\,v(n+1)\,y(n).$$

Der Gradientenalgorithmus wird unübertrefflich einfach:

$$p(n+1) = p(n) + \beta\,y(n)\,(y(n+1) - p^T(n)\,y(n)) \tag{10.17}$$

$$= (I - \beta\,y(n)\,y^T(n))\,p(n) + \beta\,y(n)\,y(n+1).$$

Der Vergleich mit dem allgemeinen rekursiven Ansatz zeigt, daß hier K_n durch

$$K_n = \beta\,\frac{\partial v(n+1)}{\partial p(n)} = -\beta\,y(n)$$

ersetzt worden ist. Nach Satz 10.2 klingt die Wichtungsmatrix K_n mit wachsendem n ab. Die Schrittweite β muß also ebenfalls gegen null gehen, $\beta = \beta(n)$, /10.3/, /10.4/.

Satz 10.9: *Stochastisches Gradientenverfahren.*

Gütekriterium ist das LS-Kriterium. Der Gradient wird vom Quadrat des Prädiktionsfehlers $v(n+1)$ gebildet:

$$v(n+1) = y(n+1) - p^T(n)\,y(n),$$

$$\frac{1}{2} \frac{\partial v^2(n+1)}{\partial p(n)} = - v(n+1)\, y(n).$$

Die neuen Werte des Schätzvektors p(n+1) werden gewonnen mit der positiven Schrittweite β(n) nach der Beziehung:

$$p(n+1) = p(n) + \beta(n)\, y(n)\, (y(n+1) - p^{T}(n)\, y(n))$$

$$= (I - \beta(n)\, y(n)y^{T}(n))\, p(n) + \beta(n)\, y(n)\, y(n+1).$$

Die Schrittweite β(n) muß den Bedingungen der stochastischen Approximation genügen /10.4/. Üblich ist:

$$\beta(n) \sim \frac{1}{n}\; .$$

Das stochastische Gradientenverfahren ist eine Näherung für die MMS-Lösung. Bei stochastischen Größen ergibt dieser Algorithmus nicht unbedingt eine konsistente Schätzung, bei instationären Vorgängen folgt der Algorithmus einigermaßen mühsam den Veränderungen.

Beispiel 3: Aus einem autoregressiven Prozeß zweiter Ordnung,

$$y(n) + a(1)\, y(n-1) + a(2)\, y(n-2) = w(n)$$

sollen die Parameter a(1) und a(2) ermittelt werden. Mit Kenntnis der Korrelationsmatrix K liefert die Schätzgleichung $p = K^{-1}\, k(-1)$ die richtigen Parameterwerte. Im Beispiel sind: a(1) = −0,7 und a(2) = 0,12. Es werden folgende Schätzverfahren angewendet:

- Gradientenverfahren (MMS-Kriterium, Satz 10.8),
- stochastisches Gradientenverfahren (Satz 10.9),
- rekursive Regression (Satz 10.4),
- Lattice-Filter (Satz 10.12).

Die Schätzergebnisse des Gradientenverfahrens sind für zwei unterschiedliche Startparametersätze in der a(1)-a(2)-Ebene eingetragen. Zusätzlich sind die Höhenlinien des Gütekriteriums Q(a(1),a(2)) = const dargestellt. Bei den übrigen Verfahren waren die Startwerte für die Parameter jeweils null.

Diskussion:

— Beim Gradientenverfahren nach MMS wird mit der optimalen Schrittweite die Lösung nach wenigen Schritten gefunden.

— Beim stochastischen Gradientenverfahren ist nach Erfahrungen in der Praxis die Konvergenz erheblich schlechter. Sie hängt entscheidend von dem Ansatz für die Schrittweite ab. Diese kann in der Praxis nur mühsam experimentell gefunden werden.

– Die rekursive Regression liefert nach einiger Zeit dasselbe Ergebnis wie das Lattice-Filter (Kap. 10.3.3). Beide Verfahren folgen demselben Gütekriterium. Die Konvergenz ist deutlich besser als beim stochastischen Gradientenverfahren. Das Arbeiten mit dem Lattice-Filter bietet numerische Vorteile.

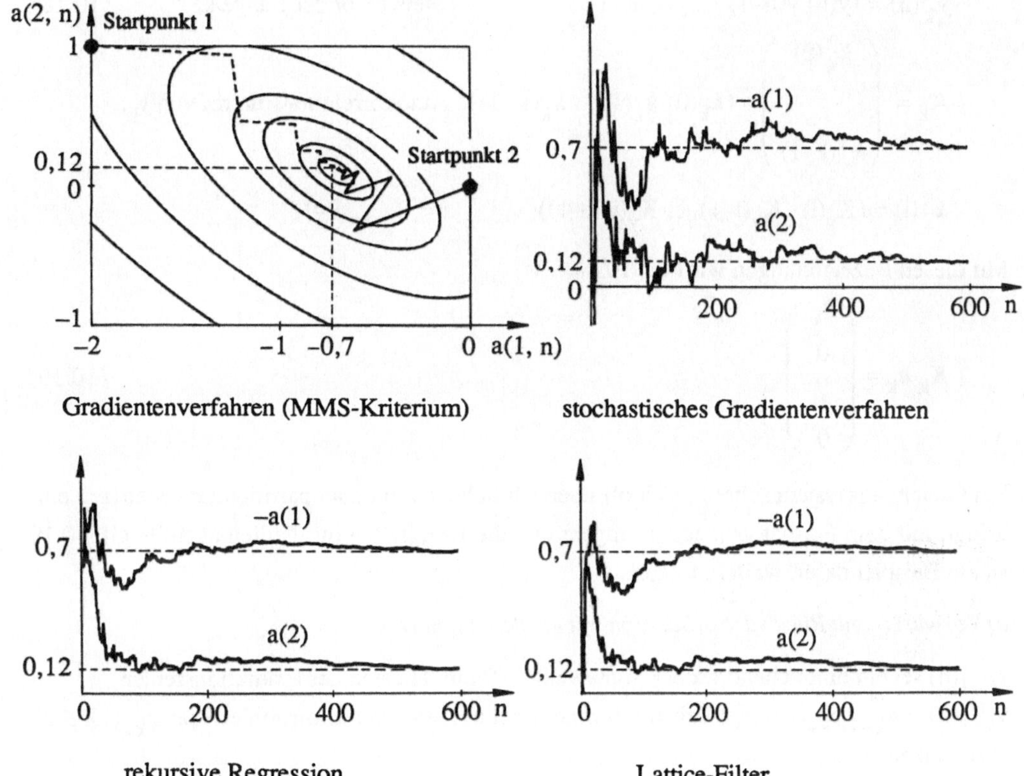

Bild 10.7. Verlauf der geschätzten Parameter a(1) und a(2) als Funktion von n

10.3.3. Schnelle Methoden, der Levinson-Durbin-Algorithmus und Filter mit Lattice-Struktur

Der Algorithmus gründet auf Prädiktionsfehlerfilter, die rekursiv beim Format eins beginnend, zu höherer Ordnung fortschreiten. Es ist deshalb notwendig, das Format von Vektoren und quadratischen Matrizen durch einen Index k zu kennzeichnen. Komponenten erscheinen daher durchweg in der Zeitreihennotierung a(n).

Bezeichnungen:

$$v_k(n) = y(n) - \hat{y}(n) = a_k^T \, y_k(n), \qquad \text{Prädiktionsfehler mit Filterlänge k,}$$

$$a_k^T = (1 \; a_k(1) \; \dots \; a_k(k-1)), \qquad \text{Prädiktionsfehlerfilter der Länge k,}$$

$$y_k^T(n) = (y(n) \; y(n-1) \; \dots \; y(n-k+1)), \qquad \text{Meßvektor der Länge k,} \qquad (10.18)$$

$$K_k = \begin{pmatrix} k_k^T(0) \\ \vdots \\ k_k^T(k-1) \end{pmatrix} = (k_k(0) \; k_k(1) \; \dots \; k_k(k-1)), \quad \text{Autokorrelationsmatrix von } y_k,$$

$$k_k^T(i) = (K_y(i) \; K_y(i-1) \; \dots \; K_y(i-k+1)), \qquad i = 0, \dots, k-1.$$

Mit diesen Bezeichnungen wird Gl. 10.14:

$$K_k \, a_k = \begin{pmatrix} P_k \\ 0 \\ \vdots \\ 0 \end{pmatrix}. \qquad (10.19)$$

Ein Gleichungssystem schreibt sich oft übersichtlicher, wenn man partitionierte Matrizen einbringt, mit dem Format großzügig umgeht und die Leerstellen mit Nullen auffüllt. Gl. 10.19 ist ein Beispiel dafür, weitere folgen.

a) Vorwärts- und Rückwärtsprädiktion mit großem Signalvektor:

$y_{N+1}(n)$ sei ein hinreichend großer Signalvektor. Dann läßt sich der Prädiktionsfehler $v_{k+1}(n) = a_{k+1}^T \, y_{k+1}(n)$ zur Zeit n mit einem beliebigen Prädiktionsfehlerfilter a_{k+1}, $k \leq N$, anschreiben:

$$v_{k+1}(n) = (a_{k+1}^T \; 0_{N-k}^T) \, y_{N+1}(n). \qquad (10.20a)$$

Genau so wie man den Vorwärtsprädiktionsfehler $v_{k+1}(n)$ rechnen kann, kann man auch mit dem Signalvektor $y_{N+1}(n)$ und einem Rückwärtsprädiktionsfilter b_{k+1}, $k \leq N$, einen Rückwärtsprädiktionsfehler $r_{k+1}(n) = y(n-k+1) - \hat{y}(n-k+1) = b_{k+1}^T \, y_{k+1}(n)$ definieren:

$$r_{k+1}(n) = (b_{k+1}^T \; 0_{N-k}^T) \, y_{N+1}(n). \qquad (10.20b)$$

b) Zusammenhang zwischen Vorwärts- und Rückwärtsprädiktion:

In der Statistik zweiter Ordnung spielt die Richtung der Zeit keine Rolle, alle Vorgänge sind vollständig reversibel. So sind z.B. die Leistungsdichten der Energiesignale $y(n) \; \circ\!\!-\!\!\bullet \; Y(z)$ und $y(-n) \; \circ\!\!-\!\!\bullet \; Y(z^{-1})$ identisch,

$$L_y(z) = Y(z) \, Y(z^{-1}).$$

Es lassen sich daher die Vorwärts- und Rückwärtsprädiktionsfehler aus den k benachbarten Werten y(n) in gleicher Weise rechnen. Also z. B. für k = 3:

$$v_3(n) = y(n) + a_3(1)\, y(n{-}1) + a_3(2)\, y(n{-}2) = a_3^T\, y_3(n),$$

$$r_3(n) = a_3(2)\, y(n) + a_3(1)\, y(n{-}1) + y(n{-}2) = b_3^T\, y_3(n),$$

$$b_3^T = (b_3(0)\ \ b_3(1)\ \ b_3(2)) = (a_3(2)\ \ a_3(1)\ \ 1).$$

Mit der Töplitz-Matrix K_k, der Koidentitätsmatrix J (Anhang C, Bsp. 1) und ihrer Eigenschaft $J\,K = K\,J$ läßt sich folgendes schnell mit Gl. 10.19 herleiten:

$$J\,K_k a_k = J \begin{pmatrix} P_k \\ 0 \\ \vdots \\ 0 \end{pmatrix} = \begin{pmatrix} 0 \\ \vdots \\ 0 \\ P_k \end{pmatrix} = K_k\,J\,a_k = K_k b_k, \qquad b_k = J\,a_k. \qquad (10.21)$$

Damit ist auch $E\{v_k^2\} = E\{r_k^2\} = P_k$.

c) Orthogonalität der Rückwärtsprädiktionsfehler:

Für das optimale Rückwärtsprädiktionsfehlerfilter rechnen wir $E\{r_{k+1}(n)\, r_{m+1}(n)\}$. Ohne Einschränkung kann man annehmen, daß $k \le m$ ist.

$$E\{r_{k+1}(n)\, r_{m+1}(n)\} = (b_{k+1}^T\ \ 0_{N-k}^T)\, K_{N+1} \begin{pmatrix} b_{m+1} \\ 0_{N-m} \end{pmatrix}.$$

Mit Gl. 10.21 wird:

$$K_{N+1} \begin{pmatrix} b_{m+1} \\ 0_{N-m} \end{pmatrix} = \begin{pmatrix} K_{m+1} & R_1^T \\ R_1 & R_0 \end{pmatrix} \begin{pmatrix} b_{m+1} \\ 0_{N-m} \end{pmatrix} = \begin{pmatrix} 0_m \\ P_{m+1} \\ R_1\, b_{m+1} \end{pmatrix},$$

$$(b_{k+1}^T\ \ 0_{N-k}^T) \begin{pmatrix} 0_m \\ P_{m+1} \\ R_1\, b_{m+1} \end{pmatrix} = \begin{cases} 0 & \text{für } k < m \\ P_{m+1} & \text{für } k = m. \end{cases}$$

Da $E\{r_m r_k\} = E\{r_k\, r_m\}$ ist, bilden die Rückwärtsprädiktionsfehler $r_k^T = (r_1(n)\ r_2(n)\ \ldots\ r_k(n))$ ein orthogonales System. Es gilt:

$$E\{r_k\, r_k^T\} = \begin{pmatrix} P_1 & & & 0 \\ & P_2 & & \\ & & \ddots & \\ 0 & & & P_k \end{pmatrix} = P_k.$$

d) Inverse der Korrelationsmatrix K_k^{-1}:

Schreibt man die Dreiecksmatrizen

$$B_k^T = \begin{pmatrix} b_1^T & & & \mathbf{0} \\ b_2^T & & & \\ & \vdots & & \\ b_k^T & & & \end{pmatrix}, \qquad A_k^T = \begin{pmatrix} \mathbf{0} & & & a_1^T \\ & & a_2^T & \\ & \ddots & & \\ a_k^T & & & \end{pmatrix},$$

und erinnert sich an Gl. 10.21, so wird:

$$B_k = J\,A_k$$

und mit $J\,K_k = K_k\,J$ gilt:

$$B_k^T\,K_k\,B_k = A_k^T\,K_k\,A_k = P_k, \qquad K_k^{-1} = A_k\,P_k^{-1}\,A_k^T\,.$$

e) Erwartungswert $E\{v_k(n)\,r_k(n-1)\}$:

Mit:

$$v_k(n) = (a_k^T\ \ 0)\,y_{k+1}(n), \qquad\qquad r_k(n-1) = (0\ \ b_k^T)\,y_{k+1}(n)$$

wird:

$$E\{v_k(n)\,r_k(n-1)\} = (0\ \ b_k^T)\,K_{k+1}\begin{pmatrix} a_k \\ 0 \end{pmatrix}.$$

Wir rechnen mit Gl. 10.19:

$$K_{k+1}\begin{pmatrix} a_k \\ 0 \end{pmatrix} = \begin{pmatrix} K_k & k_k(k) \\ k_k^T(k) & K_y(0) \end{pmatrix}\begin{pmatrix} a_k \\ 0 \end{pmatrix} = \begin{pmatrix} P_k \\ 0 \\ \vdots \\ 0 \\ c_k \end{pmatrix}.$$

Mit der Koidentitätsmatrix J gilt ebenso:

$$K_{k+1}\begin{pmatrix} 0 \\ b_k \end{pmatrix} = \begin{pmatrix} c_k \\ 0 \\ \vdots \\ 0 \\ P_k \end{pmatrix}, \qquad\qquad c_k = k_k^T(k)\,a_k = k_k^T(1)\,b_k,$$

und damit:

$$E\{v_k(n)\,r_k(n-1)\} = (0\ \ b_k^T)\begin{pmatrix} P_k \\ 0 \\ \vdots \\ 0 \\ c_k \end{pmatrix} = b_k(k-1)\,c_k = c_k, \qquad b_k(k-1) = a_k(0) = 1.$$

Mit diesem Ergebnis läßt sich beginnend mit Filtern vom Format eins eine rekursive Beziehung für die höheren Prädiktionsfehlerfilter aufbauen. Eine Linearkombination der Gleichungen aus Beispiel e) mit a_k und b_k führt auf Gl. 10.19 für ein Filter a_{k+1}.

$$K_{k+1}\left[\begin{pmatrix} a_k \\ 0 \end{pmatrix} - \begin{pmatrix} 0 \\ b_k \rho_k \end{pmatrix}\right] = \begin{pmatrix} P_k(1-\rho_k^2) \\ 0 \\ \vdots \\ 0 \end{pmatrix} = K_{k+1}\, a_{k+1} = \begin{pmatrix} P_{k+1} \\ 0 \\ \vdots \\ 0 \end{pmatrix}$$

mit:

$$\rho_k = \frac{E\{v_k(n)\, r_k(n-1)\}}{P_k} \ .$$

Satz 10.10: *Levinson-Durbin-Algorithmus.*

Ausgehend von einem optimalen Prädiktionsfehlerfilter a_k, LS- oder MMS-Kriterium, läßt sich ein Filter a_{k+1} nach folgenden Beziehungen rechnen:

$$\begin{pmatrix} a_k \\ 0 \end{pmatrix} - \begin{pmatrix} 0 \\ b_k \rho_k \end{pmatrix} = a_{k+1}, \qquad \rho_k = \frac{E\{v_k(n)\, r_k(n-1)\}}{E\{v_k^2(n)\}} \ , \qquad b_k = J\, a_k,$$

oder:

$$a_{k+1}(0) = 1,$$

$$a_{k+1}(1) = a_k(1) - \rho_k\, a_k(k-1), \qquad k = 1, 2, 3, \ldots$$

$$a_{k+1}(2) = a_k(2) - \rho_k\, a_k(k-2), \tag{10.22}$$

$$\vdots$$

$$a_{k+1}(k) = -\rho_k.$$

Für den mittleren quadratischen Prädiktionsfehler gilt mit $P_1 = E\{y^2(n)\} = K_y(0)$:

$$P_{k+1} = P_k(1 - \rho_k^2) = K_y(0) \prod_{i=1}^{k} (1 - \rho_i^2). \tag{10.23}$$

ρ_k ist die normierte Kreuzkorrelierte zwischen den beiden Prädiktionsfehlern. Die Koeffizienten ρ_k heißen deshalb *Parcor-Koeffizienten* (partial correlation). Gl. 10.22 gibt die Parcor-Koeffizienten nach dem MMS-Kriterium an. Die folgende Gleichung (Gl. 10.24) gibt Schätzformeln nach dem LS-Kriterium, wenn die Koeffizienten ρ_k geschätzt werden müssen. Dabei ist berücksichtigt, daß Schätzungen für P_k aus $v_k(n)$ und $r_k(n)$ nicht zwangsläufig gleich sind.

$$\rho_k \approx \frac{\sum\limits_n v_k(n)\, r_k(n-1)}{\sqrt{\sum\limits_n v_k^2(n) \sum\limits_n r_k^2(n-1)}} \approx \frac{2 \sum\limits_n v_k(n)\, r_k(n-1)}{\sum\limits_n v_k^2(n) + \sum\limits_n r_k^2(n-1)} \,. \tag{10.24}$$

Die Parcor-Koeffizienten sind beschränkt. Es gilt mit der Schwarzschen Ungleichung:

$$|\rho_k| \le 1.$$

Sind die Parcor-Koeffizienten ρ_k bekannt, so läßt sich ein Prädiktionsfehlerfilter a_k rekursiv aufbauen. Umgekehrt können aus dem optimalen Filter a_k die Parcor-Koeffizienten und die Prädiktionsfehler P_k bestimmt werden.

Mit einer aus den optimalen Filtervektoren a_k aufgebauten Dreiecksmatrix A_k bzw. b_k und B_k und der Matrix P_k der Fehlervarianzen kann die Inverse K_k^{-1} direkt geschrieben werden:

$$B_k^T = \begin{pmatrix} b_1^T & & \mathbf{0} \\ b_2^T & & \\ & \vdots & \\ b_k^T & & \end{pmatrix}, \quad A_k^T = \begin{pmatrix} \mathbf{0} & & a_1^T \\ & & a_2^T \\ & \cdot\cdot & \\ a_k^T & & \end{pmatrix}, \quad P_k = \begin{pmatrix} P_1 & & \mathbf{0} \\ & P_2 & \\ & & \cdot\cdot \\ \mathbf{0} & & P_k \end{pmatrix},$$

$$K_k^{-1} = A_k\, P_k^{-1}\, A_k^T = B_k\, P_k^{-1}\, B_k^T. \tag{10.25}$$

Die in Gl. 10.20b definierten Rückwärtsprädiktionsfehler sind, wenn sie zu Filtern verschiedenen Formats gehören, orthogonal. Es gilt:

$$E\{r_k(n)\, r_m(n)\} = P_k\, \delta_{km}.$$

Wird der Prozeß durch den AR-Ansatz vom Format k exakt beschrieben, so sind die Vorwärtsprädiktionsfehler $v_k(n)$ und $v_k(n+m)$ orthogonal. Es gilt:

$$E\{v_k(n)\, v_k(n+m)\} = P_k\, \delta_{m0}.$$

Prädiktionsfehlerfilter machen aus dem Signal weitgehend weißes Rauschen (Whitening-Filter, Satz 10.6).

Die wichtigsten Eigenschaften der Prädiktionsfehlerfilter im z-Bereich werden diskutiert. Das Vorwärtsprädiktionsfilter wird:

$$A_k(z) = 1 + a_k(1)\, z^{-1} + \ldots + a_k(k-1)\, z^{-k+1} = \prod_{i=1}^{k-1} (1 - z_{0i}\, z^{-1})$$

und mit Gl. 10.22, $\rho_{k-1} = -a_k(k-1)$:

$$\rho_{k-1} = (-1)^k \prod_{i=1}^{k-1} z_{0i}.$$

Das Rückwärtsprädiktionsfilter wird:

$$B_k(z) = a_k(k{-}1) + a_k(k{-}2)\, z^{-1} + \ldots + z^{-k+1} = z^{-k+1}\, A_k(z^{-1}) = z^{-k+1} \prod_{i=1}^{k-1} (1 - z_{0i}\, z).$$

Das Rückwärtspolynom $B_k(z)$ hat damit die Nullstellen $\dfrac{1}{z_{0i}}$, wenn z_{0i} die Nullstellen des Vorwärtspolynoms $A_k(z)$ sind. Die Varianz des Fehlers wird mit der Leistungsdichte $L_y(\Omega)$ des Signals $y(n)$:

$$P_k = \frac{1}{2\pi} \int_{-\pi}^{\pi} |A_k(\Omega)|^2\, L_y(\Omega)\, d\Omega.$$

Die Nullstellen $z_{0i} = r_i\, e^{j\phi_i}$ treten paarweise konjugiert komplex auf. Wir untersuchen einen Faktor $A_i(\Omega)$ von $A_k(z)\, A_k(z^{-1})$:

$$(1 - z_{0i}\, z^{-1})\, (1 - z_{0i}^{*}\, z) = 1 - z_{0i}\, z^{-1} - z_{0i}^{*}\, z + |z_{0i}|^2.$$

Für $z = e^{j\Omega}$ wird:

$$A_i(\Omega) = 1 - 2r_i\, \cos(\phi_i - \Omega) + r_i^2.$$

Der optimale Prädiktionsfehler kommt vom Projektionstheorem, das zu einem einzigen Minimum des Fehlers führt. Die Nullstellen z_{0i} von $A_k(z)$ können dabei im Prinzip innerhalb oder außerhalb des Einheitskreises liegen. Obige Überlegung zeigt aber, daß der Beitrag jedes Faktors $A_i(\Omega)$ zum mittleren Fehler kleiner ist, wenn $r_i \leq 1$ ist, alle Nullstellen also im Einheitskreis, im Extremfall auch auf dem Einheitskreis liegen. Nullstellen auf dem Einheitskreis werden sich einstellen, wenn es sich um vorhersagbare Signale handelt. Nach Satz 10.7 setzen sich solche aus einer Summe von harmonischen Signalen zusammen, deren Linienspektrum durch $A_k(z)$ kompensiert wird.

Zusammengefaßt folgt:

Satz 10.11: *z-Übertragungsfunktion des Prädiktionsfehlerfilters.*
Die Übertragungsfunktion $A_k(z)$ des Vorwärtsprädiktors ist ein System mit minimaler Phase. Alle Nullstellen z_{0i} liegen im Einheitskreis. Die Nullstellen $\dfrac{1}{z_{0i}}$ des Rückwärtsprädiktors liegen gespiegelt am Einheitskreis außerhalb desselben. Die zugehörige Übertragungsfunktion ist ein System maximaler Phase.

Der Parcor-Koeffizient ρ_k ergibt sich aus den Nullstellen z_{0i} des Polynoms $A_k(z)$ zu

$$\rho_k = (-1)^{k+1} \prod_{i=1}^{k} z_{0i}.$$

Bei vorhersagbaren Signalen liegen die Nullstellen von $A_k(z)$ und $B_k(z)$ auf dem Einheitskreis.

Beispiel 4: Ein System erster Ordnung mit dem Pol $z_\infty = q$ hat die Korrelationsfunktion

$$K_y(n) = q^{|n|}.$$

Mit Gl. 10.19 und Gl. 10.22 ist das Prädiktionsfehlerfilter vom

Format 1: $K_y(0)\, a_1(0) = P_1,$

$\qquad\qquad a_1(0) = 1, \qquad\qquad P_1 = 1.$

Format 2:
$$\begin{pmatrix} K_y(0) & K_y(1) \\ K_y(1) & K_y(0) \end{pmatrix} \begin{pmatrix} a_2(0) \\ a_2(1) \end{pmatrix} = \begin{pmatrix} P_2 \\ 0 \end{pmatrix},$$

$$\rho_1 = \frac{K_y(1)}{K_y(0)} = q,$$

$$a_2(0) = 1,$$

$$a_2(1) = -q,$$

$$P_2 = K_y(0)(1 - \rho_1^2) = K_y(0)a_2(0) + K_y(1)a_2(1) = 1 - q^2.$$

Format 3:
$$\begin{pmatrix} K_y(0) & K_y(1) & K_y(2) \\ K_y(1) & K_y(0) & K_y(1) \\ K_y(2) & K_y(1) & K_y(0) \end{pmatrix} \begin{pmatrix} a_3(0) \\ a_3(1) \\ a_3(2) \end{pmatrix} = \begin{pmatrix} P_3 \\ 0 \\ 0 \end{pmatrix},$$

$$\rho_2 = \frac{K_y(0)\,K_y(2) - K_y^2(1)}{K_y^2(0) - K_y^2(1)} = 0,$$

$$a_3(0) = 1,$$

$$a_3(1) = \frac{K_y(1)\,K_y(2) - K_y(0)\,K_y(1)}{K_y^2(0) - K_y^2(1)} = -q,$$

$$a_3(2) = \frac{K_y^2(1) - K_y(0)\,K_y(2)}{K_y^2(0) - K_y^2(1)} = 0,$$

$$P_3 = K_y(0)(1 - \rho_1^2)\,(1 - \rho_2^2) = K_y(0)a_3(0) + K_y(1)a_3(1) + K_y(2)a_3(2)$$

$$= 1 - q^2 = P_2.$$

Diskussion:

- Mit $q \to 0$ nähert sich das System weißem Rauschen. Ein Prädiktionsfehlerfilter hilft nichts, es ist kaum ein determinierter Teil im Signal.

-     Ist das Signal ein AR-Signal der Ordnung k, so ist das optimale Prädiktionsfehlerfilter vom Format k+1. Das Rauschen P_{k+1} ist weiß. Filter höherer Ordnung verbessern P_{k+1} nicht.

Prädiktionsfehlerfilter sind eine interessante Möglichkeit, die Autokorrelationsfunktion eines Signals mit einigen Parametern darzustellen. Der Gewinn durch den Levinson-Durbin-Algorithmus liegt jedoch in der Möglichkeit, ein Fehlerfilter in Lattice-Form darzustellen. Benützt man aus Satz. 10.10 die Identität

$$\begin{pmatrix} a_k \\ 0 \end{pmatrix} - \begin{pmatrix} 0 \\ b_k \rho_k \end{pmatrix} = a_{k+1}$$

und erinnert sich, daß $a_k^T y_k(n) = v_k(n)$ und $b_k^T y_k(n-1) = r_k(n-1)$ ist, so wird für den Vorwärts- und Rückwärtsprädiktionsfehler sofort:

$$v_{k+1}(n) = v_k(n) - \rho_k\, r_k(n-1). \tag{10.26}$$

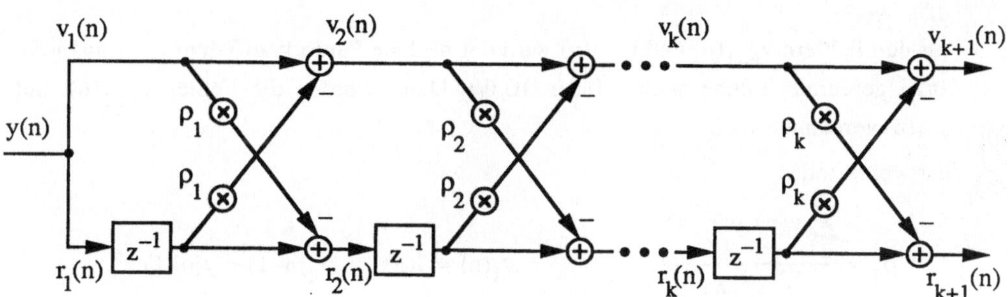

a) Analyse-Filter

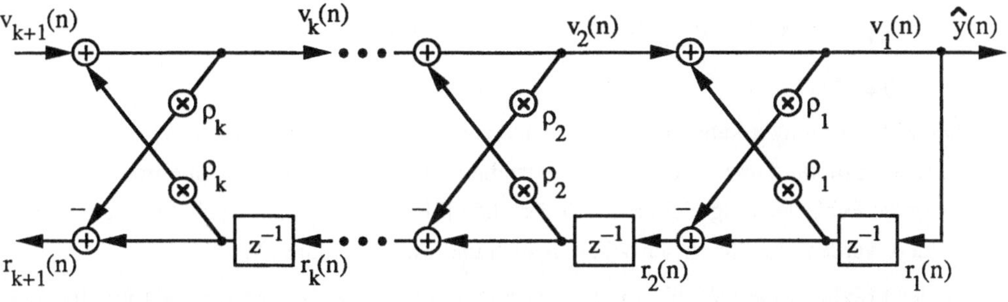

b) Synthese-Filter

Bild 10.8. Lattice-Filter

Ebenso erhält man für den Rückwärtsfehler eine Beziehung:

$$r_{k+1}(n) = r_k(n-1) - \rho_k\, v_k(n).$$

Diese Filter lassen sich im sogenannten Lattice-Filter einfach implementieren. Bild 10.8a zeigt das Analyse-Filter. Vom Grad eins aus werden die Rückwärts- und die Vorwärtsprädiktionsfehler für die höheren Formate gewonnen. Mit der ähnlichen Struktur in Bild 10.8b läßt sich ein Synthese-Filter einrichten, das von den Rückwärts- und Vorwärtsprädiktionsfehlern ausgehend ein Signal $\hat{y}(n)$ erzeugt. Von dieser Möglichkeit wird bei der Synthese von Sprachsignalen Gebrauch gemacht /10.7/.

Satz 10.12: *Lattice-Filter.*

Die Inversion der Korrelationsmatrix K_n (Gl. 10.19) wird im Lattice-Filter vermieden. Aus den Parcor-Koeffizienten ρ_k und den Vorwärts- und Rückwärtsprädiktionsfehlern $v_k(n)$ und $r_k(n)$ wird das Gitterwerk aufgebaut:

$$v_{k+1}(n) = v_k(n) - \rho_k\, r_k(n-1),$$

$$r_{k+1}(n) = r_k(n-1) - \rho_k\, v_k(n).$$

Aus den Fehlern $v_{k+1}(n)$ und $r_{k+1}(n)$ wird der nächste Parcorkoeffizient ρ_{k+1} nach Gl. 10.23 gerechnet (siehe auch /10.5/, /10.6/). Dann werden die Fehler $v_{k+2}(n)$ und $r_{k+2}(n)$ gerechnet u.s.f.

Startwerte sind:

$$\rho_1 = \frac{\sum\limits_{n} y(n)\, y(n-1)}{\sum\limits_{n} y^2(n)}\,, \qquad v_1(n) = y(n), \qquad r_1(n-1) = y(n-1).$$

Die Filterkoeffizienten, wenn sie überhaupt interessieren, folgen aus (Gl. 10.22):

$$a_{k+1}(0) = 1, \qquad\qquad k = 1, 2, 3, \ldots$$

$$a_{k+1}(n) = a_k(n) - \rho_k\, a_k(k-n), \qquad n = 1, \ldots, k-1,$$

$$a_{k+1}(k) = -\rho_k.$$

Die Filterordnung k kann durch eine fest vorgegebene Ordnung beschränkt werden. Der Filteraufbau kann aber auch so weit getrieben werden, bis sich mit zunehmender Ordnung die Fehlerleistung nicht mehr ändert. Die Filterordnung kann auch nachträglich reduziert werden, die Parameter behalten auch in diesem Fall ihren Wert.

In der Praxis ist die variable Filterordnung recht nützlich. In vielen Fällen ist eine akzeptable Ordnung k von vornherein nicht bekannt. Für numerische Rechnungen ist das Lattice-Filter sehr vorteilhaft, weil die Komponenten von a_k beschränkt und die Parcor-

Koeffizienten kleiner als eins sind (Satz 10.10). Man kann mit Festkomma-Arithmetik rechnen.

Der Leser betrachte Bild 10.8a. Sind die Parcor-Koeffizienten ρ_k bekannt, so werden aus dem Signal y(n) fortlaufend die Rückwärts- und Vorwärtsprädiktionsfehler gebildet. Die Rückwärtsprädiktionsfehler bilden nach Bsp. c) ein orthogonales Funktionensystem. Die Vorteile orthogonaler Basen wurden in Kap. 1 deutlich herausgestellt. Bei der Rückwärtsprädiktion werden aus den Funktionen $y_{k+1}^T(n) = (y(n)\ y(n{-}1)\ \dots\ y(n{-}k))$ nacheinander die orthogonalen Funktionen $r_{k+1}^T(n) = (r_1(n)\ r_2(n)\ \dots\ r_{k+1}(n))$ entwickelt. Wir haben dieses Verfahren in Kap. 1 als das Schmidtsche Orthogonalisierungsverfahren kennengelernt, das aus beliebigen, aber linear unabhängigen Vektoren orthogonale Vektoren erzeugt. Das Lattice-Filter nach Bild 10.8a ist damit eine Filterstruktur, welche das Signal $y_{k+1}^T(n)$ in orthogonale Komponenten $r_{k+1}(n)$ zerlegt. Mit den Beziehungen aus Satz 10.10 gilt:

$$r_k(n) = \begin{pmatrix} r_1(n) \\ \vdots \\ r_k(n) \end{pmatrix} = B_k^T\, y_k(n), \qquad E\{r_k(n)\, r_k^T(n)\} = P_k = B_k^T\, K_k\, B_k. \tag{10.26}$$

Diese Zusammenhänge lassen sich in einem Schätzer für einen Verbundprozeß (Joint Process Estimator, Bild 10.5) anwenden. Der lineare Zusammenhang zweier Signale u(n) und y(n) wird dort durch Schätzen der Impulsantwort g_k bestimmt, $\hat{u}(n) = \hat{g}_k^T\, y_k(n)$. Der klassische Weg, die Norm $\|u(n) - \hat{g}_k^T\, y_k(n)\|$ mit Hilfe der Wiener-Hopf-Gleichung zu minimieren, wurde in Kap. 8.5 gezeigt. Hier wird das Signal $y_k(n)$ durch die orthogonale Basis $r_k(n)$ der Rückwärtsprädiktionsfehler dargestellt und die Kopplung mit dem Signal u(n) durch die Kopplungskoeffizienten k_i:

$$\hat{u}(n) = \sum_{i=1}^{k} k_i\, r_i(n).$$

Die Kopplungskoeffizienten lassen sich wegen der orthogonalen Basis einfach schätzen. Es ist:

$$E\{\hat{u}(n)\, r_i(n)\} = k_i\, P_i, \qquad\qquad P_i = E\{r_i^2(n)\}, \quad i = 1, \dots, k.$$

Die Kopplungskoeffizienten sind nach Satz 1.2 verallgemeinerte Fourier-Koeffizienten. Die Filterstruktur zeigt Bild 10.9. Bild 10.9a zeigt die direkte Form. Der Fehler $e_k(n)$ wird:

$$e_k(n) = u(n) - \sum_{i=1}^{k} k_i\, r_i(n).$$

Eine gleichwertige, rekursive Form zeigt Bild 10.9b. Der Fehler wird von Stufe zu Stufe berechnet:

$$e_0(n) = u(n),$$

$$e_i(n) = e_{i-1}(n) - k_i\, r_i(n), \qquad\qquad i = 1, \ldots, k.$$

In Bild 10.9c ist ein FIR-Filter mit $\hat{u}(n) = \hat{g}_k^T\, y_k(n)$ gezeichnet. Man erkennt, daß die Verzögerungsglieder in Bild c jeweils einem Lattice-Glied in Bild a oder Bild b entsprechen.

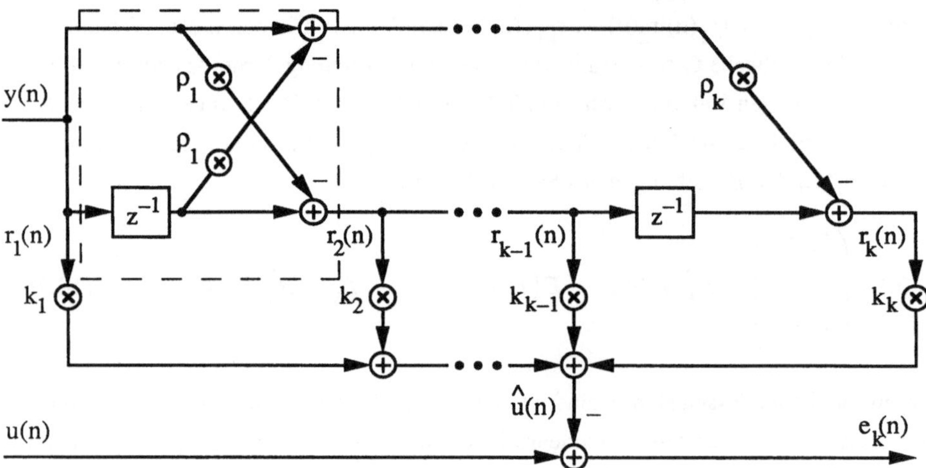

a) direkte Form

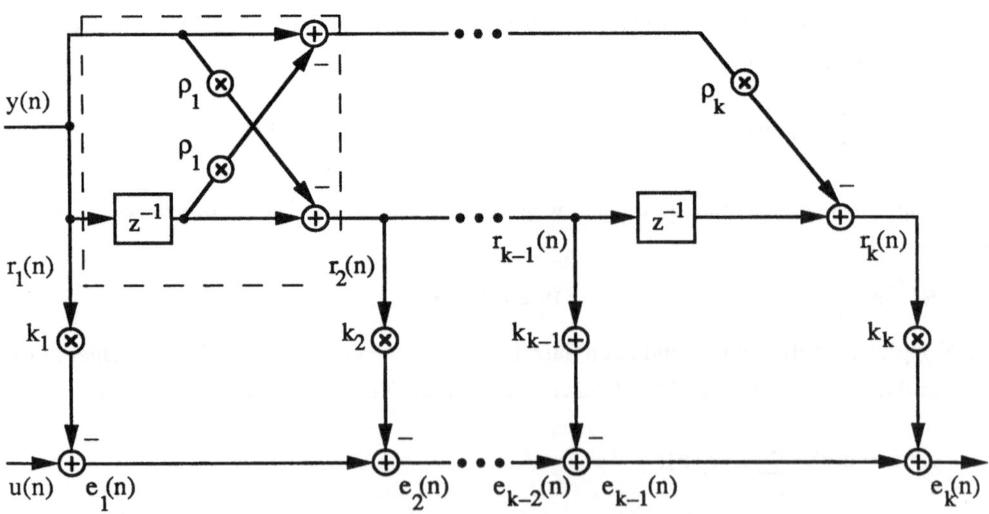

b) rekursive Form

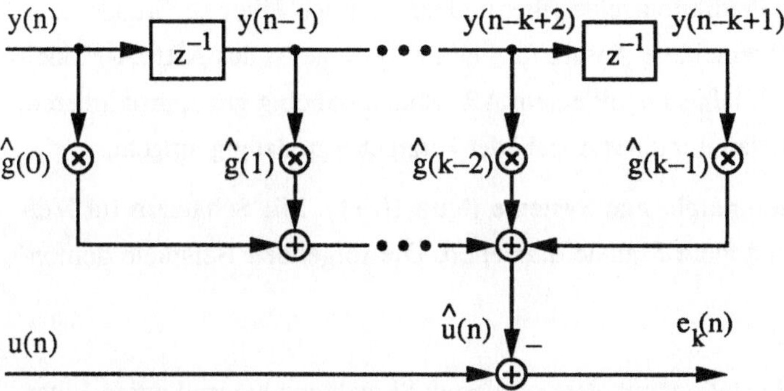

c) FIR-Filterstruktur

Bild 10.9. Schätzer für den Verbundprozeß

Satz 10.13: *Schätzer für den Verbundprozeß (Joint Process Estimator).*
Ein Signal y(n) wird in einem Lattice-Filter nach Satz 10.12 verarbeitet, die entstehenden orthogonalen Rückwärtsprädiktionsfehler $r_k(n)$ mit Kopplungskoeffizienten gewichtet und nach dem MMS-Kriterium einem zweiten Signal u(n) angenähert. Es gilt.

$$k_i \, E\{r_i^2\} = E\{u(n) \, r_i(n)\}, \qquad i = 1, \ldots, k,$$

oder näherungsweise als Schätzer:

$$k_i \sum_n r_i^2(n) \approx \sum_n u(n) \, r_i(n), \qquad i = 1, \ldots, k.$$

Die Parcor-Koeffizienten hängen allein vom Signal y(n) ab, die Kopplungskoeffizienten k_i dagegen von den beiden Signalen y(n) und u(n). Die Koeffizienten k_i geben nicht direkt die Beziehung zwischen y(n) und u(n). Mit Gl. 10.26 und Gl. 10.20b gilt:

$$\hat{u}(n) = g_k^T \, y_k(n) = k^T r_k = k^T B_k^T \, y_k(n), \qquad k^T = (k_1 \ldots k_k),$$

$$r_k^T = (r_1(n) \ldots r_k(n)),$$

und damit:

$$g_k = B_k \, k_k.$$

Das Lattice-Filter wurde hier für stationäre ergodische Signale hergeleitet. Es wurde dabei mehrfach die Töplitz-Struktur der AKF verwendet. Der Levinson-Durbin-Algorithmus (Gl. 10.22) wurde unter dieser Voraussetzung hergeleitet. In Def. C13 und in Kap. 11.1 wird gezeigt, daß auch endlich lange instationäre und determinierte Signale eine Autokorrelationsmatrix mit Töplitz-Struktur haben. Aus diesem Grund ist die Herleitung des Lattice-Filters auch für solche instationären Signale gültig.

Der AR-Signalansatz, der dem Prädiktionsfehlerfilter und dem Lattice-Filter zu Grunde liegt, ist eine Einschränkung. Der allgemeinere Ansatz für lineare Systeme ist das ARMA-Modell (Def. 5.5). Jedes ARMA-Modell läßt sich mit einem AR-Modell beliebig gut approximieren, wenn man mit dem Format und damit mit der Anzahl der Parameter großzügig umgeht.

Prädiktionsfehlerfilter sind minimalphasige Systeme (Satz 10.11). Mit Schätzern für Verbundprozesse lassen sich auch andere Signale darstellen. Die folgenden Beispiele demonstrieren diese Eigenschaften.

Beispiel 5: Schätzen eines nicht stationären, determinierten Signals mit einem Lattice-Filter. Ein stabiles Signal

$$Y(z) = \frac{z^2}{(z - z_\infty)(z - z_\infty^*)} \quad \bullet\!\!-\!\!\circ \quad y(n) = \frac{1}{z_\infty - z_\infty^*}(z_\infty^{n+1} - z_\infty^{*\,n+1})$$

wird in einem Lattice-Filter verarbeitet. Die Pole z_∞ und z_∞^* und ebenso die Nullstellen z_0 und z_0^* des Prädiktionsfehlerfilters A(z) sind:

$$z_\infty = 0{,}61 + j\,0{,}62 \qquad \text{Pol des Signals Y(z)}$$

$$z_0 = 0{,}64 + j\,0{,}64 \qquad \text{Nullstelle des Prädiktionsfehlerfilters A(z)}$$

Auch bei überlagertem Rauschen mit $\sigma^2 = 0{,}01\,K_y(0)$ werden die Pole gut geschätzt. In Bild 10.10 ist das ungestörte Signal y(n) und das geschätzte Signal $\hat{y}(n)$ aufgetragen.

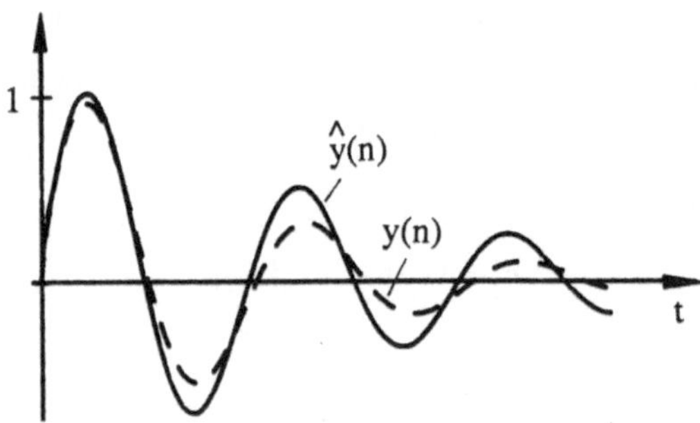

Bild 10.10. Ungestörtes Signal y(n) und Schätzergebnis $\hat{y}(n)$

Diskussion:

-   Die Pole des Signals y(n) und die Nullstellen des Prädiktionsfehlerfilters kompensieren sich trotz des hohen Rauschens gut.

- Das Signal ist bis auf das überlagerte Rauschen determiniert und nicht stationär. Die Korrelationsmatrix wurde nach Def. C13 mit Nullen aufgefüllt und ist damit fast eine Töplitz-Matrix.

Die Güte der AR-Approximation läßt sich durch ein großes Format des Prädiktionsfehlerfilters beliebig verbessern. Der Vorteil, den eine Parameterdarstellung des Signals bringt, schwindet aber mit wachsendem Format schnell dahin. Als zweckmäßig hat sich bei stochastischen Signalen ein Format erwiesen, das weniger als 10 % der Meßwerte umfaßt.

Wenn die Systemparameter a und b im ARMA-Modell

$$Y(z) = \frac{B(z)}{A(z)}$$

physikalisch deutbar und interessant sind, so müssen diese iterativ aus dem AR-Modell gewonnen werden, /10.4/, /10.8/.

Ist etwa das ARMA-Modell

$$Y(z) = \frac{1 - bz^{-1}}{1 - az^{-1}} \, ,$$

so wird das AR-Modell:

$$Y(z) = \frac{1}{\frac{1 - az^{-1}}{1 - bz^{-1}}} = \frac{1}{(1 - az^{-1}) \sum_{i=0}^{\infty} (bz^{-1})^i} \, .$$

Streng genommen wird die Ordnung des AR-Modells unendlich groß.

Beispiel 6: Als Testsignal bei der Identifikation werden gerne Rechteckfolgen verwendet (Kap. 12.1). Die Testsignale sollen kleine Amplituden und große Energie besitzen. Das Spektrum soll für kleine Frequenzen möglichst weiß sein. Solche Signale sind nicht minimalphasig (Satz. 5.6).

a)   Prädiktionsfehlerfilter:
In Bild 10.11a ist der Barker-Code y(t) mit drei Rechtecksignalen (Kap. 12.1), das entsprechende Minimalphasensystem $y_{min}(t)$ und die Rekonstruktion $\hat{y}(n)$ dieses Signals mit dem Prädiktionsfehlerfilter aufgetragen.

Diskussion:

- Mit dem Format k = 30 wird das Minimalphasensystem gut wiedergegeben.

- y(n) und $\hat{y}(n)$ haben keine Ähnlichkeit, weil die Rekonstruktion als Minimalphasensystem erfolgt.

b)   Joint Process Estimator:

Das Testsignal y(n) aus a) wird im Lattice-Filter in die orthogonale Basis der Rückwärtsprädiktionsfehler zerlegt und mit Hilfe der Kopplungskoeffizienten rekonstruiert. (Bild 10.11b).

Diskussion:

-    Mit dem Format k = 30 gelingt die Rekonstruktion gut.

-    Das mit dem Schätzer für den Verbundprozeß gewonnene Signal $\hat{y}$(n) ist nicht minimalphasig.

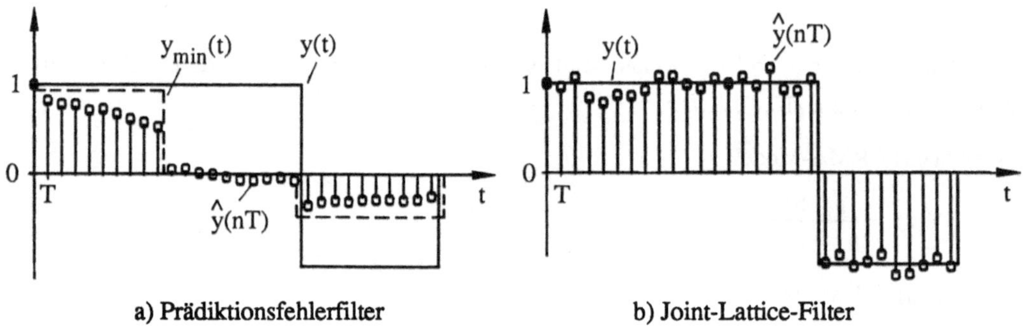

a) Prädiktionsfehlerfilter   b) Joint-Lattice-Filter

Bild 10.11. Rekonstruktion des Barker-Codes

Prädiktionsfehlerfilter werden oft zur Schätzung der Leistungsdichte $L_y(z)$ eines stochastischen Signals y(n) verwendet (Kap.11.3). Die parametrische Darstellung bringt einige Vorteile (Kap. 11, Bsp. 3).

Beispiel 7: Ein stochastisches Signal sei durch ein ARMA-Modell zweiter Ordnung beschrieben:

$$Y(z) = \frac{(1-z_{01}z^{-1})\,(1-z_{02}z^{-1})\,(1-z_{01}^{*}z^{-1})\,(1-z_{02}^{*}z^{-1})}{(1-z_{\infty}z^{-1})\,(1-z_{\infty}^{*}z^{-1})} \; .$$

In Bild 10.12 ist das Signal y(n), die Autokorrelationsfunktion $K_y(k)$ und die Leistungsdichte $L_y(\Omega)$ für $z_{01} = 0{,}6 + j\,0{,}8$, $z_{02} = 0{,}8 + j\,0{,}6$ und $z_{\infty} = 0{,}707 + j\,0{,}7037$ aufgetragen. Weiter zeigt das Bild 10.12 die Schätzung $\hat{L}_y(\Omega)$, wenn ein AR-Ansatz vom Format k = 18 gewählt wird.

Diskussion:

Das gewählte Beispiel mit vier Nullstellen auf dem Einheitskreis und zwei am Einheitskreis liegenden Polen ist ein schmales spitzes Leistungsdichtespektrum. Um Spitzen und Nullstellen einigermaßen durch einen AR-Ansatz wiederzugeben, ist eine Ordnung von k > 18 erforderlich. Gegenüber den sechs Parametern des ARMA-Modells ist dies eine beträchtliche Erhöhung der Parameterzahl.

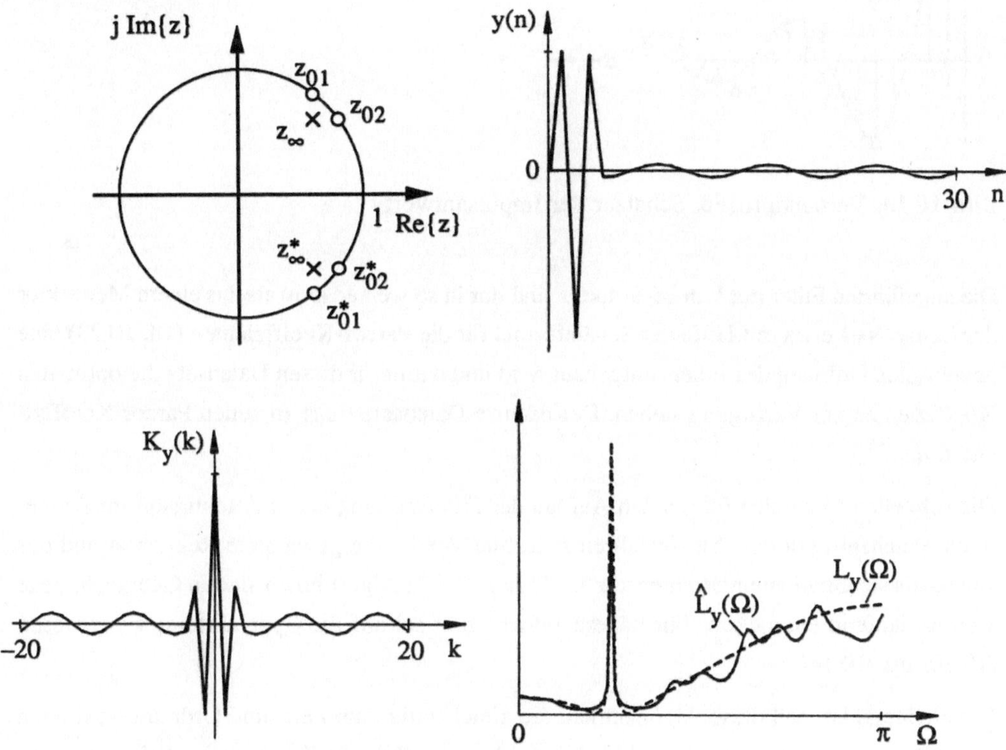

Bild 10.12. Schätzen eines ARMA-Prozesses mit einem AR-Ansatz

Beispiel 8: Schätzer für einen Verbundprozeß. Die Impulsantwort g(n) eines LTI-Systems soll bestimmt werden (Identifikation Kap. 12.2). Das Testsignal u(n) aus Bsp. 6 (Barker-Code der Länge drei) wird auf das System gegeben. Ohne Störsignale gilt (Gl. C16):

$$y(n) = U(n)\, g.$$

Identifiziert wird ein System zweiter Ordnung mit

$$G(z) = \frac{z^2}{(z - z_\infty)(z - z_\infty^*)}\;.$$

Dem gemessenen Ausgangssignal ist weißes Rauschen mit der Varianz $\sigma^2 = 0{,}01\, K_y(0)$ überlagert. In Bild 10.13 ist g(n) und $\hat{g}$(n) aufgetragen. Die Übereinstimmung von g(n) und $\hat{g}$(n) ist gut (Ordnung k = 21).

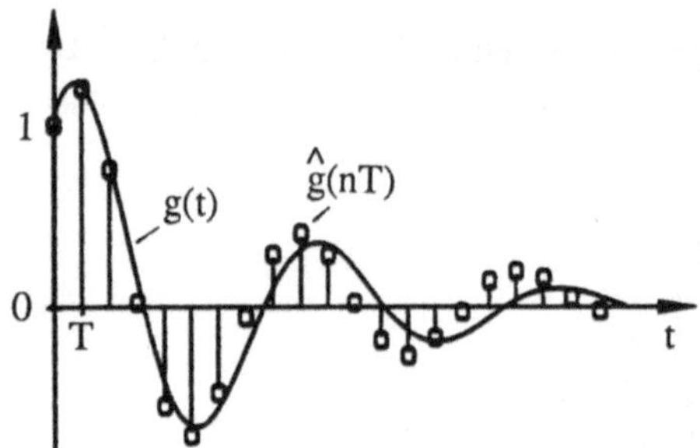

Bild 10.13. Verbundprozeß, Schätzer der Impulsantwort

Die angeführten Filter mit Lattice-Struktur sind nur in so weit adaptiv als aus einem Meßvektor der Länge N+1 etwa mit Hilfe der Schätzformel für die Parcor-Koeffizienten (Gl. 10.23) eine gewünschte Ordnung des Filters aufgebaut wird und damit für diesen Datensatz die optimalen Koeffizienten zur Verfügung stehen. Der nächste Datensatz führt zu neuen Parcor-Koeffizienten u.s.f.

Die schnellen Methoden führen den Aufbau der Filterordnung und die Rekursion im Zeitbereich gleichzeitig durch. An Verfahren steht hier wieder die gewichtete Rekursion und das stochastische Gradientenverfahren zur Verfügung. Viele Algorithmen sind in Gebrauch, neue werden laufend entwickelt. Für nähere Information sei auf die Spezialliteratur verwiesen /10.10/ bis /10.16/.

Einleuchtend ist, daß diese Algorithmen, die gleichzeitig eine Zeit- und Ordnungsrekursion durchführen, mehr Rechenaufwand benötigen als etwa allein die Zeitrekursion bei vorgegebener Filterordnung. In vielen Fällen ist eine geeignete Filterordnung nicht von vornherein bekannt. Dann nimmt man beim Lattice-Filter den höheren Rechenaufwand für rekursive Algorithmen gerne in Kauf.

Literatur:

/10.1/ Zurmühl, R: Praktische Mathematik für Ingenieure und Physiker,
Springer, Heidelberg, 1984.

/10.2/ Schwarz, H.: Numerische Mathematik,
Teubner, Stuttgart, 1986.

/10.3/ Wernstedt, J.: Experimentelle Prozeßanalyse,
VEB Technik, Berlin, 1989.

/10.4/ Kiefer, J.; Wolfowitz, J.: Stochastic Estimation of the Maximum of Regression-
function, Ann. Math. Stat. 23, (1952), p. 462 - 466.

/10.5/ Honig, M.: Adaptive Filters,
Kluwer Academic Publishers, Boston, 1986.

/10.6/ Bellanger, M.: Adaptive Digital Filters and Signal Analysis,
Marcel Dekker, New York, 1987.

/10.7/ Narendra, K.: Adaptive and Learning Systems,
Plenum Press, New York, 1986.

/10.8/ Goodwin, G.; Sin, K.: Adaptive Filtering, Prediction and Control,
Prentice Hall, Englewood Cliffs, 1984.

/10.9/ Isermann, R.: Identifikation dynamischer Systeme,
Springer, Heidelberg, 1988.

/10.10/ Strobach, P.: Schnelle, adaptive Algorithmen zur ordnungsrekursiven kleinste
Quadrate Schätzung autoregressiver Parameter, Dissertation an der Universität der
Bundeswehr, München, 1985.

/10.11/ Honig, M.; Messerschmitt, D.: Recursive Least Squares,
in: Adaptive Filters: Structures, Algorithms and Applications,
Kluwer Academic Publishers, Boston, 1984.

/10.12/ Alexander, S.: Adaptive Signal Processing, Theory and Applications,
Springer, New York, 1986.

/10.13/   Cowan, C.; Grant, P.: Adaptive Filters,
            Prentice Hall, Englewood Cliffs, 1985.

/10.14/   Haykin, S.: Introduction to Adaptive Filters,
            Macmillan, New York, 1984.

/10.15/   Treichler, J.; Johnson, C.; Larimore, M.: Theory and Design of Adaptive Filters,
            John Wiley, New York, 1987.

/10.16/   Widrow, A.; Stearns, S.: Adaptive Signal Processing,
            Prentice Hall, Englewood Cliffs, 1985.

11. Korrelationsfunktion und Leistungsdichtespektrum

Im Wiener-, Kalman- und in den Prädiktionsfehlerfiltern wird die Autokorrelationsfunktion und die zugehörige Autokorrelationsmatrix als gegeben vorausgesetzt.

In diesem Kapitel wird nun gezeigt, wie man aus Messungen zur Korrelationsfunktion kommt. In den letzten Jahrzehnten wurden leistungsfähige Verfahren entwickelt, einige bewährte davon werden im Buch aufgeführt. In Kap. 11.1 wird aus einer Stichprobe vom Umfang N die Korrelationsfunktion geschätzt und die Erwartungstreue und die Varianz der Schätzung diskutiert. Einige Eigenschaften der Korrelationsmatrix und ihre Darstellung durch Eigenwerte und Eigenvektoren werden gezeigt. Das Leistungsdichtespektrum mit seiner hohen Empfindlichkeit für periodische Signalanteile hat bei der Signalanalyse eine große Bedeutung. Das Periodogramm als Basis der Spektralschätzung und die darauf beruhenden verbesserten Methoden sind in Kap. 11.2 enthalten. Die modernen parametrischen Darstellungen von Korrelationsmatrix und Leistungsdichtespektrum finden sich in Abschnitt 11.3.

11.1. Korrelationsfunktion und Korrelationsmatrix

Die Korrelationsfunktion ist als Erwartung definiert. Die Wahrscheinlichkeitsdichte ist unbekannt. Naheliegend ist es also, im stationären Prozeß die Erwartung durch wiederholte, aber endlich viele Messungen anzunähern (Satz 5.11). In der Praxis sind Signale über eine endliche Zeit $T_0 = NT$ verfügbar. Wir schreiben das verfügbare Signal als

$$x_N(n) = w_N(n)\, x(n).$$

Dabei ist $w_N(n)$ ein Datenfenster (Def. 5.9) mit der Eigenschaft $w_N(n) \equiv 0$ für $n \notin [0,N-1]$. Weiter kann das Fenster auf die Fläche, die Energie etc. normiert sein.

Der Schätzwert $\hat{K}_{x_N}(k)$ für die Autokorrelationsfunktion $K_x(k)$ (Gl. 5.17) aus einer Signalfolge $x_N(n)$ mit N Meßwerten wird:

$$\hat{K}_{x_N}(k) = \begin{cases} \dfrac{1}{N} \sum_{m=0}^{N-1-|k|} x_N(m)\, x_N(m+|k|) = \dfrac{1}{N} x_N(k) * x_N(-k) & \text{für } |k| < N \\ 0 & \text{sonst.} \end{cases} \tag{11.1}$$

Die Erwartung $E\{\hat{K}_{x_N}(k)\}$ wird mit $K_x(k) = E\{x(m)\, x(m+k)\}$:

$$E\{\hat{K}_{x_N}(k)\} = \frac{1}{N}\, K_x(k)\, (w_N(k) * w_N(-k)) = \frac{1}{N}\, K_x(k)\, K_w^E(k). \tag{11.2}$$

Die Korrelationsfunktion $K_w^E(k)$ des Fensters hat die Länge 2N–1. Wir arbeiten hier mit dem nicht normierten Rechteckfenster:

$$r_N(n) = \begin{cases} 1 & \text{für } n \in [0,N-1] \\ 0 & \text{sonst.} \end{cases}$$

In diesem Fall wird:

$$\frac{1}{N} \, K_r^E(k) = \begin{cases} \dfrac{N - |k|}{N} & \text{für } |k| < N \\ 0 & \text{sonst.} \end{cases}$$

$K_r^E(k)$ ist ein Dreiecks- oder Bartlett-Fenster der Länge 2N–1 (Bild 5.16b). Damit wird der Erwartungswert $E\{\hat{K}_{x_N}(k)\}$ für ein Rechteckfenster:

$$E\{\hat{K}_{x_N}(k)\} = \begin{cases} K_x(k) \, \dfrac{N - |k|}{N} & \text{für } |k| < N \\ 0 & \text{sonst.} \end{cases} \tag{11.3}$$

Die Schiefe der Schätzung ist $-|k|/N$. Sie verschwindet für kleine k und mit wachsendem Stichprobenumfang N. Die Varianz der Schätzung wird für mittelwertfreie, Gaußsche Signale für ein Rechteckfenster mit Gl. 9.11 nach einiger Rechnung /11.1/:

$$\sigma_K^2(k) = E\{\hat{K}_{x_N}^2(k)\} - E^2\{\hat{K}_{x_N}(k)\}$$

$$= \frac{1}{N} \sum_{i=-(N-1-|k|)}^{N-1-|k|} \left(1 - \frac{|k| + |i|}{N}\right) (K_x^2(i) + K_x(i+k) \, K_x(i-k)). \tag{11.4}$$

Hat die Korrelationsfunktion $K_x(k)$ endliche Energie, so geht die Varianz der Schätzung mit zunehmendem Stichprobenumfang N gegen null. Die Korrelationsfunktion darf deshalb keine Signale mit stationären Anteilen wie Mittelwert oder periodische Anteile enthalten, wenn konsistent geschätzt werden soll. Bei Signalen, die nicht normalverteilt sind, können zusätzlich zu Gl. 11.4 große Störterme hinzukommen.

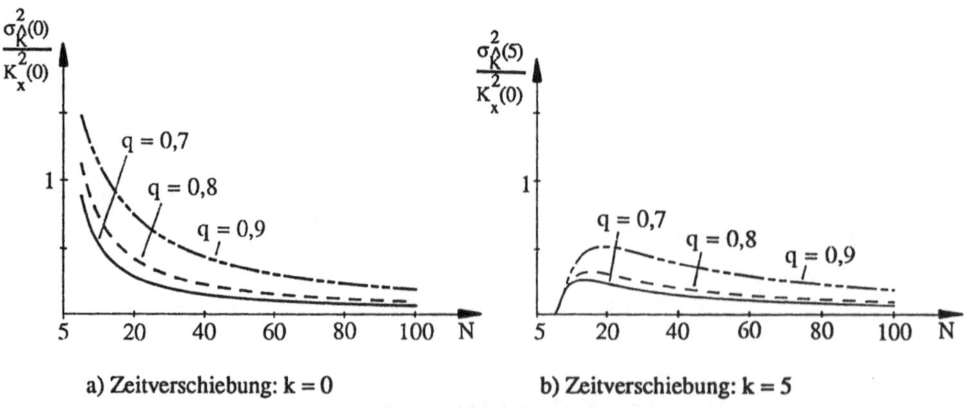

a) Zeitverschiebung: k = 0   b) Zeitverschiebung: k = 5

Bild 11.1. Relative Varianz der geschätzten Korrelationsfunktion

Bild 11.1 zeigt die bezogene Varianz für die Autokorrelationsfunktion $K_x(k) = q^{|k|}$, $|q| < 1$, abhängig von N und verschiedenen Werten von q für $k = 0$ und $k = 5$.

Satz 11.1: *Schätzer für die Korrelationsfunktion.*
Der Schätzer

$$\hat{K}_{x_N}(k) = \frac{1}{N} \sum_{m=0}^{N-1-|k|} x_N(m)\, x_N(m+|k|) \qquad \text{(AKF)}$$

bzw.

$$\hat{K}_{xy_N}(k) = \begin{cases} \dfrac{1}{N} \displaystyle\sum_{m=|k|}^{N-1} x_N(m)\, y_N(m+k) & \text{für } k < 0 \quad \text{(KKF)} \\[2ex] \dfrac{1}{N} \displaystyle\sum_{m=0}^{N-1-k} x_N(m)\, y_N(m+k) & \text{für } k \geq 0 \end{cases}$$

der Korrelationsfunktion mit $x_N(n) = w_N(n)\, x(n)$ und einem Fenster $w_N(n)$ mit der Eigenschaft

$$\lim_{N \to \infty} \frac{1}{N} K_w^E(k) = 1$$

ist ein konsistenter Schätzer für eine Korrelationsfunktion $K_x(k)$ bzw. $K_{xy}(k)$ mit endlicher Energie. Die Signale $x(n)$ und $y(n)$ sind dabei als mittelwertfrei und ohne periodische Anteile vorausgesetzt.

In Matrixschreibweise wird der Schätzer für die Kreuzkorrelierte $K_{xy}(k)$ mit dem Schätzvektor

$$\hat{k}_{xy}^T = (\hat{K}_{xy_N}(N-1) \dots \hat{K}_{xy_N}(0) \dots \hat{K}_{xy_N}(-N+1))$$

und den Signalvektoren

$$x^T = (x(N-1) \dots x(0)), \qquad y^T = (y(N-1) \dots y(0)):$$

$$\hat{k}_{xy} = \frac{1}{N}\, Y\, x.$$

Y ist eine $(2N-1 \times N)$-Bandmatrix (vgl. Gl. C16):

$$Y = \begin{pmatrix} & & y \\ & 0 & y \\ & & \ddots \\ & y & 0 \\ y & & \end{pmatrix}.$$

Der Rechenaufwand ist wesentlich geringer, wenn die Autokorrelationsfunktion $K_x(k)$ mit Hilfe der FFT berechnet wird. Ähnlich wie bei dem Verfahren der schnellen Faltung (Satz 2.15) schafft man sich zwei Sektionen der Folge $x_N(n)$, von denen eine zur Hälfte mit Nullen aufgefüllt ist. Wegen $K_x(k) = K_x(-k)$ reicht es aus, die AKF für $k \geq 0$ zu berechnen. Weiter sei die AKF nur in einem Bereich $|k| < K$ zu bestimmen. Man wählt für K eine Zweierpotenz und es gelte für die Signallänge N:

$$N = K\,M, \qquad\qquad M = 1, 2, \dots\ .$$

Das Signal $x_N(n)$ wird in eine Reihe von zwei Teilfolgen $a_i(n)$ der Länge 2K und $b_i(n)$ der Länge K eingeteilt.

$$a_i(n) = x_N(n+iK) \qquad \text{für}\quad 0 \leq n < 2K,$$

$$b_i(n) = \begin{cases} x_N(n+iK) & \text{für}\quad 0 \leq n < K \\ 0 & \text{für}\quad K \leq n < 2K. \end{cases} \tag{11.5}$$

Damit ist:

$$\hat{K}_{x_N}(k) = \frac{1}{N} \sum_{m=0}^{N-1} x(m)\,x(m+k) = \frac{1}{N} \sum_{i=0}^{M-1} \sum_{m=0}^{K-1} a_i(m+k)\,b_i(m), \qquad 0 \leq k < K.$$

Die Teilsumme

$$k_i(k) = \sum_{m=0}^{K-1} a_i(m+k)\,b_i(m)$$

wird mit einer FFT (Kap. 2.4) vom Format 2K berechnet. Mit:

$$A_i(m) = FFT\{a_i(n)\}, \qquad\qquad B_i(m) = FFT\{b_i(n)\}$$

wird:

$$k_i(k) = FFT^{-1}\{K_i(m)\} = FFT^{-1}\{A_i(m)\,B_i^*(m)\},$$

$$\hat{K}_{x_N}(k) = FFT^{-1}\left\{ \sum_{i=0}^{M-1} A_i(m)\,B_i^*(m) \right\}.$$

Wir müssen prüfen, ob durch die Periodizität der diskreten Fourier-Transformation keine Fehler entstehen. Für die aus $a_i(n)$ mit Hilfe der DFT rekonstruierte Folge $a_{pi}(n)$ gilt tatsächlich:

$$\sum_{m=0}^{2K-1} a_{pi}(m+k)\,b_{pi}(m) = \sum_{m=0}^{K} a_i(m+k)\,b_i(m) \qquad \text{für}\quad k < K.$$

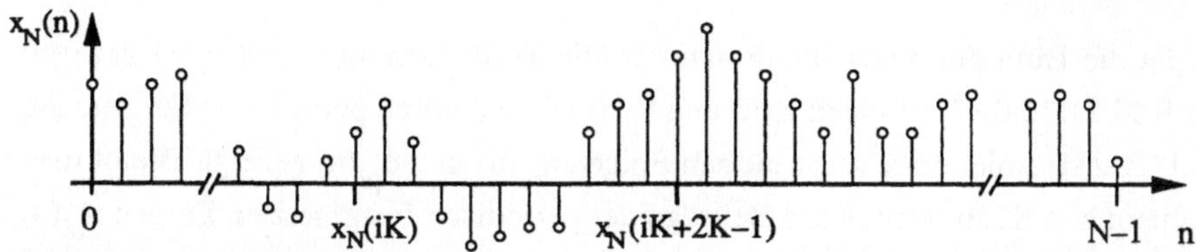

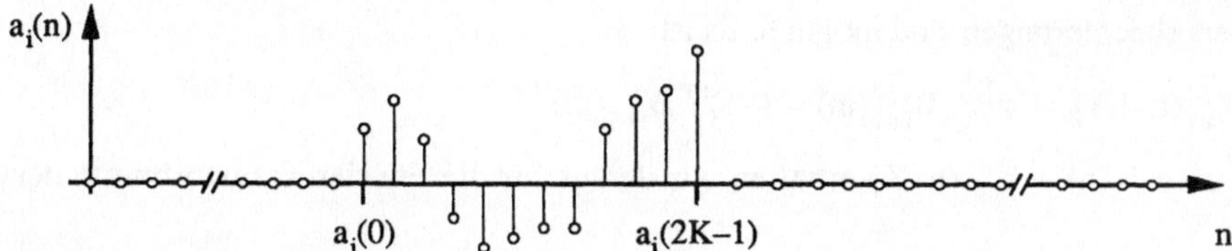

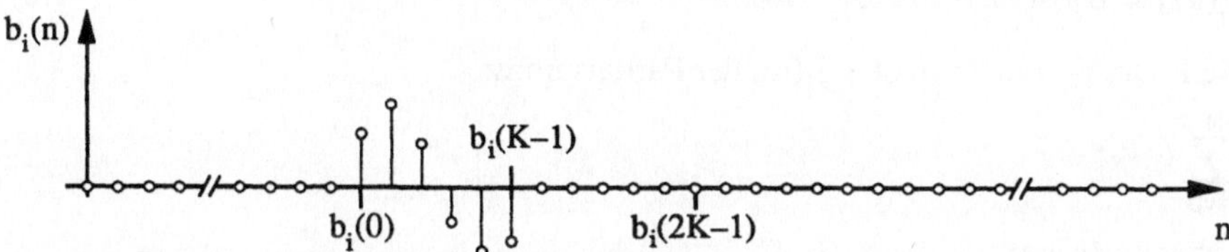

a) die Teilfolgen $a_i(n)$ und $b_i(n)$ aus einem Datensatz $x_N(n)$ der Länge N

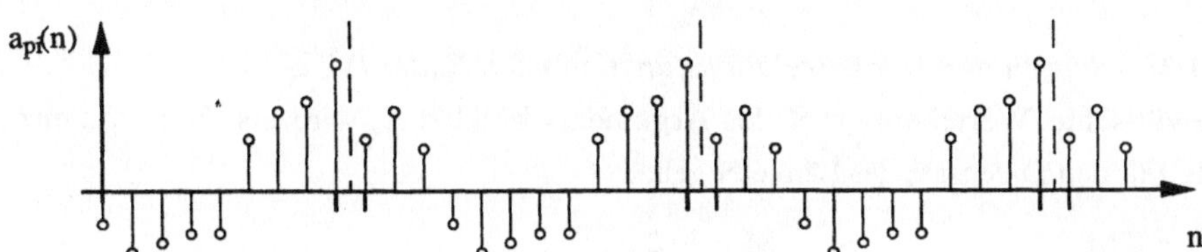

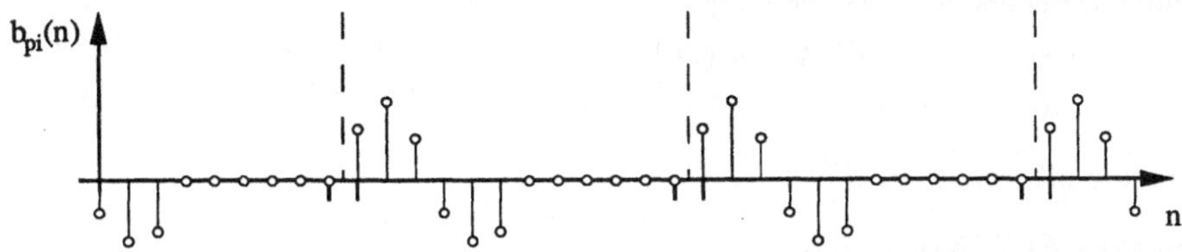

b) die Teilfolgen $a_i(n)$ und $b_i(n)$ und ihre periodischen Fortsetzungen $a_{pi}(n)$ und $b_{pi}(n)$.

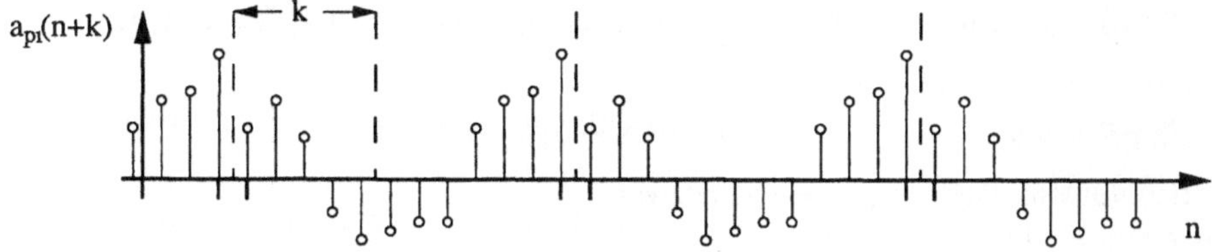

c) die verschobene Teilfolge $a_{pi}(n+k)$

Bild 11.2. Einteilung der Folge $x_N(n)$ nach Rader /11.2/

In Bild 11.2a ist die Einteilung des Datensatzes in die Teilfolgen $a_i(n)$ und $b_i(n)$ gezeigt. Weiter sind in Bild 11.2b die Teilfolgen $a_i(n)$ und $b_i(n)$ mit den durch periodische Fortsetzung aus der Fourier-Transformierten rekonstruierten Folgen $a_{pi}(n)$ und $b_{pi}(n)$ gezeigt. Bleibt man mit dem Argument $k < K$, so werden die Beiträge der periodisch fortgesetzten Folgen $a_{pi}(n)$ und $b_{pi}(n)$ zur Faltungssumme zu null.

Weitere Rechenerleichterungen sind möglich. Es ist:

$$FFT\{b_{i+1}(n{-}K)\} = w_{2K}^{Km}\, B_{i+1}(m) = (-1)^m\, B_{i+1}(m)$$

und wegen $a_i(n) = b_i(n) + b_{i+1}(n{-}K)$ erhalten wir daraus für die Fourier-Transformierte der Folge $a_i(n)$:

$$FFT\{a_i(n)\} = B_i(m) + (-1)^m\, B_{i+1}(m). \tag{11.6}$$

Damit kann die Fourier-Transformierte $S_i(m)$ der Partialsumme

$$s_i(k) = \sum_{j=0}^{i} k_j(k)$$

wie folgt berechnet werden:

$$S_i(m) = S_{i-1}(m) + (B_i(m) + (-1)^m\, B_{i+1}(m))\, B_i^*(m). \tag{11.7}$$

Satz 11.2: *Schätzen der Autokorrelationsfunktion nach Rader /11.2/.*

Der gewünschte Wertebereich K des Arguments k, $|k| < K$, wird als Zweierpotenz gewählt. Für den Datensatz der Länge N gelte:

$$N = KM \qquad\qquad M = 1, 2 \ldots .$$

Man bildet beginnend mit $i = 0$ die Folge

$$b_i(n) = \begin{cases} x(n) & \text{für } iK \le n \le (i{+}1)K{-}1 \\ 0 & \text{sonst,} \end{cases} \qquad i = 0, \ldots , M{-}1,$$

und dann die 2K-Punkte-FFT

$$B_i(m) = FFT\{b_i(n)\}.$$

Die Fourier-Transformierte der Partialsumme errechnet sich aus der Vorschrift

$$S_i(m) = S_{i-1}(m) + (B_i(m) + (-1)^m\, B_{i+1}(m))\, B_i^*(m), \qquad i = 0, \ldots, M{-}1,$$

mit

$$S_{-1}(m) = 0, \qquad\qquad B_M(m) = 0.$$

Die Rücktransformation ergibt den Schätzwert

$$\hat{K}_{x_N}(k) = \frac{1}{N}\, FFT^{-1}\{S_{M-1}(m)\}.$$

Die Schätzung gilt nur für $|k| < K$. Die übrigen Werte von k sind zu verwerfen.

Bei Kreuzkorrelierten kann man die Summen $S_i(m)$ nicht rekursiv berechnen. Die Aufteilung des Signals in die Folgen $a_i(n)$ und $b_i(n)$ ist möglich und ratsam. Die FFT und ihre Inverse erfordern zahlreiche Multiplikationen.

Polaritätskorrelatoren arbeiten ohne Multiplikationen. Die Signale werden nur mit ihren Vorzeichen berücksichtigt bzw. aufaddiert. In Kap. 6.3 wurde die Quantisierung von Signalen mit der Wahrscheinlichkeitsverteilung beschrieben. Verfolgt man die Gedankengänge weiter, so kann man den Polaritätskorrelator als Schätzer verstehen, der sehr grob quantisierte Signale verarbeitet. Ausführlich ist diese Technik in /11.3/, /11.4/, /11.5/ dargestellt.

Die Kreuzkorrelationsfunktion von mittelwertfreien, normalverteilten Signalen $x(n)$ und $y(n)$ läßt sich aus den Vorzeichenwechseln direkt ermitteln.

Satz 11.2: *Polaritätskorrelation.*

Die normierte Kreuzkorrelierte

$$k_{xy}(k) = \frac{K_{xy}(k)}{\sqrt{K_x(0)\, K_y(0)}}$$

läßt sich nach der folgenden Vorschrift konsistent schätzen:

$$\hat{k}_{xy_N}(k) = \sin\left(\frac{\pi}{2} \; \frac{1}{N-|k|} \sum_{m=0}^{N-1-|k|} \text{sign } x_N(m)\ \text{sign } y_N(m+k) \right). \tag{11.8}$$

Speziell für die normierte Autokorrelierte läßt sich ein zweiter Schätzer angeben:

$$\hat{k}_{x_N}(k) = \frac{N}{N-|k|} \; \frac{\displaystyle\sum_{m=0}^{N-1-|k|} x_N(m)\ \text{sign } x_N(m+k)}{\displaystyle\sum_{m=0}^{N-1} |x(m)|} \tag{11.9}$$

Die Varianz der ersten Formel (Gl. 11.8) ist für große N nach /11.4/:

$$\sigma_{\hat{k}}^2(k) = \frac{\pi^2}{4N}\, (1 - k_{xy}^2(k)) \left(1 - \left(\frac{2}{\pi} \arcsin k_{xy}(k) \right)^2 \right).$$

Bild 11.3 zeigt die Standardabweichung der verschiedenen normierten Schätzer $\hat{k}_{x_N}(k)$ für die Autokorrelationsfunktion. Aufgetragen ist die Standardabweichung für die Schätzer nach Satz 11.1 (Kurve a), nach Gl. 11.8 (Kurve b) und nach Gl. 11.9 (Kurve c) über der richtigen normierten Autokorrelationsfunktion, $0 \le k_x(k) \le 1$ (Def. 5.10). Angenommen ist, daß der Stichprobenumfang $N \gg |k|$ ist und die einzelnen Paare $x(m)\, x(m+k)$ voneinander unabhängig sind. Das ist bei einer Zeitreihe nicht unbedingt der Fall. Man muß in der Praxis mit schlechteren Ergebnissen als in Bild 11.3 rechnen. Der geringere Rechenaufwand bei der Polaritätskorrelation bewirkt eine größere Varianz der Schätzung.

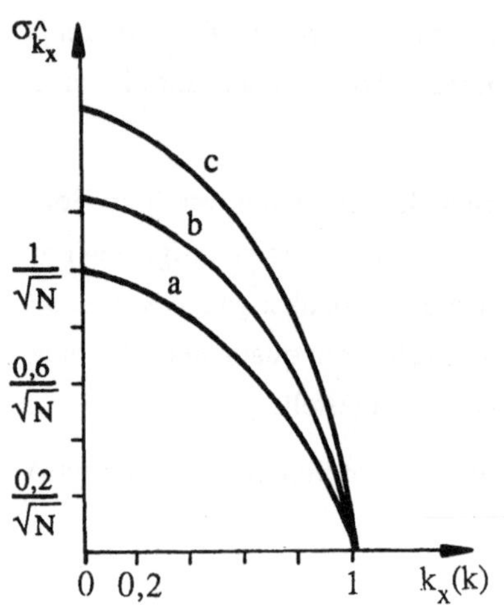

Bild   11.3. Standardabweichung der
Polaritätskorrelatoren

Polaritätskorrelatoren finden in der Auto-
matisierungtechnik Anwendung zur schnellen on-line Schätzung von Korrelationsfunktionen. Ein wichtiges Anwendungs-
gebiet ist die Laufzeitkorrelation, wo das
Maximum der Kreuzkorrelierten zu suchen
ist /11.5/. Nach der Erfahrung werden mit
der Polaritätskorrelation auch bei nicht
normalverteilten Signalen gute Ergebnisse
erzielt.

Die Korrelationsmatrix, ihre Eigenwerte und Eigenvektoren:

Die Koeffizienten der Korrelationsmatrix K sind die Werte K(k) der Korrelationsfunktion. In
der Anordnung als Korrelationsmatrix kann man die Resultate der Matrizenrechnung mit
Eigenwerten und Eigenvektoren nutzen. Damit lassen sich allgemeine Aussagen elegant und
übersichtlich formulieren. Die Rechnung im konkreten Einzelfall wird aber einigermaßen aufwendig. Im folgenden sind die wichtigsten Eigenschaften zusammengestellt. Der einfacheren
Rechnung wegen werden einfache voneinander verschiedene Eigenwerte angenommen. (vgl.
Anhang C, /11.6/, /11.7/). Im Buch wird mit reellen Signalen gerechnet. Die Aussagen gelten
aber auch für Hermitesche Matrizen (Def. 1.10).

Satz 11.3: *Eigenwerte und Eigenvektoren.*
Die Eigenwerte einer quadratischen (NxN)-Matrix A bestimmen sich aus der charakteristischen Gleichung:

$$|A - \lambda I| = 0. \tag{11.10}$$

Daraus werden die Lösungen λ_i, die Eigenwerte, bestimmt. Für die Eigenwerte symmetrischer Matrizen $A = A^T$ gilt:

$$\lambda_i \geq 0.$$

Die entsprechenden Eigenvektoren x_i bestimmen sich aus:

$$A\, x_i = x_i\, \lambda_i. \tag{11.11}$$

Bei symmetrischen Matrizen stehen die Eigenvektoren senkrecht aufeinander, die Länge der Eigenvektoren kann auf $x_i^T x_i = 1$ normiert werden. Alle normierten Eigenvektoren werden in der Modalmatrix M angeordnet. Es gilt:

$$A\,M = M\,\Lambda, \qquad \text{(Rechtseigenvektoren)} \tag{11.12}$$

$$M^T A = \Lambda\,M^T, \qquad \text{(Linkseigenvektoren)}$$

$$A^k = M\,\Lambda^k\,M^T, \qquad \Lambda = M^T A\,M$$

mit:

$$M = (x_1 \ldots x_N), \qquad M^T M = I, \qquad \Lambda = \begin{pmatrix} \lambda_1 & & 0 \\ & \ddots & \\ 0 & & \lambda_N \end{pmatrix}.$$

Für die Eigenwerte λ_i gilt mit der Spur $\mathrm{Sp}(A)$ der Matrix A:

$$\sum_{i=1}^{N} a_{ii} = \mathrm{Sp}(A) = \sum_{i=1}^{N} \lambda_i, \tag{11.13}$$

$$|A| = \lambda_1 \lambda_2 \ldots \lambda_N.$$

Zur Herleitung: Anschaulich kann die Modalmatrix M als Drehmatrix in einem orthonormalen Koordinatensystem betrachtet werden (Kap. 1, Bsp. 12). Zur Herleitung der Aussagen in Satz 11.3 sei auf Anhang C und Kap. 1.3 verwiesen. Gl. 11.13 folgt aus dem charakteristischen Polynom (Gl. 11.10). Es ist:

$$|\lambda I - A| = \lambda^N + a_{N-1}\,\lambda^{N-1} + \ldots + a_0 = \prod_{i=1}^{N} (\lambda - \lambda_i) = 0.$$

Entwickelt man $|\lambda I - A|$ nach der ersten Spalte, so trägt nur das Element $\lambda - a_{11}$ zur Potenz bei λ^{N-1} bei u.s.f. Es folgt:

$$- a_{N-1} = \mathrm{Sp}(A).$$

Mit $\lambda = 0$ folgt direkt aus der charakteristischen Gleichung:

$$(-1)^N a_0 = |A|.$$

Entwickelt man die Nullstellendarstellung nach Potenzen von λ_i, folgt weiter:

$$\mathrm{Sp}(A) = \sum_{i=1}^{N} \lambda_i, \qquad\qquad |A| = \prod_{i=1}^{N} \lambda_i.$$

Was hat Satz. 11.3 mit der Signalverarbeitung zu tun? Symmetrische Matrizen begegnen einem fast auf Schritt und Tritt. Die wichtigsten Beispiele sind die Matrix $X^T X$ bei der Regressionsrechnung in Kap. 8.3 und die Korrelatiosmatrix K mit der Töplitz-Struktur beim

Wiener-Filter in Kap. 8.5. Die Korrelationsmatrix ist weiter wesentlicher Bestandteil der Prädiktionsfehlerfilter in Kap. 10.3. Einige weitere Anwendungen, bei denen die Signaldarstellung in Eigenvektoren nützlich ist, folgen:

Matched-Filter:

Im Wiener-Filter und im Kalman-Filter wird der Schätzfehler, der durch ein Störsignal entsteht minimiert. In manchen Anwendungen ist die Frage wichtig, ob überhaupt ein Nutzsignal vorhanden ist. In der Radartechnik zum Beispiel interessiert, ob und wieviele Objekte im Raum vorhanden sind. Ein ähnlicher Fall sind geringe Zählraten in Bsp. 8, Kap. 9. Bei wenigen Ereignissen wird dort die Zahl der Ereignisse durch einen Schwellwertdetektor bestimmt. In diesen Fällen ist der Störabstand oder das Signal-/Rauschleistungsverhältnis wichtig. Die dabei optimalen Filter sind die angepaßten Filter (Matched-Filter).

Ein Filter g der Länge K sei vorgegeben. Wir teilen die anfallenden Signalwerte x(n) in die dazu passenden Versuchsvektoren x(n) der Länge K ein.

$$x^{\mathrm{T}}(n) = (x(n)\ x(n{-}1)\ \dots\ x(n{-}K{+}1)),$$

$$X^{\mathrm{T}}(n) = (x(n)\ x(n{-}1)\ \dots\ x(n{-}N)).$$

Das Ausgangssignal y(n) des Filters wird:

$$y(n) = X(n)\ g, \qquad\qquad y^{\mathrm{T}}(n) = (y(n)\ y(n{-}1)\ \dots\ y(n{-}N)),$$

und die Energie des Ausgangssignals:

$$y^{\mathrm{T}}y = g^{\mathrm{T}}X^{\mathrm{T}}X\ g. \tag{11.14}$$

Ein dem Nutzsignal überlagertes weißes Rauschen mit der Varianz σ_e^2 gibt am Ausgang des Filters ein Rauschsignal mit der Varianz $g^{\mathrm{T}}g\,\sigma_e^2$. Das Signal-/Rauschleistungsverhältnis SNR (Signal to Noise Ratio) ist das Verhältnis der mittleren Leistung des Nutzsignals zu der des Rauschsignals,

$$\mathrm{SNR} = \frac{\frac{1}{N+1}\,y^{\mathrm{T}}y}{\sigma_e^2\,g^{\mathrm{T}}g} = \frac{\frac{1}{N+1}\,g^{\mathrm{T}}X^{\mathrm{T}}X\,g}{\sigma_e^2\,g^{\mathrm{T}}g}.$$

Bei stochastischen Meßsignalen x(n) mit der Korrelationsmatrix K wird das Signal-/Rauschleistungsverhältnis:

$$\mathrm{SNR} = \frac{g^{\mathrm{T}}K_x\,g}{\sigma_e^2\,g^{\mathrm{T}}g}.$$

In der Matrizenrechnung ist dieser Ausdruck für das Signal-/Rauschleistungsverhältnis als Rayleigh-Koeffizient bekannt /11.6/. Die notwendige Bedingung für ein Extremum von

$g^T K_x\, g$ unter der Nebenbedingung $g^T g = 1$ wird mit den Regeln der Matrizendifferentation (Def. C12) mit dem Lagrange-Multiplikator λ:

$$K_x\, g = \lambda\, g. \tag{11.15}$$

Nach Satz 11.3 hat diese Gleichung K Lösungen für die Eigenwerte λ_k und die entsprechenden Eigenvektoren g_k der Korrelationsmatrix K_x. Für die Extremwerte des Signal-/Rauschleistungsverhältnisses ergibt sich:

$$\mathrm{SNR}_k = \lambda_k, \qquad\qquad k = 1, ..., K.$$

Die Korrelationsmatrix K_x ist eine nicht negativ definite, im allgemeinen positiv definite Matrix. Nach Satz 11.3 sind die K Eigenwerte λ_k nicht negativ. Wir ordnen sie der Größe nach,

$$0 \le \lambda_1 \le \lambda_2 \le ... \le \lambda_K.$$

Das Filter, welches das optimale Signal-/Rauschleistungsverhältnis liefert, ist demnach der Eigenvektor g_K, der zum größten Eigenwert λ_K gehört.

Für den Fall, daß nur ein Versuchsvektor $x(n)$ der Länge K betrachtet wird, der sich im Filter befindet, wird das Eigenwertproblem sehr einfach. Es ist die Gleichung

$$(x\, x^T)\, g = \lambda\, g$$

zu lösen. Die Matrix $x\, x^T$ hat den Rang eins. Es existiert also nur ein von null verschiedener Eigenwert. Die Lösung ist, wie man durch Einsetzen sofort verifiziert:

$$g = c\, x.$$

Die Lösung ist das bekannte Matched-Filter für determinierte Signale. Transformiert man die beiden Folgen $g^T = (g(0) \ ... \ g(K{-}1))$ und $x^T(n) = (x(n) \ ... \ x(n{-}K{+}1))$ in den z-Bereich, so wird:

$$G(z) = c\, X(z^{-1})\, z^{K-1}.$$

Orthogonale Regression.

Das Matched Filter liefert bei weißem Störsignal das größte Signal-/Rauschleistungsverhältnis. Mit Hilfe der orthogonalen Regression wird ein Filter $g^T = (g(0) \ ... \ g(K{-}1))$ unter der Nebenbedingung $g^T g = 1$ entworfen, welches ein Signal $x(n)$ möglichst gut sperrt. Teilt man die anfallenden Signalwerte $x(n)$ wie beim Matched-Filter in die dazu passenden Versuchsvektoren $x(n)$ der Länge K ein,

$$x^T(n) = (x(n)\ x(n{-}1)\ ...\ x(n{-}K{+}1)),$$

$$X^T(n) = (x(n)\ x(n{-}1)\ ...\ x(n{-}N)),$$

so erhält man das Gleichungssystem

$$X(n)\, g = r(n), \qquad\qquad r^T(n) = (r(n)\ r(n\!-\!1)\ \ldots\ r(n\!-\!N)).$$

Die Energie des Ausgangssignals $r(n)$ ergibt sich zu:

$$r^T r = g^T X^T X\, g,$$

Wie beim Matched-Filter ist die notwendige Bedingung für ein Extremum:

$$X^T X\, g = \lambda\, g.$$

Das Minimum erhält man für den Eigenvektor g_1, der zum kleinsten Eigenwert λ_1 der Matrix $X^T X$ gehört, zu

$$r^T r_{min} = \lambda_1.$$

Die Bezeichnung *orthogonale* Regression wird einsichtig, wenn man die Gleichung

$$X(n)\, g = r(n)$$

zeilenweise mit den Versuchsvektoren $x(n)$ schreibt. Geht man davon aus, daß die Gleichungsfehler $r(n)$ durch Meßfehler in den Versuchsvektoren $x(n)$ verursacht sind, so verschwinden die Gleichungsfehler bei ungestörten Messungen $x_0(n)$. Die Gleichung

$$x_0^T(n)\, g = 0$$

beschreibt eine Ebene durch den Ursprung mit dem Normalenvektor g. Mit $g^T g = 1$ gibt

$$x^T(n)\, g = r(n)$$

den Abstand zur Ebene $x_0^T(n)\, g = 0$.

Satz 11.4: *Matched-Filter, orthogonale Regression, Eigenwertfilter.*
Als Eigenwertfilter bezeichnet man die normierten Eigenvektoren g_k, $k = 1, \ldots, K$, der Autokorrelationsmatrix K oder der Signalmatrix $\hat{K} = \frac{1}{N+1}\, X^T X$ eines Signals $x(n)$.

Das angepaßte oder Matched-Filter erhält man mit dem zum größten Eigenwert λ_K der Korrelations- bzw. der Signalmatrix gehörenden Eigenvektor g_K. Das Filter liefert das maximale Signal-/Rauschleistungsverhältnis. Für ein dem Signal überlagertes weißes Rauschen mit der Varianz σ_e^2 gilt:

$$SNR_{max} = \frac{\lambda_K}{\sigma_e^2}.$$

Als orthogonale Regression bezeichnet man das Filter, das dem Eigenvektor g_1 zum kleinsten Eigenwert λ_1 entspricht. Das Filter minimiert die Abstände der Versuchsvektoren $x(n)$ zur Regressionsebene $x_0^T(n)\, g = 0$. Die orthogonale Regression sperrt ein Signal $x(n)$ optimal unter der Nebenbedingung $g^T g = 1$. Die mittlere minimale Leistung wird gerade λ_1.

Im folgenden soll der Zusammenhang zwischen den Eigenwerten und unitären Transformationen untersucht werden. Der reelle Variablenvektor x der Länge K wird unitär transformiert (Def. 1.11),

$$y = T\,x, \qquad\qquad T = \begin{pmatrix} t_1^T \\ \vdots \\ t_K^T \end{pmatrix}.$$

Bei unitären Transformationen bleibt die Energie unverändert:

$$y^{T*}y = y^+ y = x^T x.$$

Für uns ist die wichtigste Transformation die diskrete Fourier-Transformation (Kap. 2.3). Sie ist bis auf den Faktor 1/K eine unitäre Transformation.

Wir stellen den Zusammenhang zwischen der Korrelationsfunktion und dem Leistungsdichtespektrum her. K_x sei die Korrelationsmatrix des Signals x. Dann wird die Korrelationsmatrix K_y des transformierten Signals y:

$$K_y = E\{y\,y^+\} = T\,K_x T^+.$$

Die Diagonalelemente der Matrix K_y sind:

$$E\{|y(k)|^2\} = t_k^T K_x\, t_k^*, \qquad\qquad k = 1, \ldots , K.$$

Mit den Extremaleigenschaften der Eigenvektoren folgt damit sofort, daß jede Komponente $E\{|y(k)|^2\}$ des transformierten Signals im Bereich zwischen dem kleinsten und größten Eigenwert von K_x liegen muß:

$$\lambda_1 \le E\{|y(k)|^2\} \le \lambda_K.$$

Wie hängen die Eigenwerte vom Format der Korrelationsmatrix ab? Mit dem Format K gilt für den größten Eigenwert $\lambda_{K,K}$ von K_{x_K}:

$$g_{K,K}^T K_{x_K} g_{K,K} = \lambda_{K,K}.$$

Für das Format K+1 gilt:

$$a^T K_{x_{K+1}} a \le \lambda_{K+1,K+1}.$$

Setzt man $a^T = (g_{K,K}^T\ \ 0)$, so folgt:

$$(g_{K,K}^T\ \ 0)\, K_{x_{K+1}} \begin{pmatrix} g_{K,K} \\ 0 \end{pmatrix} = \lambda_{K,K} \le \lambda_{K+1,K+1}.$$

Das entsprechende gilt für den kleinsten Eigenwert.

Satz 11.5: *Eigenwertfilter, Karhunen-Loeve-Entwicklung.*

Die Korrelationsmatrix $K_x = E\{x\,x^T\}$ eines stochastischen Signals x(n) ist symmetrisch und besitzt Töplitz-Struktur (Def. C13). Die Eigenwerte λ_k von K_x sind positiv und werden der Größe nach geordnet:

$$0 \le \lambda_1 \le \lambda_2 \le \ldots \le \lambda_K.$$

Wird das Signal x(n) unitär in den Frequenzbereich transformiert,

$$x(n) \circ\!\!-\!\!\bullet\ X(m),$$

so gilt für das transformierte Signal X(m):

$$\lambda_1 \le E\{|X(m)|^2\} \le \lambda_K.$$

Die Werte $E\{|X(m)|^2\}$ liegen im Bereich der Eigenwerte der Matrix K_x. Speziell bei der DFT gilt:

$$\lambda_1 \le \frac{1}{K}\,E\{|X(m)|^2\} \le \lambda_K.$$

Die Matrizen K_{x_K} und $K_{x_{K+1}}$ vom Format K bzw. K+1 besitzen größte und kleinste Eigenwerte, für die gilt:

$$\lambda_{K,K} \le \lambda_{K+1,K+1}, \qquad\qquad \lambda_{1,K} \ge \lambda_{1,K+1}.$$

Mit der Töplitz-Struktur der Korrelationsmatrix K_x gilt sofort:

$$
\begin{aligned}
K_x\,g_k &= \lambda_k\,g_k, \\
g_k &= J\,g_k && \text{oder}\ \ g_k = -J\,g_k, \\
G(z) &= z^{K-1}\,G(z^{-1}) && \text{oder}\ \ G(z) = -\,z^{K-1}\,G(z^{-1}).
\end{aligned}
\tag{11.16}
$$

Für den größten Eigenwert λ_K von K_x gelten die groben Grenzen:

$$K_x(0) < \lambda_K < K\,K_x(0).$$

Als Karhunen-Loeve-Entwicklung wird die Zerlegung eines stochastischen Signals x(n) der Länge K in das orthonormale System $M = (g_1 \ldots g_K)$ der Eigenvektoren von K_x bezeichnet /11.8/:

$$x(n) = \sum_{k=1}^{K} c_k(n)\,g_k = M\,c(n), \qquad c^T(n) = (c_1(n) \ldots c_K(n)),
\tag{11.17}$$

$$x^T(n) = (x(n) \ldots x(n-K+1)).$$

Der stochastische Vektor c(n) wird aus $c(n) = M^{-1}x(n) = M^T x(n)$ gewonnen. Die Eigenwerte λ_k der Korrelationsmatrix K_x sind:

$$\lambda_k = E\{c_k^2\}.$$

Die Entwicklung eines stochastischen Signals nach den Eigenvektoren g_k unterscheidet sich von allen anderen Entwicklungen in orthogonale Basissystéme dadurch, daß die Statistik zweiter Ordnung des Signals $x(n)$ vollständig durch K Koeffizienten dargestellt wird. Damit liefert die Karhunen-Loeve-Entwicklung die Signaldarstellung im Sinne der Statistik zweiter Ordnung mit einer minimalen Anzahl von Parametern c(n).

Die Karhunen-Loeve-Entwicklung eines Signals ist dann besonders vorteilhaft, wenn die Korrelationsmatrix K_x nicht den vollen Rang K besitzt, also einige Eigenwerte null sind und damit weniger als K Parameter gebraucht werden. Lästig ist es, wenn wegen einer geänderten Statistik neue Basisvektoren g_k berechnet werden müssen.

Zur Karhunen-Loeve-Entwicklung: Die Korrelationsmatrix K_x des stochastischen Signals $x(n)$ wird:

$$K_x = E\{x(n)\, x^T(n)\} = M\, E\{c(n)\, c^T(n)\}\, M^T.$$

Da die Vektoren g_k Eigenvektoren von K_x sind, gilt nach Satz 11.3:

$$E\{c(n)\, c^T(n)\} = \Lambda, \qquad \Lambda = \begin{pmatrix} \lambda_1 & & 0 \\ & \ddots & \\ 0 & & \lambda_K \end{pmatrix}.$$

Das Rechnen der Eigenwerte aus $|K_x - \lambda I| = 0$ ist aufwendig. Hinzu kommt noch das Rechnen des gewünschten Eigenvektors. Sucht man den größten oder den kleinsten Eigenvektor, so kann man das Gradientenverfahren für ein Maximum oder ein Minimum mit normierten Vektoren ansetzen. Das Verfahren von Mises /11.6/ bildet mit einem Vektor a_0 den Vektor $a_1 = K_x a_0$, dann $a_2 = K_x a_1$ u.s.f. Das Verfahren konvergiert gegen den zum größten Eigenwert gehörenden Eigenvektor. Wird der zum kleinsten Eigenwert gehörende Eigenvektor gesucht, so geht man von der Inversen K_x^{-1} aus. Um zu große Zahlen zu vermeiden, kann man die Vektoren $a_i^T = (a_{i1} \ldots a_{iK})$ mit einer positiven Konstanten c_i, etwa $\frac{1}{c_i} = \max\{a_{ii}\}$ multiplizieren. Das Verfahren konvergiert rasch, wenn die Eigenwerte weit auseinander liegen. Die Wirksamkeit des Verfahrens erhält man aus Gl. 11.12:

$$a_n = K_x^n\, a_0 = M\, \lambda^n M^T a_0 = \sum_{k=1}^{K} g_k\, \lambda_k^n\, g_k^T\, a_0 = \lambda_K^n \sum_{k=1}^{K} g_k \left(\frac{\lambda_k}{\lambda_K}\right)^n g_k^T\, a_0.$$

Für große n gilt:

$$\lim_{n \to \infty} \left(\frac{\lambda_k}{\lambda_K}\right)^n = 0, \qquad k = 1, \ldots, K-1$$

und damit:

$$a_n \approx \lambda_K^n \, g_K \, g_K^T \, a_0 = \text{const } g_K.$$

Beispiel 1: Korrelationsmatrix K für den Prozeß mit der Korrelationsfunktion

$$K_x(n) = q^{|n|}, \qquad\qquad 0 < q < 1.$$

Format K = 2:

$$K = \begin{pmatrix} 1 & q \\ q & 1 \end{pmatrix}.$$

Die Eigenwerte folgen aus

$$(1 - \lambda)^2 = q^2$$

zu

$$\lambda_1 = 1 - q, \qquad\qquad \lambda_2 = 1 + q.$$

Die normierten Eigenvektoren g_k, $g_k^T g_k = 1$, sind:

$$g_1^T = \frac{1}{\sqrt{2}} \, (1 \ -1), \qquad\qquad g_2^T = \frac{1}{\sqrt{2}} \, (1 \ \ 1).$$

Zahlenbeispiel: Für $q = 0{,}8$ ist $\lambda_1 = 0{,}2$ und $\lambda_2 = 1{,}2$.

Format K = 3:

$$K = \begin{pmatrix} 1 & q & q^2 \\ q & 1 & q \\ q^2 & q & 1 \end{pmatrix}.$$

Am einfachsten rechnet man die Eigenwerte zur inversen Matrix K^{-1}, da diese eine Bandmatrix ist,

$$K^{-1} = \frac{1}{1-q^2} \begin{pmatrix} 1 & -q & 0 \\ -q & 1+q^2 & -q \\ 0 & -q & 1 \end{pmatrix}.$$

Aus $|K^{-1} - \lambda I| = 0$ erhält man die Eigenwerte zu:

$$\lambda_1 = \frac{1}{1 - q^2} \left(1 + \frac{q^2}{2} - \frac{q}{2} \sqrt{q^2+8} \right),$$

$$\lambda_2 = \frac{1}{1 - q^2},$$

$$\lambda_3 = \frac{1}{1 - q^2} \left(1 + \frac{q^2}{2} + \frac{q}{2} \sqrt{q^2+8} \right).$$

Für q = 0,8 werden die Eigenwerte $\lambda_1 = 0,4006$, $\lambda_2 = 2,77$, $\lambda_3 = 6,9326$. Nach einiger Rechnung folgen die entsprechenden Eigenvektoren zu:

$$g_1^T = \frac{1}{\sqrt{4 + \frac{q^2}{2} - \frac{q}{2}\sqrt{q^2+8}}} \left(1 \quad -\frac{q}{2} + \frac{1}{2}\sqrt{q^2+8} \quad 1\right),$$

$$g_2^T = \frac{1}{\sqrt{2}}\,(1 \quad 0 \quad -1),$$

$$g_3^T = \frac{1}{\sqrt{4 + \frac{q^2}{2} + \frac{q}{2}\sqrt{q^2+8}}} \left(1 \quad -\frac{q}{2} - \frac{1}{2}\sqrt{q^2+8} \quad 1\right).$$

Für q = 0,8 ist:

$$g_1^T = 0,563\,(1 \quad 1,069 \quad 1),$$

$$g_2^T = \frac{1}{\sqrt{2}}\,(1 \quad 0 \quad -1),$$

$$g_3^T = 0,426\,(1 \quad -1,8696 \quad 1).$$

Diskussion:

-   Die Spanne der Eigenwerte $\lambda_1, \ldots, \lambda_K$ wird mit wachsender Ordnung K größer.

-   Das maximale Signal-/Rauschleistungsverhältnis ist mit $\sigma_e^2 = 1$:

$$SNR = 1 + q \qquad\qquad \text{für} \quad K = 2,$$

$$SNR = \frac{1}{1 - q^2}\left(1 + \frac{q^2}{2} + \frac{q}{2}\sqrt{q^2+8}\right) \quad \text{für} \quad K = 3.$$

-   Die Eigenschaft

$$g_k = J\,g_k \qquad \text{oder} \qquad g_k = -J\,g_k$$

wird beobachtet.

-   Die Berechnung der Eigenwerte λ_k und der Eigenvektoren g_k ist lästig, auch wenn dies numerisch geschieht.

Zum Schluß seien noch die Ergebnisse nach dem Verfahren von Mises angeführt. Wird der Eigenvektor zum kleinsten Eigenwert von K gesucht, so bestimmt man den Eigenvektor zum größten Eigenwert von K^{-1}. Mit dem Startvektor

$$g_3^{T(0)} = (1 \quad 1 \quad 1)$$

folgt:

$$g_3^{(1)} = (1 \quad 0{,}2 \quad 1),$$

$$g_3^{(2)} = (1 \quad -1{,}51 \quad 1),$$

$$g_3^{(3)} = (1 \quad -1{,}85 \quad 1),$$

$$g_3^{(4)} = (1 \quad -1{,}87 \quad 1).$$

Der exakte Wert ist praktisch nach vier Iterationsschritten erreicht.

11.2. Leistungsdichtespektrum

Die Leistungsdichte $L_x(z)$ ist mit der Autokorrelationsfunktion $K_x(k)$ über die z-Transformation verbunden (Satz 5.10):

$$L_x(z) = \sum_{k=-\infty}^{\infty} K_x(k)\, z^{-k}.$$

Es liegt nahe, die Schätzung $\hat{K}_{x_N}(k)$ zur Schätzung von $L_x(z)$ zu verwenden. Mit

$$\hat{K}_{x_N}(k) = \frac{1}{N}\, x_N(k) * x_N(-k) \qquad \text{für } |k| < N$$

wird:

Definition 11.1: *Periodogramm.*
Eine Schätzung der Leistungsdichte aus der Folge $x_N(n)$ wird als Periodogramm $P_{x_N}(z)$ bezeichnet. Mit den Regeln der z-Transformation gilt:

$$P_{x_N}(z) = \sum_{k=-N+1}^{N-1} \hat{K}_{x_N}(k)\, z^{-k} = \frac{1}{N}\, X_N(z)\, X_N(z^{-1})$$

oder mit $z = e^{j\Omega}$:

$$P_{x_N}(\Omega) = \frac{1}{N}\, |X_N(e^{j\Omega})|^2.$$

Gl. 11.2 stellt $E\{\hat{K}_{x_N}(k)\}$ als Multiplikation von $K_x(k)$ mit einem Fenster $\frac{1}{N} K_w^E(k)$ dar. Es gilt mit der Leistungsdichte $L_w(\Omega)$ des Fensters:

$$\frac{1}{N}\, K_w^E(k) \quad \circ\!\!-\!\!\bullet \quad L_w(z),$$

$$E\{P_{x_N}(\Omega)\} = L_x(e^{j\Omega}) * L_w(e^{j\Omega}) = \frac{1}{2\pi} \int_{-\pi}^{\pi} L_x(\sigma)\, L_w(\Omega-\sigma)\, d\sigma. \tag{11.18}$$

Erwartungstreu wird dann geschätzt, wenn $L_w(\Omega) = 2\pi\,\delta(\Omega)$ ist. Nach Satz 5.12 über das Zeit-Bandbreiteprodukt ist dies nur mit einem unendlich langen Fenster möglich. Man wählt daher ein Fenster mit einem endlich breiten, normierten Spektrum,

$$\frac{1}{2\pi} \int_{-\pi}^{\pi} L_w(\Omega)\, d\Omega = 1.$$

Wird das Signal $x_N(n)$ mit Hilfe des Rechteckfensters $r_N(n)$ erzeugt,

$$x_N(n) = x(n)\, r_N(n),$$

so wird nach Gl. 11.3 die Korrelationsfunktion $K_x(k)$ mit dem Dreiecksfenster gewichtet.

$$\frac{1}{N} K_r^E(k) = \begin{cases} \dfrac{N-|k|}{N} & \text{für } |k| < N \\ 0 & \text{sonst} \end{cases} \qquad \circ\!\!-\!\!\bullet \qquad L_r(\Omega) = \frac{1}{N} \left(\frac{\sin \Omega \, N/2}{\sin \Omega/2} \right)^2. \qquad (11.19)$$

Bild 11.4 zeigt das Spektrum $L_r(\Omega)$.

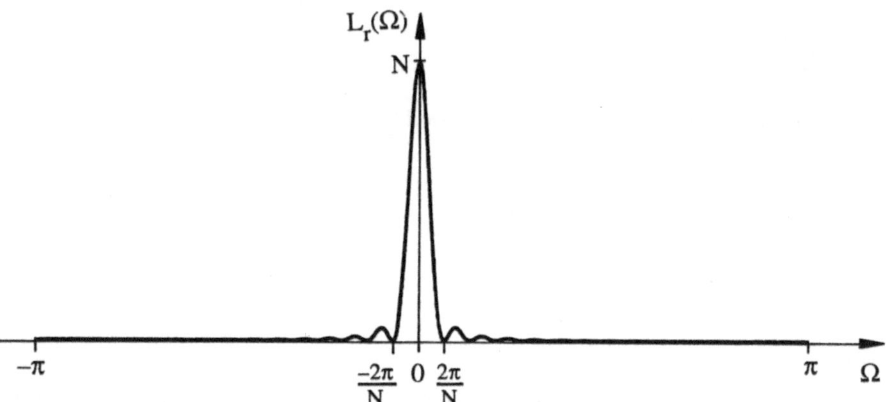

Bild 11.4. Leistungsdichtespektrum des Rechteckfensters

Der Hauptpeak ist $4\pi/N$ breit, der nächste Nebenzipfel hat eine Höhe von ca. 4 % vom Hauptpeak.

Der Leser mache sich klar, daß benachbarte Linien im Spektrum nur dann gut aufgelöst werden können, wenn ihr Abstand größer als die Breite des Hauptpeaks des Fensters ist. Spektren, die sich über die Breite des Hauptpeaks kaum ändern, werden fast erwartungstreu geschätzt.

Nachdem der Schätzer nach Gl. 11.1 eine konsistente Schätzung der AKF gibt, erwartet man intuitiv dasselbe vom Periodogramm und wird schwer enttäuscht. Die Rechnung geht wieder von Gl. 9.11 für mittelwertfreie, normalverteilte Signale aus. Das Ergebnis der längeren Rechnung wird nach /11.9/:

Satz 11.6: *Periodogramm.*

Das Periodogramm

$$P_{x_N}(z) = \frac{1}{N} \, X(z) \, X(z^{-1})$$

ist ein asymptotisch erwartungstreuer Schätzer für die Leistungsdichte $L_x(\Omega)$. Es gilt:

$$\lim_{N \to \infty} E\{P_{x_N}(\Omega)\} = L_x(\Omega).$$

Die Varianz des Periodogramms ist gegeben durch:

$$\sigma_{P_N}^2(\Omega) = |L_x(\Omega)|^2 \left(1 + \left(\frac{\sin \Omega N}{N \sin \Omega} \right)^2 \right).$$

Die Varianz des Periodogramms ist immer größer als $|L_x(\Omega)|^2$. Das Periodogramm ist kein konsistenter Schätzer für die Leistungsdichte.

Abhilfe schafft wieder die simple Idee, daß mehrfaches Messen und Mittelung die Varianz verkleinert. Man wählt kurze Datenblöcke i, deren Länge K so gewählt wird, daß für $k = K$ die Korrelationsfunktion fast verschwunden ist, $K_i(K) \to 0$. Für das Periodogramm $P_{Ki}(\Omega)$ des Blockes i gelte:

$$P_{Ki}(\Omega) = \Delta P_{Ki}(\Omega) + \overline{P}_K.$$

Für die mittlere Varianz von L Blöcken, $KL = N$, gilt, wenn die $\Delta P_{Ki}(\Omega)$ voneinander unabhängig sind:

$$\sigma_L^2(\Omega) = \frac{1}{L^2}\, E\left\{\sum_{i=1}^{K} \Delta P_{Ki}^2(\Omega)\right\} = \frac{1}{L}\, \sigma_{P_K}^2. \tag{11.20}$$

Beispiel 2: Ein AR-Prozeß zweiter Ordnung wird aus dem Periodogramm geschätzt. Bild 11.5a zeigt die theoretische Leistungsdichte $L_x(\Omega)$ und das geschätzte Periodogramm $P_{x_N}(\Omega)$ für $N = 1024$. In Bild 11.5b wurden Blöcke der Länge $L_1 = 256$ und $L_2 = 128$ gemittelt. Bild 11.5c zeigt die mit dem Lattice-Filter geschätzte Leistungsdichte $\hat{L}_{x_N}(\Omega)$.

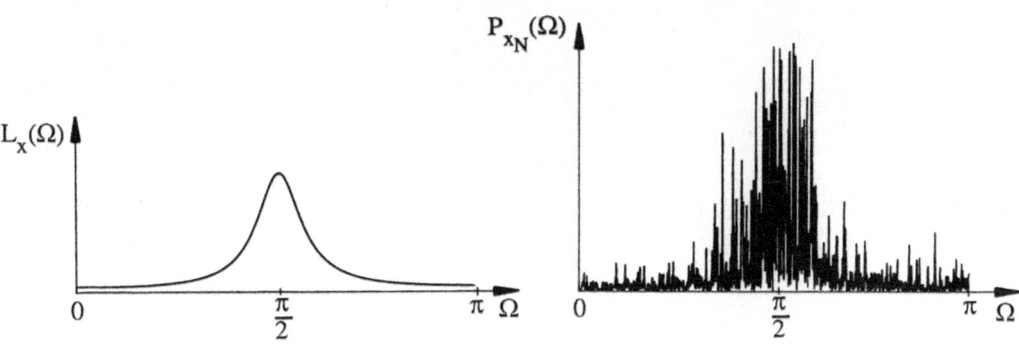

a) Leistungsdichte $L_x(\Omega)$ und Periodogramm $P_{x_N}(\Omega)$

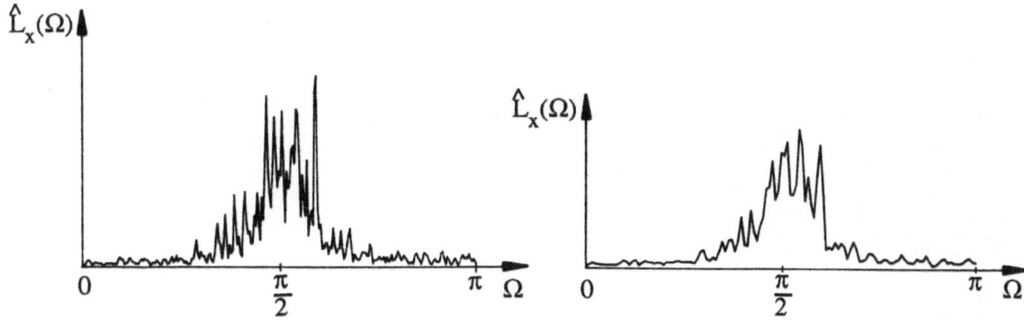

b) Gemitteltes Periodogramm

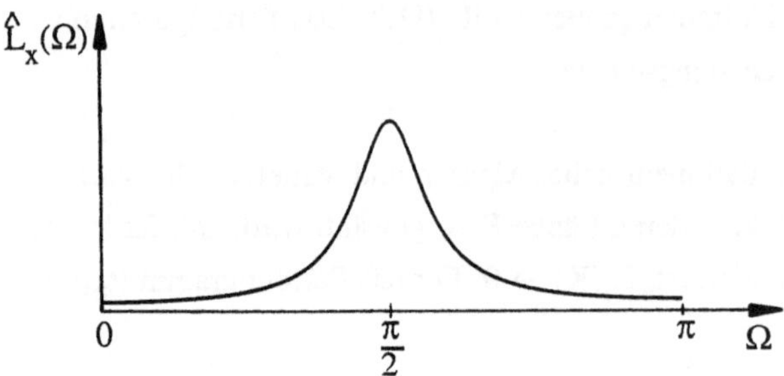

c) Mit Lattice-Filter geschätze Leistungsdichte

Bild 11.5. Geschätzte Leistungsdichte für einen AR-Prozeß zweiter Ordnung

Diskussion:

-   Die über das Periodogramm bestimmte Leistungsdichte ist stark verrauscht.

-   Eine gewisse Abhilfe schafft die Mittelung.

-   Ein parametrisches Modell nach Kap. 11.3 mit dem Lattice-Filter (Satz 10.12) gibt die theoretische Leistungsdichte praktisch vollkommen wieder.

11.3. Parametrische Schätzung des Leistungsdichtespektrums

Die klassische Methode ist es, aus dem Periodogramm die Leistungsdichte zu schätzen. Diese Methode hat den Nachteil, daß keine konsistente Schätzung möglich ist.

Die Prädiktionsfehlerfilter sind vornehmlich entwickelt worden, um eine parametrische Darstellung der Leistungsdichte zu ermöglichen. Die in Kap. 10 dargestellten Verfahren wie Prädiktionsfehlerfilter und Lattice-Filter gehen vom AR-Signalmodell aus. Beim AR-Signalmodell ergibt sich das Leistungsdichtespektrum mit dem Prädiktorpolynom

$$A_K(z) = 1 + a_1 z^{-1} + \ldots + a_{K-1} z^{-(K-1)}$$

zu:

$$\hat{L}_{x_K}(z) = \frac{\sigma_w^2}{A_K(z)\,A_K(z^{-1})} = \frac{\sigma_w^2}{\displaystyle\prod_{i=1}^{K-1} (1-z_{\infty i}z^{-1})\,(1-z_{\infty i}z)} \; .$$

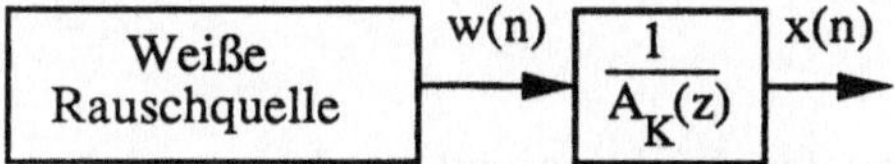

Bild 11.6. AR-Prozeß zur parametrischen Bestimmung des Leistungsdichtespektrums

Zwei Wege führen zum gleichen Schätzer:

a)   Für ein Filter $A_K(z)$ der Länge K gilt:

$$x(n) + a_1\, x(n-1) + \ldots + a_{K-1}\, x(n-K+1) = w(n)$$

oder in Matrixschreibweise:

$$a^T x(n) = x(n) + c^T x(n-1) = w(n), \qquad c^T = (a_1\ a_2\ \ldots\ a_{K-1}),$$

$$a^T = (1\ c^T),$$

$$x^T(n) = (x(n)\ x(n-1)\ \ldots\ x(n-K+1)).$$

Den Zusammenhang zwischen den Koeffizienten c und der Korrelationsfunktion $K_x(k)$ gibt die Yule-Walker-Gleichung (Gl. 10.12):

$$c = -K^{-1} k(-1), \qquad K = E\{x(n-1)\,x^T(n-1)\} = (K_x(i-j)),$$

$$k^T(-1) = (K_x(-1)\ \ldots\ K_x(-K+1)).$$

Man kann nun daran denken, die geschätzten Werte $\hat{K}_x(k)$ der Korrelationsfunktion für $K_x(k)$ einzusetzen.

b)   Zum gleichen Ziel kommt man mit der direkten Parameterschätzung aus den Meßwerten:

$$x(n) = -a_1\, x(n-1) - \ldots - a_{K-1}\, x(n-K+1) + w(n),$$

$$x(n-1) = -a_1\, x(n-2) - \ldots - a_{K-1}\, x(n-K) + w(n-1),$$

$$\vdots$$

$$x(n-N+1) = -a_1\, x(n-N) - \ldots - a_{K-1}\, x(n-N-K+2) + w(n-N+1).$$

In Matrixschreibweise gilt:

$$x(n) = \left(x(n-1)\; x(n-2)\; \ldots\; x(n-K+1)\right) p + w(n)$$

$$= X\, p + w(n)$$

mit:

$$X = \left(x(n-1)\; x(n-2)\; \ldots\; x(n-K+1)\right),$$

$$p^T = -c^T = (a_1\; \ldots\; a_{K-1}),$$

$$x^T(n) = \left(x(n)\; x(n-1)\; \ldots\; x(n-N+1)\right),$$

$$w^T(n) = \left(w(n)\; w(n-1)\; \ldots\; w(n-N+1)\right).$$

Wir schätzen den Vektor p mit Hilfe der Normalengleichung und erhalten, nachdem beide Seiten durch N dividiert wurden:

$$\hat{p} = \left(\tfrac{1}{N}\, X^T X\right)^{-1} \tfrac{1}{N}\, X^T x(n)$$

mit:

$$\frac{1}{N}\, X^T X = \left(\hat{K}_{x_N}(i-j)\right) = \hat{K},$$

$$\frac{1}{N}\, X^T x(n) = \begin{pmatrix} \tfrac{1}{N} x^T(n)\; x(n-1) \\[4pt] \vdots \\[4pt] \tfrac{1}{N} x^T(n)\; x(n-K+1) \end{pmatrix} = \hat{k}(-1),$$

$$\hat{p} = \hat{K}^{-1}\, \hat{k}(-1).$$

Satz 11.7: *Parametrische Modelle zur Schätzung des Leistungsdichtespektrums.*
Das Spektrum wird aus einem AR-Prozeß geschätzt. Die Filterkoeffizienten a_k des AR-Ansatzes

$$X(z) = \frac{1}{A_K(z)}\, W(z), \qquad A_K(z) = 1 + a_1\, z^{-1} + \ldots + a_{K-1}\, z^{-K+1}$$

ergeben das Leistungsdichtespektrum zu

$$\hat{L}_{x_N}(z) = \frac{\sigma_w^2}{A_K(z)\, A_K(z^{-1})}\,.$$

Die Filterkoeffizienten können direkt aus dem AR-Ansatz oder über die Yule-Walker-Gleichung (Gl. 10.12) geschätzt werden:

$$\hat{p} = \hat{K}^{-1}\,\hat{k}(-1), \qquad\qquad \hat{p}^T = (a_1 \ldots a_{K-1}),$$

$$\hat{K} = (\hat{K}_{x_N}(i-j)),$$

$$\hat{k}^T(-1) = (\hat{K}_{x_N}(-1) \ldots \hat{K}_{x_N}(-K+1)).$$

Die Schätzwerte $\hat{K}_{x_N}(k)$ der Korrelationsfunktion können mit verschiedenen Fenstern gerechnet werden. Gute Erfahrungen liegen für das Rechteckfenster

$$x_N(n) = x(n)\, r_N(n)$$

vor (Gl. 11.19).

Die Wahl der Filterlänge K bleibt offen und ist im allgemeinen von vornherein unbekannt. Die Filterlänge K bleibt zweckmäßig unter 10 % der Beobachtungsdauer N. Zweckmäßig schätzt man deshalb mit einem Lattice-Filter (Satz 10.12) und einem geeigneten Abbruchkriterium /11.10/.

Die Filterlänge K kann dabei recht hoch werden, wenn etwa ein ARMA-Prozeß durch den AR-Ansatz approximiert werden muß (Bsp. 3).

Beispiel 3: Parametrisches Signalmodell zur Schätzung der Leistungsdichte eines ARMA-Signals. Zwei Pole liegen dicht am Einheitskreis bei $e^{\pm j\pi/4}$. Auf dem Einheitskreis liegen in der Nähe von $e^{\pm j\pi/4}$ je zwei Nullstellen.

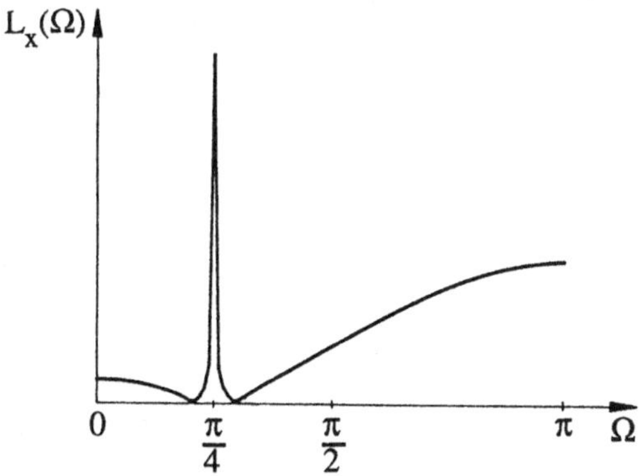

Leistungsdichtespektrum

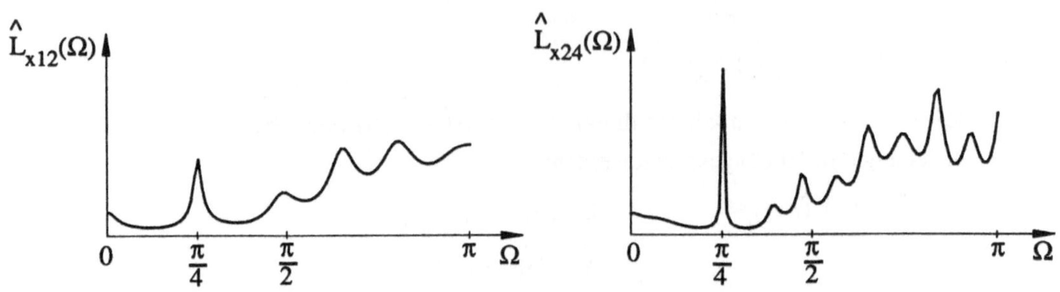

Bild 11.7. Parametrisches Modell zur Schätzung des Leistungsdichtespektrums

Diskussion:

- Der ARMA-Prozeß hat die Ordnung zwei. Die scharfe Spitze von $L_x(\Omega)$ bei $\Omega = \frac{\pi}{4}$ wird etwa ab einer Ordnung K = 20 des AR-Ansatzes richtig wiedergegeben.

- Der Vergleich mit der Schätzung eines einfachen Leistungsdichtespektrums über das Periodogramm in Bsp. 2 zeigt die Überlegenheit parametrischer Modelle.

●

Literatur:

/11.1/   Tretter, S.: Discrete-Time Signal Processing,
John Wiley & Sons, New York, 1976.

/11.2/   Rader, C.: An Improved Algorithm for High-Speed Autocorrelation with Applications to Spectral Estimation, IEEE Trans. Audio Electroacoust., Vol. Au-18, Dec. 1970, S. 439 - 441.

/11.3/   Bellanger, M.: Adaptive Digital Filters and Signal Analysis,
Marcel Dekker, New York, 1987.

/11.4/   Gabriel, K.: Comparison of 3 Correlation Coefficient Estimators for Gaussian Stationary Processes, IEEE Trans. ASSP-31, Vol. Au-83, S. 1023-1025.

/11.5/   Mesch, F.: Transit Time Correlation - A Survey on its Applications to Measuring Transport Phenomena, J. of Dyn. Syst., Meas. and Control, Dez., 1974, S. 414-420.

/11.6/   Zurmühl, R.; Falk, S.: Matrizen und ihre Anwendung,
Springer, Heidelberg, 1984.

/11.7/   Makkoul, J.: On the Eigenvectors of Symmetric Toeplitz Matrices,
IEEE Trans. ASSP-29, Aug. 1981, S. 868-872.

/11.8/   Algazi, V.; Sakrison, D.: On the Optimality of the Karhunen-Loeve-Expansion,
IEEE Trans. IT-15, Ma. 1969, S. 319 - 321.

/11.9/   Jenkins, G.; Watt, D.: Spektral Analysis and Its Applications,
Holden Day, San Francisco, 1969.

/11.10/   Haykin, S.: Nonlinear Methods of Spectral Analysis,
in: Topics in Applied Physics, Springer, Heidelberg, 1979.

12. Identifikation

Die Systemtheorie beschreibt das zeitliche Verhalten von Systemen. Ein System ist eine abgegrenzte Anordnung aufeinander wirkender Gebilde aus dem Maschinenwesen, der Verfahrenstechnik, der Biologie, der Chemie, der Physik, der Ökonometrie u.s.f. Das zeitliche Verhalten wird mit einheitlichen mathematischen Methoden, den Differentialgleichungen, beschrieben. In der Technik hat man eine Vorstellung, welchen Gesetzen die Systemteile folgen. Dieses Wissen schlägt sich in Ordnung und Struktur eines Systems von Differentialgleichungen nieder. In der Regel sind einige Parameter des Differentialgleichungssystems unbekannt. Diese müssen durch gezielte Versuche bestimmt werden (Identifikation). Das Differentialgleichungssystem und die Parameter ergeben ein mathematisches Modell. Das mathematische Modell ist Voraussetzung für Simulationen aller Art, sei es, um Regelungskonzepte "im Trockenen" auszuprobieren, extreme Betriebszustände zu studieren, teure Experimente zu ersparen u.s.f. Für einfachere Aufgaben wie die Reglereinstellung können auch Ein-Ausgangsbeziehungen wie der Frequenzgang oder die Impulsantwort des Systems genügen (nichtparametrische Modelle).

Die in den Kap. 8, 9 und 10 entwickelten Verfahren sind auch die Grundlage der Identifikationsverfahren. Im allgemeinen kennt man die Ein- und Ausgangssignale, nicht aber die Störsignale. Eine Besonderheit bei der Identifikation besteht darin, daß man die Eingangssignale nicht als gegeben hinnehmen muß, sondern in gewissen Grenzen frei wählen kann.

Die Rolle der Testsignale, die als Eingangssignale verwendet werden, wird in Kap. 12.1 diskutiert. In Kap. 12.2 werden die wichtigsten Verfahren für nichtparametrische Modelle angeführt. Alle Identifikationsverfahren beruhen auf der Modellanpassung. Damit ist aber nicht garantiert, daß die Systemparameter erwartungstreu geschätzt werden. Gute Modelle aber haben erwartungstreu oder wenigstens konsistent geschätzte Parameter, damit die Simulation bei allen Eingangssignalen und nicht nur bei den Testsignalen gut der Realität entspricht. Diese Besonderheiten werden in Kap. 12.3 angesprochen. In Kap. 12.4 wird kurz die Identifikation von Mehrgrößensystemen diskutiert. Kap. 12.5 bringt eine Zusammenfassung zur Identifikation mit parametrischen Modellen und in Kap. 12.6 wird die Laufzeitmessung (Matched-Filter) behandelt.

12.1. Testsignale

Geht man von einem LTI-System aus, so ist mit Gl. 5.3 der Zusammenhang zwischen Eingangssignal u(t) und Ausgangssignal y(t) durch das Faltungsintegral mit der Impulsantwort g(t) des Systems gegeben:

$$y(t) = \int_{-\infty}^{\infty} g(\tau)\, u(t-\tau)\, d\tau. \tag{12.1}$$

Fast alle realen Systeme lassen sich damit beschreiben. Die Zeitvarianz wird grob dadurch berücksichtigt, daß zu einem anderen Zeitabschnitt oder einem anderen Betriebszustand eine neue Impulsantwort g(t) angesetzt wird. Viele Nichtlinearitäten lassen sich durch Kleinsignalmodelle um einen Arbeitspunkt linear beschreiben. Die komplette Information über die Ein-Ausgangsbeziehung des Systems ist in der Impulsantwort g(t) oder im Frequenzgang G(f) enthalten. Zur Identifikation wäre es naheliegend, als Eingangssignal einen Impuls $\delta(t)$ zu verwenden. Dann ist y(t) = g(t). In der Praxis wird der Impuls als Testsignal nie verwendet. Der Grund liegt darin, daß der Betrieb der Anlage zu stark gestört wird, daß Nichtlinearitäten wie Anschläge im Stellantrieb die Anwendung ausschließen und daß bei approximierten Impulsen der Höhe u_0 und Dauer T_0 die Impulsstärke $u_0 T_0$ meist zu klein ist.

Zur allgemeinen Diskussion eignet sich der Frequenzbereich besser. Mit einem Störsignal e(t) $\circ\!\!-\!\!\bullet$ E(f) gilt:

$$Y(f) = G(f)\, U(f) + E(f).$$

Der daraus ohne Kenntnis des Störsignals ermittelte Fehler bei der Bestimmung des Frequenzganges läßt sich aus der folgenden Beziehung ablesen:

$$\hat{G}(f) = \frac{Y(f)}{U(f)} = G(f) + \frac{E(f)}{U(f)}. \tag{12.2}$$

Der Fehler $\frac{E(f)}{U(f)}$ wird für ein großes Testsignal klein. In der Praxis setzt die Forderung nach einem ungestörten Betrieb, Sicherheit der Anlage u.s.f. diesem Vorschlag schnell Grenzen. Abhilfe schafft die periodische, nichtperiodische oder stochastische Wiederholung von begrenzten Testsignalen u(t), $|u(t)| < S$. Wird das Signal u(t) mit dem Spektrum U(f) N–1 mal zu den Zeitpunkten T_i, i = 1, ... , N–1, wiederholt, so wird das Spektrum $U_N(f)$ des wiederholten Signals $u_N(t)$:

$$u_N(t) = u(t) + \sum_{i=1}^{N-1} u(t-T_i),$$

$$U_N(f) = U(f)\left(1 + \sum_{i=1}^{N-1} e^{-j2\pi f T_i} \right), \tag{12.3}$$

$$|U_N(f)| \leq N\, |U(f)|, \qquad\qquad U_N(0) = N\, U(0).$$

Ein N-faches Testsignal kann das N-fache Spektrum bringen. Zwei Extremfälle seien diskutiert:

a)   Die Zeiten T_i für das Eintreffen eines Ereignisses u(t) seien zufällig, voneinander unabhängig und gleichmäßig verteilt. Nach dem Campbell-Theorem (Gl. 9.17) gilt für die Leistungsdichte bei mittelwertfreien Ereignissen, $\int u(t)\,dt = 0$:

$$L_{u_N}(f) = |U_N(f)|^2 = N\,|U(f)|^2,$$

$$|U_N(f)| = \sqrt{N}\;|U(f)|. \tag{12.4}$$

b)   Das Testsignal u(t) wird periodisch wiederholt. Es ist : $T_i = i\,T_K$, $i = 1, ..., N-1$. Mit der Summenformel für geometrische Reihen wird:

$$U_N(f) = U(f)\,\frac{1 - e^{-j2\pi fNT_K}}{1 - e^{-j2\pi fT_K}}\;,$$

$$|U_N(f)| = |U(f)|\left|\frac{\sin \pi fNT_K}{\sin \pi fT_K}\right|. \tag{12.5}$$

Bei den Frequenzen $f_k = \dfrac{k}{T_K}$, $k = 0, 1, ...$, ist der Amplitudengang des einfachen Testsignals N-fach überhöht.

Beispiel 1: Ein Rechtecksignal der Länge T_L hat den Amplitudengang:

$$|U(f)| = \left|\frac{\sin \pi fT_L}{\pi f}\right|.$$

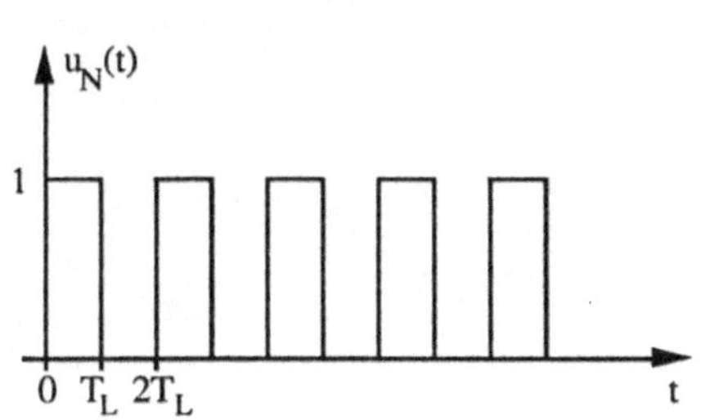

Wiederholtes Signal $u_N(t)$

Amplitudengang $|U_N(f)|$
für $T_K = 2T_L$ und $N = 5$

Bild 12.1. Wiederholtes Rechtecksignal

Verwendet man das Rechtecksignal N mal im Abstand T_K, so wird der Amplitudengang des wiederholten Signals (Bild 12.1):

$$|U_N(f)| = \left| \frac{\sin \pi f T_L}{\pi f} \right| \left| \frac{\sin \pi f N T_K}{\sin \pi f T_K} \right| .$$

Für f = 0 wird die Amplitude NT_L, d. h. gleich der Fläche des Testsignals. Das einfache Rechtecksignal hat die erste Nullstelle bei $f = \frac{1}{T_L}$. Die erste Nullstelle bei N-facher Wiederholung liegt bei $\frac{1}{NT_K}$, in Bild 12.1 bei $\frac{1}{10T_L}$. Der erste große Nebenzipfel entsteht bei der Frequenz $\frac{1}{T_K}$ und wird durch die Wiederholung N-fach verstärkt.

●

Beispiel 2: Barker-Code (Satz 12.1, /12.1/, /12.2/).

In der Radartechnik sind binäre Signale mit den Amplituden ± 1 entwickelt worden, deren Korrelationsfunktion $K^E(\tau)$ für $\tau = 0$ möglichst groß sein soll und die im Übrigen mit möglichst kleinen Nebenmaxima für $\tau \to \pm\infty$ schnell gegen null gehen soll. Man spricht von Pulskompression (Bild 12.15). Der Amplitudengnag $|U_N(f)|$ des Barker-Codes ist für kleine Frequenzen, $f < \frac{1}{2T_L}$, dem des weißen Rauschens ähnlich. Bild 12.2 zeigt den Barker-Code $u_N(t)$ der Länge N = 5 und seinen Amplitudengang $|U_N(f)|$.

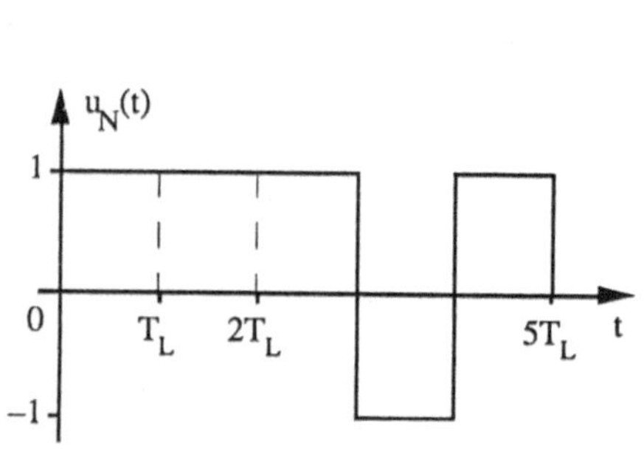

Barker-Code $u_N(t)$

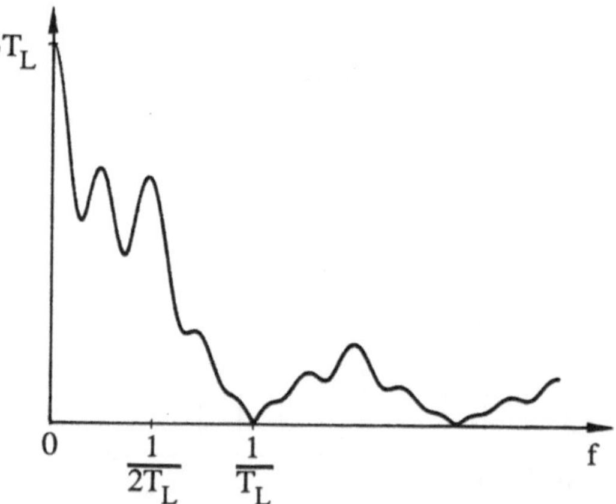

Amplitudengang $|U_N(f)|$ Barker-Codes

Bild 12.2. Barker-Code der Länge N = 5

●

Die Wahl des Grundsignals u(t) ist in der Praxis sehr eingeschränkt. Einfach zu realisieren sind Signale, die sich aus Sprüngen mit wechselndem Vorzeichen oder aus Rechtecken zusammensetzen. Für das Verhalten bei kleineren Frequenzen folgt aus der Fourier-Transformation:

$$U(0) = \int_0^\infty u(t) \, dt. \tag{12.6}$$

Das Verhalten bei großen Frequenzen ist durch das Riemann-Lebesguesche Lemma (Satz 3.5) bestimmt.

Gängige Testsignale zeigt Bild 12.3 /12.3/.

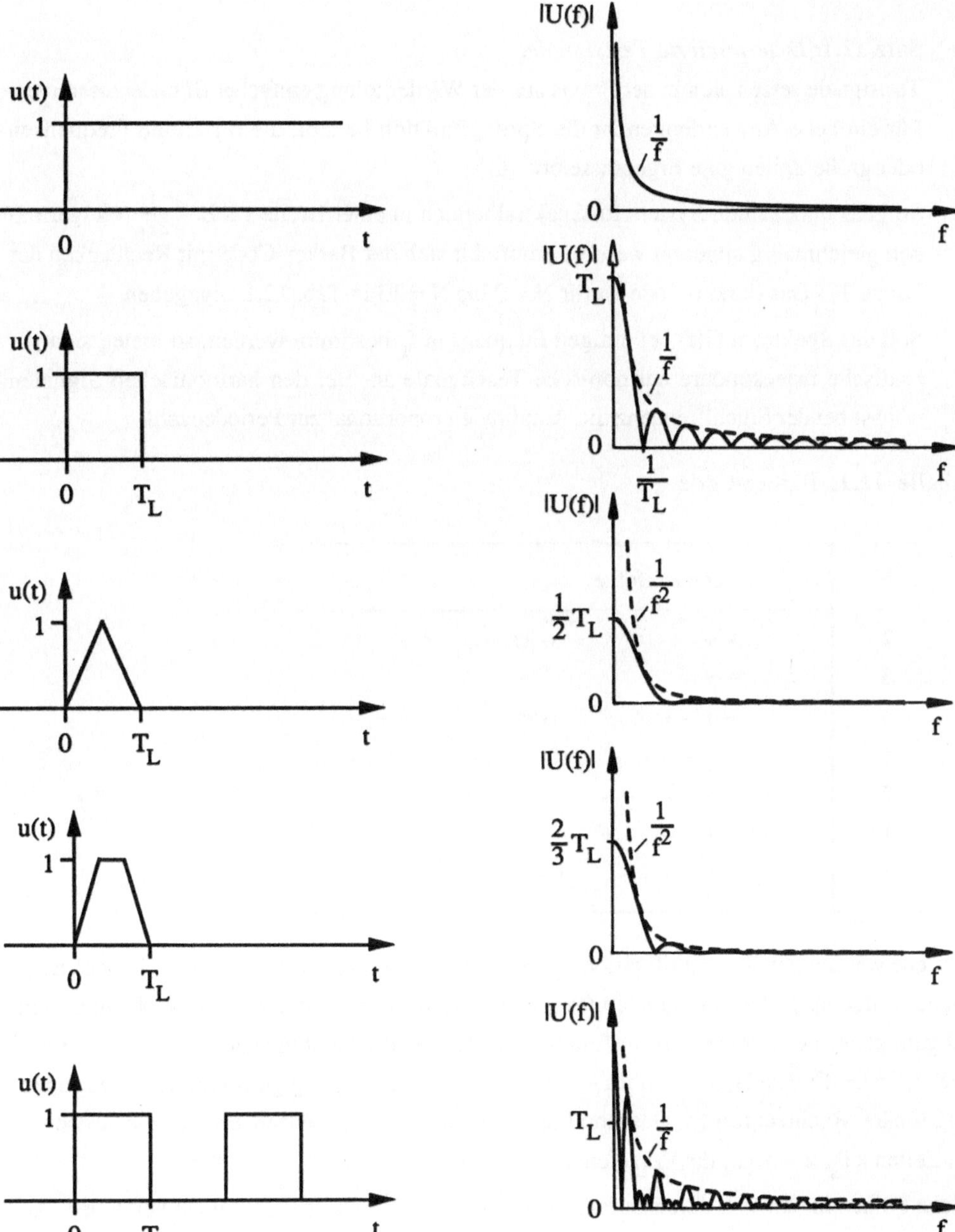

Bild 12.3. Gängige Testsignale

Die Einhüllende des Amplitudengangs des Rechtecksignals liegt wegen der Wiederholung doppelt so hoch wie beim Sprung, die Einhüllende des Amplitudengangs des einmal wiederholten Rechtecksignals viermal höher. Die Amplitudengänge von Dreieck und Trapez klingen wesentlich schneller ab als der Amplitudengang des Sprungs, nämlich mit $\frac{1}{f^2}$.

Satz 12.1: *Determinierte Testsignale.*

Testsignale setzen sich in der Praxis aus der Wiederholung einfacher Signale zusammen. Für einfache Anwendungen ist die Sprungfunktion beliebt, die für kleine Frequenzen oder große Zeiten gute Ergebnisse bringt.

Soll das unbekannte System im Spektralbereich in einer Breite $f \leq B < \frac{1}{2T_L}$ einigermaßen gleichmäßig angeregt werden, empfiehlt sich der Barker-Code mit Rechtecken der Länge T_L . Der Barker-Code ist für $N = 2$ bis $N = 13$ in Tab. 12.1 angegeben.

Soll das Spektrum G(f) bei einigen Frequenzen f_k bestimmt werden, so bieten sich periodische insbesondere harmonische Testsignale an. Bei den harmonischen Signalen wächst bei der Signalfrequenz die Amplitude proportional zur Periodenzahl.

Tabelle 12.1. Barker-Code

N	Rechteckfolge		
2	+ +	oder	+ –
3	+ + –		
4	+ + – +	oder	+ + + –
5	+ + + – +		
7	+ + + – – + –		
11	+ + + – – – + – – + –		
13	+ + + + + – – + + – + – +		

Meistens werden bei der Identifikation die Eingangssignale gemessen. Prinzipiell ist es möglich auch stochastische Testsignale u(t) zur Identifikation zu benutzen (Gl. 5.24). In diesem Fall genügt es, die Autokorrelationsfunktion $K_u(\tau)$ oder die Leistungsdichte $L_u(f)$ zu kennen. Stochastische Signale lassen sich im Rechner erzeugen. Eine gängige Methode ist die Erzeugung binärer Rechteckfolgen. Das sind binäre Signale mit den Werten $\pm a$, die stochastisch zu den Zeiten kT_s, $k = 1, ...$, ihr Vorzeichen wechseln.

Solche Folgen lassen sich durch Zufallsgeneratoren im Digitalrechner einfach herstellen. Angestrebt wird eine Korrelationsfunktion $K_u(\tau) = \delta(\tau)$ bzw. eine Leistungsdichte $L_u(f) = 1$. Ein *binäres Rauschsignal* nach Bild 12.4 wird durch

$$K_u(\tau) = \begin{cases} a^2 \left(1 - \dfrac{|\tau|}{T_s}\right) & \text{für } |\tau| \le T_s \\ 0 & \text{sonst} \end{cases} \qquad \circ\!\!-\!\!\bullet \qquad L_u(f) = a^2 T_s \left(\frac{\sin \pi f T_s}{\pi f T_s}\right)^2 \qquad (12.7)$$

beschrieben.

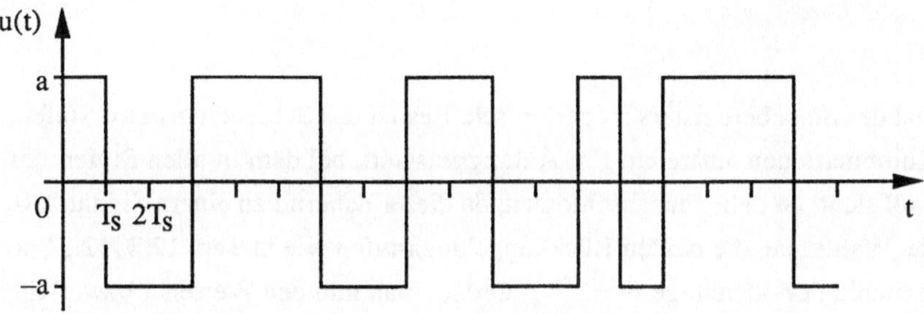

Bild 12.4. Binäres Rauschsignal

In der Praxis kaum unterschiedlich sind die *binären Pseudo-Rauschsignale*, die mit Hilfe eines rückgekoppelten Schieberegisters erzeugt werden (Bild 12.5).

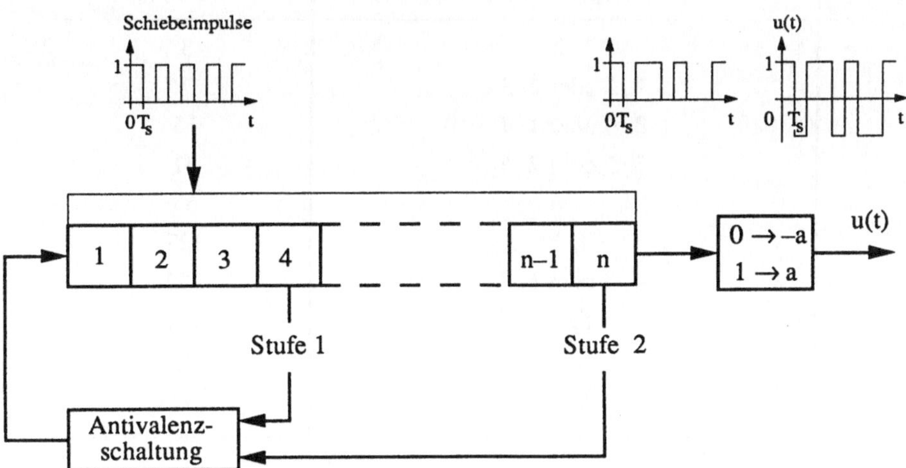

Bild 12.5. Rückgekoppeltes Schieberegister zur Erzeugung eines binären Pseudo-Rauschsignals

Die Binärsignale 0 oder 1 zweier bestimmter Stufen des Schieberegisters werden in eine Antivalenzschaltung gegeben und der Ausgang der Antivalenzschaltung als neues Eingangssignal dem Schieberegister zugeführt:

Stufe 1	Stufe 2	Ausgang der Antivalenz- schaltung
1	1	
0	0	0
1	0	
0	1	1

Das Ausgangssignal des Schieberegisters ist periodisch. Besitzt das Schieberegister n Stufen, so können 2^n-1 Kombinationen auftreten. Ein Anfangszustand, bei dem in allen Stufen des Schieberegisters null steht, ist dabei ausgeschlossen, da dieser dauernd zu einem Signal 0, 0, 0, ... führen würde. Wählt man die beiden Rückkoppelungsstufen wie in Tab. 12.2 /12.3/, so erhält man die maximale Periodenlänge $N = 2^n-1$. Ordnet man nun den Werten 1 bzw. 0 die Werte a bzw. –a zu, so erhält man die gewünschte binäre Pseudo-Rauschfolge u(t).

Tabelle 12.2. Aufbau des Schieberegisters zur Erzeugung möglichst langer binärer Pseudo-Rauschsignale

Stufenzahl	Rückzukoppelnde Stufen	Periodendauer
2	1, 2	3
3	1, 2 oder 2, 3	7
4	3, 4 oder 1, 4	15
5	3, 5 oder 2, 5	31
6	5, 6	63
7	4, 7	127
8	4, 5 oder 6, 8	255
9	5, 9	511
10	7, 10	1023
11	9, 11	2047

Die Periode $N = 2^n-1$ ist also immer ungerade und die Anzahl der positiven Komponenten a innerhalb einer Periode N wird deshalb um eins größer sein als die der negativen Komponenten –a, weil der Fall 0, 0, 0, ... ausgeschlossen wurde.

Die Autokorrelationsfunktion $K_u(\tau)$ ist periodisch mit der Periode NT_s (Bild 12.6). Sie ist im Mittel innerhalb der Grundperiode gegeben durch:

$$K_u(kT) = \begin{cases} a^2 & \text{für } k = 0 \\ -\dfrac{a^2}{N} & \text{für } k = 1, \, ..., \, N-1. \end{cases} \tag{12.8}$$

Der negative Wert kommt daher, daß ein Signal a mehr als –a vorkommt und daher für $k \neq 0$ im Mittel ein Paar a(–a) innerhalb einer Periode beobachtet wird.

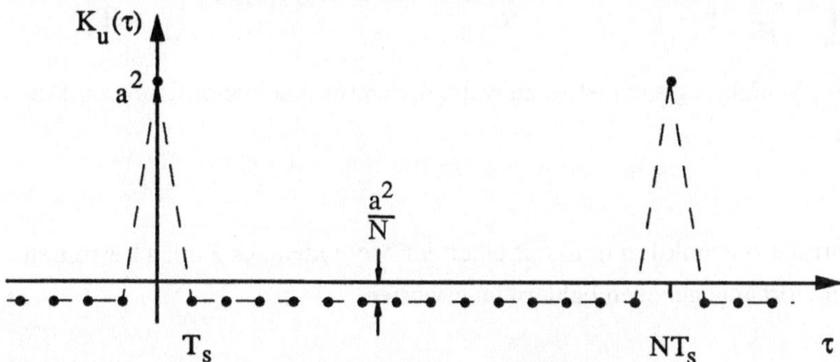

Bild 12.6. AKF eines binären Pseudo-Rauschsignals

Vor etwa 20 Jahren hat sich die Fachwelt sehr bemüht, mit Hilfe von beobachteten, natürlichen Rauschsignalen unbekannte Systeme zu identifizieren. Die Begeisterung hat merklich nachgelassen. Der Verfasser sieht folgende Gründe:

- In der Praxis sind natürliche Fluktuationen (Rauschsignale) meist zu schwach, um das System zur Identifikation anzuregen.

- Nach dem Campbell-Theorem ist der Amplitudengang $|U_N(f)|$ nur proportional $\sqrt{N}$, wenn N die Anzahl der zufälligen Ereignisse ist. Bei der periodischen Wiederholung (Bsp. 1) erhält man dagegen das N-fache Spektrum bei der Wiederholfrequenz.

- Bei natürlichen Rauschsignalen muß eine Korrelationsfunktion bestimmt werden. Dies ist mit hohem Zeitaufwand und im allgemeinen mit Schätzfehlern verbunden. Dagegen kann mit einer sinnvoll ausgewählten Rechteckfolge, z.B. dem Barker-Code, ohne Schätzung der Korrelationsfunktion identifiziert werden.

Satz 12.2: *Identifikation mit Rauschsignalen.*
Die Identifikation ist mit natürlichen oder mit künstlichen Rauschsignalen möglich (Gl. 12.7 und Gl. 12.8). Für die Kreuzkorrelierte zwischen Eingangssignal u(t) und Ausgangssignal y(t) des Systems mit der Impulsantwort g(t) gilt:

$$K_{uy}(\tau) = g(\tau) * K_u(\tau).$$

Bei künstlichen Rauschsignalen strebt man eine möglichst impulsförmige Autokorrelationsfunktion $K_u(\tau) = \delta(\tau)$ an. Mit der Taktzeit T_s des Rauschgenerators erhält man einen dreieckförmigen Impuls (Bild 12.6), der zu den Zeitpunkten kT_s gegeben ist durch:

$$K_u(kT_s) = \begin{cases} a^2 & \text{für } k = 0 \\ -\dfrac{a^2}{N} & \text{für } k = 1, \dots, N-1 \end{cases} \qquad \circ\!\!-\!\!\bullet \quad L_u(f) \approx a^2 T_s \left(\frac{\sin 2\pi f T_s}{\pi f T_s} \right)^2 .$$

Die Taktzeit T_s des Schieberegisters ist so zu wählen, daß für den interessierenden Frequenzbereich gilt:

$$f < \frac{1}{T_s} .$$

Achtung! Die Korrelationsfunktion muß mit einer der Methoden aus Kap. 11 ermittelt werden und ist den dort angegebenen Fehlern unterworfen.

12.2. Nichtparametrische Modelle

Definition 12.1: *Nichtparametrische Modelle.*
Unter nichtparametrischen Modellen wird auf dem Gebiet der Identifikation die Bestimmung der Impulsantwort g(t) oder des Frequenzganges G(f) verstanden. In der digitalen Signalverarbeitung fällt zum Beispiel die Impulsantwort g(t) als endliche Zeitreihe g(n) an. Die Werte g(n) können beim Schätzen durchaus als gesuchte Parameter betrachtet werden.

Bestimmung des Frequenzganges:

Das leistungsfähigste klassische Verfahren ist die Bestimmung des Frequenzganges mit harmonischen Eingangssignalen. Man macht dabei von den Eigenfunktionen eines LTI-Systems Gebrauch. Ein kausales harmonisches Eingangssignal $u(t) = e^{j2\pi ft}\,\sigma(t)$ erzeugt nach Gl. 12.1 das Ausgangssignal:

$$y(t) = e^{j2\pi ft} \int_0^t g(\tau)\,e^{-j2\pi f\tau}\,d\tau = e^{j2\pi ft}\left(G(f) - \int_t^\infty g(\tau)\,e^{-j2\pi f\tau}\,d\tau\right)\sigma(t).$$

Stabile Systeme haben eine Impulsantwort, die für große Zeiten exponentiell abklingt. Unter dieser Voraussetzung gilt für große Zeiten:

$$y(t) = e^{j2\pi ft}\,G(f).$$

Beispiel 3: Das Signal

$$u(t) = e^{j2\pi ft}\,\sigma(t) \qquad \circ\!\!-\!\!\bullet \qquad U(s) = \frac{1}{s - j2\pi f}$$

wird durch ein System

$$G(s) = \frac{\alpha}{s + \alpha}$$

geschickt. Das Ausgangssignal y(t) wird mit Hilfe der Inversionsformel der Laplace-Transformation sofort:

$$Y(s) = \frac{\alpha}{s + \alpha}\,\frac{1}{s - j2\pi f}\,,$$

$$y(t) = \left(\frac{\alpha}{j2\pi f + \alpha}\,e^{j2\pi ft} - \frac{\alpha}{j2\pi f + \alpha}\,e^{-\alpha t}\right)\sigma(t) = G(f)\,(e^{j2\pi ft} - e^{-\alpha t})\,\sigma(t).$$

In Bild 12.7 ist das Ausgangssignal y(t) auf das reelle Eingangssignal

$$u(t) = \cos 2\pi ft\,\sigma(t) = \mathrm{Re}\{e^{j2\pi ft}\,\sigma(t)\}$$

aufgetragen. Der stationäre Zustand zwischen Ein- und Ausgangssignal stellt sich erst nach einer vom System abhängigen Übergangszeit ein.

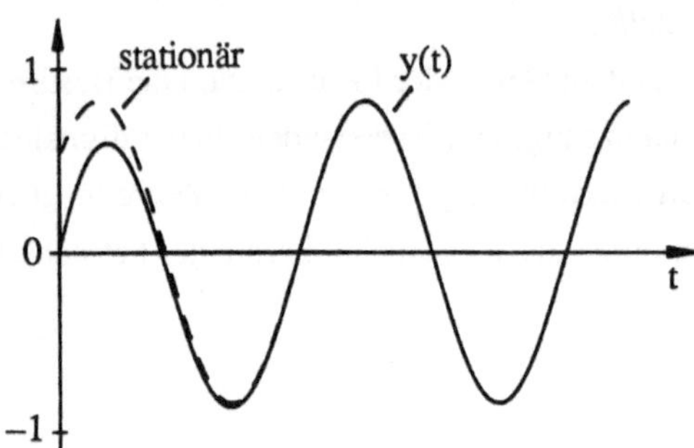

Bild 12.7. Ausgangssignal eines LTI-Systems bei harmonischer Frequenz

Mit

$$G(f) = A(f)\, e^{-j\phi(f)}, \qquad\qquad u(t) = \cos 2\pi ft\; \sigma(t) = \mathrm{Re}\{e^{j2\pi ft}\, \sigma(t)\}$$

gilt im stationären Zustand:

$$y(t) = A(f) \cos(2\pi ft - \phi(f)) = \mathrm{Re}\{G(f)\}\, \cos 2\pi ft - \mathrm{Im}\{G(f)\}\, \sin 2\pi ft$$

$$= b_1 \cos 2\pi ft + b_2 \sin 2\pi ft.$$

Der Real- und Imaginärteil von $G(f)$ kann bequem nach dem LS-Kriterium über eine Beobachtungszeit T_0, die ein ganzzahliges Vielfaches K von $\frac{1}{f}$ ist, geschätzt werden (Kap. 8, Bsp. 7). Aus

$$y(n) = b_1 \cos 2\pi fnT + b_2 \sin 2\pi fnT + e(n), \quad n = 0,\, ...,\, N{-}1, \quad T_0 = NT = \frac{K}{f},$$

folgt mit Satz 8.2:

$$\begin{pmatrix} \hat{b}_1 \\ \hat{b}_2 \end{pmatrix} = (X^T X)^{-1} X^T y_N = \frac{2}{N} \begin{pmatrix} \displaystyle\sum_{n=0}^{N-1} y(n) \cos 2\pi fnT \\[2ex] \displaystyle\sum_{n=0}^{N-1} y(n) \sin 2\pi fnT \end{pmatrix}.$$

Satz 12.3: *Orthogonale Korrelation.*

Das harmonische Eingangssignal $u(n) = \cos 2\pi fnT$ wird mit dem Ausgangssignal $y(n)$ multipliziert und über einige Perioden $K = f\, T_0$ gemittelt. Das Ergebnis entspricht dem halben Realteil des Frequenzganges. Weiter wird das Ausgangssignal mit dem orthogonalen harmonischen Signal $\sin 2\pi fnT$ multipliziert und ebenfalls gemittelt. Das Ergebnis entspricht dem halben negativen Imaginärteil des Frequenzganges:

$$\begin{pmatrix} \text{Re}\{G(f)\} \\ -\,\text{Im}\{G(f)\} \end{pmatrix} = 2 \begin{pmatrix} \dfrac{1}{N} \displaystyle\sum_{n=0}^{N-1} y(n)\,\cos 2\pi fnT \\ \dfrac{1}{N} \displaystyle\sum_{n=0}^{N-1} y(n)\,\sin 2\pi fnT \end{pmatrix}.$$

Die Ortskurve des Frequenzganges $G(f) = \text{Re}\{G(f)\} + j\,\text{Im}\{G(f)\}$ kann mit langsam veränderlichen Frequenzen direkt im Verlauf der Messung aufgetragen werden. Das Verfahren ist Grundlage vieler käuflicher Frequenzgangmeßplätze. Die K-fache Wiederholung des Testsignals bringt im Spektrum die K-fache Amplitude (Satz 12.1). Damit werden die Störsignale gut unterdrückt (Gl. 12.2). Man bedenke aber den Zeitaufwand, der bei langsamen Systemen riesig wird.

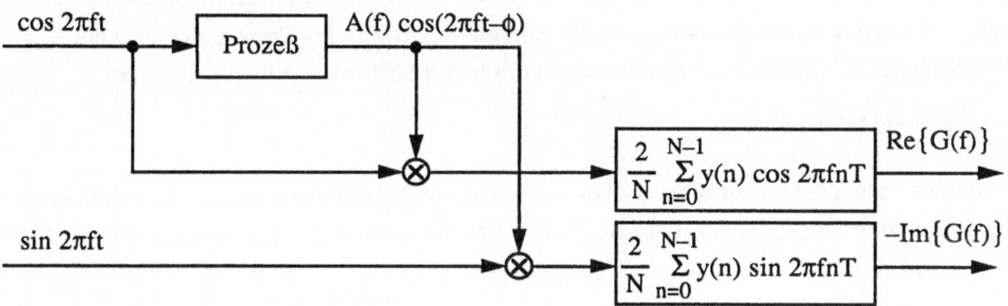

Bild 12.8. Orthogonale Korrelation

Bestimmung der Impulsantwort:

Die Impulsantwort $g(t)$ wird im Zeitdiskreten an K Stützstellen bestimmt:

$$g_K^T = (g(0)\ g(1)\ \dots\ g(K{-}1)).$$

Mit der Faltung und einem Testsignal $u_N(n)$ der Länge N wird das Ausgangssignal (Gl. C16):

$$y(n) = U(n)\,g_K + r(n), \qquad U(n) = \begin{pmatrix} 0 & & & u_N(n) \\ & & u_N(n) & \\ & & \ddots & \\ u_N(n) & & & 0 \end{pmatrix}, \qquad (12.9)$$

$$y^T(n) = (y(n{+}K{-}1)\ \dots\ y(n{-}N{+}1)).$$

Die Gleichung unterscheidet sich formal nicht vom Regressionsansatz in Satz 8.1. Dort ist $r(n)$ der Meßfehler von $y(n)$. Wenn aber die einzelnen Eingangssignale $u(n)$ fehlerhaft gemessen wurden, so ist $r(n)$ kein einzelner Meßfehler, sondern der Gleichungsfehler (Residual).

Man kann $\hat{y}(n) = U(n)\, \hat{g}_K$ als einen Schätzwert für das Signal $y(n)$ ansehen (Joint Process Estimator, Kap. 10.3.1). Nach dem Orthogonalitätsprinzip steht der Gleichungsfehler senkrecht zu den Spaltenvektoren der Matrix $U(n)$, die den Signalraum aufspannen:

$$U^T(n)\,(y - U(n)\,\hat{g}_K) = 0\ ,$$

$$\hat{g}_K = (U^T(n)\,U(n))^{-1} U^T(n) y(n). \tag{12.10}$$

Der Schätzer für die Impulsantwort ist bei fehlerhaften Testsignalen nicht mehr erwartungstreu. Es ist:

$$E\{\hat{g}_K\} = E\{(U^T(n)\,U(n))^{-1} U^T(n)\,(U(n)\,g_K + r(n))\}$$

$$= g_K + E\{(U^T(n)\,U(n))^{-1} U^T(n)\,r(n)\}.$$

Eine Bemerkung zu den Testsignalen:

Die LS-Schätzgleichung (Gl. 12.10) für die Impulsantwort wird besonders einfach, wenn ein weißes Testsignal verwendet wird. Mit der Energie $E = K_u(0)$ des Testsignals wird die Korrelationsmatrix $U^T(n)\,U(n) = E\,I$ und man erhält für den Schätzer der Impulsantwort:

$$\hat{g}_K = \frac{1}{E}\,U^T(n)\,y(n).$$

Ein weißes Testsignal ist zunächst weißes Rauschen. Recht nahe dem weißen Rauschen kommen die binären Pseudo-Rauschsignale (Satz 12.2). Aber auch der Barker-Code (Satz 12.1) hat in der Matrix $U^T U$ eine sehr starke Hauptdiagonale.

In der Praxis geht die Identifikation immer von einem stationären Wert u_0 und y_0 aus:

$$y(t) = g(t) * (u(t) - u_0) + y_0.$$

Alle Verfahren müssen demnach auf ein Signal $u(t) - u_0$ und $y(t) - y_0$ angewendet werden. Eleganter setzt man einen stationären Wert b_{K+1} gleich im Modell an und schätzt ihn (vgl. Satz 8.1). In b_{K+1} sind die Werte u_0 und y_0 und die $g(n)$ implizit enthalten:

$$b_{K+1} = y_0 - g_K^T\,I\,u_0.$$

Satz 12.4: *Schätzen der Impulsantwort.*

Die Impulsantwort $g(n)$ wird aus dem Faltungsintegral (Gl. 12.1) bestimmt. Mit dem Signalmodell $y(n) = U(n)\,g_K + r(n)$ läßt sich nach dem LS-Ansatz $g(n)$ direkt schätzen:

$$\hat{g}_K = (U^T(n)\,U(n))^{-1} U^T(n)\,y(n).$$

Testsignale sind in der Automatisierungstechnik Stellbefehle, die oft nicht ohne Fehler realisiert werden können. In dem Fall ist $r(n)$ ein Gleichungsfehler, der zu einer nicht erwartungstreuen Schätzung führt. Für mittelwertfreie, das Ausgangssignal $y(n)$ superponierende Störsignale wird die Schätzung erwartungstreu.

Stationäre Anteile im Eingangs- und Ausgangssignal sind gesondert zu schätzen und zu subtrahieren. Eleganter ist es, sie im Modellansatz mit einem neuen Parameter b_{K+1} zu berücksichtigen, etwa mit:

$$y(n) = u(n)\, g(0) + \ldots + u(n-K+1)\, g(K-1) + b_{K+1}.$$

Die zentrierte Regression aus Satz 8.1 läßt sich anwenden, ebenso die rekursiven Verfahren in Kap. 10.2.

Bei der Wahl des Testsignals ist die Bandbreite $B < \frac{1}{2T_L}$ zu berücksichtigen (Satz 12.1). Dies führt dazu, daß das Testsignal bei wenigen Vorzeichenänderungen ungefähr so lang wie die Impulsantwort ist. Die Vorteile des LS-Schätzers kommen damit nicht so sehr zur Auswirkung. Die Entfaltung mit Hilfe der FFT gibt daher ähnlich gute Ergebnisse. Das Resultat wird deutlich verbessert, wenn der Versuch mehrfach wiederholt und die Impulsantwort aus den gemittelten Ausgangssignalen gerechnet wird.

Beispiel 4: Ein System zweiter Ordnung mit der Impulsantwort

$$g(t) = e^{-\alpha t} \sin 2\pi f t \; \sigma(t)$$

wird mit dem Barker-Code der Länge $N = 13$ beaufschlagt.

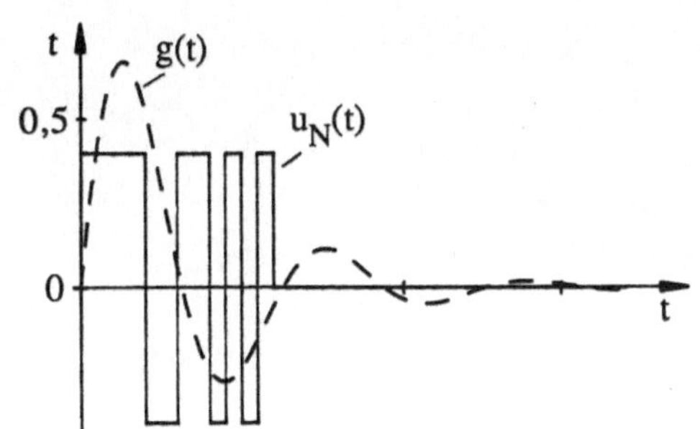
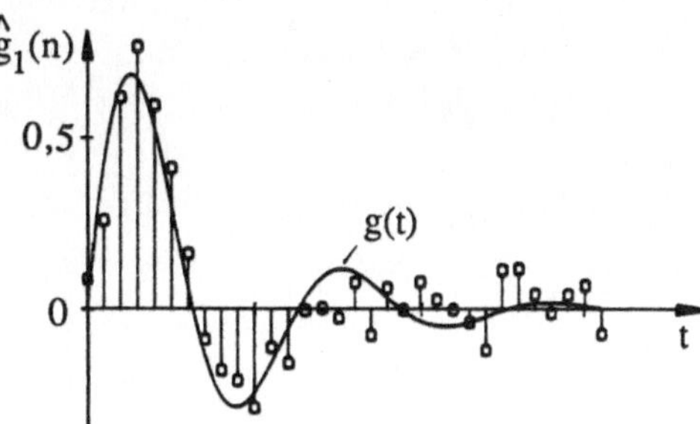
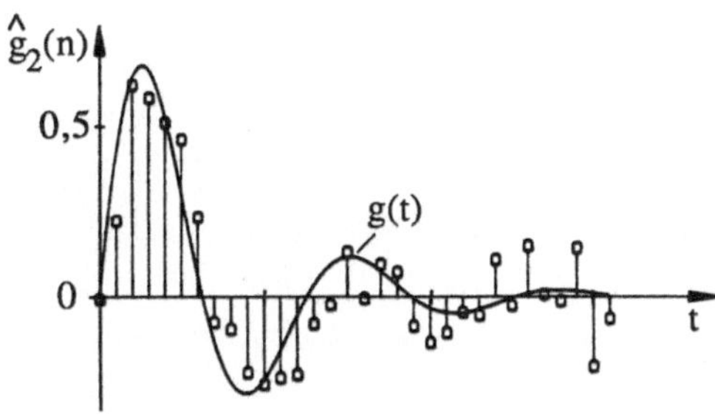
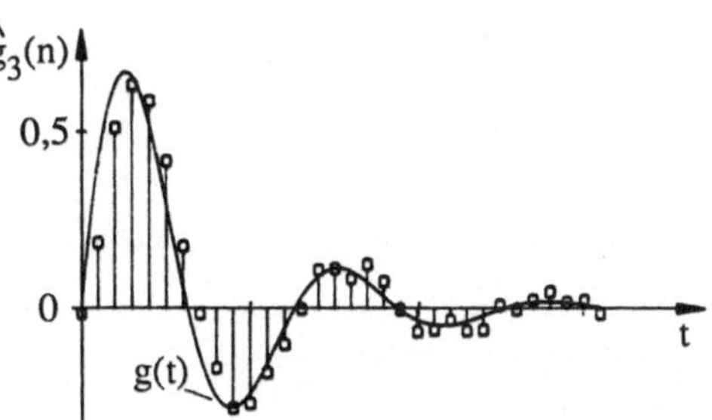

Bild 12.9. Schätzen der Impulsantwort

Bild 12.9 zeigt den Barker-Code $u_N(t)$. $\hat{g}_1(n)$ ist die LS-Schätzung der Impulsantwort für ein weißes Störsignal mit $\sigma_e^2 = 0,1\ K_y(0)$. $\hat{g}_2(n)$ ist das Ergebnis aus der Entfaltung mit Hilfe der FFT. $\hat{g}_3(n)$ ist die gemittelte Impulsantwort bei zehn Versuchen mit demselben Testsignal $u_N(t)$.

Diskussion:

Die Schätzung $\hat{g}_1(n)$ nach dem LS-Kriterium ist etwas besser als die Entfaltung $\hat{g}_2(n)$ mit Hilfe der FFT. Zehnmaliges Wiederholen ergibt die Impulsantwort $\hat{g}_3(n)$, die erheblich besser mit dem theoretischen Verlauf übereinstimmt. Im Fall der Wiederholung wurden zwischen LS-Schätzung und Entfaltung keine wesentlichen Unterschiede festgestellt.

●

12.3. Schätzen von Systemparametern

Man geht von der allgemeinen realisierbaren Differenzengleichung (Gl. 5.6a) aus:

$$y(n)+a_1y(n-1)+...+a_{K-1}y(n-K+1) = b_0u(n)+...+b_{K-1}u(n-K+1)+r(n). \qquad (12.11)$$

$r(n)$ ist der Gleichungsfehler. Ursache für einen Gleichungsfehler können ein falscher Modellansatz, Fehler in den Stellbefehlen $u(n)$ und ein dem Ausgangssignal überlagertes Störsignal $e(n)$ sein. Allein der letztere Fall wird im Buch diskutiert. Dann gilt:

$$r(n) = e(n) + a_1e(n-1)+...+a_{K-1}e(n-K+1) \qquad (12.12)$$

Allgemein hängt der Gleichungsfehler von vergangenen Meßwerten $u(n)$ und $y(n)$ ab.

Gl. 12.11 läßt sich wieder als Prädiktor erster Stufe interpretieren. Aus den vergangenen Werten $y(n-k)$ und $u(n-k)$, $k = 1, ..., K-1$, und $u(n)$ wird $y(n)$ geschätzt.

$$\hat{y}(n) = -\hat{a}_1y(n-1) - ... - \hat{a}_{K-1}y(n-K+1) + \hat{b}_0u(n) + ... + \hat{b}_{K-1}u(n-K+1).$$

Dabei sind die $\hat{a}_k$ und $\hat{b}_k$ so zu wählen, daß der Schätzfehler $\tilde{y}(n) = y(n) - \hat{y}(n)$ nach dem LS-Kriterium minimal wird (Modellanpassung). Der Fehler wird mit einem neu definierten Meßvektor $z(n)$:

$$\tilde{y}(n) = y(n)+\hat{a}_1y(n-1) + ... + \hat{a}_{K-1}y(n-K+1) - \hat{b}_0u(n) - ... - \hat{b}_{K-1}u(n-K+1).$$

$$\tilde{y}(n) = z^T(n)\, \hat{d}, \qquad\qquad \hat{d}^T = (1 \quad \hat{a}^T \quad \hat{b}^T), \qquad (12.13)$$

$$\hat{a}^T = (\hat{a}_1 ... \hat{a}_{K-1}),$$

$$\hat{b}^T = (\hat{b}_0 ... \hat{b}_{K-1}),$$

$$z^T(n) = (y(n) \,...\, y(n-K+1) \,-u(n)\, ...\, -u(n-K+1))$$

$$= (y(n) \quad -x^T(n)).$$

Für N Messungen gilt:

$$\tilde{y}(n) = y(n) - \hat{y}(n) = Z(n)\, \hat{d}, \qquad y^T(n) = (y(n) ... y(n-N+1)),$$

$$Z(n) = \begin{pmatrix} z^T(n) \\ \vdots \\ z^T(n-N+1) \end{pmatrix}$$

$$= (y(n)...y(n-K+1) \,-u(n)...-u(n-K+1))$$

$$= (Y(n) \quad -U(n)),$$

$$= (y(n) \quad -X(n-1)).$$

Für das optimale Filter muß das geschätzte Signal

$$\hat{y}(n) = X(n{-}1) \begin{pmatrix} \hat{a} \\ \hat{b} \end{pmatrix}$$

orthogonal zum Fehlervektor $\tilde{y}(n)$ stehen. Der optimale LS-Schätzer wird wie bei der Regressionsrechnung in Kap. 8.3:

$$X^{T}(n{-}1)\, y(n) - X^{T}(n{-}1)\, X(n{-}1) \begin{pmatrix} \hat{a} \\ \hat{b} \end{pmatrix} = X^{T}(n{-}1) \left(y(n) - X(n{-}1) \begin{pmatrix} \hat{a} \\ \hat{b} \end{pmatrix} \right)$$

$$= X^{T}(n{-}1)\, Z(n)\, \hat{d} = 0,$$

$$\begin{pmatrix} \hat{a} \\ \hat{b} \end{pmatrix} = (X^{T}(n{-}1)\, X(n{-}1))^{-1} X^{T}(n{-}1)\, y(n). \tag{12.14}$$

Wir bilden die mittlere Fehlerquadratsumme P und erhalten mit Gl. 12.13:

$$P = \frac{1}{N}\, \tilde{y}^{T}(n)\, \tilde{y}(n) = \frac{1}{N}\, \hat{d}^{T} Z^{T}(n)\, Z(n)\, \hat{d}.$$

Mit $Z(n) = (y(n)\ \ {-}X(n{-}1))$ aus Gl. 12.13 und der vorstehenden Orthogonalitätsbeziehung wird in Analogie zu Satz 10.6:

$$K_{z}\hat{d} = \begin{pmatrix} P \\ 0 \end{pmatrix}$$

mit:

$$K_{z} = \frac{1}{N}\, Z^{T}(n)\, Z(n) = \frac{1}{N} \begin{pmatrix} Y^{T}(n)\, Y(n) & -Y^{T}(n)\, U(n) \\ -U^{T}(n)\, Y(n) & U^{T}(n)\, U(n) \end{pmatrix}$$

$$= \begin{pmatrix} K_{y} & -K_{yu} \\ -K_{yu}^{T} & K_{u} \end{pmatrix}^{(2K \times 2K)}.$$

Die Elemente der Matrizen K_{y}, K_{yu} und K_{u} sind die durch N dividierten Korrelationsfunktionen für Energiesignale. Es ist:

$$K_{y} = (K_{y}(i{-}j)), \qquad\qquad K_{y}(i{-}j) = \frac{1}{N}\, y^{T}(n{-}i)\, y(n{-}j).$$

Damit das mathematische Modell nicht nur bei den Testsignalen eine gute Modellanpassung sicherstellt, sollten die Parameter a und b erwartungstreu geschätzt werden. Aus der obigen Normalengleichung (Gl. 12.14) wird:

$$E\left\{ \begin{pmatrix} \hat{a} \\ \hat{b} \end{pmatrix} \right\} = E\left\{ (\tfrac{1}{N} X^{T} X)^{-1}\, \tfrac{1}{N} X^{T} y \right\} = \begin{pmatrix} a \\ b \end{pmatrix} + E\left\{ (\tfrac{1}{N} X^{T} X)^{-1}\, \tfrac{1}{N} X^{T} r \right\}.$$

Der zweite Term verschwindet mit $E\{r(n)\} = 0$ nur dann, wenn $(X^T X)^{-1} X^T$ unkorreliert zu $r(n)$ ist. Nach dem Störgrößenmodell (Gl. 12.12) ist das aber nicht der Fall.

Wir prüfen unter welchen Annahmen für den Gleichungsfehler r(n) die Schätzung wenigstens asymptotisch erwartungstreu wird. Für eine Versuchsserie seien die Parameter a und b konstant, das Testsignal u(n) determiniert oder stochastisch. Das Ausgangssignal y(n) enthält sicher stochastische Anteile aus den überlagerten Störsignalen e(n) bzw. aus r(n).

Mit $\hat{a} = a - \tilde{a}$ wird die Erwartung der Normalengleichung:

$$E\left\{\frac{1}{N} X^T(n-1)\, X(n-1) \begin{pmatrix} \tilde{a} \\ \tilde{b} \end{pmatrix}\right\} = -E\left\{\frac{1}{N} X^T(n-1)\, r(n)\right\}.$$

Für große N konvergieren die Ausdrücke $\frac{1}{N} X^T(n-1)\, X(n-1)$ gegen die Korrelationsmatrix K_x. Mit dem Theorem von Slutzky (Satz 9.3) wird dann:

$$K_x\, E\left\{\begin{pmatrix} \tilde{a} \\ \tilde{b} \end{pmatrix}\right\} = -E\left\{\frac{1}{N} X^T(n-1)\, r(n)\right\}. \tag{12.15}$$

Damit wird die Schätzung asymptotisch erwartungstreu, wenn die Gleichungsfehler r(n–i), die in x(n–i) enthalten sind, unkorreliert mit r(n) sind:

$$E\{r(n)\, r(n-i)\} = 0 \qquad \text{für} \quad i = 1, ..., N-1.$$

Satz 12.5: *Identifikation der Systemparameter nach der LS-Methode.*

Als Modell wird ein ARMA-Ansatz der Ordnung K–1 verwendet:

$$y(n)+a_1\, y(n-1) +...+a_{K-1}y(n-K+1) = b_0 u(n)+...+ b_{K-1}\, u(n-K+1)+r(n).$$

Die Modellanpassung geschieht so, daß

$$\hat{y}(n) = X(n-1) \begin{pmatrix} \hat{a} \\ \hat{b} \end{pmatrix}$$

die mittlere quadratische Fehlersumme $\frac{1}{N} \tilde{y}^T(n)\, \tilde{y}(n)$ minimiert (Prädiktor erster Stufe). Für den optimalen Parametersatz gilt:

$$\hat{d}^T = (1\ \ \hat{a}^T\ \ \hat{b}^T),$$

$$K_z^{(2Kx2K)}\, \hat{d} = \begin{pmatrix} P \\ 0 \end{pmatrix},$$

mit:

$$K_z^{(2Kx2K)} = \begin{pmatrix} K_y^{(KxK)} & -K_{yu}^{(KxK)} \\ -K_{yu}^{T(KxK)} & K_u^{(KxK)} \end{pmatrix},$$

$$
K_z^{(2K\times2K)} = \begin{pmatrix} K_y(0) & k_y^T(-1) & -k_{yu}^T(0) \\ \hline k_y(-1) & K_y^{(K-1\times K-1)} & -K_{yu}^{(K-1\times K)} \\ -k_{yu}(0) & -K_{yu}^{T(K\times K-1)} & K_u^{(K\times K)} \end{pmatrix},
$$

$$
K_{yu}^{(K\times K)} = \begin{pmatrix} k_{yu}^T(0) \\ K_{yu}^{(K-1\times K)} \end{pmatrix},
$$

oder:

$$
\begin{pmatrix} \hat{a} \\ \hat{b} \end{pmatrix} = \begin{pmatrix} K_y & -K_{yu} \\ -K_{yu}^T & K_u \end{pmatrix}^{-1} \begin{pmatrix} -k_y(-1) \\ k_{yu}(0) \end{pmatrix}
$$

mit:

$$
k_y^T(-1) = (K_y(-1) \ldots K_y(-K+1)),
$$

$$
k_{yu}^T(0) = (K_{yu}(0) \ldots K_{yu}(-K+1)). \tag{12.16}
$$

Die Parameter werden asymptotisch erwartungstreu geschätzt, wenn der Gleichungs-fehler r(n) im ARMA-Ansatz unkorreliert ist:

$$
E\{r(n)\,r(n-i)\} = 0 \qquad \text{für } i = 1, \ldots, N-1.
$$

Ein unkorrelierter Gleichungsfehler wird sehr selten sein. Alle Bemühungen richten sich auf die Verringerung der Schiefe. Nur bei richtigen Parametern $\hat{a}$ und $\hat{b}$ beschreibt das Modell auch bei beliebigen Eingangssignalen den Prozeß hinreichend genau. Den Zusammenhang zwischen einer superponierenden Störgröße e(n), die sich dem richtigen Ausgangssignal $y_0(n)$ überlagert und den Gleichungsfehler r(n) zeigt Bild 12.10.

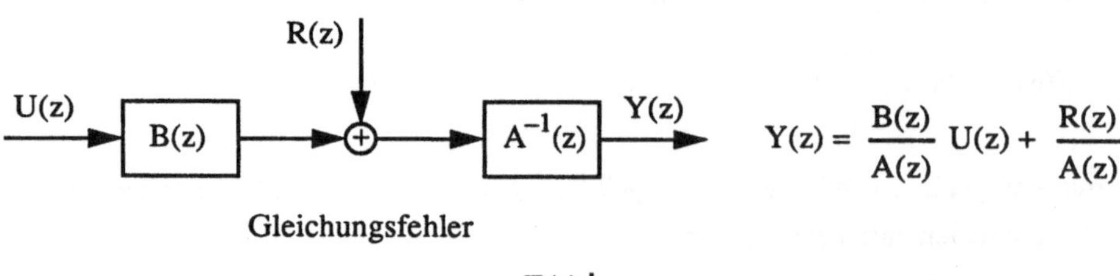

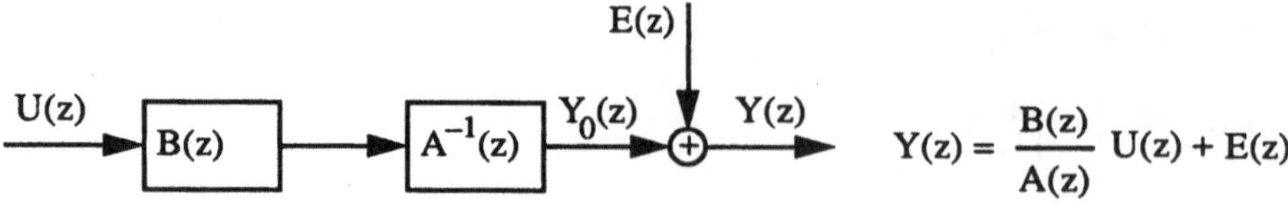

Bild 12.10. Blockstruktur eines ARMA-Prozesses mit Gleichungsfehler r(n) und Störsignal e(n)

Der Leser erkennt mit Satz 12.5, daß der Gleichungsfehler einem Störsignal E(z) entspricht, welches aus einem AR-Ansatz mit dem Nennerpolynom A(z) gewonnen wird.

Wir entwickeln eine Beziehung für den Schätzfehler bei großen Stichproben. Das Störsignal e(n) sei mittelwertfrei und unabhängig vom Eingangssignal. Weiter soll das Testsignal u(t) ziemlich lang sein, so daß das Störsignal durch seine Korrelationsfunktion beschrieben wird. Mit dem ungestörten Ausgangssignal $y_0(n)$ und den vorstehenden Annahmen für die Korrelationsfunktionen erhalten wir:

$$K_y(k) = K_{y_0}(k) + K_e(k), \qquad K_{yu}(k) = K_{y_0u}(k),$$

$$k_y(-1) = k_{y_0}(-1) + k_e(-1).$$

Schreibt man den Schätzwert $\hat{a}$ als Summe des richtigen Wertes a und des Fehlers $\tilde{a}$, $\hat{a} = a - \tilde{a}$ bzw. $\hat{b} = b - \tilde{b}$ und bildet die Erwartung über Gl. 12.16, so erhält man mit Satz 9.3 die Schätzgleichung:

$$\begin{pmatrix} K_{y_0}+K_e & -K_{y_0u} \\ -K_{y_0u}^T & K_u \end{pmatrix} E\left\{\begin{pmatrix} a-\tilde{a} \\ b-\tilde{b} \end{pmatrix}\right\} = \begin{pmatrix} -k_{y_0}(-1) - k_e(-1) \\ k_{yu}(0) \end{pmatrix}. \tag{12.17}$$

Dabei gehen die Signalmatrizen in die entsprechenden Korrelationsmatrizen über. Ohne Störsignal werden die richtigen Parameter a und b aus Gl. 12.17 für $K_e = 0$ ermittelt. Damit ergibt sich die Schiefe $E\{\tilde{a}\}$ und $E\{\tilde{b}\}$ zu:

$$\begin{pmatrix} K_{y_0}+K_e & -K_{y_0u} \\ -K_{y_0u}^T & K_u \end{pmatrix} E\left\{\begin{pmatrix} \tilde{a} \\ \tilde{b} \end{pmatrix}\right\} = \begin{pmatrix} K_e a + k_e(-1) \\ 0 \end{pmatrix}.$$

Ist $K_e a + k_e(-1) = 0$, so wird die Schiefe $E\{\tilde{a}\}$ und $E\{\tilde{b}\}$ zu null. Der Vergleich mit Gl. 10.13 zeigt, daß dies der Fall ist, wenn das Störsignal e(n) ein autoregressiver Prozeß ist, mit:

$$E(z) = \frac{c}{A(z)}, \qquad L_e(z) = \frac{c^2}{A(z)\, A(z^{-1})}.$$

Liegt eine Vorstellung über das Störsignal e(n) vor, so können mit Gl. 12.17 die Schätzfehler angegeben werden.

Satz 12.6: *Gleichungsfehler, Störsignal.*
Ist die Korrelationsmatrix K_e des superponierenden Störsignals e(n) bekannt, so läßt sich für große Stichproben der Schätzfehler angeben:

$$E\{\tilde{a}\} = (K_{y_0} + K_e - K_{y_0u} K_u^{-1} K_{y_0u}^T)^{-1} (K_e a + k_e(-1)), \tag{12.18}$$

$$E\{\tilde{b}\} = K_u^{-1} K_{y_0u}^T \tilde{a}.$$

Ist der Gleichungsfehler r(n) weiß, oder ist das Störsignal ein AR-Prozeß mit dem Nennerpolynom A(z), so wird die Schätzung allgemein asymptotisch erwartungstreu.

Zwei Verfahren zur Reduzierung der Schiefe der Schätzung bieten sich an:

1)   Identifikation mit einem Störgrößenmodell:
      Der ARMA-Ansatz wird um ein Störgrößenmodell erweitert und mit dem erweiterten Ansatz identifiziert.

2)   Zweistufiges Schätzen mit Vorfilterung:
      Die Residuals werden durch die Vorfilterung verkleinert. Die reduzierten Gleichungsfehler bringen eine kleinere Schiefe mit sich.

Störgrößenmodelle:

Die Idee ist einfach. Der Gleichungsfehler r(n) wird als Ausgangssignal eines geeigneten Filters ausgedrückt, das von weißem Rauschen w(n) erregt ist. Man kann das Whitening-Filter als AR-Prozeß ansetzen,

$$W(z) = D(z) R(z),$$

und erhält dann durch Verschieben des Blockes D(z) im Strukturbild (Bild 12.11) eine gleichwertige Struktur, die für den Gesamtprozeß zu einem erweiterten ARMA-Modell mit unkorreliertem Gleichungsfehler w(n) führt. Nach Satz 12.6 wird dann eine Schiefe vermieden.

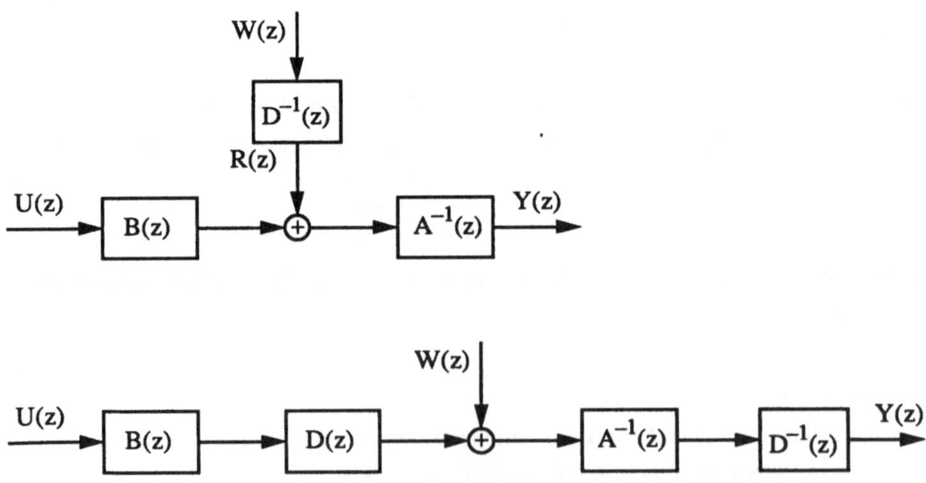

Bild 12.11. Gleichungsfehler als AR-Prozeß, zwei gleichwertige Strukturen

Den Prozeß direkt mit

$$G(z) = \frac{B(z)\,D(z)}{A(z)\,D(z)}$$

anzusetzen, empfiehlt sich weniger. Um als Ergebnis

$$G(z) = \frac{B(z)}{A(z)}$$

zu erhalten, muß das Whitening-Filter $D(z)$ herausgekürzt werden. Dies ist wegen numerischer Ungenauigkeiten nicht ganz eindeutig. Zweckmäßiger wird $r(n)$ geschätzt, mit $D(z)$ gefiltert und weiß gemacht und noch einmal nach Satz 12.5 geschätzt.

Ein anderer möglicher Ansatz ist der ARMAX-Ansatz /12.3/.

Satz 12.7: *Identifikation mit Störgrößenmodellen,*
ARMA-Ansatz höherer Ordnung, ARMAX-Ansatz.

a)   ARMA-Ansatz höherer Ordnung:

Der Gleichungsfehler $r(n)$ wird mit einem AR-Modell weiß gemacht:

$$R(z) = \frac{1}{D(z)}\,W(z).$$

Störsignalmodell:

$$E(z) = \frac{1}{D(z)\,E(z)}\,W(z).$$

Das erweiterte Signalmodell wird:

$$A(z)\,Y(z) = B(z)\,U(z) + \frac{W(z)}{D(z)}\,,$$

$$A(z)\,D(z)\,Y(z) = B(z)\,D(z)\,U(z) + W(z).$$

Zweckmäßige Vorgehensweise:

1)   Man schätze nach der LS-Methode $\hat{a}_1$, $\hat{b}_1$ und berechne damit $\hat{r}_1(n)$ nach Gl. 12.11.

2)   Man finde $D_1(z)$ nach der LS-Methode aus

$$W(z) = D_1(z)\,\hat{R}_1(z).$$

3)   Man filtere die Signale $Y(z)$ und $U(z)$ mit $D_1(z)$:

$$Y_1(z) = D_1(z)\,Y(z), \qquad\qquad U_1(z) = D_1(z)\,U(z).$$

4)   Man schätze mit $Y_1(z)$ und $U_1(z)$ erneut die Parameter und erhält $\hat{a}_2$, $\hat{b}_2$.

Das Verfahren kann mit Schritt 2) wiederholt werden.

b)   ARMAX-Ansatz (erweiterter ARMA-Ansatz):
Der Gleichungsfehler wird mit einem Modell

$$R(z) = D(z)\, W(z)$$

weiß gemacht. Das erweiterte Signalmodell wird:

$$E(z) = \frac{D(z)}{A(z)}\, W(z),$$

$$A(z)\, Y(z) = B(z)\, U(z) + D(z)\, W(z),$$

$$w(n) = (1\ \ a^T)\, y(n) - b^T u(n) - d^T w(n-1) = y(n) - c^T v(n). \qquad (12.19)$$

Zweckmäßig werden die Parameter c rekursiv geschätzt (Satz 10.4):

$$\hat{c}(n) = \hat{c}(n-1) + k(n)\, (y(n) - v^T(n)\, \hat{c}(n-1)).$$

Die Werte $w(n-i)$ im Vektor $v(n)$ müssen aus Gl. 12.19 mit $c = \hat{c}(n-1)$ berechnet werden. Der Gewichtsvektor $k(n)$ wird entsprechend Satz 10.4 ebenfalls rekursiv geschätzt.

Zweistufiger Schätzer mit Vorfilterung:

In Satz 8.2 wurde gezeigt, daß eine Vorverarbeitung der Meßwerte $y(n) = X(n)\, b + e(n)$ mit einer regulären Matrix A keinen Einfluß auf die Kovarianzmatrix $V_{\tilde{b}}$ des Schätzfehlers hat. Ebenfalls kann ohne Einbuße bei der Kovarianzmatrix mit einer Mittelung von L unabhängigen Versuchen gearbeitet werden (Satz 10.2). Nach Gl. 10.5 ist für Beobachtungsmatrizen $X_i = X$ die Kovarianzmatrix des Schätzfehlers nach L unabhängigen Versuchen:

$$V_{\tilde{b}L} = \frac{1}{L}\, (X^T R^{-1} X)^{-1}.$$

Zur gleichen Kovarianzmatrix des Schätzfehlers kommt man, wenn man die Ausgangssignale der einzelnen unabhängigen Versuche arithmetisch mittelt und die Parameter aus diesem Signalmodell schätzt:

$$\frac{1}{L} \sum_{i=1}^{N} y_i = X\, b + \frac{1}{L} \sum_{i=1}^{N} e_i.$$

Die Vorfilterung und anschließende Schätzung ist ohne Zweifel ein erhöhter Aufwand. Der Vorteil liegt aber darin, daß die Vorfilterung den Gleichungsfehler reduzieren kann und damit auch die Schiefe kleiner wird. Es folgt:

Satz 12.8: *Wiederholte Versuche.*
Ein ARMA-Prozeß wird von einem Testsignal $u(n)$ erregt und das Ausgangssignal $y_1(n)$ beobachtet. Danach wird der Versuch wiederholt mit dem Ergebnis $y_2(n)$. Werden insgesamt L unabhängige Testläufe durchgeführt, so können mit

$$\hat{y}(n) = \frac{1}{L} \sum_{i=1}^{L} y_i(n), \qquad \hat{r}(n) = \frac{1}{L} \sum_{i=1}^{L} r_i(n)$$

aus folgenden Gleichungen die Parameter a und b geschätzt werden:

$$\hat{y}(n) = a^T \hat{y}(n-1) + b^T u(n) + \hat{r}(n).$$

Die Kovarianzmatrix $V_{\widetilde{ab}}$ des Schätzfehlers bleibt durch die Vormittelung unverändert. Die Schiefe des Schätzers reduziert sich von $E\{\tilde{a}^T \tilde{b}^T\}$ auf $\cdot\frac{1}{L} E\{\tilde{a}^T \tilde{b}^T\}$ (Herleitung mit Slutzky-Theorem, Satz 9.3).

Satz 12.9: *Vorfilterung mit der Testsignalmatrix* $U(n)$.
Multipliziert man das Signalmodell (Gl. 12.13)

$$y(n) = Y(n-1)\, a + U(n)\, b + r(n), \qquad U(n) = \begin{pmatrix} 0 & & & u_N(n) \\ & & u_N(n) & \\ & & \cdot\cdot & \\ u_N(n) & & & 0 \end{pmatrix},$$

mit der Matrix $U^T(n)$, so wird:

$$U^T(n)\, y(n) = U^T(n)\, Y(n)\, a + U^T(n)\, U(n)\, b + U^T(n)\, r(n)$$

und der LS-Schätzer:

$$\begin{pmatrix} \hat{a} \\ \hat{b} \end{pmatrix} = ((K_{yu}\ K_u)^T\, (K_{yu}\ K_u))^{-1}\, (K_{yu}\ K_u)^T\, k_{yu}(0).$$

Der Schätzer liefert für mittelwertfreie Gleichungsfehler r(n), die von y(n) unabhängig sind, konsistente Schätzwerte für a und b. Die Kovarianzmatrix des Schätzfehlers ist nicht minimal.

Die letzte Aussage bestätigt der Leser wieder wie bei Satz 12.6 mit den fehlerfreien Signalen y_0. Es ist:

$$K_{yu}(k) = K_{y_0 u}(k).$$

Das Verfahren der *instrumentellen Variablen* /12.3/, /12.4/ arbeitet ähnlich. Auch dort wird das Signalmodell mit einer Matrix, der instrumentellen Variablen, multipliziert.

Eigenwertfilter, Prädiktionsfehlerfilter und ihre Schiefe

Wir schreiben das Regressionsproblem als allgemeines homogenes Problem mit einem Parametervektor $a^T = (a_0 \ldots a_K)$ und einer Signalmatrix $Y^T = (y(n)\ y(n-1) \ldots y(n-K))$. Dabei sind die einzelnen Signalvektoren nicht unbedingt Zeitreihen. Auch die Beschreibung eines ARMA-Prozesses ist möglich. Für den mittleren quadratischen Gleichungsfehler gilt:

$$\frac{1}{N}\, r^{\mathrm{T}}(n)\, r(n) = \frac{1}{N}\, a^{\mathrm{T}} Y^{\mathrm{T}} Y\, a.$$

Die Messungen y(n) seien durch einen Meßfehler e(n) gestört,

$$y(n) = y_0(n) + e(n),$$

$y_0(n)$ ist die fehlerfreie Messung. Dann wird mit Satz 9.3 und voneinander unabhängigen Größen $y_0(n)$ und $e(n)$:

$$\sigma_r^2 = E\{r^2(n)\} = a^{\mathrm{T}}\,(K_0 + K_e)\,a$$

mit:

$$K_0 = \frac{1}{N}\, Y_0^{\mathrm{T}}\, Y_0, \qquad K_e = \frac{1}{N}\, E\{E^{\mathrm{T}}(n)\, E(n)\}, \quad E(n) = (e(n)\ \ e(n{-}1) \ldots e(n{-}K)).$$

Minimiert man den mittleren quadratischen Gleichungsfehler unter der Nebenbedingung $a^{\mathrm{T}} l = 1$, $l^{\mathrm{T}} l = 1$, so erhält man mit dem Lagrange-Multiplikator λ den Schätzvektor:

$$\hat{a} = \lambda\, \frac{1}{N}\, (Y^{\mathrm{T}} Y)^{-1} l.$$

Für große Stichproben wird:

$$K\, E\{\hat{a}\} = (K_0 + K_e)\, E\{\hat{a}\} = \lambda l. \tag{12.20}$$

Der Leser überzeugt sich, daß man speziell mit $l^{\mathrm{T}} = (1\ \ 0 \ldots 0)$ die Nebenbedingung $a_0 = 1$ und damit ein Prädiktionsfehlerfilter erhält. Wählt man l gleich dem Schätzvektor $\hat{a}$, so wird $\hat{a}$ gleich dem Eigenvektor g_1 der Matrix K, der zum kleinsten Eigenwert λ_1 gehört. Im ungestörten Fall ist $K\hat{a} = K_0\hat{a} = 0$, da kein Gleichungsfehler vorliegt. Das Prädiktionsfehlerfilter $\hat{a}_\mathrm{P}$ und das Eigenwertfilter $\hat{a}_\mathrm{E}$ ergeben die richtige Lösung.

Wir diskutieren Gl. 12.20 auf eine erwartungstreue Schätzung:

a) Ist $K_e = c\, K_0$, so wird natürlich asymptotisch erwartungstreu geschätzt. $E\{\hat{a}\}$ bestimmt sich aus der Gleichung $K_0 E\{\hat{a}\} = 0$.

b) Ist $K_e\, a = \lambda\, l$, so wird ebenfalls asymptotisch erwartungsteu geschätzt (vgl. Gl. 12.17). Es wird: $\lambda = a^{\mathrm{T}} K_e a$, $E\{\hat{a}\} = a$.

c) Bei der orthogonalen Regression ist $l = \hat{a}$. Das Minimum von $r^{\mathrm{T}} r$ erhält man für $\hat{a}$ gleich g_1 dem Eigenvektor, der zum kleinsten Eigenwert λ_1 der Matrix K gehört. Asymptotisch erwartungstreu wird geschätzt, wenn g_1 neben dem Eigenvektor von K_0 auch ein Eigenvektor von K_e ist. Dann gilt:

$$(K_0 + K_e)\, g_1 = 0 + \lambda_1\, g_1$$

mit λ_1 dem zu K_e gehörenden Eigenwert. Alle anderen Eigenvektoren von K_e brauchen mit denen von K_0 nicht übereinzustimmen.

Zusammengefaßt gilt:

Satz 12.10: *Asymptotisch erwartungstreue Schätzer bei ARMA-Prozessen.*
Der mittlere quadratische Gleichungsfehler

$$\frac{1}{N}\, r^T(n)\, r(n) = \frac{1}{N}\, a\, Y^T Y\, a$$

läßt sich unter der Nebenbedingung $a^T l = 1$, $l^T l = 1$ minimieren. Die Lösung wird mit

$$K_N = \frac{1}{N}\, Y^T Y:$$

$$\hat{a} = \lambda\, K_N^{-1}\, l, \qquad\qquad \lambda = (l^T K_N^{-1}\, l)^{-1} = \hat{a}^T\, K_N\, \hat{a}. \qquad (12.21)$$

Die Lösung schließt für $l^T = (1\ 0\ \dots\ 0)$ die Prädiktionsfehlerfilter und für $l = \hat{a}$ die Eigenwertfilter ein. $\hat{a} = g_1$ ist der zum kleinsten Eigenwert λ_1 gehörende Eigenvektor von K_N.

Die Schätzung wird asymptotisch erwartungstreu, wenn mit den Korrelationsmatrizen aus den korrekten Meßwerten K_0 und der Störung K_e, $K = K_0 + K_e$, gilt:

$$K_e\, E\{\hat{a}\} = \lambda\, l.$$

Bei der orthogonalen Regression wird asymptotisch erwartungstreu geschätzt, wenn der zum kleinsten Eigenwert gehörende Vektor g_1 der Matrix K auch Eigenvektor von K_e ist.

Die vorliegenden Erfahrungen aus der Praxis zeigen, daß die Schiefe bei der orthogonalen Regression kleiner als beim Prädiktionsfehlerfilter ist (Bsp. 5).

Beispiel 5: Kurze Einstellzeit bei trägen Meßeinrichtungen.
Für die Überwachung und Regelung eines Prozesses soll das physikalische Signal aus dem Prozeß schnell als digitales Signal vorliegen. Die Meßsysteme sind aber oft träge.

Eine Meßeinrichtung wird durch das ARMA-Modell (Satz 12.5) dargestellt. Ein Weg ist es, die Parameter a und b zu identifizieren und das Ausgangssignal nach Kap. 8, Bsp. 9 zu schätzen. Eine ähnliche, klassische Lösung faltet das Ausgangssignal mit der inversen, minimalphasigen Systemfunktion $\hat{Y}(z) = G^{-1}(z)\, Y(z)$. Diese Methode findet nur selten Anwendung. Die Systemparameter a und b hängen von anderen Prozeßgrößen ab. Zum Beispiel hängen bei einem Berührungsthermometer die Systemparameter von der Verschmutzung des Fühlers, von der Strömungsgeschindigkeit und von der Art des Mediums ab.

Man geht vom ARMA-Ansatz (Gl. 5.6a) aus:

$$y(n) + a_1 y(n-1) + \dots + a_K y(n-K+1) = b_0 u(n) + b_1 u(n-1) + \dots + b_K u(n-K+1).$$

Für eine Empfindlichkeit $E = 1$ gilt im stationären Fall, $u(n) = u_\infty$, $y(n) = u_\infty$, eine Nebenbedingung für die Koeffizienten:

$$1 + \sum_{i=1}^{K} a_i = \sum_{i=0}^{K} b_i.$$

Damit läßt sich der Einschwingvorgang auf folgende Weise schreiben:

$$c_0 y(n) + c_1 y(n-1) + \dots + c_K y(n-K+1) = u_\infty, \qquad \sum_{i=0}^{K} c_i = 1.$$

Der stationäre Endwert wird zusammen mit den Koeffizienten c_i geschätzt.

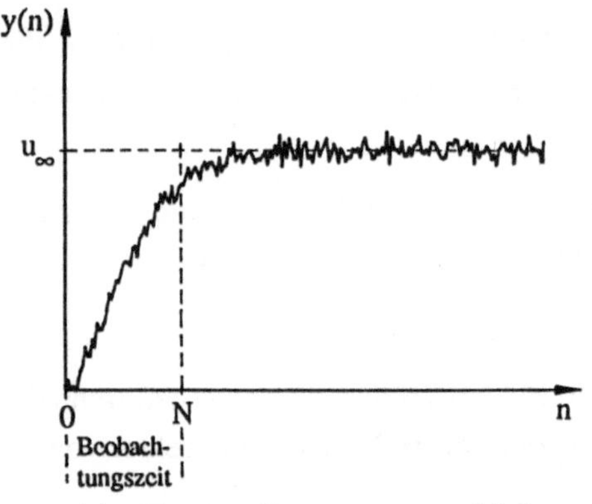

a)   Gestörte Sprungantwort y(n) des
      Berührungsthermometers

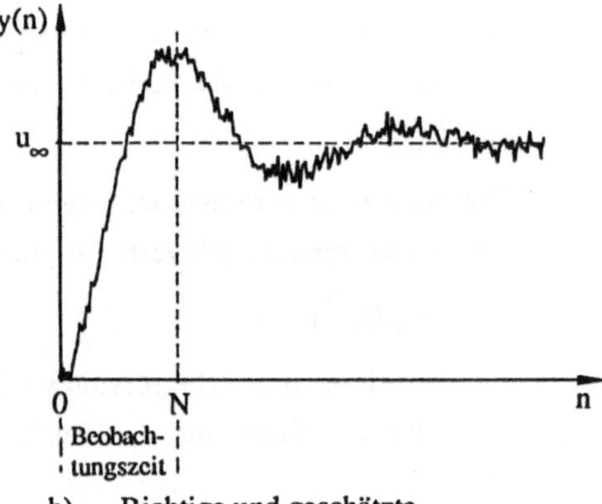

b)   Richtige und geschätzte
      Sprungantworten

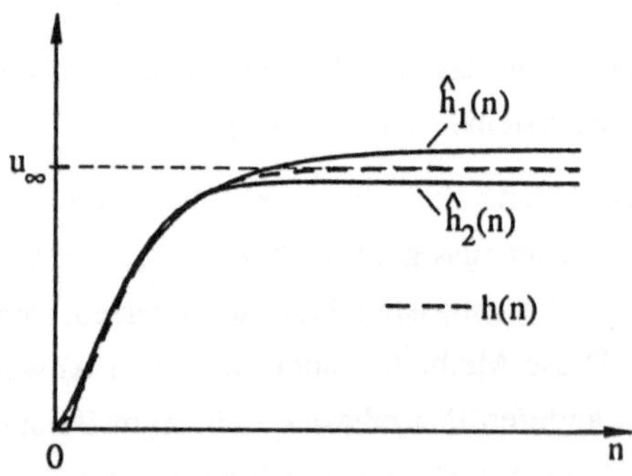

c)   Gestörte Sprungantwort y(n) bei
      einem System mit einem konjugiert
      komplexen Polpaar

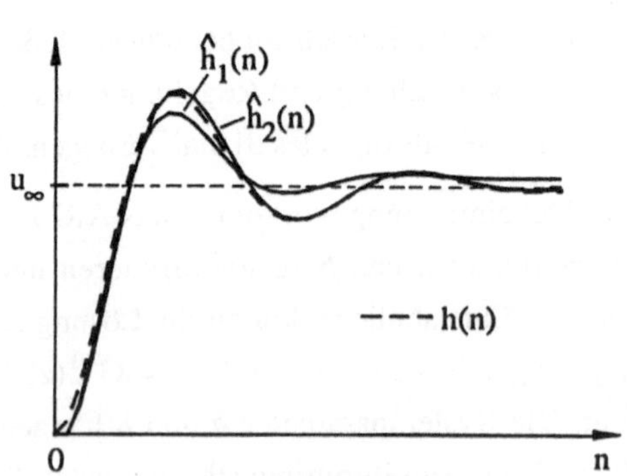

d)   Richtige und geschätzte
      Sprungantworten

Bild 12.12. Reduzierung der Einstellzeit

In Bild 12.12a ist der Einschwingvorgang $y(n)$ eines Berührungsthermometers überlagert von weißem Rauschen, $\sigma_e = 0{,}05\, u_\infty$, aufgetragen. Das Thermometer wird durch ein AR-Modell mit zwei reellen Polen $z_{\infty 1} = z_{\infty 2}$ beschrieben. Bild 12.12b zeigt die richtige Sprungantwort $h(n)$, die mit dem LS-Schätzer geschätzte Sprungantwort $\hat{h}_1(n)$ und die mit dem Eigenwertfilter geschätzte Sprungantwort $\hat{h}_2(n)$. Dabei wurden Meßwerte aus dem Intervall $0 \le nT \le NT$ (Bild 12.12a) zur Schätzung verwendet.

Bild 12.12c zeigt dasselbe Verfahren mit einem konjugiert komplexen Polpaar $z_{\infty 2} = z_{\infty 1}^*$. In Bild 12.12d ist wieder die richtige Sprungantwort $h(n)$, die mit dem LS-Schätzer geschätzte Sprungantwort $\hat{h}_1(n)$ und die mit dem Eigenwertfilter geschätzte Sprungantwort $\hat{h}_2(n)$ aufgetragen.

Diskussion:

-       Die Einstellzeit kann mit der Schätzung auf ca. 40 % reduziert werden.

-       Die Schätzung mit dem Eigenwertfilter ist etwas besser als die LS-Schätzung.

-       Die Schätzung aus dem schwingenden Signal (Bild 12.12c) ist besser als die Schätzung beim Berührungsthermometer (Bild 12.12a). Satz 10.7 erklärt dies. Das schwingende Signal nähert sich einem vorhersagbaren Signal.

Bild 12.13a zeigt den gestörten Temperaturverlauf eines Berührungsthermometers, der von weißem Rauschen überlagert ist, $\sigma_e = 0{,}05\, u_\infty$, beim Eintauchen in ein Gefäß mit der Temperatur u_∞. Bild 12.13b zeigt den ungestörten Signalverlauf und den geschätzten Verlauf $\hat{u}_\infty(n)$ nach jeweils zehn Messungen (N=50). Nach ca. 40 % der Einstellzeit wird die Endtemperatur gut geschätzt.

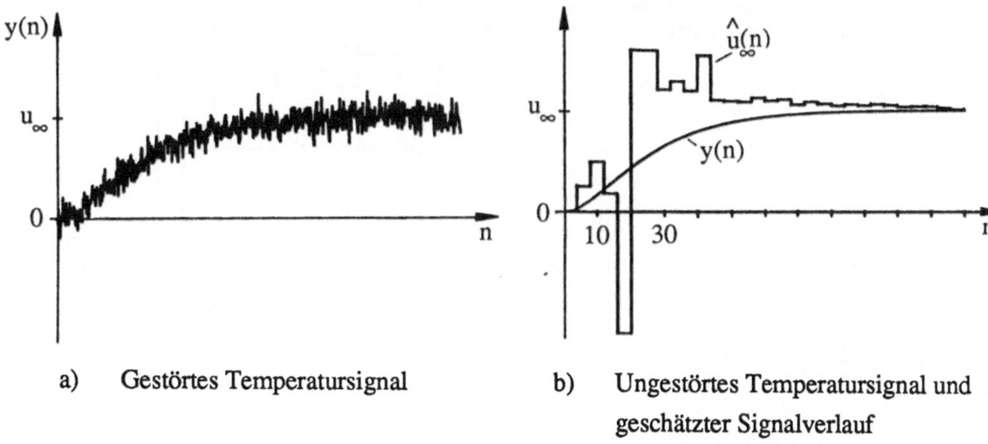

a)   Gestörtes Temperatursignal   b)   Ungestörtes Temperatursignal und geschätzter Signalverlauf

Bild 12.13. Schätzung des Endwertes bei einem Berührungsthermometer

Praktische Ergebnisse finden sich bei /12.11/, /12.12/.

12.4. Identifikation von Mehrgrößensystemen

Ein Mehrgrößensystem habe L Eingangsgrößen $u_L^T(n) = (u_1(n) \dots u_L(n))$ und K Ausgangsgrößen $y_K^T(n) = (y_1(n) \dots y_K(n))$. Ist das System ein LTI-System oder kann es als solches beschrieben werden, so ist wegen der Superponierbarkeit jedes Ausgangssignal $y_i(n)$ mit den Eingangssignalen $u_j(n)$ über eine Impulsantwort $g_{ij}(n)$ bzw. eine Systemfunktion $G_{ij}(z)$ verbunden. Im z-Bereich gilt:

$$Y_K(z) = G(z) \, U_L(z), \qquad Y_K^T(z) = (Y_1(z) \dots Y_K(z)),$$

$$U_L^T(z) = (U_1(z) \dots U_L(z)),$$

$$G(z) = (G_{ij}(z))^{(K \times L)}, \quad i = 1, \dots, K, \quad j = 1, \dots, L.$$

Das Problem der Identifikation von Mehrgrößensystemen läßt sich sofort auf die Identifikation von Eingrößensystemen reduzieren, wenn man nur einen Eingang $u_j(n)$ erregt und ein Ausgangssignal $y_i(n)$ beobachtet:

$$Y_i(z) = G_{ij}(z) \, U_j(z).$$

Ein eventuell vorhandener stationärer Anteil y_{i0} oder u_{j0} ist dabei zu eliminieren (Satz 12.4). Der stationäre Anteil y_{i0} entsteht aus den für den Versuch konstant gehaltenen Eingangssignalen u_{k0}, $k \neq j$. Bild 12.14a zeigt die Struktur eines Mehrgrößensystems, Bild 12.14b die vier Systemfunktionen eines Mehrgrößensystems mit zwei Eingängen und zwei Ausgängen.

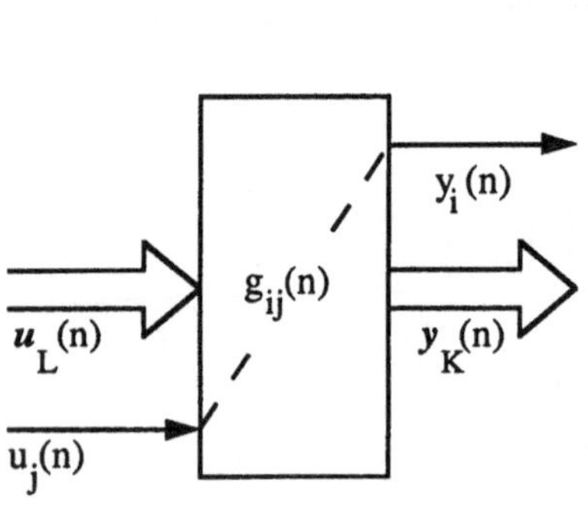

$$y_i(n) = \sum_{j=1}^{L} g_{ij}(n) * u_j(n)$$

a)   Mehrgrößensystem

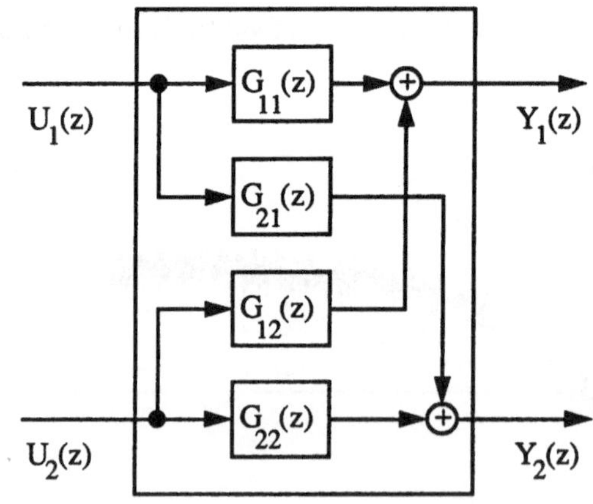

$$Y_1(z) = G_{11}(z) \, U_1(z) + G_{12}(z) \, U_2(z)$$

$$Y_2(z) = G_{21}(z) \, U_1(z) + G_{22}(z) \, U_2(z)$$

b)   Mehrgrößensystem mit zwei Eingängen und zwei Ausgängen

Bild 12.14. Mehrgrößensystem

Satz 12.11: *Identifikation von Mehrgrößensystemen mit den Methoden für Eingrößensysteme.*

Die Aufgabe der Identifikation läßt sich mit den Methoden für Eingrößensysteme lösen, wenn man alle Eingangsgrößen bis auf eine konstant hält, ein Testsignal $u_j(n)$ auf den Eingang j gibt und die Ausgangsgrößen $y_K(n)$ beobachtet. Stationäre Anteile y_{i0} und u_{j0} sind dabei zu eliminieren. Ein Mehrgrößensystem mit L Eingängen und K Ausgängen wird durch eine (KxL)-Matrix $G(z) = (G_{ij}(z))$, $i = 1, \ldots, K$, $j = 1, \ldots, L$, mit den Systemfunktionen $G_{ij}(z) \;\bullet\!\!-\!\!\circ\; g_{ij}(n)$ beschrieben.

Die Aussage in Satz 12.11 ist ziemlich selbstverständlich, die Methode ist aber die mit Abstand einfachste und wirkungsvollste. Der Zeitaufwand ist beträchtlich, müssen doch zur Identifikation L Testsignale nacheinander auf die Eingänge gegeben werden und jeweils K Ausgänge beobachtet und ausgewertet werden.

Soll in einem Test das ganze System mit den Impulsantworten $g_{ij}(n)$ identifiziert werden, so empfiehlt es sich, auf die verschiedenen Eingänge orthogonale Signale zu geben. In Matrixschreibweise läßt sich der Ausgang i so darstellen.

$$y_i(n) = \sum_{j=1}^{L} U_j\, g_{ij} = (U_1\; U_2\; \ldots\; U_L) \begin{pmatrix} g_{i1} \\ g_{i2} \\ \vdots \\ g_{iL} \end{pmatrix}. \tag{12.22}$$

Dabei ist U_j die Matrix des Eingangssignals u_j nach Gl. 12.9 und $g_{ij}^T = (g_{ij}(0)\; g_{ij}(1)\; \ldots\;)$ sind die Impulsantworten zwischen Eingang j und Ausgang i. Multipliziert man mit der Matrix U_k^T von links (Vorfilterung), so erhält man die Korrelationsfunktionen:

$$U_k^T\, y_i(n) = \sum_{j=1}^{L} U_k^T U_j\, g_{ij}, \qquad k_{u_k y_i}(0) = \sum_{j=1}^{L} K_{u_k u_j}(0)\, g_{ij}.$$

Sind die Testsignale orthogonal, so gilt:

$$U_k^T U_j = K_{u_j}(0)\, \delta_{kj}, \qquad g_{ij} = K_{u_j}^{-1}(0)\, k_{u_j y_i}(0).$$

Noch einfacher wird es für stochastische, weiße Eingangssignale $u_j(n)$. Mit $K_{u_j}(0) = \sigma_j^2\, I$ gilt:

$$g_{ij} = \frac{1}{\sigma_j^2}\, k_{u_j y_i}(0).$$

Die Methode führt zu einem nichtparametrischen Modell $g_{ij}(n)$. Sie ist eng mit der Vorfilterung in Satz 12.9 verwandt. Eine detaillierte Betrachtung, die sich auch mit der Konstruktion orthogonaler Testsignale beschäftigt, findet sich bei /12.3/.

Ein ARMA-Modell für den Ausgang i läßt sich nach Gl. 5.6a angeben und nach den Verfahren in Kap. 12.3 identifizieren:

$$Y_i(z) = \frac{1}{A(z)} \sum_{j=1}^{L} B_{ij}(z)\; U_j(z).$$

Dabei wurde ein für alle Eingänge gemeinsamer autoregressiver Teil A(z) angesetzt. Die Parameterzahl wird aber wegen der L Polynome $B_{ij}(z)$ recht groß. Der ARMA-Ansatz ist deshalb im allgemeinen nicht zu empfehlen.

Erweiterte Kalman-Filter (extended Kalman-Filter) können zur Identifikation verwendet werden /12.6/. Dort wird der Parametervektor zu den Zustandsvariablen hinzugefügt und zusammen mit den Zustandsvariablen geschätzt. Es wird von schlechten Konvergenzeigenschaften berichtet /12.3/.

Adaptive Modelle können auch bei Mehrgrößensystemen mit den Gradientenverfahren entworfen werden. Ein on-line Modell findet sich bei /12.7/.

Nach den Erfahrungen des Verfassers identifiziert man, wenn irgend möglich, im Eingrößensystem.

12.5. Zusammenfassung der parametrischen Identifikationsverfahren

In den letzten 20 Jahren wurde an den Hochschulen intensiv das Gebiet "Identifikation" bearbeitet. Eine Fülle von Verfahren liegt vor /12.3/, /12.5/. Im Buch wurden die nach der Erfahrung des Verfassers einfachen und besonders wirksamen Verfahren vorgestellt. Grundsätzlich können alle in den Kapiteln 8, 9 und 10 vorgestellten Verfahren zur Parameterschätzung eingesetzt werden.

Basis aller parametrischen Methoden ist die Modellanpassung nach dem LS-Kriterium. Bei größeren Störsignalen ist die Schätzung nicht erwartungstreu und damit auch nicht konsistent. Abhilfe schaffen Störgrößenmodelle, von denen besonders das AR-Modell und das ARMAX-Modell angewendet werden. Das ARMAX-Modell führt zu einem rekursiven Verfahren.

Rekursive LS-Schätzung ist generell möglich. Im Unterschied zu Satz 10.4 läßt sich jetzt der Gewichtsvektor nicht mehr vorher berechnen. Er hängt von Meßwerten ab und muß Schritt für Schritt bestimmt werden. Das ist aber bei der heutigen Rechnerleistung keine Einschränkung.

Für langsam veränderliche Prozesse sind rekursive Verfahren mit exponentieller Wichtung geeignet. Solche Prozesse kommen häufig in der Verfahrensindustrie vor, z.B. Verschmutzung von Heizflächen, Abnutzung von Katalysatoren u.s.f. Die Schätzung mit rekursiven Methoden ist praktisch so gut wie die direkte Schätzung aus einem Test. Die Konvergenz erfolgt ziemlich rasch. Langsamer konvergiert das Verfahren mit dem ARMAX-Modell. Es sind ja mehr Parameter zu schätzen und mehr Startwerte einzusetzen.

Bei den zweistufigen Methoden empfiehlt sich als überaus robust und einfach die Methode der Vormittelung (Satz 12.8). Auch die simple Methode, mehrere Versuche zu machen und die einzelnen Schätzergebnisse zu mitteln, reduziert die Fehler und damit die Schiefe.

Weniger zu empfehlen ist die Methode des stochastischen Gradientenverfahrens und der stochastischen Approximation. Die Konvergenz ist schlecht, die Schätzung auch hier schief.

Zur Abrundung sei noch erwähnt, daß auch im Zeitalter der Datenverarbeitung in vielen Fällen auch ohne Rechner identifiziert werden kann. Aus der Sprungantwort werden Kennwerte gewonnen, die in ein einfaches parametrisches Modell übertragen werden /12.3/. Bewährt hat sich ein System

$$G(s) = \frac{K}{(1+sT)^M}$$

mit der Sprungantwort

$$h(t) = K \left(1 - e^{-t/T} \sum_{i=0}^{M-1} \frac{1}{i!} \left(\frac{t}{T} \right)^i \right) \sigma(t).$$

Verstärkung K, Zeitkonstante T und Ordnung M werden aus der Verzugs- und Ausgleichszeit und dem stationären Signalendwert gewonnen /12.13/.

12.6. Bestimmung der Laufzeit, Matched-Filter

Ein sehr einfach zu beschreibender Prozeß ist ein Totzeitprozeß mit Abschwächung α. Die Impulsantwort ist $g(n) = \alpha\, \delta(n{-}L)$ $\circ\!\!-\!\!\bullet$ $G(z) = \alpha\, z^{-L}$ und die Ein-/Ausgangsbeziehung ist $y(n) = \alpha\, u(n{-}L)$.

In der Technik sind an vielen Stellen Laufzeitmessungen wichtig:

- Beim Transport von Körpern oder Fluiden von einem Ort zum anderen treten Laufzeiten auf /12.8/.

- Die berührungslose Entfernungsmessung wird auf eine Laufzeitmessung zurückgeführt. Die Laufzeit ist die Zeit, die ein Signal benötigt, um vom Sender zum Objekt und wieder zurück zum Sender zu kommen (Entfernungsmessung mit Ultraschall oder Radar).

- Geschwindigkeitsmessungen lassen sich auch auf eine Laufzeitmessung zurückzuführen. Eine Markierung auf dem bewegten Teil wird an zwei ruhenden Stellen mit Abstand d beobachtet. Ist T_L die Laufzeit, so folgt für die Geschwindigkeit: $v = \dfrac{d}{T_L}$ /12.9/, /12.10/.

Das Sendesignal u(n) sei bekannt und von endlicher Länge. Die Empfindlichkeit des Empfängers ist begrenzt, die Länge K der Impulsantwort g(n) soll der des Sendesignals entsprechen. Die Energie E_g der Impulsantwort ist damit vorgegeben:

$$E_g = \boldsymbol{g}_K^T\, \boldsymbol{g}_K.$$

Die Energie des Sendesignals ist E_u. Wie sieht nun bei bis auf die Zeitverschiebung L bekanntem Empfangssignal die optimale Impulsantwort g(n) aus, die das maximale Ausgangssignal $y^2(n)$ zu einem bestimmten Zeitpunkt $n = n_0$ liefert? Das empfangene Signal, das Eingangssignal des Empfängers, ist $\alpha\, u(n{-}L)$. Für den Entwurf eines LTI-Filters ist die Verstärkung α und die Laufzeit L des Eingangssignals ohne Einfluß. Hier wird daher das Filter für $\alpha = 1$ und $L = 0$ entworfen, also dem Sendesignal u(n) angepaßt. Für das Eingangssignal u(n) wird das Ausgangssignal des Empfängers zur Zeit $n = n_0$:

$$y(n_0) = \boldsymbol{u}_K^T(n_0)\, \boldsymbol{g}_K, \qquad\qquad \boldsymbol{g}_K^T = (g(0)\ \dots\ g(K{-}1)),$$

$$y^2(n_0) = \boldsymbol{g}_K^T\, \boldsymbol{u}_K(n_0)\, \boldsymbol{u}_K^T(n_0)\, \boldsymbol{g}_K = \boldsymbol{g}_K^T\, \boldsymbol{K}\, \boldsymbol{g}_K, \qquad \boldsymbol{u}_K^T(n_0) = (u(n_0)\ \dots\ u(n_0{-}K{+}1)).$$

Die allgemeine Lösung ist:

$$\boldsymbol{K}\, \boldsymbol{g}_K = \lambda_K\, \boldsymbol{g}_K,$$

wobei λ_K der größte Eigenwert von $\boldsymbol{K}$ ist und $\boldsymbol{g}_K$ der entsprechende Eigenvektor. Hier hat die Matrix $\boldsymbol{K}$ den Rang eins. Außer λ_K sind alle Eigenwerte null. Es gilt daher (vgl. Matched-Filter, Kap. 11.1):

$$g_K = C\, u_K(n_0), \qquad\qquad C = \sqrt{\frac{E_g}{E_u}}\ , \qquad\qquad\qquad (12.23)$$

$$g(n) = C\, u(n_0 - n) \qquad \circ\!\!-\!\!\bullet \qquad G(z) = C\, U(z^{-1})\, z^{-n_0}.$$

Für das tatsächliche Eingangssignal $\alpha\, u(n-L)$ wird damit das Ausgangssignal:

$$Y(z) = \alpha\, C\, U(z)\, z^{-L}\, U(z^{-1})\, z^{-n_0}$$

oder im Zeitbereich:

$$y(n) = \alpha\, C \sum_{k=0}^{K-1} u(k)\, u(k+L+n_0-n) \; = \; \alpha\, C\, K_u^E(L+n_0-n).$$

Das Maximum des Ausgangssignals liegt für beliebiges n_0 bei $n = n_0 + L$, da dort die Autokorrelationsfunktion das Argument null hat. Das absolute Maximum wird erreicht für $n_0 = K-1$, da dann das ganze Signal $u(n)$ der Länge K, $n = 0, ..., K-1$, quadratisch aufsummiert wird. In diesem Fall wird das Filter:

$$g(n) = C\, u(K-1-n), \qquad\qquad n = 0, ..., K-1, \qquad\qquad (12.24)$$

$$g_K = C\, J\, u_K(K-1).$$

Die Herleitung des optimalen Filters mit $u(n)$ als Eingangssignal kann auch im z-Bereich erfolgen. Es ist:

$$y(n_0) = Z^{-1}\{Y(z)\} = \frac{1}{2\pi j} \oint_C U(z)\, G(z)\, z^{n_0} \frac{dz}{z}\ ,$$

$$y^2(n_0) = \left(\frac{1}{2\pi j}\right)^2 \left(\oint_C U(z)\, G(z)\, z^{n_0} \frac{dz}{z}\right)^2.$$

Mit der Schwarzschen Ungleichung (Satz 1.3) und der Parsevalschen Gleichung (Gl. 4.14) gilt:

$$y^2(n_0) \le \left(\frac{1}{2\pi j}\right)^2 \left(\oint_C U(z)\, z^{n_0}\, U(z^{-1})\, z^{-n_0} \frac{dz}{z}\right) \left(\oint_C G(z)\, G(z^{-1}) \frac{dz}{z}\right).$$

Die Ungleichung gilt für alle n_0. Das Gleichheitszeichen gilt für:

$$G(z) = C\, U(z^{-1})\, z^{-n_0}.$$

Da das Sendesignal $u(n)$ die Länge K hat, gilt:

$$G(z) = C \sum_{k=0}^{K-1} u(k)\, z^k\, z^{-n_0}.$$

Soll G(z) ein kausales FIR-Filter der Länge K sein, so muß gelten:

$$n_0 = K{-}1.$$

Man erhält g(n) entsprechend Gl. 12.24.

Satz 12.12: *Matched-Filter.*

Ein Sendesignal u(n) erreicht nach einer Laufzeit L und mit einer Abschwächung α den Empfänger. Dann ist das empfangene Signal $\alpha\, u(n{-}L)$. Der Empfänger muß bei gegebener Energie seiner Impulsantwort, $E_g = g_K^T\, g_K$, die Übertragungsfunktion

$$G(z) = \sqrt{\frac{E_g}{E_u}}\; U(z^{-1})\, z^{-K+1}$$

besitzen. Dann wird das Ausgangssignal:

$$y(n) = \alpha\, \sqrt{\frac{E_g}{E_u}}\, \sum_{k=0}^{K-1} u(k)\, u(k{+}L{+}K{-}1{-}n) = \alpha\, \sqrt{\frac{E_g}{E_u}}\, K_u^E(L{+}K{-}1{-}n).$$

Das Matched-Filter heißt deshalb auch *Korrelationsempfänger*. Das größte Ausgangssignal wird zur Zeit n = L+K–1 erreicht. Das Signal-Rauschverhältnis wird:

$$\frac{y^2(L{+}K{-}1)}{E_g\, \sigma^2} = \frac{\alpha^2\, E_u}{\sigma^2}\, .$$

Die Ausgangssignale des Matched-Filters müssen sich aus dem Rauschen deutlich abheben. Üblich ist es, die Laufzeit in einem Schwellwertdetektor zu ermitteln. Daher ist es wünschenswert, daß das Ausgangssignal des Filters einem steilen und schmalen Impuls entspricht. Die Sendeleistung ist immer beschränkt. Man verteilt daher die Signalenergie über eine längere Zeit und legt das Sendesignal so aus, das hinter dem Matched-Filter ein Großteil der Energie in einem kurzen Zeitraum geliefert wird. Der Barker-Code (Kap. 11.1) ist ein binärer Code, der dies leistet. Das Verhältnis der Amplitude des Hauptpeaks zur Amplitude der Nebenpeaks in der Autokorrelationsfunktion ist optimal. Bild 12.15 zeigt den Barker-Code der Länge 5 und der Länge 13 und die entsprechenden Autokorrelationsfunktionen, die dem Ausgangssignal des Matched-Filters entsprechen.

Arbeitet man etwa bei der Geschwindigkeitsmessung mit natürlichen, d.h. stochastischen Markierungen, so wird im ersten Detektor die Markierung aufgenommen und mit dem Signal des zweiten Detektors im Abstand d verglichen. Die Laufzeit ergibt sich an der Stelle des Maximums der Kreuzkorrelierten beider Signale /12.9/.

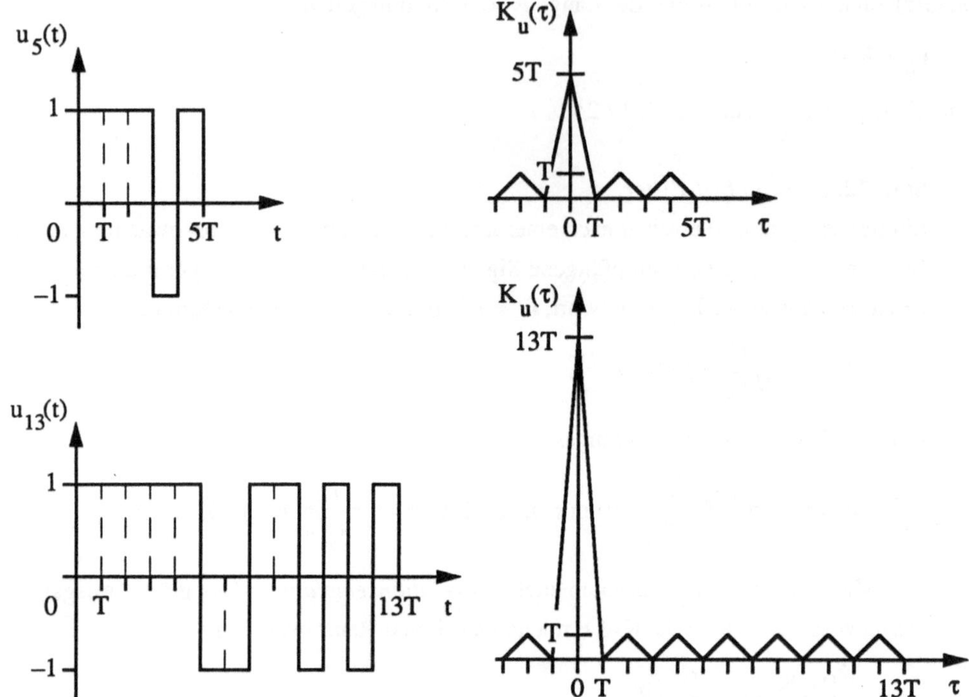

Bild 12.15. Barker-Code der Länge 5 und der Länge 13

Literatur:

/12.1/   Harry, L.; Van Trees: Detection, Estimation and Modulation Theory, Band 3,
           John Wiley & Sons, New York, 1971.

/12.2/   Seidler, P.: Nebenzipfelreduktion bei Impulskompression binär phasencodierter
           Signale, Dissertation an der RWTH Aachen, 1974.

/12.3/   Isermann, R.: Identifikation dynamischer Systeme,
           Springer, Heidelberg, 1988.

/12.4/   Ljung, L.; Söderström, T.: Theory and Practice of Recursive Identification,
           MIT Press, Cambridge, 1987.

/12.5/   Eyckhoff, P.: System Identification,
           John Wiley & Sons, New York, 1977.

/12.6/   Krebs, V.: Nichtlineare Filterung,
           Oldenbourg, München, 1980.

/12.7/   Lang, M.: Identifikation physikalischer Parameter am Dampferzeuger,
           Dissertation an der Universität Karlsruhe, Institut für Prozeßmeßtechnik und
           Prozeßleittechnik, 1990.

/12.8/   Kronmüller, H.: Durchflußmessung mittels Markierungsverfahren,
           Tagung Durchflußmeßtechnik, 8. 10. 1980, Duisburg, VDI-Berichte Nr. 375,
           1980.

/12.9/   Mesch, F.: Transit Time Correlation - A Survey on its Applications to Measuring
           Transport Phenomena, J. of Dyn. Syst., Meas. and Control, Dez., 1974, S. 414-
           420.

/12.10/   Kipphahn, H.; Mesch, F.: Flow Measurement Systems using Transit Time Cor-
           relation, Proc. of Flomeko, 1978, IMEKO-Conf., Groningen.

/12.11/   Jost, G.: Das Schätzen von Signalparametern aus gestörten Meßsystemen und der
           Einsatz bei der Fahrtverwägung, Dissertation an der Universität Karlsruhe, Institut
           Prozeßmeßtechnik und Prozeßleittechnik, 1980.

/12.12/   Kleinschmidt, U.: Die Verwendung von Parameterschätzverfahren zur Meßzeit-
           verkürzung bei der Temperaturmessung in Metallschmelzen und bei Wägepro-
           zessen, Dissertation an der TH Ilmenau, 1991.

/12.13/   Gißler, J.; Schmid, M.: Vom Prozeß zur Regelung,
           Siemens AG, München, 1990.

13. Regelungstechnik

Allgemeine Kenntnisse der Regelungstechnik werden vorausgesetzt. Die Grundlagen finden sich in bewährten Lehrbüchern /13.1/, /13.2/, /13.3/, /13.4/.

Die klassischen Methoden, wie die von Nyquist, der Entwurf mit Frequenzkennlinien und das Wurzelortsverfahren lassen sich sowohl im Zeitkontinuierlichen wie auch im Zeitdiskreten durchführen. Die Methoden aus Kap. 7, insbesondere die bilineare Transformation (Satz 7.3) ist bei der Transformation der Aufgabe in beide Richtungen hilfreich. Dieses Thema wird im Buch nicht weiter ausgeführt.

In Kapitel 13.1 wird die Stabilität und die Dämpfung des geschlossenen Regelkreises behandelt. Der Schur-Cohn-Test gibt Aufschluß, ob die Nullstellen des Nennerpolynoms des geschlossenen Regelkreises innerhalb des Einheitskreises der z-Ebene liegen und der Regelkreis damit stabil ist. Für die absolute und die relative Dämpfung lassen sich in der z-Ebene Grenzkurven angeben. Sind die Nullstellen des Nennerpolynoms bekannt, so läßt sich damit das Einschwingverhalten des Regelkreises leicht beurteilen. Ein graphisches Ortskurvenkriterium gibt Aufschluß, ob der Kreis die gewünschte Mindestdämpfung besitzt.

Die bekannte Reglerstruktur des PID-Reglers wird in Abschnitt 13.2 eingeführt. An einem einfachen Beispiel wird der Entwurf demonstriert. Der Entwurf eines Kompensationsreglers wird ebenfalls gezeigt. Der Einfluß der Abtastzeit auf die Regeldynamik wird diskutiert. Viele Strecken können bei großer Abtastzeit durch ein VZ1-Glied mit einer Totzeit approximiert werden. Es ergeben sich robuste, leicht einzustellende Regelungen.

In den letzten 20 Jahren wurden Entwurfsmethoden im Zustandsraum entwickelt, die theoretisch elegante und leistungsfähige Regelungen auch für Mehrgrößensysteme liefern. In der Praxis konnten sich diese Methoden nur in Ausnahmefällen durchsetzen. Der Entwurf im Zustandsraum wird deshalb knapp behandelt. Abschnitt 13.3.1 zeigt die Zustandsrückführung und die Methode der Polvorgabe. Danach wird dargestellt, wie mit einem Beobachter nicht gemessene Zustände errechnet werden können (Kap. 13.3.2). Der Reglerentwurf kann getrennt von der Beobachterdynamik erfolgen (Separationstheorem). Mehrgrößensysteme werden in Abschnitt 13.3.3 besprochen.

13.1. Stabilität und Dämpfung

Bild 13.1 zeigt einen einfachen geschlossenen Regelkreis. Der Stellbefehl u(t) wirkt auf Stellglied, Strecke und Sensor. Alle diese Baugruppen sind in der Übertragungsfunktion $G_s(s)$

zusammengefaßt. Am Eingang des Reglers wird das Ausgangssignal x(t) mit dem Sollwert $x_s(t)$ verglichen und die Regelabweichung $x_d(t)$ gebildet. Der Regler arbeitet zeitdiskret mit der Übertragungsfunktion R(z). $G_s(z)$ wird nach Satz 7.3 errechnet, die Strecke also zeitdiskret dargestellt. $G_s(z)$ und R(z) bilden die Übertragungsfunktion des offenen Kreises,

$$F_0(z) = R(z)\, G_s(z).$$

Im z-Bereich wird die Übertragungsfunktion G(z) des geschlossenen Kreises:

$$X(z) = \frac{R(z)\, G_s(z)}{1 + R(z)\, G_s(z)}\, X_s(z) = \frac{F_0(z)}{1 + F_0(z)}\, X_s(z) = \frac{Z(z)}{N(z)}\, X_s(z) = G(z)\, X_s(z) \quad (13.1)$$

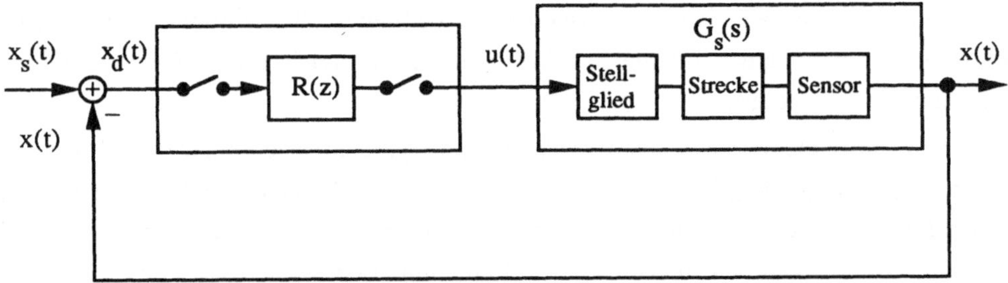

Bild 13.1. Geschlossener Regelkreis

Der geschlossene Regelkreis ist dann stabil, wenn die Nullstellen des Nennerpolynoms N(z), das sind die Pole des Systems, innerhalb des Einheitskreises der z-Ebene liegen (Satz 5.2). Ohne die Pole explizit zu rechnen, untersucht der Schur-Cohn-Test die Stabilität des geschlossenen Regelkreises.

Satz 13.1: *Schur-Cohn-Test* (ohne Herleitung, /13.5/).
Vom Nennerpolynom

$$N(z) = a_N\, z^N + a_{N-1}\, z^{N-1} + \ldots + a_0, \qquad a_N > 0,$$

wird das reziproke Polynom

$$N^{(r)}(z) = z^N\, N(z^{-1}) = a_0\, z^N + a_1\, z^{N-1} + \ldots + a_N$$

gebildet. Man berechne nun:

$$\frac{N^{(r)}(z)}{N(z)} = \alpha_0 + \frac{N_1^{(r)}(z)}{N(z)}\,.$$

Der Vorgang wird mit $N_1^{(r)}(z)$ und seinem reziproken Polynom $N_1(z)$ wiederholt u.s.f.:

$$\frac{N_k^{(r)}(z)}{N_k(z)} = \alpha_k + \frac{N_{k+1}^{(r)}(z)}{N_k(z)}\,, \qquad k = 0, \ldots, N-2.$$

Das System ist dann und nur dann stabil, wenn die folgenden Bedingungen erfüllt sind:

1) $N(1) > 0$,

2) $N(-1)\,(-1)^N > 0$,

3) $|\alpha_k| < 1$ für $k = 0, \ldots, N-2$.

Beispiel 1: Das Nennerpolynom sei:

$$N(z) = z^3 + 0{,}5\,z^2 + z + 0{,}5.$$

1) $N(1) = 3 > 0$ erfüllt,

2) $N(-1)\,(-1)^3 = 1 > 0$ erfüllt,

3) $\dfrac{N^{(r)}(z)}{N(z)} = \dfrac{0{,}5\,z^3 + z^2 + 0{,}5\,z + 1}{z^3 + 0{,}5\,z^2 + z + 0{,}5} = 0{,}5 + \dfrac{0{,}75\,z^2 + 0{,}75}{z^3 + 0{,}5\,z^2 + z + 0{,}5} = \alpha_0 + \dfrac{N_1^{(r)}(z)}{N(z)}$,

$\alpha_0 = 0{,}5 < 1$,   erfüllt,

$N_1^{(r)}(z) = 0{,}75\,z^2 + 0{,}75$,

$N_1(z) = 0{,}75\,z^2 + 0{,}75$,

$\alpha_1 = 1$,   verletzt.

Man überzeugt sich, daß $z_{\infty 1/2} = \pm j$ Polstellen sind. Sie liegen auf dem Einheitskreis. Der entsprechende Regelkreis ist nicht stabil.

In der s-Ebene bedeutet Stabilität, daß alle Pole $s_{\infty i}$ des Systems links von der imaginären Achse liegen.

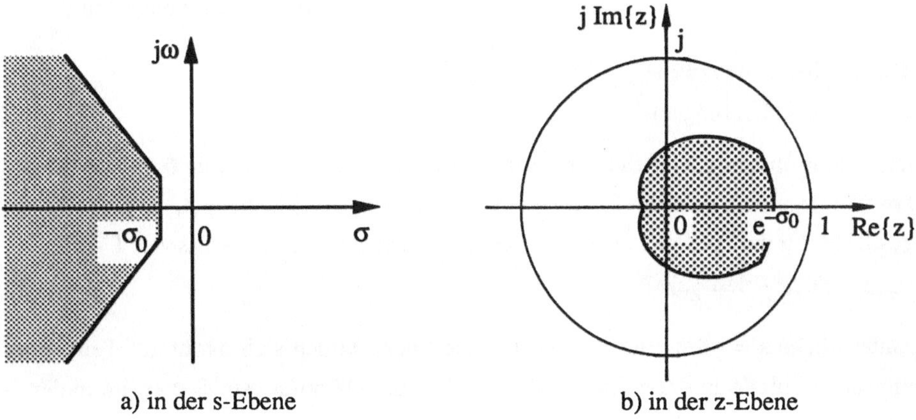

Bild 13.2. Zulässiges Gebiet für die Pole

Beim Anpassen des Reglers an die Strecke werden die Reglerparameter so gewählt, daß der Einschwingvorgang nicht nur stabil ist, sondern auch rasch und nicht zu sehr überschwingend verläuft. Beliebt ist in der linken Halbebene ein zulässiges Gebiet für die Pole nach Bild 13.2a.

Nimmt man einfache Pole $s_{\infty i}$, $i = 1, \ldots, N$, an, so wird die Sprungantwort $h(t)$ des Systems mit den Residuen $r_i = \mathrm{Res}\{G(s); s_{\infty i}\}$ und den Polen $s_{\infty i} = -\sigma_i + j\omega_i$, $\sigma_i > 0$, $s_{\infty 0} = 0$:

$$h(t) = \sum_{i=1}^{N} r_i\, e^{s_{\infty i} t} + r_0 = \sum_{i=1}^{N} r_i\, e^{-\sigma_i t}\, e^{j\omega_i t} + r_0 \qquad \text{für } t \geq 0.$$

Komplexe Pole kommen konjugiert komplex vor. Maßgeblich für den Einschwingvorgang ist der dominante Pol oder das dominante Polpaar mit der geringsten absoluten Dämpfung

$$\sigma_{min} = \min_{1 \leq i \leq N} \{\sigma_i\}.$$

Das Überschwingen hängt entscheidend vom Verhältnis

$$\vartheta_i = \frac{\sigma_i}{\omega_i}$$

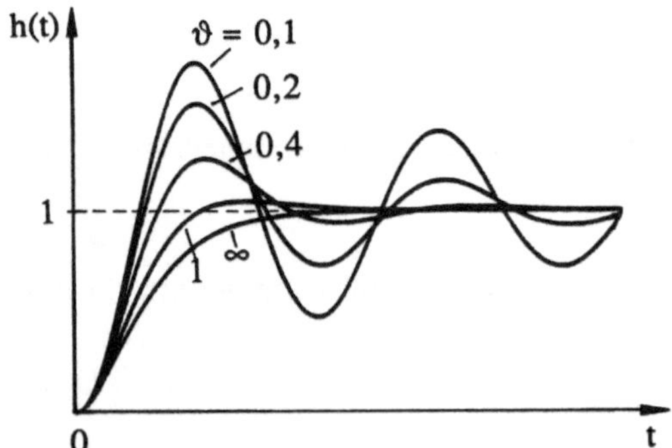

ab. ϑ_i ist das relative Dämpfungsmaß der Polpaars $s_{\infty i 1/2} = -\sigma_i \pm j\omega_i$. Die Sprungantwort eines Systems mit dem komplexen Polpaar s_∞ und s_∞^* zeigt das bekannte Einschwingverhalten. Bild 13.3 zeigt bei der Sprungantwort die Überschwingweite über den stationären Wert abhängig vom relativen Dämpfungsmaß ϑ.

Bild 13.3. Überschwingweite und Dämpfungsmaß

Ein gutes Dämpfungsmaß ist die Oszillographendämpfung $\vartheta = 1$. Für $\vartheta \to \infty$ wird der stationäre Wert monoton erreicht. Ist das relative Dämpfungsmaß festgelegt, so läßt sich das zulässige Gebiet für die Pole leicht in den z-Bereich übertragen. Mit der Abtastzeit T wird:

$$z = e^{s_{\infty 1/2} T} = e^{-\vartheta \omega T}\, e^{\pm j\omega T}.$$

Die Geradenstücke $s = -\vartheta\omega \pm j\omega$, $\omega \geq 0$, in der s-Ebene bilden sich damit auf Teile einer logarithmischen Spirale in der z-Ebene ab. Das absolute Dämpfungsmaß σ ergibt in der z-Ebene einen Kreis mit dem Radius $r = e^{-\sigma T}$ (Bild 13.2b).

Satz 13.2: *Absolute und relative Dämpfung.*

Ein Polpaar $s_{\infty 1/2} = -\sigma \pm j\omega = -\vartheta\omega \pm j\omega$ kann durch seine absolute oder durch seine relative Dämpfung beschrieben werden:

$$\sigma \qquad \text{absolute Dämpfung,}$$

$$\vartheta = \frac{\sigma}{\omega} \qquad \text{relative Dämpfung.}$$

Gebiete mit vorgegebener absoluter oder relativer Dämpfung zeigt Bild 13.4. Trägt man die Pole des geschlossenen Regelkreises in diesem Bild auf, so kann man sofort an den dominanten Polen ablesen, welche absolute oder relative Dämpfung mindestens vorliegt.

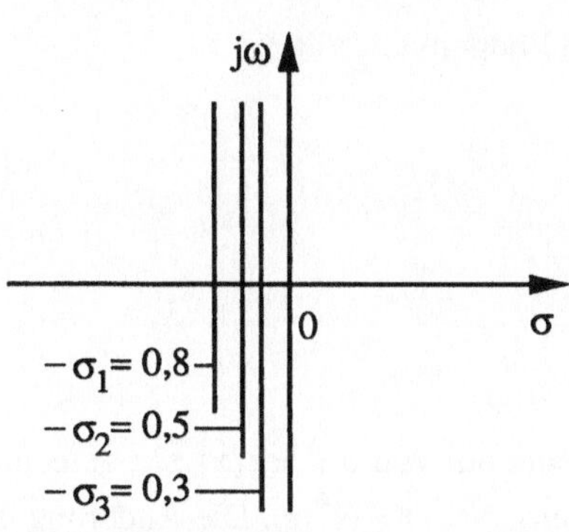

Gebiete absoluter Dämpfung in der s-Ebene

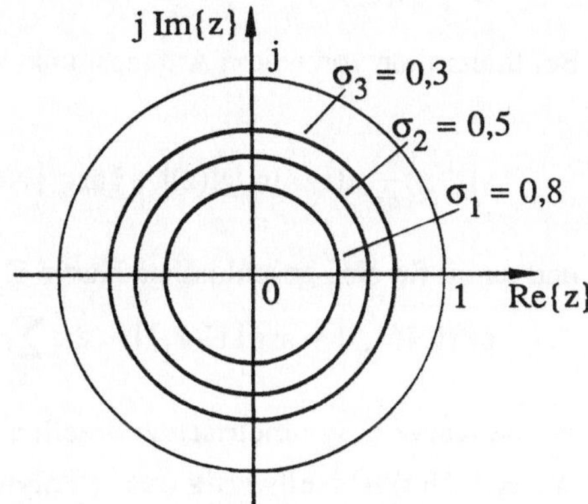

Gebiete absoluter Dämpfung in der z-Ebene

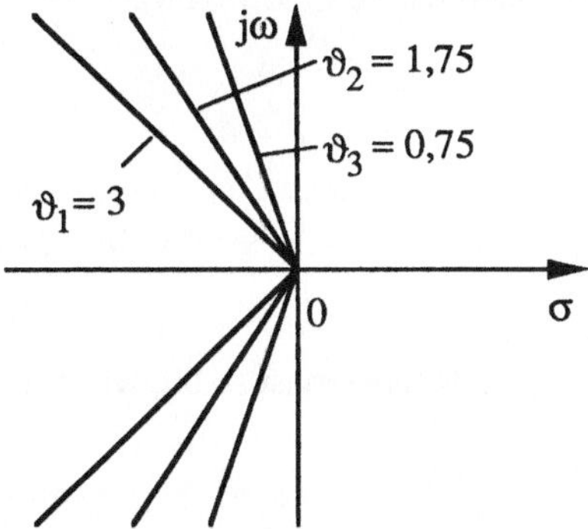

Gebiete relativer Dämpfung in der s-Ebene

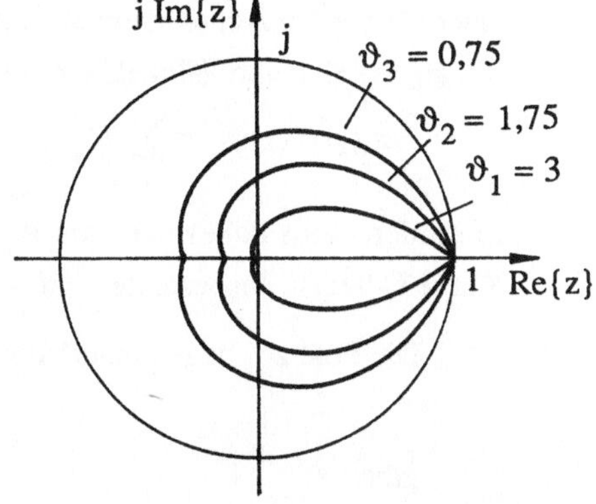

Gebiete relativer Dämpfung in der z-Ebene

Bild 13.4. Gebiete absoluter und relativer Dämpfung

Die Stabilität und die Dämpfung eines Regelkreises lassen sich im Zeitkontinuierlichen mit einem Ortskurvenkriterium ermitteln. $N(z)$ sei das Nennerpolynom des geschlossenen Regelkreises. Wir spalten den K_i-fachen Pol bei $z_{\infty i}$ ab und erhalten aus $\ln N(z)$:

$$N(z) = (z - z_{\infty i})^{K_i} \, Q(z),$$

$$\frac{N'(z)}{N(z)} = \frac{K_i}{z - z_{\infty i}} + \frac{Q'(z)}{Q(z)} \, , \qquad \mathrm{Res}\left\{\frac{N'(z)}{N(z)} \, ; \, z_{\infty i}\right\} = K_i.$$

Mit dem Residuensatz (Satz A4) gilt für alle Pole, die im Inneren einer geschlossenen Kurve C liegen:

$$\oint_C \frac{N'(z)}{N(z)} \, dz = 2\pi j \sum_i K_i.$$

Bei Integration von einem Anfangspunkt z_1 bis zu einem Endpunkt z_2 gilt:

$$\int_{z_1}^{z_2} \frac{N'(z)}{N(z)} \, dz = \ln |N(z)| + j \arg \{N(z)\} \, \Big|_{z_1}^{z_2}$$

und damit für eine geschlossene Kurve C mit $z_1 = z_2$:

$$\arg\{N(z_2)\} - \arg\{N(z_1)\} = 2\pi \sum_i K_i \, .$$

Ist die Kurve C symmetrisch zur reellen Achse, so braucht nur von $0 \le \arg\{z\} \le \pi$ gerechnet werden. $N(z)$ ist reellwertig (reelle Polynomkoeffizienten), $N(z^*) = N^*(z)$. Die Änderung des Arguments von $N(z)$ ist ebenfalls nur halb so groß, $0 \le \Delta \arg\{N(z)\} \le \pi \sum_i K_i$.

Satz 13.3: *Ortskurvenverfahren.*

Die Ortskurve eines Nennerpolynoms $N(z)$ vom Grad N durchläuft, wenn sich z auf einer zur reellen Achse symmetrischen und geschlossenen Kurve C bewegt mit $0 \le \arg\{z\} \le \pi$ eine Winkeländerung von

$$\Delta\arg\{N(z)\} = \pi \sum_i K_i.$$

Summiert wird dabei über die K_i-fachen Pole $z_{\infty i}$, die innerhalb der geschlossenen Kurve C liegen. Insbesondere gilt:

-    Die Pole $z_{\infty i}$ liegen innerhalb des Einheitskreises, das System ist stabil, wenn mit

$$C: |z| = 1, \qquad\qquad 0 \le \arg\{z\} \le \pi,$$

   gilt:

$$\Delta\arg\{N(z)\} = N\pi.$$

-    Das System hat eine minimale absolute Dämpfung $r = e^{-\sigma T}$, wenn mit

$$C: |z| = r, \qquad\qquad 0 \le \arg\{z\} \le \pi,$$

gilt:

$$\Delta\arg\{N(z)\} = N\pi.$$

- Das System hat mindestens eine vorgegebene relative Dämpfung, wenn C die logarithmische Spirale

$$C = e^{-\vartheta\omega T + j\omega T}$$

darstellt.

Beispiel 2: Bild 13.5 zeigt die Ortskurve des Polynoms

$$N(z) = z^4 - 1,4\,z^3 + 1,3\,z^2 - 1,134\,z + 0,396$$

für $|z| = 1$ und $|z| = 0,8$.

- Für C: $|z| = 1$ und $0 \leq \arg\{z\} \leq \pi$ gilt: $\Delta\arg\{N(z)\} = 4\pi$.

- Für C: $|z| = 0,8$ wird nur eine Winkeländerung von $\Delta\arg\{N(z)\} = 2\pi$ erzeugt.

Diskussion:

- Das System ist stabil, es gilt: $\Delta\arg\{N(z)\} = N\pi$ für C: $|z| = 1$, $0 \leq \arg\{z\} \leq \pi$.

- Das System hat nicht die Mindestdämpfung $r = e^{-\vartheta\omega T} = 0,8$, da für C: $|z| = 0,8$ und $0 \leq \arg\{z\} \leq \pi$ gilt: $\Delta\arg\{N(z)\} = 2\pi < N\pi$.

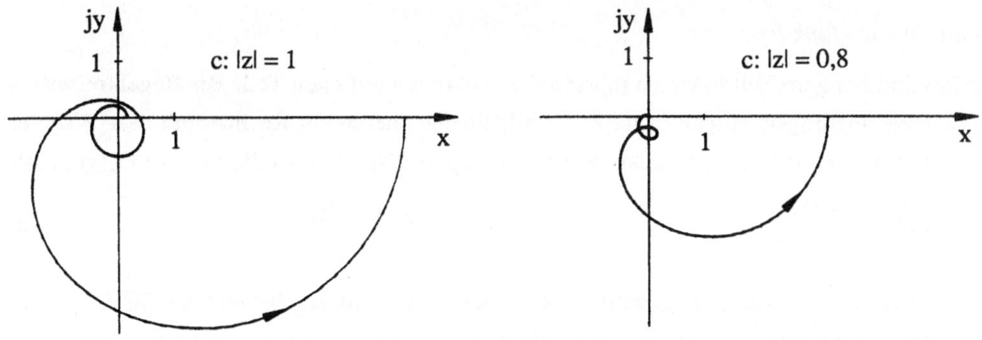

Bild 13.5. Ortskurve, Stabilität und Mindestdämpfung

13.2. Digitale Regler

Größere Prozeßleitsysteme werden seit etwa 15 Jahren aus vernetzten Mikrorechnerbaugruppen zusammengestellt /13.8/, /13.9/, /13.10/, /13.11/. Die Vorteile sind:

- Funktionsblöcke können per Software zu einem Regelkonzept zusammengefügt werden (Strukturierung).

- Die Reglerparameter werden im Programm eingegeben (Parametrierung).

- Diese Prozeßleitsysteme kennen keine Parameterdrift. Die Genauigkeit der Algorithmen ist höher als früher.

- Weitere, auch nichtlineare Rechnungen können realisiert werden (Koordinatentransformationen, Kennlinien, Begrenzungen).

- Nicht meßbare Prozeßgrößen können errechnet werden (Beobachter, Kap. 13.3.2).

- Selbsteinstellende Regler können realisiert werden.

- Die Strecken können während des Betriebs identifiziert werden.

- Regelbausteine aus Prozeßleitsystemen können gleichzeitig für mehrere Regelkreise verwendet werden. Damit bietet sich eine Kostenreduktion an.

Digitale Regler werden eingehend behandelt in /13.5/, /13.6/, /13.7/.

Rechtecksystemfunktion:

Zur Beschreibung im Zeitdiskreten müssen die zeitkontinuierlichen Teile des Regelkreises ins Zeitdiskrete übertragen werden (Kap. 7). Im allgemeinen liefert der Rechner mit D/A-Wandler als Stellgröße u(t) eine Treppenfunktion $\overset{\frown}{u}(t)$. In Kap. 6, Bsp. 4, wird die Strecke $G_s(s)$ durch

$$G_r(z) = \left(\frac{G_s(s)}{s} \right)_* (1 - z^{-1}), \qquad G_r(s) = \frac{G_s(s)}{s} (1 - e^{-sT}) \qquad (13.2)$$

beschrieben. Die Funktion $G_r(z)$ wird als Rechtecksystemfunktion bezeichnet. Sie ist die abgetastete Antwort des Systems auf einen Rechteckimpuls der Höhe 1 und der Länge T am Eingang. Die Strecke wird durch eine Folge von Rechteckimpulsen der Länge T angenähert. Solange diese Impulsantwort $g_r(n)$ nicht zu sehr von der tatsächlichen Impulsantwort $T\, g_s(n)$ abweicht, ist der Unterschied zwischen zeitkontinuierlicher und zeitdiskreter Rechnung unerheblich:

$$T\, g_s(n) \approx g_r(n).$$

Die Rechnung im Zeitkontinuierlichen ist einfacher und in langen Jahren historisch gewachsen. Sie wird vorzugsweise angewendet. Der Unterschied zwischen $T\, g_s(n)$ und $g_r(n)$ soll abgeschätzt werden. Der einfachen Schreibweise wegen nehmen wir in $G_s(s)$ einfache Pole $s_{\infty i}$ an und schreiben:

$$\text{Res}\{G_s(s);\ s_{\infty i}\} = r_i.$$

Die Partialbruchzerlegung wird:

$$G_s(s) = \sum_{i=1}^{N} \frac{r_i}{s - s_{\infty i}} \quad \bullet\!\!-\!\!\circ \quad g_s(n) = \sum_{i=1}^{N} r_i\, e^{s_{\infty i} nT},$$

$$G_s(z) = \sum_{n=0}^{\infty} \sum_{i=1}^{N} r_i\, e^{s_{\infty i} nT}\, z^{-n} = \sum_{i=1}^{N} r_i\, \frac{z}{z - z_{\infty i}} \quad \bullet\!\!-\!\!\circ \quad g_s(n) = \sum_{i=1}^{N} r_i\, z_{\infty i}^{n}$$

mit:

$$z_{\infty i} = e^{s_{\infty i} T}.$$

Wir rechnen die Rechtecksystemfunktion $G_r(s)\ \bullet\!\!-\!\!\circ\ g_r(n)$:

$$\frac{G(s)}{s} = \sum_{i=1}^{N} \frac{r_i}{s(s - s_{\infty i})} = \sum_{i=1}^{N} \frac{r_i}{s_{\infty i}} \left(\frac{1}{s - s_{\infty i}} - \frac{1}{s} \right),$$

$$Z\left\{ \frac{G(s)}{s} \right\} = \sum_{i=1}^{N} \frac{r_i}{s_{\infty i}} \left(\frac{z}{z - z_{\infty i}} - \frac{z}{z - 1} \right),$$

$$G_r(z) = Z\left\{ \frac{G(s)}{s} \right\} \frac{z-1}{z} = \sum_{i=1}^{N} \frac{r_i}{s_{\infty i}} \left(\frac{z-1}{z - z_{\infty i}} - 1 \right)$$

$$= \sum_{i=1}^{N} \frac{r_i}{s_{\infty i}} (z_{\infty i} - 1) \frac{1}{z - z_{\infty i}} \quad \bullet\!\!-\!\!\circ \quad g_r(n) = \sum_{i=1}^{N} \frac{r_i}{s_{\infty i}} (z_{\infty i} - 1)\, z_{\infty i}^{n-1}. \qquad (13.3)$$

Die Rechteckimpulsantwort soll noch auf Regelstrecken mit einer Totzeit T_L erweitert werden. Mit der Normierung

$$T_L = (M + \alpha)T, \qquad\qquad M = 0, 1, ..., \qquad 0 \le \alpha < 1,$$

wird:

$$G_s(z) = z^{-(M+1)} \sum_{i=1}^{N} r_i\, z_{\infty i}^{1-\alpha}\, \frac{z}{z - z_{\infty i}},$$

$$G_r(z) = z^{-(M+1)} \sum_{i=1}^{N} \frac{r_i}{s_{\infty i}} \left(\frac{z-1}{z - z_{\infty i}} z_{\infty i}^{1-\alpha} - 1 \right). \qquad (13.4)$$

Satz 13.4: *z-Transformierte der Regelstrecke* $G_s(s)$.

Eine Regelstrecke $G_s(s)$ mit einfachen Polen $s_{\infty i}$ und der Totzeit $T_L = (M+\alpha)T$, $M = 0, 1, ..., 0 \le \alpha < 1$, hat die z-Transformierte

$$G_s(z) = z^{-(M+1)} \sum_{i=1}^{N} r_i z_{\infty i}^{1-\alpha} \frac{z}{z-z_{\infty i}} \quad \bullet\!\!-\!\!\circ \quad g_s(n) = \sum_{i=1}^{N} r_i z_{\infty i}^{n-M-\alpha}$$

mit:

$$z_{\infty i} = e^{s_{\infty i}T}. \tag{13.5}$$

Die Rechtecksystemfunktion wird:

$$G_r(z) = z^{-(M+1)} \sum_{i=1}^{N} \frac{r_i}{s_{\infty i}} \left(\frac{z-1}{z-z_{\infty i}} z_{\infty i}^{1-\alpha} - 1 \right),$$

$$g_r(n) = \begin{cases} \displaystyle\sum_{i=1}^{N} \frac{r_i}{s_{\infty i}} (1 - z_{\infty i}^{-1}) z_{\infty i}^{n-M-\alpha} & \text{für } n > M+1 \\[2em] \displaystyle\sum_{i=1}^{N} \frac{r_i}{s_{\infty i}} (z_{\infty i}^{1-\alpha} - 1) & \text{für } n = M+1. \end{cases}$$

Die Differenz $g_s(n) - \frac{1}{T} g_r(n)$ wird:

$$g_s(n) - \frac{1}{T} g_r(n) = \sum_{i=1}^{N} B_i z_{\infty i}^{n-M-\alpha}$$

mit:

$$B_i = r_i \left(1 - \frac{1-z_{\infty i}^{-1}}{s_{\infty i}T} \right) \approx \frac{1}{2} r_i s_{\infty i}T.$$

Mit $|s_{\infty i}| = \frac{1}{T_i}$ wird der relative Fehler eines Poles $s_{\infty i}$:

$$F_r \approx \frac{1}{2} \frac{T}{T_i}.$$

In der Praxis ist die zeitkontinuierliche Regelung von der zeitdiskreten kaum zu unterscheiden, falls gilt /13.10/:

$$5 \le \frac{T_i}{T} \le 10.$$

Eine zu kurze Abtastzeit ist unnötig aufwendig. Je größer die Abtastzeit ist, desto weniger wird der Rechner belastet. Die Programmlaufzeit des Regelprogramms gibt die untere Grenze für die Abtastzeit. Satz 13.4 gibt einen Richtwert für die obere Grenze.

Wie Regler im Zeitkontinuierlichen angepaßt werden, findet man in Standardlehrbüchern wie /13.1/ und /13.12/.

13.2.1. PID-Regler

In den Anlagen der Verfahrensindustrie findet der PID-Regler seit mehr als 50 Jahren als Standardregler Verwendung. Der Algorithmus läßt sich aus dem Zeitkontinuierlichen leicht ins Zeitdiskrete übertragen. Der PID-Regler R(s) ist durch drei wählbare Parameter bestimmt: die Verstärkung K_R, die Nachstellzeit T_N und die Vorhaltzeit T_V:

$$R(s) = K_R \frac{(1+sT_N)\,(1+sT_V)}{sT_N} = K_R \left(sT_V + \left(1+ \frac{T_V}{T_N}\right) + \frac{1}{sT_N} \right). \tag{13.6}$$

Wird der Differenzierer durch den Differenzenquotient ersetzt und die Integration um einen Takt verzögert, so wird im z-Bereich:

$$R(z) = K_R \left(\frac{T_V}{T} \frac{z-1}{z} + \left(1+ \frac{T_V}{T_N}\right) + \frac{T}{T_N} \frac{1}{z-1} \right) = K_V \frac{z-1}{z} + K_P + K_N \frac{1}{z-1}$$

$$= \frac{(K_P+K_V)\,z^2 + (K_N-K_P-2K_V)\,z + K_V}{z(z-1)} \tag{13.7}$$

mit:

$$K_P = K_R \left(1+ \frac{T_V}{T_N}\right), \quad K_V = K_R \frac{T_V}{T}, \quad K_N = K_R \frac{T}{T_N}, \quad \text{T: Abtastzeit.}$$

Mit der Regelabweichung $x_d(n)$ wird die Stellgröße u(n):

$$u(n) = u(n-1) + (K_V+K_P)\,x_d(n) + (K_N-K_P-2K_V)\,x_d(n-1) + K_V\,x_d(n-2). \tag{13.8}$$

Bild 13.6 zeigt die Regelstruktur in Parallelform und die Sprungantwort des zeitdiskreten PID-Reglers.

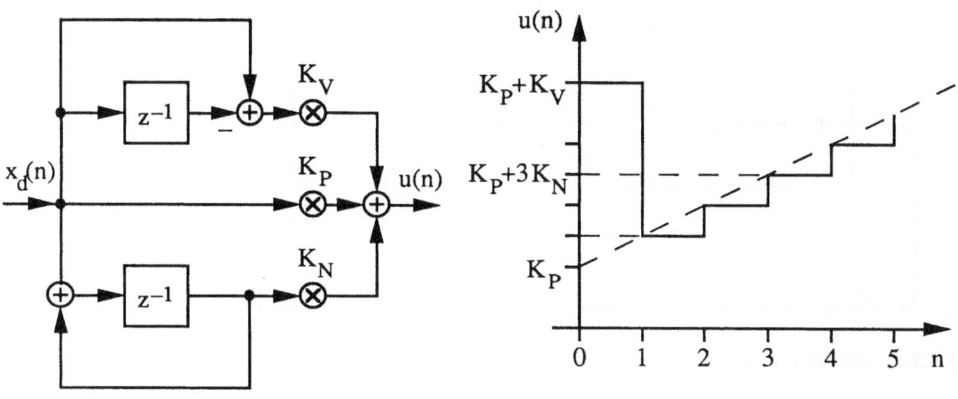

Bild 13.6. PID-Regler

13.2.2. Direkter Entwurf von Abtastreglern

Der Entwurf als Abtastregler kommt in Frage, wenn langsam abgetastet wird. Der Fall des I-Reglers mit einem Abtaster vor einer Tiefpaßstrecke wird behandelt. Der direkte Entwurf als Kompensationsregler wird besprochen und zum Schluß wird eine Besonderheit bei Abtastreglern, der Entwurf auf endliche Einstellzeit, hergeleitet.

Der einfache Abtastregler für eine Tiefpaßstrecke mit Totzeit.

Viele Strecken in der Verfahrenstechnik lassen sich durch ein VZ1-Glied mit einer Verstärkung V, einer Zeitkonstanten T_1 und einer Totzeit T_L annähern:

$$G_s(s) = e^{-sT_L}\, \frac{V}{1+sT_1} \; .$$

Die Übertragungsfunktion $G_s(s)$ beschreibt zum Beispiel die Mischung zweier Stoffströme, die nach einer Totzeit T_L im Mischer ankommen. Die Zeitkonstante T_1 ist mit dem Massenstrom $\dot{m}$ aus dem Mischer und dem Inhalt m des Mischers (Bsp.7):

$$T_1 = \frac{m}{\dot{m}} \; .$$

Das VZ1-Glied kann auch zum Entwurf von Reglern für Wärmetauscher oder an Temperatur- und Druckregelstrecken angesetzt werden.

Der Regler ist ein einfacher I-Regler mit

$$R(s) = \frac{1}{sT_I} \; .$$

Die Regelabweichung $x_d(t)$ wird abgetastet (Bild 13.7). Ein Abtast-Halte-Glied fehlt. Die Impulse nach dem Abtaster werden im Integrator R(s) zur Treppenfunktionen $\bar{u}(t)$.

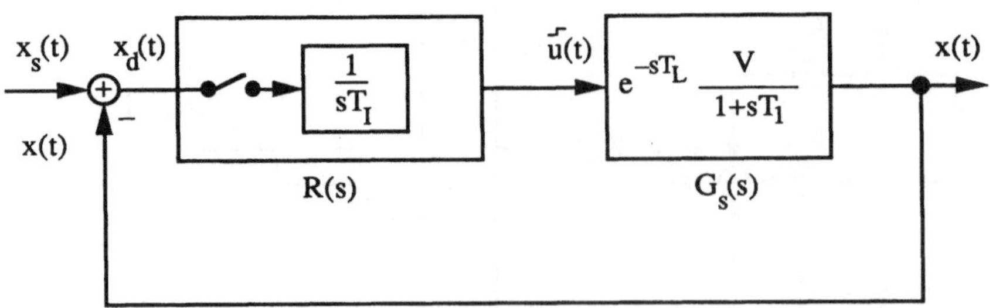

Bild 13.7. Einfacher Abtastregler, I-Regler

Der kontinuierliche Teil des Regelkreises ist:

$$F_o(s) = \frac{1}{sT_I}\, e^{-sT_L}\, \frac{V}{1+sT_1} = e^{-sT_L}\, \frac{V}{T_I}\left(\frac{1}{s} - \frac{1}{s + \frac{1}{T_1}}\right). \qquad (13.9)$$

Mit Gl. 13.8 und $T_L = (M+\alpha)T$, $M = 0, 1, ..., 0 \le \alpha < 1$, wird:

$$F_o(z) = z^{-M}\, \frac{V}{T_I}\, \frac{(1-z_\infty^{1-\alpha})\, z + z_\infty^{1-\alpha}-z_\infty}{(z-1)\,(z-z_\infty)}, \qquad z_\infty = e^{-T/T_1}.$$

Die Abtastzeit T wird, um den Unterschied zur kontinuierlichen Regelung herauszustellen, groß gewählt, d.h. $T > T_L$, $M = 0$. Damit wird die Übertragungsfunktion $G(z)$ des geschlossenen Regelkreises (Bild 13.1, Satz 13.4):

$$G(z) = \frac{TF_o(z)}{1 + TF_o(z)} = \frac{\frac{TV}{T_I}\left((1-z_\infty^{1-\alpha})\, z + z_\infty^{1-\alpha}-z_\infty\right)}{(z-1)\,(z-z_\infty) + \frac{TV}{T_I}\left((1-z_\infty^{1-\alpha})\, z + z_\infty^{1-\alpha}-z_\infty\right)}. \qquad (13.10)$$

Im Zeitkontinuierlichen ist $F_o(s)$ ein Allpolsystem. $F_o(z)$ hat jedoch eine Nullstelle, die für $\alpha = 0$ den Wert $z_0 = 0$ annimmt. Das Nennerpolynom $N(z) = z^2 + a_1 z + a_0$ hat zwei Nullstellen. Der Regelkreis ist stabil, falls diese innerhalb des Einheitskreises liegen. Dies ist nach dem Schur-Cohn-Test (Satz 13.1) erfüllt, falls gilt:

$$a_0 < 1, \qquad\qquad a_1 < 1 + a_0.$$

Setzt man $N(z)$ nach Gl. 13.10 an, so folgt:

$$\frac{T}{T_I}\, V < \frac{e^{T/T_1}-1}{e^{T_L/T_1}-1}, \qquad\qquad \frac{T}{T_I}\, V < \frac{2}{1 - \dfrac{2e^{T_L/T_1}}{1 + e^{T/T_1}}}.$$

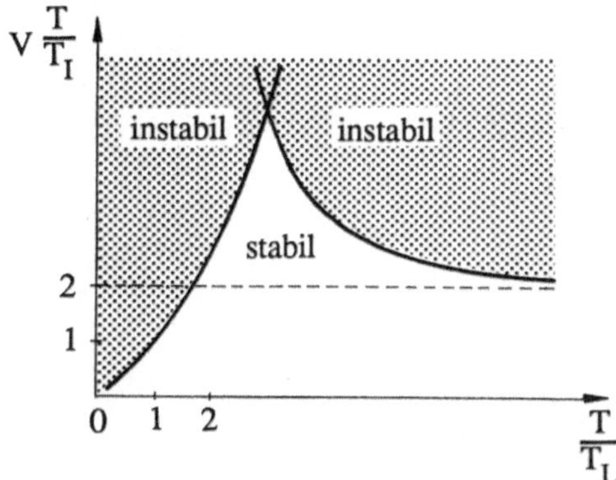

Bild 13.8. Stabile und instabile Gebiete
$(T_1 = 2\, T_L)$

Die Pole $s_{\infty 1/2}$ des geschlossenen Kreises werden im zeitkontinuierlichen Fall nach der Oszillographendämpfung gewählt,

$$s_{\infty 1/2} = -\omega \pm j\omega,$$

und das Nennerpolynom nach dem Reglerparameter T_I aufgelöst. Bild 13.9 zeigt die Antwort des Regelkreises auf einen Sprung am Eingang für den kontinuierlichen I-Regler und für die zeitdiskrete Realisierung bei unterschiedlichen Abtastzeiten.

Scheinbar ist der einfache Abtastregler besser als der kontinuierliche Regler. Der Vergleich wird realistisch, wenn man berücksichtigt, daß beim Abtastregler eine Abtastzeit vergehen kann, bis die Sollwertänderung erkannt wird. Natürlich ist damit der kontinuierliche Regler immer besser als der Abtastregler, der Unterschied ist jedoch nicht erheblich. Es ist erstaunlich, daß ein primitiver Abtastregler kaum schlechtere Ergebnisse als der kontinuierliche Regler bringt. Die Regelung ist robust und unübertroffen einfach. Interessant sind auch die Stellbewegungen. Die Impulse $x_d(n)\,\delta(t{-}nT)$ werden im Abtastregler aufsummiert und ergeben als Stellgröße u(t) eine Treppenfunktion. Real wird man die Impulse auf einen integrierenden Stellantrieb geben und so mit guter Näherung die Treppenfunktion realisieren. Bei großer Abtastzeit, $T > 10\,T_1$, wird in einem Schritt die Sollwertänderung durchgeführt.

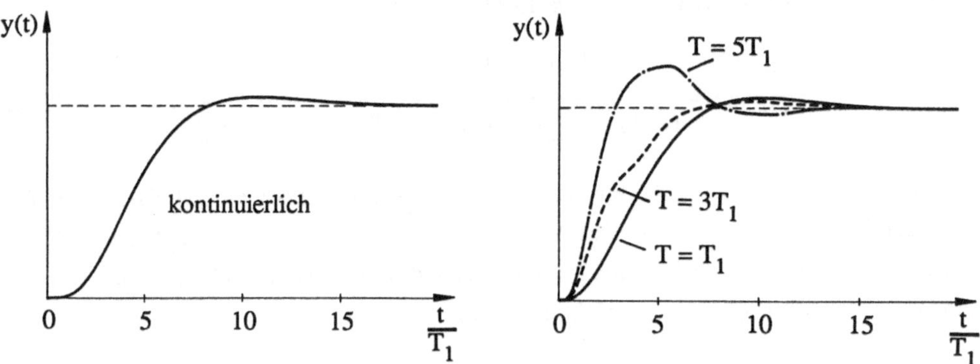

Bild 13.9. Kontinuierlicher I-Regler und Abtast-I-Regler

Der direkte Entwurf von Abtastreglern, Kompensationsregler.

Bild 13.10 zeigt einen Regelkreis, bei dem eine Störgröße E(z) am Ausgang des Reglers angreift.

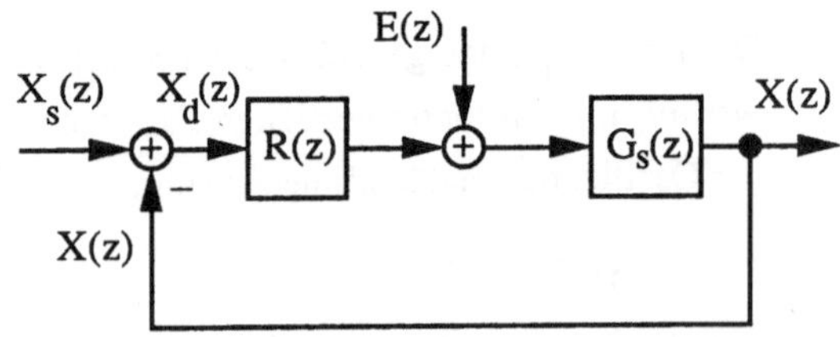

Bild 13.10. Regelkreis mit Störgröße

Die Regelgröße wird:

$$X(z) = \frac{G_s(z)\,R(z)}{1 + G_s(z)\,R(z)}\,X_s(z) + \frac{G_s(z)}{1 + G_s(z)\,R(z)}\,E(z).$$

Die Idee beim direkten Entwurf ist, für das Führungsverhalten oder das Störverhalten eine Wunschübertragungsfunktion K(z) vorzugeben. Wir verfolgen das Führungsverhalten und geben K(z) vor:

$$K(z) = \frac{G_s(z)\, R(z)}{1 + G_s(z)\, R(z)} \; .$$

Daraus werden Reglerstruktur und Reglerparameter bestimmt. Für den Regler folgt:

$$R(z) = \frac{K(z)}{G_s(z)\,(1-K(z))} \; . \tag{13.11}$$

Damit wird das Störverhalten:

$$\frac{G_s(z)}{1 + G_s(z)\, R(z)} = G_s(z)\,(1-K(z)).$$

Aus der Gleichung für den Regler R(z) wird der Name *Kompensationsregler* deutlich. Der Regler bildet im Wesentlichen die Inverse der Strecke $G_s(z)$, die damit im Regelkreis kompensiert wird. Der Rest hängt von der Wunschfunktion K(z) ab. Die Wunschfunktion K(z) kann nicht nach gusto vorgegeben werden. Wir lernen im folgenden die Beschränkungen kennen.

-   Der Regelkreis soll stationär genau sein. Dies wird erreicht für K(1) = 1.

-   Der Regler R(z) ist kausal, $R(z) = r_0 + r_1 z^{-1} + r_2 z^{-2} + \dots$. Der Grenzwert $r_0 = \lim\limits_{z \to \infty} R(z)$ existiert. Aus Gl. 13.11 folgt:

$$R(z) = \frac{1}{1-K(z)} \; \frac{k_0 + k_1 z^{-1} + k_2 z^{-2} + \dots}{g_0 + g_1 z^{-1} + g_2 z^{-2} + \dots} \; .$$

Für $g_0 = 0$ wird die Kausalitätsbedingung verletzt. Abhilfe schafft $k_0 = 0$. Allgemein muß K(z) für $z \to \infty$ Nullstellen der gleichen Ordnung wie $G_s(z)$ haben. In anderen Worten wird die Aussage selbstverständlich: An einer Strecke mit Totzeit kann man bestenfalls ein Führungsverhalten mit derselben Totzeit erwarten.

-   Alle Regler sind bedingt stabil. Auf einen Impuls am Eingang ist letztlich ein konstanter Stellbefehl zu erwarten. Der I-Regler hat einen Pol bei $z_\infty = 1$. Aufklingende Impulsantworten des Reglers sind unbrauchbar. Aus Gl. 13.11 folgt, daß die Nullstellen von $G_s(z)$, die außerhalb des Einheitskreises liegen, durch Nullstellen von K(z) kompensiert werden müssen, da sonst der Regler R(z) instabil ist.

-   Wir betrachten die Stabilität des geschlossenen Kreises und nehmen an, daß Regler und Strecke einen gemeinsamen Faktor $z - z_k$ haben:

$$R(z) = \frac{R_1(z)\,(z-z_k)}{R_2(z)}, \qquad G_s(z) = \frac{G_1(z)}{G_2(z)\,(z-z_k)}.$$

Sowohl das Führungs- wie auch das Störverhalten des geschlossenen Kreises muß stabil sein. Für das Störverhalten wird der Pol z_k nicht kompensiert und das Nennerpolynom wird:

$$N(z) = R_2(z)\,G_2(z)\,(z-z_k) + R_1(z)\,G_1(z)\,(z-z_k) = 0.$$

Liegt der Pol z_k außerhalb des Einheitskreises, so wird das Störverhalten instabil. Pole z_k mit $|z_k| \geq 1$ dürfen nicht durch Nullstellen von $R(z)$ gekürzt werden. Solche Pole sind durch Nullstellen von $1-K(z)$ zu eliminieren, damit sie nicht als Reglernullstellen auftreten.

So hat zum Beispiel $F_0(z)$ in Gl. 13.9 eine Nullstelle bei

$$z_0 = \frac{z_\infty^{1-\alpha}-z_\infty}{z_\infty^{1-\alpha}-1},$$

die für $\alpha \to 1$ gegen unendlich wandert. Sie muß durch eine Nullstelle von $1-K(z)$ kompensiert werden.

Satz 13.5: *Entwurf von Abtastreglern, Kompensationsregler.*
Die Rechtecksystemfunktion $G_r(z)$ hat die gleiche Ordnung wie $G_s(s)$. Der Grad des Zählerpolynoms ist aber verschieden. Ein Minimalphasensystem $G_s(s)$ transformiert sich nicht unbedingt in ein Minimalphasensystem $G_r(z)$.

Beim Kompensationsregler wird ein Wunschverhalten $K(z)$ vorgegeben. Kompensationsregler lassen sich für ein gewünschtes Führungs- oder Störverhalten entwerfen. Beim Entwurf nach dem Führungsverhalten,

$$K(z) = \frac{G_s(z)\,R(z)}{1 + G_s(z)\,R(z)},$$

wird:

$$R(z) = \frac{K(z)}{G_s(z)\,(1-K(z))}.$$

Die Wunschübertragungsfunktion $K(z)$ unterliegt folgenden Beschränkungen:

- Stationäre Genauigkeit wird erzielt für $K(1) = 1$.

- Die Nullstellen von $G_s(z)$, die nicht innerhalb des Einheitskreises liegen, sind durch Nullstellen von $K(z)$ zu kompensieren, da sonst der Regler $R(z)$ instabil ist. Werden die kritischen Nullstellen nicht kompensiert, so treten verborgene Schwingungen in der Stellbewegung auf.

- Die Pole von $G_s(z)$, die nicht innerhalb des Einheitskreises liegen, müssen durch Nullstellen von $1-K(z)$ kompensiert werden.

- Die Wunschübertragungsfunktion $K(z)$ ist so zu wählen, daß der Regler $R(z)$ kausal wird.

Ändern sich die Systemparameter der Strecke, so ändert sich die Lage der Nullstellen von $G_s(z)$. Das Regelverhalten kann stark beeinträchtigt werden.

Der Entwurf wird an einer Strecke zweiter Ordnung demonstriert.

Beispiel 3: Entwurf eines Kompensationsreglers.

Ein Allpolsystem

$$G_s(s) = \frac{V}{(1+T_1 s)\,(1+T_2 s)}$$

hat mit Gl. 13.8 folgende Rechtecksystemfunktion:

$$G_r(z) = \frac{V_r\,(z-z_0)}{(z-z_1)\,(z-z_2)}\,, \qquad z_1 = e^{-T/T_1},\ z_2 = e^{-T/T_2},$$

$$V_r = \frac{V}{T_1-T_2}\,(T_1(1-z_1) - T_2(1-z_2))\,, \qquad z_0 = \frac{T_1 z_2\,(1-z_1) - T_2(1-z_2)}{T_1(1-z_1) - T_2(1-z_2)}\,.$$

Die Nullstelle z_0 ist reell und kann weit außerhalb des Einheitskreises liegen. Regelkreise mit Kompensationsreglern neigen zu verborgenen Schwingungen. Diese werden gut erkannt, wenn man die Stellgröße $U(z)$ rechnet. Pole bei $z = -1$ deuten auf stabile Schwingungen mit der halben Abtastfrequenz hin. Wir fassen zusammen:

a) Die Nullstelle z_0 wird nicht kompensiert. Dann hat $G_r(z)$ für $z \to \infty$ eine Nullstelle erster Ordnung. Wegen der Kausalität des Reglers muß die Wunschübertragungsfunktion $K(z)$ für $z \to \infty$ ebenfalls eine Nullstelle erster Ordnung besitzen. Der einfachste Ansatz ist:

$$K(z) = \frac{1-z_k}{z-z_k}\,.$$

Dabei ist die Bedingung $K(1) = 1$ für die stationäre Genauigkeit des Regelkreises bereits eingearbeitet. Der Regler wird damit sofort:

$$R(z) = \frac{K(z)}{G_r(z)\,(1-K(z))} = \frac{1-z_k}{V_r}\,\frac{(z-z_1)\,(z-z_2)}{(z-1)\,(z-z_0)}\,.$$

Die Stellbewegung auf einen Sollwertsprung wird (Bild 13.1):

$$U(z) = \frac{R(z)}{1 + R(z)\,G_r(z)}\,\frac{z}{z-1} = \frac{K(z)}{G_r(z)}\,\frac{z}{z-1}$$

$$U(z) = \frac{1-z_k}{z-z_k} \; \frac{(z-z_1)\,(z-z_2)}{V_r\,(z-z_0)} \; \frac{z}{z-1} \;.$$

Diskussion:

- Die Partialbruchzerlegung von $U(z)$ zeigt Teilvorgänge der Stellbewegung $u(n)$ proportional zu z_0^n.

- Die Stellbewegung klingt für $|z_0| < 1$ ab.

- Der Pol z_0 und damit die Dämpfung der Stellbewegung ist unabhängig vom Entwurfsparameter z_k.

- Aufklingende Stellbewegungen sind in der Praxis unbrauchbar.

b)   Die Nullstelle z_0 wird kompensiert. Kausalität und Nullstellenkompensation bedingen einen Ansatz zweiter Ordnung für $K(z)$:

$$K(z) = C \, \frac{z-z_0}{(z-z_k)\,(z-z_k^*)} \;.$$

Stationäre Genauigkeit wird erreicht für

$$K(1) = C \, \frac{1-z_0}{(1-z_k)\,(1-z_k^*)} = 1, \qquad C = \frac{(1-z_k)\,(1-z_k^*)}{1-z_0} \;.$$

Der Regler muß bedingt stabil sein, d.h. die Pole von

$$R(z) = \frac{K(z)}{G_r(z)\,(1-K(z))}$$

dürfen nicht außerhalb des Einheitskreises liegen. Die charakteristische Gleichung wird:

$$(z-z_k)\,(z-z_k^*) - C\,(z-z_0) = 0.$$

Wegen $K(1) = 1$ hat diese Gleichung eine Nullstelle bei $z = 1$ (I-Anteil des Reglers):

$$(z-1)\,(z - z_\infty) = 0, \qquad z_\infty = \frac{z_0}{1-z_0}\,(1-z_k)\,(1-z_k^*) + z_k z_k^* .$$

Der Regler kann nun für viele Pole z_k des Führungsverhaltens ausgelegt werden, sofern nur $|z_\infty| < 1$ ist.

•

Die Struktur und die Ordnung von $G_s(z)$ werden oft aus physikalischen Vorstellungen entwickelt und die Pole und Nullstellen mit Hilfe der Identifikation (Kap. 12) bestimmt. Damit wird das Herauskürzen von Nullstellen und Polen in $R(z)\,G_r(z)$ etwas problematisch. Die Pole und Nullstellen der Strecke können sich abhängig vom Betrieb der Anlage ändern. Die Kompensation ist dann nicht mehr vollständig. Wir untersuchen eine Nullstelle z_0, $|z_0| > 1$ von

$$G_r(z) = \frac{z-z_0}{z}\, G_1(z),$$

die durch

$$K(z) = (z-z_1)\, K_1(z), \qquad\qquad z_1 = z_0 + \Delta z,$$

unvollständig kompensiert wird. Für den Regler gilt:

$$R(z) = \frac{K(z)}{G_r(z)\,(1-K(z))} = \frac{z\,(z-z_1)\,K_1(z)}{(z-z_0)\,G_1(z)\,(1-K(z))} = \frac{z\,(z-z_1)}{z-z_0}\,C(z).$$

Der Anteil $r_1(n)$ des Reglers von der Polstelle z_0 wird:

$$r_1(n) = -\, z_0^n\, C(z_0)\, \Delta z.$$

Der Regler bleibt instabil. Die aufklingende Impulsantwort wird nur dann vermieden, wenn die Kompensation vollkommen ist, d.h. $z_0 = z_1$. Am Schreibtisch ist schwer zu entscheiden, ob eine unvollkommene Kompensation vielleicht doch genügt.

Besser ist es, direkt mit einem Allpolmodell die Strecke zu identifizieren, da die Struktur des mathematischen Modells auch nur eine Näherung ist,:

$$y(n) + a_1 y(n-1) + \ldots + a_K y(n-K) \doteq b_1\, u(n-1),$$

$$G_s(z) = \frac{b_1\, z^{-1}}{A(z)} \,, \qquad\qquad A(z) = 1 + a_1\, z^{-1} + \ldots + a_K\, z^{-K}.$$

Die Nullstellen des Zählers werden dann durch zusätzliche Pole approximiert (Kap. 11, Bsp.3). Der Regler wird unübertroffen einfach:

Satz 13.6: *Transversalregler.*

Ist die bedingt stabile Strecke als Allpolmodell darstellbar,

$$G_s(z) = \frac{b_1\, z^{-1}}{A(z)} \,, \qquad\qquad A(z) = 1 + a_1\, z^{-1} + \ldots + a_K\, z^{-K},$$

und wird das Führungsverhalten

$$K(z) = \frac{1-z_k}{z-z_k}$$

verlangt, so wird der Regler:

$$R(z) = \frac{K(z)}{G_s(z)\,(1-K(z))} = (1 - z_k)\, A(z)\, \frac{1}{b_1}\, \frac{z}{z-1}\,.$$

Für ein System zweiter Ordnung entspricht $R(z)$ dem PID-Regler.

Beispiel 4: Differentialdosierwaage mit Beobachtungsstörungen /13.14/.

Bild 13.11 zeigt das Prinzip. Ein Vorratsbehälter mit Schüttgut wird gewogen. Über ein Austragsorgan wird ein Massenstrom $\dot{m}(t)$ abgezogen. Gemessen wird das Gewicht des Behälters. Das Meßsignal f(t) ist durch das Quantisierungsrauschen des A/D-Wandlers, durch Windkräfte und Vibrationen des Fundaments gestört:

$$f(t) = m(t)\,(g + b(t)).$$

Aus dem Kraftsignal f(t) wird der Massenstrom $\dot{m}(t)$ geschätzt. Im Regler wird dann der Stellbefehl für das Austragsorgan berechnet. Das Austragsorgan zieht aus dem Behälter einen Volumenstrom $\dot{V}(t)$ ab. Der Prozeß verlangt aber einen Massenstrom

$$\dot{m} = \rho\,\dot{V}$$

mit der Dichte ρ des Schüttguts. Die Dichte ρ unterliegt Schwankungen $\Delta\rho(t)$, die durch den Regler ausgeregelt werden müssen.

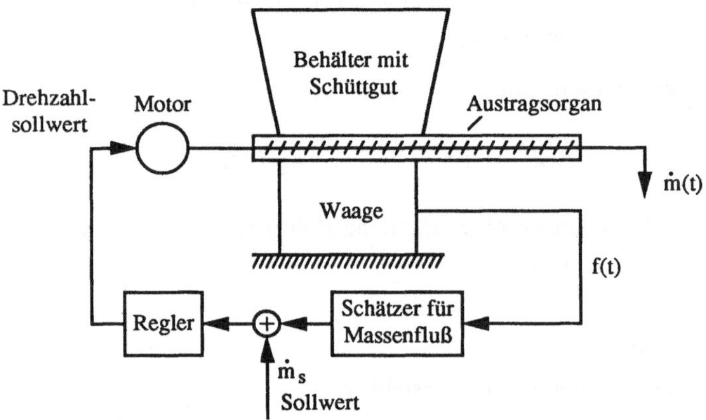

Bild 13.11. Differentialdosierwaage

Man entwirft zunächst das Führungsverhalten als optimales Wiener-Filter (Kap. 8, Bsp. 15). Die Störgröße ist die Dichteänderung $\Delta\rho(t)$, die Beobachtungsstörungen sind die Vibrationen des Fundaments und die Windkräfte. Das zu entwerfende Wiener-Filter entspricht hier dem Wunschsignal K(z) und führt hier zu einem PI-Regler. Der Schätzer für den Massenstrom wird ein Differenzierer mit nachgeschaltetem Allpolglied zweiter Ordnung. Ein Pol hängt von den Beobachtungsstörungen ab, der andere von der Natur des Schüttguts.

Bild 13.12 zeigt die Varianz σ_{mr}^2 im optimal geregelten Fall bezogen auf die Varianz σ_m^2 im ungeregelten Fall, die durch Dichteschwankungen entsteht. Die relative Varianz ist aufgetragen über dem Störabstand a. Der Störabstand ist ein Maß für das Verhältnis der Dichteschwankungen zu den Beobachtungsstörungen. Ist σ_ρ^2 die Varianz der Dichteschwankungen, hat die Korrelationsfunktion der Dichteschwankungen die Breite T_ρ und sind die Beobachtungsstörungen weiß mit der Varianz σ_n^2, so gilt für den Störabstand:

$$a = T_\rho \, \frac{\sigma_\rho}{\sigma_n} \, .$$

Parameter ist die Abtastzeit T bezogen auf die Zeitkonstante T_ρ.

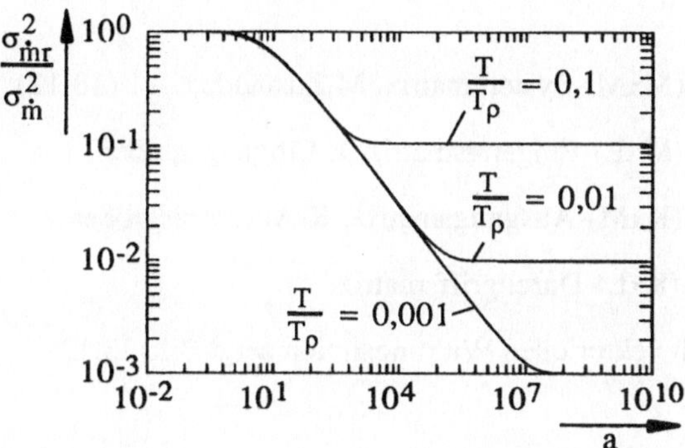

Bild 13.12. Relative Varianz im zeitdiskret geregelten System

Diskussion:

-   Bei kleinem Störabstand, $a < 1$, lohnt sich die Regelung nicht. Man kann das Austragsorgan mit konstanter Geschwindigkeit arbeiten lassen.

-   Eine Verbesserung der relativen Standardabweichung um den Faktor drei benötigt einen Störabstand $a \approx 10^3$. Eine Abtastzeit von ca. 10 % der Schüttgutzeitkonstante ist ausreichend.

13.3. Entwurf von Regelungen im Zustandsraum

In Kap. 5.3 wird gezeigt, wie man von kanonischen Blockstrukturen (Bild 5.13, 5.14) direkt zur Zustandsraumdarstellung kommt. Die Zustandsraumdarstellung ist für numerische Rechnungen besonders gut geeignet. Ausgehend von den Zuständen x(n) und den Eingangssignalen u(n) zum Zeitpunkt nT kommt man in einem Schritt zum Zustandsvektor x(n+1) und zu den Ausgangsgrößen y(n). Das Zeitverhalten von Mehrgrößensystemen läßt sich sehr übersichtlich und geschlossen darstellen. Die Zustandsraumdarstellung eines Mehrgrößensystems ist:

$$x(n+1) = A\ x(n) + B\ u(n), \qquad A: \text{(MxM)-Systemmatrix, M Zustände,} \qquad (13.12)$$

$$y(n) = C\ x(n) + D\ u(n), \qquad B: \text{(MxL)-Eingangsmatrix, L Eingangsgrößen,}$$

$$C: \text{(KxM)-Ausgangsmatrix, K Ausgangsgrößen,}$$

$$D: \text{(KxL)-Durchgriffsmatrix.}$$

Die Struktur der Zustandsraumdarstellung mit vektoriellen Wirkungslinien zeigt Bild 13.13:

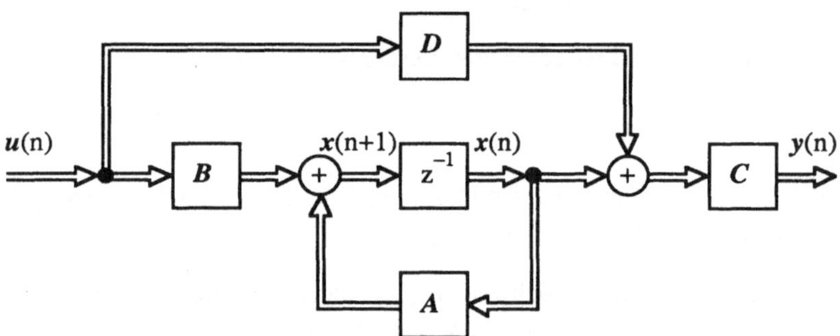

Bild 13.13. Zustandsraumdarstellung, Mehrgrößensystem

Die Lösung von Gl. 13.12 lautet:

$$x(n+1) = A^{n+1}\ x(0) + \sum_{j=0}^{n} A^{n-j}\ B\ u(j).$$

Die Richtigkeit prüfen wir, indem wir die rechte Seite aufspalten.

$$x(n+1) = A\left(A^{n}x(0) + \sum_{j=0}^{n-1} A^{n-1-j}B\ u(j)\right) + B\ u(n)$$

$$= A\ x(n) + B\ u(n).$$

Die Zustandsraumdarstellung ist nicht eindeutig (Kap. 5.3). Für das gleiche technische System lassen sich beliebig viele Zustandsraumdarstellungen durch lineare Transformationen finden. Mit der quadratischen nichtsingulären (MxM)-Transformationsmatrix T, $x = T\,x_T$, wird Gl. 13.12:

$$x_T(n+1) = T^{-1}\,A\,T\,x_T(n) + T^{-1}\,B\,u(n) = A_T\,x_T(n) + B_T\,u(n),$$

$$y(n) = C\,T\,x_T(n) + D\,u(n) = C_T\,x_T(n) + D\,u(n). \tag{13.13}$$

Als Beispiel haben wir bereits die Regelungs- und die Beobachtungsnormalform in Gl. 5.10 bzw. Gl. 5.11 kennengelernt, die beide das gleiche System beschreiben. Die Jordansche Normalform entsteht, wenn die Transformationsmatrix T aus den Rechtseigenvektoren und T^{-1} aus den Linkseigenvektoren der Systemmatrix A zusammengesetzt wird (Gl. C4, Gl. C5):

$$T = X, \qquad\qquad\qquad T^{-1} = X^{-1} = Y.$$

Die Systemmatrix A transformiert sich, verschiedene Eigenwerte λ_i, i = 1, ..., M, vorausgesetzt, auf eine Diagonalmatrix $A_T = \Lambda$:

$$x_J(n+1) = \Lambda\,x_J(n) + B_J\,u(n),$$

$$y(n) = C_J\,x_J(n) + D\,u(n) \tag{13.14}$$

mit:

$$\Lambda = \begin{pmatrix} \lambda_1 & & 0 \\ & \ddots & \\ 0 & & \lambda_M \end{pmatrix} = X^{-1}\,A\,X, \quad B_J = X^{-1}B, \qquad C_J = C\,X.$$

Die Änderung einer Zustandsgröße wird in der Jordanschen Normalform entkoppelt von den anderen Zuständen errechnet.

Der einfachen Darstellung wegen, werden jetzt Systeme mit einer Ausgangsgröße y(n) und einer Eingangsgröße (Steuergröße) u(n) untersucht. Vom Zeitpunkt n = 0 beginnend, errechnet sich bei gegebenem Anfangszustand $x(0)$ und gegebenem Steuersignal u(n):

$$x(1) = A\,x(0) + b\,u(0),$$

$$x(2) = A\,x(1) + b\,u(1) = A^2 x(0) + A\,b\,u(0) + b\,u(1),$$

$$\vdots \tag{13.15}$$

$$x(N) = A\,x(N-1) + b\,u(N-1) = A^N x(0) + \sum_{i=0}^{N-1} A^{N-1-i} b\,u(i)$$

$$= A^N x(0) + (b \quad Ab \ldots A^{N-1}b)\,u_N(N-1)$$

mit:

$$u_N^T(N-1) = \big(u(N-1)\ \ u(N-2)\ \ldots\ u(0)\big).$$

Damit ein System überhaupt geregelt werden kann, muß das System steuerbar sein, d.h.: Mit einer Folge u(n), n = 0, ..., N–1, N $\geq$ M, muß das System in jeden gewünschten Zustand x(N) gebracht werden können. Mathematische Voraussetzung für die Steuerbarkeit ist, daß sich Gl. 13.15 nach der Steuergröße u_N(N–1) auflösen läßt. Die Matrix (b AB ... $A^{N-1}b$) muß den vollen Rang besitzen:

$$\mathrm{r}\{(b \quad Ab \ldots A^{N-1}b)\} = M.$$

Um ein System im Zustandsraum zu identifizieren, muß aus den gemessenen Signalen y(n), n = 0, ... , N–1, N $\geq$ M, auf den Zustandsvektor x(0) geschlossen werden können (Beobachtbarkeit). Mit Gl. 13.15 wird die Meßgröße y(n):

$$y(0) = c^T x(0) + d\, u(0),$$

$$y(1) = c^T x(1) + d\, u(1) = c^T A\, x(0) + c^T b\, u(0) + d\, u(1),$$

$$\vdots$$

$$y(N-1) = c^T A^{N-1} x(0) + \sum_{i=0}^{N-2} c^T A^{N-1-i} b\, u(i) + d\, u(N-1) \tag{13.16}$$

oder in Matrixform:

$$y_N(N-1) = \begin{pmatrix} c^T \\ c^T A \\ \vdots \\ c^T A^{N-1} \end{pmatrix} x(n) + \begin{pmatrix} 0 & & & d \\ & & d & c^T b \\ & \ddots & & \vdots \\ d & c^T b & \ldots & c^T A^{N-2} b \end{pmatrix} u_N(N-1).$$

Soll aus der Meßgröße y_N(N–1) der Zustand x(0) rekonstruiert werden können, so muß die Matrix

$$Q_B = \begin{pmatrix} c^T \\ c^T A \\ \vdots \\ c^T A^{N-1} \end{pmatrix}$$

den vollen Rang besitzen:

$$\mathrm{r}\{Q_B\} = M.$$

Definition 13.1: *Lineare Transformation, Steuerbarkeit und Beobachtbarkeit.*
Mit einer quadratischen, nichtsingulären Transformationsmatrix T läßt sich eine Zustandsraumdarstellung auf eine Normalform transformieren. In Normalform enthält die

Systemmatrix A die minimale Anzahl von Koeffizienten. Bei der Regelungs- und Beobachtungsnormalform sind dies die Koeffizienten der charakteristischen Gleichung. Bei der Jordanschen Normalform sind es die Eigenwerte von A.

Ein System ist steuerbar, wenn die Steuerbarkeitsmatrix

$$Q_S(A) = (b \quad Ab \quad \dots \quad A^{N-1}b)$$

den vollen Rang hat:

$$r\{Q_S(A)\} = M.$$

Ein System ist mit den Meßwerten y(n) beobachtbar, wenn die Beobachtbarkeitsmatrix

$$Q_B(A) = \begin{pmatrix} c^T \\ c^T A \\ \vdots \\ c^T A^{N-1} \end{pmatrix}$$

den vollen Rang hat:

$$r\{Q_B(A)\} = M.$$

Durch eine lineare Transformation T ändert sich der Rang von $Q_S(A)$ und $Q_B(A)$ nicht. Es gilt:

$$Q_S(A) = T\, Q_S(A_T), \tag{13.17}$$

$$Q_B(A)\, T = Q_B(A_T).$$

Die letzte Aussage folgt direkt aus Gl. 13.13.

In den meisten Fällen wird der Ingenieur die Beobachtbarkeit und die Steuerbarkeit nicht nach Def. 13.1 prüfen müssen. Das technische Verständnis über die Zusammenhänge und das Zeitverhalten des Systems lassen die einfachen Verstöße gegen den Matrizenrang von $Q_S(A)$ und $Q_B(A)$ erkennen.

Mit Hilfe der z-Transformation kann die Zustandsraumdarstellung analytisch gerechnet werden. Wir schreiben $x(n) \circ\!\!-\!\!\bullet X(z)$. Mit der Verschiebungsregel der z-Transformation (Tab. 4.1) wird die Zustandsraumdarstellung:

$$z\, I\, X(z) - z\, x(0) = A\, X(z) + b\, U(z),$$

$$Y(z) = c^T X(z) + d\, U(z),$$

$$X(z) = (z\, I - A)^{-1} z\, x(0) + (z\, I - A)^{-1} b\, U(z).$$

Setzt man $u(n) \circ\!\!-\!\!\bullet U(z)$ null und vergleicht mit Gl. 13.15, so erhält man die Korrespondenz

$$A^n \; \circ\!\!-\!\!\bullet \; (z\,I - A)^{-1}\, z \;=\; (I - z^{-1}A)^{-1}.$$

Für die Matrizenfolge A^n gilt formal offensichtlich die gleiche Korrespondenz wie für die Folge $a^n \; \circ\!\!-\!\!\bullet \; \frac{z}{z-a}$.

Die Inverse der Matrix $z\,I - A$ existiert, wenn die Determinante $|z\,I - A|$ nicht verschwindet. Es ist:

$$(z\,I - A)^{-1} = \frac{(z\,I - A)_{adj}}{|z\,I - A|}.$$

$(z\,I - A)_{adj}$ ist die adjungierte Matrix der Matrix $z\,I - A$ (Def. C5). $N_M(z) = |z\,I - A|$ ist das charakteristische Polynom vom Grad M. Die Nullstellen $z_{\infty i}$, $i = 1, ..., M$, dieses Polynoms sind die M Eigenwerte der Systemmatrix A:

$$|z\,I - A| = \prod_{i=1}^{M} (z - z_{\infty i}).$$

Die Nullstellen $z_{\infty i}$ sind identisch mit den Polen der Übertragungsfunktion G(z).

Satz 13.7: *Zustandsraumdarstellung.*

Für ein Eingrößensystem wird die Lösung der Zustandsraumdarstellung im z-Bereich:

$$X(z) = (z\,I - A)^{-1}\, z\, x(0) + (z\,I - A)^{-1} b\, U(z),$$

$$Y(z) = c^T\, (z\,I - A)^{-1}\, (z\, x(0) + b\, U(z)) + d\, U(z).$$

Die Elemente der Matrix $(z\,I - A)^{-1}$ haben als gemeinsamen Nenner das charakteristische Polynom

$$N_M(z) = \prod_{i=1}^{M} (z - z_{\infty i})$$

mit den Polen $z_{\infty i}$ der Übertragungsfunktion G(z).

Bei stabilen System klingt der Term mit dem Anfangszustand $x(0)$ im Laufe der Zeit ab. Die Systemfunktion G(z) lautet:

$$G(z) = c^T\, (z\,I - A)^{-1}\, b + d.$$

Beispiel 5: Gegeben ist ein System dritter Ordnung in Regelungsnormalform mit dem Anfangszustand $x(0) = 0$:

$$x(n{+}1) = \begin{pmatrix} 0 & 1 & 0 \\ 0 & 0 & 1 \\ \frac{1}{4} & -1 & \frac{3}{2} \end{pmatrix} x(n) + \begin{pmatrix} 0 \\ 0 \\ 1 \end{pmatrix} u(n),$$

$$y(n) = (1 \quad 1 \quad 1)\, x(n).$$

Es ist:

$$z\,I - A \;=\; \begin{pmatrix} z & -1 & 0 \\ 0 & z & -1 \\ -\dfrac{1}{4} & 1 & z - \dfrac{3}{2} \end{pmatrix},$$

$$N_3(z) = |z\,I - A| = z^3 - \frac{3}{2}\,z^2 + z - \frac{1}{4} = \left(z - \frac{1}{2}\right)\left(z - \frac{1}{2}(1+j)\right)\left(z - \frac{1}{2}(1-j)\right),$$

$$(z\,I - A)^{-1} = \frac{1}{\left(z-\frac{1}{2}\right)\left(z-\frac{1}{2}(1+j)\right)\left(z-\frac{1}{2}(1-j)\right)} \begin{pmatrix} z\left(z-\frac{3}{2}\right)+1 & z-\frac{3}{2} & 1 \\ \frac{1}{4} & z\left(z-\frac{3}{2}\right) & z \\ \frac{1}{4}\,z & \frac{1}{4}-z & z^2 \end{pmatrix},$$

$$G(z) = c^{T}(z\,I - A)^{-1}b = \frac{6z^2 - \frac{7}{2}\,z + 2}{z^3 - \frac{3}{2}\,z^2 + z - \frac{1}{4}}.$$

13.3.1. Reglerentwurf durch Zustandsrückführung und Polvorgabe

Die Schritte zum Reglerentwurf sind sehr einfach und übersichtlich. Im ersten Schritt arbeitet man so, als ob alle Zustände x(n) verfügbar wären. Das Regelgesetz ist unübertrefflich einfach. Man leitet aus dem Zustand x(n) mit den Stellsollwerten w(n) die Stellbefehle u(n) ab:

$$u(\text{n}) = -R\,x(\text{n}) + w(\text{n}).$$

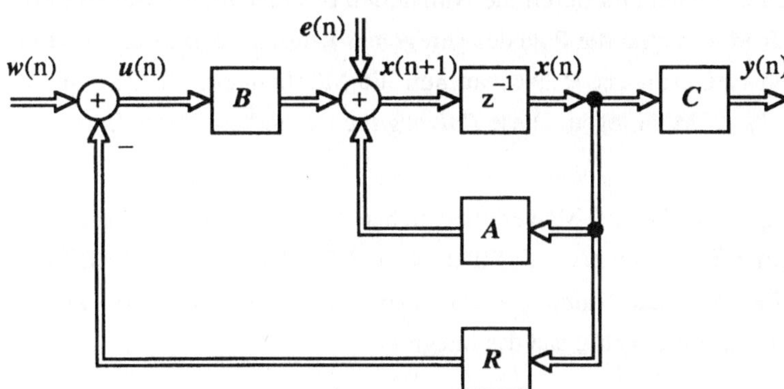

Bild 13.14. Struktur eines geregelten Systems

Der Regelalgorithmus ist allein durch die Regelmatrix R gegeben. Bild 13.14 zeigt die Struktur des geregelten Systems für L Stellgrößen $u(n)$, K Meßgrößen $y(n)$ und der Durchgriffsmatrix $D = 0$.

$w_s(n)$ sind L Führungsgrößen, die sich auf den Sollwert x_s umrechnen lassen. Im stationären, eingeschwungenen Zustand ist:

$$x(n+1) = x(n) = x_s, \qquad\qquad w(n) = w_s.$$

Man ließt für den stationären Zustand und $e(n) = 0$ aus Bild 13.14 ab:

$$B(w_s - R\ x_s) + A\ x_s = x_s,$$

$$x_s = (I - A + B\ R)^{-1}\ B\ w_s,$$

$$y_s = C(I - A + B\ R)^{-1}\ B\ w_s.$$

Zum Studium der Dynamik des geregelten Systems setzen wir $x_s = w_s = 0$ und $y_s = 0$. Die Dynamik eines linearen Systems ist ja für jeden Sollwert gleich. Für den Nullpunkt als Sollwert ist:

$$x(n+1) = (A - B\ R)\ x(n) + e(n).$$

Diese Darstellung unterscheidet sich nur dadurch von der Zustandsraumdarstellung des Prozesses in Gl. 13.12, daß an Stelle der Systemmatrix A die Matrix $A - B\ R$ steht. Ist etwa $x(0)$ der Anfangszustand des geregelten Systems und macht man den Sollwertsprung auf $x_s = 0$, so ist mit Satz 13.8 das Führungsverhalten des Kreises gegeben, indem man A durch $A - B\ R$ ersetzt:

$$X(z) = (z\ I - A + B\ R)^{-1}\ z\ x(0).$$

Der Verlauf von $x(n)$ wird entscheidend durch die Nullstellen des charakteristischen Polynoms $N_M(z) = |z\ I - A + B\ R|$, das sind die Pole des geregelten Kreises, bestimmt. Mit Hilfe der zu dimensionierenden Reglermatrix R hat man nun die Möglichkeit, die Pole an gewünschte Stellen $z_{\infty i}$, $i = 1, \ldots, M$ zu legen. Diese *Polvorgabe* ist die beliebteste Entwurfs-Methode.

Wo sollen nun die Wunschpole $z_{\infty i}$ liegen? Man erinnert sich an Sprungantworten, die man als "gut" beurteilt. Solche sind z.B. die Butterworth-Filter (Kap. 8.7) oder auch die ITAE-Filter (Integral of Time Multiplied Absolute Value of Error). Die Koeffizienten von G(s) werden beim ITAE-Filter numerisch so ausgewählt, daß das Integral

$$\int_0^\infty |\sigma(t) - y(t)|\ t\ dt \ \rightarrow\ min$$

zum Minimum wird.

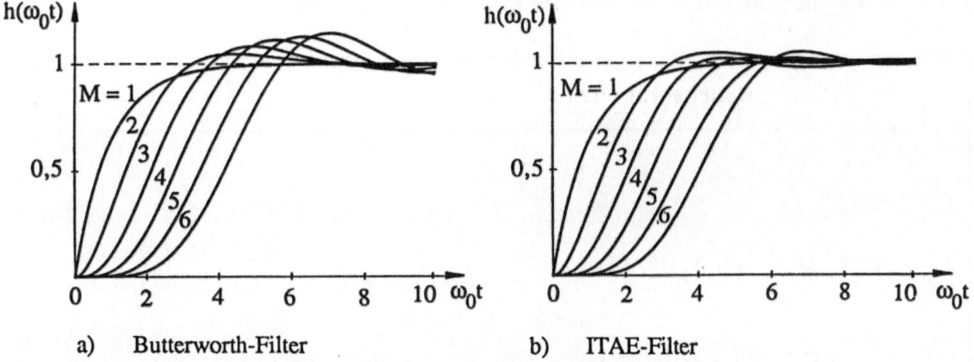

a)   Butterworth-Filter   b)   ITAE-Filter

Bild 13.15. Sprungantworten der Butterworth-Filter und ITAE-Filter
für die Systemordnungen M = 1,2,3,4,5,6

Bild 13.15 zeigt einige Sprungantworten bei unterschiedlichen Systemordnungen M für beide Filter. Die entsprechenden Nennerpolynome sind in Tab. 13.1 angegeben. Man überträgt die Pole etwa mit $z_{\infty i} = e^{s_{\infty i}T}$ ins Zeitdiskrete. Notwendig ist, daß M Koeffizienten des charakteristischen Polynoms zur Verfügung stehen.

Mit Satz 8.9 folgen die Pole des Butterworth-Tiefpasses der Ordnung n aus der Gleichung

$$1 + \left(-\left(\frac{s}{\omega_0}\right)^2\right)^n = 0$$

zu:

$$s_{\infty i} = e^{((n+1)\pi+2i\pi)/2n}, \qquad i = 0, ..., n-1.$$

Man kann auch ein Gebiet absoluter oder relativer Dämpfung (Satz 13.1) vorgeben und kommt dann mit weniger Koeffizienten aus.

Damit oder mit Tab. 13.1 läßt sich das charakteristische Polynom mit den Wunschkoeffizienten α_i darstellen:

$$N_{M\alpha}(z) = z^M + z^{M-1}\alpha_1 + ... + z\,\alpha_{M-1} + \alpha_M = \prod_{i=1}^{M}(z - z_{\infty i}).$$

Wir untersuchen einen Eingrößenregelkreis. Das Regelgesetz wird:

$$u(n) = -\,r^T x(n).$$

Tabelle 13.1. Nennerpolynome bei Butterworth- und ITAE-Filter

M	Butterworth-Filter
1	$\left(\frac{s}{\omega_0} + 1\right)$
2	$\left(\frac{s}{\omega_0} - e^{j3\pi/4}\right)\left(\frac{s}{\omega_0} - e^{-j3\pi/4}\right)$
3	$\left(\frac{s}{\omega_0} - e^{j2\pi/3}\right)\left(\frac{s}{\omega_0} - e^{-j2\pi/3}\right)\left(\frac{s}{\omega_0} + 1\right)$
4	$\left(\frac{s}{\omega_0} - e^{j5\pi/8}\right)\left(\frac{s}{\omega_0} - e^{-j5\pi/8}\right)\left(\frac{s}{\omega_0} - e^{j7\pi/8}\right)\left(\frac{s}{\omega_0} - e^{-j7\pi/8}\right)$
5	$\left(\frac{s}{\omega_0} - e^{j3\pi/5}\right)\left(\frac{s}{\omega_0} - e^{-j3\pi/5}\right)\left(\frac{s}{\omega_0} - e^{j4\pi/5}\right)\left(\frac{s}{\omega_0} - e^{-j4\pi/5}\right)\left(\frac{s}{\omega_0} + 1\right)$
6	$\left(\frac{s}{\omega_0} - e^{j7\pi/12}\right)\left(\frac{s}{\omega_0} - e^{-j7\pi/12}\right)\left(\frac{s}{\omega_0} - e^{j9\pi/12}\right)\left(\frac{s}{\omega_0} - e^{-j9\pi/12}\right)\left(\frac{s}{\omega_0} - e^{j11\pi/12}\right)\left(\frac{s}{\omega_0} - e^{-j11\pi/12}\right)$

M	ITAE-Filter
1	$\left(\frac{s}{\omega_0} + 1\right)$
2	$\left(\frac{s}{\omega_0} + 0{,}707 + j0{,}707\right)\left(\frac{s}{\omega_0} + 0{,}707 - j0{,}707\right)$
3	$\left(\frac{s}{\omega_0} + 0{,}521 + j1{,}068\right)\left(\frac{s}{\omega_0} + 0{,}521 - j1{,}068\right)\left(\frac{s}{\omega_0} + 0{,}7081\right)$
4	$\left(\frac{s}{\omega_0} + 0{,}424 + j1{,}263\right)\left(\frac{s}{\omega_0} + 0{,}424 - j1{,}263\right)\left(\frac{s}{\omega_0} + 0{,}626 + j0{,}4141\right)\left(\frac{s}{\omega_0} + 0{,}626 - j0{,}4141\right)$
5	$\left(\frac{s}{\omega_0} + 0{,}376 + j1{,}292\right)\left(\frac{s}{\omega_0} + 0{,}376 - j1{,}292\right)\left(\frac{s}{\omega_0} + 0{,}5758 + j0{,}5339\right)\left(\frac{s}{\omega_0} + 0{,}5758 - j0{,}5339\right)$ $\left(\frac{s}{\omega_0} + 0{,}8955\right)$
6	$\left(\frac{s}{\omega_0} + 0{,}3099 + j1{,}263\right)\left(\frac{s}{\omega_0} + 0{,}3099 - j1{,}263\right)\left(\frac{s}{\omega_0} + 0{,}5805 + j0{,}7828\right)\left(\frac{s}{\omega_0} + 0{,}5805 - j0{,}7828\right)$ $\left(\frac{s}{\omega_0} + 0{,}7346 + j0{,}2873\right)\left(\frac{s}{\omega_0} + 0{,}7346 - j0{,}2873\right)$

In diesem Fall empfiehlt sich die Systemdarstellung in Regelungsnormalform (Gl. 5.10). In dieser Normalform bilden die Koeffizienten des charakteristischen Polynoms die letzte Zeile der Matrix A_R:

$$x(n+1) = A_R x(n) + b_R u(n),$$

mit:

$$A_R = \begin{pmatrix} 0 & 1 & 0 & 0 & \dots & 0 \\ 0 & 0 & 1 & 0 & \dots & 0 \\ 0 & 0 & 0 & 1 & \dots & 0 \\ \vdots & \vdots & \vdots & \vdots & & \vdots \\ -a_M & -a_{M-1} & -a_{M-2} & -a_{M-3} & \dots & -a_1 \end{pmatrix}, \quad b_R = \begin{pmatrix} 0 \\ 0 \\ 0 \\ \vdots \\ 1 \end{pmatrix}.$$

Die Systemmatrix des geregelten Kreises wird:

$$A_R - b_R r_R^T = \begin{pmatrix} 0 & 1 & 0 & \dots & 0 \\ 0 & 0 & 1 & \dots & 0 \\ 0 & 0 & 0 & \dots & 0 \\ \vdots & \vdots & \vdots & & \vdots \\ -a_M - r_1 & -a_{M-1} - r_2 & -a_{M-2} - r_3 & \dots & -a_1 - r_M \end{pmatrix},$$

$$r_R^T = (r_1 \dots r_M).$$

Das geregelte System hat die gewünschten Pole $z_{\infty i}$, wenn die Koeffizienten α_i des Wunschpolynoms denen des geregelten Kreises entsprechen.

Satz 13.8: *Polvorgabe beim Eingrößenregler.*

Zweckmäßig wird das System in Regelungsnormalform dargestellt. Die Polvorgabe kann sich an "guten" Sprungantworten orientieren, etwa denen des Butterworth-Filters oder des ITAE-Filters. Sind die Pole ins Zeitdiskrete übertragen, etwa mit $z_{\infty i} = e^{s_{\infty i} T}$, so ergeben sich die Wunschkoeffizienten α_i aus

$$\prod_{i=1}^{M} (z - z_{\infty i}) = z^M + \alpha_1 z^{M-1} + \dots + \alpha_M.$$

Das Regelgesetz lautet

$$u(n) = -r_R^T x(n).$$

Die Komponenten von r_R bestimmen sich einfach aus

$$r_{Ri} = \alpha_{M+1-i} - a_{M+1-i}, \qquad i = 1, \dots, M.$$

Liegt die Systemmatrix A in Regelungsnormalform A_R vor, so ist die Parametrierung des Reglers mit Satz 13.8 recht einfach. Im allgemeinen, wenn man von der physikalischen Systembeschreibung direkt zur Zustandsraumdarstellung kommt, liegt die Systemmatrix nicht in der Regelungsnormalform vor. Man braucht dann eine Beziehung zwischen Systemmatrix A und Regler r. Hier hilft die Beziehung von Ackermann /13.5/.

Satz 13.9: *Ackermannsche Formel*

Ist $N_{M\alpha}(z) = z^M + \alpha_1 z^{M-1} + \ldots + \alpha_M = 0$ die gewünschte charakteristische Gleichung des geregelten Kreises, so läßt sich der Regler r für eine beliebige Systemmatrix A aus der Beziehung

$$r^T = e_M^T \, Q_S^{-1}(A) \, N_{M\alpha}(A)$$

direkt berechnen. Es ist:

$$e_M^T = (0 \ldots 0 \; 1), \qquad\qquad N_{M\alpha}(A) = A^M + \alpha_1 A^{M-1} + \ldots + \alpha_M I$$

und $Q_S^{-1}(A)$ die Inverse der Steuerbarkeitsmatrix Q_S von A für $N = M$ nach Def. 13.1. Zweckmäßig löst man zuerst das Gleichungssystem

$$h^T Q_S(A) = e_M^T$$

und erhält:

$$r^T = h^T N_{M\alpha}(A).$$

Herleitung: Setzt man die Systemmatrix A_R in Regelungsnormalform in die gewünschte charakteristische Gleichung $N_{M\alpha}(z)$ ein, so erhält man:

$$N_{M\alpha}(A_R) = A_R^M + \alpha_1 A_R^{M-1} + \ldots + \alpha_M I.$$

Nach der Beziehung von Cayley-Hamilton (Satz C4) gilt:

$$N_M(A_R) = A_R^M + a_1 A_R^{M-1} + \ldots + a_M I = 0.$$

Löst man nach A_R^M auf und setzt in $N_{M\alpha}(A_R)$ ein, gilt:

$$N_{M\alpha}(A_R) = (\alpha_1 - a_1) A_R^{M-1} + \ldots + (\alpha_M - a_M) I. \tag{13.18}$$

Die Systemmatrix A_R besitzt bemerkenswerte Eigenschaften. Mit dem Einheitsvektor $e_j^T = (0 \ldots 1 \ldots 0)$ gilt:

$$e_1^T A_R = e_2^T,$$
$$e_2^T A_R = e_1^T A_R^2 = e_3^T, \tag{13.19}$$
$$\vdots$$
$$e_{M-1}^T A_R = e_1^T A_R^{M-1} = e_M^T.$$

Multipliziert man Gl. 13.18 von links mit e_1^T, so erhält man mit Satz 13.8 den Regler r_R für die Regelungsnormalform:

$$e_1^T N_{M\alpha}(A_R) = (\alpha_1 - a_1)\, e_M^T + \dots + (\alpha_M - a_M)\, e_1^T = r_R^T,$$

$$r_R^T = e_1^T N_{M\alpha}(A_R).$$

Ist T die Transformationsmatrix, die eine beliebige Systemmatrix A auf die Systemmatrix A_R in Regelungsnormalform transformiert, $A_R = T^{-1}A\,T$, so gilt für den Zusammenhang zwischen dem Regler r für eine beliebige Zustandsraumdarstellung und dem Regler r_R für die Regelungsnormalform:

$$\begin{aligned}
r^T = r_R^T\, T^{-1} &= e_1^T N_{M\alpha}(A_R)\, T^{-1} \\
&= e_1^T N_{M\alpha}(T^{-1}A\,T)\, T^{-1} \\
&= e_1^T T^{-1} N_{M\alpha}(A)\, T\, T^{-1} \\
&= e_1^T T^{-1} N_{M\alpha}(A).
\end{aligned}$$

Die Transformationsmatrix T folgt mit Gl. 13.16 zu:

$$T^{-1} = Q_S(A_R)\, Q_S^{-1}(A).$$

Damit gilt:

$$r^T = e_1^T\, Q_S(A_R)\, Q_S^{-1}(A)\, N_{M\alpha}(A).$$

Wir untersuchen den Term $e_1^T Q_S(A_R)$ und erinnern uns an $b_R = e_M$ (Gl. 5.10):

$$e_1^T Q_S(A_R) = e_1^T\, (e_M \;\; A_R e_M \;\cdots\; A_R^{M-1} e_M).$$

Mit Gl. 13.19 und $e_i^T e_j = \delta_{ij}$ gilt:

$$e_1^T Q_S(A_R) = e_M^T.$$

Damit wird der Regler für eine beliebige Zustandsraumdarstellung:

$$r^T = e_M^T\, Q_S^{-1}(A)\, N_{M\alpha}(A).$$

Zum Schluß wird noch ein Extremfall, der Entwurf auf endliche Einstellzeit untersucht:

Der Entwurf auf endliche Einstellzeit.

Von Gl. 13.15 ausgehend wird die Steuerfolge $u_N(N-1)$, die das System vom Zustand $x(0)$ in den Zustand $x(N)$ führt:

$$x(N) - A^N x(0) = Q_S u_N(N-1), \qquad u_N^T(N-1) = (u(N-1)\;\; u(N-2) \dots u(0)).$$

Ist $N = M$, wird die Steuerbarkeitsmatrix $Q_S(A)$ quadratisch und die Steuerfolge wird:

$$u_M(M-1) = Q_S^{-1}\,(x(M) - A^M x(0)). \tag{13.20}$$

Die Stellbefehle u(n) nehmen große Werte an, wenn die Abtastzeit klein ist. In diesem Fall müssen große Energien in kurzer Zeit in das System gesteckt werden. Um große Stellbefehle zu vermeiden, kann man längere Steuerfolgen, $N > M$, vorsehen und dafür sorgen, daß die Energie der Steuerfolge möglichst klein bleibt:

$$u_N^T(N-1)\, u_N(N-1) \to \text{min.}$$

Dabei muß die letzte Gleichung von Gl. 13.15 erfüllt sein. Dies sind M Nebenbedingungen:

$$x^T(N) - (A^N x(0))^T = u_N^T(N-1)\, Q_S^T.$$

Mit dem Lagrange-Multiplikator $\lambda^T = (\lambda_1 \ldots \lambda_M)$ und den Regeln der Matrizendifferentiation wird:

$$u_N(N-1) - Q_S^T\, \lambda = 0,$$

$$x(N) - A^N x(0) = Q_S u_N(N-1) = Q_S Q_S^T\, \lambda.$$

Die Steuerfolge mit minimaler Leistung wird damit:

$$u_N(N-1) = Q_S^T\,(Q_S Q_S^T)^{-1}\,(x(N) - A^N x(0)) = Q_S^+\,(x(N) - A^N x(0)). \qquad (13.21)$$

$Q_S^+(A)$ ist eine Pseudoinverse von $Q_S(A)$, $Q_S Q_S^+ = I$. Für $N = M$ wird $Q_S^+ = Q_S^{-1}$. Für $N < M$ reicht die Zahl der Stellbefehle nicht aus, um einen gewünschten Zustand x_s anzufahren.

Gl. 13.21 legt eine Steuerfolge $u_N(N-1)$ gemäß der Zielfunktion "minimale Energie" fest. Ein stabiles System A vorausgesetzt, erreicht das System nach Ablauf der Steuerfolge den stationären Wert $u(N-1) = w_s$ und $x(N) = x_s$. Ist das System genau modelliert und wirken keine Störgrößen, so ist für das Übertragungsverhalten kein Unterschied zwischen Steuerung und Regelung. Wir suchen einen Regler $u(n) = -r^T x(n) + w_s$, welcher dasselbe Übergangsverhalten wie die Steuerung nach Gl. 13.21 hat. Mit

$$Q_S^+ = \begin{pmatrix} q_{N-1}^T \\ \vdots \\ q_0^T \end{pmatrix}$$

wird für $N = 1$:

$$u(0) = -q_0^T\, A^N x(0) + q_0^T x_s.$$

Ist der Anfangszustand $x(1)$, so wird der Sollzustand nach $N-1$ Schritten erreicht:

$$u_N^T(N) = (w_s\ \ w_s\ \ u(N-2) \ldots u(1)),$$

$$u(1) = -q_0^T\, A^N x(1) + q_0^T x_s.$$

Allgemein gilt für $k \geq 0$:

$$u_N^T(N+k) = (w_s \ldots w_s\ u(N-2+k) \ldots u(k+1)),$$

$$u(k) = - q_0^T A^N x(k) + q_0^T x_s.$$

Der Vergleich mit der Reglergleichung ergibt:

$$r^T = q_0^T A^N, \qquad\qquad w_s = q_0^T (I - A^N) x_s.$$

Einen anderen Zugang zur Regelung auf endliche Einstellzeit erhält man, wenn man die charakteristische Gleichung des geschlossenen Kreises mit der Systemmatrix $A - b\, r^T$ betrachtet. Eine endlich lange Folge, Länge M, hat nur Pole für $z_{\infty i} = 0$, $i = 1, \ldots, M$. Die Wunschübertragungsfunktion wird damit:

$$N_{M\alpha}(z) = z^M + \alpha_1 z^{M-1} + \ldots + \alpha_M = z^M = 0.$$

Mit der Beziehung von Cayley-Hamilton (Satz C4) wird:

$$(A - b\, r^T)^M = 0.$$

Alle Koeffizienten α_i des Wunschpolynoms $N_{M\alpha}(z)$ sind in dem Fall null. Liegt die Systemmatrix A in Regelungsnormalform A_R vor, wird mit Satz 13.7 sofort:

$$r_i = -a_{M+1-i}, \qquad\qquad i = 1, \ldots, M.$$

Satz 13.10: *Entwurf auf endliche Einstellzeit.*

Ein steuerbares System mit der (MxN)-Steuermatrix Q_S, $r\{Q_S\} = M$, läßt sich in $N \geq M$ Schritten von einem Zustand $x(0)$ in einen beliebigen Endzustand $x(N)$ führen. Für $N = M$ lautet die Steuerfolge:

$$u_M(M{-}1) = Q_S^{-1} (x(N) - A^N x(0)).$$

Für $N > M$ lautet die Steuerfolge mit der geringsten Energie:

$$u_N(N{-}1) = Q_S^+ (x(N) - A^N x(0)) = \begin{pmatrix} q_{N-1}^T \\ \vdots \\ q_0^T \end{pmatrix} (x(N) - A^N x(0))$$

mit der Pseudoinversen $Q_S^+ = Q_S^T (Q_S Q_S^T)^{-1}$. Ein Regler $u(n) = -r^T x(n) + w_s$ bewirkt für

$$r^T = q_0^T A^N$$

die gleiche Steuerfolge wie Gl. 13.21. Der stationäre Wert der Sollgröße wird:

$$w_s = q_0^T (I - A^N) x_s.$$

Liegt die Systemmatrix A in Regelungsnormalform A_R vor, folgt für $N = M$:

$$r_R^T = (-a_M \ \ -a_{M-1} \ \cdots \ -a_1).$$

13.3.2. Beobachter

Im Abschnitt 13.3.1 wurde der Regler r entworfen. Voraussetzung für den einfachen Entwurf $u(n) = -r^T x(n)$ ist, daß die Zustandsgrößen $x(n)$ zur Verfügung stehen. Recht selten werden alle Komponenten $x_i(n)$, $i = 1, \ldots, M$, des Zustandsvektors als Meßsignale zur Verfügung stehen. Entweder fehlen für einzelne Zustandsgrößen geeignete Meßgeräte, oder der Aufwand, jede Zustandsgröße zu messen, ist zu groß. Die Idee liegt nahe, die nicht gemessenen Größen zu rechnen oder wegen der unvermeidbaren Fehler zu schätzen.

Definition 13.2: *Beobachter*.

Ein Algorithmus, der aus den Steuerbefehlen $u_n^T(n-1) = (u(n-1) \ldots u(0))$ und den Ausgangssignalen $y_n^T(n-1) = (y(n-1) \ldots y(0))$ den Zustand $x(n)$ schätzt, heißt Beobachter.

Hat man ein Modell des Prozesses, so können die Zustände $x(n)$ aus den Steuergrößen und den Ausgangsgrößen berechnet werden. Ein parallel zum Prozeß betriebenes Modell versagt aber, wenn das System instabil oder bedingt stabil ist. In dem Fall hängen die Ausgangsgrößen auch nach langer Beobachtungszeit vom unbekannten Anfangszustand $x(0)$ des Systems ab. Ein Modell ist nie vollkommen. Auch bei stabilen Systemen weichen daher die gemessenen Ausgangssignale y(n) und die mit dem Modell geschätzten Ausgangssignale $\hat{y}(n)$ voneinander ab. Im *Luenberger Beobachter* wird deshalb die Differenz $\tilde{y}(n) = y(n) - \hat{y}(n)$ linear gewichtet und das Modell damit korrigiert. Bild 13.16 zeigt den Luenberger Beobachter.

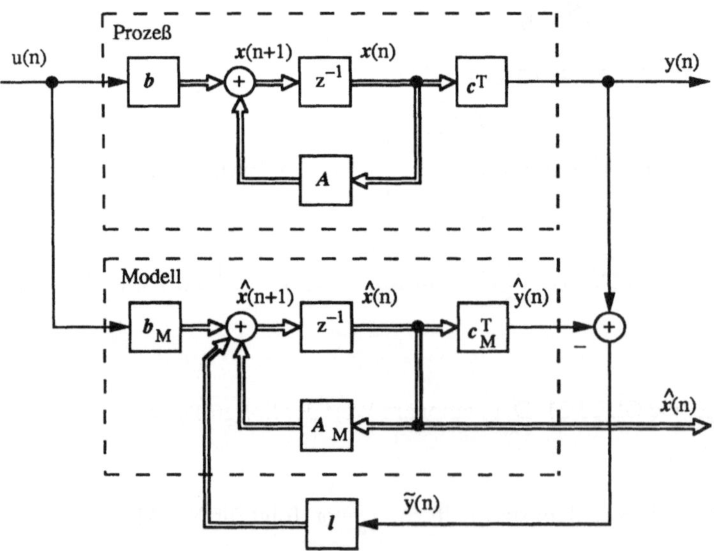

Bild 13.16. Luenberger Beobachter

Die Abweichung $\tilde{y}(n) = y(n) - \hat{y}(n)$ wird mit dem Vektor l gewichtet und dem Modell zugeführt. Die Gleichung des Beobachters wird:

$$\hat{x}(n+1) = A_M \hat{x}(n) + b_M u(n) + l\, (y(n) - c_M^T\, \hat{x}(n)).$$

Der Prozeß wird beschrieben durch:

$$x(n+1) = A\, x(n) + b\, u(n).$$

Für ein fehlerfreies Modell, $A_M = A$, $b_M = b$, $c_M = c$, wird der Schätzfehler:

$$\tilde{x}(n+1) = x(n+1) - \hat{x}(n+1) = (A - l\, c^T)\, \tilde{x}(n). \tag{13.22}$$

Im Laufe der Zeit wird der Schätzfehler $\tilde{x}(n)$ zu null, wenn die Systemmatrix $A - l\, c^T$ die eines stabilen Systems ist. Der Entwurf des Beobachters geschieht ähnlich wie der Reglerentwurf in Satz 13.8. Zur Bestimmung von l nimmt man hier vorteilhaft die Beobachtungsnormalform (Gl. 5.11). Eine Satz 13.9 entsprechende Formel für beliebige Systemmatrizen gilt auch hier. Den im Sinne der Signalstatistik optimalen Beobachter haben wir bereits als Kalman-Filter in Kap. 8.6 kennengelernt.

Satz 13.11: *Beobachterentwurf.*
Zur Bestimmung des Luenberger Beobachters l (Bild 13.16) geht man zweckmäßig von der Beobachternormalform A_B (Gl. 5.11) aus. Mit dem Wunschpolynom

$$N_{M\alpha}(z) = z^M + \alpha_1 z^{M-1} + \dots + \alpha_M$$

wird die Komponente l_i, $i = 1, \dots, M$, des Beobachters l:

$$l_i = \alpha_{M+1-i} - a_{M+1-i}, \qquad i = 1, \dots, M,$$
$$l^T = (l_1 \dots l_M).$$

Ist die Systemmatrix A nicht in Beobachtungsnormalform A_B gegeben, gilt entsprechend Satz 13.9:

$$l = N_{M\alpha}(A)\, Q_B^{-1}(A)\, e_M.$$

Sind die statistischen Signaldaten bekannt, so ist das Kalman-Filter der optimale Zustandsschätzer. Dem weißen Eingangssignal $u(n)$ muß noch die Stellgröße überlagert werden, damit das Kalman-Filter als Beobachter dienen kann (Bild 13.6). Zweckmäßig werden beim Luenberger Beobachter die Pole so gewählt, daß die Einstellzeit etwa zwei- bis viermal kleiner als die des Führungsverhaltens des geschlossenen Regelkreises wird.

Die geregelte Anlage, die mit dem geschätzten Zustandsvektor $\hat{x}(n)$ arbeitet, wird durch folgende Gleichung beschrieben:

$$x(n+1) = A\ x(n) - b\ r^{\mathrm{T}}\hat{x}(n) = A\ x(n) - b\ r^{\mathrm{T}}(x(n) - \tilde{x}(n)). \tag{13.23}$$

Gl. 13.22 und 13.23 lassen sich mit dem neuen Zustandsvektor $(\tilde{x}^{\mathrm{T}}(n)\ x^{\mathrm{T}}(n))$ zusammenfassen:

$$\begin{pmatrix} \tilde{x}(n+1) \\ x(n+1) \end{pmatrix} \quad \begin{pmatrix} A - l\ c^{\mathrm{T}} & 0 \\ b\ r^{\mathrm{T}} & A - b\ r^{\mathrm{T}} \end{pmatrix} \quad \begin{pmatrix} \tilde{x}(n) \\ x(n) \end{pmatrix}.$$

Die charakteristische Gleichung des gekoppelten Systems wird:

$$\begin{vmatrix} zI - A + l\ c^{\mathrm{T}} & 0 \\ -b\ r^{\mathrm{T}} & zI - A + b\ r^{\mathrm{T}} \end{vmatrix} = |zI - A + l\ c^{\mathrm{T}}|\ |zI - A + b\ r^{\mathrm{T}}| = 0.$$

Die Determinante läßt sich nach den Regeln für partitionierte Matrizen (Def. C4) als Produkt der beiden Unterdeterminanten darstellen. Damit gilt:

Satz 13.12: *Separationstheorem.*

Beim Reglerentwurf im Zustandsraum kann man in zwei Schritten vorgehen:

1) Man entwirft das Regelgesetz mit Hilfe der Polvorgabe nach Satz 13.8 oder Satz 13.9 so, als ob alle Zustände $x(n)$ verfügbar wären.

2) Man entwirft einen Luenberger-Beobachter, der den Prozeß nachbildet. Der Beobachter l wird ebenfalls nach der Methode der Polvorgabe entworfen (Satz 13.11).

Beide Entwürfe können unabhängig voneinander durchgeführt werden. Das Separationstheorem gilt unter der Voraussetzung, daß keine wesentlichen Modellfehler existieren, also $A_{\mathrm{M}} \approx A$, $b_{\mathrm{M}} \approx b$ und $c_{\mathrm{M}} \approx c$ ist. Die Stabilität des geregelten Systems wird dann durch den Beobachter nicht gefährdet. Das Zeitverhalten aber ändert sich durch den Beobachterentwurf.

Im allgemeinen wird man keinen Beobachter für den gesamten Zustand $x(n)$ brauchen, einige Zustandsgrößen können gemessen werden. Man partitioniert dann die Zustandsraumdarstellung in gemessene und in nicht gemessene Zustände und entwirft einen Beobachter mit reduzierter Ordnung für die nicht gemessenen Zustandsgrößen. Der Entwurf geschieht ebenfalls nach dem Konzept in Satz 13.11.

13.3.3. Mehrgrößensysteme

Prozeßleitanlagen in der Chemie, im Dampfkraftwerk u.s.f. haben hunderte von Regelkreisen. Die theoretische Eleganz der Zustandsraumdarstellung sollte einen nicht dazu verleiten, einen Reglerentwurf im Zustandsraum für die ganze Anlage zu versuchen. Allein mit dem

Sachverstand des Ingenieurs über die Wirkungsabläufe lassen sich Mehrgrößenregelsysteme von großer Dimension oft auch ohne mathematisches Modell auf recht einfache Weise reduzieren. Einfach gesprochen ordnet man jeder Regelgröße die Steuergröße zu, die schnell und stark auf sie wirkt. Einflüsse von anderen Stellgliedern werden als Störgrößen ausgeregelt. Wichtige meßbare Störgrößen werden aufgeschaltet und kompensiert. Diese sehr pragmatische Methode führt in den meisten Fällen zum Erfolg. Die Regelkonzepte sind robust und auch vom Bedienpersonal nachvollziehbar. Der Entwurf von Mehrgrößenregelsystemen ist seit ca. 20 Jahren im Grundsätzlichen bekannt und verfügbar/13.15/, /13.16/. Er wurde trotzdem in der Praxis, von wenigen Ausnahmen abgesehen, kaum realisiert. Die Gründe dafür sind nach Meinung des Verfassers, siehe auch /13.13/:

- Regelungen im Zustandsraum können nur von spezialisierten Ingenieuren entworfen, geändert und durchgeführt werden. Das Bedienpersonal ist mit dieser Aufgabe überfordert.

- Mit exakt bekannten Prozeß- und Störgrößenmodellen läßt es sich trefflich rechnen. Man kann die Pole der Übertragungsfunktion hinschieben wohin man will, im Extremfall zum Entwurf auf endliche Einstellzeit. Die Praxis ist leider nicht so. Viele Systemparameter sind unbekannt und schwer zu identifizieren. Einige von ihnen können sogar unkontrolliert wegdriften. Die Praxis braucht gegen Parameteränderungen unempfindliche, d.h. robuste Regelungen /13.5/. Dies läßt sich meist beim klassischen heuristischen Entwurf erreichen.

- Ingenieure in der Praxis entwerfen und realisieren Regelstrukturen, die verglichen mit den Zustandsreglern nicht optimal sind. Die Unterschiede sind aber oft unerheblich. Die Anstrengungen des Entwurfs im Zustandsraum lohnen nicht.

Zu diesen praktischen Aspekten kommt eine grundsätzliche Schwierigkeit hinzu:

Bei der Polvorgabe, die wir für das Eingrößensystem kennengelernt haben, werden zur Regelung M Koeffizienten im Reglervektor r^T benötigt. In einem System mit L Steuergrößen hat die Reglermatrix MxL Koeffizienten, von denen zur Polvorgabe nur M benötigt werden. Die übrigen können heuristisch bestimmt werden, z. B. aus Simulationsversuchen. Die Behandlung ist von der Methode her nicht befriedigend. Bei der Polvorgabe kommen Produkte von Reglerkoeffizienten in der charakteristischen Gleichung vor. Besser ist es, mit der Kenntnis des Prozesses die Koeffizienten mit geringer Kopplung zu streichen (Bsp. 6).

Beispiel 6: Flugkörper sind typische Beispiele für Mehrgrößensysteme (Bild 13.17).

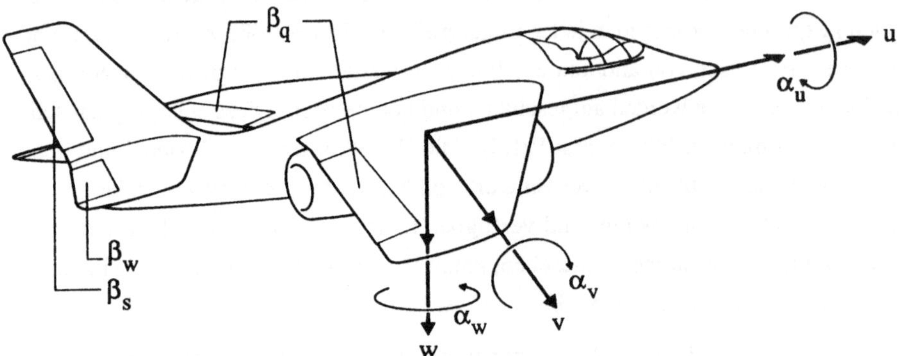

Bild 13.17. Flugzeug, Stellgröße und Zustandsgrößen

In Bild 13.17 sind sechs Freiheitsgrade zu erkennen, die Fluggeschwindigkeit u, die Slipgeschwindigkeit v und die Sinkgeschwindigkeit w mit den zugehörenden Winkelgeschwindigkeiten α_u, α_v und α_w. Stellgrößen sind das Höhenruder β_w, das Querruder β_q und das Seitenruder β_s. Ein Entwurf als Mehrgrößensystem mit drei Stellgrößen wäre schon ziemlich komplex.

Man entkoppelt das System so weit wie möglich in Ein- und Zweigrößensysteme. Dem Leser sei ausdrücklich empfohlen, bei seinen Problemen auch so zu verfahren. Die Entkopplung geschieht unter vereinfachenden Annahmen. Ob dies zulässig und erträglich ist, entscheidet das Vorwissen über den Wirkungsablauf, die Erprobung oder die Simulation.

Beim Flugkörper teilt man das System in ein longitudinales und in ein laterales Teilsystem ein und vernachlässigt die geringe Kopplung. Zum longitudinalen System gehören die Zustandsgrößen u, w, α_v, $\dot{\alpha}_v$ mit der Stellgröße β_w. Zum lateralen System gehören die Zustandsgrößen v, α_u, $\dot{\alpha}_u$, α_w mit den Stellgrößen β_q und β_s. Die Aufteilung des Systems erfolgt also in ein Eingrößensystem (longitudinal) und in ein Zweigrößensystem (lateral). Beide Systeme sind von vierter Ordnung. Die Winkelbeschleunigung $\dot{\alpha}_u$ und $\dot{\alpha}_v$ kommen aus dem Drehimpulssatz. Wir betrachten allein das verbleibende Zweigrößensystem für die Lateralbewegung. Das Regelgesetz lautet:

$$\begin{pmatrix} \beta_s(n) \\ \beta_q(n) \end{pmatrix} = - \begin{pmatrix} R_{11} & R_{12} & R_{13} & R_{14} \\ R_{21} & R_{22} & R_{23} & R_{24} \end{pmatrix} \begin{pmatrix} v(n) \\ \alpha_w(n) \\ \alpha_u(n) \\ \dot{\alpha}_u(n) \end{pmatrix}.$$

Mit der Methode der Polvorgabe (Satz 13.8) lassen sich für ein System vierter Ordnung aber nur vier Koeffizienten R_{ij} festlegen.

Im Prinzip können die vielen Koeffizienten R_{ij} neben der Polvorgabe durch Simulation "vernünftig" ausgelegt werden. Dieser Weg ist lang und mühsam, wird doch in dem Fall die Polvorgabe nicht durch Lösen eines linearen Gleichungssystems möglich. In der charakteristischen Gleichung $|zI - A + B R| = 0$ kommen Produkte der Koeffizienten R_{ij} vor.

Besser ist es, die aufgrund des Wirkungsablaufes überflüssigen Koeffizienten zu streichen. Im vorliegenden Fall wirkt das Seitenruder β_s stark auf die Slipgeschwindigkeit v und die Winkelgeschwindigkeit α_w. Konsequenz: Man setzt $R_{13} = R_{14} = 0$. Das Querruder β_q hat kaum Einfluß auf die Slipgeschwindigkeit v und die Winkelgeschwindigkeit α_w. Man setzt also $R_{21} = R_{22} = 0$. Nimmt man für das laterale Teilsystem eine ähnliche Entkopplung vor,

$$x(n+1) = \begin{pmatrix} A_{11} & A_{12} \\ A_{21} & A_{22} \end{pmatrix} x(n) + \begin{pmatrix} b_1 & 0 \\ 0 & b_2 \end{pmatrix} u(n),$$

$$x^T(n) = (v(n) \quad \alpha_w(n) \quad \alpha_u(n) \quad \dot{\alpha}_u(n)),$$

$$u^T(n) = (\beta_s(n) \quad \beta_q(n)),$$

wird die Zustandsraumdarstellung des geregelten Systems:

$$x(n+1) = \begin{pmatrix} A_{11} - b_1 (R_{11} \quad R_{12}) & A_{12} \\ A_{21} & A_{22} - b_1 (R_{23} \quad R_{24}) \end{pmatrix} x(n) \ .$$

Die Koeffizienten R_{11}, R_{12}, R_{23}, R_{24} werden durch Polvorgabe bestimmt.

Eine andere allgemeine und wirkungsvolle Möglichkeit ist die Behandlung des Mehrgrößensystems in der Jordanschen Normalform (Gl. 13.14):

$$x(n+1) = \Lambda\, x_J(n) + B_J u(n) = \Lambda\, x_J(n) + u_J(n),$$

$$u_J(n) = B_J\, u(n),$$

$$x_{Ji}(n+1) = \lambda_i\, x_{Ji}(n) + u_{Ji}(n), \qquad i = 1, \ldots, M.$$

Die charakteristische Gleichung wird:

$$|zI - \Lambda| = \prod_{i=1}^{M} (z - \lambda_i) = 0.$$

In der Jordanschen Normalform ist für einfache Eigenwerte λ_i jede Zustandsvariable $x_{Ji}(n)$ entkoppelt und läßt sich durch eine fiktive Steuergröße $u_{Ji}(n)$ steuern. Soll der Streckeneigenwert λ_i durch einen Wunscheigenwert $z_{\infty i}$ ersetzt werden, geschieht dies mit dem simplen Regelgesetz:

$$u_{Ji}(n) = -r_{Ji}\, x_{Ji}(n), \qquad\qquad r_{Ji} = \lambda_i - z_{\infty i}, \qquad i = 1, \ldots, L.$$

Das geregelte System hat für $L = M$ die Zustandsraumdarstellung:

$$x_{Ji}(n + 1) = (\lambda_i - r_{Ji})\, x_{Ji}(n), \qquad i = 1, \ldots, L.$$

oder mit der Diagonalmatrix $\boldsymbol{R_J}$ des Reglers:

$$x_J(n+1) = (\Lambda - \boldsymbol{R_J})\, \boldsymbol{x_J}(n), \qquad \boldsymbol{R_J} = \begin{pmatrix} r_{J1} & & \boldsymbol{0} \\ & \ddots & \\ \boldsymbol{0} & & r_{JL} \end{pmatrix}.$$

In der Praxis wird die Zahl L der Steuergrößen $\boldsymbol{u}(n)$ kleiner als die Zahl M der Zustände $\boldsymbol{x}(n)$ sein. Man wählt dann L Eigenwerte aus, die man durch die r_{Ji}, $i = 1, \ldots, L$, auf die gewünschten Pole verschiebt und läßt die anderen unverändert. Sortiert man den Zustandsvektor $\boldsymbol{x_J}(n)$ in einen (Lx1)-Vektor $\boldsymbol{x_{J1}}(n)$ und in einen (M–Lx1)-Vektor $\boldsymbol{x_{J2}}(n)$ und entsprechend den Steuervektor $\boldsymbol{B_J u}(n)$, so wird das Regelgesetz:

$$\boldsymbol{u_{J1}}(n) = \boldsymbol{B_{J1}}\, \boldsymbol{u}(n) = -\boldsymbol{R_J x_{J1}}(n).$$

Mit

$$\boldsymbol{u}(n) = \boldsymbol{B_{J1}^{-1}}\, \boldsymbol{u_{J1}}(n)$$

wird dann:

$$\boldsymbol{u_{J2}}(n) = \boldsymbol{B_{J2}}\, \boldsymbol{u}(n) = -\boldsymbol{B_{J2} B_{J1}^{-1}}\, \boldsymbol{R_J x_{J1}}(n).$$

Damit ergibt sich das geregelte System in partitionierter Schreibweise zu:

$$\begin{pmatrix} \boldsymbol{x_{J1}}(n+1) \\ \boldsymbol{x_{J2}}(n+1) \end{pmatrix} = \begin{pmatrix} \boldsymbol{Z_1} & \boldsymbol{0} \\ -\boldsymbol{B_{J2} B_{J1}^{-1} R_J} & \Lambda_2 \end{pmatrix} \begin{pmatrix} \boldsymbol{x_{J1}}(n) \\ \boldsymbol{x_{J2}}(n) \end{pmatrix} \qquad\qquad (13.24)$$

mit:

$$\boldsymbol{Z_1} = \begin{pmatrix} z_{\infty 1} & & \boldsymbol{0} \\ & \ddots & \\ \boldsymbol{0} & & z_{\infty L} \end{pmatrix}, \qquad \Lambda_2 = \begin{pmatrix} \lambda_{L+1} & & \boldsymbol{0} \\ & \ddots & \\ \boldsymbol{0} & & \lambda_M \end{pmatrix}.$$

Satz 13.13: *Modale Regelung.*

In einem Mehrgrößensystem der Ordnung M mit L Steuergrößen, $L \leq M$, lassen sich durch Polvorgabe L Eigenwerte $z_{\infty i}$ vorgeben:

$$r_{Ji} = \lambda_i - z_{\infty i}, \qquad i = 1, \ldots, L.$$

Man geht dabei von der Systembeschreibung in der Jordanschen Normalform (Gl. 13.14) aus. Das Regelgesetz

$$\boldsymbol{u}(n) = -\boldsymbol{R}\, \boldsymbol{x_{J1}}(n)$$

für eine beliebige Zustandsraumdarstellung A wird:

$$R = B_1^{-1} X \ (\Lambda - Z_1) \ X^{-1}, \qquad B = \begin{pmatrix} B_1 \\ B_2 \end{pmatrix}.$$

Die Modalmatrix X enthält die Linkseigenvektoren der entsprechenden (LxL)-Teilmatrix von A.

Hat man L Eigenwerte auf die gewünschte Position verschoben, so läßt sich das Verfahren wiederholt anwenden.

Vor dem Entwurf des Mehrgrößenregelsystems prüfe man in jedem Fall die Zerlegung in Ein- und Zweigrößensysteme analog zu Bsp. 6.

Beispiel 7: Rührkesselreaktor als Zweigrößenregelsystem.

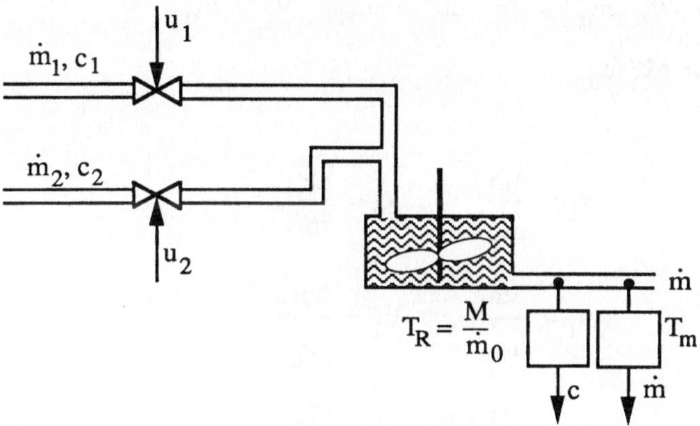

Bild 13.18. Schema eines Rührkesselreaktors

In Bild 13.18 werden die Massenflüsse $\dot{m}_1$ und $\dot{m}_2$ einem Reaktor mit dem konstanten Masseninhalt M, der durch die Abmessungen des Reaktors gegeben ist, zugeführt. Jeder Massenstrom $\dot{m}_1$ und $\dot{m}_2$ führt eine Komponente des gleichen Stoffes mit der Konzentration c_1 bzw. c_2 mit sich. Beide Massenströme werden im Reaktor vollständig gemischt und verlassen den Reaktor mit der Konzentration c. Der Vorgang wird durch die folgenden nichtlinearen Differentialgleichungen beschrieben:

$$T_m \frac{d\dot{m}}{dt} = \dot{m}_1 + \dot{m}_2 - \dot{m}, \qquad T_m: \text{Zeitkonstante des Durchflußmessers,}$$

$$M \frac{dc}{dt} = \dot{m}_1 c_1 + \dot{m}_2 c_2 - \dot{m} c.$$

Gewünscht wird ein Massenfluß $\dot{m}$ und eine bestimmte Konzentration c am Ausgang des Reaktors. Beide Regelgrößen $\dot{m}$ und c werden am Reaktorausgang gemessen. Stellgrößen sind die Zuflüsse $\dot{m}_1$ und $\dot{m}_2$. Die Konzentrationen c_1 und c_2 sind unbekannte Störgrößen. Es liegt damit ein Zweigrößenregelsystem vor.

Der Sollwert c_s für c kann nicht beliebig vorgegeben werden. Ist $c_1 < c_2$, so muß, um ein realisierbares Regelgesetz zu erhalten, gelten: $c_1 < c_s < c_2$.

Reale Mehrgrößensysteme sind meistens nichtlinear. Wir linearisieren um einen stationären Arbeitspunkt und schreiben $\dot{m} = \dot{m}_0 + \Delta \dot{m}$ u.s.f.:

$$\frac{T_m}{\dot{m}_0} \frac{d\Delta\dot{m}}{dt} = -\frac{\Delta\dot{m}}{\dot{m}_0} + \frac{\Delta\dot{m}_1}{\dot{m}_0} + \frac{\Delta\dot{m}_2}{\dot{m}_0} ,$$

$$\frac{T_R}{c_0} \frac{d\Delta c}{dt} = -\frac{\Delta\dot{m}}{\dot{m}_0} - \frac{\Delta c}{c_0} + \frac{c_{10}}{c_0}\frac{\Delta\dot{m}_1}{\dot{m}_0} + \frac{c_{20}}{c_0}\frac{\Delta\dot{m}_2}{\dot{m}_0} + \frac{\dot{m}_{10}}{\dot{m}_0}\frac{\Delta c_1}{c_0} + \frac{\dot{m}_{20}}{\dot{m}_0}\frac{\Delta c_2}{c_0}$$

mit der Reaktorzeitkonstante $T_R = M / \dot{m}_0$.

Man führt folgende Größen ein:

- Zustandsgrößen $\qquad\qquad x_1 = \dfrac{\Delta\dot{m}}{\dot{m}_0} , \qquad x_2 = \dfrac{\Delta c}{c_0} ,$

- Stellgrößen $\qquad\qquad\quad u_1 = \dfrac{\Delta\dot{m}_1}{\dot{m}_0} , \qquad u_2 = \dfrac{\Delta\dot{m}_2}{\dot{m}_0} ,$

- Störgrößen $\qquad\qquad\quad e_1 = \dfrac{\Delta c_1}{c_0} , \qquad e_2 = \dfrac{\Delta c_2}{c_0} .$

Damit ergibt sich die kontinuierliche Zustandsraumdarstellung:

$$\frac{d x(t)}{dt} = \begin{pmatrix} -\dfrac{1}{T_m} & 0 \\[2ex] -\dfrac{1}{T_R} & -\dfrac{1}{T_R} \end{pmatrix} x(t) + \begin{pmatrix} \dfrac{1}{T_m} & \dfrac{1}{T_m} \\[2ex] \dfrac{c_{10}}{c_0 T_R} & \dfrac{c_{20}}{c_0 T_R} \end{pmatrix} u(t) + \begin{pmatrix} 0 & 0 \\[2ex] \dfrac{\dot{m}_{10}}{\dot{m}_0 T_R} & \dfrac{\dot{m}_{20}}{\dot{m}_0 T_R} \end{pmatrix} e(t)$$

$$= A\, x(t) + B\, u(t) + H\, e(t).$$

Im Zeitdiskreten gilt mit der diskreten Systemmatrix

$$A_D(T) = e^{-AT} = \begin{pmatrix} e^{-T/T_m} & 0 \\[2ex] \dfrac{T_m}{T_R - T_m}(e^{-T/T_m} - e^{-T/T_R}) & e^{-T/T_R} \end{pmatrix} ,$$

$$x(n+1) = A_D(T)\, x(n) + \int_0^T A_D(t)\, dt\; B\, u(n) + \int_0^T A_D(t)\, dt\; H\, e(n) \qquad (13.25)$$

$$= A_D\, x(n) + B_D\, u(n) + H_D\, e(n).$$

Der letzte Term beschreibt den Einfluß der Störgrößen Δc_1 und Δc_2. Die Eigenwerte der diskreten Systemmatrix ergeben sich aus $|zI - A_D| = 0$ sofort zu:

$$\lambda_1 = e^{-T/T_m}, \qquad\qquad \lambda_2 = e^{-T/T_R}.$$

In der Praxis ist die Zeitkonstante des Durchflußmessers erheblich kleiner als die des Reaktors, $T_m/T_R \ll 1$ oder

$$\frac{T_m}{T_R - T_m}\, (e^{-T/T_m} - e^{-T/T_R}) \to 0.$$

Damit ist die Darstellung nach Gl. 13.25 bereits die Darstellung in der Jordanschen Normalform. Der Pol λ_2 kann mit einem Zustandsregler

$$u(n) = \begin{pmatrix} 0 & 0 \\ 0 & r_{22} \end{pmatrix} x(n) = R\, x(n)$$

auf einen beliebigen Wert $z_{2\infty}$ mit

$$r_{22} = \frac{\lambda_2 - z_{2\infty}}{B_{D22}}$$

festgelegt werden. Die Systemmatrix $A_D - B_D R$ des geschlossenen Regelkreises hat dann die Eigenwerte λ_1 und $z_{2\infty}$.

Diskussion:

- Die Methode bietet sich für die Praxis an. Es genügt oft, einige wenige kritische Pole der Strecke durch die Polvorgabe zu verschieben.

- Die Festlegung der Jordan-Stellgrößen $u_J(n) = B_J\, u(n)$ (Gl. 13.14) ist im allgemeinen durch ungenaue oder driftende Koeffizienten der Matrix B nicht ganz exakt möglich.

- Der Praktiker kommt in dem einfachen Beispiel direkt zu einem ähnlichen Ergebnis: Der Massenfluß $\dot{m}$ wird mit einem Stellglied z.B. u_1 geregelt. Wegen der kleinen Zeitkonstante T_m ist eine flinke Regelung möglich. Die große Zeitkonstante T_R des Reaktors wird mit einem I-Regler, der auf Stellglied u_2 wirkt, geregelt.

Der Leser hat im Verlauf der Systemdarstellung im Zustandsraum die Polvorgabe beim Eingrößenregelsystem als wirksamen Weg zu einer "guten" Regeldynamik kennengelernt. Bei Mehrgrößenregelsystemen kann oft mit der Kenntnis der Wirkungsabläufe die Zahl der Koeffizienten der Reglermatrix auf die Ordnung des Systems reduziert werden (Bsp. 6). Ähnlich einfach ist bei einem L-Größensystem auch die Transformation auf die Jordansche Normalform (Gl. 13.14), welche die Wahl von L Polen zuläßt. Daß man nicht alle Pole frei wählen kann, ist in der Praxis kaum eine wesentliche Einschränkung. Kritische Pole des Systems, die dicht am Einheitskreis liegen, gibt es oft nur wenige. Diese können dann in gewünschte Positionen verschoben werden. Von der linearen Theorie her ist etwa nach Satz 13.13 die Wahl der Pole völlig frei. Aber auch wählbare Pole unterliegen im realen Prozeß wesentlichen Einschränkungen:

Wählt man sehr kleine Pole, $|z_\infty| \ll 1$, so wird etwa bei einem Sollwertsprung der neue Wert nach kurzer Zeit erreicht. Dies bedeutet immer sehr große und heftige Stellbewegungen, da ja im System in kurzer Zeit eine große Energie gespeichert oder entspeichert werden muß. Die Stellbewegungen sind immer beschränkt, die Stellgeschwindigkeit bleibt ebenfalls unter einer Schranke. Auch der laufende Betrieb des Prozesses kann heftige Stellbewegungen verbieten. In diesen Fällen können Simulationen den linearen Entwurf praxisgerechter machen.

Wir haben bei den Filtern in Kap. 8 und Kap. 10 das quadratische Fehlermaß sehr ausgiebig und erfolgreich angewendet. In Kap. 8, Bsp. 15 und Kap. 13, Bsp. 4 wird auf diese Betrachtung hingewiesen. Der Leser findet die systematische Behandlung unter der Bezeichnung *Riccatti-Regler* in den Lehrbüchern /13.1/, /13.5/. Bei der Herleitung des Kalman-Filters (Kap. 8.6) waren wir der Lösung ganz nahe. Statt die Kovarianzmatrix
$V_{\tilde{x}} = E\{(x(n) - \hat{x}(n))\,(x(n) - \hat{x}(n))^T\}$ der Schätzfehler $\tilde{x}(n) = x(n) - \hat{x}(n)$ zu minimieren, kann man $\tilde{x}(n)$ auch als Regelabweichung von einem Sollwert interpretieren. Die Regelabweichung wird etwa von einer stochastischen Störgröße erzeugt. Das Regelproblem ist zum Problem des Zustandsschätzers dual /13.17/.

Riccatti-Regler sind keineswegs auf stochastische Signale beschränkt. Im allgemeinen kann ein beliebiges Führungs- oder Störverhalten durch Polvorgabe erzielt werden. Ein quadratisches Fehlerkriterium für die Regelabweichung allein ist nicht sinnvoll. Man wählt in dem Fall die zu minimierende Zielfunktion als eine linear gewichtete Kombination der Energie der Regelabweichungen und der Stellenergie. Der so entworfene Riccatti-Regler zeigt das absolute Optimum im Sinne des quadratischen Kriteriums und ist von daher sehr wertvoll. Aber wie auch bei den Filtern, kommt man in der Praxis mit suboptimalen Lösungen, die weniger Entwurfsaufwand mit sich bringen, gut zurecht.

Literatur:

/13.1/   Föllinger, O.: Regelungstechnik,
Hüthig, Heidelberg, 1984.

/13.2/   Leonhard, W.: Einführung in die Regelungstechnik, lineare Regelvorgänge,
Vieweg, Braunschweig, 1972.

/13.3/   Reinisch, K.: Kybernetische Grundlagen und Beschreibung kontinuierlicher
Systeme, VEB Technik, Berlin, 1974.

/13.4/   Unbehauen, H.: Regelungstechnik, Band 1 und 2,
Vieweg, Braunschweig, 1983.

/13.5/   Ackermann, J.: Abtastregelung, Band 1 und 2,
Springer, Berlin, 1983.

/13.6/   Leonhard, W.: Digitale Signalverarbeitung in der Meß- und Regelungstechnik,
Teubner, Stuttgart, 1989.

/13.7/   Föllinger, O.: Lineare Abtastsysteme,
Oldenbourg, München, 1982.

/13.8/   Früh, K.: Tradition und Moderne: Das dezentrale Prozeßautomatisierungssystem
von Siemens, Regelungstechnische Praxis und Prozeßautomatisierung 21 (1979),
H. 5, S. 137-142.

/13.9/   Borsi, L.; Pavlik, E.: Konzepte und Strukturen dezentraler Prozeßautomatisie-
rungssysteme, Regelungstechnische Praxis 22 (1980), H. 9, S. 302-308.

/13.10/   Litz, L.; Valentin, H.: Prozeßleitsysteme 1988 - Eine ACHEMA-Nachlese, Automatisierungstechnische Praxis 30 (1988), S. 473.

/13.11/   Steusloff, H.: Funktionsstruktur, Kommunikationsstruktur und Kommunika-
tionsmittel in Automatisierungs- und Leitsystemen, Automatisierungstechnische
Praxis 30 (1988), S. 473.

/13.12/   Gißler, J.; Schmid, M.: Vom Prozeß zur Regelung,
            Siemens AG, München, 1990.

/13.13/   Isermann, R.; Knapp, T.; Peter, K.: Entwurf und Erprobung digitaler Regelungen
            mit Personal Computern, in: Automatisierungstechnik 90, VDI-Berichte 855, S.
            35-54, VDI, Düsseldorf, 1990.

/13.14/   Allenberg, B.: Modellierung und optimale Regelung von Differentialdosierwaagen,
            Dissertation an der Universität Karlsruhe, Institut Prozeßmeßtechnik und Prozeß-
            leittechnik, Karlsruhe, 1991.

/13.15/   Korn, U.; Wilfert, H.: Mehrgrößenregelungen, Moderne Entwurfsprinzipien im
            Zeit- und Frequenzbereich, Verlag Technik, Berlin, 1982.

/13.16/   Tolle, H.: Mehrgrößen-Regelsynthese, Grundlagen und Frequenzbereichsverfah-
            ren, Oldenbourg, München, 1983.

/13.17/   Kwakernaak, H.; Sivan, R.: Linear Optimal Control Systems,
            John Wiley & Sons, New York, 1972.

Anhang A

Funktionentheorie:

Definition A1: *Komplexe Funktion.*

Eine komplexe Funktion $F(z)$ ist eine Vorschrift, die jedem Wert der komplexen Variablen $z = x+jy$, j: imaginäre Einheit, aus einem Gebiet R der komplexen Ebene einen Wert $w = F(z)$, $z \in R$, $w \in G$, aus dem Gebiet G zuordnet. Das Gebiet R wird durch die Funktion $F(z)$ auf ein Gebiet G abgebildet. Im allgemeinen ist w komplex und läßt sich in einen Realteil, $\text{Re}\{w\} = u(x,y)$, und einen Imaginärteil $\text{Im}\{w\} = v(x,y)$ aufspalten:

$$w(x,y) = u(x,y) + j\, v(x,y). \tag{A1}$$

Definition A2: *Analytische Funktion.*

Eine Funktion $F(z)$ heißt im Punkt $z_0 \in R$ analytisch oder regulär, wenn die Ableitung

$$\frac{dF(z_0)}{dz} = \lim_{\Delta z \to 0} \frac{F(z_0 + \Delta z) - F(z_0)}{\Delta z} \tag{A2}$$

existiert. Die Ableitung muß unabhängig von der Richtung von Δz sein.

Die letzte Forderung schränkt die Klasse der komplexen Funktionen sehr ein, macht aber den Umgang mit ihnen einfach. Insbesondere gilt für analytische Funktionen:

$$\frac{\partial F(z)}{\partial x} = \frac{\partial u(x,y)}{\partial x} + j\frac{\partial v(x,y)}{\partial x} = \frac{\partial F(z)}{\partial jy} = -j\frac{\partial u(x,y)}{\partial y} + \frac{\partial v(x,y)}{\partial y}.$$

Satz A1: *Cauchy-Riemannsche Differentialgleichungen.*

Analytische Funktionen gehorchen den Cauchy-Riemannschen Differentialgleichungen:

$$\frac{\partial u(x,y)}{\partial x} = \frac{\partial v(x,y)}{\partial y}, \qquad \frac{\partial u(x,y)}{\partial y} = -\frac{\partial v(x,y)}{\partial x}. \tag{A3}$$

Definition A3: *Komplexe Integration.*

Unter dem Integral $\int_C F(z)\,dz$ längs der Kurve C versteht man den Grenzwert

$$\int_C F(z)\,dz = \lim_{\Delta z_k \to 0} \sum_{k=1}^{K} F(z_k)\,(z_k - z_{k-1}), \qquad \Delta z_k = z_k - z_{k-1} \in C.$$

Im allgemeinen wird das Integral vom Verlauf der Kurve C abhängen.

Mit Hilfe der Dreiecksungleichung (Def. 1.1) kann man sofort eine Abschätzung nach oben für das Integral bekommen:

$$\left| \sum_{k=1}^{K} F(z_k) \, (z_k - z_{k-1}) \right| \leq \sum_{k=1}^{K} |(F(z_k) \, (z_k - z_{k-1})| \leq |F|_{max} \sum_{k=1}^{K} |z_k - z_{k-1}| = |F|_{max} \, L$$

mit der Länge L der Kurve C. Also:

$$\left| \int_C F(z) dz \right| \leq |F|_{max} \, L, \qquad |F|_{max} = \max_{z \in C} \{ F(z)| \}. \qquad (A4)$$

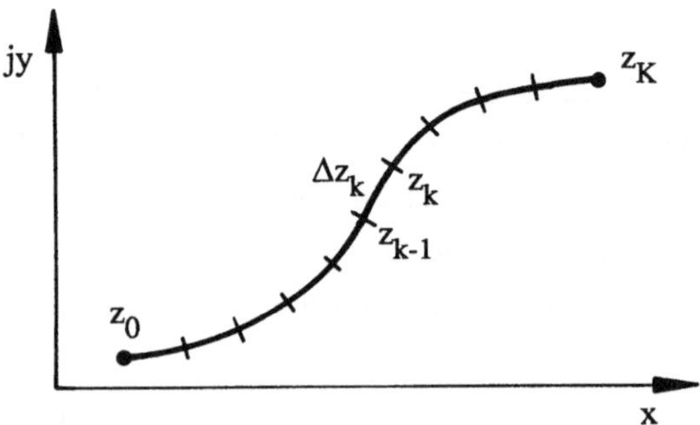

Bild A1. Integrationsweg C in der komplexen z-Ebene

Beispiel 1: Integration einer Konstanten A:

$$\int_{z_0}^{z_K} A \, dz = \lim_{\Delta z_k \to 0} A \sum_{k=1}^{K} (z_k - z_{k-1}) = A \, (z_K - z_0).$$

Der Wert des Integrals hängt hier offensichtlich nicht vom Integrationsweg C sondern nur vom Anfangspunkt z_0 und Endpunkt z_K ab.

Beispiel 2: Integration der Funktion F(z) = z. Wir wenden die Trapezregel an:

$$\int_{z_0}^{z_K} z \, dz = \lim_{\Delta z_k \to 0} \sum_{k=1}^{K} \frac{1}{2} (z_k + z_{k-1}) \, (z_k - z_{k-1}) = \frac{1}{2} (z_K^2 - z_0^2).$$

Auch hier ist das Integral nur durch den Anfangs- und Endpunkt des Weges gegeben.

Die Funktion F(z) sei um den Punkt z_0 analytisch. Dann existiert $F'(z_0)$. Aus der Definition der Ableitung (Def.A2) folgt:

$$\frac{F(z) - F(z_0)}{z - z_0} = F'(z_0) + \varepsilon(z), \qquad \lim_{z \to z_0} \varepsilon(z) = 0,$$

$$F(z) = F(z_0) + F'(z_0) \, (z - z_0) + \varepsilon(z) \, (z - z_0). \qquad (*)$$

Bildet man das Umlaufintegral entlang eines Quadrats oder Dreiecks um z_0 mit der Seitenlänge h, so verschwinden nach den beiden Beispielen oben die ersten beiden Terme in (*). Der Betrag des Integrals über den letzten Term wird kleiner als $4\,|\varepsilon|_{max}\,h^2$. Setzt man ein Gebiet R, in dem F(z) regulär ist, aus Teilgebieten zusammen (Bild A2), so wird das Umlaufintegral entlang C über R gleich der Summe der Integrale über die einzelnen Teilflächen. Die Beiträge über die Ränder der Teilflächen, die ganz im Innern von R liegen, heben sich auf. Es gilt:

$$\left|\oint_C F(z)\,dz\right| = \left|\sum_k \oint_{C_k} F(z)\,dz\right| \le \sum_k 4\,|\varepsilon|_{max_k} h^2 \le 4\,|\varepsilon|_{max} \sum_k h^2$$

mit:

$$|\varepsilon|_{max} = \max\{|\varepsilon|_{max_k}\}.$$

Die Summe über h^2 ist proportional zur Gesamtfläche des Gebietes R. Sie ist damit auch für kleine Teilflächen beschränkt. Für kleine Flächenelemente gehen $\lim_{z\to z_{0k}} \varepsilon(z)$ und auch $\lim_{z\to z_{0k}} |\varepsilon|_{max}$ gegen null.

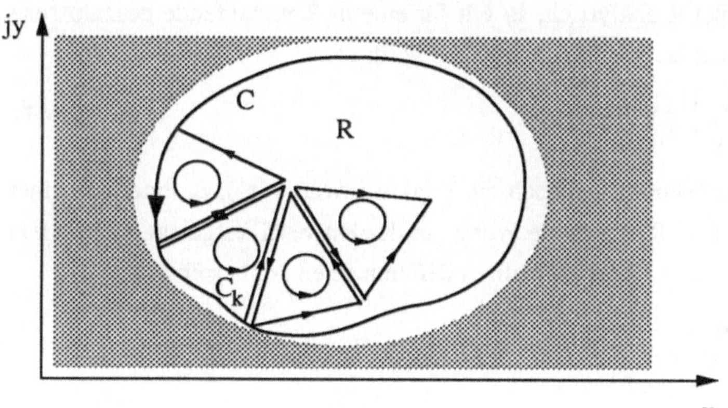

Bild A2. Integralsatz von Cauchy

Satz A2: *Integralsatz von Cauchy.*

Ist F(z) eine im Gebiet R analytische Funktion und ist R durch eine oder mehrere geschlossene Kurven C_k umschrieben, so gilt:

$$\oint_{\Sigma C_k} F(z)\,dz = 0. \tag{A5}$$

Das Gebiet R wird dabei immer im gleichen Umlaufsinn umfahren (Bild A3).

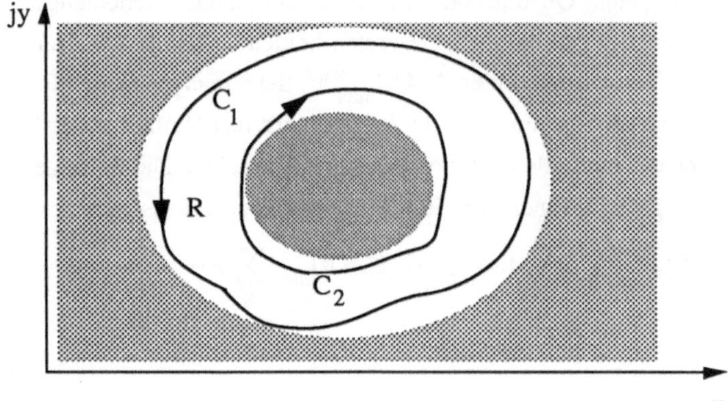

Bild A3. Integrationskurven in der komplexen Ebene

Für die Anwendungen im Buch ist die Cauchysche Integralformel wichtig.

Satz A3: *Cauchysche Integralformel.*

Ist $F(z)$ in einem Gebiet R analytisch, so gilt für eine in R verlaufende geschlossene Kurve C, die im Gegenuhrzeigersinn durchlaufen wird:

$$F(z_0) = \frac{1}{2\pi j} \oint_C \frac{F(z)}{z-z_0} \, dz. \tag{A6}$$

Für analytische Funktionen ist demnach ein Funktionswert $F(z_0)$, z_0 innerhalb einer geschlossenen Kurve $C \in R$, durch die Werte auf der Kurve C festgelegt. Gl. A6 legt auch die Ableitungen von $F(z_0)$ fest. k-maliges Differenzieren ergibt sofort:

$$F^{k)}(z_0) = \frac{k!}{2\pi j} \oint_C \frac{F(z)}{(z-z_0)^{k+1}} \, dz. \tag{A7}$$

Zur Herleitung: Nach Satz A2 ist die Wahl der Konturkurve C im regulären Gebiet R ohne Einfluß auf das Ergebnis. Wählen wir hier einen kleinen Kreis um z_0, $z-z_0 = r \, e^{j\phi}$, und schreiben:

$$\frac{F(z)}{z-z_0} = \frac{F(z_0)}{z-z_0} + \frac{F(z)-F(z_0)}{z-z_0} \, ,$$

so wird:

$$\oint_C \frac{F(z_0)}{z-z_0} \, dz = F(z_0) \int_0^{2\pi} \frac{r \, e^{j\phi} \, j}{r \, e^{j\phi}} \, d\phi = 2\pi \, j \, F(z_0).$$

Der zweite Term verschwindet. Für kleine Radien strebt $\dfrac{F(z) - F(z_0)}{z-z_0}$ gegen $F'(z_0)$ mit einem Beitrag, der nach Gl. A5 beim Integrieren auf dem kleinen Radius verschwindet.

Wir beschäftigen uns im Buch mit Funktionen F(z), die weithin analytisch sind. Singuläre Stellen sind einzelne Punkte $z_{\infty k}$, wo $\frac{dF(z)}{dz}$ nicht existiert. Zum Beispiel ist $F(z) = \frac{1}{z}$ im Nullpunkt $z = 0$ singulär.

Definition A4: *Singularität.*

Eine Funktion F(z) hat einen K-fachen Pol an der Stelle $z = z_\infty$, wenn sich F(z) in der Umgebung von z_∞ so darstellen läßt:

$$F(z) = \frac{1}{(z-z_\infty)^K} F_0(z).$$

Dabei soll $F_0(z)$ an der Stelle $z = z_\infty$ nicht verschwinden und analytisch sein. Ist die Ordnung $K = \infty$, so heißt die Stelle wesentlich singulär.

Beispiel 3:

$$F(z) = \frac{1+2z+4z^2}{(z-1)^5(z+2)(z+1)}$$

hat für $z = 1$ einen fünffachen Pol, an den Stellen $z = -2$, $z = -1$ je einen einfachen Pol.

Bild A4 zeigt ein Gebiet R, das von der Kurve C_0 umschlossen wird. In R sind singuläre Stellen $z_{\infty k}$, die von kleinen Kreisen C_k umschlossen werden.

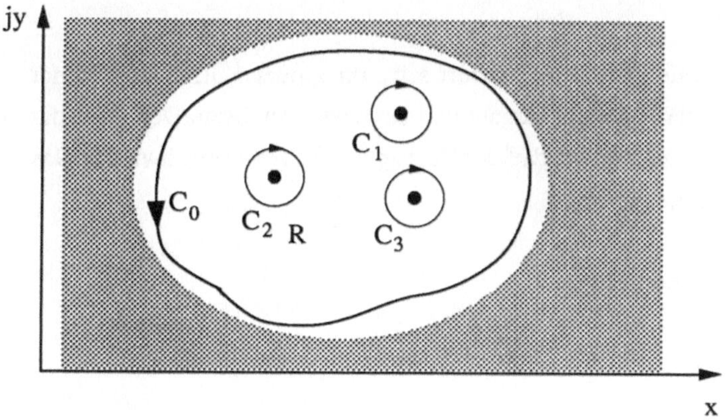

Bild A4. In R analytische Funktion mit singulären Stellen $z_{\infty 1}$, $z_{\infty 2}$ und $z_{\infty 3}$

Mit den kleinen Kreisen um die singulären Punkte werden die singulären Stellen $z_{\infty 1}$, $z_{\infty 2}$ und $z_{\infty 3}$ ausgeklammert. Mit Satz A2 und dem eingezeichneten Umlaufsinn gilt sofort:

$$\oint_C F(z)\,dz = \sum_k \oint_{C_k} F(z)\,dz = 0.$$

Wir rechnen den Beitrag des Integrals über C_k. Mit Gl. A7 wird:

$$\oint_{C_k} F(z)\,dz = \oint_{C_k} \frac{F_{0k}(z)}{(z-z_{\infty k})^K}\,dz = \frac{2\pi j}{(K-1)!}\,F_{0k}^{(K-1)}(z_{\infty k}). \qquad (A8)$$

Residuensatz:

Satz A4: *Residuensatz.*

Das Umlaufintegral einer Funktion $F(z)$ mit einzelnen Polen an den Stellen $z_{\infty k}$ wird:

$$\oint_{C} F(z)\,dz = 2\pi j \sum_{k} \mathrm{Res}\{F(z); z_{\infty k}\} \qquad (A9)$$

mit den Residuen:

- K-facher Pol $z_{\infty k}$:

$$\mathrm{Res}\{F(z); z_{\infty k}\} = \frac{1}{(K-1)!}\,F_{0k}^{(K-1)}(z_{\infty k}) = \frac{1}{(K-1)!}\,\lim_{z\to z_{\infty k}} \frac{d^{K-1}}{dz^{K-1}}\,(z-z_{\infty k})^K\,F(z),$$

- einfacher Pol $z_{\infty k}$:

$$\mathrm{Res}\{F(z); z_{\infty k}\} = \lim_{z\to z_{\infty k}} (z-z_{\infty k})\,F(z).$$

Summiert wird dabei über alle Residuen von Polen, die innerhalb der geschlossenen Kurve C liegen.

Der Leser mag an Umlaufintegralen kaum interessiert sein. Ihr großer Nutzen liegt in der Möglichkeit, uneigentliche Integrale $\int_{-\infty}^{\infty} f(x)\,dx$ elegant und analytisch zu lösen. Der Trick dabei ist, einen Teil der Kontur C so zu wählen, daß der Beitrag dieses Teils verschwindet. Das wird am besten an einem Beispiel demonstriert.

Beispiel 4: Das uneigentliche Integral

$$\int_{-\infty}^{\infty} \frac{1}{(x^2+1)\,(x^2+4)}\,dx$$

soll bestimmt werden. Man führt die komplexe Variable z ein, integriert von $x = -R$ bis R und schließt die Kurve über einen großen Halbkreis in der oberen K_o oder unteren Halbebene K_u. Für große R wird mit $z = R\,e^{j\phi}$ und Gl. A4 das Integral über den oberen Halbkreis:

$$\left| \int_{K_o} \frac{R\,e^{j\phi}\,j}{(R^2 e^{j2\phi}-1)\,(R^2 e^{j2\phi}-4)}\,d\phi \right| \leq \frac{\pi R}{(R^2-1)\,(R^2-4)}.$$

Der Beitrag verschwindet mit $R \to \infty$. Der Residuensatz wird:

$$\int\limits_{-\infty}^{\infty} f(x)\,dx \; = \; \int\limits_{-\infty}^{\infty} \frac{1}{(x+j)(x-j)(x+2j)(x-2j)}\,dx \; = \; 2\pi j \sum_{k} \mathrm{Res}\{f(z);\, z_{\infty k}\}.$$

Im Beispiel liegen die durchweg einfachen Pole bei $x_{\infty 1} = -j$, $x_{\infty 2} = -2j$, $x_{\infty 3} = j$, $x_{\infty 4} = 2j$. Wir integrieren über die obere Halbebene und schließen damit die Pole an den Stellen $x_{\infty 3} = j$ und $x_{\infty 4} = 2j$ ein. Es wird:

$$\int\limits_{-\infty}^{\infty} f(x)\,dx \; = \; 2\pi j \left\{ \left.\frac{1}{(x+j)(x+2j)(x-2j)}\right|_{x=j} + \left.\frac{1}{(x+j)(x-j)(x+2j)}\right|_{x=2j} \right\}$$

$$= \; 2\pi j \left\{ \frac{1}{6j} - \frac{1}{12j} \right\} \; = \; \frac{1}{6}\pi.$$

Zur Übung sei die Integration über die untere Halbebene empfohlen. Man erhält, wie es sein muß, dasselbe Resultat (Umlaufsinn beachten).

Mit Gl. A4 läßt sich leicht eine hinreichende Bedingung angeben, die der Integrand $F(z)$ erfüllen muß, damit Integrale über große Kreisbögen verschwinden:

Satz A5:

Gilt für $z = \mathrm{Re}^{j\phi}$: $\lim\limits_{R \to \infty} |(F(\mathrm{Re}^{j\phi})|\, R = 0$, dann verschwindet das Integral über einen großen Kreisbogen mit $R \to \infty$. Es gilt:

$$\int\limits_{-\infty}^{\infty} f(x)\,dx \; = \; 2\pi j \sum_{k} \mathrm{Res}\{F(z);\, z_{\infty k}\},$$

wobei über alle Residuen summiert wird, deren Singularitäten von der Integrationskurve umschlossen werden.

Für die Inversionsformel der Laplace-Transformation ist folgende Aussage wichtig:

Satz A6: *Jordansches Lemma.*

Geht $F(z)$ mit wachsendem $|z|$ gegen null, $\lim\limits_{|z| \to \infty} F(z) = 0$, so geht auch das Integral $\int e^{tz}\, F(z)\, dz$ über den Halbkreis um z_0 der rechten bzw. linken Halbebene K_r bzw. K_l gegen null, wenn t negativ bzw. positiv ist (Bild A5):

$$\lim_{R \to \infty} \int\limits_{K_r} e^{tz}\, F(z)\, dz \; = \; 0 \quad \text{für } t < 0$$

bzw.:

$$\lim_{R \to \infty} \int\limits_{K_l} e^{tz}\, F(z)\, dz \; = \; 0 \quad \text{für } t > 0.$$

Zur Herleitung sei der Halbkreis um den Ursprung, $z_0 = 0$, betrachtet. Für $t < 0$ integrieren wir über die rechte Halbebene. Mit $z = Re^{j\phi} = R\cos\phi + jR\sin\phi$ und $|F(z)| < \varepsilon$ für $|z| > R$ gilt mit der Dreiecksungleichung die Abschätzung:

$$\left| \int_{K_r} e^{tz}\, F(z)\, dz \right| = \left| \int_{-\pi/2}^{\pi/2} e^{t(R\cos\phi + jR\sin\phi)} F(Re^{j\phi})Re^{j\phi}j\, d\phi \right| \le \varepsilon \left| \int_{-\pi/2}^{\pi/2} e^{tR\cos\phi}R\,d\phi \right|.$$

Im Bereich $[-\frac{\pi}{2}, \frac{\pi}{2}]$ gilt (Bild A5):

$$\cos\phi \ge 1 - |\phi|\frac{2}{\pi}$$

und damit wegen $t < 0$:

$$\left| \int_{K_r} e^{tz}\, F(z)\, dz \right| \le \varepsilon R \left| \int_{-\pi/2}^{\pi/2} e^{tR(1-|\phi|2/\pi)}\, d\phi \right| = \frac{\varepsilon\pi}{|t|}(1 - e^{Rt}) < \frac{\varepsilon\pi}{|t|}.$$

Das Integral geht damit für große R mit ε gegen null. Der Satz gilt auch für Halbkreise um $z_0 \ne 0$. Schlägt man um $z = z_0$ einen Halbkreis, so tragen die Abschnitte des Halbkreises zur imaginären Achse wegen $\lim_{|z|\to\infty} F(z) = 0$ und des kleinen Winkels $\varphi_0 \approx \mathrm{Re}\{z_0\}/R$ nicht zum Integral bei.

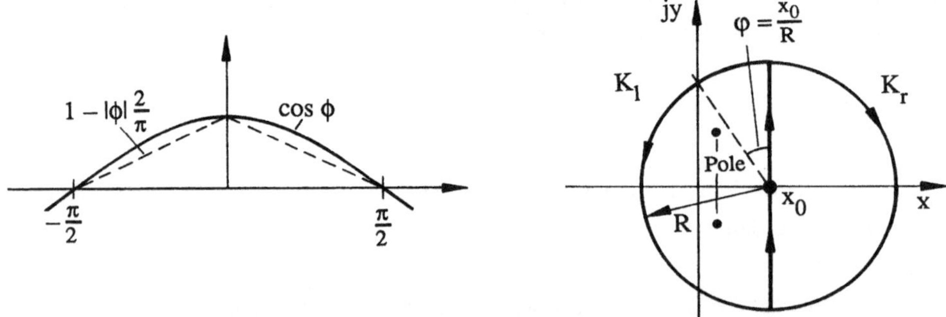

Bild A5. Verlauf des cos zwischen $-\frac{\pi}{2}$ und $\frac{\pi}{2}$ und Integration auf Halbkreisen um $z = x_0$

Beispiel 5: Gegeben sei die Laplace-Transformierte

$$Y(s) = \frac{e^{-Ts}}{s+\alpha}.$$

Wie sieht die Zeitfunktion $y(t)$ aus ? Die Umkehrformel lautet:

$$y(t) = \frac{1}{2\pi j} \int_{c-j\infty}^{c+j\infty} \frac{e^{s(t-T)}}{s+\alpha}\, ds, \qquad \mathrm{Re}\{-\alpha\} < c.$$

Nach dem Jordanschen Lemma wird das Integral über einen großen Halbkreis K_l für $t-T > 0$ zu null. Wir können ohne Schaden das Integral zu einem Umlaufintegral

$$\frac{1}{2\pi j}\left(\int_{K_l}\frac{e^{s(t-T)}}{s+\alpha}\,ds + \int_{c-j\infty}^{c+j\infty}\frac{e^{s(t-T)}}{s+\alpha}\,ds\right) = \frac{1}{2\pi j}\oint_{K_l}\frac{e^{s(t-T)}}{s+\alpha}\,ds$$

umformen und den Residuensatz anwenden. Für $t > T$ wird über den linken Halbkreis K_l integriert,

$$y(t) = \frac{1}{2\pi j}\oint_{K_l}\frac{e^{s(t-T)}}{s+\alpha}\,ds = \mathrm{Res}\{F(s);-\alpha\} = e^{-\alpha(t-T)},$$

und für $t > T$ über den rechten Halbkreis K_r,

$$y(t) = \frac{1}{2\pi j}\oint_{K_r}\frac{e^{s(t-T)}}{s+\alpha}\,ds = 0,$$

da keine Pole in der rechten Halbebene sind. Das Beispiel demonstriert den Residuensatz. Mit der Korrespondenz $e^{-\alpha t}\,\circ\!\!-\!\!\bullet\,\dfrac{1}{s+\alpha}$ und dem Verschiebungssatz $y(t-T)\,\circ\!\!-\!\!\bullet\,Y(s)\,e^{-Ts}$ kommt man einfacher zum Ergebnis (Kap. 3).

$\bullet$

Beispiel 6: Wie lautet die Zeitfunktion $y(t)$ der Fourier-Transformierten

$$Y(f) = \frac{1}{(2\pi f)^2-(2\pi f_0)^2} = \frac{1}{(2\pi f-2\pi f_0)(2\pi f+2\pi f_0)}\ ?$$

Für $y(t)$ gilt:

$$y(t) = \int_{-\infty}^{\infty} Y(f)\,e^{j2\pi ft}\,df.$$

Mit $z = j2\pi f$ wird:

$$y(t) = -\frac{1}{2\pi j}\int_{-j\infty}^{j\infty}\frac{e^{zt}}{(z-z_0)(z+z_0)}\,dz.$$

Mit Satz A6 wird für $t > 0$ über den linken Halbkreis integriert:

$$y(t) = -\,\mathrm{Res}\{F(z);-z_0\} = \frac{e^{-z_0 t}}{2z_0},\quad t > 0.$$

Entsprechend wird für $t < 0$ über den rechten Halbkreis integriert:

$$y(t) = \frac{e^{z_0 t}}{2z_0},\qquad\qquad t < 0\ \text{(geänderten Umlaufsinn beachten)}.$$

Zusammengefaßt wird:

$$y(t) = \frac{1}{2z_0}e^{-z_0|t|}.$$

$\bullet$

Beispiel 7: Das Integral über den Fourier-Kern (Anhang Gl. B11)

$$F(t) = \frac{\sin 2\pi Ft}{\pi t}$$

muß eins sein. Wir bilden zum Nachweis das Integral:

$$\int_{-j\infty}^{j\infty} \frac{e^z}{z}\, dz.$$

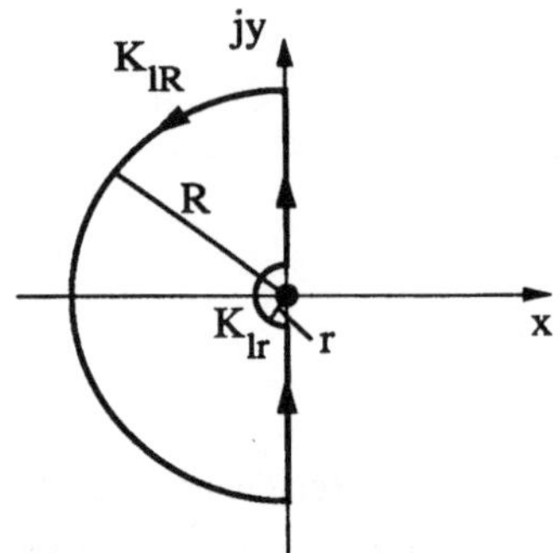

Bild A6. Integrationsweg für den
Fourier-Kern

z = 0 ist ein einfacher Pol, den wir auf einem kleinen Halbkreis K_{lr} links umgehen. Der Integrationspfad wird mit einem Integral über den großen Halbkreis K_{lR} nach links geschlossen (Bild A6). Die Voraussetzungen für das Jordansche Lemma sind damit erfüllt.

Es gilt:

$$\oint_{K_l} \frac{e^z}{z}\, dz = 0, \quad K_l = K_{lr} + K_{lR},$$

da keine Singularität eingeschlossen wird.

Der Beitrag des Integrals auf dem kleinen Kreis mit Radius r wird:

$$\lim_{r \to 0} \int_{3\pi/2}^{\pi/2} \frac{e^{r(\cos\phi + j\sin\phi)} re^{j\phi} j}{re^{j\phi}}\, d\phi = -j\pi$$

und damit:

$$\oint_{K_l} \frac{e^z}{z}\, dz = \int_{-j\infty}^{j\infty} \frac{e^z}{z}\, dz - j\pi = 0.$$

Mit $z = -u$ wird über den rechten Halbkreis integriert:

$$-\int_{-j\infty}^{j\infty} \frac{e^{-u}}{u}\, du = j\pi.$$

Damit wird das Integral über den Fourier-Kern:

$$\int_{-\infty}^{\infty} \frac{\sin 2\pi Ft}{\pi t}\, dt = \frac{1}{2j\pi} \int_{-\infty}^{\infty} \frac{e^{j2\pi Ft} - e^{-j2\pi Ft}}{j2\pi Ft}\, d(j2\pi Ft) = 1. \qquad (A10)$$

Beispiel 8:

$$y(t) = \int_{-\infty}^{\infty} \frac{\sin v \, \sin(v_0 - v)}{\pi v (v_0 - v)} \, dv.$$

Die Aufgabe läßt sich nach vorangehendem Muster behandeln. Der Rechengang sei kurz skizziert und dem Leser überlassen. Mit Satz A6 und dem Integranden $e^{\pm jv}$ wird wieder über den linken oder rechten Halbkreis integriert. Glieder ohne e^{jv} im Integranden lassen sich nach Satz A5 wegen des Nenners proportional R^2 ebenso als Umlaufintegral darstellen. Beim Integrieren längs der imaginären Achse sind jetzt zwei Pole bei $v = 0$ und bei $v = v_0$ zu beachten. Es wird:

$$\int_{-\infty}^{\infty} \frac{\sin v \, \sin(v - v_0)}{\pi v (v - v_0)} \, dv = \frac{\sin v_0}{v_0} .$$

Mit dem Fourier-Kern gilt dann:

$$\int_{-\infty}^{\infty} \frac{\sin 2\pi F t}{\pi t} \, \frac{\sin 2\pi F (t_0 - t)}{\pi (t_0 - t)} \, dt = \frac{\sin 2\pi F t_0}{\pi t_0} . \tag{A11}$$

Das Ergebnis soll unter dem Blickwinkel der Impulsfunktion (Def B3) diskutiert werden. Zwei gerade Funktionen $\delta_F(t)$, die für $F \to \infty$ auf $\delta(t)$ übergehen, sind gefaltet worden. Das Ergebnis ist wieder eine Funktion $\delta_F(t)$. Wir beobachten die Orthogonalität der δ-Funktion. Für große F wird der Fourier-Kern F(t) annähernd orthogonal zu dem zeitverschobenen Kern $F(t - t_0)$. Wenn nur F groß genug ist, wird $\frac{F(t_0)}{F(0)} \approx 0$ für $t_0 \neq 0$. Die Ausblendeigenschaft des δ-Impulses, $f(t) \, \delta(t) = f(0) \, \delta(t)$, wird damit demonstriert.

      ●

Laurent-Reihe:

Für die Darstellung abgetasteter Signale (Kap. 4) sind komplexe Potenzreihen wichtig. Viele Funktionen F(z) sind als Potenzreihe definiert, z.B.

$$e^z = \sum_{k=0}^{\infty} \frac{1}{k!} \, z^k.$$

Hier interessieren absolut konvergente Reihen.

Definition A5: *Absolute Konvergenz.*

Eine Reihe

$$s_K = \sum_{k=0}^{K} a_k$$

heißt absolut konvergent, wenn der Grenzwert

$$s = \lim_{K \to \infty} \sum_{k=0}^{K} |a_k|$$

existiert.

Bei absolut konvergenten Reihen arbeitet man gerne mit einer Majorante.

Definition A6: *Majorante.*
Eine Reihe $\Sigma\, a_k$ sei absolut konvergent, $\Sigma\, |a_k| < S$. Gilt für eine Reihe $\Sigma\, b_k$ für alle Glieder mit $k > K$: $|b_k| \leq |a_k|$, so sagt man $\Sigma\, a_k$ ist eine Majorante von $\Sigma\, b_k$. Da die Majorante absolut konvergiert, ist auch die Reihe $\Sigma\, b_k$ absolut konvergent.

Als Majorante wird gerne die geometrische Reihe $s = \sum\limits_{k=0}^{\infty} z^k$ benutzt, weil sie sich elegant aufsummieren läßt. Für K Glieder gilt:

$$s_K = \sum_{k=0}^{K-1} z^k = \frac{1-z^K}{1-z} \,. \tag{A12}$$

Wir lesen ab: Für $K \rightarrow \infty$ konvergiert die Reihe absolut, wenn $\lim\limits_{K \rightarrow \infty} z^K = 0$ oder $|z| < 1$ ist. Wichtig ist das Quotienten- und das Wurzelkriterium. Beide erhält man mit der geometrischen Reihe als Majorante:

Satz A7: *Wurzelkriterium, Quotientenkriterium.*
Eine Potenzreihe $\sum\limits_{k=0}^{\infty} a_k z^k$ konvergiert in einem Kreisgebiet R: $|z| < r_-$, wenn für alle $k > K$ gilt:

$$\text{Wurzelkriterium:} \qquad r_- = \frac{1}{\lim\limits_{k \rightarrow \infty} \sqrt[k]{|a_k|}} \,,$$

$$\text{Quotientenkriterium:} \qquad r_- = \lim_{k \rightarrow \infty} \frac{|a_k|}{|a_{k+1}|} \,.$$

Eine Potenzreihe mit negativen Exponenten $\sum\limits_{k=0}^{\infty} a_k z^{-k}$ ist entsprechend absolut konvergent in R: $|z| > r_+$, wenn für alle $k > K$ gilt:

$$\text{Wurzelkriterium:} \qquad r_+ = \lim_{k \rightarrow \infty} \sqrt[k]{|a_k|} \,,$$

$$\text{Quotientenkriterium:} \qquad r_+ = \lim_{k \rightarrow \infty} \frac{|a_{k+1}|}{|a_k|} \,.$$

Die Radien r_+ und r_- heißen Konvergenzradien.

Die Konvergenzradien begrenzen das Konvergenzgebiet. Nicht jeder Punkt der Kreise $|z| = r_+$ bzw. $|z| = r_-$ gehört zum Konvergenzgebiet. Potenzreihen $\sum\limits_{k=-\infty}^{\infty} a_k z^k$ können absolut in einem Kreisringgebiet R: $r_+ < |z| < r_-$ konvergieren.

Eine Funktion F(z) kann in verschiedenen Konvergenzgebieten durch verschiedene Potenzrei-

hen dargestellt werden. Gibt man $F(z)$ durch eine Potenzreihe an, so muß das Konvergenzgebiet angegeben werden.

Beispiel 9: Die Reihe

$$F(z) = \sum_{k=0}^{\infty} (az)^{2k}$$

hat den Konvergenzradius

$$r_- = \lim_{k \to \infty} \frac{1}{\sqrt[2k]{a^{2k}}} = \frac{1}{a}, \qquad\qquad a \text{ reell.}$$

Die Reihe läßt sich für $|z| < \frac{1}{a}$ als geometrische Reihe aufsummieren:

$$F(z) = \frac{1}{1 - a^2 z^2} = \frac{1}{a^2} \frac{1}{\left(\frac{1}{a} + z\right)\left(\frac{1}{a} - z\right)} .$$

Wir erkennen auf dem Kreis $|z| = r_-$ die singulären Stellen $z = -\frac{1}{a}$ und $z = \frac{1}{a}$ (Bild A7).

Beispiel 10:

$$F(z) = \sum_{k=0}^{\infty} (az)^{2k} \qquad\qquad S_1(z) = \sum_{k=0}^{\infty} z^k = \frac{1}{1-z} \qquad\qquad S_2(z) = 1 - \sum_{k=0}^{\infty} \left(\frac{1}{z}\right)^k = \frac{1}{1-z}$$

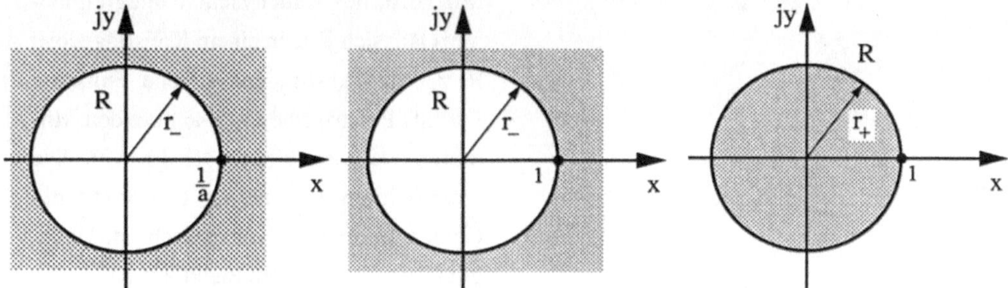

Bild A7. Konvergenzgebiet R der Funktion $F(z)$ und die Konvergenzgebiete
von $S_1(z)$ bzw. $S_2(z)$

Die Reihe

$$1 - \sum_{k=0}^{\infty} \left(\frac{1}{z}\right)^k$$

ist auch eine geometrische Reihe und läßt sich geschlossen darstellen. Für $|z| > 1$ gilt:

$$S_2(z) = 1 - \frac{1}{1 - \frac{1}{z}} = \frac{1}{1 - z}, \qquad r_+ = 1.$$

Die Reihen

$$S_1(z) = \sum_{k=0}^{\infty} z^k, \qquad\qquad S_2(z) = 1 - \sum_{k=0}^{\infty} \left(\frac{1}{z}\right)^k$$

lassen sich zur gleichen Funktion $\frac{1}{1-z}$ aufaddieren. Die Konvergenzgebiete sind aber verschieden. Die Reihe $S_1(z)$ konvergiert in R: $|z| < r_- = 1$, die Reihe $S_2(z)$ konvergiert in R: $|z| > r_+ = 1$.

Beispiel 11: Wo liegt das Konvergenzgebiet von

$$\sum_{k=-\infty}^{\infty} a^{|k|} z^k \ ?$$

$$r_- = \lim_{k \to \infty} \frac{1}{\sqrt[k]{|a_k|}} = \frac{1}{|a|},$$

$$r_+ = \lim_{k \to \infty} \sqrt[k]{|a_k|} = |a|.$$

Die Reihe hat nur dann ein Konvergenzgebiet, wenn $r_+ = |a| < r_- = \frac{1}{|a|}$, also $|a| < 1$ ist.

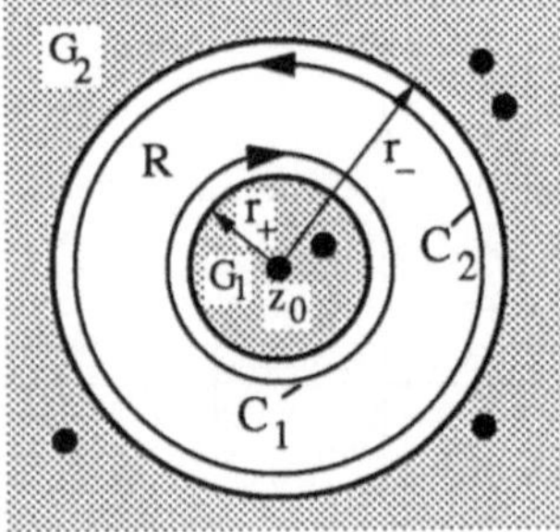

Bild A8. Konvergenzgebiet der Laurententwicklung

Mit Hilfe des Cauchyschen Integraltheorems läßt sich jede in einem Kreisringgebiet R: $r_+ < |z-z_0| < r_-$ analytische Funktion $F(z)$ als Potenzreihe in $(z-z_0)$ um den Mittelpunkt z_0 entwickeln (Bild A8). Die Kreisbahnen C_1 und C_2 begrenzen ein Gebiet, in dem $F(z)$ analytisch ist. Damit gilt (Satz A3) in einem Punkt $z \in R$:

$$F(z) = \frac{1}{2\pi j} \oint_{C_2} \frac{F(\xi)}{\xi - z} \, d\xi - \frac{1}{2\pi j} \oint_{C_1} \frac{F(\xi)}{\xi - z} \, d\xi. \qquad (A13)$$

In den Nenner des Integranden wird nun der Aufpunkt z_0 eingeführt:

$$\frac{1}{\xi - z} = \frac{1}{\xi - z_0 - (z - z_0)} \, .$$

Auf der Kreisbahn C_1 nahe r_+ wird nach steigenden Potenzen von $(z-z_0)$ entwickelt, auf der Kreisbahn C_2 bei r_- nach fallenden Potenzen von $(z-z_0)$:

$$C_1: \quad \frac{1}{\xi-z} = \frac{1}{\xi-z_0} \, \frac{1}{1-\dfrac{z-z_0}{\xi-z_0}} = \sum_{k=0}^{\infty} \frac{(z-z_0)^k}{(\xi-z_0)^{k+1}} ,$$

$$C_2: \quad \frac{1}{\xi-z} = -\frac{1}{z-z_0} \, \frac{1}{1-\dfrac{\xi-z_0}{z-z_0}} = -\sum_{k=0}^{\infty} \frac{(\xi-z_0)^k}{(z-z_0)^{k+1}} .$$

Satz A8: *Laurent-Reihe.*

Eine im Kreisringgebiet R: $r_+ < |z-z_0| < r_-$ analytische Funktion $F(z)$ läßt sich in diesem Gebiet R um den Aufpunkt z_0 auf eine einzige, eindeutige Weise in eine Potenzreihe in $(z-z_0)$ entwickeln:

$$F(z) = \sum_{k=-\infty}^{\infty} f_k \, (z-z_0)^k, \qquad f_k = \frac{1}{2\pi j} \oint_C \frac{F(\xi)}{(\xi-z_0)^{k+1}} \, d\xi. \tag{A14}$$

Der Laurent-Koeffizient f_k wird durch ein Umlaufintegral bestimmt. Oft unpraktisch, aber möglich, ist die Bestimmung von f_k nach dem Residuensatz. Es gilt (Umlaufsinn beachten, Bild A8):

$$f_k = \sum_i \mathrm{Res} \left\{ \frac{F(\xi)}{(\xi-z_0)^{k+1}} \, ; \, \xi_i \in G_1 \right\}$$

$$= -\sum_i \mathrm{Res} \left\{ \frac{F(\xi)}{(\xi-z_0)^{k+1}} \, ; \, \xi_i \in G_2 \right\} - \mathrm{Res} \left\{ \frac{F(\xi)}{(\xi-z_0)^{k+1}} \, ; \, \xi \to \infty \right\}. \tag{A15}$$

$F(\xi)$ ist, weil analytisch, auf den Kurven C_1 und C_2 beschränkt. Damit ist eine geometrische Reihe $A\Sigma \, ((z-z_0)\alpha)^k$ eine Majorante der Laurent-Entwicklung.

Ist $F(z)$ in G_1 analytisch, so ist auch für $k < 0$ die Funktion $\dfrac{F(z)}{(z-z_0)^{k+1}}$ analytisch und alle Koeffizienten f_k für $k < 0$ identisch null. $F(z)$ wird zur Taylor-Reihe. Mit Gl. A7 wird:

$$F(z) = \sum_{k=0}^{\infty} f_k \, (z-z_0)^k, \qquad f_k = \frac{1}{k!} \frac{d^k F(z_0)}{dz^k} , \qquad k = 0, 1, \dots . \tag{A16}$$

Ist $F(z)$ in G_2 einschließlich des unendlich fernen Punktes analytisch, so wird die Funktion $\dfrac{F(z)}{(z-z_0)^{k+1}}$ für $k \geq 0$ analytisch und die entsprechenden Residuen zu null:

$$F(z) = \sum_{k=0}^{\infty} f_{-k} \, \frac{1}{(z-z_0)^k} . \tag{A17}$$

Beispiel 12: Laurent-Reihe von e^z für $z_0 = 0$. Wir kennen die Definition von e^z als Taylor-Reihe:

$$e^z = \sum_{k=0}^{\infty} \frac{1}{k!} z^k, \qquad\qquad r_- = \lim_{k \to \infty} \frac{(k+1)!}{k!} = \lim_{k \to \infty} k+1 \to \infty.$$

e^z ist in der ganzen z-Ebene regulär. Die Koeffizienten der Laurent-Entwicklung ergeben sich als Residuen aus Gl. A15:

$$f_k = \frac{1}{2\pi j} \oint_C \frac{e^\xi}{\xi^{k+1}} d\xi = \text{Res}\left\{ \frac{e^\xi}{\xi^{k+1}} \; ; \; \xi = 0 \right\}.$$

Nur bei $\xi = 0$ ist ein k+1-facher Pol für $k > -1$ vorhanden. Mit Gl. A9 wird das Residuum bei $z = 0$:

$$f_k = \frac{1}{k!} \frac{d^k}{dz^k} e^z \Big|_{z=0} = \frac{1}{k!} = \text{Res}\left\{ \frac{e^\xi}{\xi^{k+1}} \; ; \; \xi = 0 \right\}.$$

Beispiel 13:

a)   Laurent-Entwicklung von

$$F(z) = \frac{z+3}{z(z+2)}$$

um $z_0 = 0$ im Bereich R: $r_+ = 0 < |z| < r_- = 2$:

$$F(z) = \frac{3}{2z} - \frac{1}{2(z+2)} = \frac{3}{2z} - \frac{1}{4} \sum_{k=0}^{\infty} (-1)^k \left(\frac{z}{2}\right)^k$$

$$= \frac{3}{2z} - \frac{1}{4} + \frac{1}{8} z - \frac{1}{16} z^2 \dots (-1)^k \frac{z^k}{2^{k+2}} \dots .$$

Die Koeffizienten können auch mit dem Residuensatz bestimmt werden:

$$f_k = \frac{1}{2\pi j} \oint_C \frac{\xi+3}{\xi^{k+2}(\xi+2)} d\xi = \begin{cases} -\sum_{G_2} \text{Res} = \dfrac{-1}{(-2)^{k+2}} & \text{für } k \geq 0 \\[2mm] \sum_{G_1} \text{Res} = \dfrac{3}{2} & \text{für } k = -1 \\[2mm] \sum_{G_1} \text{Res} = 0 & \text{für } k < -1. \end{cases}$$

b)   Laurententwicklung von

$$F(z) = \frac{z+3}{z(z+2)}$$

um $z_0 = 0$ im Bereich R: $r_+ = 2 < |z| < \infty$:

$$F(z) = \frac{3}{2z} - \frac{1}{2z\left(1 + \frac{2}{z}\right)} = \frac{3}{2z} - \frac{1}{2z}\sum_{k=0}^{\infty}(-1)^k\left(\frac{2}{z}\right)^k$$

$$= \frac{3}{2z} - \frac{1}{2z} + \frac{1}{z^2} - \ldots (-1)^k\, 2^{k-2}\, z^{-k}\ldots$$

$$f_k = \frac{1}{2\pi j}\oint_C \frac{\xi+3}{\xi^{k+2}(\xi+2)}\, d\xi = \begin{cases} \displaystyle\sum_{G_1} \text{Res} = (-2)^{k+2} & \text{für } k < -2 \\[2ex] \displaystyle\sum_{G_1} \text{Res} = 1 & \text{für } k = -2,\, -1 \\[2ex] -\displaystyle\sum_{G_2} \text{Res} = 0 & \text{für } k \geq 0. \end{cases}$$

Anhang B

Distributionen und die δ-Funktion:

Distributionen g(t) sind verallgemeinerte Funktionen, bei denen sich nicht wie gewohnt jedem Wert t ein Funktionswert zuschreiben läßt. Die Distributionen sind durch ihre Wirkung auf eine Testfunktion $\varphi(t)$ in Form eines inneren Produktes $\langle \varphi | g \rangle$ definiert. Im Sinne der Begriffe aus Kap. 1.3 sind Distributionen lineare stetige Funktionale, die jedem Produkt $\langle \varphi | g \rangle$ einen im allgemeinen komplexen Zahlenwert zuordnen. Mit Def. 1.1 ergibt sich folgende Definition:

> **Definition B1:** *Distributionen.*
> Eine Distribution g(t) ist allein durch ihr inneres Produkt mit einer Testfunktion $\varphi(t)$ definiert:
>
> $$\langle \varphi | g \rangle = \int_{-\infty}^{\infty} \varphi(t)\, g(t)\, dt, \qquad \varphi(t) \in C\,(-\infty,\infty).$$
>
> Die Testfunktion $\varphi(t)$ sei für große t null, $\lim_{t \to \pm\infty} \varphi(t) = 0$, und im übrigen stückweise stetig und nach Bedarf auch differenzierbar.

Für Distributionen gelten die Rechenregeln des Innenprodukts:

- Linearität:

$$\int_{-\infty}^{\infty} (a_1\varphi_1(t) + a_2\varphi_2(t))\, g(t)\, dt = a_1 \int_{-\infty}^{\infty} \varphi_1(t)\, g(t)\, dt + a_2 \int_{-\infty}^{\infty} \varphi_2(t)\, g(t)\, dt. \qquad (B1)$$

- Zeitverschiebung, $g(t-t_0)$:

$$\int_{-\infty}^{\infty} \varphi(t)\, g(t-t_0)\, dt = \int_{-\infty}^{\infty} \varphi(t+t_0)\, g(t)\, dt. \qquad (B2)$$

- Änderung der Skalierung, $g(at)$:

$$\int_{-\infty}^{\infty} \varphi(t)\, g(at)\, dt = \frac{1}{|a|} \int_{-\infty}^{\infty} \varphi\left(\frac{t}{a}\right) g(t)\, dt. \qquad (B3)$$

- Faltung von Distributionen:

$$\int_{-\infty}^{\infty} \varphi(t) \left(\int_{-\infty}^{\infty} g_1(\tau)\, g_2(t-\tau)\, d\tau \right) dt = \int_{-\infty}^{\infty} g_1(\tau) \left(\int_{-\infty}^{\infty} \varphi(t)\, g_2(t-\tau)\, dt \right) d\tau, \qquad (B4)$$

$$\int\limits_{-\infty}^{\infty} \varphi(t)\,(g_1(t)*g_2(t))\,dt \;=\; \int\limits_{-\infty}^{\infty} g_1(t)\,(\varphi(t)*g_2(t))\,dt \;=\; \int\limits_{-\infty}^{\infty} g_2(t)(\varphi(t)*g_1(t))\,dt.$$

-   Multiplikation einer Distribution $g(t)$ mit einer Funktion $\varphi_2(t)$:

$$\int\limits_{-\infty}^{\infty} \varphi_1(t)\,(g(t)\,\varphi_2(t))\,dt \;=\; \int\limits_{-\infty}^{\infty} \varphi_1(t)\,\varphi_2(t)\,g(t)\,dt.$$

Das Produkt zweier Distributionen ist nicht definiert und nicht erlaubt.

-   Gerade und ungerade Distributionen:

$$\int\limits_{-\infty}^{\infty} g(t)\,\varphi(t)\,dt \;=\; 0 \quad \begin{cases} \text{wenn } \varphi(t) \text{ ungerade und } g(t) \text{ gerade} \\ \text{wenn } \varphi(t) \text{ gerade und } g(t) \text{ ungerade.} \end{cases} \qquad \text{(B5)}$$

-   Differentiation einer Distribution:

$$\int\limits_{-\infty}^{\infty} \varphi(t)\,\frac{dg(t)}{dt}\,dt \;=\; -\int\limits_{-\infty}^{\infty} \frac{d\varphi(t)}{dt}\,g(t)\,dt. \qquad \text{(B6)}$$

Die Regeln folgen aus der Einführung von neuen Integrationsvariablen und mit partieller Integration unter der Voraussetzung, daß die Testfunktion $\varphi(t)$ und eventuell ihre Ableitungen an den Intervallenden verschwinden.

Satz B1: *Distributionen.*

Eine Gleichung zwischen Distributionen ist nicht definiert. Sie bekommt erst Sinn, wenn man in Gedanken mit einer Testfunktion multipliziert und integriert.

Gewöhnliche Funktionen sind in der Klasse der Distributionen enthalten. In vielen Fällen reicht es aus, die Wirkung einer Funktion als inneres Produkt mit einer Testfunktion zu beschrieben.

Dem Ingenieur sind die obigen Begriffe in anderer Verpackung durchaus vertraut.

Beispiel 1: Der Schwerpunkt x_s bzw. das Trägheitsmoment θ eines geraden Balkens mit der Massenbelegung $\rho(x)$ ist:

$$x_s \int \rho(x)\,dx \;=\; \int x\,\rho(x)\,dx, \qquad \theta \;=\; \int (x-x_s)^2\,\rho(x)\,dx.$$

Der Vorteil der Größen x_s und θ liegt darin, daß man für bestimmte Überlegungen die gesamte Masse des Balkens sich im Schwerpunkt x_s vereint denken kann. Ähnliches gilt für θ. Wie die Belegung $\rho(x)$ längs des Balkens verläuft, interessiert dann nicht weiter. Es leuchtet ein, daß es viele Verteilungen $\rho(x)$ gibt, die zum selben Ergebnis x_s und θ führen.

Schwerpunkt und Trägheitsmoment können auch experimentell bestimmt werden. Die Gleichungen beschreiben dann einen Zusammenhang mit der unbekannten Verteilung $\rho(x)$. Testfunktionen sind hier x und $(x-x_s)^2$.

Beispiel 2: Eine physikalische Größe x(t), z.B. die Temperatur eines Glühofens, wird mit einem Meßumformer als elektrisches Signal erfaßt. Das Signal y(t) des Meßumformers wird mit der Impulsanwort g(t) des Meßgerätes:

$$y(t) = \int_{-\infty}^{\infty} x(\tau)\, g(t-\tau)\, d\tau.$$

Der Benutzer kennt oder kümmert sich nicht um die Impulsantwort g(t). Er erwartet mit der Empfindlichkeit E ein Signal y(t) = E x(t) und setzt voraus, daß das elektrische Signal y(t) der Glühofentemperatur x(t) mit dem Faktor E multipliziert entspricht.

Der Vergleich der beiden Beziehungen in Bsp. 2 liefert die Definition einer singulären Distribution, der Impulsfunktion $\delta(t)$.

Definition B2: *Impulsfunktion.*

Die Impulsfunktion $\delta(t)$ ist definiert durch:

$$\varphi(t_0) = \int_{-\infty}^{\infty} \varphi(t)\, \delta(t-t_0)\, dt, \quad \varphi(t) \in C(-\infty,\infty). \tag{B7}$$

Man kann sagen, die Impulsfunktion $\delta(t-t_0)$ hat überall, mit Ausnahme des Punktes t_0, den Wert null, $\delta(t-t_0) = 0$ für alle $t \neq t_0$.

Mit den Rechenregeln nach Def. B1 ergeben sich für die Impulsfunktion folgende Beziehungen:

- Faltung:

$$\varphi(t) * \delta(t) = \int_{-\infty}^{\infty} \varphi(\tau)\, \delta(t-\tau)\, d\tau = \varphi(t),$$

- Differentiation:

$$\int_{-\infty}^{\infty} \varphi(t)\, \delta^{k)}(t)\, dt = (-1)^k\, \varphi^{k)}(0),$$

- Differentiation der Sprungfunktion $\sigma(t)$:

$$\frac{d\sigma(t)}{dt} = \delta(t),$$

- Zeitverschiebung:

$$\varphi(t)\,\delta(t-t_0) = \varphi(t_0)\,\delta(t-t_0),\tag{B8}$$

- Integration:

$$\int_{-\infty}^{\infty}\delta(t-t_0)\,dt = 1.$$

Zu den einzelnen Beziehungen:

Die Impulsfunktion ist eine gerade Distribution, deshalb ist:

$$\varphi(t_0) = \int_{-\infty}^{\infty} \varphi(t)\,\delta(t-t_0)\,dt = \int_{-\infty}^{\infty} \varphi(t)\,\delta(t_0-t)\,dt.$$

Die Differentiationsregel folgt sofort mit partieller Integration, $\varphi(\pm\infty) = 0$ und der Differenzierbarkeit von $\varphi(t)$.

Die dritte Beziehung folgt wieder mit partieller Integration:

$$\int_{-\infty}^{\infty} \varphi(t)\,\frac{d\sigma(t)}{dt}\,dt = \varphi(t)\,\sigma(t)\Big|_{-\infty}^{\infty} - \int_{-\infty}^{\infty} \sigma(t)\,\varphi'(t)\,dt = \varphi(\infty) - \int_{0}^{\infty} \varphi'(t)\,dt = \varphi(0).$$

Die vierte Beziehung wird auch als Ausblendeigenschaft bezeichnet und wird mit Def. B2 durch Multiplikation von $\delta(t-t_0)$ mit einer Funktion $\varphi(t)$ bestätigt.

Ein anderer wichtiger Zugang zur Impulsfunktion ist eine stetige und differenzierbare Funktionenfolge $g_k(t)$, die für $k\to\infty$ in die Impulsfunktion übergeht.

Definition B3: *Impulsfunktion.*
Eine Folge $g_k(t)$ von stetigen und differenzierbaren Funktionen konvergiert gegen den Impuls $\delta(t)$, wenn gilt:

$$\delta(t) = \lim_{k\to\infty} g_k(t)\tag{B9}$$

oder mit einer Testfunktion $\varphi(t)$:

$$\varphi(0) = \lim_{k\to\infty} \int_{-\infty}^{\infty} g_k(t)\,\varphi(t)\,dt.\tag{B10}$$

Zurück zu Bsp. 2: Def. B2 läßt für den Temperaturmeßumformer eine Impulsantwort $g(t) = \delta(t)$, sehr kurz und sehr hoch, erwarten. Kein reales Instrument hat dieses Verhalten. Wir können aber in dem Fall $g(t)$ als Glied einer Folge $g_k(t)$ ansehen, deren Wirkung auf die Testfunktion "Glühofentemperatur" sich vom Impuls $\delta(t)$ nicht merklich unterscheidet.

Es gibt viele Folgen $g_k(t)$, die mit $k \to \infty$ in den Impuls $\delta(t)$ übergehen. Vier Folgen seien angeführt:

- $\quad g_k(t) = \dfrac{1}{\pi} \dfrac{k}{1+k^2 t^2}$,

- $\quad g_k(t) = \dfrac{\sin 2\pi kt}{\pi t}$ $\qquad\qquad$ Fourier-Kern,

- $\quad g_k(t) = k\, e^{-\pi t^2 k^2}$ $\qquad\qquad$ Gauß-Funktion, (B11)

- $\quad g_k(t) = \dfrac{k}{\pi}\left(\dfrac{\sin kt}{kt}\right)^2$ $\qquad\quad$ Fejer-Kern.

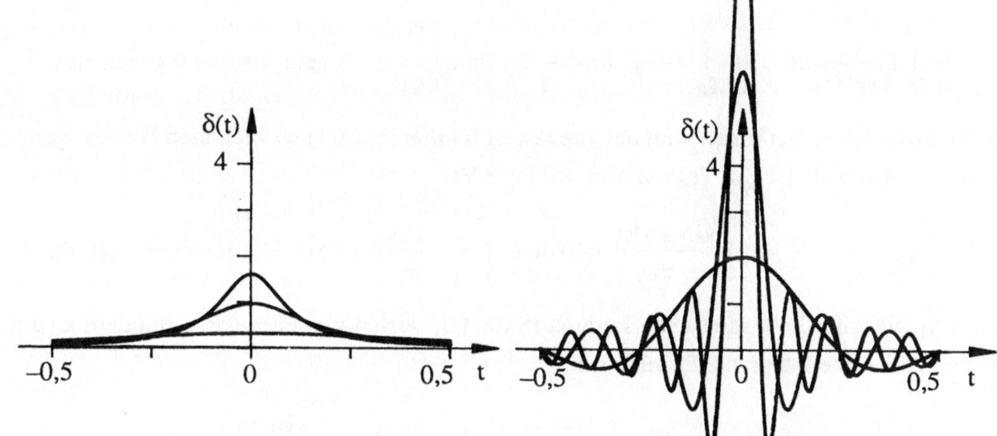

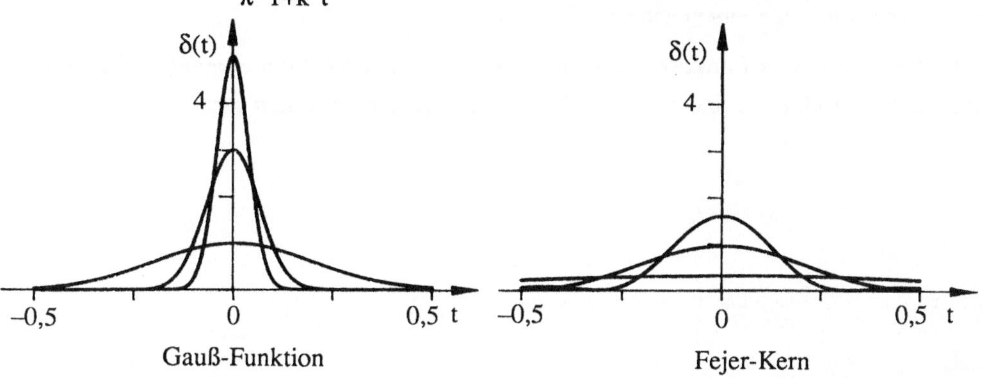

Bild B1. Funktionenfolgen $g_k(t)$ für $k = 2$, 6 und 10

Zum Beweis wird mit einer Testfunktion $\varphi(t)$ multipliziert und integriert:

$$\varphi(0) = \lim_{k \to \infty} \int_{-\infty}^{\infty} \varphi(t)\, g_k(t)\, dt$$

$$= \lim_{k \to \infty} \left(\int_{-\infty}^{-a} \varphi(t)\, g_k(t)\, dt + \int_{-a}^{a} \varphi(t)\, g_k(t)\, dt + \int_{a}^{\infty} \varphi(t)\, g_k(t)\, dt \right).$$

Es genügt zu zeigen, daß das erste und das dritte Integral mit wachsendem k verschwindet und das mittlere Integral gegen $\varphi(0)$ geht oder daß $\int_{-a}^{a} g_k(t)\, dt$ für beliebiges a im Grenzwert gegen eins läuft. Zum Beispiel ist:

$$\left| \int_{-\infty}^{-a} \varphi(t)\, \frac{k}{1+k^2 t^2}\, dt \right| < S\, \frac{1}{ka}, \qquad \text{geht für } k \to \infty \text{ gegen null,}$$

$$\frac{1}{\pi} \int_{-a}^{a} \frac{k}{1+k^2 t^2}\, dt = \frac{1}{\pi} \int_{-ka}^{ka} \frac{1}{1+u^2}\, du = \frac{1}{\pi} \arctan u \Big|_{-ka}^{ka} \qquad \text{geht für } k \to \infty \text{ gegen eins.}$$

Nach dem gleichen Verfahren wird der Grenzwert für den im Buch so wichtigen Fourier-Kern bestimmt. Mit einer stetigen Testfunktion wird wieder:

$$\int_{-\infty}^{\infty} g_k(t)\, \varphi(t)\, dt = \int_{-\infty}^{-a} \frac{\sin 2\pi k t}{\pi t}\, \varphi(t)\, dt + \int_{-a}^{a} \frac{\sin 2\pi k t}{\pi t}\, \varphi(t)\, dt + \int_{a}^{\infty} \frac{\sin 2\pi k t}{\pi t}\, \varphi(t)\, dt.$$

Mit dem Riemann-Lebesgueschen Lemma (Satz 3.5) verschwindet mit wachsendem k der erste und der dritte Integrand. Damit wird:

$$\lim_{k \to \infty} \int_{-\infty}^{\infty} g_k(t)\, \varphi(t)\, dt = \varphi(0) \int_{-a}^{a} \frac{\sin 2\pi k t}{\pi t}\, dt = \varphi(0) \int_{-2\pi k a}^{2\pi k a} \frac{\sin v}{\pi v}\, dv = \varphi(0).$$

Das Integral läuft mit $k \to \infty$ gegen eins (Gl. A10).

Bild B1 zeigt die vier Funktionenfolgen für $k = 2$, 6 und 10. Man erkennt, daß alle $g_k(t)$ voneinander verschieden sind, sich jedoch alle mit wachsendem k dem Impuls $\delta(t)$ nähern.

Anhang C

Matrizenrechnung:

Hier folgt eine kurze Zusammenfassung, eher zur Erinnerung oder Gedächtnisstütze geeignet. Zum Studium sind eingehende Darstellungen zu empfehlen /C1/, /C2/, /C3/.

Definition C1: *(MxN)-Matrix.*

Eine (MxN)-Matrix ist eine rechteckige Anordnung von Elementen a_{ij}:

$$A = \begin{pmatrix} a_{11} & a_{12} & \cdots & a_{1N} \\ a_{21} & a_{22} & \cdots & a_{2N} \\ \vdots & \vdots & \vdots & \vdots \\ a_{M1} & a_{M2} & \cdots & a_{MN} \end{pmatrix} = (a_{ij}).$$

Die Zahl M der Zeilen und N der Spalten definiert das Format der Matrix. Ist $M = N$, so spricht man von einer quadratischen Matrix.

Alle Operationen werden durch Definitionen auf Verknüpfungsregeln der Elemente zurückgeführt.

Die Transponierte einer (MxN)-Matrix $A = (a_{ij})$ ist die (NxM)-Matrix:

$$A^T = \begin{pmatrix} a_{11} & a_{21} & \cdots & a_{M1} \\ a_{12} & a_{22} & \cdots & a_{M2} \\ \vdots & \vdots & \vdots & \vdots \\ a_{1N} & a_{2N} & \cdots & a_{MN} \end{pmatrix} = (a_{ji}).$$

Man kann eine Matrix in Zeilen- oder Spaltenvektoren schreiben:

$$A = \begin{pmatrix} a^T(1) \\ a^T(2) \\ \vdots \\ a^T(M) \end{pmatrix} = (a_1 \, a_2 \, ... \, a_N).$$

Damit gilt:

$$A^T = (a(1) \, a(2) \, ... \, a(M)) = \begin{pmatrix} a_1^T \\ a_2^T \\ \vdots \\ a_N^T \end{pmatrix}, \quad (A^T)^T = A.$$

Zwei Matrizen A, B heißen gleich, wenn ihr Format (MxN) dasselbe ist und falls gilt:

$$a_{ij} = b_{ij} \qquad \text{für } i = 1, \ldots, M, \ j = 1, \ldots, N.$$

Eine (MxM)-Matrix A heißt symmetrisch, wenn gilt:

$$A^T = A, \qquad a_{ji} = a_{ij} \qquad \text{für } i, j = 1, \ldots, M.$$

Beispiel 1:

$$A = \begin{pmatrix} 4 & -5 \\ -2 & 6 \\ 1 & 0 \end{pmatrix}, \qquad a^T(2) = (-2 \ \ 6), \qquad a_1 = \begin{pmatrix} 4 \\ -2 \\ 1 \end{pmatrix}.$$

Einheitsmatrix (Format NxN):

$$I = \begin{pmatrix} 1 & & & 0 \\ & 1 & & \\ & & \ddots & \\ 0 & & & 1 \end{pmatrix},$$

Einsmatrix (Format MxN):

$$E = \begin{pmatrix} 1 & 1 & \ldots & 1 \\ 1 & 1 & \ldots & 1 \\ \vdots & \vdots & & \vdots \\ 1 & 1 & \ldots & 1 \end{pmatrix},$$

Einheitsvektor, Zeile j:

$$e_j = \begin{pmatrix} 0 \\ \vdots \\ 1 \\ \vdots \\ 0 \end{pmatrix},$$

Einsvektor:

$$1 = \begin{pmatrix} 1 \\ 1 \\ \vdots \\ 1 \end{pmatrix},$$

Diagonalmatrix (Format NxN):

$$D = \begin{pmatrix} d_{11} & & & 0 \\ & d_{22} & & \\ & & \ddots & \\ 0 & & & d_{NN} \end{pmatrix},$$

Koidentitätsmatrix (Format NxN):

$$J = \begin{pmatrix} 0 & & & 1 \\ & & 1 & \\ & \cdot^{\cdot} & & \\ 1 & & & 0 \end{pmatrix}.$$

Definition C2: *Addition und Multiplikation.*

Addition: Haben die Matrizen A und B das gleiche Format (MxN), so gilt für die Summe $C = A + B$:

$$c_{ij} = a_{ij} + b_{ij} \qquad \text{für } i = 1, \ldots, M, \ j = 1, \ldots, N.$$

Multiplikation mit einer skalaren Größe: Ist A eine (MxN)-Matrix und a eine skalare Größe, so gilt für das Produkt $C = aA$:

$$c_{ij} = a \, a_{ij} \qquad \text{für } i = 1, \ldots, M, \ j = 1, \ldots, N.$$

Skalarprodukt: Ist $a^T = (a_1 \ a_2 \ldots a_M)$ und $b^T = (b_1 \ b_2 \ldots b_M)$, so gilt für das Skalarprodukt $c = a^T b = b^T a$:

$$c = \sum_{i=1}^{M} a_i b_i.$$

Matrizenprodukt: Ist

$$A = \begin{pmatrix} a^T(1) \\ a^T(2) \\ \vdots \\ a^T(M) \end{pmatrix}$$

eine (MxL)-Matrix mit den Zeilenvektoren $a^T(i) = (a_{i1}\ a_{i2}\ ...\ a_{iL})$ und $B = (b_1 b_2\ ...\ b_N)$ eine (LxN)-Matrix mit den Spaltenvektoren

$$b_j = \begin{pmatrix} b_{1j} \\ b_{2j} \\ \vdots \\ b_{Lj} \end{pmatrix},$$

so versteht man unter dem Matrizenprodukt $C = A\,B$ eine(MxN)-Matrix (c_{ij}) mit (vgl. Bild C1):

$$c_{ij} = a^T(i)\,b_j = \sum_{k=1}^{L} a_{ik}b_{kj} \qquad \text{für } i = 1, ..., M,\ j = 1, ..., N.$$

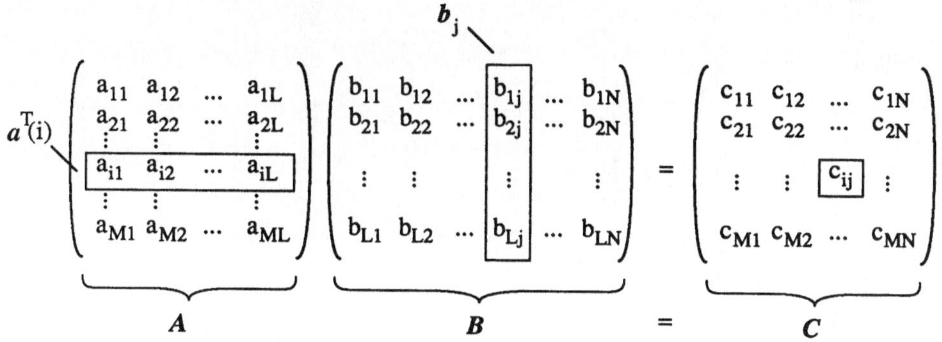

$$a^T(i)\quad \begin{pmatrix} a_{11} & a_{12} & ... & a_{1L} \\ a_{21} & a_{22} & ... & a_{2L} \\ \vdots & \vdots & & \vdots \\ \boxed{a_{i1} \ \ a_{i2} \ \ ... \ \ a_{iL}} \\ \vdots & \vdots & & \vdots \\ a_{M1} & a_{M2} & ... & a_{ML} \end{pmatrix} \begin{pmatrix} b_{11} & b_{12} & ... & b_{1j} & ... & b_{1N} \\ b_{21} & b_{22} & ... & b_{2j} & ... & b_{2N} \\ \vdots & \vdots & & \vdots & & \vdots \\ b_{L1} & b_{L2} & ... & b_{Lj} & ... & b_{LN} \end{pmatrix} = \begin{pmatrix} c_{11} & c_{12} & ... & c_{1N} \\ c_{21} & c_{22} & ... & c_{2N} \\ \vdots & \vdots & \boxed{c_{ij}} & \vdots \\ c_{M1} & c_{M2} & ... & c_{MN} \end{pmatrix}$$

$$\underbrace{\qquad}_{A} \qquad\qquad \underbrace{\qquad}_{B} \qquad = \qquad \underbrace{\qquad}_{C}$$

Bild C1. Matrizenmultiplikation

Aus Def. C2 folgen die Rechenregeln:

$$a(A\,B) = A(a\,B) = (aA)B, \qquad\qquad a \in C, \text{ komplexe Zahl,}$$

$$A(B + C) = A\,B + A\,C,$$

$$A(B\,C) = (A\,B)C,$$

$$(A\,B)^T = B^T A^T, \qquad\qquad (A\,B\,C)^T = C^T B^T A^T.$$

(C1)

Achtung! Die Matrizen A, B und C können nur dann miteinander in der angegebenen Reihenfolge multipliziert werden, wenn ihre Formate (MxL), (LxK) und (KxN) sind. Die nachfolgende Matrix hat als Zeilenzahl die Spaltenzahl der vorhergehenden. Im allgemeinen gilt:

$$A\,B \neq B\,A.$$

Aus $A\,B = 0$ folgt nicht $A = 0$ oder $B = 0$.

Beispiel 2: Summation und Multiplikation mit einem Skalar.

$$A = \begin{pmatrix} 1 & 4 & 2 \\ 3 & 2 & -1 \end{pmatrix}, \qquad B = \begin{pmatrix} 2 & 8 & 4 \\ 6 & 4 & -2 \end{pmatrix} = 2A,$$

$$A + B = \begin{pmatrix} 3 & 12 & 6 \\ 9 & 6 & -3 \end{pmatrix} = 3A,$$

$$A + (-1)\,A = 0,$$

$$2A + (-1)\,B = 0.$$

Beispiel 3: Matrizenmultiplikation

$a^T = (1\ 2\ -3\ 1)$ ist ein (1x4) Zeilenvektor. Das Produkt $a^T a$ ergibt einen Skalar:

$$a^T a = \sum_{i=1}^{4} a_i^2 = 15.$$

Für alle reellen a_i gilt:

$$a^T a \geq 0.$$

Das Produkt $a\,a^T$ ergibt eine (4x4)-Matrix:

$$a\,a^T = \begin{pmatrix} 1 & 2 & -3 & 1 \\ 2 & 4 & -6 & 2 \\ -3 & -6 & 9 & -3 \\ 1 & 2 & -3 & 1 \end{pmatrix}.$$

Mit:

$$A = (a_1\ a_2\ \dots\ a_N) = \begin{pmatrix} a^T(1) \\ a^T(2) \\ \vdots \\ a^T(N) \end{pmatrix}, \quad D = \begin{pmatrix} d_{11} & & & 0 \\ & d_{22} & & \\ & & \ddots & \\ 0 & & & d_{NN} \end{pmatrix}$$

gilt:

$$A\,D = (a_1 d_{11}\ a_2 d_{22}\ \dots\ a_N d_{NN}),$$

$$D\,A = \begin{pmatrix} a^T(1)\,d_{11} \\ a^T(2)\,d_{22} \\ \vdots \\ a^T(N)\,d_{NN} \end{pmatrix}.$$

Satz C1: *Partitionierte Matrizen.*

Eine Matrix kann aus anderen Matrizen (Vektoren) als Teilmatrizen zusammengesetzt sein. Alle bisherigen Operationen lassen sich sinngemäß auf die Teilmatrizen anwenden. Die Formate der einzelnen Blöcke müssen zusammenpassen.

Beispiel 4:

$$(A_1\ A_2)^T = \begin{pmatrix} A_1^T \\ A_2^T \end{pmatrix},$$

$$\begin{pmatrix} A_1 \\ A_2 \end{pmatrix}(B_1\ B_2) = \begin{pmatrix} A_1 B_1 & A_1 B_2 \\ A_2 B_1 & A_2 B_2 \end{pmatrix}, \tag{C2}$$

$$(A_1\ A_2)\begin{pmatrix} B_1 \\ B_2 \end{pmatrix} = A_1 B_1 + A_2 B_2.$$

Wir haben eine (MxN)-Matrix A als System von Vektoren kennengelernt:

$$A = \begin{pmatrix} a^T(1) \\ a^T(2) \\ \vdots \\ a^T(M) \end{pmatrix} = (a_1\ a_2\ \dots\ a_N).$$

N linear unabhängige Vektoren a_i, $i = 1, \dots, N$, spannen einen N-dimensionalen Raum auf, sie bilden eine Basis (Def. 1.3). Jeder Vektor y aus diesem N-dimensionalen Raum läßt sich als Linearkombination der Basisvektoren darstellen:

$$y = c_1 a_1 + c_2 a_2 + \dots + c_N a_N = A\,c.$$

Der Rang einer Matrix ist mit der Basis eng verbunden.

Definition C 3: *Rang einer Matrix.*

Die maximale Anzahl linear unabhängiger Spaltenvektoren a_i einer Matrix A heißt Spaltenrang von A. Ebenso gibt es den Zeilenrang von A. Für jede (MxN)-Matrix A ist der

Spaltenrang gleich dem Zeilenrang:

$$r\{A\} = r\{A^T\},$$
$$r\{A\} \le \min\{M,N\},$$
$$r\{A\,B\} = \min\{r\{A\},r\{B\}\}.$$

Eine (MxN)-Matrix mit N < M kann demnach höchstens den Rang N haben.

Definition C4: *Determinante.*

Die Determinante $|A|$ einer quadratischen (NxN)-Matrix A wird rekursiv mit folgenden Beziehungen gebildet:

$$|A| = a_{11} \qquad\qquad\qquad\qquad\qquad \text{für N = 1,}$$
$$|A| = a_{11}\,a_{22} - a_{12}\,a_{21} \qquad\qquad\qquad \text{für N = 2,}$$
$$\vdots$$
$$|A| = \sum_{i=1}^{N} (-1)^{i+j}\, a_{ij}\, |A_{ij}| \;=\; \sum_{j=1}^{N} (-1)^{i+j}\, a_{ij}\, |A_{ij}| \qquad \text{für beliebiges j bzw. i.}$$

Ist $|A|$ die Determinante einer (NxN)-Matrix A, so ist $|A_{ij}|$ die Determinante der (N–1xN–1) Matrix A_{ij}, die man aus der Matrix A erhält, indem man den Zeilenvektor $a^T(i)$ und den Spaltenvektor a_j wegläßt (Bild C2).

Als die zur Matrix A adjungierte Matrix A_{adj} bezeichnet man die Matrix

$$A_{adj} = ((-1)^{i+j}\, |A_{ji}|).$$

Die Determinante $|A|$ einer (NxN)-Matrix A hat folgende Eigenschaften:

$$|a\,A| = a^N\,|A|, \qquad\qquad a \in C, \text{ komplexe Zahl,}$$
$$|A| = |A^T|,$$
$$\begin{vmatrix} A & C \\ 0 & B \end{vmatrix} = |A\,B| = |A|\,|B|.$$

Vertauscht man in A zwei Zeilen- bzw. Spaltenvektoren, so ändert sich das Vorzeichen der Determinante, nicht aber der Betrag. Sind die Zeilen- bzw. Spaltenvektoren voneinander linear abhängig, so gilt: $|A| = 0$.

Beispiel 5: Entwicklung nach der ersten Zeile.

$$|A| = \begin{vmatrix} a_{11} & a_{12} & a_{13} \\ a_{21} & a_{22} & a_{23} \\ a_{31} & a_{32} & a_{33} \end{vmatrix}$$

$$= a_{11}\,(a_{22}\,a_{33} - a_{23}\,a_{32}) - a_{12}\,(a_{21}\,a_{33} - a_{23}\,a_{31}) + a_{13}\,(a_{21}\,a_{32} - a_{22}\,a_{31}),$$

$$|A| = \begin{vmatrix} 3 & 4 & 2 \\ 4 & 2 & 3 \\ 3 & 2 & 1 \end{vmatrix} = 12.$$

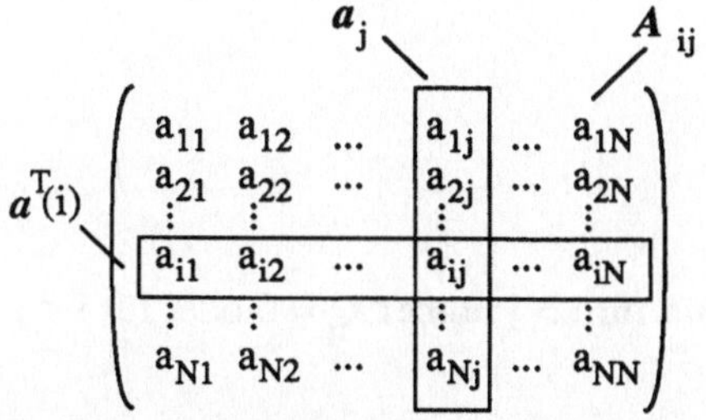

Bild C 2. Entwicklungssatz für Determinanten

Definition C5: *Inverse Matrix.*

Formal wird die Lösung x des Gleichungssystems

$$A\,x = y,$$

$$x = A^{-1}y$$

mit einer quadratischen (NxN)-Matrix A gesucht. Eine Matrix heißt inverse Matrix A^{-1} der Matrix A, wenn gilt:

$$A^{-1}A = A\,A^{-1} = I, \qquad I: \text{Einheitsmatrix.}$$

Die inverse Matrix A^{-1} ist gegeben durch:

$$A^{-1} = \frac{1}{|A|}\,A_{adj} = \frac{1}{|A|}((-1)^{i+j}\,|A_{ji}|).$$

Es gilt:

$$A^{T-1} = A^{-1T}.$$

Eine Matrix A, deren Inverse A^{-1} existiert, heißt regulär. Für reguläre Matrizen gilt:

$$|A| \neq 0, \qquad\qquad r\{A\} = N.$$

Für singuläre Matrizen ist:

$$|A| = 0 \qquad\qquad r\{A\} \leq N - 1.$$

Die Beziehung für die inverse Matrix folgt aus Def. C4 der Determinanten. Danach gilt:

$$\sum_{j=1}^{N} (-1)^{i+j}\,a_{kj}\,|A_{ij}| = |A|\,\delta_{ik} \qquad \text{für } i, k = 1, \ldots, N,$$

$$A\,A_{adj} = |A|\,I.$$

Definition C6: *Orthogonale Matrizen.*

Eine (NxN)-Matrix A heißt orthogonal, wenn ihre Zeilen- oder Spaltenvektoren zueinander orthogonal sind. Es gilt mit $A = (a_1\ a_2\ ...\ a_N)$:

$$A^T A = (a_i^T\ a_j) = I,$$

$$A^T = A^{-1}.$$

Definition C7: *Dreiecksmatrizen.*

Eine (NxN)-Matrix A heißt Dreiecksmatrix, wenn für $i > j$ immer $a_{ij} = 0$ oder für $i < j$ immer $a_{ij} = 0$ ist:

$$A = \begin{pmatrix} a_{11} & a_{12} & a_{13} & & a_{1N} \\ & a_{22} & a_{23} & & a_{2N} \\ & & a_{33} & & a_{3N} \\ & & & \ddots & \\ 0 & & & & a_{NN} \end{pmatrix}, \quad A = \begin{pmatrix} a_{11} & & & & 0 \\ a_{21} & a_{22} & & & \\ a_{31} & a_{32} & a_{33} & & \\ & & & \ddots & \\ a_{N1} & a_{N2} & a_{N3} & & a_{NN} \end{pmatrix}.$$

Für die Determinante einer Dreiecksmatrix gilt:

$$|A| = a_{11}\ a_{22}\ ...a_{NN}.$$

Definition C8: *Quadratische Form.*

Eine quadratische Form ist eine skalare Größe Q mit:

$$Q = x^T A\ x = \sum_{i,j=1}^{N} x_i\ a_{ij}\ x_j.$$

Wegen $Q = x^T A\ x = x^T A^T x$ kann in einer quadratischen Form die Gewichtsmatrix A allgemein als symmetrische Matrix ($a_{ij} = a_{ji}$ für $i, j = 1, ..., N$) geschrieben werden. Im Buch wird die quadratische Form oft als Gütemaß verwendet. In diesem Zusammenhang ist die Definitheit einer Matrix A wichtig.

Definition C9: *Definite Matrizen.*

Eine symmetrische (NxN)-Matrix A heißt

-      positiv definit, wenn für alle $x \neq 0$ gilt:

$$x^T A\ x > 0,$$

-      positiv semidefinit oder nicht negativ definit, wenn für alle $x \neq 0$ gilt:

$$x^T A\ x \geq 0 \text{ und } x^T A x = 0 \text{ für mindestens ein } x \neq 0.$$

Für negativ definite Matrizen gilt Entsprechendes.

Beispiel 6:

$$A = \begin{pmatrix} a_{11} & a_{12} \\ a_{12} & a_{22} \end{pmatrix}, \qquad\qquad Q = x_1^2 a_{11} + x_2^2 a_{22} + 2\,x_1 x_2 a_{12},$$

$$Q = 0 \;\rightarrow\; \frac{x_1}{x_2} = -\frac{a_{12}}{a_{11}} \pm \frac{1}{a_{11}} \sqrt{a_{12}^2 - a_{11}\,a_{22}} = -\frac{a_{12}}{a_{11}} \pm \sqrt{|A|}.$$

Ist $|A| < 0$, so existieren keine reellen Lösungen $x \neq 0$ für $Q = 0$. Gilt zusätzlich $a_{11} > 0$ und $a_{22} > 0$, so ist die Matrix A positiv definit.

Definition C10:

Eine Matrix A ist größer als eine Matrix B, $A > B$, wenn für beliebige x gilt:

$$x^T A\, x > x^T B\, x.$$

Positiv definite Matrizen A kann man sich durch ein skalares Produkt eines Vektors $y = B\,x$ mit sich selbst entstanden denken.

$$y^T y = x^T B^T B\, x = x^T A\, x.$$

Ist die Matrix B regulär, d.h. hat die Gleichung $B\,x = 0$ nur die triviale Lösung $x = 0$, ist also $r\{B\} = N$, so gilt $r\{A\} = r\{B^T B\} = r\{B\} = N$.

Satz C2: *Definitheit.*

Die (NxN)-Matrix $A = B^T B$ ist positiv definit wenn gilt: $r\{A\} = N$. Damit ist $|A| > 0$. Die Matrix $A = B^T B$ ist positiv semidefinit, falls gilt: $r\{A\} < N$. Mit einer positiv definiten Matrix A existiert auch die positiv definite Matrix A^{-1}.

Eigenwerte, Eigenvektoren:

Definition C11: *Eigenwerte, Eigenvektoren.*

Die Eigenwerte und Eigenvektoren einer (NxN)-Matrix A sind durch die Gleichungen $A\,x = \lambda\,x$ bestimmt. λ ist der Eigenwert zum Eigenvektor x.

Die Gleichung $(A - \lambda I)\,x = 0$ hat nur dann eine nichttriviale Lösung $x \neq 0$, wenn $r\{A - \lambda I\} < N$ oder $|A - \lambda I| = 0$ ist. $|A - \lambda I|$ ist ein Polynom der Ordnung N in λ (*charakteristisches Polynom*):

$$|A - \lambda I| = c_0\,\lambda^N + c_1\,\lambda^{N-1} + \dots + c_{N-1}\,\lambda + c_N = 0. \qquad\qquad (C3)$$

Zur (NxN)-Matrix A existieren also nach dem Fundamentalsatz der Algebra N Eigenwerte λ_i, i = 1, ..., N, die nicht notwendig voneinander verschieden sind. Zu jedem Eigenwert λ_i läßt sich ein Eigenvektor x_i bestimmen, so daß gilt:

$$A\,X = X\,\Lambda \qquad\qquad X = (x_1\,x_2\,\dots\,x_N),$$

$$\Lambda = \begin{pmatrix} \lambda_1 & & & 0 \\ & \lambda_2 & & \\ & & \ddots & \\ 0 & & & \lambda_N \end{pmatrix}. \qquad\qquad (C4)$$

Neben diesen rechtsseitigen Eigenvektoren x_i kann man auch durch die Gleichungen $y^T A = \lambda\,y^T$ die linksseitigen Eigenvektoren y_i definieren. Die Eigenwerte sind dieselben, da $|A - \lambda I| = |(A - \lambda I)^T|$:

$$Y\,A = \Lambda\,Y \qquad\qquad Y = \begin{pmatrix} y_1^T \\ y_2^T \\ \vdots \\ y_N^T \end{pmatrix}. \qquad\qquad (C5)$$

Multipliziert man Gl. C4 von links mit der Matrix Y und Gl. C5 von rechts mit der Matrix X, so gilt:

$$Y\,A\,X = Y\,X\,\Lambda = Y\,A\,X = \Lambda\,Y\,X.$$

Daraus folgt, daß $X\,Y$ eine Diagonalmatrix sein muß. Sind die Eigenvektoren auf die Länge eins normiert, so gilt: $Y\,X = X\,Y = I$.

Satz C3: *Rechtseigenvektoren und Linkseigenvektoren.*

Die Linkseigenvektoren y_i stehen auf den Rechtseigenvektoren x_j senkrecht:

$$y_i^T x_j = \delta_{ij},$$

$$Y\,X = I. \qquad\qquad (C6)$$

Bei symmetrischen Matrizen, $A^T = A$, sind die Matrizen X der Eigenvektoren x_i orthogonal:

$$X^T X = I. \qquad\qquad (C7)$$

Die Matrix A läßt sich mit Eigenwerten und Eigenvektoren so darstellen:

$$A = Y^{-1}\Lambda\,Y = X\,\Lambda\,X^{-1}, \qquad \Lambda = X^{-1}A\,X = Y\,A\,Y^{-1},$$

und, falls die Matrix A symmetrisch ist:

$$A = X\,\Lambda\,X^T, \qquad\qquad \Lambda = X^T A\,X.$$

Mit der Darstellung von A durch Eigenwerte und Eigenvektoren lassen sich Potenzen von A leicht bilden. Z.B. gilt:

$$A^2 = (Y^{-1}\Lambda\, Y)(Y^{-1}\Lambda\, Y) = Y^{-1}\Lambda^2 Y$$

mit:

$$\Lambda^2 = \begin{pmatrix} \lambda_1^2 & & & 0 \\ & \lambda_2^2 & & \\ & & \ddots & \\ 0 & & & \lambda_N^2 \end{pmatrix}.$$

Satz C4: *Potenzen einer Matrix, Beziehung von Cayley-Hamilton.*

Für die Potenzen einer Matrix A gilt:

$$A^k = Y^{-1}\Lambda^k Y = X\,\Lambda^k X^{-1}$$

mit:

$$\Lambda^k = \begin{pmatrix} \lambda_1^k & & & 0 \\ & \lambda_2^k & & \\ & & \ddots & \\ 0 & & & \lambda_N^k \end{pmatrix}. \tag{C8}$$

Setzt man eine Matrix A in die charakteristische Gleichung (Gl. C3) ein, so gilt:

$$c_0 A^N + c_1 A^{N-1} + \dots + c_{N-1}A + c_N I = 0.$$

Potenzen von Matrizen sind voneinander abhängig.

Zur Herleitung: Mit $A^k = X\,\Lambda^k X^{-1}$ gilt:

$$X\,(c_0\Lambda^N + c_1\Lambda^{N-1} + \dots + c_{N-1}\Lambda + c_N I)\,X^{-1} = 0.$$

Beispiel 7: Gesucht sind die Eigenwerte und Eigenvektoren der Matrix A.

$$A = \begin{pmatrix} 1 & 1 & 2 \\ -1 & 1 & -2 \\ 0 & 0 & 1 \end{pmatrix}.$$

Es gilt:

$$|A - \lambda I| = 0 \;\rightarrow\; (1-\lambda)\left((1-\lambda)^2 + 1\right) = 0 \;\rightarrow\; \lambda_1 = 1,\; \lambda_2 = 1+j,\; \lambda_3 = 1-j.$$

Bei reellen Matrizen A können die Eigenwerte durchaus komplex sein. Die Eigenvektoren x_i sind als Lösung der Gleichung $(A - \lambda_i I)\,x_i = 0$ im Betrag frei wählbar. Zur Bestimmung des Eigenvektors x_1 zum Eigenwert $\lambda_1 = 1$ ist folgendes Gleichungssystem zu lösen:

$$\begin{pmatrix} 0 & 1 & 2 \\ -1 & 0 & -2 \\ 0 & 0 & 0 \end{pmatrix} x_1 = 0.$$

Wählt man $x_{11} = 1$ erhält man den Eigenvektor $x_1^T = (1\ \ 1\ \ -0,5)$. Entsprechend erhält man den Eigenvektor $x_2^T = (-j\ \ 1\ \ 0)$ zum Eigenwert $\lambda_2 = 1 + j$ und den Eigenvektor $x_3^T = (j\ \ 1\ \ 0)$ zum Eigenwert $\lambda_3 = 1 - j$.

Differentiation von Matrizen:

Die Regeln hier sind Vereinbarungen zur Abkürzung von Differentialquotienten. Sie müssen in sich schlüssig sein. Neben den hier verwendeten Definitionen sind auch andere möglich.

Definition C12: *Differentiation von Matrizen.*
Soll eine Größe nach mehreren Variablen $x^T = (x_1 \dots x_N)$ differenziert werden, bilden wir die Ableitung mit dem Operator:

$$\frac{\partial}{\partial x} = \begin{pmatrix} \dfrac{\partial}{\partial x_1} \\ \vdots \\ \dfrac{\partial}{\partial x_N} \end{pmatrix}.$$

Der Gradient einer skalaren Größe $y(x)$ wird damit:

$$\frac{\partial y(x)}{\partial x} = \begin{pmatrix} \dfrac{\partial y}{\partial x_1} \\ \vdots \\ \dfrac{\partial y}{\partial x_N} \end{pmatrix}. \tag{C9}$$

Der Operator $\frac{\partial}{\partial x}$ kann nach den Regeln der Matrizenmultiplikation nur auf einen Zeilenvektor $y^T(x) = (y_1(x) \dots y_N(x))$ angewendet werden. Damit erhält man als Gradient einer Vektorfunktion $y^T(x)$:

$$\frac{\partial y^T(x)}{\partial x} = \begin{pmatrix} \dfrac{\partial y_1}{\partial x_1} & \dfrac{\partial y_2}{\partial x_1} & \cdots & \dfrac{\partial y_N}{\partial x_1} \\ \vdots & \vdots & & \vdots \\ \dfrac{\partial y_1}{\partial x_N} & \dfrac{\partial y_2}{\partial x_N} & \cdots & \dfrac{\partial y_N}{\partial x_N} \end{pmatrix}. \tag{C10}$$

Die zweite Ableitung erhält man durch Anwendung des Operators $\frac{\partial}{\partial x}$ auf den transponierten Operator $\left(\frac{\partial}{\partial x}\right)^T$ zu:

$$\frac{\partial^2}{\partial x^2} = \begin{pmatrix} \dfrac{\partial^2}{\partial x_1^2} & \dfrac{\partial^2}{\partial x_1 \partial x_2} & \cdots & \dfrac{\partial^2}{\partial x_1 \partial x_N} \\ \vdots & \vdots & & \vdots \\ \dfrac{\partial^2}{\partial x_N \partial x_1} & \dfrac{\partial^2}{\partial x_N \partial x_2} & \cdots & \dfrac{\partial^2}{\partial x_N^2} \end{pmatrix}. \tag{C11}$$

Mit Def. C12 läßt sich die skalare Funktion $y(x)$ durch eine Taylor-Entwicklung um den Punkt x_0 bis zu Gliedern zweiter Ordnung einfach darstellen:

$$y(x) = y(x_0) + \left(\frac{\partial y(x_0)}{\partial x}\right)^T (x - x_0) + \frac{1}{2}(x - x_0)^T \frac{\partial^2 y(x_0)}{\partial x^2}(x - x_0) + \ldots . \tag{C12}$$

Dabei ist:

$$\frac{\partial y(x_0)}{\partial x} = \frac{\partial y(x)}{\partial x}\bigg|_{x=x_0}.$$

Die Matrix $H = \left(\dfrac{\partial^2 y(x_0)}{\partial x_i \partial x_j}\right)$ heißt *Hessesche Matrix*.

Satz C5: *Extremwerte*.

Notwendige Bedingung für ein Extremum von $y(x)$ in x_0 ist:

$$\frac{\partial y(x_0)}{\partial x} = 0.$$

x_0 ist ein Minimum von $y(x)$, wenn zusätzlich die quadratische Form

$$(x - x_0)^T \frac{\partial^2 y(x_0)}{\partial x^2}(x - x_0) > 0,$$

die Jacobi-Matrix also positiv definit ist. Für ein Maximum gilt das Umgekehrte.

Beispiel 8:

- $y(x) = A x \;\rightarrow\; \dfrac{\partial y^T(x)}{\partial x} = \dfrac{\partial}{\partial x} x^T A^T = A^T.$

- $y(x) = x^T A x.$

Mit der Kettenregel für die Differentiation wird:

$$\frac{\partial y(x)}{\partial x} = \frac{\partial x^{\mathrm{T}}}{\partial x} A\, x + \frac{\partial x^{\mathrm{T}}}{\partial x} A^{\mathrm{T}}x = (A + A^{\mathrm{T}})x.$$

Ist die Matrix A symmetrisch, so gilt:

$$\frac{\partial y(x)}{\partial x} = 2\, A\, x.$$

Für die zweite Ableitung gilt:

$$\frac{\partial^2 y(x)}{\partial x^2} = \frac{\partial x^{\mathrm{T}}}{\partial x}(A + A^{\mathrm{T}}) = A + A^{\mathrm{T}}.$$

Matrixinversionslemma:

Satz C6: *Matrixinversionslemma.*

A sei eine reguläre (NxN)-Matrix, B und C seien zwei (NxM)-Matrizen. Die Matrizen $(A + B\, C^{\mathrm{T}})^{\mathrm{NxN}}$ und $(I+C^{\mathrm{T}}A^{-1}B)^{\mathrm{MxM}}$ seien ebenfalls regulär. Dann gilt allgemein:

$$(A + B\, C^{\mathrm{T}})^{-1} = A^{-1} - A^{-1}B\ (I + C^{\mathrm{T}}A^{-1}B)^{-1}\ C^{\mathrm{T}}A^{-1}.$$

Der Nutzen der Beziehung liegt bei Formaten M << N. In dem Fall ist bei bekannter Matrix A^{-1} statt der Inversion der großen (NxN)-Matrix nur die Inversion einer (MxM)-Matrix $(I + C^{\mathrm{T}}A^{-1}B)$ durchzuführen.

Herleitung: Mit

$$D = A + B\, C^{\mathrm{T}}$$

gilt:

$$D^{-1}D = D^{-1}A + D^{-1}B\, C^{\mathrm{T}},$$

$$A^{-1} = D^{-1} + D^{-1}B\, C^{\mathrm{T}}A^{-1}, \tag{*}$$

$$A^{-1}B = D^{-1}B + D^{-1}B\, C^{\mathrm{T}}A^{-1}B,$$

$$A^{-1}B\, (I + C^{\mathrm{T}}A^{-1}B)^{-1} = D^{-1}B,$$

$$A^{-1}B\, (I + C^{\mathrm{T}}A^{-1}B)^{-1}C^{\mathrm{T}}A^{-1} = D^{-1}B\, C^{\mathrm{T}}A^{-1}.$$

Mit Gl. (*) gilt :

$$A^{-1}B\, (I + C^{\mathrm{T}}A^{-1}B)^{-1}C^{\mathrm{T}}A^{-1} = A^{-1} - D^{-1}.$$

Korrelationsfunktionen und LTI-Systeme:

Die Matrixschreibweise ist eine zweckmäßige und übersichtliche Darstellung von Gleichungssystemen. Die Signalverarbeitung in zeitdiskreten LTI-Systemen läßt sich ebenso wie die z-Transformation in Matrixschreibweise angeben.

Definition C13: *Signalvektor und Signalmatrix.*

Signale u(n) der Länge K können als Vektor geschrieben werden:

$$u_K^T(n) = (u(n) \ \ u(n-1) \ ... \ u(n-K+1)).$$

Aus dem Signal u(n) entsteht eine Signalmatrix $U(n)$, die sich aus folgenden Signalvektoren zusammensetzt:

$$U(n) = \begin{pmatrix} u_K^T(n) \\ u_K^T(n-1) \\ \vdots \\ u_K^T(n-N+1) \end{pmatrix} = (u_N(n) \ \ u_N(n-1) \ ... \ u_N(n-K+1)) = (u(n-i-j+2)).$$

Ist $a_K^T = (g(K-1) \ \ g(K-2) \ ... \ g(0))$ die Impulsantwort eines Systems der Länge K, so wird zur Berechnung der Faltung der Vektor $g_K = J \, a_K$ mit der Koidentitätsmatrix J (Bsp. 1) eingeführt:

$$g_K^T = a_K^T J = (g(0) \ \ g(1) \ ... \ g(K-1)).$$

Die Kreuzkorrelierte $K_{yu}^E(k)$ zweier Energiesignale $u_N(n)$ und $y_N(n)$ folgt mit Def 5.10 zu:

$$K_{yu}^E(k) = y_N^T(n) \, u_N(n+k) = \sum_{i=n}^{n-N+1} y(i) \, u(k+i). \tag{C13}$$

Für die Faltung gilt:

$$y_K^T(n) \, g_K = y_K^T(n) \, J \, a_K = \sum_{i=0}^{K-1} g(i) \, y(n-i). \tag{C14}$$

Für die z-Transformierte eines Signals y(n) gilt:

$$z_N^T(n) = (z^{-n} \ \ z^{-(n-1)} \ ... \ z^{-(n-N+1)}),$$

$$Y(z) = Z\{y(n)\} = y_N^T(n) \, z_N(n) = \sum_{i=n}^{n-N+1} y(i) \, z^{-i},$$

$$y_N^T(n-k) \, z_N(n) = z^{-k} \, Y(z). \tag{C15}$$

Beispiel 9 : z-Transformierte eines gefalteten Signals $x(n) = g(n)*u(n)$:

$$Z\{y(n)\} = z_N^T(n)\, U(n) g_N = (z^T u_n \quad z^T u_{n-1} \dots z^T u_{n-N+1})\, g_N$$

$$= (U(z) \quad z\, U(z) \dots z^{-N+1} U(z))\, g_N = U(z)\, G(z).$$

Faltung im FIR-System:

Das Eingangssignal sei gegeben durch den Signalvektor $u_N^T(N-1) = (u(N-1)\ u(N-2) \dots u(0))$ und das System durch die Impulsantwort $g_K^T = (g(0)\quad g(1) \dots g(K-1))$. Dann hat das Ausgangssignal $y(n)$ die Länge $N+K-1$. Es ist:

$$y(n) = \sum_{k=0}^{K-1} g(k)\, u(n-k), \qquad n = 0, 1, \dots, N+K-2.$$

In Matrixschreibweise müssen die Signalvektoren u_N durch Auffüllen mit Nullen auf das Format u_{N+K} gebracht werden. Dann gilt:

$$y_{N+K-1}(N+K-1) = U_{N+K-1}\, g_K$$

mit:

$$U_{N+K-1} = \begin{pmatrix} 0 & \dots & 0 & u(N-1) \\ 0 & \dots & u(N-1) & u(N-2) \\ \vdots & \dots & \vdots & \vdots \\ u(N-1) & \dots & u(N-K+1) & u(N-K) \\ \vdots & \dots & \vdots & \vdots \\ u(N-K) & \dots & u(1) & u(0) \\ \vdots & \dots & \vdots & \vdots \\ u(0) & \dots & 0 & 0 \end{pmatrix} = \begin{pmatrix} 0 & & & u_N(N-1) \\ & & u_N(N-1) & \\ & \ddots & & \\ u_N(N-1) & & & 0 \end{pmatrix}$$

$$= \begin{pmatrix} 0 & & & u_1^T(N-1) \\ & & u_2^T(N-1) & \\ & \ddots & & \\ u_K^T(N-1) & & & \\ \vdots & & & \\ u_K^T(N-K) & & \ddots & \\ \vdots & & & \\ u_1^T(0) & \ddots & & 0 \end{pmatrix}. \tag{C16}$$

Die Energie des Ausgangssignals wird:

$$y_{N+K-1}^T(N+K-1)\, y_{N+K-1}(N+K-1) = g_K^T\, \hat{K}^E g$$

mit:

$$\hat{\boldsymbol{K}}^{E} = (\hat{K}_{u}^{E}(i-j)), \qquad\qquad \hat{K}_{u}^{E}(i-j) = u_{N-|i-j|}^{T}(N-i)\, u_{N-|i-j|}(N-j).$$

Definition C14:

Autokorrelationsmatrix $\hat{\boldsymbol{K}}^{E}$ einer Stichprobe.

Die Energie des Ausgangssignals wird mit Hilfe der Korrelationsmatrix $\hat{\boldsymbol{K}}^{E}$ des Energiesignals gewonnen. Die Elemente der Matrix $\hat{\boldsymbol{K}}^{E}$ sind die Werte der Energiekorrelationsfunktion des Eingangssignals.

$$\hat{K}_{u}^{E}(i-j) = u_{N-|i-j|}^{T}(N-i)\, u_{N-|i-j|}(N-j). \tag{C17}$$

Autokorrelationsmatrix $\boldsymbol{K}_{K}$ eines stochastischen Signals.

Ist u(n) ein stochastisches Signal, so gewinnt man die Korrelationsmatrix $\boldsymbol{K}_{K}$ aus:

$$\boldsymbol{K}_{K} = E\{u_{K}(n)\, u_{K}^{T}(n)\} = (K(i-j)) = (E\{u(n-i)\, u(n-j)\}). \tag{C18}$$

Für große N gilt (Def. 5.10):

$$\frac{\hat{K}^{E}}{N} \rightarrow \boldsymbol{K}_{K}.$$

Die Matrizen $\hat{\boldsymbol{K}}^{E}$ und $\boldsymbol{K}_{K}$ sind doppelt symmetrisch (Töplitz-Struktur). Mit der Koidentitätsmatrix J gilt für Töplitz-Matrizen $\boldsymbol{K}_{K}$:

$$J\,\boldsymbol{K}_{K} = \boldsymbol{K}_{K}J.$$

Töplitz-Matrizen lassen sich vielfältig partitionieren. Z. B.:

$$\boldsymbol{K}_{K} = (k_{K}(0)\ \ k_{K}(1)\ ...\ k_{K}(K-1)) = \begin{pmatrix} k_{K}^{T}(0) \\ k_{K}^{T}(1) \\ \vdots \\ k_{K}^{T}(K-1) \end{pmatrix} = \begin{pmatrix} K(0) & k_{K-1}^{T}(-1) \\ k_{K-1}(-1) & K_{K-1} \end{pmatrix}.$$

Definition C15: *Kreuzkorrelationsmatrix.*

Unter der Kreuzkorrelationsmatrix $\boldsymbol{K}_{xy}(k)$ versteht man die Matrix:

$$\boldsymbol{K}_{xy}(k) = (K_{xy}(k+i+j)) = E\{y(n)\, x^{T}(n+k)\}.$$

Das Produkt zweier Signalmatrizen vom Format (NxK) ergibt eine Korrelationsmatrix $\hat{\boldsymbol{K}}_{xy}^{E}(k)$, die für große N in $\boldsymbol{K}_{xy}(k)$ übergeht:

$$\hat{\boldsymbol{K}}_{xy}^{E}(k) = \frac{1}{N}\, (\, y_{N-|i-j|}^{T}(N-i)\, x_{N-|i-j|}(N+k-j).$$

Beispiel 10: Kreuzkorrelierte zwischen Ein- und Ausgang eines LTI-Systems:

$$y(n) = u^T(n)\, g = g^T u(n),$$

$$k_{yu}(0) = E\{y(n)\, u(n)\} = K_u(0)\, g.$$

Literatur:

/C1/   Zurmühl, R.; Falk, S.: Matrizen und ihre Anwendungen,
         Springer, Heidelberg, 1984.

/C2/   Gröbner, W.: Matrizenrechnung,
         B. I. Hochschultaschenbücher, Mannheim, 1966.

/C3/   Ackermann, J.: Abtastregelung, Band 1,
         Springer, Heidelberg, 1983.

Sachverzeichnis

Abtastfrequenz 44, 177

Abtastregler 442

Abtasttheorem 169

Abtastzeit 44

Ackermannsche Formel 458

adaptive Filter 329

Additivität 107

Aliasing 48

Allpaß 128

All-Pol-Modell 331

Amplitudengang 111, 131

Analog/Digital-Wandler 163

analoge Systeme 163

Analyse-Filter 347

analytische Funktion 475

Anfangswerttheorem 98

Antialiasing-Filter 170, 177

Antivalenzschaltung 393

a-posteriori-Dichte 304

Approximation 23

   optimale - 61

AR-Filter 120

ARMA-Filter 120, 405, 413

ARMAX-Ansatz 409

AR-Prozeß 331, 333

Ausgangsmatrix 258

Autokorrelationsfunktion 146,

Autokorrelationsmatrix 515

Bandbreite 155

Bandpaß 274

Barker-Code 353, 390, 423

Bartlett-Fenster 143

Basis 1, 4

   Basisvektoren 1

   orthonormale - 5

   stochastische - 214

Bayes-Schätzer 303

Bayessche Regel 153, 286

Belegung 11

Beobachtbarkeit 323, 450

Beobachter 462

   Beobachterentwurf 463

Beobachtungsfrequenz 44

Beobachtungsmatrix 213

Beobachtungsnormalform 135

Beobachtungsstörung 256

Beobachtungszeit 44

Besselsche Ungleichung 7

Betragskennlinie 111

Bias 218

BIBO-Stabilität 115

bilineare Transformation 204

Bitumkehr 51

Blockstruktur 134

Boltzmannsche H-Funktion 311

B-Spline 39

Butterworth-Filter 269, 456

518

Campbell-Theorem 299
Cauchy, Integralsatz von 477
Cauchy-Kriterium 7
Cauchy-Riemannsche
   Differentialgleichungen 475
Cauchysche Integralformel 478
Cauer-Filter 271
Cayley-Hamilton, Beziehung von 458, 509
charakteristische Funktion 191, 285
charakteristische Gleichung 366, 507
Cholesky-Zerlegung 319
Cramer-Rao, Ungleichung von 314

δ-Abtaster 165
Dämpfung 111, 427
   absolute- 431
   relative - 431
Darstellungsmatrix 19, 65
Determinante 504
Diagonalmatrix 500
Dichte
   a-posteriori- 304
   bedingte - 153, 286
   Marginal- 150, 153, 286
   mehrdimensionale - 285
   Verbund- 151, 153, 285
Differentialoperator 19
Differenzengleichung 118
Differenzierer 122, 279
Digital/Analog-Wandler 163
digitale Systeme 163
Dimension 2
diskrete Fourier-Transformation (DFT) 44
Distribution 493
Dolph-Tschebyscheff-Fenster 144
Dreieck- Fenster 143

effizient 218, 308, 314
Eigenvektor 366, 507
Eigenwert 366, 500
Eigenwertfilter 371, 411
Einheitsmatrix 500
Einheitsvektor 500, 508
Einsmatrix 500
elliptische Filter 271
Endwerttheorem 98
Energiesignal 11, 138
Entfaltung 112
Entwicklungssatz für Determinanten 505
Entwurf auf endliche Einstellzeit 461
Ergodenhypothese 148
Erwartung 12, 153, 293
erwartungstreu 217, 221
Exponentialfunktion 213
Exponentialverteilung 298
exponentielle Wichtung 324
Extremwerte 511

Faltung 46, 55, 111, 514
Fejer-Kern 497
Fenster 141, 275, 359
   Bartlett- 143
   Dolph-Tschebyscheff- 144
   Dreieck- 143
   Hanning- 144
   Rechteck- 143
FFT 50
Filter 210, 239
   adaptive - 329
   Analyse- 347
   Antialiasing- 170, 177
   AR- 120
   ARMA- 120
   Butterworth- 269

Cauer- 271

Eigenwert- 371, 411

elliptische - 271

Filterbank 217

Filtertypen 120

FIR- 119, 223, 273

IIR- 118

ITAE- 456

Lattice- 347

lineare - 209, 215

Kalman- 258, 260, 264, 463

MA- 120

Matched- 368, 371, 421

optimale - 215, 255

Prädiktionsfehler- 333, 340, 411

Rekonstruktions- 177, 179

Synthese- 347

Tschebyscheff- 270

Whitening- 334, 344, 408

Wiener- 239

Filterentwurf im Frequenzbereich 266

FIR-Filter 119, 223, 273

Fishersche Informationsmatrix 323

Fourier

diskrete -Transformation 44

Eigenschaften der -Transformation 68

Fourier-Approximation 276

Fourier-Basis 213

Fourier-Kern 497

Fourier-Koeffizient 7, 44

Fourier-Reihe 13, 42, 75, 185

Fourier-Transformation 65

Korrespondenzen der Fourier-Transformation 70

Rechenoperationen der Fourier-Transformation 69

schnelle Fourier-Transformation (FFT) 50

verallgemeinerter Fourier-Koeffizient 221

Frequenzabtastverfahren 277

Frequenzgang 110, 397

Frequenztransformation 267

Fundamentalfolge 8

Funktional 18

Funktionalanalysis 1

Funktionentheorie 475

Gauß-Markoff-Schätzer 223

Gauß-Funktion 497

gekoppelte Struktur 282

geometrische Reihe 486

gerade Funktion 67

Gewichtsmatrix 322

Gibbssches Phänomen 80

Glättung 239

Gleichungsfehler 369, 399

Gleichverteilung 297

Gradient 510

Gradientenverfahren 334, 337

stochastisches - 337

Grenzzyklen 282

Halteglied 165, 182

Hanning-Fenster 144

Häufigkeit 150

bedingte -151

Häufigkeitsdichte 150

Häufigkeitsverteilungen 152

Marginal- 150

Verbund- 150

Hermitesche Funktionen 65

Hermitesche Polynome 14

Hochpaß 274

Homogenität 107

520

Identifikation 387
- mit Rauschsignalen 395
- von Mehrgrößensystemen 416
IIR - Filter 118
Impulsantwort 110, 399
Impulsfunktion 101, 109, 495
Impulszug 74
inneres Produkt 2
Innovation 322
inplace-Verarbeitung 53
Integraltransformation 65
Integrierer 279
Interpolation 23, 27
Lagrange- 181, 197
Interpolationsfilter 180
Interpolationssignale 196
Newton- 30
Polygonzug- 182
Inverse Matrix 505
I-Regler 438
ITAE-Filter 456

Jacobi-Matrix 287
Joint Process Estimator 332, 349, 351, 400
Jordansche Normalform 449, 467
Jordansches Lemma 481

Kalman-Filter 258, 260, 264, 418, 463
kanonische Struktur 135
Karhunen-Loeve-Entwicklung 372
Kausalität 115
Kerbfilter 126
Koidentitätsmatrix 500, 513
Kompensation 210
Kompensationsregler 440, 442
komplexe Integration 475
konsistent 218

Konvergenz
absolute- 485
Konvergenzradien 486
konvexe Kostenfunktion 305
Kopplungskoeffizient 351
Korrelation, orthogonale 233, 398
Korrelationsempfänger 423
Korrelationsfunktion 145, 359
Schätzer für die Korrelationsfunktion 361
Korrelationsmatrix 359, 366
Kostenfunktion 303
konvexe - 305
monotone - 305
Kreuzkorrelationsfunktion 145, 513

Kreuzkorrelationsmatrix 515
Kronecker-Symbol 5

Lagrange-Polynome 28
Laguerresche Polynome 13
Laplace-Transformation 84
Korrespondenzen 86
Operationen 85
Lattice-Filter 347
Laufzeit 421
Laurent-Reihe 93, 485, 489
Leakage 48
Least-Squares-Schätzer 220, 223, 318
Lebensdauer 297
Leckeffekt 48
Legendresche Polynome 13
Leistungsdichte 147, 377
parametrische Modelle 382
Leistungssignale 11, 138
Levinson-Durbin-Algorithmus 339, 343
Likelihood-Funktion 311
linear abhängig 5

lineare Vektortransformation 18
Linienspektrum 76
Linkseigenvektor 367, 508
LTI-System 107, 111, 513
Luenberger Beobachter 462

MA-Filter 120
Majorante 486
Marginaldichte 150, 153, 286
Marginalhäufigkeit 150
Marginalverteilung 150
Markoffsches
    Signalmodell 214, 244, 258, 301
Matched-Filter 368, 371, 421
Matrix 499
    Ausgangs- 258
    Darstellungs- 19, 65
    Diagonal- 500
    Differentiation 510
    Definitheit 507
    Dreiecks- 506
    Eingangs- 258
    Einheits- 500
    Eins- 500
    Fishersche Informations- 323
    Gewichts- 322
    Gramsche - 4
    Hermitesche - 5
    Inverse - 505
    Jacobi- 287
    Koidentitätsmatrix 500, 513
    Kreuzkorrelations- 515
    Modal- 367
    orthogonale - 506
    partitionierte - 503
    quadratische - 499
    reguläre - 505

Signal- 513
singuläre - 505
symmetrische - 500
Töplitz- 515
Transitions- 335
Transformations- 449
transponierte - 499
Vandermonde- 27
Matrixinversionslemma 512
Matrizenprodukt 501
Maximum-a-posteriori-Schätzer 307
Maximum-Likelihood-Schätzer 307
Maximumsnorm 12, 25, 58, 310
Median 306
mehrdimensionale Dichte 285
Mehrgrößensysteme 109, 464
Metrik 2
Minimalphasensystem 128, 245
Minimum-Mean-Squares-Schätzer 318
Minimum-Varianz-Schätzer 223
Mises, Verfahren von 374
Mittelwert 149
modale Regelung 468
Modalmatrix 367
Modellanpassung 219, 318
Momente 157, 287
monotone Kostenfunktion 305

Newton-Interpolation 30
nichtparametrische Modelle 397
Norm 2
Normalengleichung 216, 318
Normalverteilung 293
Notch-Filter 126
Numerische Integration 202
Nyquist-Band 167
Nyquist-Rate 167

522

off-line 177
on-line 177
Operatoren 17
   adjungierter - 20
   Differential- 19
   Erwartungs- 12, 153
   Hermitescher - 20
   Integral- 18
   selbstadjungierter - 20, 21
   unitärer - 21
orthogonal 3
orthogonale Korrelation 233, 398
orthogonale Regression 370, 413
Orthogonalitätsprinzip 9, 216
orthonormale Basis 5
orthonormale Funktionensysteme 13
Ortskurvenverfahren 432
Oszillographendämpfung 90
Overlap and Add-Methode 55

Parametervektor 213
Parcor-Koeffizient 343
Partialbruchzerlegung 87, 102
Periodogramm 377
Phase 131
   lineare - 133
Phasenkennlinie 111
PID-Regler 437
Poisson-Verteilung 298
Polaritätskorrelation 365
Pol-/Nullstellenplan 125
Polygonzug-Interpolator 182
Polynome
   Lagrange - 28
   Laguerresche - 13
   Legendresche - 13
   Tschebyscheff- 58

Polvorgabe 453
Polynomdivision 102
Prädiktion 239, 251
Prädiktionsfehler 340
Prädiktionsfehlerfilter 333, 340, 411
Prädiktor 332, 405
Projektionstheorem 9, 216
Pulskompression 390

Quadratische Form 506
Quantisierungsfehler 189, 282
Quotientenkriterium 486

Rader
   Schätzen der AKF 364
Rang einer Matrix 503
Raum
   Euklidischer - 1
   Folgen- 10
   Funktionen- 11
   Hilbert - 8
   linearer - 2
   metrischer - 2
   normierter - 2
   unitärer - 3
Rauschsignal 392
Rayleigh-Koeffizient 368
Rechteck-Fenster 143
Rechteckregel
   rückwärts 202, 281
   vorwärts 202
Rechtecksystemfunktion 434
Rechtseigenvektor 367, 508
Regelungsnormalform 135
Regelungstechnik 427
Regler
   I-Regler 438

Kompensations- 440, 442

Modal- 468

PID- 437

Polvorgabe - 453

Riccatti - 472

Transversal- 445

Regression

gewichtete, rekursive - 324

orthogonale - 370, 413

rekursive - 323

Regressionskoeffizient 221

Regressionsrechnung 219, 220, 369

Rekonstruktion

Fehler bei der - 170

rekonstruiertes Signal 166

Rekonstruktionsfilter 177, 179

rekursive Regression 323

rekursiver Schätzer 321

Residual 369, 399

Residuensatz 480

Residuum 126

Restglied 31, 33

Riccatti-Regler 472

Riemann-Lebesguesches Lemma 80

Risiko 303

Rolle, Satz von 33

Rückwärtsprädiktion 340

Schätzer

Bayes- 303

effizienter - 218, 308, 314

Gauß-Markoff- 223

konsistenter - 218

Least-Squares- 220, 223, 318

linearer - 217

Maximum-a-posteriori- 307

Maximum-Likelihood- 307

Minimum-Mean-Squares- 318

Minimum-Varianz- 223

rekursiver - 321

Schätzer für die Korrelationsfunktion 361

schiefer - 218

sequentieller - 321

sequentieller Minimum-Varianz- 322

Schieberegister 393

Schiefe 218, 360, 411

Schmidtsches

Orthogonalisierungsverfahren 6

schnelle Fourier-Transformation (FFT) 50

Schrittweite 335

Schur-Cohn-Test 428

Schwarzsche Ungleichung 8

Schwerpunkt 158

selbstadjungierter Operator 20, 21

Separationstheorem 464

sequentieller Schätzer 321

Signal 107

Ähnlichkeit von Signalen 145

akausales - 117

antikausales - 93

bandbegrenztes - 140

Energie- 12, 138

getastetes - 166

kausales - 84, 93

komplexes - 475

Leistungs- 11, 138

lineares Signalmodell 212

periodisches - 75

rekonstruiertes - 166

stationäres Signal im weiteren Sinn 149

stochastisches - 148

Testsignal 387, 392

vorhersagbares - 334

wiederholtes- 388

524

zeitbegrenztes - 140

zeitdiskretes - 164

zeitkontinuierliches - 164

Signalklassen 138

Signalmatrix 513

Signalmodell 211

homogenes - 369

Signal-/Rauschleistungsverhältnis 368

Simpson-Regel 281

Simulation 195

fehlerfreie - 196

Singularität 479

Skalarprodukt 500

Slutzky, Theorem von 292

spektrale Überschneidung 48

Spektrallinie 48

Spektrum 111

Splines 36, 183

kubische - 37

quintische - 37

Spur 367

Stabilität 115, 427

bedingte - 115

BIBO- 115

Statistik zweiter Ordnung 149

statistisch unabhängig 153, 286

Steigung 30

Steuerbarkeit 450

Stichprobe 44

Stichprobenvarianz 221

stochastischer Prozeß 301

stochastisches Gradientenverfahren 337

Störgröße 209

superponierende - 209

Störgrößenmodell 408

Synthese-Filter 347

Systemfunktion 110

Testsignal 387, 392

Tiefpaß 122, 274

idealer - 169, 181

Töplitz-Matrix 515

Transformation, lineare 450

Transformationsmatrix 449

Transitionsmatrix 335

Transversalregler 445

Trapezregel 202, 281

Treppenkurve 164

Tschebyscheff-Approximation 12, 58

Tschebyscheff-Filter 270

Tschebyscheff-Polynom 58

Tschebyscheffsche Ungleichung 291

Übertragungsfunktion 110

unitärer Operator 21

unitärer Raum 3

Unstetigkeit 78

Vandermonde-Matrix 27

Variablentransformation 287

Variablenvektor 213

Varianz 158, 293

Vektorraum 1, 2

Verbunddichte 151, 153, 285

Verbundhäufigkeit 150

Verbundprozeß 332, 351

Verbundverteilung 150, 153

Versuchsvektor 213

Verteilung

bedingte - 150

Exponential- 298

Gleich- 297

Marginal- 150

Normal- 293

    Poisson- 298

    Verbund- 150, 153

    Wahrscheinlichkeits- 152, 285, 293

Vorfilterung 408

Vorwärtsprädiktion 340

Wahrscheinlichkeitsverteilung 152, 285, 293

Wertquantisierung 189

Whitening-Filter 334, 344, 408

Wiener-Filter 239

    FIR-Typ 240

    IIR-Typ 247

Wiener-Hopf-Gleichung 240, 318

Wurzelkriterium 486

Yule-Walker-Gleichung 331, 333

Zeit-/Bandbreiteprodukt 155

Zeitdauer 155

    RMS-Definition 156

Zeitinvarianz 107

Zentraler Grenzwertsatz 295

z-Transformation 93

    inverse - 102

    Korrespondenzen 101

    Operationen 99

    Umkehrformel der - 96

Zustandsraumdarstellung 135, 258, 448, 452

Zustandsrückführung 453